高等学校"十四五"医学规划新形态教材
基础医学系列

（供临床、基础、预防、护理、检验、口腔、药学等专业用）

生物化学

Shengwu Huaxue

（第3版）

主　审　高国全

主　编　解　军　汤立军

副主编　孔　英　关亚群　李　冲　孙玉宁　李　凌

编　委（按姓氏拼音排序）

晁耐霞（广西医科大学）	陈祥攀（皖南医学院）
高　涵（齐齐哈尔医学院）	关亚群（新疆医科大学）
孔　英（大连医科大学）	李　冲（徐州医科大学）
李崇奇（海南医科大学）	李冬民（西安交通大学）
李红梅（贵州医科大学）	李　凌（南方医科大学）
苏　燕（包头医学院）	孙玉宁（宁夏医科大学）
汤立军（中南大学）	王海生（内蒙古医科大学）
解　军（山西医科大学）	杨　帆（大连医科大学）
杨银峰（昆明医科大学）	张　巧（昆明医科大学）
周冰蕊（山西医科大学）	

中国教育出版传媒集团

高等教育出版社·北京

内容提要

本书共分五篇二十二章，分别是生物大分子的结构与功能、物质代谢及其调节、遗传信息的传递、常用分子生物学技术及专题篇，针对生物信息学技术在生物化学中的广泛应用，在数字课程专题篇中补充拓展第二十二章"生物信息学基础"。本书基础扎实，内容适用，条理清晰，易学易教。全书纸质教材内容与数字化资源一体化设计，数字课程涵盖临床聚焦、人文视角、拓展学习、研究进展、彩图、微课或微视频、自测题及答案、思考题及参考答案、本章小结、教学PPT、补充章节等板块。

本书适用于高等学校临床、基础、预防、护理、检验、口腔、药学等专业学生，也是学生参加执业医师考试的必备书，还可供临床医务工作者和医学研究人员参考使用。

图书在版编目（CIP）数据

生物化学 / 解军，汤立军主编 . --3 版 . -- 北京：高等教育出版社，2024.7（2025.8重印）
供临床、基础、预防、护理、检验、口腔、药学等专业用

ISBN 978-7-04-062263-8

Ⅰ. ①生… Ⅱ. ①解… ②汤… Ⅲ. ①生物化学—高等学校—教材 Ⅳ. ① Q5

中国国家版本馆 CIP 数据核字（2024）第 108126 号

项目策划　林金安　　吴雪梅　　杨　兵

策划编辑　瞿德竑　　责任编辑　瞿德竑　　封面设计　张　楠　　责任印制　耿　轩

出版发行	高等教育出版社	网　　址	http://www.hep.edu.cn
社　　址	北京市西城区德外大街4号		http://www.hep.com.cn
邮政编码	100120	网上订购	http://www.hepmall.com.cn
印　　刷	北京市联华印刷厂		http://www.hepmall.com
开　　本	889mm×1194mm　1/16		http://www.hepmall.cn
印　　张	27	版　　次	2014 年 1 月第 1 版
字　　数	690千字		2024 年 7 月第 3 版
购书热线	010-58581118	印　　次	2025 年 8 月第 3 次印刷
咨询电话	400-810-0598	定　　价	66.00元

新形态教材·数字课程（基础版）

生物化学

（第3版）

主编　解　军　汤立军

新形态教材网 **Abooks**

关于我们 | 联系我们　　　　登录/注册

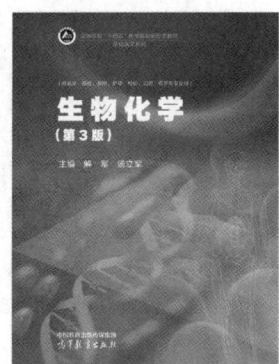

生物化学（第3版）

解军　汤立军

开始学习　　收藏

　　《生物化学》（第3版）数字课程与纸质教材一体化设计，紧密配合。数字课程涵盖临床聚焦、人文视角、拓展学习、研究进展、彩图、微课或微视频、自测题及答案、思考题及参考答案、本章小结、教学PPT、补充章节等板块。充分运用多种形式媒体资源，极大地丰富了知识的呈现形式，拓展了教材内容，在提升课程教学效果的同时，为学生学习提供思维与探索的空间。

http://abooks.hep.com.cn/62263

"生物化学" 数字课程编委会

前　言

生物化学是生命科学领域一门重要的基础学科，也是医学类专业必修的一门基础课程。近年来，作为一门年轻的交叉学科，生物化学学科追踪现代科学不断快速交叉融合发展的新趋势，是生命科学领域中发展最为迅速、辐射领域最为广泛的基础学科之一，有力地推动和促进了医学的飞速发展，其对医学发展的基础性作用尤为显著。

《生物化学》（第3版）的重新修订，紧密结合教育部《"十四五"普通高等教育本科国家级规划教材建设实施方案》的要求，坚持落实立德树人根本任务，坚持价值引领和需求导向，坚持思想性、系统性、科学性、生动性、先进性相统一，充分利用新一代信息技术，整合优质资源，创新教材呈现方式，努力拓展教材功能和表现形态，力图推进本学科领域自主新形态教材的建设和探索进程。本修订教材具有以下几个特点：①构建了以思维导图为引导的结构体系，融合了多样化的数字资源类型；②提供了全章节明确的学习框架，利于学生对章节的整体把握，同时结合导语、思考题、章小结等板块，激发学生学习兴趣，培养学生自主学习能力；③每个章节均设置了研究进展、临床聚焦、人文视角、微课、微视频、彩图及拓展学习等多种数字资源，既与纸质教材内容有机融合，又帮助学生在学习过程中建立科研思维，树立人文理念，了解临床疾病，为医学知识的延伸和转化奠定基础；④注重文字简洁，精炼核心内容，考虑便于携带，尤其是课本侧边留白具有便利的批注功能，可提高学生学习效率，力争减轻学生负担。

本教材修订得到了中山大学高国全教授的精心审阅、指导把关，对教材的设计思路、结构和内容等都提出了宝贵的意见和建议。在编写过程中还得到诸多本学科领域专家学者的大力帮助和支持，在此一并表示最诚挚的感谢！

加快推进自主新形态教材建设，构建中国特色高等教育本科规划教材体系是一项系统而艰难的紧迫工程，需要每一门课程教材、每一名教育工作者的努力和奉献。本教材编委虽然本着科学严谨、认真严肃的态度，对教材的设计与构想、体系与结构、内容与形式、编写与校阅等投入了大量的工作，但困难是可想而知的，加之编者水平有限，教材中仍可能存在疏漏或欠妥之处，敬请广大同行专家学者、使用本教材的师生和读者批评指正。

解　军　汤立军

2024年4月

目 录

绪论

关键词

生物化学　　　生命的化学　　　生物化学发展史
生命本质　　　生物化学主要内容　生物化学与医学

生物化学是研究生物体的化学组成及体内化学反应规律的一门学科，从分子水平揭示生命现象的本质。生物化学的主要任务是研究组成生物体物质的基本结构、功能及性质，探究其在生命活动过程中的合成、分解及能量转移等变化规律，从而认识以物质为基础的生命奥妙。生物化学既有其独特的学科特色，又与其他学科交叉融合，是生命科学的重要组成部分。

生物化学的兴起伴随人类生产实践过程中经验和知识的不断积累，现代生物化学的研究可追溯到18世纪，至19世纪末生物化学有了一定发展，并成为一门独立的学科，生物化学理论体系逐渐形成。20世纪中期，随着DNA双螺旋结构的发现，生物化学进入分子生物学时期，分子生物学理论与生物技术不断取得重大突破，使生命科学进入崭新的时代。

生物化学理论体系的建立和不断发展是现代医学产生的基础之一，现代医学的发展越来越多地将生物化学的理论和技术应用于疾病的诊断、治疗和预防。因此，生物化学既是联系医学各学科的桥梁，又是临床医学的基础。学好生物化学，对于深入学习其他医学课程，认识生命本质具有重要意义。

生物化学（biochemistry）即生命的化学，是研究生物体的化学组成、体内化学反应及变化规律的一门学科，从分子水平揭示各种生命现象的本质。生物化学的主要任务是研究组成生物体的物质的基本结构、功能及性质，探究其在生命活动过程中的合成、分解及伴随的能量转移等变化规律，从而认识以物质为基础的生命现象之奥妙。生物化学的早期研究主要采用化学的理论与方法，随着人类科学技术发展，逐渐融入了物理学、数学、细胞生物学、遗传学及免疫学等学科的理论和技术。近年来，结合计算生物学与生物信息学的成果极大地促进了生物化学学科的发展。生物化学既有其独特的学科特色，又与其他学科交叉融合、相互促进，是生命科学的重要组成部分。生物化学理论体系的建立和不断发展是现代医学产生的基础之一。随着现代医学的发展，生物化学的理论和技术被越来越多地应用于疾病的诊断、治疗和预防。

第一节　生物化学发展史

生物化学的兴起伴随人类生产实践过程中经验及知识的不断积累，现代生物化学的研究可追溯到 18 世纪初，18 世纪中到 19 世纪末学科有了初步的发展并形成一门独立的学科。20 世纪中期，随着 DNA 双螺旋结构的发现，分子生物学理论与生物技术不断取得重大突破，促进生命科学进入崭新的时代。下面我们按时间的顺序简要叙述生物化学的发展史，回顾对学科产生重要影响的科学家、科学发现，以及生物化学理论体系的逐渐形成过程。

生物化学的研究可追溯至 18 世纪或更遥远的时代。早在公元前 21 世纪，我国人民已能酿造酒，到公元 12 世纪已能制酱酿醋，后来又掌握了用蛋白质沉淀制作豆腐的方法。在医药方面，春秋战国时期已能利用神曲治疗消化道疾病，晋代开始用含碘丰富的海带、紫菜治疗地方性甲状腺肿，唐代孙思邈用富含维生素 A 的动物肝治疗夜盲症。近代生物化学的发展，欧洲处于领先地位，从法国化学家拉瓦锡（Antoine-Laurent de Lavoisier）研究燃烧和呼吸开始逐渐兴盛起来。1785 年，拉瓦锡通过定量的燃烧试验和呼吸试验彻底推翻"燃素"说，为揭示生命过程中的氧化过程奠定了基础。瑞典化学家舍勒（Carl Wilhelm Scheele）于 1770 年从酒石里分离出酒石酸，分析膀胱结石成分并获得尿酸。次年舍勒发现了氟，另外他还分析了柠檬酸、苹果酸、没食子酸、甘油等。

进入 19 世纪，在以往知识不断积累的基础上，1820 年，法国的尤斯图斯·冯·李比希（Justus von Liebig）开创了农业化学，他也是生理化学和糖类化学的创始人之一，他还提出了"燃烧"学说。1826 年，李比希在德国吉森大学建立李比希实验室，首创在大学中进行化学实验教学。1828 年，哥廷根大学的化学家弗雷德里克·维勒（Friedrich Wöhler）合成尿素，证明了有机分子也可以被人工合成，之前人们普遍认为非生命物质的科学法则不适用于生命体，只有生命体才能够产生构成生命体的有机分子。1840 年，李比希出版的《有机化学在农业和生理学中的应用》是最早的生物化学著作；1842 年，他出版的《有机化学在生理学与病理学上的应用》，首次提出"新陈代谢"这个学术名词。李比希还研究了土壤的化学肥料、有机酸、氰化物、胺化物、醛类和苯酰化合物，发现了马尿酸、氯醛和氯仿等。1833 年，安塞姆·佩恩（Anselme Payen）和简·弗朗休斯·普尔兹（Jean-François Persoz）发现了第一个酶——淀粉酶，当时对酶的本质及作用还没有系统的认识。1838 年，马彩思·史雷登（Matthias Schleiden）和泽奥多尔·施万（Theodor Schwann）证明细胞是植物的结构单位，之后鲁道夫·魏尔肖（Rudolf Virchow）提出细胞学说。1849 年，巴斯德进行酵素研究。1861 年，莫里兹·特劳博（Morize Traube）发现可溶性催化剂能催化发酵，酶学有了初步的发展。1878 年，威尔海姆·库内（Wilhelm Friedrich Kühne）引入酶的概念。1897 年，爱德华·比希纳（Eduard Buchner）和汉斯·比希纳（Hans Buchner）两兄弟证明无细胞酵母提取液可以催化发酵，这也阐释了一个复杂的生物化学进程：酵母细胞提取液中的乙醇发酵过程。

1864 年，德国医生恩斯特·霍普·塞勒（Ernst Felix Hoppe Seyler）分离血红蛋白并获得血红蛋白结晶。1871 年，其学生弗雷德里希·米歇尔（Friedrich Miescher）发现核酸，当时还没有认识到它是遗传信息的载体。1877 年，塞勒创办《生理化学杂志》，出版了《生理化学及病理化学分析手册》，首次提出名词 "biochemie"，即英语中的 "biochemistry"，生物化学也从生理学中分出作为一门独立学科；此外，他还第一次提纯卵磷脂，获得晶体状血红素，首创 "protein"（蛋白质）一词，并研究了代谢、叶绿素及血液。1882 年，"生物化学"（biochemistry）这一名词开始有人使用。直到 1903 年德国化学家卡尔·纽伯格（Carl Neuberg）使用后，"生物化学"这一词汇终被广泛接受。从此生物化学脱离有机化学和生理学的范畴。

19 世纪后期至 20 世纪初，在生物化学研究上有重要贡献的是化学家埃米尔·费舍尔（Emil Fischer），后人称其为"生物化学之父"。1894 年，埃米尔·费舍尔就开始研究糖类和嘌呤类物质并因此获得 1902 年诺贝尔化学奖。他证明了尿酸、黄嘌呤、咖啡碱和另外一些含氮化合物都与嘌呤这一物质有关系；合成了糖类化合物的鉴别试剂苯肼；确定了左旋糖、葡萄糖等多种糖类的分子结构并利用合成的方法验证了这些化合物；提出酶催化"锁匙模型"；1902 年，他证明了蛋白质由氨基酸组成，并利用氨基酸合成了多肽。此后食物化学与机体营养等领域也有了众多的发现。1912 年，英国的霍普金斯（Frederick Gowland Hopkins）发现食物辅助因子——维生素，并因此与荷兰的克里斯蒂安·艾克曼（Christiaan Eijkman）共获 1929 年诺贝尔生理学或医学奖。霍普金斯后来又发现色氨酸和谷胱甘肽。美国生物化学家门德尔（Lafayette Benedict Mendel）等在鱼肝油及奶油中发现维生素 A，后来又在牛奶中发现维生素 B，其著有《食物供应及其与营养的关系》和《营养：生物的化学》等书。1920 年，德国有机化学家温道斯（Adolf Windaus）研究胆固醇、维生素 D 等，并因此获得 1928 年诺贝尔化学奖。1922 年，伊文思（Herbert McLean Evans）发现维生素 E。

在研究生物体组成及其功能的基础上，物质代谢方面也有了重大的发展。1909 年，努普（Franz Knoop）提出脂肪酸的"β-氧化"学说，而 β-氧化过程直到 20 世纪 50 年代才基本阐明。1932 年，德国学者汉斯·阿道夫·克雷布斯（Hans Adolf Krebs）和库尔特·汉瑟雷特（Kurt Henseleit）发现了尿素循环。1937 年，克雷布斯又阐明三羧酸循环。1948 年，尤金·肯尼迪（Eugene Kennedy）和阿伯特·莱宁格（Albert Lehninger）证明催化三羧酸循环的酶都分布在线粒体。1939 年，德国的古斯塔夫·恩伯登（Gustav Embden）等阐明糖酵解作用机制。1941 年，福里兹·李普曼（Fritz Lipmann）提出生物能过程的 ATP 循环学说。

20 世纪后半叶，生物化学发展的特征是分子生物学的崛起。1944 年，奥斯瓦尔德·艾弗里（Oswald T. Avery）、考林·迈克里奥德（Colin M. Macleod）、麦克林·麦卡提（Maclyn McCarty）三人著名的肺炎球菌实验证明脱氧核糖核酸（DNA）是细胞遗传信息的基本物质。1953 年，詹姆斯·沃森（James D. Watson）、弗朗西斯·克里克（Francis H. Crick）及英国皇家学院的罗莎琳·富兰克林（Rosalind Franklin）、莫里斯·威尔金斯（Maurice H. F. Wilkins）共同参与解析了 DNA 双螺旋结构，并提出 DNA 与遗传信息传递之间的关系，这开启了生命科学领域的黄金时代，使生物化学的研究进入分子水平。新的理论、概念层出不穷，新的方法、技术突飞猛进，使人们对生命及相关的学科有了更深的思考和认识。

1955 年，马隆·郝兰德（Mahlon Hoagland）证明氨基酸活化后才能参与蛋白质的合成，亚瑟·科恩伯格（Arthur Kornberg）在大肠杆菌中发现 DNA 聚合酶。1958 年，乔治·韦尔斯·比德尔（George Wells Beadle）和爱德华·劳里·塔特姆（Edward Lawrie Tatum）提出"一个基因产生一个酶"的理论，马修·梅塞尔森（Matthew Meselson）和弗兰克·斯塔尔（Frank Stah）证实了 DNA 的合成过程为半保留复制。山姆·怀斯（Sam Weiss）及霍维兹（Jerard Hurwitz）于 1959 年发现 RNA 聚合酶。1961 年，弗朗西斯·亚考伯（François Jacob）和雅克·芒诺德（Jacques Monod）揭示原核基因表达的开启和关闭控制机制。1963 年，弗朗西斯·亚考伯、雅克·芒诺德和金·皮埃里·善胥（Jean-Pierre Changeux）首先用酶活性的别构调节理论解释基因和机体代谢功能是如何被调节的。1965 年，我国生物化学工作者采用人工合成法首次合成了具有生物活性的胰岛素。1961—1966 年期间，马尔绍·奈任伯格（Marshall Nirenberg）、海因里希·马采（Heinrich Matthaei）、菲利普·莱德尔（Philip Leder）和苟炳德·卡拉那（H. Gobind Khorana）的研究揭示了遗传密码。20 世纪 50 年代后期，克里克即开始探索遗传信息贮存与传递的奥秘，1968 年，在前人揭示遗传密码的基础上，克里克提出了"一个基因一个酶"假说的新版本——中心法则。1973 年，保尔·伯格（Paul Berg）、赫伯·鲍耶（Herbert Boyer）和斯坦利·科汉（Stanley Cohen）首次在体外利用重组的 DNA 分子形成无性繁殖 DNA 克隆。1981 年，我国生物化学工作者王德宝等合成酵母丙氨酸 tRNA。1985 年，凯瑞·莫利斯（Kary Mullis）发明聚合酶链反应（PCR）。

人类基因组计划（human genome project, HGP）于 1990 年正式启动，至 2000 年 6 月人类基因组结构草图的完成，标志着人类对自身遗传、变异、生长、衰老、疾病和死亡的认识发生了质的飞跃。值得一提的是，我国科学家承担并完成了 3 号染色体短臂端粒一侧的测序任务，为整个人类基因组测序和注释工作做出了贡献。继基因组测序之后，生物化学与分子生物学的理论和技术获得了空前发展。2006 年，安德鲁·法厄（Andrew Fire）与克雷格·梅洛（Craig C. Mello）因在 RNA 干扰机制研究中的贡献获得诺贝尔生理学或医学奖。2009 年，伊丽莎白·布莱克本（Elizabeth Blackburn）、卡罗尔 - 格雷德（Carol Greider）、杰克·绍斯塔克（Jack Szostak）因发现端粒和端粒酶保护染色体的机制获得诺贝尔生理学或医学奖。2020 年，埃曼纽尔·卡彭蒂耶（Emmanuelle Charpentier）和詹妮弗·杜德纳（Jennifer A. Doudna）由于在基因编辑技术方面的贡献获得诺贝尔化学奖。与此同时，基因组学、转录组学、蛋白质组学、代谢组学、表观遗传学、生物信息学、系统生物学等学科领域逐步兴起，共同促进了生命科学的进一步发展。

生物化学的发展史是人类认识、思考生命的发展史，随着科学技术的不断进步，生物化学必将迎来更加光明的前景。

第二节　生物化学主要内容

生物化学研究的内容十分广泛，随着科学技术日新月异的发展，不断有新的理论及方法、技术出现。本书将重点介绍生物大分子的结构与功能、物质代谢、遗传信息传递，并结合医学、生命科学的特点，介绍信号转导、癌基因与抑癌基因、肝及血液的生物化学知识，并简要阐释重要的生物化学研究方法。

一、生物大分子的结构与功能

生物体是由许多复杂的化学成分按一定规律和方式组成的。组成生物体的化学成分包括无机物、小分子有机物和生物大分子。生物大分子的结构和功能是生命呈现的物质基础。

生物大分子主要指蛋白质、核酸及多糖等。体内的生物大分子组成元素简单，但通过一定的规律进行组织，能形成种类繁多、结构复杂，而且功能各异的生物大分子；其结构都是由基本组成单位按一定顺序和方式连接形成。例如，蛋白质的基本结构是由其组成单位氨基酸通过肽键连接形成，核酸的基本结构是由其组成单位核苷酸通过磷酸二酯键连接形成，多糖是以单糖为结构单位通过糖苷键连接而成。生物大分子的结构、功能、结构与功能的关系、大分子的相互识别作用等，是当代生物化学研究的重点内容之一。一般来讲，酶本质为蛋白质，是一种生物催化剂，生物体内几乎所有的代谢过程都是在酶的催化下进行的，在生物体代谢过程中起着重要的作用。酶的本质、催化特性及酶工程也是生物化学研究的重要内容。

二、物质代谢与调控

新陈代谢是生物体生命活动的基本特征，是生物化学研究最基本、最重要的内容。生物体在生命活动过程中不断与外界环境进行物质交换，摄取营养物质为自身利用。合成代谢与分解代谢的平衡是正常生命过程的必要条件，受到精细的调节。如果物质代谢发生紊乱，调节功能丧失或异常，则会引起疾病甚至导致生命的终结。酶活性和酶含量的变化对物质代谢的调节起着重要的作用。物质代谢的调节既有细胞水平的调节，又有激素和神经系统的调节，其有序性调节的分子机制是生物化学研究的重要内容之一。

三、遗传信息的传递与调控

遗传与繁殖是生物体生命活动的另一基本特征，DNA 是遗传信息的主要储存者，基因是能够表达具有生物学功能产物（RNA 和蛋白质）的 DNA 片段。RNA 主要作为遗传信息的传递者，转录 DNA 分子上基因的指令；蛋白质则是基因表达的主要产物，是遗传信息的体现者。研究遗传物质的复制、转录和翻译机制及基因表达的调控规律与主要产物，不仅对于认识遗传、变异、生长、分化等诸多生命过程十分重要，而且对于揭示遗传病、恶性肿瘤、心血管病、免疫系统疾病等发病机制也具有重要价值。在分子水平上研究疾病与基因或其表达产物的关系，以及相关药物的作用机制，是当前医学生物化学研究的重要内容。

本书专题篇主要介绍与医学相关的内容。细胞信号转导是多细胞生物生长发育及适应环境的功能基础，本书重点介绍细胞信号转导的一般形式及信号分子的结构和功能特点、信号分子与受体的分类、主要细胞信号转导途径等。对肿瘤的生物学理论也进行了一定的阐释，包括癌基因、抑癌基因及细胞生长因子等。器官生物化学重点叙述血液和肝的生物化学，肝的生物化学包括肝在物质代谢中的作用、生物转化、胆汁与胆汁酸代谢、胆色素代谢与黄疸等。此外，本书对与人体健康密切相关的维生素相关内容也进行概要介绍。

生物化学理论研究的发展与现代分子生物学技术的产生、发展密切相关，两者相互促进，新的理论为技术的革新提供思路，技术的进步是深入研究生命活动规律并形成新的理论的有力工具。掌握一定的现代分子生物学常用技术的原理及用途，对于加深理解与认识疾病的发生发展、诊断与治疗有极大帮助。因此，本书对常用的分子生物学技术进行了介绍，如基因工程、分子杂交、聚合酶链反应相关技术、生物芯片及组学与基础的生物信息学分析等。

第三节　生物化学与医学

生物化学与医学的关系非常密切。生物化学理论体系的建立和不断发展是现代医学产生的基础之一，特别是人类基因组计划的完成、分子生物学的兴起及相关技术的出现，使医学进入分子医学时代。目前精准医疗和个性化医疗已经成为现代医学研究和应用的热点，人们对疾病的认识、诊断、治疗、预防等观念发生了根本性的改变。生物化学在基础医学的研究中意义重大，如在生理学、药理学、遗传学、免疫学及病理学等学科均深入到分子水平，并应用生物化学的理论与技术解决各学科的问题。

随着现代医学的发展，越来越多地将生物化学的理论和技术应用于疾病的诊断、治疗和预防，许多疾病的发病机制需要从分子水平加以探讨。例如，由于基因突变导致基因产物蛋白质一级结构改变、酶结构缺陷或酶活性异常而造成代谢障碍或紊乱的疾病，称为先天性代谢缺陷病。镰状细胞贫血发病机制是基因单碱基的突变，糖原贮积症是糖代谢途径中酶的缺陷导致代谢紊乱的结果，白化病是因缺乏酪氨酸酶所致，苯丙酮酸尿症是因缺乏苯丙氨酸羟化酶所致。通过测定血清酶及同工酶谱，分析血液化学成分，大大提高了疾病的诊断水平，如氨基转移酶（转氨酶）、乳酸脱氢酶、肌酸激酶同工酶谱的测定对于心肌梗死、急性肝病的诊断有临床现实意义。癌基因的发现表明其在正常情况下并不引起细胞癌变，只有在某些理化因素或生物因素等的作用下，癌基因才被激活而导致细胞癌变，这一发现为最终根治恶性肿瘤奠定了基础。基因工程药物的研究开发和大量生产，在疾病的治疗和预防等方面都发挥了重要作用。因此，生物化学是连接医学各学科的桥梁，是临床医学的基础。认真学好生物化学的基本理论、概念及实践方法，对今后深入学习其他医学课程、认识生命本质具有重要而深远的意义。

（解　军）

第一篇 生物大分子的结构与功能

在人类居住的这个地球上，大约有 1 000 万种生物。从高山到平原、从沙漠到极地、从天空到海洋，到处都有生命的踪迹。有的生物只是一个单细胞（如酵母菌、草履虫、大肠埃希菌等），有的生物则由多细胞所构成（如人体有 $1×10^{14}$ 个体细胞）。在目前发现的天然存在的 92 种元素中，约有 30 种为生命所必需，其中碳、氢、氧、氮等元素占细胞总质量的 99%，是构成生物体的主要元素。

生物分子（biomolecule）是指构成生物体和对于维持生命活动所必需的有机化合物，它们的相对分子质量可从不足一百到高达几百万。例如，相对分子质量小于 500 的生物分子有氨基酸、核苷酸、单糖、维生素、有机酸等；生物大分子（biomacromolecule）是指作为生物体内主要活性成分的相对分子质量达到上万或更多的有机分子，常见的生物大分子包括蛋白质、核酸、聚糖等。这些生物大分子由构成它们的基本组成单位聚合而成，如氨基酸是蛋白质的基本组成单位，核苷酸是构成核酸的基本组成单位，单糖是构成聚糖的基本组成单位。

蛋白质是生命活动的物质基础。生物体的各种生命现象（如生长、发育、繁殖、遗传等）都是通过蛋白质来实现的。核酸是遗传物质，是储存和携带遗传信息的载体。蛋白质分子中的氨基酸单位之间以肽键相连，它们的排列顺序构成蛋白质的一级结构；核酸分子中的核苷酸单位之间以 3′,5′- 磷酸二酯键相连，它们的排列顺序构成核酸的一级结构。在一级结构的基础上，蛋白质（肽链）和多聚核苷酸链折叠盘曲形成特有的、有序的高级结构，即空间结构。一级结构是空间结构形成的基础，空间结构是蛋白质和核酸表现各种理化性质和发挥独特功能的基础。酶是一类对底物具有高度特异性和高度催化效能的蛋白质，是生物体内最主要和最重要的一类生物催化剂（biocatalyst）。生物体内酶的催化作用是生命活动中各种化学反应能有效进行的物质保证。

本篇由 3 章构成：① 蛋白质的结构与功能。② 核酸的结构与功能。③ 酶。本篇主要阐述蛋白质、核酸和酶的分子结构，以及结构与功能的关系。学习这一部分内容时，重点掌握这些生物大分子的结构特性、重要功能，以及它们的基本理化性质与应用，为后续章节的学习奠定基础。研究蛋白质和核酸的结构与功能是当今生物化学与分子生物学的重要内容，对于理解生命的本质具有重要意义。

第一章
蛋白质的结构与功能

关键词

氨基酸	肽键	肽单元	蛋白质的一级结构
蛋白质的构象	α- 螺旋	β- 折叠	模体
结构域	蛋白质的等电点		蛋白质的变性与沉淀
蛋白质的呈色反应	盐析	电泳	层析

蛋白质是生物体的基本组分之一，约占人体干重的 45%。生物体的各种生命现象（如生长、发育、繁殖、遗传等）都是通过蛋白质来实现的，因此蛋白质是生命活动的物质基础。生物体内蛋白质种类繁多，分布广泛，几乎所有的器官组织中都含有蛋白质。生物体内的各种蛋白质结构不同、功能各异，其结构的复杂性和多样性决定其众多的生物学功能。对蛋白质结构的深入解析，能更透彻地了解蛋白质的功能及其在生命活动中的作用。

思维导图

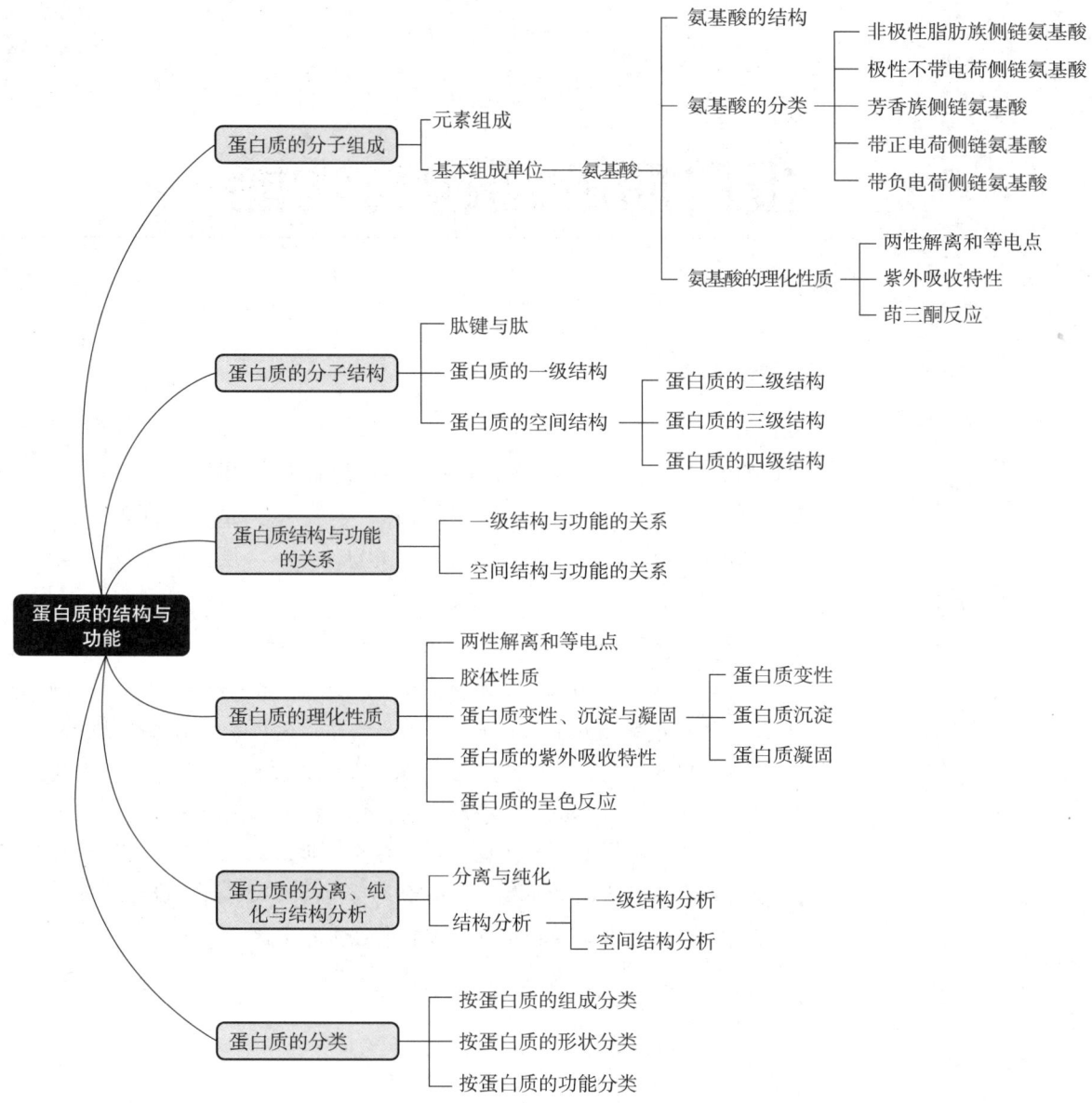

蛋白质（protein）是生物体内含量丰富、功能复杂、种类繁多的生物大分子。作为生命活动的物质基础，蛋白质在体内发挥着特异的生物学作用：①组织蛋白质作为细胞的构件，塑造细胞和组织；②皮肤、骨骼、肌腱中的胶原蛋白，韧带中的弹性蛋白，毛发、指甲中的角蛋白等，是体内起支持作用的主要结构蛋白质；③一般来讲，酶的本质是蛋白质，酶具有催化化学反应的活性；④许多蛋白质具有运输功能，如红细胞中的血红蛋白运输 O_2 和 CO_2、血浆脂蛋白运输脂质、运铁蛋白运铁；⑤某些蛋白质具有贮存功能，如肌红蛋白贮氧、铁蛋白贮铁；⑥肌动蛋白等是机体各种机械运动的物质基础；⑥免疫球蛋白、补体结合蛋白具有免疫保护作用；⑦凝血因子、纤维蛋白原等可防止血管损伤时血液的流失；⑧某些蛋白质具有调节功能，如肽类激素、细胞受体、基因表达调控蛋白等；⑨蛋白质（特别是血浆清蛋白）是维持血浆胶体渗透压的重要物质。直至目前，仍有许多蛋白质的功能不甚明确，尚有待进一步研究。

第一节　蛋白质的分子组成

蛋白质经酸、碱或蛋白酶水解产生游离的氨基酸。其中，水解仅生成氨基酸的蛋白质称为单纯蛋白质（simple protein），水解产物除氨基酸外还有其他物质的蛋白质称为结合蛋白质（conjugated protein）。结合蛋白质中的非氨基酸部分称为辅因子（cofactor）。辅因子可以是无机离子（铁、铜、锌、锰、钴、钼、磷、硒或碘等）或有机化合物（维生素及其衍生物、卟啉等小分子有机化合物和核酸、多糖、脂类等大分子有机化合物）。

一、蛋白质的元素组成

组成蛋白质的元素主要有碳（50%～55%）、氢（6%～7%）、氧（19%～24%）、氮（13%～19%）和硫（0～4%）。蛋白质是生物体内主要的含氮物质，平均含氮量约为16%。因此，可用凯氏定氮法来推算样品中蛋白质的大致含量。每克氮相当于 $100/16 = 6.25$ g 蛋白质，每克样品中所含蛋白质的质量（g）= 每克样品中的含氮量 ×6.25。

二、蛋白质的基本组成单位——氨基酸

（一）氨基酸的结构与分类

虽然自然界存在 300 余种氨基酸（amino acid），但蛋白质中常见的氨基酸只有 20 种，均为 α- 氨基酸。而且，除甘氨酸（无不对称碳原子）外，均为 L-α- 氨基酸（图 1-1）。

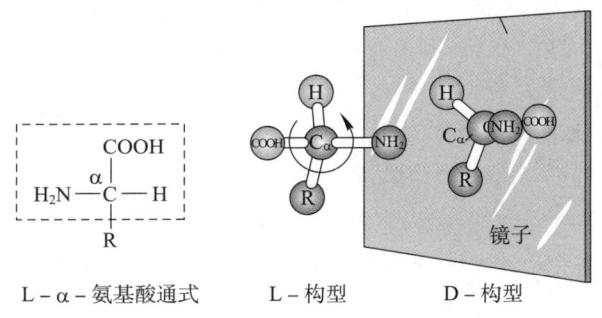

L-α- 氨基酸通式　　　L- 构型　　　D- 构型

图 1-1　L-α- 氨基酸通式（左）和 L- 构型与 D- 构型氨基酸的镜像结构（球棍模型）

20 种氨基酸分子中的 C_α 除与—NH_2、—COOH 和—H 连接外，其余部分（称 R 基团或侧链基团）各不相同，这使它们具有各不相同的理化性质。根据氨基酸侧链基团的化学结构和理化特性，将组成蛋白质的 20 种氨基酸分为：非极性脂肪族侧链氨基酸、极性不带电荷侧链氨基酸、芳香族侧链氨基酸、带正电荷侧链氨基酸和带负电荷侧链氨基酸。

1. 非极性脂肪族侧链氨基酸

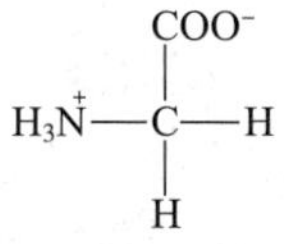

甘氨酸
（Gly或G）

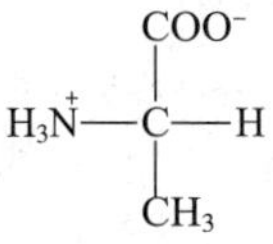

丙氨酸
（Ala或A）

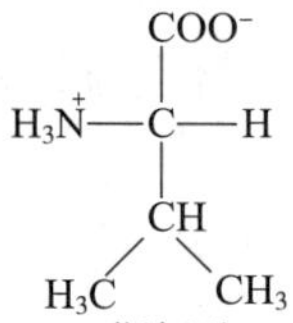

缬氨酸
（Val或V）

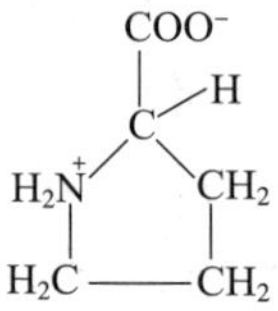

脯氨酸
（Pro或P）

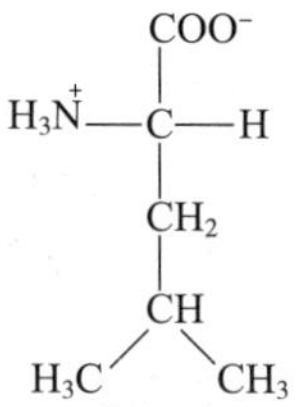

亮氨酸
（Leu或L）

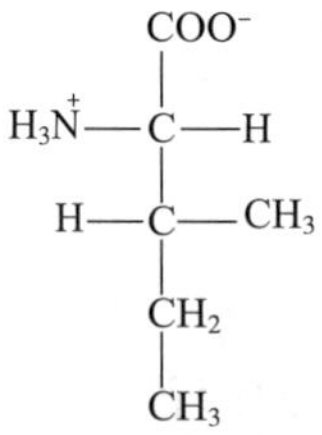

异亮氨酸
（Ile或I）

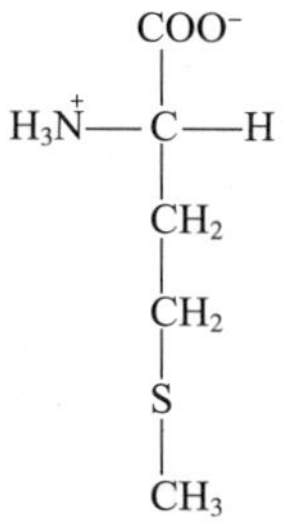

甲硫氨酸
（Met或M）

2. 极性不带电荷侧链氨基酸

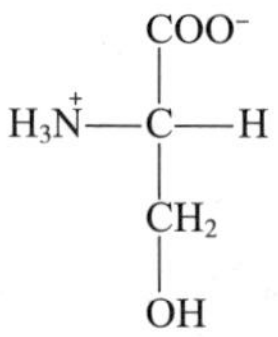

丝氨酸
（Ser或S）

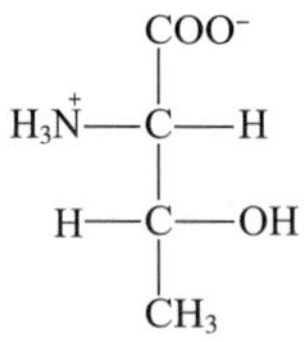

苏氨酸
（Thr或T）

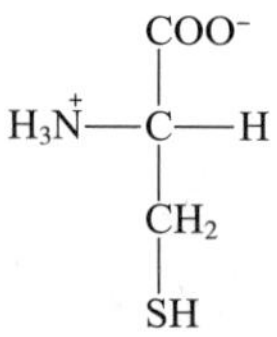

半胱氨酸
（Cys或C）

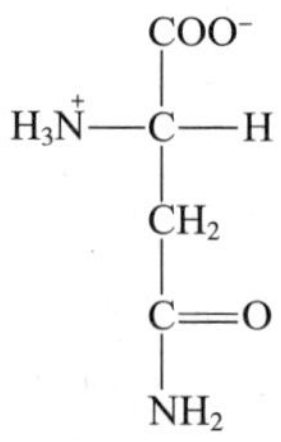

天冬酰胺
（Asn或N）

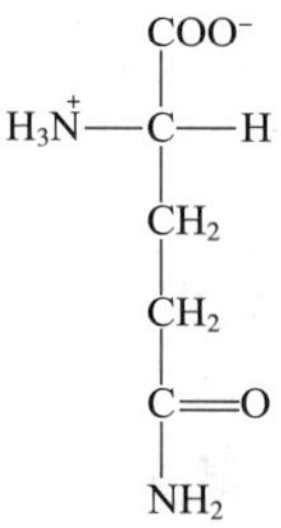

谷氨酰胺
（Gln或Q）

3. 芳香族侧链氨基酸

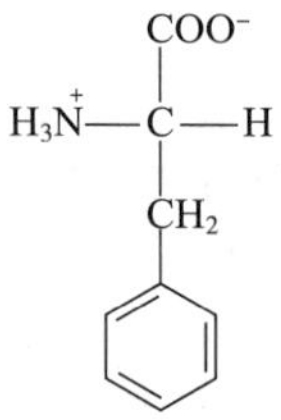

苯丙氨酸
（Phe或F）

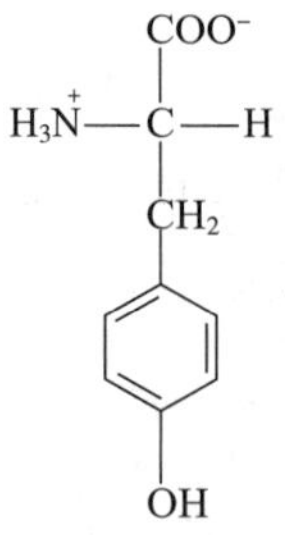

酪氨酸
（Tyr或Y）

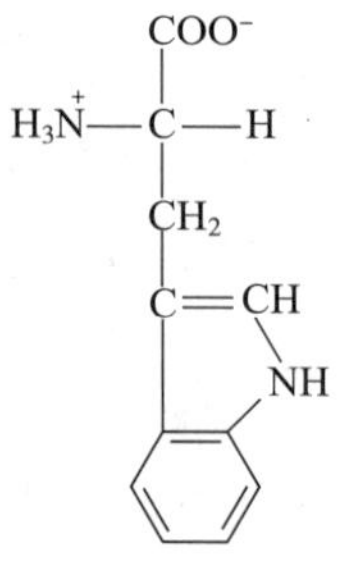

色氨酸
（Trp或W）

4. 带正电荷侧链氨基酸（碱性氨基酸）

赖氨酸
（Lys或K）

精氨酸
（Arg或R）

组氨酸
（His或H）

5. 带负电荷侧链氨基酸（酸性氨基酸）

天冬氨酸
（Asp或D）

谷氨酸
（Glu或E）

除上述分类方法外，氨基酸还有其他分类方式。例如，①单纯根据氨基酸侧链基团结构分类：脂肪族氨基酸（Gly/Ala/Val/Leu/Ile）、含硫氨基酸（Cys/Met）、羟基氨基酸（Ser/Thr/Tyr）、芳香族氨基酸（Phe/Tyr/Trp）、酰胺类氨基酸（Asn/Gln）、亚氨基酸（Pro）、酸性氨基酸（Asp/Glu）、碱性氨基酸（Lys/Arg/His）；②根据氨基酸侧链极性分类：非极性中性氨基酸（Gly/Ala/Val/Leu/Ile/Met/Phe/Trp/Pro）、极性中性氨基酸（Ser/Thr/Cys/Tyr/Asn/Gln）、极性氨基酸（Asp/Glu/Lys/Arg/His）；③根据氨基酸营养需求分类：必需氨基酸和非必需氨基酸（见第七章）；④根据氨基酸代谢途径分类：生糖氨基酸、生酮氨基酸、生糖兼生酮氨基酸（见第七章）。

20 种氨基酸的不同分类也有交叉。例如，Tyr 既可划分在羟基氨基酸里，也可划分在芳香族氨基酸里。又如，Gly 的侧链基团是一个氢原子，可归属在脂肪族氨基酸里；同时，Gly 是不对称分子，它的正负电荷中心不重合，所以它是极性分子，可归属在极性中性氨基酸里；又由于 Gly 侧链基团氢原子对极性强的氨基和羧基影响较小，因而也可划分在非极性中性氨基酸里。

除上述 20 种编码氨基酸外，研究者还发现了第 21 种编码的氨基酸，即硒代半胱氨酸（selenocysteine），在蛋白质合成过程中，密码子 UGA 指导硒代半胱氨酸的掺入。例如，谷胱甘肽过氧化物酶（glutathione peroxidase）、甘氨酸还原酶（glycine reductase）、5′-脱碘酶（5′-deiodinase）、硫氧还原蛋白还原酶（thioredoxin reductase）、硒蛋白 P（selenoprotein P）的活性位点均含有硒代半胱氨酸。2002 年，一些研究者发现吡咯赖氨酸（pyrrolysine）可能是第 22 种编码氨基酸，由密码子 UAG 为其编码。

此外，某些蛋白质中还存在一些非编码氨基酸，如甲状腺球蛋白中的碘代酪氨酸，胶原蛋白中的 4-羟脯氨酸（4-hydroxyproline）和 5-羟赖氨酸（5-hydroxylysine），凝血因子 Ⅱ、Ⅶ、Ⅸ、Ⅹ 中的 γ-羧基谷氨酸（γ-carboxyl glutamic acid），组蛋白（histone）中含有的甲基化、磷酸化、乙酰化的氨基酸，某些蛋白质中的胱氨酸等，它们都是在蛋白质生物合成中或合成后由相应的氨基酸残基修饰而成。另有一些氨基酸是在物质代谢过程中产生的，如鸟氨酸（ornithine）、瓜氨酸（citrulline）、同型半胱氨酸（homocysteine）和同型丝氨酸（homoserine）、β- 丙氨酸、β- 氨基异丁酸，以及 D 型氨基酸（如 D- 丝氨酸、D- 天冬氨酸、D- 谷氨酸、D- 丙氨酸）等。

（二）氨基酸的理化性质

1. 氨基酸的两性解离与等电点　所有氨基酸均含有碱性的 α- 氨基和酸性的 α- 羧基（某些氨基酸的 R 基团还含有可解离的氨基或亚氨基或羧基）。这些基团使氨基酸在酸性环境下与 H⁺ 结合，带正电荷；在碱性条件下失去质子而带负电荷。所以，氨基酸是两性电解质，具有酸、碱两性解离的特征（图 1-2）。

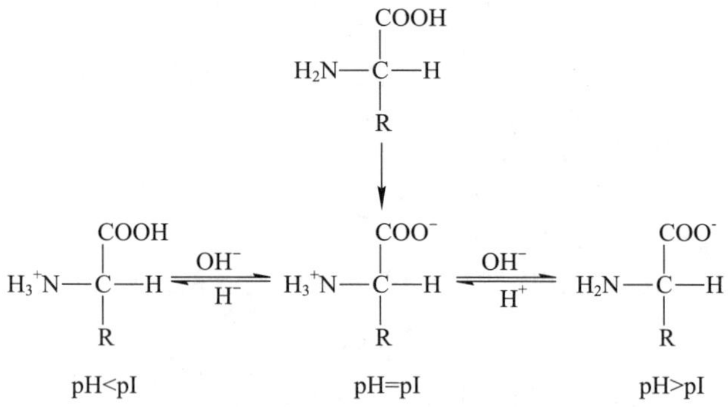

图 1-2　氨基酸的两性解离

在一定的 pH 环境下，某种氨基酸解离成阴、阳离子的程度相同，所带的正、负电荷相等，呈电中性，此时溶液的 pH 称为该种氨基酸的等电点（isoelectric point，pI）。氨基酸的等电点（pI）是氨基酸解离时其兼性离子两边 pK 的算术平均值（K 是氨基酸可解离基团的解离常数，pK 是解离常数的负对数）。20 种氨基酸的解离常数和等电点列于表 1-1。

表 1-1　20 种氨基酸的解离常数和等电点

氨基酸	pK_1（α- 羧基）	pK_2（α- 氨基）	pK_R（R 基团）	pI
甘氨酸（Gly）	2.34	9.60		5.97
丙氨酸（Ala）	2.34	9.69		6.02
缬氨酸（Val）	2.32	9.62		5.97
亮氨酸（Leu）	2.36	9.60		5.98
异亮氨酸（Ile）	2.36	9.68		6.02
苯丙氨酸（Phe）	1.83	9.13		5.48
脯氨酸（Pro）	1.99	10.96		6.48
半胱氨酸（Cys）	1.96	8.18	10.28	5.07
丝氨酸（Ser）	2.21	9.15	13.60	5.68
色氨酸（Trp）	2.38	9.39		5.89
酪氨酸（Tyr）	2.20	9.11	10.07	5.66
甲硫氨酸（Met）	2.28	9.21		5.75
苏氨酸（Thr）	2.11	9.62	13.60	5.87
谷氨酰胺（Gln）	2.17	9.13		5.65
天冬酰胺（Asn）	2.02	8.80		5.41
谷氨酸（Glu）	2.19	9.67	4.25	3.22

续表

氨基酸	pK_1（α-羧基）	pK_2（α-氨基）	pK_R（R基团）	pI
天冬氨酸（Asp）	1.88	9.60	3.65	2.77
赖氨酸（Lys）	2.18	8.95	10.53	9.74
精氨酸（Arg）	2.17	9.04	12.48	10.76
组氨酸（His）	1.82	9.17	6.00	7.59

2. 氨基酸的紫外吸收性质　芳香族氨基酸分子中含有共轭双键，因此具有吸收紫外光的特性。特别是酪氨酸和色氨酸，在 280 nm 波长处有最大吸收峰（图 1-3）。

3. 氨基酸与茚三酮的呈色反应　在加热及弱酸环境（pH 5~7）下，所有氨基酸及具有游离 α-氨基和 α-羧基的肽与茚三酮反应产生蓝紫色化合物（与天冬酰胺则形成棕色产物，与脯氨酸或羟脯氨酸反应生成黄色产物）。此种化合物在 570 nm 波长处有最大吸收峰，其峰值与氨的生成量成正比。茚三酮反应可用于氨基酸的定性和定量分析。在法医学上，茚三酮反应曾被用于采集嫌疑犯在犯罪现场留下的指纹。

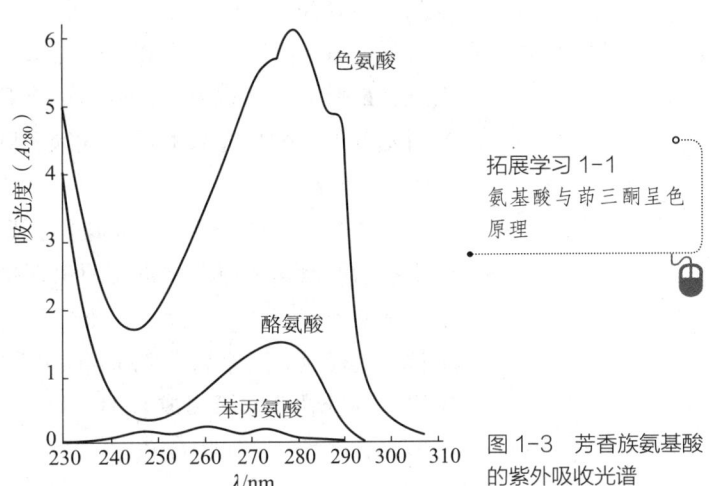

图 1-3　芳香族氨基酸的紫外吸收光谱

拓展学习 1-1
氨基酸与茚三酮呈色原理

第二节　蛋白质的分子结构

蛋白质的分子结构从不同的层面上可分为一级、二级、三级和四级结构，其中二级、三级和四级结构又称为蛋白质的空间结构或称构象（conformation），而蛋白质的一级结构是空间结构的基础。

一、肽键与肽

早在 1902 年，德国有机化学家埃米尔·费舍尔（Emil Fischer）就提出了肽键理论，即蛋白质分子是通过肽键（—CO—NH—）将氨基酸连接起来而形成的。肽键（peptide bond）是一个氨基酸的 α-羧基和另一氨基酸的 α-氨基脱水缩合所形成的酰胺键。蛋白质分子中的氨基酸之间即是以肽键相连。

氨基酸以肽键相连接形成的化合物称为肽（peptide），或者说肽是氨基酸通过肽键连接起来的多聚物（polymer）。肽中的氨基酸单位称为氨基酸残基（amino acid residue）。由 2 个氨基酸残基组成的肽称为二肽（dipeptide），由 3 个氨基酸残基组成的肽称为三肽（tripeptide），以此类推。10 个以下氨基酸残基组成的肽又常被称为寡肽（oligopeptide），更多氨基酸残基组成的肽称为多肽（polypeptide）。蛋白质通常是含有 50 个以上氨基酸残基的多肽，也有人认为蛋白质是相对分子质量高达 10 000 以上的多肽，因此多肽与蛋白质这两个术语有时可以交互使用。

一条肽链常含有 2 个游离的末端，一端是未参与形成肽键的 α- 氨基，称为氨基端或 N 端；另一端是未参与形成肽键的 α- 羧基，称为羧基端或 C 端。书写肽链时，人们习惯上将 N 端写于左侧，用 H_2N— 或 H— 表示；C 端写于右侧，用—COOH 或—OH 表示。

肽的命名原则是：除 C 端的氨基酸残基外，所有氨基酸残基均按酰基命名，并从 N 端依次列出，最后加上 C 端氨基酸残基的名称。例如，五肽 Tyr—Phe—Val—Ile—Cys 的名称是酪氨酰苯丙氨酰缬氨酰异亮氨酰半胱氨酸。肽链中以肽键连接形成的长链称为主链，氨基酸残基的 R 基团称为侧链。

人体内有一些生理活性物质是由几个至几十个氨基酸残基组成的肽，统称为生物活性肽。这些生物活性肽在体内发挥重要的生理功能（表 1–2）。例如，γ- 谷胱甘肽（γ-glutathione）是由 3 个氨基酸残基组成的三肽，特殊之处是谷氨酸以其 γ- 羧基与半胱氨酸的 α- 氨基形成肽键。谷胱甘肽是很强的还原剂，半胱氨酸残基上的活性巯基（—SH）可以保护蛋白质中巯基不被氧化。还原型谷胱甘肽常简写成 GSH，以突出其活性巯基。2 分子 GSH 的巯基氧化后以二硫键相连，可形成氧化型谷胱甘肽 GSSG。

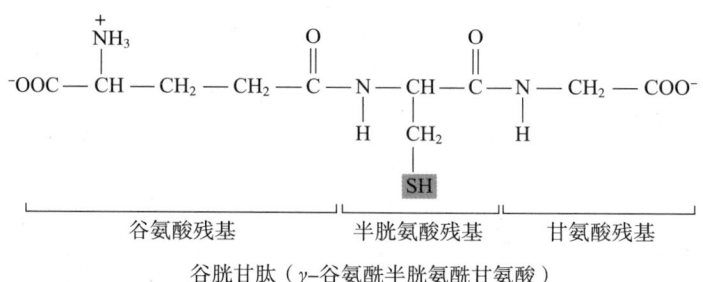

谷胱甘肽（γ-谷氨酰半胱氨酰甘氨酸）

体内一些传递神经冲动的神经肽（neuropeptide）及调节代谢发育的许多激素也都属于生物活性肽（表 1–2）。

二、蛋白质的一级结构

构成蛋白质的多肽链都有其各自特定的氨基酸组成和排列顺序。蛋白质的一级结构（primary structure）即指蛋白质分子中多肽链的氨基酸排列顺序和二硫键的位置。一级结构的化学键主要是肽键，其次是二硫键。蛋白质的一级结构是蛋白质的基本结构，是其空间结构和生物功能的物质基础。

人文视角 1-1
两次获得诺贝尔化学奖的 Frederick Sanger

1953 年，英国生物化学家弗雷德里克·桑格（Frederick Sanger）首次测定了牛胰岛素的一级结构（图 1–4），这也是第一个一级结构被测定的蛋白质分子，桑格也因此获得了 1958 年诺贝尔化学奖。1965 年，我国科学家完成了结晶牛胰岛素的全合成，经过严格鉴定，它的结构、生物活性、理化性质、结晶形状都和天然的牛胰岛素完全一样，这是世界上第一个人工合成的蛋白质。

表 1–2　某些生物活性肽的氨基酸组成与功能

名　称	氨基酸组成	生理功能
促甲状腺素释放激素	H·焦谷·组·脯·OH	来自下丘脑，促进腺垂体分泌促甲状腺素
甲硫氨酸脑啡肽	H·酪·甘·甘·苯丙·甲硫·OH	脑中抑制痛觉的阿片样肽
血管紧张素 II（牛）	H·天·精·缬·酪·异·组·脯·苯丙·OH	升高血压，刺激肾上腺皮质分泌醛固酮
抗利尿激素（加压素）	H·甘·精·脯·半·天胺·谷胺·苯丙·酪·半·OH（半·半之间有二硫键）	神经垂体分泌，促进肾保留水
血浆缓激肽（牛）	H·精·脯·脯·甘·苯丙·丝·脯·苯丙·精·OH	血管舒张肽
P 物质	H·精·脯·赖·脯·谷胺·谷胺·苯丙·苯丙·甘·亮·甲硫·OH	神经递质
胰高血糖素（牛）	H·组·丝·谷胺·甘·苏·苯丙·苏·丝·天·酪·丝·赖·酪·亮·天·丝·精·精·丙·谷胺·天·苯丙·缬·谷胺·色·亮·甲硫·天胺·苏·OH	胰岛 A 细胞分泌的激素，具有升高血糖的作用

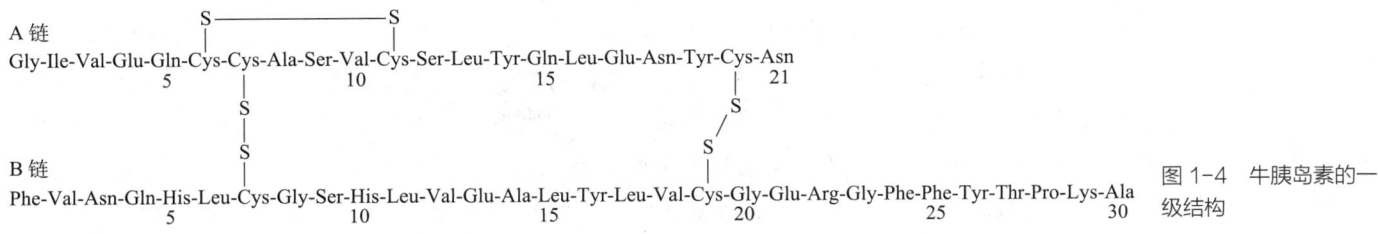

图 1-4　牛胰岛素的一级结构

　　牛胰岛素由 A 和 B 两条多肽链组成，其中 A 链和 B 链分别含 21 和 30 个氨基酸残基。牛胰岛素分子中含有 3 个二硫键，即 A 链第 6 位和第 11 位的半胱氨酸残基之间形成 1 个链内二硫键，A 链第 7 位和第 20 位半胱氨酸分别与 B 链第 7 位和第 19 位半胱氨酸形成 2 个链间二硫键。

三、蛋白质的空间结构

　　天然蛋白质的多肽链经过分子内部众多单键的旋转，形成复杂的盘旋卷曲与折叠，构成各自特定的三维空间结构。这种由于单键的旋转所形成的空间结构称为构象。蛋白质空间结构的稳定性需要一些特定的化学键来维系。蛋白质的理化性质与生物学功能主要取决于其特定的空间结构。

（一）维系蛋白质空间结构稳定性的化学键

　　蛋白质空间构象的稳定性需要大量不同的化学键来维系。这些化学键不仅包括氢键、离子键、疏水相互作用力、范德华力等非共价键（统称次级键，图 1–5），也包括二硫键、配位键等共价键。

　　1. 氢键　是一种静电引力，可用化学式"x—H……y"表示，其中 x，y 都是电负性较强的原子，x—H 是供氢体（供电子体），y 是受氢体（受电子体）。蛋白质分子的主链和侧链中有很多—OH 和—NH 可作为供氢体，而很多羧基氧原子则可作为受氢体。当供氢体与受氢

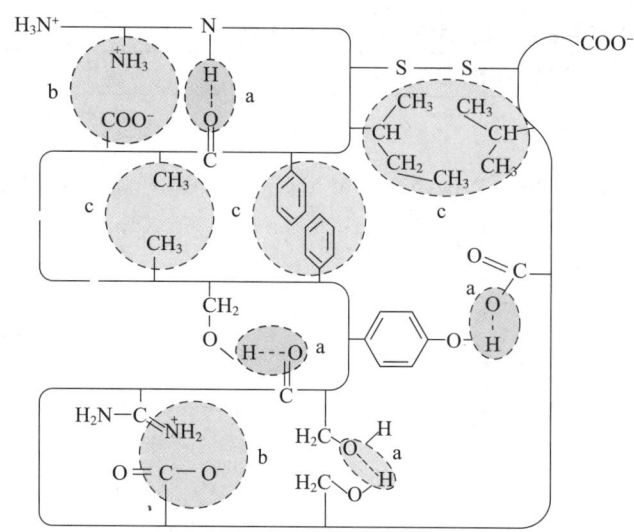

图 1-5　维系蛋白质构象的次级键
a：氢键；b：离子键；
c：疏水相互作用力

体呈直线关系，且 x 与 y 的距离为 0.279 nm ± 0.012 nm 时，便可形成氢键。氢键是维系蛋白质二级结构的主要化学键，对维系蛋白质的三级和四级结构的稳定也有重要作用。

2. 离子键　又称盐键，是由正、负离子之间的静电吸引形成的化学键。蛋白质分子中带负电荷的羧基—COO⁻ 与带正电荷的氨基—NH₃⁺ 或亚氨基＝NH₂⁺ 之间皆可形成离子键。离子键是维系蛋白质三级和四级结构的重要作用力，其形成与环境 pH 相关，过高或过低的 pH 或盐浓度过高都可破坏离子键。

3. 疏水相互作用力　也称疏水键，指两个疏水基团之间在水性环境中相互吸引、聚集而产生的作用力。在蛋白质分子中疏水相互作用力主要在疏水性氨基酸残基的侧链基团之间形成，主链中的亚甲基—CH₂—之间也可形成。多数极性基团位于蛋白质三级结构的表面，这是球状蛋白质易溶于水的原因；非极性的疏水基团（丙、缬、亮、异、苯丙等氨基酸残基的疏水侧链）常位于分子的内部，形成"洞穴"或"口袋"状的疏水核心，结合蛋白质的辅因子常嵌于其中，形成功能活性部位。疏水相互作用力是维系蛋白质的三级和四级结构的重要作用力。非极性溶剂、尿素、盐酸胍、去污剂等的存在可破坏这种作用力。

4. 范德华力　是一种比较弱的静电引力，可在极性基团（如 Ser 或者 Thr 残基的—OH）之间或者极性基团与非极性基团之间形成。非极性基团之间的瞬时相互吸引也可形成范德华力。范德华力对蛋白质三级和四级结构的维系有一定作用。

5. 二硫键　两个半胱氨酸的巯基脱氢氧化所形成的共价键—S—S—，称为二硫键。二硫键不仅参与蛋白质一级结构的形成，对维系蛋白质三级结构的稳定性也起着非常重要的作用。一般而言，二硫键数目越多，蛋白质空间结构的稳定性就越强。毛、发、鳞、甲、角等具有保护功能的组织中所含有的角蛋白，其分子中有非常多的二硫键。一些强还原剂，如 β- 巯基乙醇等，可在特定条件下打断二硫键，破坏蛋白质的一级结构与空间结构。

6. 配位键　由一个原子（或分子）单方面提供共享电子对与另一个原子（或离子）结合所形成的共价键称为配位键。在金属蛋白质分子中，金属离子与蛋白质之间常通过配位键连接在一起。配位键对蛋白质三级结构的维系具有重要作用。某些螯合剂，如 EDTA，可去除金属离子，因而可破坏配位键，导致蛋白质结构和功能的丧失。

（二）蛋白质的二级结构

蛋白质的二级结构（secondary structure）是指蛋白质分子中多肽链局部肽段主链原子的空间分布状态，不涉及其侧链原子的空间排布。

1. 肽单元　20 世纪 30 年代末，美国科学家莱纳斯·鲍林（Linus Pauling）和罗伯特·科里（Robert Corey）用 X 射线衍射法分析了某些寡肽和氨基酰胺结晶，发现肽键与其周围相关原子的关系有以下几个特点，从而形成肽单元的概念。

肽键 C—N 的键长（0.132 nm）介于一般 C—N 单键键长（0.147 nm）和 C＝N 双键键长

（0.128 nm）之间，并接近于双键。所以，肽键具有部分双键性质，不能自由旋转。而且，围绕肽键 C—N 的三个化学键键角之和均呈 360°。因此，形成肽键的 C 原子和 N 原子及与它们相连的两个 α- 碳原子（C_α）、O 原子和 H 原子共处于同一平面，这个平面称为肽单元（peptide unit）或肽键平面（图 1-6）。肽单元是构成蛋白质主链空间构象的基本单位。

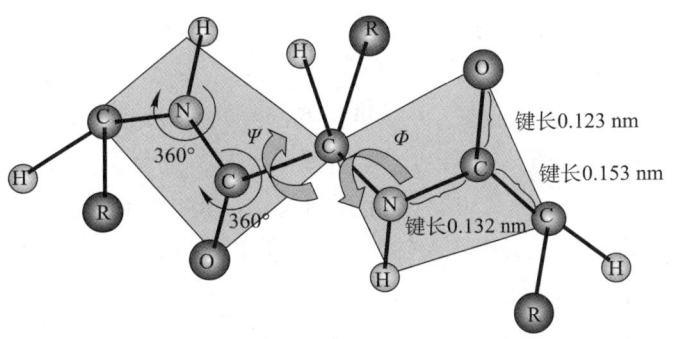

图 1-6　肽单元

　　由于肽键具有部分双键性质，与肽键 C—N 相连的 4 个原子有顺反异构关系。除脯氨酸参与形成的肽键可为反式或顺式外，所有的肽单元均呈反式构型。肽键中的羰基 C 与 C_α 相连接形成的 C_α—C 键是一般的单键，可以自由旋转，其转角称为 ψ 角；肽键中 N 与另一 C_α 相连接形成的 N—C_α 键也可以自由旋转，其转角称为 Φ 角。在不同的二级结构类型中，ψ 与 Φ 角的角度是固定的。

　　2. 蛋白质二级结构的主要构象及特点　以肽单元为基本单位，依靠 ψ 角与 Φ 角旋转的角度不同，多肽链通过旋转或折叠，形成不同的构象形式。α- 螺旋、β- 折叠和 β- 转角是蛋白质中常见的二级结构形式，其他形式还有环构象和卷曲。维系蛋白质二级结构的主要化学键是氢键。

　　（1）α- 螺旋　1950 年，莱纳斯·鲍林研究毛发角蛋白时发现了 α- 螺旋（α-helix）结构（图 1-7），这种结构的主要特点是：① 以肽单元为基本单位，以 C_α 为旋转点，肽

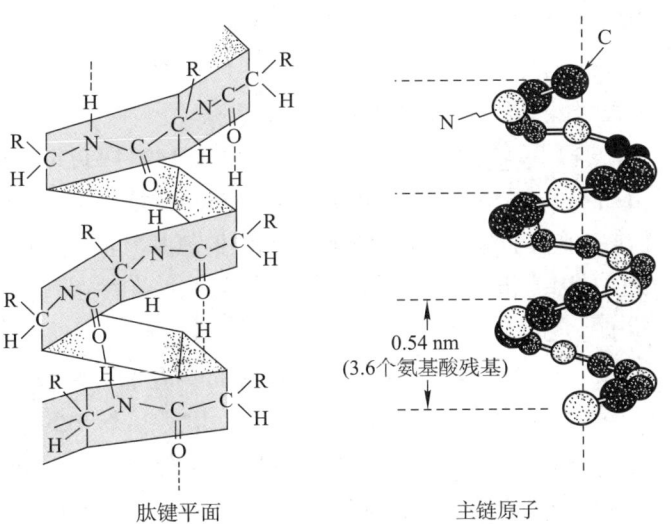

肽键平面　　　　主链原子

图 1-7　α- 螺旋结构

人文视角 1-2
α- 螺旋结构的确立

单元两端的 ψ 角和 Φ 角按一定角度旋转，形成稳固的右手 α- 螺旋（ψ = −47°，Φ = −57°）。② 此右手螺旋中，每 3.6 个氨基酸残基螺旋沿中心轴上升一圈，其高度为 0.54 nm，即每个氨基酸残基上升的跨度为 0.15 nm。③ 每一个肽单元的—CO—均与其后第 4 个肽单元的—NH—形成氢键，以保持 α- 螺旋的最大稳定性。氢键基本上与中心轴平行。氢键的氧原子沿肽链至该氢键另一端氢原子处，共包含 13 个原子。因此，此类型的 α- 螺旋又称 3.6_{13}α- 螺旋。④ 每个氨基酸残基的 R 基团伸向螺旋的外侧。R 基团的性质可直接影响 α- 螺旋的稳定性。例如，含有较大 R 基团的异亮氨酸和色氨酸比较集中的区域，由于空间位阻的关系，可影响 α- 螺旋的形成；酸性氨基酸或碱性氨基酸集中的区域，其静电排斥作用也可影响 α- 螺旋的稳定性；甘氨酸的 R 基团是氢原子，空间占位小，其 α- 碳原子两侧的化学键旋转度大，较难形成稳定的 α- 螺旋；脯氨酸是环状亚氨基酸，形成肽键后不能参与氢键的形成，而且其 C_α 在五元环上，其两侧的键不能自由旋转，所以脯氨酸不易参与 α- 螺旋的形成。

　　肌红蛋白和血红蛋白分子中有许多肽段为 α- 螺旋结构，毛发的角蛋白、肌肉的肌球蛋白及

血凝块中的纤维蛋白，这些蛋白质的多肽链几乎全长都卷曲成 α- 螺旋，这使其具有一定的机械强度和弹性。

（2）β- 折叠　1932 年，英国物理学家威廉·阿斯特伯里（William Astbury）等用 X 射线衍射法分析羊毛纤维（即角蛋白）时，把角蛋白区分为未伸长的 α- 形式（即 α- 角蛋白）和伸长的 β- 形式（即 β- 角蛋白）。α- 角蛋白是在通常的实验室温度和湿度下获得的，β- 角蛋白是把羊毛纤维在湿热条件下拉伸获得的，具有一种 0.7 nm 的重复单位。鲍林和科里通过对角蛋白的 X 射线衍射数据进一步研究，于 1951 年推测了第二种类型的重复性结构，即 β- 构象（β-conformation）。在 β- 构象中，多肽链骨架延伸成锯齿形（即 Z 字形，zigzag）结构而非螺旋结构。处于 β- 构象的几个肽段并肩排列形成的结构称为 β- 折叠（β- pleated sheet）（图 1-8）。几个锯齿形 β- 构象肽段形成 β- 折叠时，也使得整个 β- 折叠呈现出锯齿形外观。形成 β- 折叠的肽段通常是多肽链上的邻近区段，但也可以是多肽链线性序列上相互距离很远的区段。在 β- 折叠中，临近的肽段间形成氢键。β- 折叠也是蛋白质二级结构中比较常见的形式，如蚕丝蛋白几乎都是 β- 折叠结构。

β- 折叠以 C_α 为旋转点，形成折纸状，其特点是：①肽单元间的夹角为 110°，形成锯齿状，是肽链中较为伸展的结构；②肽段之间通过氢键相连接，即一个肽段上氨基酸残基的—CO—和相邻肽段氨基酸残基上的—NH—形成氢键，以增加 β- 折叠的稳定性；③β- 折叠中并行的两条肽段的走向可相同（称为顺向平行）或相反（称为反向平行）；④侧链 R 基团交替地分布于 β- 折叠锯齿平面的上、下方。

（3）β- 转角　多肽链中肽段出现 180° 回折时的结构称为 β- 转角（β-turn）或 β- 回折（β-bend）（图 1-9），常出现在蛋白质表面附近。β- 转角多由 4 个氨基酸残基组成，β- 转角的第 1 个氨基酸的羧基氧与第 4 个氨基酸的氨基氢形成氢键，以维系 β- 转角的稳定性。甘氨酸和脯氨酸残基常出现在 β- 转角处，这是因为甘氨酸分子小和具有柔性，而脯氨酸的亚氨基氮的肽键易于呈现顺式构象。

β- 转角的类型是由肽单元两端的 Φ 角和 ψ 角决定的。有几种类型的 β- 转角已经被描述，其中最常见的是 I 型和 II 型 β- 转角。I 型 β- 转角的第 2 位氨基酸为脯氨酸残基，II 型 β- 转角的第 3 位氨基酸为甘氨酸残基。I 型 β- 转角的第 2 位氨基酸残基 C_α 两侧的 $\Phi=-60°$、$\psi=-30°$，第 3 位氨基酸残基 C_α 两侧的 $\Phi=-90°$、$\psi=0°$；而 II 型 β- 转角的第 2 位和第 3 位氨基酸残基 C_α

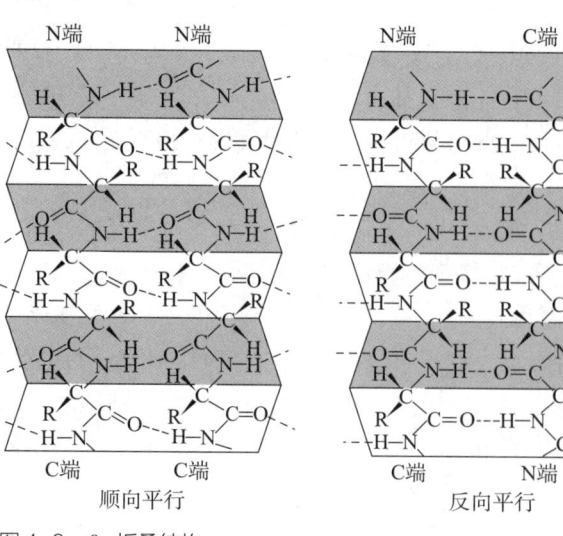

图 1-8　β- 折叠结构

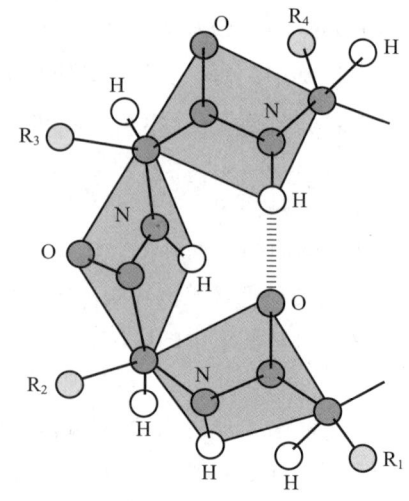

图 1-9　β- 转角结构

两侧的 Φ=-60°、ψ=+120° 和 Φ=+80°、ψ=0°。

（4）环构象（loop conformation）　是普遍存在于球状蛋白质中的一种二级结构。这种结构的形状像希腊字母 Ω，所以称 Ω 环（Ω loop）。Ω 环是由不超过 16 个氨基酸残基组成的肽段，以 6~8 个氨基酸为常见，尤其是以 8 个氨基酸残基的小环最多。Ω 环改变了肽链的走向，因此这种结构可以看成是转角的延伸。Ω 环总是出现在蛋白质分子表面，以亲水的氨基酸残基为主。

（5）卷曲　球状蛋白质中还有一些非重复性肽段形成卷曲（coil）。卷曲的有序性并不比 α-螺旋或 β-折叠差，只是它们不规则且更难以描述，所以不要把卷曲构象与随机卷曲（random coil）相混淆。随机卷曲是指溶液中的变性蛋白质所呈现的完全无序和快速波动的一些构象。

不同的蛋白质分子含有上述几种构象形式的多少各有不同（表 1–3）。

表 1–3　几种蛋白质中含有的二级结构数量

蛋白质	氨基酸残基数	α–螺旋数	β–折叠数	β–转角数
胰岛素	51	3	1	0
核糖核酸酶 A	124	3	6	2
细胞色素 c	104	5	0	6
溶菌酶	129	6	6	6
肌红蛋白	153	8	0	6
胰凝乳蛋白	241	3	12	17
碳酸酐酶	258	7	13	4
羧基肽酶 A	307	9	8	13

3. 模体　在许多蛋白质的分子中还存在着模体（motif）结构。模体通常是指蛋白质分子中具有二级结构的肽段相互靠近，形成具有特定功能的空间构象，或者仅是一个具有特定功能的很短的肽段。目前已发现的模体形式有十几种（图 1–10），如螺旋束（多个 α-螺旋的聚合体）、β 折叠 –α 螺旋 –β 折叠、α 螺旋 –β 转角 –α 螺旋、β- 发夹环（两个反向平行的 β- 折叠由一个环相连）、α 螺旋 – 环 –α 螺旋、Rossman 卷曲（两个 β 折叠 –α 螺旋 –β 折叠连在一起）、锌指结构、亮氨酸拉链、希腊钥匙模体（全 β- 折叠聚合体）。转录因子通常含有不同类型的模体，与 DNA 结合调节基因表达。此外，也有特殊的数个氨基酸构成的模体，如 RGD 模体（Arg–Gly–Asp）。

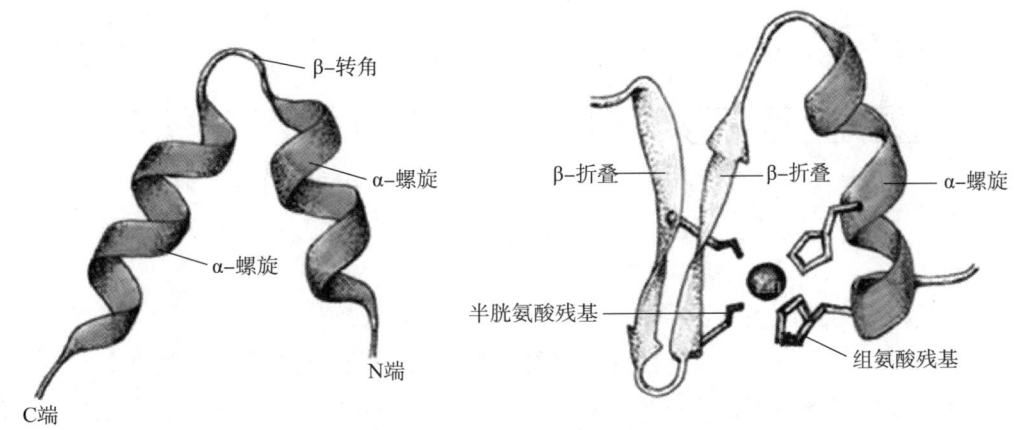

β–转角
α–螺旋
α–螺旋
N端
C端

β–折叠
β–折叠
α–螺旋
半胱氨酸残基
组氨酸残基

图 1-10　模体结构形式

（三）蛋白质的三级结构

蛋白质的三级结构（tertiary structure）是整条肽链中主链和侧链所有原子在三维空间的排布位置及它们的相互关系。由一条肽链构成的蛋白质分子发挥生物学功能必须具备完整的三级结构。例如，肌红蛋白（myoglobin，Mb）分子由 153 个氨基酸残基组成的单一多肽链和一分子血红素辅因子所构成。Mb 分子的肽链中含有 8 个 α-螺旋（自 N 端起依次为 A～H），约 75% 的氨基酸残基存在于这 8 个 α-螺旋中。Mb 分子中的疏水基团位于其分子内部，亲水基团暴露于分子表面，血红素位于 α-螺旋 E 和 α-螺旋 F 之间的疏水口袋中，形成一个 4.5 nm×3.5 nm×2.5 nm 的球形分子（图 1-11）。血红素是由 4 个吡咯环通过 4 个亚甲基桥相连形成的平面铁卟啉化合物，Fe^{2+} 居于卟啉环中央。Fe^{2+} 有 6 个配位键，其中 4 个配位键与 4 个吡咯环的 N 原子相连接，1 个与 F8（示 α-螺旋 F 中第 8 个残基）组氨酸（93）相连，氧分子则与第 6 个配位键相结合，并与 E7 组氨酸（64）相接近。Mb 的主要功能是贮氧以备肌肉运动之需。

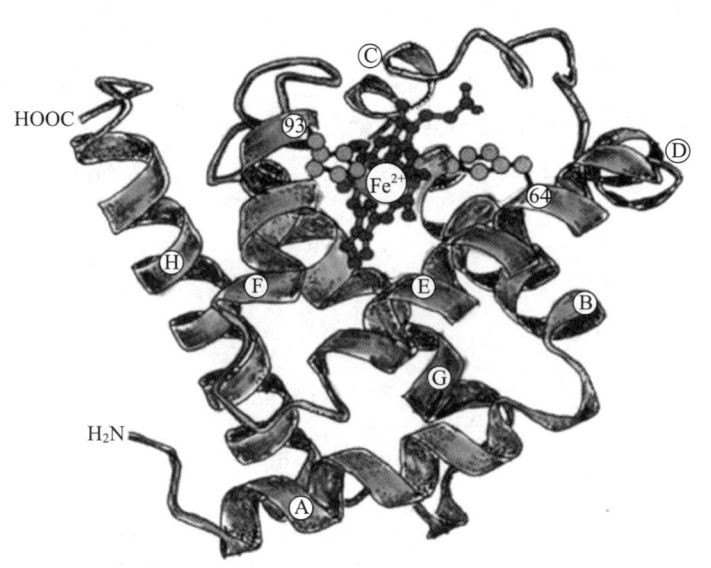

图 1-11 肌红蛋白（Mb）的三级结构

稳定蛋白质三级结构的作用力主要是侧链间的非共价键。此外，二硫键和配位键对蛋白质三级结构的稳定也起着重要作用。

在分子量较大的蛋白质分子内部，多肽链可形成一个或数个球状或纤维状的区域，折叠得较为紧密，各行使其功能，这些区域称为结构域（domain）。结构域是三级结构层次上的局部折叠区，大多含有 100～200 个氨基酸残基。例如，纤连蛋白由两条肽链通过各自 C 端形成的二硫键连接而成，每条肽链都有几个具有不同功能的结构域，有的结构域能与肝素等结合，有的结构域与细胞结合，有的结构域与胶原蛋白结合（图 1-12）。

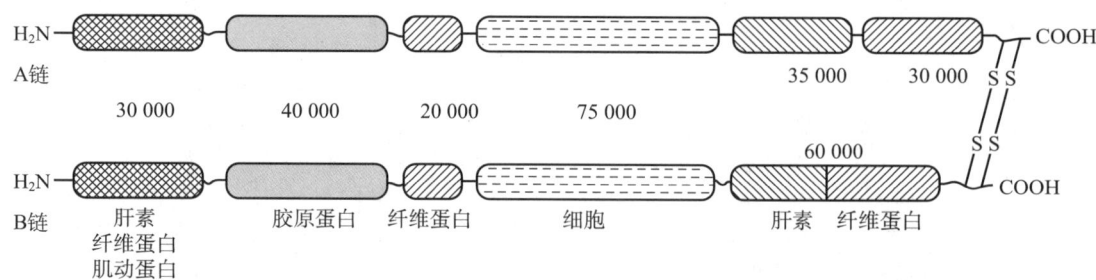

图 1-12 纤连蛋白的结构域

（四）蛋白质的四级结构

许多蛋白质含有两条以上具有独立三级结构的多肽链，这些多肽链通过非共价键相互作用形成的多聚体结构称为蛋白质的四级结构（quaternary structure）。每条具有独立三级结构的多肽链则称为此蛋白质的亚基（subunit）。所以，蛋白质的四级结构即蛋白质分子中各亚基间的空间排布。稳定蛋白质四级结构的化学键是氢键、离子键、疏水作用和范德华力等非共价键。具有四级结构的蛋白质，只有完整的四级结构才有活性，各单独的亚基通常无生物活性。胰岛素虽然含有两条多肽链，但两条多肽链之间以两个二硫键共价相连，所以胰岛素不具有四级结构。具有四级结构的血红蛋白 A$_1$ 含有 2 个 α- 亚基和 2 个 β- 亚基分子（图 1-13），任何一个亚基单独存在时都起不到有效的运氧作用。

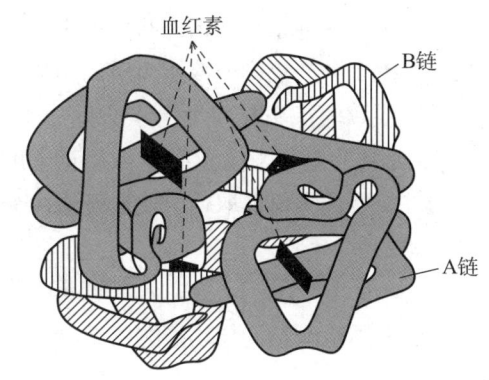

图 1-13 血红蛋白 A$_1$ 的四级结构示意图

第三节 蛋白质结构与功能的关系

研究蛋白质结构与功能的关系，有助于人们揭示生命现象的分子机制，进一步了解生命的演化过程，也有助于发现各种疾病的分子基础。

一、蛋白质一级结构与功能的关系

1. 蛋白质的一级结构是空间结构与功能的基础　蛋白质的一级结构是其空间结构的基础，通常一级结构相似的蛋白质其空间结构也相似，功能也相似。例如，不同种属来源的胰岛素只在 A 链的第 8、9、10 位和 B 链的第 30 位氨基酸残基存在差异（表 1-4），但其调节血糖等生物学功能相同。因此人们以往用猪和牛胰岛素治疗人类糖尿病。然而，如果切除胰岛素 A 链 N 端第一个 Gly，活性仅存 2% ~ 10%；切除胰岛素 A 链 N 端前 4 个氨基酸残基，则活性完全丧失。说明 A 链前 4 个氨基酸对维持胰岛素的空间结构和功能是必需的。

2. 蛋白质一级结构改变与分子病　一级结构相似的蛋白质是否具有相似的空间结构和功能，

表 1-4　某些动物胰岛素分子中氨基酸残基的差异部分

来源	氨基酸残基序号			
	A8	A9	A10	B30
人	Thr	Ser	Ile	Thr
猪	Thr	Ser	Ile	Ala
狗	Thr	Ser	Ile	Ala
兔	Thr	Ser	Ile	Ser
牛	Ala	Ser	Val	Ala
羊	Ala	Gly	Val	Ala
马	Thr	Gly	Ile	Ala
抹香鲸	Thr	Ser	Ile	Ala

拓展学习 1-2
蛋白质一级结构与物种进化的关系

主要取决于在维系空间结构和功能中起关键作用的氨基酸残基之间的差异。这些关键的氨基酸残基发生改变会严重影响该蛋白质的功能，甚至导致疾病的发生。这种由于蛋白质分子中氨基酸的变异所导致的疾病被称为"分子病"。目前已发现的这种遗传疾病不下百种。例如，编码血红蛋白 β- 亚基的基因发生点突变，从正常的 T 变为 A，使表达的 β- 亚基中第 6 位氨基酸残基由正常的谷氨酸被缬氨酸取代，使血红蛋白分子结构发生改变，进而影响红细胞形态，导致镰状细胞贫血的发生。

临床聚焦 1-1
镰状细胞贫血

二、蛋白质空间结构与功能的关系

1. 蛋白质的功能依赖于其特定的空间结构　蛋白质的功能不仅与其一级结构密切相关，更依赖于其特定的空间结构。如构成毛发的角蛋白因其二级结构中存在大量 α- 螺旋而坚韧且富有弹性，蚕丝的丝心蛋白因存在大量 β- 折叠结构而柔软、伸展。

2. 血红蛋白与氧结合时的构象变化及对功能的影响　下面以具有运输 O_2 和 CO_2 功能的血红蛋白为例，详细阐述蛋白质空间结构与功能的关系。成人红细胞中的血红蛋白（hemoglobin，Hb）主要是 HbA_1，它是由 2 个 α- 亚基和 2 个 β- 亚基组成的四聚体（$\alpha_2\beta_2$）蛋白，每个亚基含有 1 分子血红素辅因子。每个亚基的三级结构都与肌红蛋白相似，α- 亚基由 141 个氨基酸残基构成，含 7 个 α- 螺旋；β- 亚基由 146 个氨基酸残基构成，含 8 个 α- 螺旋。4 个亚基通过 8 个离子键相连（图 1-14）。

血红蛋白（Hb）分子有紧张态（tense state，T 态）和松弛态（relaxed state，R 态）两种构象变化。当血液流经氧气充足的肺部时，Hb 的一个亚基与 O_2 结合，并能促进其他亚基与 O_2 的结合，产生正协同效应。在与 O_2 结合的过程中，亚基间的离子键断裂，引起处于完全 T 态的 Hb 分子逐渐转变为 R 态。当血液流经需氧的组织时，随着 O_2 的释放，亚基间的离子键又重新形成，处于完全 R 态的 Hb 分子又逐渐转变为 T 态（图 1-15）。

英国生物学家麦克斯·佩鲁茨（Max Perutz）利用 X 射线衍射法分析 Hb 和 HbO_2 晶体的三维结构，解释了 O_2 与 Hb 结合的正协同效应。当 Hb 亚基未与 O_2 结合时，4 个亚基的排布呈 α_1/β_1 和 α_2/β_2 对角分布，结构较为紧密（T 态），此时由于 Fe^{2+} 半径比卟啉环的中央孔大，因而 Fe^{2+} 偏离卟啉平面约 0.06 nm，偏向 α- 螺旋 F8 组氨酸侧。T 态时与 O_2 亲和力低。当 Hb 的一个亚基上的 Fe^{2+} 与 O_2 结合后，由于自旋速度加快，Fe^{2+} 的半径变小而落入卟啉环内，这样又带动 F8 组氨酸

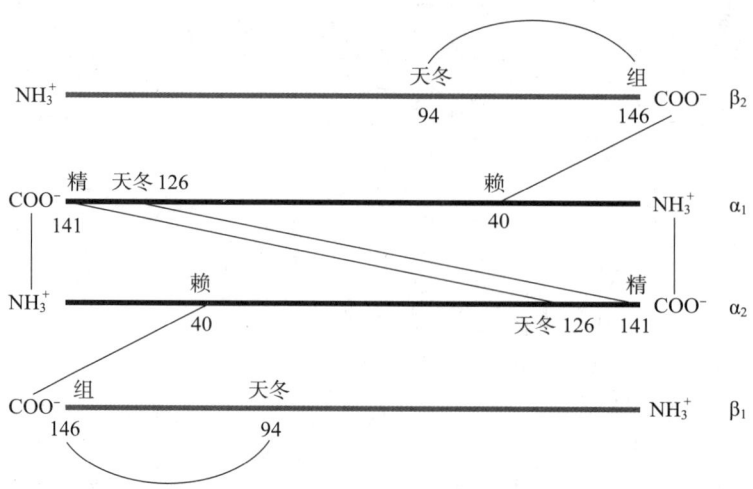

图 1-14　脱氧血红蛋白亚基内及亚基间的离子键

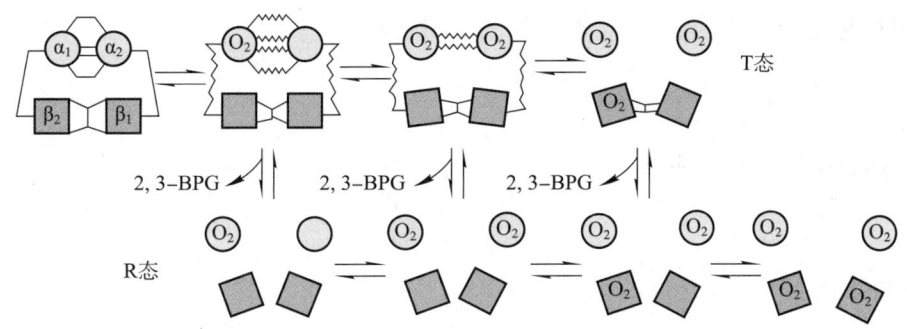

图 1-15　血红蛋白（Hb）T 态和 R 态构象转换示意图

向卟啉环移位，同时也带动了 α- 螺旋 F 的相应移位（图 1-16A）。这一微小的构象变化首先引起 α_1/α_2 亚基之间离子键的断裂，使 α_1/β_1 和 α_2/β_2 的长轴形成 15° 的夹角，结构显得相对松弛（R 态）（图 1-16B），增加与 O_2 的亲和力。这些构象改变又影响相邻亚基构象变化并易于与 O_2 结合，最后使得 Hb 的各个亚基都从紧张态过渡到更易于结合 O_2 的松弛态。

3. 蛋白质结构异常与构象病　在体内蛋白质合成后的加工与成熟过程中，多肽链的正确折叠对其正确构象的形成和功能的发挥至关重要。若蛋白质发生错误折叠，尽管其一级结构未变，但由于空间构象改变，不仅影响蛋白质的功能，严重的构象改变还会导致疾病发生，称为蛋白质构象病（protein conformational disease）。疯牛病即是一种典型的蛋白质构象病。病牛脑组织呈海绵状、多孔泡状而坏死，长的纤维细胞增生并形成斑块，故又称牛海绵样脑病。造成疯牛病的分子基础是神经组织的朊（病毒）蛋白在其分泌过程中可能发生"解折叠"和"重折叠"而产生更多的 β- 折叠。正常的朊（病毒）蛋白含有 42% 的 α- 螺旋、3% 的 β- 折叠，而异常的朊（病毒）蛋白则含有 30% 的 α- 螺旋，43% 的 β- 折叠（图 1-17）。美国加州大学医学院斯坦利·普鲁西纳（Stanley Prusiner）教授发现了朊（病毒）蛋白及其致病机制，他也因此获得了 1997 年诺贝尔生理学或医学奖。

人类的肌萎缩性脊髓侧索硬化症也属于蛋白质构象病。这是一种渐进性和致命的神经退行性疾病，临床上常表现为上、下运动神经元合并受损的混合性瘫痪。这种疾病发

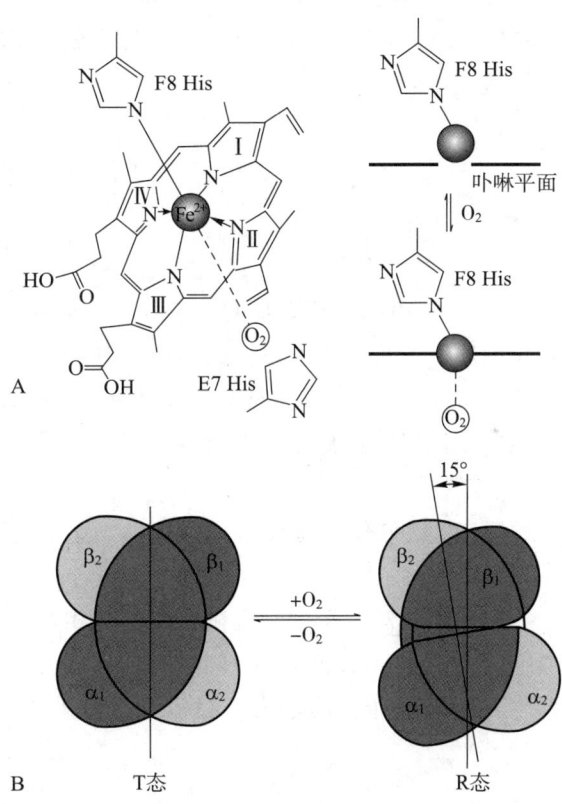

图 1-16　血红蛋白（Hb）亚基与 O_2 的结合及其构象变化

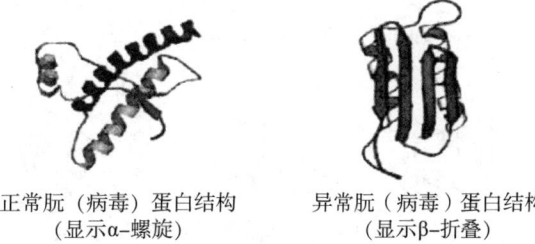

正常朊（病毒）蛋白结构（显示 α- 螺旋）　　异常朊（病毒）蛋白结构（显示 β- 折叠）

图 1-17　正常朊（病毒）蛋白和异常朊（病毒）蛋白空间结构的差异

生的分子基础是蛋白质错误折叠后相互聚集，形成沉淀。

第四节 蛋白质的理化性质

一、蛋白质的两性解离和等电点

蛋白质是两性电解质。蛋白质分子中含有许多可解离的基团，在一定的 pH 条件下，可以解离成阳离子的基团除 N 端的游离氨基外，还有赖氨酸残基的 ε- 氨基、精氨酸残基的胍基和组氨酸残基的咪唑基；可以解离成阴离子的基团除 C 端的游离羧基外，还有天冬氨酸残基的 β- 羧基和谷氨酸残基的 γ- 羧基。在一定 pH 条件下，蛋白质所带的正、负电荷相等，净电荷为零，此时蛋白质成为兼性离子，溶液的 pH 称为该蛋白质的等电点（pI）。蛋白质的等电点是蛋白质的特征性常数。

$$\underset{\substack{\text{阳离子}\\(\text{pH}<\text{pI})}}{Pr\overset{\overset{+}{N}H_3}{\underset{COOH}{\big<}}} \underset{H^+}{\overset{OH^-}{\rightleftarrows}} \underset{\substack{\text{兼性离子}\\(\text{pH}=\text{pI})}}{Pr\overset{\overset{+}{N}H_3}{\underset{COO^-}{\big<}}} \underset{H^+}{\overset{OH^-}{\rightleftarrows}} \underset{\substack{\text{阴离子}\\(\text{pH}>\text{pI})}}{Pr\overset{NH_2}{\underset{COO^-}{\big<}}}$$

溶液的 pH 高于蛋白质的等电点时，蛋白质带负电荷；反之，蛋白质带正电荷。人体内大多数蛋白质由于其 pI 低于体液的 pH 而带负电荷。少数蛋白质含碱性氨基酸残基较多，其 pI 较高，在人体体液中带正电荷，称为碱性蛋白质，如鱼精蛋白、组蛋白等。反之，含酸性氨基酸残基多的蛋白质称为酸性蛋白质，如胃蛋白酶、丝蛋白等。

二、蛋白质的胶体性质

蛋白质是高分子的有机化合物，其相对分子质量多在 10 000 以上，甚至高达数百万乃至数千万，其分子直径为 1～100 nm，属胶体颗粒。所以，蛋白质溶液是胶体溶液，具有胶体溶液的性质。蛋白质是亲水胶体。球状蛋白质分子的亲水基团位于分子的表面，与水结合，每克蛋白质结合的水可高达 0.3～0.5 g，形成包裹在分子表面的水化膜（hydration shell）。蛋白质分子之间相同电荷的相斥作用和其表面水化膜的相互隔离作用是维持蛋白质胶粒在溶液中稳定的两大因素（图 1-18）。

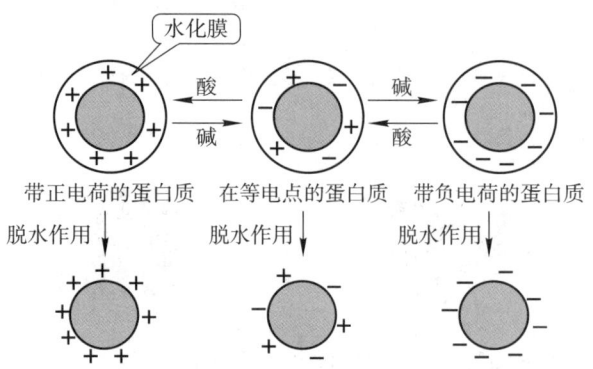

图 1-18 蛋白质颗粒的胶体性质

由于蛋白质的相对分子质量大，黏度大，扩散速度慢，不易透过半透膜，可利用蛋白质的这种性质，采用透析的方法使蛋白质与小分子化合物分开。

三、蛋白质的变性、沉淀与凝固

（一）蛋白质的变性与复性

在某些理化因素的作用下，维系蛋白质空间结构的次级键（甚至二硫键）断裂，使其空间结构遭受破坏，造成其理化性质的改变和生物活性的丧失，这种现象称为蛋白质的变性（denaturation）。引起蛋白质变性的物理因素有加热、紫外线照射、超声波和剧烈振荡等，化学因素有强酸、强碱、有机溶剂、重金属盐等。变性蛋白质仅表现为天然空间构象的紊乱，肽键没有破坏，肽链是完整的。

变性蛋白质的理化性质发生明显改变。首先，变性蛋白质的疏水基团外露，丧失水化膜，溶解度降低，由亲水胶体变成疏水胶体。如果此时溶液的 pH 不在其等电点，蛋白质仍可因电荷排斥作用而不发生沉淀。其次，变性蛋白质空间构象的破坏造成分子的不对称性增大，在溶液中的黏度增大。另外，由于变性蛋白质分子中各原子和基团的正常排布发生变化，造成其吸收光谱改变，生物活性丧失；并且变性蛋白质由于盘曲肽链的伸展，肽键外露，易被蛋白酶水解。

蛋白质在发生轻微变性后，可因去除变性因素而恢复活性的现象称为复性（renaturation）。例如，牛胰核糖核酸酶（ribonuclease，RNase）是由 124 个氨基酸残基组成的单一多肽链，含 4 个二硫键。在 8 mol/L 尿素和还原剂 β- 巯基乙醇存在时，牛胰核糖核酸酶分子中的非共价键和二硫键断裂，失去其有规律的三级结构，发生变性，丧失其生物活性。如果用透析的方法去除尿素和 β- 巯基乙醇，则多肽链又可再次形成非共价键和二硫键，逐步恢复其特定的三级结构，并恢复其生物活性（图 1-19）。

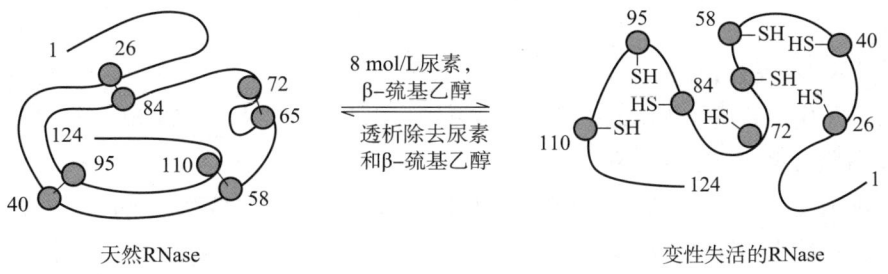

天然RNase　　　　　　　　　　　　变性失活的RNase

图 1-19　牛胰核糖核酸酶的变性与复性

临床上应用乙醇、过氧乙酸、高温高压、紫外线等手段消毒灭菌就是基于蛋白质变性的原理。此外，临床上一些蛋白质制剂（如血液制品、疫苗、酶制剂等）应低温保存，以防止蛋白质变性。

（二）蛋白质沉淀

蛋白质从溶液中析出的现象称为蛋白质沉淀。已知蛋白质在水溶液中稳定的两大因素是水化膜和电荷。若去除蛋白质的水化膜及中和其电荷，蛋白质便发生沉淀。蛋白质溶液的 pH 接近蛋白质的等电点时，蛋白质易于沉淀。例如，酸牛奶的 pH（≈5.0）接近酪蛋白的等电点（4.8），不加热或稍加热便可出现沉淀，甚至凝固成块。使蛋白质沉淀的方法有很多：①向蛋白质溶液中加入大量的中性盐（如硫酸铵、硫酸钠、氯化钠等），可夺取蛋白质的水化膜并中和电荷，使蛋白质沉淀；②向蛋白质溶液中加入有机溶剂（如乙醇、甲醇、丙酮等）可使蛋白质沉淀，因为有机溶剂一方面对水的亲和力很大，能破坏蛋白质颗粒周围的水化膜，另一方面还能够降低溶液的介电常数，使蛋白质分子易于聚集沉淀；③生物碱试剂（如苦味酸、鞣酸等）、三氯醋酸、过氯酸等酸根离子可与带正电荷的蛋白质结合，使蛋白质变性并沉淀；④重金属离子（如汞、铅、铜、银等）易于与带负电荷的蛋白质结合，使蛋白质变性、沉淀。

临床血液化学分析时常利用三氯醋酸、过氯酸沉淀除去血液中的蛋白质，此类沉淀反应也可用于检验尿中蛋白质。利用蛋白质能与重金属盐结合的性质，临床上常用口服大量牛奶或鸡蛋清和催吐剂的方法抢救误服重金属盐中毒的患者。实验室中常应用高浓度的中性盐和有机溶剂沉淀法分离纯化蛋白质。

（三）蛋白质的凝固

在接近蛋白质等电点的条件下加热可使蛋白质变性凝固。凝固是由于此时变性的蛋白质在高温下肽链伸展并相互缠绕而变成较为坚固的凝块所致。沉淀的蛋白质不一定变性，如中性盐沉淀的蛋白质仍可保持蛋白质的活性。变性的蛋白质不一定沉淀，如蛋白质被强酸或强碱变性后，由于蛋白质颗粒带着大量电荷，仍然溶于强酸或强碱之中；若将上述强酸或强碱溶液的 pH 调至蛋白质的等电点，变性蛋白质便凝集成絮状沉淀物从溶液中析出。若将此絮状物沉淀加热，则会发生凝固。凝固的蛋白质均已变性，而且不再溶解。

四、蛋白质的紫外吸收与呈色反应

（一）蛋白质溶液的紫外吸收

由于蛋白质分子中含有酪氨酸和色氨酸残基，因此蛋白质在 280 nm 有最大的紫外吸收峰。可用这一性质测定蛋白质含量。

（二）蛋白质的呈色反应

蛋白质分子中的肽键及侧链上的各种特殊基团可以和有关试剂反应呈现一定的颜色，这些反应常用于蛋白质的定性、定量分析。

1. 双缩脲呈色反应　双缩脲在碱性条件下能与 Cu^{2+} 结合生成紫红色化合物，此反应称为双缩脲反应。蛋白质中的肽键也能发生双缩脲反应。

2. 酚试剂呈色反应　是较为常用的蛋白质定量方法。该法是 1951 年由美国生物化学家奥利弗·劳里（Oliver Lowry）建立在双缩脲法和酚试剂法基础上的蛋白质含量测定方法，故又称 Lowry 法。它的基本原理涉及两步反应：第一步反应是双缩脲反应，即在碱性条件下，含有酰胺键的化合物可与 Cu^{2+} 形成紫红色的络合物，颜色的深浅与蛋白质的含量成正比；第二步反应是酚试剂反应，蛋白质分子中的酪氨酸、色氨酸、半胱氨酸残基使酚试剂中的磷钨酸—磷钼酸还原成深蓝色的钨蓝和钼蓝。酚试剂法很灵敏，可检测出 5 μg 的蛋白质。

3. 考马斯亮蓝显色法　该法于 1976 年由美国科学家马里昂·布拉德福德（Marion Bradford）等人建立，故又称 Bradford 法。其基本原理为：游离状态的考马斯亮蓝 G-250（一种染料）在酸性溶液中呈红褐色，与蛋白质结合后，由红褐色转变为蓝色。此法的灵敏度比酚试剂法高 4 倍，而且方法简单、稳定，备受青睐。

第五节　蛋白质的分离、纯化及结构分析

一、蛋白质的分离与纯化

蛋白质的分离、纯化是生物化学与分子生物学研究中的一项重要的操作过程。一个典型的真核细胞可以包含数以千计的不同蛋白质，一些含量十分丰富，一些则含量甚微。为了研究某种蛋白质，必须首先利用各种方法将样品中的蛋白质与其他物质分离或者从某一蛋白质混合物中获得单一蛋白质成分，这个过程称为蛋白质的分离与纯化。

从一个样品中分离、纯化蛋白质的主要依据是不同的蛋白质在理化性质方面的差异（表1-5）。生物体的组成成分复杂，又处于同一体系中，很难有一个统一的标准分离纯化程序适用于各类蛋白质的分离。因此，对所要分离纯化的蛋白质的理化性质及生物学特性要先有一定的了解，然后才能着手进行实验。对于一个性质及结构未知的蛋白质，更需经过各种方法的优劣比较与条件摸索，以获得预期结果。

表 1-5　蛋白质分离纯化的主要方法及其依据

性质	方法
溶解度的差异	盐析、萃取、溶剂抽提、选择性沉淀、结晶、分配层析、逆流分配等
分子的大小与形状的差异	超滤、透析、差速离心、凝胶电泳、分子筛层析等
电荷的差异	电泳、等电点沉淀、离子交换层析、吸附层析、聚焦层析等
生物功能专一性的差异	亲和层析
疏水性的差异	疏水作用层析、反相高效液相层析

（一）依据蛋白质溶解度差异的分离纯化方法

通过改变蛋白质的溶解度沉淀蛋白质的常用方法有盐析法和有机溶剂沉淀法。对于蛋白质的结构分析还需对蛋白质进行结晶。

1. 盐析法　利用高浓度的中性盐将蛋白质从溶液中析出的方法叫做盐析（salting out）。盐析是蛋白质和酶分离纯化中最广泛应用的方法。盐析的原理是亲水性强的中性盐离子可争夺蛋白质表面的水化膜，同时中和蛋白质表面的电荷，破坏蛋白质的胶体性质，使蛋白质在溶液中的溶解度下降而沉淀析出。盐析的优点是成本低、操作简单、减少蛋白质变性。盐析时常用的中性盐包括硫酸铵、硫酸镁、氯化钠等。由于不同蛋白质的溶解度与等电点不同，沉淀时所需的pH与离子强度也不相同，改变盐的浓度与溶液的 pH（多选择在蛋白质的等电点附近），可将混合液中的蛋白质分批沉淀，这种分离蛋白质的方法称为分段盐析法。分离目标蛋白质最好采用分段盐析法。

2. 有机溶剂沉淀法　蛋白质的提取纯化也常使用与水互溶的有机溶剂（如乙醇、丙酮、正丁醇）。一方面，有机溶剂能降低溶液的介电常数，从而增加蛋白质分子之间的相互吸引，导致溶解度下降；另一方面，有机溶剂可与水作用，破坏蛋白质表面水化膜，因此，蛋白质在一定浓度的有机溶剂中可以沉淀析出。利用不同的蛋白质在不同的有机溶剂或不同浓度的同一种有机溶

剂中溶解度的差异而达到分离目的的方法称作有机溶剂分段沉淀法。操作时溶液的 pH 大多控制在蛋白质的等电点附近。高浓度的有机溶剂容易引起蛋白质变性，为此应采取以下措施：①低温下操作；②加入有机溶剂后立即混匀，以免局部浓度过大；③添加 0.05 mol/L 左右的中性盐；④操作后尽快除去有机溶剂。

3. 蛋白质结晶 结晶是使溶质呈晶态从溶液中析出的过程。蛋白质结晶即是溶液中的蛋白质由随机状态转变为有规则排列状态的固体，常用于分析研究其结构。蛋白质结晶是一个有序化过程，当溶液达到过饱和状态，蛋白质能够形成一定大小的晶核，溶液中的蛋白质分子失去自由运动的能量（如平移、旋转等），不断地结合到形成的晶核上，长成适合于 X 射线衍射分析的晶体。蛋白质结晶的方法有分批结晶法、液 – 液扩散法、蒸气扩散法等。无论是哪一种方法，其原理都建立在降低蛋白质溶解度的基础上。

（二）依据蛋白质分子大小差异的分离纯化方法

常采用的方法有离心技术、凝胶过滤层析技术及透析与超滤。

1. 离心技术 离心（centrifugation）分离是利用机械的快速旋转所产生的离心力，将不同密度的物质分离开来的方法。在单位离心场力作用下，溶质分子沉降的速率为：

$$\mathrm{d}x/\mathrm{d}t = \omega^2 x \cdot S$$

式中 ω 为离心角速度，t 为离心时间，x 为溶质离开中心轴的距离，S 为沉降系数（sedimentation coefficient），以 Svedberg 单位来表示（$1S = 10^{-13}\,\mathrm{s}$）。沉降系数的大小与蛋白质的密度与形状相关。

差速离心（differential centrifugation）是采用离心力由小到大分阶段离心的办法，将密度不同的物质分步骤地逐一分离开来。超速离心（ultracentrifugation）（转速 > 30 000 r/min）不仅用于分离纯化蛋白质，还可测定蛋白质的相对分子质量。

2. 凝胶过滤层析技术 是层析技术的一种。层析技术（chromatography）又称色谱技术，是在固定相（固定或结合于支持物）和流动相（流经固定相）中分离各组分的一项技术。样品中各组分因溶解度、分子量和分子形状、分子所带的电荷性质和数量、分子表面的特殊基团、吸附能力等理化性质的差异，对固定相和流动相的亲和力也各不相同。当样品流经支持物时，各组分由于所受到的固定相的阻力和流动相的推力不同，移动速度各异，并在支持物上集中分布于不同区域，从而得以分离。根据分离原理和操作方法的不同，层析可分为吸附层析、分配层析、离子交换层析、凝胶过滤、亲和层析等。凝胶过滤层析（gel filtration chromatography）又称分子筛层析或凝胶排阻层析。凝胶过滤层析的固定相是多孔的凝胶（常用的是葡聚糖凝胶系列）。当样品中的各组分随流动相流经多孔的凝胶（固定相）时，由于各组分的分子大小不同，在凝胶上受阻滞的程度也不同。大分子的物质不能进入凝胶颗粒内部，经凝胶颗粒间隙向下流动，因而流经的路径短，先被洗脱出来；小分子的物质可扩散进入凝胶颗粒的内部，向下流动的路径长而后被洗脱出来（图 1-20）。

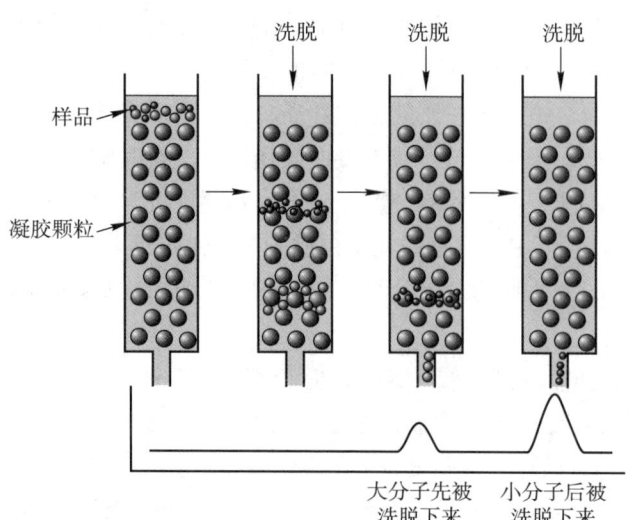

图 1-20 凝胶过滤层析示意图

凝胶过滤层析因操作简单、快速，而广泛应用于蛋白质的脱盐、分离提纯。另外，如果利用相对分子质量已知的几种标准蛋白质作为参照，还可用于测定未知蛋白质的相对分子质量。

3. 透析与超滤　透析（dialysis）是利用具有半透膜性质的透析袋将大分子的蛋白质与小分子化合物分开的方法。将装有蛋白质溶液的透析袋置于透析液（纯水或某种缓冲液）中，小分子的物质便可透过透析袋进入透析液中，大分子的蛋白质则留在透析袋内。透析过程中需更换几次透析液，以便袋内的小分子物质完全被透析除去（图 1-21）。

超滤（ultrafiltration）是在一定压力作用下，使蛋白质溶液中的小分子物质通过具有一定孔径的超滤膜，而蛋白质被截留的一种分离纯化方法（图 1-22）。超滤也可达到浓缩蛋白质的目的。

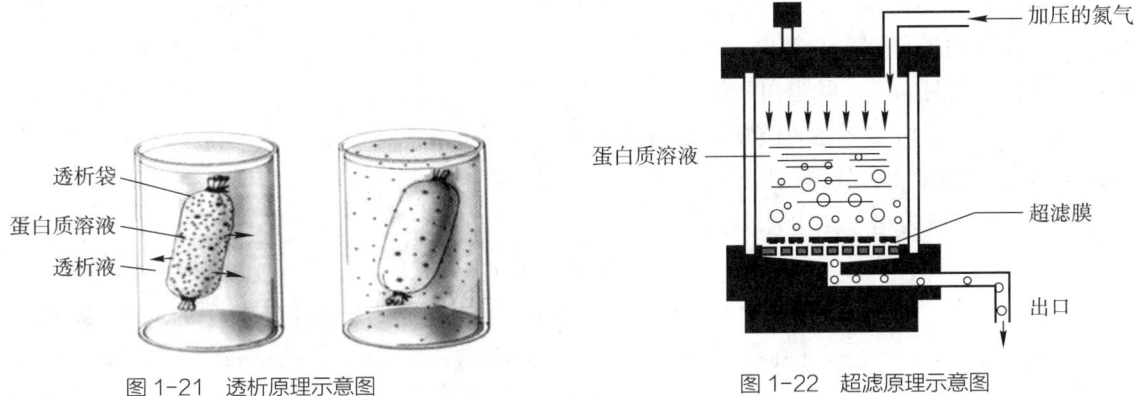

图 1-21　透析原理示意图　　　　　　图 1-22　超滤原理示意图

（三）依据蛋白质电荷差异的分离纯化方法

根据各种蛋白质在一定的 pH 环境下所带电荷的种类与数量不同，将不同蛋白质分离。常用的方法有电泳技术和离子交换层析。

1. 电泳技术　电泳（electrophoresis）是指带电荷粒子在电场中向着与其所带电荷相反方向电极移动的现象。自 1807 年俄国物理学家彼得·伊万诺维奇·斯特拉霍夫（Peter Ivanovich Strakhov）等首次发现电泳现象以来，电泳技术的发展十分迅速，已成为分离和鉴定蛋白质等生物大分子的重要工具。实验室中最常用来分离蛋白质的电泳是 SDS-PAGE（十二烷基硫酸钠 - 聚丙烯酰胺凝胶电泳）和等电聚焦电泳。

（1）SDS-PAGE　最初由阿诺·夏皮罗（Arnold Shapiro）等于 1967 年建立，常用于测定蛋白质的相对分子质量。SDS-PAGE 时，样品中加入的强还原剂（如 β- 巯基乙醇）使蛋白质分子内部的二硫键被彻底还原；加入的 SDS（一种阴离子去污剂）能与蛋白质结合，破坏蛋白质分子内部、分子间及与其他物质之间的次级键而引起蛋白质变性。SDS 与蛋白质结合后形成变性的 SDS- 蛋白质复合物，其所带有的负电荷量远远大于蛋白质本身带有的负电荷，掩盖了不同蛋白质之间原有的电荷差别。相对分子质量较大的蛋白质结合的 SDS 多，相对分子质量较小的蛋白质结合的 SDS 少，但它们与 SDS 结合成复合物后所带的电荷量与其相对分子质量的比值趋于一致。同时，不同蛋白质的 SDS 复合物的形状也相似，在水溶液中呈长椭圆棒状，其短轴恒定（约为 18Å），长轴则与蛋白质的相对分子质量成正比。聚丙烯酰胺凝胶是由丙烯酰胺单体和交联剂 N, N'- 甲叉双丙烯酰胺聚合而成的具有网状结构的凝胶，具有电荷效应和分子筛效应，可用于蛋白质、核酸等生物大分子的分离、定性和定量分析。在 SDS-PAGE 中，由于前述原因，不同蛋白质的电荷及分子形状差异均可忽略不计，蛋白质电泳迁移率仅取决于其相对分子质量的大小。

将相对分子质量已知的几种蛋白质和相对分子质量未知的蛋白质在相同条件下进行 SDS-PAGE，利用标准蛋白质的相对迁移率与它们相对分子质量的对数作图，即可得一标准曲线，再根据未知蛋白的相对迁移率即可求得其相对分子质量。由于 SDS-PAGE 系统加入了变性剂，所有蛋白质都变成了单体（单链），因此严格地说，SDS-PAGE 测定的是蛋白质亚基的相对分子质量。

（2）等电聚焦电泳（isoelectric focusing electrophoresis，IFE） 是 20 世纪 60 年代后期发展起来的一种电泳新技术。IFE 是在电泳介质中加入两性电解质载体，当通以直流电时，两性电解质即形成一个由正极到负极逐渐增加的 pH 梯度，正极附近是低 pH 区，负极附近是高 pH 区。当不同等电点的蛋白质进入这个连续、线性、稳定的 pH 梯度环境时，则带上不同性质和数量的电荷，在碱性区域的蛋白质分子带负电荷向正极移动，位于酸性区域的蛋白质分子带正电荷向负极移动，直至它们迁移到与其等电点（pI）相同的 pH 位置时便停留下来（此时净电荷为零）。在电场中经过一定时间后，各蛋白质组分将分别聚焦在各自等电点相应的 pH 位置上，形成很窄的蛋白质区带，从蛋白质所在的位置即可直接测定出其等电点。该方法分辨率高，只要等电点有 0.01pH 单位的梯度就可使蛋白质组分分离，而且区带越走越窄，无扩散作用。

SDS-PAGE 或等电聚焦电泳分离蛋白质时，凝胶上的每一区带并非单一的组分，而是相对分子质量或 pI 大小相似、生物学性质可能不完全相同的一类蛋白质的混合物。1975 年，帕特里克·奥法雷尔（Patrick O'Farrell）结合蛋白质等电点和相对分子质量两种不同的分离依据，建立了高分辨率的蛋白质双向电泳（two-dimensional electrophoresis，2-DE），并成功地分离到约 1 000 个大肠埃希菌蛋白。2-DE 的第一向是采用 IFE，按等电点的不同对蛋白质进行分离。第二向是采用 SDS-PAGE，按相对分子质量的不同使等电点相同或相近的蛋白质分开（图 1-23）。2-DE 具有很高的分辨率，特别适合于分离细菌或细胞中复杂的蛋白质组分。目前双向电泳已成为蛋白质组学研究的核心技术。

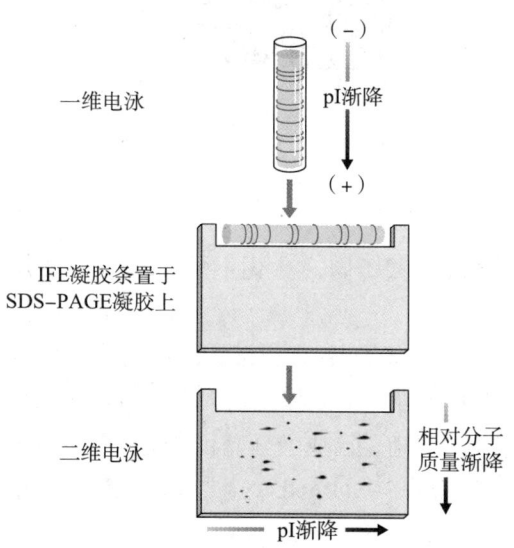

图 1-23 双向电泳

1981 年，詹姆斯·乔根森（James Jorgenson）和克莱恩·卢卡斯（Krynn Luckas）又建立了高效毛细管电泳，用于蛋白质等生物大分子的分离。

2. 离子交换层析（ion exchange chromatography） 是利用离子交换剂上的可交换离子与周围介质中被分离的各种离子间的静电引力不同，经过交换平衡达到分离的一种层析方法。该法可以同时分析多种离子化合物，具有灵敏度高，重复性、选择性好，分离速度快等优点，广泛用于蛋白质的分离纯化。

离子交换层析的固定相是离子交换剂，流动相是具有一定 pH 和一定离子强度的盐溶液。根据可交换离子的性质分为阳离子交换剂和阴离子交换剂。阳离子交换剂本身带负电荷，可吸附溶液中的阳离子；阴离子交换剂本身带正电荷，可吸附溶液中的阴离子。例如，当溶液的 pH 大于蛋白质的等电点时，蛋白质分子带负电荷，被阴离子交换剂所吸附，但由于各种蛋白质的等电点不同，它们的解离程度和电荷多寡不同，与交换剂结合的程度也不同。低盐洗脱液洗脱时，带负电荷少的蛋白质优先被洗脱下来，随着洗脱液盐浓度的不断增加，带电荷相对多的蛋白质就不断被洗脱下来。若用不同 pH 梯度的缓冲液连续洗脱，达到或接近其等电点的蛋白质由于正、负电荷相等而被洗脱下来。这样，带电荷程度不等的蛋白质便得以分离（图 1-24）。

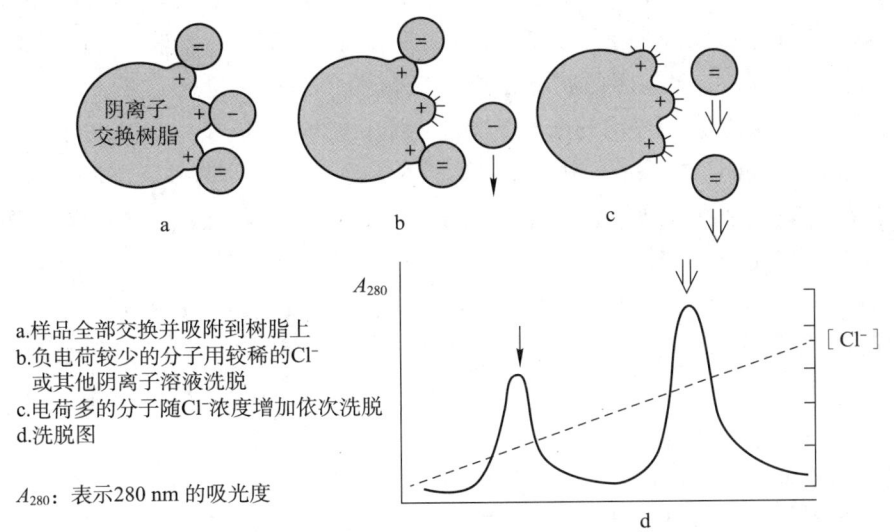

a.样品全部交换并吸附到树脂上
b.负电荷较少的分子用较稀的 Cl⁻ 或其他阴离子溶液洗脱
c.电荷多的分子随 Cl⁻ 浓度增加依次洗脱
d.洗脱图

A_{280}：表示 280 nm 的吸光度

图 1-24 离子交换层析分离蛋白质的基本原理

（四）依据生物功能专一性差异的分离纯化方法

生物分子间存在着特异的相互作用，如抗原 – 抗体、酶 – 底物、激素 – 受体等，它们之间能够特异地可逆结合，这种结合能力称为亲和力。亲和层析是蛋白质分离纯化的最有效方法之一。

亲和层析（affinity chromatography）是将具有特殊结构的亲和分子（配基）共价固定在不溶性的基质（载体）上制成亲和吸附剂（如 Sepharose 4B），当待分离的蛋白质混合液通过装填有亲和吸附剂的层析柱时，与配基具有亲和能力的目标蛋白质就会被吸附而滞留在层析柱中，而与配基没有亲和力的蛋白质由于不被吸附而随洗脱液流出，然后再选用适当的洗脱液，改变结合条件，将被结合的目标蛋白质洗脱下来（图 1-25）。

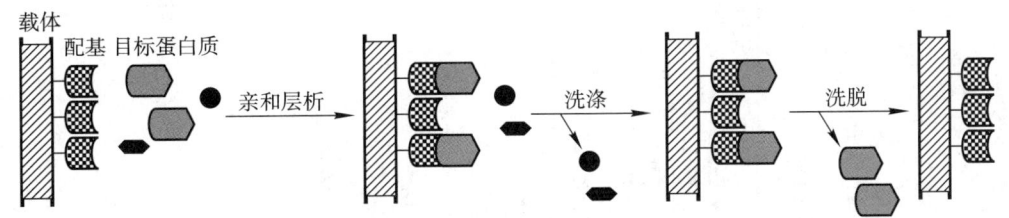

图 1-25 亲和层析工作原理示意图

二、蛋白质的结构分析

蛋白质的结构分析对于在分子水平上阐释生命活动的诸多方面是十分必要的。测定蛋白质的一级结构有助于研究蛋白质的空间结构，准确了解蛋白质的空间结构信息有助于阐释蛋白质的功能。

（一）蛋白质一级结构分析

蛋白质一级结构分析即测定肽链的氨基酸排列顺序，主要有以下几个步骤：①分离纯化蛋白质，得到一定量的蛋白质纯品（纯度须达 97% 以上）；②进行 N 端（或 C 端）分析，以确定蛋白质的多肽链数目；③用还原剂（如 β- 巯基乙醇）还原二硫键，产生单一多肽链；④分离纯化单一多肽链；⑤测定多肽链的氨基酸组成；⑥采用特异性的酶或化学试剂（如溴化氰）将单一多肽链有限水解为若干个肽段，并进行分离；⑦对每一肽段进行测序；⑧重叠法确定多肽链的氨基酸顺序；⑨蛋白质分子中二硫键及酰胺基的确定及磷酸化、糖基化位点定位。

1. 测序前的准备工作　测序前的准备工作包括前述的第①~⑥步。

（1）多肽链 N 端和 C 端分析　测定多肽链的 N 端和 C 端可作为整条多肽链的标志点。英国生物化学家弗雷德里克·桑格曾使用二硝基氟苯法测定多肽链的 N 端。首先用 1- 氟 -2，4- 二硝基苯（1-fluoro-2,4-dinitrobenzene，FDNB）与多肽链的末端氨基反应，生成二硝基苯（dinitrobenzene，DNB）- 肽。将 DNB- 肽酸解后，用乙酸乙酯特异抽提 N 端的 DNB- 氨基酸，然后用层析法与标准化合物对比鉴定为何种氨基酸。现在测定多肽链 N 端多采用丹酰氯法。丹酰氯与末端氨基反应生成丹酰肽，水解后用层析法分离鉴定。由于丹酰基具有很强的黄色荧光，灵敏度比 FDNB 法提高 100 倍。

C 端分析有肼解法和羧肽酶法，目前常用羧肽酶法。操作时，首先将多肽溶于无水肼中，然后在 100℃下进行反应，结果羧基末端氨基酸以游离氨基酸释放，而余下肽链的羧基端与肼结合。这样可以采用抽提或离子交换层析的方法将羧基末端氨基酸分离出来进行分析。如果羧基末端氨基酸是天冬酰胺和谷氨酰胺，则肼解时不能产生游离的羧基末端氨基酸。羧肽酶能从肽链羧基端按序水解肽键，选择合适的酶浓度及反应时间，就可使释放出的氨基酸主要是 C 端氨基酸。常用的有羧肽酶 A、B、C 和 Y（来自酵母）。羧肽酶 Y 对 C 端氨基酸残基无选择性，水解效果好，是目前酶法分析 C 端氨基酸的首选。

（2）多肽链氨基酸组成分析　在进一步分析多肽链的氨基酸顺序之前，首先应了解其氨基酸组成，包括种类和数量。先将分离纯化的单一多肽链完全酸解成游离氨基酸后，采用氨基酸分析仪，利用离子交换层析法或高效液相色谱法进行分离与鉴定（图 1-26）。

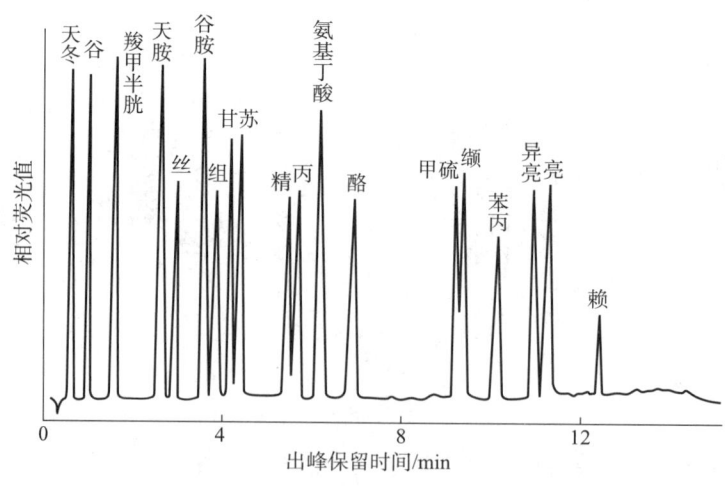

图 1-26　高效液相色谱法分离鉴定氨基酸色谱图

（3）多肽链有限水解为若干个肽段　采用特异性的酶或化学试剂将单一多肽链有限水解为具有部分重叠的若干个肽段（表 1-6），再利用色谱法和电泳法对水解产生的各个肽段进行分离纯化。

2. 多肽链氨基酸序列测定　对不同方法水解产生的每一肽段测序，再经过组合、叠加、拼

表 1-6 常用的水解多肽链的方法

酶或化学试剂	对肽键羧基侧氨基酸要求
胰蛋白酶	精氨酸、赖氨酸
胰凝乳蛋白酶	苯丙氨酸、酪氨酸、色氨酸
金黄色葡萄球菌内肽酶 V8	谷氨酸
溴化氰	甲硫氨酸
亚磺酰基苯甲酸	色氨酸

出完整肽链的氨基酸顺序。目前采用的方法有 Edman 降解法、推演法和质谱法。

（1）Edman 降解法 该法由瑞典生物化学家皮尔·埃德曼（Pehr Edman）建立。在弱碱性条件下，肽段 N 端氨基酸与异硫氰酸苯酯（phenyl isothiocyanate，PITC）反应，再用冷盐酸水解，色谱分离后与标准氨基酸衍生物对比，即可生成苯氨基硫甲酰肽。用冷盐酸水解产生氨基酸衍生物——苯乙内酰硫脲氨基酸和自 N 端少了一个氨基酸的肽段。色谱分离苯乙内酰硫脲氨基酸，并与标准氨基酸衍生物对比，鉴定出 N 端第一个氨基酸。再对少了一个氨基酸的肽段进行同样的 Edman 降解反应，确定 N 端第二个氨基酸。如此反复循环进行，便可确定此肽段从 N 端至 C 端的氨基酸序列（图 1-27）。Edman 自动测序仪目前最多只能准确测定 50~60 个氨基酸残基的肽链。

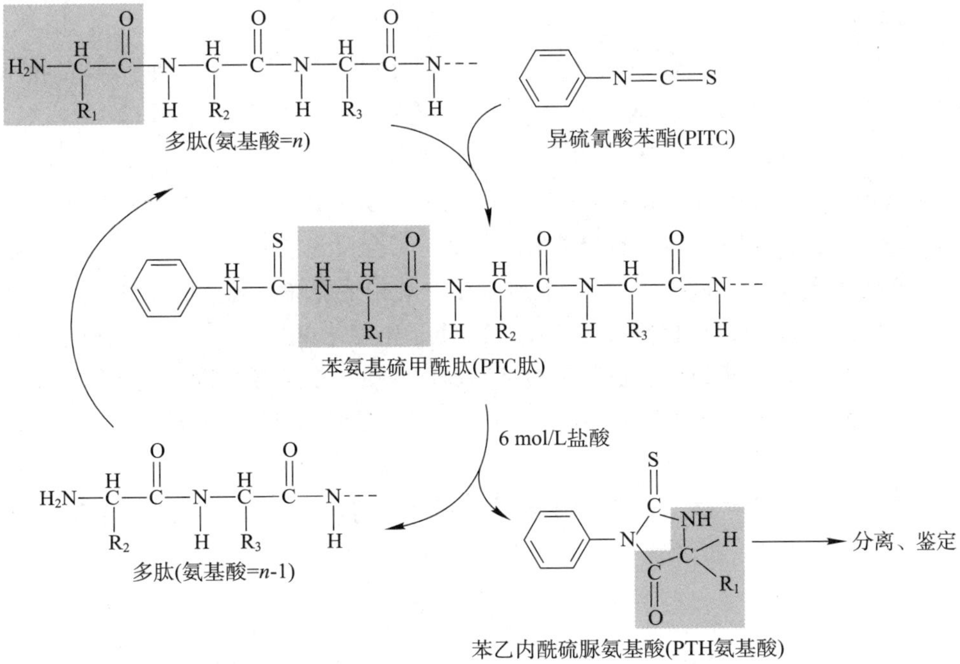

图 1-27 Edman 降解法原理

（2）推演法 近年来，由于核酸研究在理论上及技术上的迅猛发展，人们开始通过核酸的碱基序列来推演蛋白质中的氨基酸序列。此方法先确定基因组中编码蛋白质的基因，测定其 DNA 序列，排列出其 mRNA 序列，再按照三联密码的原则推演出氨基酸的序列。另外，也可利用逆转录聚合酶链反应（RT-PCR）获得 mRNA 的 cDNA 序列，再反推出蛋白质。目前多数蛋白质的氨基酸序列都是通过此方法而获知的。

（3）质谱法　质谱（mass spectrometry，MS）是一种与光谱并列的谱学分析方法，是通过制备、分离、检测气相离子来鉴定化合物的一种专门技术。质谱鉴定化合物的原理是通过测量离子的质量 – 电荷比（简称质荷比）来确定分子量。首先使样品中的各有机组分在离子源中发生电离，产生不同质荷比的带正电荷的离子，然后使这些离子在加速电场的驱动下，形成离子束进入质量分析器。在质量分析器中，再利用电场和磁场使其发生色散。当向磁场垂直方向运动时，离子束受磁场作用，它的运动轨迹不是直线而是弧线，弧线的曲率与离子的质荷比成正比，可据此确定不同离子的质量。质谱仪通过聚焦获得质谱图，通过谱线解析，从而确定有机化合物。质谱法测定肽段的一级结构时，肽段在质谱仪中受高速电子轰击后，可形成离子及断裂成各种不同大小的带电荷碎片，断点主要在肽键处，通过测定各碎片的质荷比，推导出各肽段碎片的质量，再推导出蛋白质的氨基酸序列。

质谱技术发展较快，近年来出现了电喷雾电离质谱（electrospray ionization mass spectrometry，ESI–MS）、基质辅助激光解吸离子化质谱（matrix assisted laser desorption ionization mass spectrometry，MALDI–MS）、快速原子轰击质谱（fast atom bombardment mass spectrometry，FAB–MS）、飞行时间质谱（time of flight mass spectrometry，TOF–MS）、基质辅助激光解吸飞行时间质谱（MALDI–TOF–MS）、串联质谱（MS/MS）等。质谱技术已成为蛋白质组学研究的有力工具。

Edman 降解法不能对环形肽和 N 端被封闭的肽进行测序，也不能测知某些被修饰的氨基酸；推演法不能推测翻译后氨基酸的修饰状况，这些问题可用质谱法解决。近年来，人们把 Edman 降解法与质谱法偶联起来测定蛋白质氨基酸序列，取得了非常满意的效果。

（二）蛋白质空间结构分析

蛋白质空间结构分析要比蛋白质一级结构分析复杂得多。测定蛋白质空间结构的技术主要有 X 射线衍射（X–ray diffraction）晶体分析法、磁共振（magnetic resonance，MR）波谱法、圆二色（circular dichroism，CD）光谱法、傅里叶变换红外光谱法及生物信息学预测蛋白质空间结构等。

1. X 射线衍射晶体分析法　X 射线是一种短波长（0.01～10 nm）、高能量的电磁波。当 X 射线束照射到蛋白质晶体上时，蛋白质分子中的每个原子会使 X 射线向不同的方向发生散射（造成散射的主要原因是原子周围的电子），散射波在空间相干叠加，光点照射到 X 线片并使之感光，得到衍射图谱。通过计算机分析，绘制出三维电子密度分布图，可得出蛋白质空间结构图形（图 1-28）。X 射线衍射晶体分析法目前仍然是测定蛋白质分子三维结构的主要方法。该法的优点是分辨率高，能精确确定蛋白质分子中各原子的空间位置；其缺点是只能测定单晶，反应静态结构信息。

2. 磁共振波谱法　磁共振（MR）是 1946 年美国物理学家爱德华·珀塞尔（Edward Purcell）和瑞士物理学家费利克斯·布洛赫（Felix Bloch）发现的。为此他们两人一同分享了 1952 年诺贝

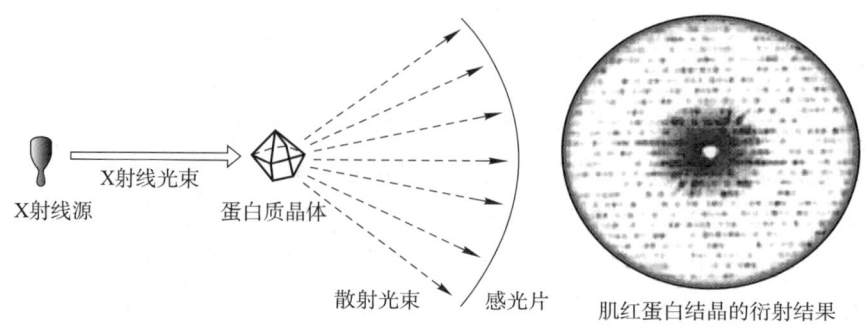

图 1-28　X 射线衍射晶体分析法原理

X射线源　　X射线光束　　蛋白质晶体　　散射光束　　感光片　　肌红蛋白结晶的衍射结果

尔物理学奖。

磁共振是磁矩不为零的原子核，在外磁场作用下自旋能级发生蔡曼分裂，共振吸收某一特定频率的射频辐射的物理过程。早期 MR 主要用于对核结构和性质的研究，随着时间的推移，磁共振波谱技术不断发展，从最初的一维氢谱发展到碳谱、二维磁共振谱等高级谱图，MR 技术解析分子结构的能力也越来越强。进入 1990 年以后，人们发展出了依靠 MR 信息确定蛋白质分子三维结构的技术，使得溶液相蛋白质分子结构的精确测定成为可能，尤其是多核、多维 MR 方法来确定蛋白质等生物大分子的三维结构更是引人注目。

拓展学习 1-3
蛋白质的空间结构分析

3. 圆二色光谱法　是用于推断非对称分子的构型和构象的一种旋光光谱技术，常用于研究蛋白质的二级结构。光学活性物质对组成平面偏振光的左旋和右旋圆偏振光的吸收系数（ε）是不相等的，这种特性称为圆二色性。蛋白质分子中的折叠结构及光学活性生色基团（主要包括肽链骨架中的肽键、二硫键和芳香族氨基酸残基）都具备圆二色性。利用圆二色光谱法研究蛋白质二级结构，不仅快速、简捷，而且相对比较准确。特别是远紫外圆二色光谱法，由于计算方法和拟合程序的极大提升，以及 X 射线衍射晶体分析和磁共振技术的不断改进，已使越来越多的蛋白质构象得到快速而精准的测定。

4. 傅里叶变换红外光谱法　用傅里叶变换红外光谱法（Fourier transform infrared spectrometer, FTIS）研究蛋白质和多肽的二级结构，主要是对其红外光谱中酰胺 I 谱带进行分析。

5. 生物信息学预测蛋白质空间结构　随着生物信息学的发展，可依据蛋白质氨基酸序列预测其三维结构。主要有同源模建法、折叠识别法、从头预测法等。

第六节　蛋白质的分类

天然蛋白质的种类繁多，结构复杂。目前还没有一个完美的分类方法。通常有下述几种分类方法。

一、按蛋白质的组成分类

蛋白质从组成上可分为单纯蛋白质和结合蛋白质。单纯蛋白质的分子中只含氨基酸残基。例如，清蛋白、球蛋白、谷蛋白、醇溶蛋白、组蛋白、鱼精蛋白和硬蛋白等都属于单纯蛋白质。结合蛋白质的分子中除氨基酸外，还有称为辅因子的非氨基酸成分，可按辅因子的不同分为糖蛋白、核蛋白、磷蛋白、金属蛋白、色蛋白等。

二、按蛋白质的分子形状分类

从形状上，可将蛋白质分为球状蛋白质及纤维状蛋白质。通常根据蛋白质的长轴与短轴之比来考量，长轴与短轴之比小于 10 者为球状蛋白质，大于 10 者为纤维状蛋白质。球状蛋白质如免疫球蛋白、肌红蛋白、血红蛋白、胰岛素等，纤维状蛋白质如皮肤中的胶原蛋白、毛发中的角蛋白等。

三、按蛋白质的功能分类

根据蛋白质的主要生物学功能，可将蛋白质分为酶、运输蛋白、调节蛋白、贮存蛋白、收缩和运动蛋白、结构蛋白、支架蛋白、免疫保护蛋白等。

（杨　帆）

复习思考题

一、简答题

1. 阐释蛋白质分子结构的层次。

2. 简述蛋白质二级结构的主要形式及其结构特点。

3. 蛋白质的分离与纯化有哪些方法和技术？简述它们的原理。

4. 蛋白质一级结构和空间结构有哪些分析方法与技术？

二、讨论题

1. 如何理解蛋白质结构与功能的关系？举例说明。

2. 有一蛋白质混合物，含有 A、B、C、D 四种蛋白质，它们的等电点分别为：4.45、5.40、5.42、6.10，相对分子质量分别为：24 000、47 000、86 000、23 468。考虑用什么方法将它们分离？

网上更多……

👤≡ 本章小结　　📝 自测题　　⬇️ 教学 PPT

第二章
核酸的结构与功能

关键词

核酸	核苷酸	核苷	3′,5′-磷酸二酯键
双螺旋结构	超螺旋	染色质	染色体
核小体	变性	复性	

核酸是生物体内重要的生物大分子之一，绝大部分生物以 DNA 为遗传物质，只有少数 RNA 病毒以 RNA 作为遗传物质。自从 1868 年 F. Miescher 发现核酸开始，核酸研究从最初对核酸组成和性质的研究，到 DNA 双螺旋结构的提出及遗传密码的破译，再到大规模 DNA 测序和基因工程的开展，直至目前的三维基因组。基因组结构与功能的整体性研究逐步展开，一个个鲜活的、令人振奋的研究成果深刻地影响着生命科学的发展。不仅许多人类遗传性疾病与 DNA 结构异常有关，而且越来越多的临床疾病与 RNA 的表达和功能异常相关。基因诊断和基因治疗的逐步展开更加激励着医学科学工作者不断去探索核酸的奥秘。

思维导图

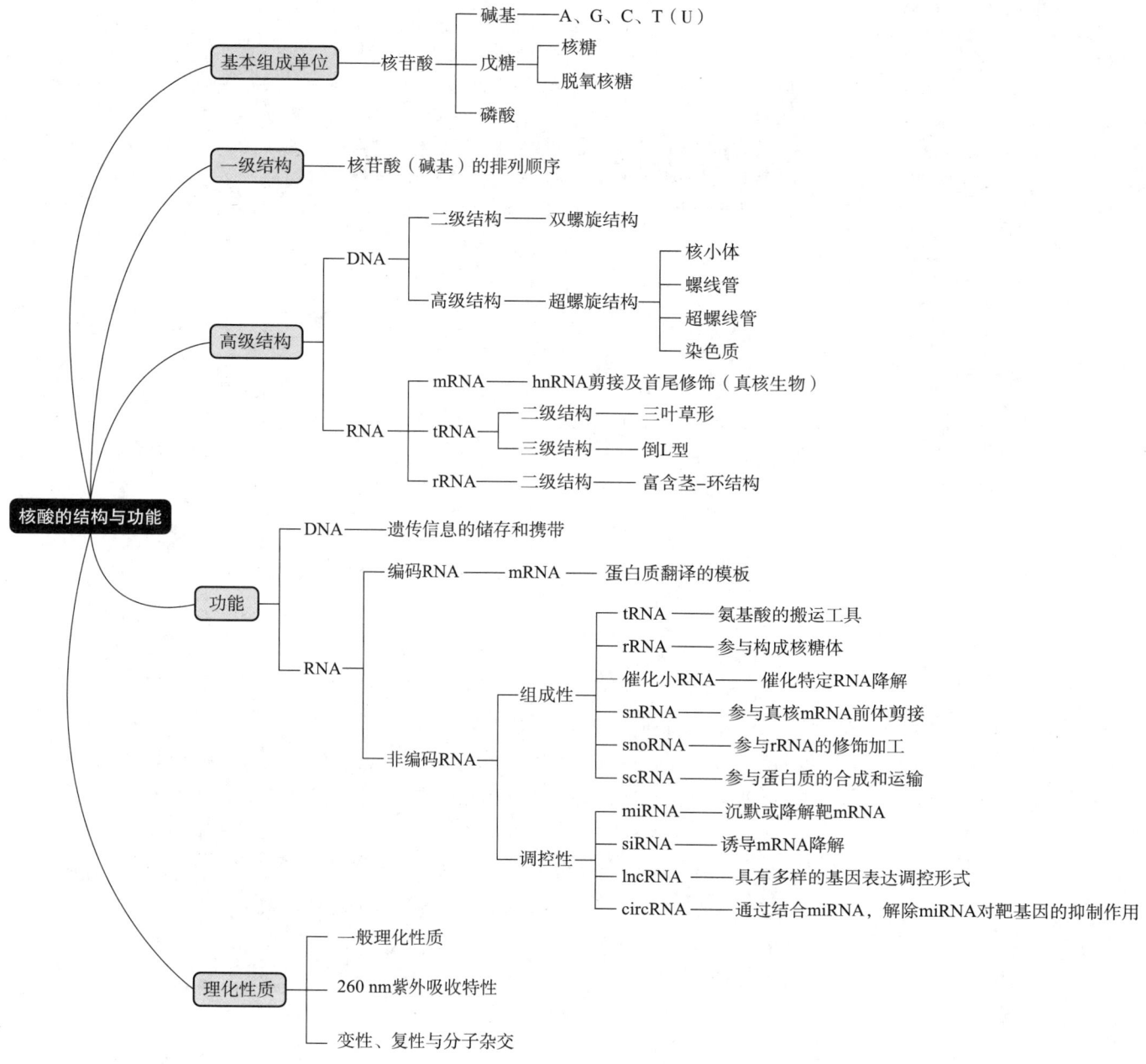

核酸（nucleic acid）广泛存在于所有生物细胞内，是以核苷酸为基本组成单位的生物大分子。根据化学组成不同，核酸可分为核糖核酸（ribonucleic acid，RNA）和脱氧核糖核酸（deoxyribonucleic acid，DNA）。核苷酸（nucleotide，nt）是核酸的基本组成单位，由碱基、戊糖和磷酸组成。核苷酸具有多种生物学功能，不仅是核酸的基本组成单位，而且参与了生物体内几乎所有的生物化学反应过程。正如蛋白质是氨基酸的线性聚合物，核酸则为核苷酸的线性聚合物。核酸中核苷酸的排列顺序储存着生物的遗传信息。在细胞中，DNA 是遗传信息库，而 RNA 使这些信息通过转录和翻译过程进行表达。一些 RNA 病毒例外，它们的遗传信息由 RNA 来存储。

人文视角 2-1
核酸的发现
人文视角 2-2
核酸研究的发展史

第一节　核酸的化学组成与一级结构

一、核酸的化学组成

核酸是由多个核苷酸通过 3′,5′- 磷酸二酯键依次连接而形成的多聚物。构成核酸分子的主要元素有 C、H、O、N、P 等，其中 P 元素含量较恒定，占 9% ~ 10%。用定磷法可测定核酸含量。

（一）核苷酸的组成

核苷酸是核酸的基本组成单位，DNA 由 4 种脱氧核糖核苷酸（deoxyribonucleotide）组成，RNA 由 4 种核糖核苷酸（ribonucleotide）组成。核苷酸水解生成核苷（nucleoside）和磷酸，核苷水解释放等摩尔的碱基（base）和戊糖（pentose）（图 2-1）。

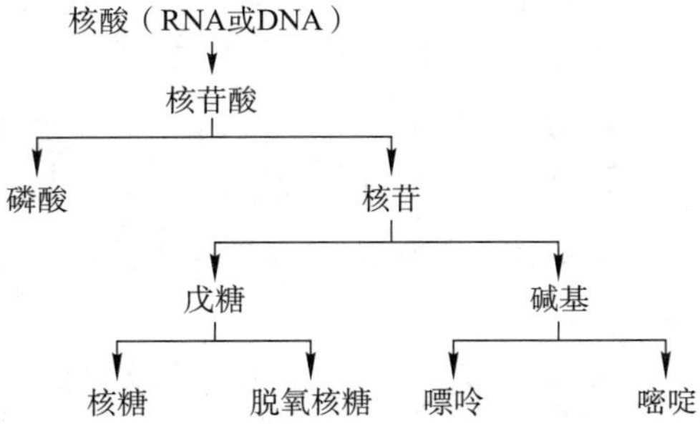

1. 碱基　属于含氮杂环化合物，分为嘌呤碱（purine）和嘧啶碱（pyrimidine）两类。嘌呤碱包括腺嘌呤（adenine，A）和鸟嘌呤（guanine，G），嘧啶碱包括胞嘧啶（cytosine，C）、尿嘧啶（uracil，U）和胸腺嘧啶（thymine，T）。各种碱基的结构式如下：

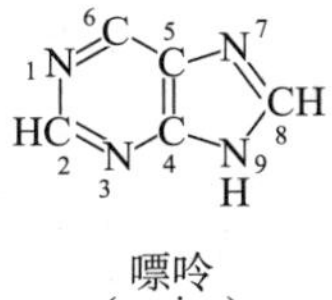

图 2-1　核酸的组成

嘌呤
(purine)

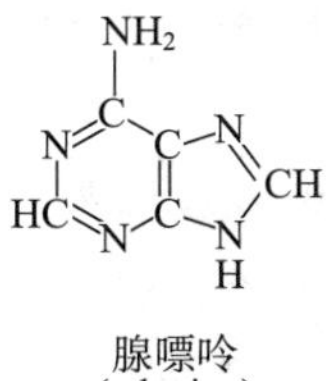

腺嘌呤
(adenine)

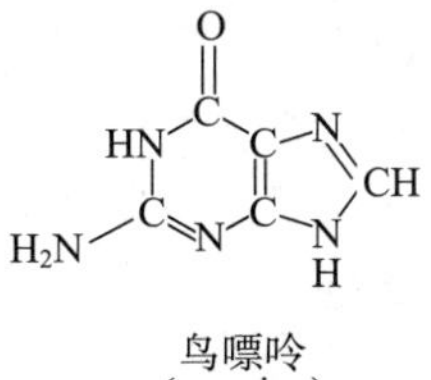

鸟嘌呤
(guanine)

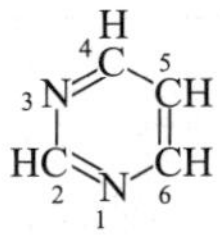

嘧啶
(pyrimidine)

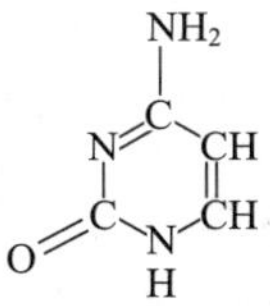

胞嘧啶
(cytosine)

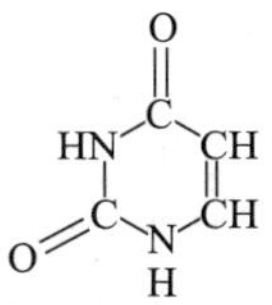

尿嘧啶
(uracil)

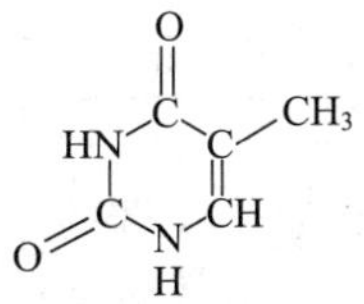

胸腺嘧啶
(thymine)

拓展学习 2-1
不同生物来源 DNA 的
碱基组成

　　DNA 和 RNA 分子中均含有腺嘌呤、鸟嘌呤和胞嘧啶，不同的是 DNA 分子中含有胸腺嘧啶，而 RNA 分子中含有尿嘧啶。除了上述 5 种主要的碱基外，核酸分子中尚含有一些稀有碱基。稀有碱基种类繁多，但多数为上述主要碱基的甲基化产物（表 2-1）。

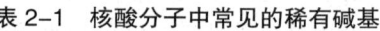

表 2-1　核酸分子中常见的稀有碱基

DNA	RNA
N^6- 甲基腺嘌呤	N^6- 甲基腺嘌呤
7- 甲基鸟嘌呤	7- 甲基鸟嘌呤
	2- 甲基鸟嘌呤
5- 甲基胞嘧啶	5,6- 二氢尿嘧啶
5- 羟甲基胞嘧啶	假尿嘧啶

　　2. 戊糖　参与组成核酸的戊糖有 β-D- 核糖和 β-D-2- 脱氧核糖。前者存在于 RNA 分子中，后者存在于 DNA 分子中。为了与碱基上各原子的编号相区别，戊糖上碳原子的编号用 1′、2′、3′ 等表示。两种戊糖的结构式如下：

β-D- 核糖　　　　　　　β-D-2- 脱氧核糖

　　3. 核苷　由戊糖上 C-1′ 位的羟基与嘌呤碱的 N-9 或嘧啶碱的 N-1 之间脱水缩合以糖苷键相连而形成。根据碱基类别的不同，核苷可分为嘌呤类核苷和嘧啶类核苷；根据戊糖类别的不同，核苷又可分为核糖核苷和脱氧核糖核苷（表 2-2）。

表 2-2　碱基、核苷及核苷酸

核酸	碱基	核苷	核苷酸
RNA		核糖核苷	5′- 核糖核苷酸
	腺嘌呤	腺苷	腺苷酸（AMP）
	鸟嘌呤	鸟苷	鸟苷酸（GMP）
	胞嘧啶	胞苷	胞苷酸（CMP）
	尿嘧啶	尿苷	尿苷酸（UMP）
DNA		脱氧核糖核苷	5′- 脱氧核糖核苷酸
	腺嘌呤	脱氧腺苷	脱氧腺苷酸（dAMP）
	鸟嘌呤	脱氧鸟苷	脱氧鸟苷酸（dGMP）
	胞嘧啶	脱氧胞苷	脱氧胞苷酸（dCMP）
	胸腺嘧啶	脱氧胸苷	脱氧胸苷酸（dTMP）

　　4. 核苷酸　是核苷中戊糖的羟基与磷酸之间脱水缩合的产物，即核苷的磷酸酯。酯化可发生在戊糖的任意游离羟基上，核糖核苷的戊糖上有 3 个自由羟基，可分别形成 2′-、3′- 和 5′- 核苷酸，而脱氧核糖核苷的戊糖上有 2 个自由羟基，只可形成 3′- 和 5′- 核苷酸。与核苷类似，核苷酸可分为嘌呤类核苷酸与嘧啶类核苷酸，或者核糖核苷酸与脱氧核糖核苷酸（表 2-2）。生物体内游

离存在的核苷酸多为 5′- 核苷酸，即在核糖 5′- 碳原子的羟基上通常可以结合 1~3 个磷酸基团，分别形成核苷一磷酸（nucleoside monophosphate，NMP）、核苷二磷酸（nucleoside diphosphate，NDP）或核苷三磷酸（nucleoside triphosphate，NTP）。从接近核糖的位置算起，三个磷酸基分别以 α、β 和 γ 标记。此外，生物体内还有环核苷酸，如 3′,5′- 环腺苷酸（3′,5′-cyclic AMP，cAMP）和 3′,5′- 环鸟苷酸（3′,5′-cyclic GMP，cGMP）。这些分子在生物体的信息传递中起重要作用，其结构如下：

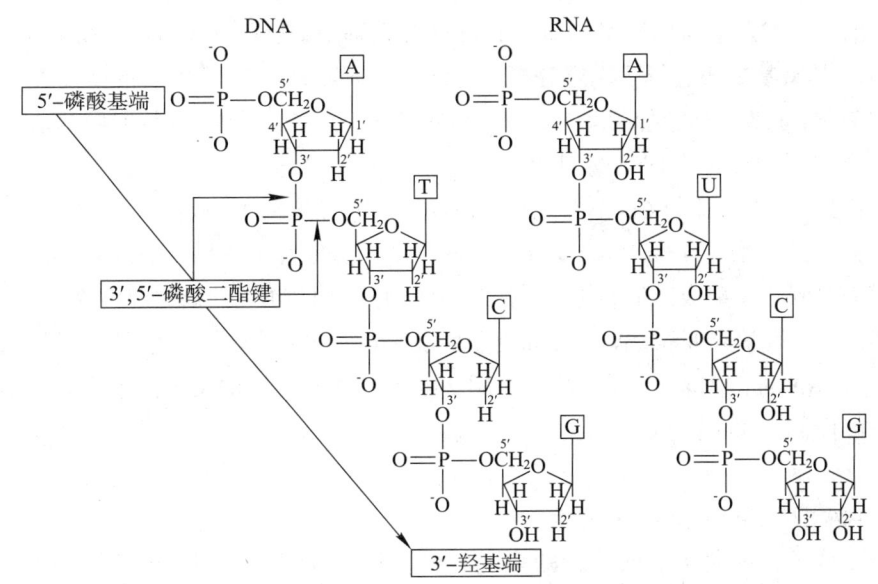

（二）核酸分子中核苷酸的连接方式

核酸分子中前一个核苷酸的 3′- 羟基与后一个核苷酸的 5′- 磷酸基之间通过缩合形成 3′,5′- 磷酸二酯键而将许多核苷酸连接在一起。因此，核酸链总有一个游离的 5′- 磷酸基端和一个游离的 3′- 羟基端，其极性方向是从 5′→3′。

二、核酸的一级结构

核酸的一级结构即核酸分子中核苷酸的排列顺序。由于各种核苷酸之间的主要差别是所含碱基的不同，因此核酸分子中核苷酸的排列顺序即碱基的排列顺序（图 2-2）。

图 2-2　核酸的一级结构及核苷酸的连接方式

书写核酸一级结构的方式有全写式、竖线式和字母式，其中字母式最为常用。不论采用哪种书写方式，总是把多核苷酸链的 5′ 端写在左侧，而把 3′ 端写在右侧，即书写方向为 5′ → 3′（如图 2-3）。

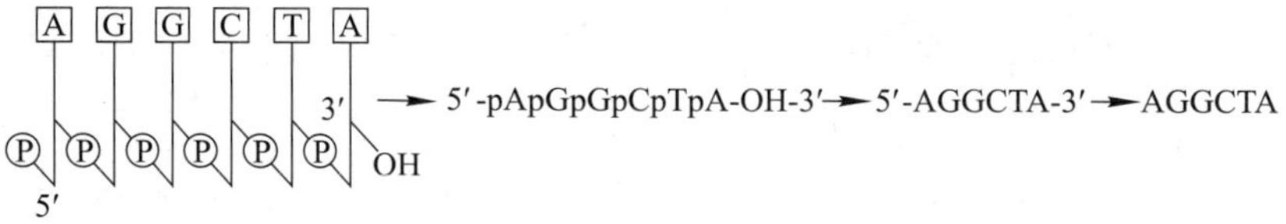

图 2-3　核酸一级结构的表示方法

5′-pApGpGpCpTpA-OH-3′ → 5′-AGGCTA-3′ → AGGCTA

单链核酸分子的大小常用核苷酸（nt）数目表示，而双链核酸分子的大小则用碱基对（base pair，bp）数目表示。自然界的核酸长度在几十至几万个碱基，长度小于 50 bp 的核酸片段常被称为寡核苷酸。

DNA 的一级结构是指其分子中四种脱氧核糖核苷酸的排列顺序。DNA 作为遗传物质，其所携带的遗传信息就蕴藏在碱基的不同排列顺序中。从生物进化的角度看，生物的亲缘关系越近，它们的 DNA 碱基组成和排列顺序也越相似。DNA 一级结构的差异是自然界物种多样性和同种生物个体间差异的分子基础。

RNA 一般为单核苷酸链，其一级结构为 RNA 分子中四种核糖核苷酸的排列顺序。

第二节　DNA 的空间结构与功能

DNA 的空间结构是指构成 DNA 的所有原子在三维空间具有的相对位置关系。DNA 的空间结构又分为二级结构和高级结构（senior structure）。

一、DNA 的二级结构——双螺旋结构模型

（一）DNA 双螺旋结构模型的研究背景

e 图 2-1
对双螺旋模型作出主要贡献的科学家

1950 年前后，美国生物化学家 Erwin Chargaff 等人采用纸层析和紫外吸收等方法，对不同生物来源的 DNA 的碱基组成进行了测定分析，总结出如下规律：① 腺嘌呤的摩尔数（物质的量）等于胸腺嘧啶的摩尔数，鸟嘌呤的摩尔数等于胞嘧啶的摩尔数，即嘌呤碱的摩尔数等于嘧啶碱的摩尔数；② 不同生物种属的 DNA 碱基组成不同；③ 同一个体不同器官、不同组织的 DNA 具有相同的碱基组成。以上规律即 Chargaff 规则，该规则预示着 A 与 T、G 与 C 之间配对的可能性。

1951 年，英国女物理学家 Rosalind Franklin 与英国分子生物学家 Maurice Wilkins 获得珍贵的、高清晰度的 DNA X 射线衍射照片，该照片清晰地显示出 DNA 的双螺旋构象。

1953 年，美国科学家 James Watson 和英国科学家 Francis Crick 在上述研究的基础上，提出了 DNA 双螺旋（DNA double helix）结构模型（图 2-4）。这个划时代的发现是生物学研究的里程碑，从此揭开了分子生物学的序幕。

（二）DNA 双螺旋结构模型的要点

（1）DNA 分子是由两条反向平行的多脱氧核苷酸链围绕同一中心轴旋转而形成的右手双

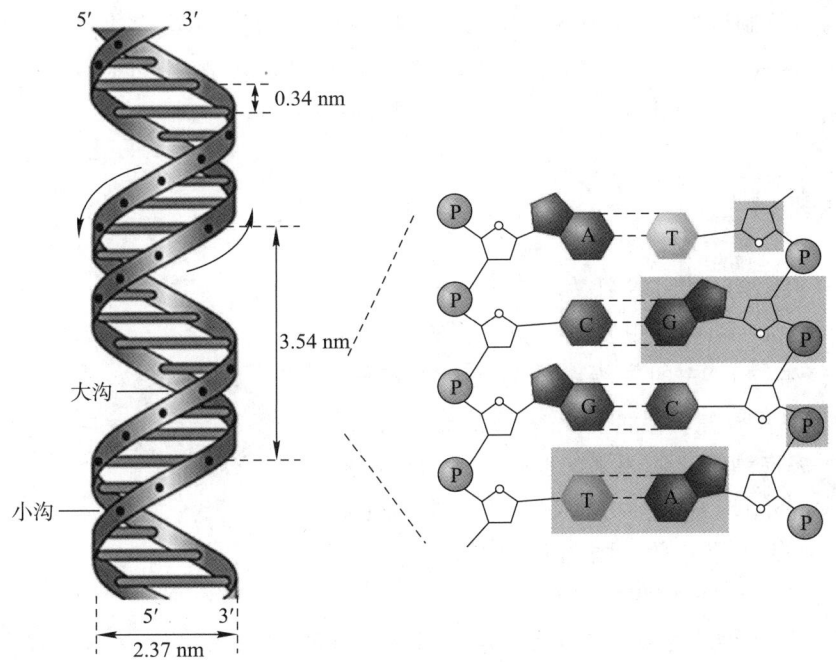

图2-4 DNA双螺旋结构

ⓔ图2-2
DNA双螺旋模型的特征
拓展学习2-2
几种主要的DNA二级结构参数比较
微课或微视频2-1
DNA双螺旋的结构特征

螺旋结构。双螺旋的直径为 2.37 nm，螺距为 3.54 nm。双螺旋结构的表面形成大沟（major groove）和小沟（minor groove），它们是调节蛋白质与 DNA 相互作用的位点，与基因表达调控有关。

（2）磷酸–脱氧核糖骨架位于双螺旋的外侧；碱基位于双螺旋的内侧，碱基平面与中心轴垂直。相邻两个碱基平面的垂直距离为 0.34 nm，DNA 螺旋一周平均包含 10.5 对碱基。

（3）维系双螺旋稳定的因素有氢键和碱基堆积力。两条 DNA 链间的碱基按照碱基互补配对原则进行结合，即 A 与 T 之间形成 2 个氢键，G 与 C 之间形成 3 个氢键。配对碱基之间的氢键维系双螺旋的横向稳定。碱基平面之间产生的疏水作用力，即碱基堆积力，维系双螺旋的纵向稳定。

Watson 和 Crick 提出的 DNA 右手双螺旋结构（B-DNA）是相对湿度为 92% 时的 DNA 构象，是 DNA 分子在水性环境和生理条件下最稳定和最普遍的构象形式，但这种结构不是一成不变的。当环境的相对湿度和溶液的离子强度发生变化时，会出现不同构象的 DNA 双螺旋。例如，当环境的相对湿度为 75% 时，出现 A-DNA 结构，其结构较 B-DNA 短粗。1979 年，Alexander Rich 等人采用 X 射线衍射方法分析了人工合成的 d（CGCGCG）双链的晶体结构，发现该片段呈左手双螺旋结构，主链的走向呈锯齿形（zigzag），称为 Z-DNA（图2-5）。后来证明，天然 DNA 分子中也存在 Z-DNA 区域，这样的区域可能涉及基因表达的调控。另外还有 D-DNA 和 E-DNA 等，对这两种结构研究得较少。

除双螺旋结构以外，DNA 的二级结构还存在三链螺旋结构和四链螺旋结构。三链螺旋 DNA 存在于基因调控区和其他

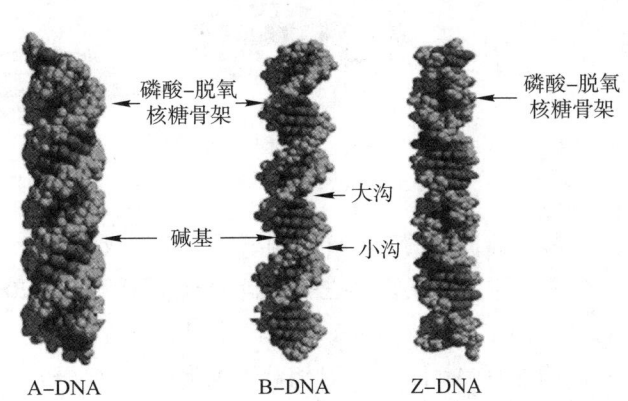

A-DNA　　　B-DNA　　　Z-DNA

图2-5 不同类型的 DNA 双螺旋结构

重要区域，通过抑制调控因子与 DNA 结合，影响 DNA 的复制或基因表达，因此具有重要生理意义。被称作 G- 四链体的 DNA 四链螺旋结构是由 4 个碱基相互作用共同形成的一个方形结构，常出现在染色体中心和端粒区域，在细胞准备分裂时数量最多。

二、DNA 的高级结构

DNA 的高级结构是指 DNA 双螺旋进一步盘曲所形成的超螺旋（supercoil）及更复杂的折叠形式或构象。绝大部分原核生物 DNA 的二级结构是闭环双螺旋分子，闭环双链很容易缠绕盘曲成超螺旋结构。若闭环双螺旋沿右手方向缠绕，使原来的双螺旋变得更松弛，为负超螺旋（negative supercoil）；若沿左手方向缠绕，使原来的双螺旋变得更紧，则为正超螺旋（positive supercoil）（图 2-6）。真核生物的线粒体 DNA 和叶绿

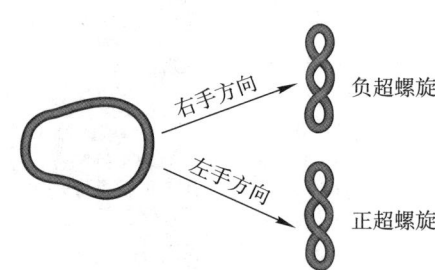

图 2-6 闭环双螺旋结构

体 DNA 也是环状双链超螺旋结构。真核生物染色体 DNA 的二级结构为线性双螺旋，当其两个末端被蛋白质结合固定时，也可产生超螺旋结构。细胞内 DNA 的超螺旋结构总是处于动态的变化之中。

真核细胞 DNA 可与组蛋白（histone）组成更高级的结构——染色质（chromatin）。核小体（nucleosome）是染色质的基本组成单位，由长约 200 bp 的 DNA 双螺旋和组蛋白共同构成。核小体包括核心颗粒和连接区两部分（图 2-7）。核心颗粒的直径约 11 nm，高约 5.5 nm，由组蛋白八聚体（包括组蛋白 H2A、H2B、H3 和 H4 各 2 分子）和缠绕在其外表面 1.75 圈的长约 146 bp 的 DNA 双链构成。组蛋白 H1 通常结合于核心颗粒外 DNA 双链的进出口处，具有稳定核小体的作用。连接区位于两个相邻核心颗粒之间，长短不一，由 0 ~ 50 bp 的 DNA 双链组成。

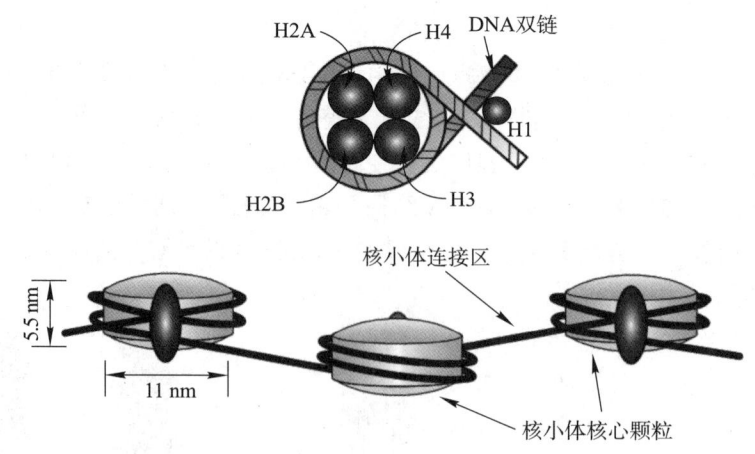

图 2-7 核小体的组成

核小体形成的串珠样结构继续盘绕形成直径为 30 nm 的中空纤维状螺线管，螺线管每周含 6 个核小体。螺线管再进一步盘曲折叠成直径为 200 nm 的超螺线管和襻状结构，最终形成染色体（图 2-8）。在 DNA 螺旋盘曲折叠过程中，其长度压缩了 8 000 ~ 10 000 倍，使得近 1.7 m 长的线性 DNA 可以有效地组装入细胞核中。

三、DNA 的功能

DNA 是遗传的物质基础。DNA 分子上编码 RNA 或多肽链的功能区段称为基因（gene）。基因既是携带遗传信息的基本单位，又是控制生物体特定性状的功能单位。

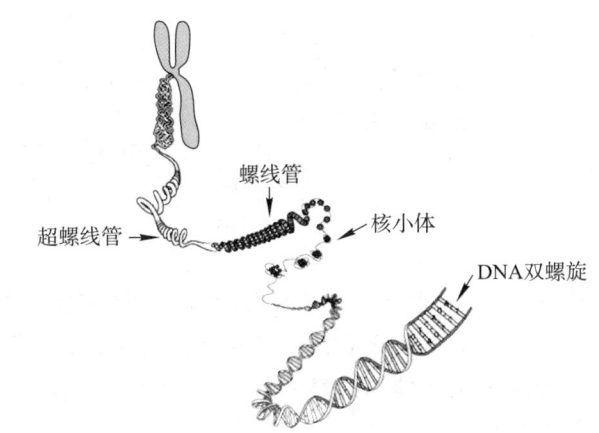

图 2-8　染色质纤维缠绕、折叠示意图

第三节　RNA 的空间结构与功能

RNA 的种类、大小、结构和功能都比 DNA 复杂。RNA 分子比 DNA 小得多，由数十到数千个核苷酸组成，通常以单链的形式存在，但可自身回折在碱基互补区形成短的双链结构和空间结构。根据功能可以将 RNA 分为编码 RNA（coding RNA）和非编码 RNA（non-coding RNA）。

编码 RNA 是指可以为蛋白质生物合成进行编码的 RNA，主要为信使 RNA（message RNA，mRNA）。非编码 RNA 不编码蛋白质，可以分为两类：一类是组成性非编码 RNA（constitutive non-coding RNA），它们的丰度基本恒定，是确保实现基本生物学功能的一类 RNA；另一类是调控性非编码 RNA（regulatory non-coding RNA），它们的丰度随外界环境和细胞状态发生改变，在基因表达调控中发挥重要作用（图 2-9）。

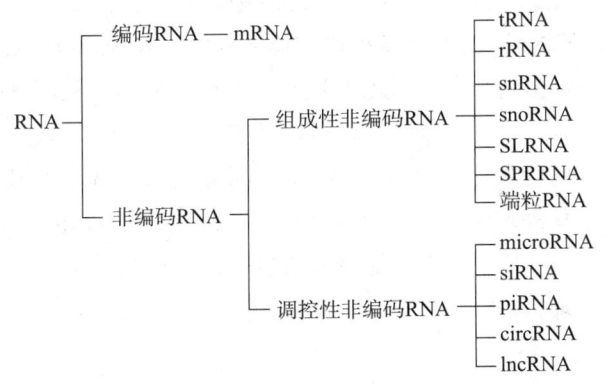

图 2-9　RNA 的种类

一、编码 RNA 的结构与功能

mRNA 是主要的编码 RNA，其种类最多（约 10^5），但含量较少，在原核细胞中占细胞总 RNA 的 2%～5%。各种 mRNA 的大小不一，通常可由 500～6 000 个核苷酸组成。mRNA 的平均寿命也相差甚大，从几分钟到几小时不等。mRNA 的上述特点可能与细胞内蛋白质的种类、大小及更新速率有关。

原核生物 mRNA 一般 5′ 端有一段非翻译区，称前导序列；3′ 端有一段非翻译区；中间是蛋白质的编码区，一般可编码几种蛋白质。真核生物 mRNA 一般由 5′ 端 7- 甲基鸟苷三磷酸"帽子"结构（m⁷GpppN）、5′ 端非翻译区、翻译区（编码区）、3′ 端非翻译区和 3′ 端聚腺苷酸"尾"结构（20～200 个多聚腺苷酸，poly A）构成（图 2-10）。

mRNA 的"帽子"结构具有稳定 mRNA 及帮助翻译起始的作用。mRNA 的"尾"结构可维持 mRNA 作为翻译模板的活性，并与其从细胞核向细胞质的运输有关。真核生物成熟 mRNA 的 5′ 端和 3′ 端的特殊结构并非转录过程生成，而是初级转录本经过加工修饰产生的。mRNA 分子

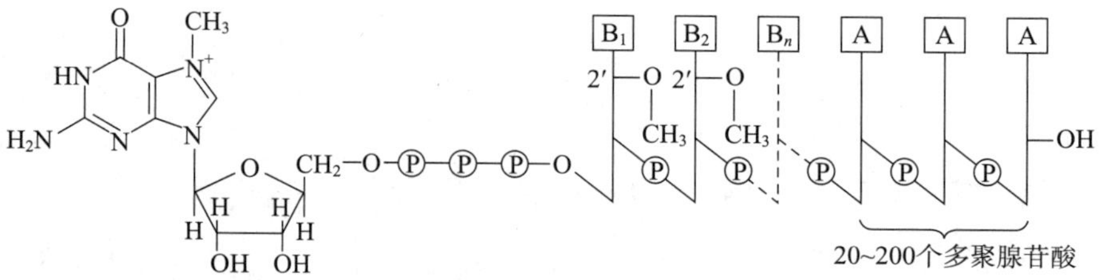

图 2-10　真核 mRNA 的 5′端"帽子"结构和 3′端"尾"结构

20～200个多聚腺苷酸

内部可有多处折叠，形成短的局部螺旋区或茎 – 环结构，但缺乏共同的结构特征。

　　mRNA 分子的功能是作为蛋白质合成的模板，指导蛋白质的生物合成。在遗传信息传递过程中，生物体通过转录生成 mRNA，将 DNA 上的遗传信息转译成蛋白质中相应氨基酸的排列顺序。

二、非编码 RNA 的结构与功能

微课或微视频 2-2
非编码 RNA 的结构与功能

　　1. 转运 RNA（transfer RNA，tRNA）　相对分子质量较小，由 74～95 个核苷酸组成，占细胞总 RNA 的 15% 左右。tRNA 的一级结构特点是含有较多的稀有碱基，3′端以 CCA 三个核苷酸结束。

　　由于 tRNA 分子内存在局部碱基互补区，因此 tRNA 的二级结构呈三叶草形（cloverleaf）（图 2-11），包含 1 个氨基酸臂和 4 个环（反密码环、DHU 环、TψC 环和额外环）。氨基酸臂为 tRNA5′端和 3′端构成的局部双链，其 3′端为 CCA，依靠末端腺苷酸残基（A）中戊糖的 2′或 3′羟基可以与氨基酸的羧基之间形成酯键，从而携带氨基酸。反密码环由 7～9 个核苷酸组成，居中的 3 个核苷酸可以通过碱基互补配对原则识别 mRNA 上的密码子，这决定了 tRNA 转运氨基酸的特异性。TψC 环和 DHU 环分别因含有稀有碱基假尿嘧啶（ψ）和双氢尿嘧啶（DHU）而得名。额外环由 3～18 个核苷酸残基组成，不同 tRNA 的额外环长短不一。

　　X 射线衍射晶体分析表明，tRNA 的三级结构为倒 L 型，一端为氨基酸臂，另一端为反密码环，TψC 环位于倒 L 型的拐角处（图 2-11）。

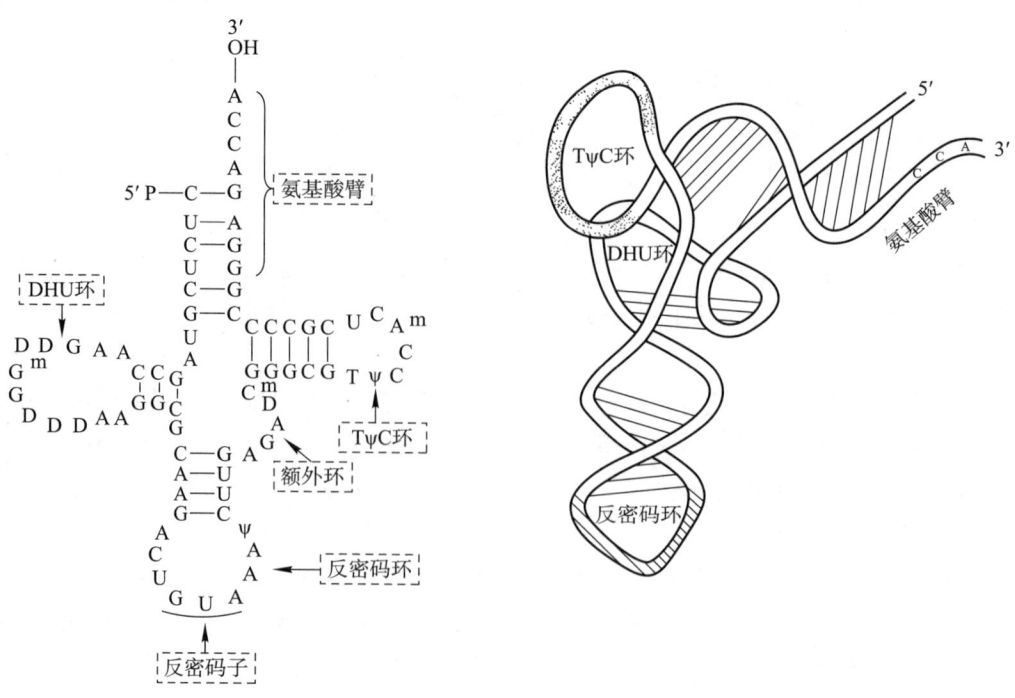

图 2-11　酵母 tRNA 的结构

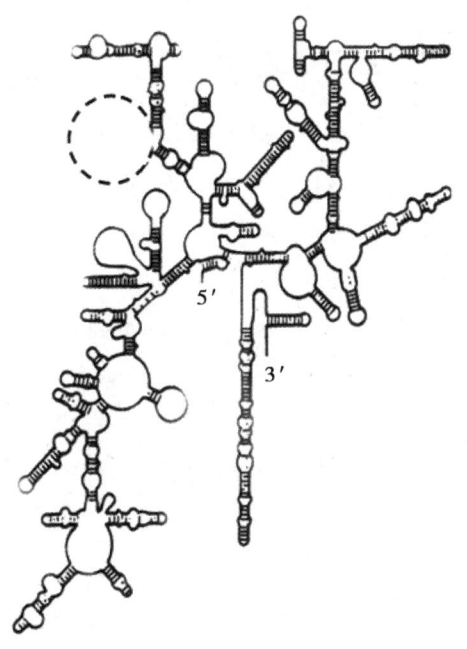

2. 核糖体 RNA（ribosomal RNA，rRNA） 含量最多，占细胞总 RNA 的 80% 以上。原核生物有 5S、23S 和 16S 三种 rRNA，真核生物有 28S、18S、5.8S 和 5S 四种 rRNA。目前，已经完成对各种 rRNA 的序列测定和空间结构解析。如图 2-12 所示，rRNA 的二级结构富含多样的茎-环结构，这些茎-环结构为核糖体蛋白的组装提供了结构基础。

细胞内 rRNA 与各种蛋白质共同构成蛋白质生物合成的场所——核糖体（图 2-13）。rRNA 为参与蛋白质合成的 mRNA 和 tRNA 等提供相互结合的位点。原核生物中，16S rRNA 存在于核糖体的小亚基上，5S 和 23S rRNA 存在于核糖体的大亚基上。真核生物中，18S rRNA 存在于核糖体的小亚基上，28S、5.8S 和 5S rRNA 存在于核糖体的大亚基上。蛋白质合成过程中，原核生物的 23S rRNA 和真核生物的 28S rRNA 具有催化肽键生成的作用。

图 2-12 18S rRNA 的二级结构

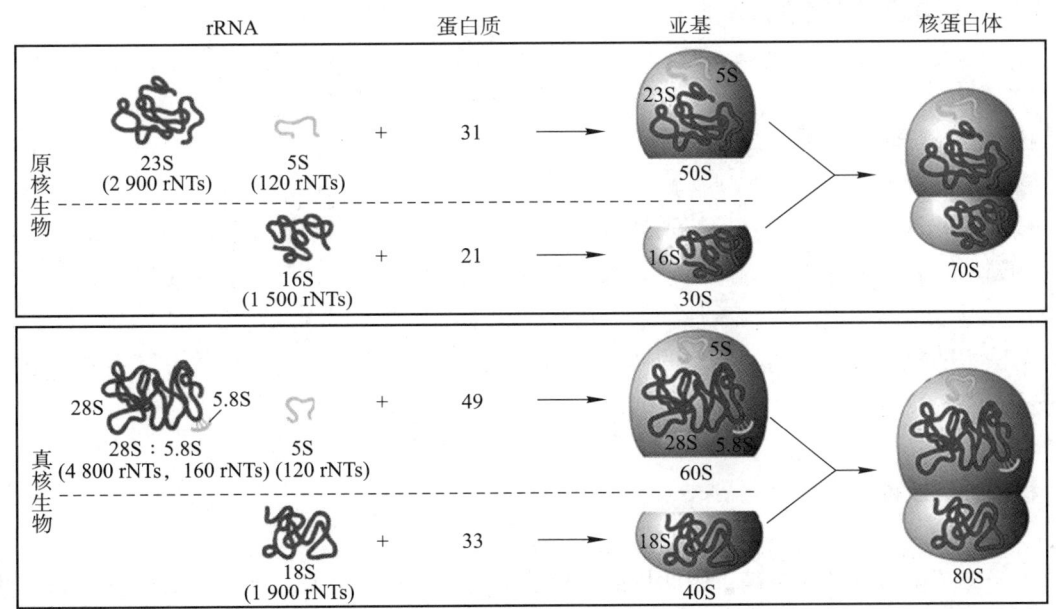

图 2-13 核糖体的组成

3. 其他非编码 RNA 功能见表 2-3。

表 2-3 非编码 RNA 的功能

类型	名称	英文及缩写	功能
组成性非编码 RNA	转运 RNA	transfer RNA，tRNA	转运氨基酸
	核糖体 RNA	ribosomal RNA，rRNA	参与核糖体的组成，为蛋白质合成提供场所
	催化小 RNA	ribozyme	催化特定 RNA 降解，参与 RNA 合成后的剪接修饰

续表

类型	名称	英文及缩写	功能
	核小 RNA	small nuclear RNA，snRNA	参与真核细胞 mRNA 前体的加工
	核仁小 RNA	small nucleolar RNA，snoRNA	参与 rRNA 前体的修饰加工
	胞质小 RNA	small cytoplasmic RNA，scRNA	与蛋白质结合成复合体后发挥生物学功能
调控性非编码 RNA	微 RNA	micro RNA，miRNA	通过与靶 mRNA 互补，使靶 mRNA 沉默或者降解
	小干扰 RNA	small interfering RNA，siRNA	与 AGO 蛋白结合诱导 mRNA 降解
	piRNA	piwi interfering RNA	在生殖细胞的生长发育中通过与 piwi 蛋白家族形成 piwi 复合物引起基因沉默
	长链非编码 RNA	long non-coding RNA，lncRNA	具有调控的多样性，可以从染色质重塑、转录调控及转录后加工等多个层面进行基因表达调控
	环状 RNA	circular RNA，circRNA	通过结合 miRNA，解除 miRNA 对靶基因的抑制作用

📧 图 2-4
RNA 干扰的机制
人文视角 2-3
RNA 干扰的发现
临床聚集 2-1
RNA 干扰药物的研发
研究进展 2-2
长链非编码 RNA 的研究进展

第四节 核酸的理化性质

一、核酸的一般理化性质

核酸溶液具有较大的黏度，特别是 DNA 溶液的黏度远大于 RNA 溶液。核酸分子内既含有酸性的磷酸基，又含有碱性的碱基，故核酸具有两性解离的性质。然而，由于磷酸基的解离程度较强，所以核酸溶液表现出酸性。在电场中，利用电泳技术可将大小不同的核酸片段进行分离。溶液中的核酸分子在离心场力的作用下具有沉降特性，利用这一特性可分离不同构象的核酸分子。

二、核酸的紫外吸收特性

由于碱基中含有共轭双键，因此核酸、核苷酸及核苷都具有吸收紫外线的性质，最大吸收波长为 260 nm。各种核苷酸和核酸溶液在 260 nm 的吸光度值（absorbance at 260 nm，A_{260}）大小如下：单核苷酸 > 单链 DNA 或 RNA > 双链 DNA。核酸的这一性质可用于核酸纯度及含量的测定。

1. 估计核酸样品的纯度　一般情况下，DNA 纯品的 A_{260}/A_{280} 为 1.8，RNA 纯品的 A_{260}/A_{280} 为 2.0；当 A_{260}/A_{280} 比值小于 1.8 时，提示 DNA 样品中含有蛋白质；当 A_{260}/A_{280} 比值大于 2.0 时，提示 DNA 样品中含有 RNA 或者 RNA 样品有降解。

2. 粗略测定核酸溶液的浓度　当比色杯内径为 1.0 cm 时，核酸溶液的 A_{260} 等于 1 则相当于 50 μg/mL 双链 DNA，或 40 μg/mL 单链 DNA 或单链 RNA，或 20 μg/mL 寡核苷酸。

三、核酸的变性、复性与分子杂交

（一）核酸变性

DNA 变性是指在某些理化因素作用下，DNA 双链被解开成为单链的过程。RNA 分子内部的局部双螺旋也可解链而变性。核酸变性的实质是双螺旋之间氢键断裂，双螺旋解开形成单链，但其一级结构是完整的。核酸变性后，其理化性质也会随之发生改变，如 A_{260} 值增大（增色效应）、溶液黏度下降、沉降速率加快等。加热是实验室中 DNA 变性的最常用手段，我们称之为热变性。如果以温度为横坐标，以 A_{260} 值为纵坐标，可绘制出核酸的熔解曲线或解链曲线（图 2-14）。

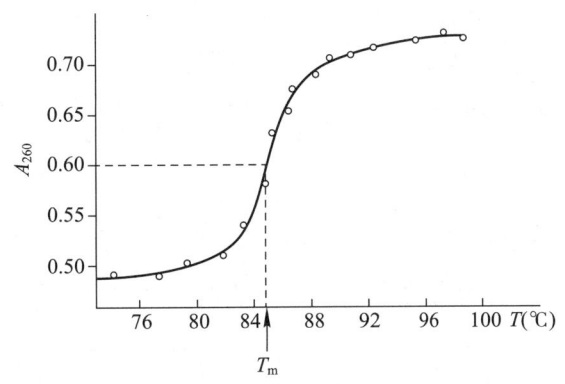

图 2-14 DNA 解链曲线

DNA 的热变性是爆发式的，发生在很窄的温度范围内。在这一范围内，紫外光吸收值达到最大变化值的 50% 时的环境温度为 DNA 的解链温度（melting temperature，T_m）。在 T_m 时，DNA 分子内部有一半的双链解体。T_m 值的大小与 DNA 的碱基组成有关，一般在 70~85℃，G+C 含量越高，T_m 值越大。

（二）核酸的复性

DNA 的变性是可逆的，当去除变性因素后，变性的 DNA 可重新形成双链，恢复天然构象，此过程称为复性。复性的最佳温度应比 T_m 值低 25℃。热变性的 DNA 经缓慢冷却而复性的过程称为退火（annealing）。值得注意的是，热变性的 DNA 退火时，温度不能骤然下降到 4℃ 以下，否则不能发生复性。实验室中，利用这一特性来保持变性 DNA 的单链状态。

（三）核酸分子杂交

不同来源的核酸单链间通过碱基互补形成双链的过程称为核酸分子杂交（molecular hybridization of nucleic acid）（图 2-15）。核酸分子杂交可以发生在不同来源的 DNA 单链间或 RNA 单链间，也可以发生在 DNA 与 RNA 单链间。建立在核酸变性与复性原理基础上的分子杂交是分子生物学的重要技术之一，可用于基因检测和表达分析、特定 DNA 序列的筛选和鉴定及遗传性疾病诊断等。

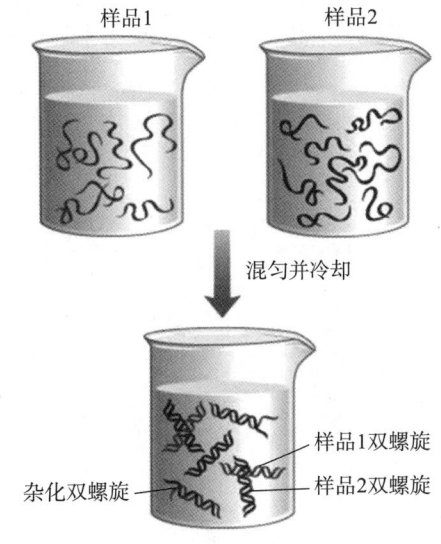

样品1　样品2

混匀并冷却

样品1双螺旋

杂化双螺旋　样品2双螺旋

图 2-15 核酸分子杂交示意图

（苏 燕）

复习思考题

一、简答题

1. 参与蛋白质合成的三类主要 RNA 的结构特征和生物学功能分别是什么？

2. 简述 DNA 与 RNA 组成与结构的不同。

二、讨论题

为什么说 DNA 和 RNA 的稳定性不同是与它们的功能相适应的？

网上更多……

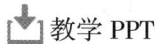 本章小结　　　　自测题　　　　教学 PPT

第三章
酶

酶是由活细胞产生的，具有催化活性和高度专一性的蛋白质，是机体内催化各种代谢反应最主要的生物催化剂。以物质代谢为基础的生命活动包含复杂的化学反应，这些代谢反应在体内相对温和的条件下高效进行，几乎每一步反应都受到酶的催化。人类很早就在酿造、制酱等生产实践中认识到生物催化作用。随着科学技术发展，对酶的认识不断深入，20世纪80年代发现一些核酸分子也具有催化作用，称为核酶。在酶的催化下，机体内的物质代谢有条不紊地进行。同时通过对酶活性及（或）酶含量的调控来调节物质代谢，使机体适应环境因素的变化。许多疾病与酶的结构、功能及含量异常密切相关，有针对性地研发调节、干预酶活性或含量的药物将能起到很好的治疗效果。随着酶学研究的深入，其成果必将为人类做出更大的贡献。

思维导图

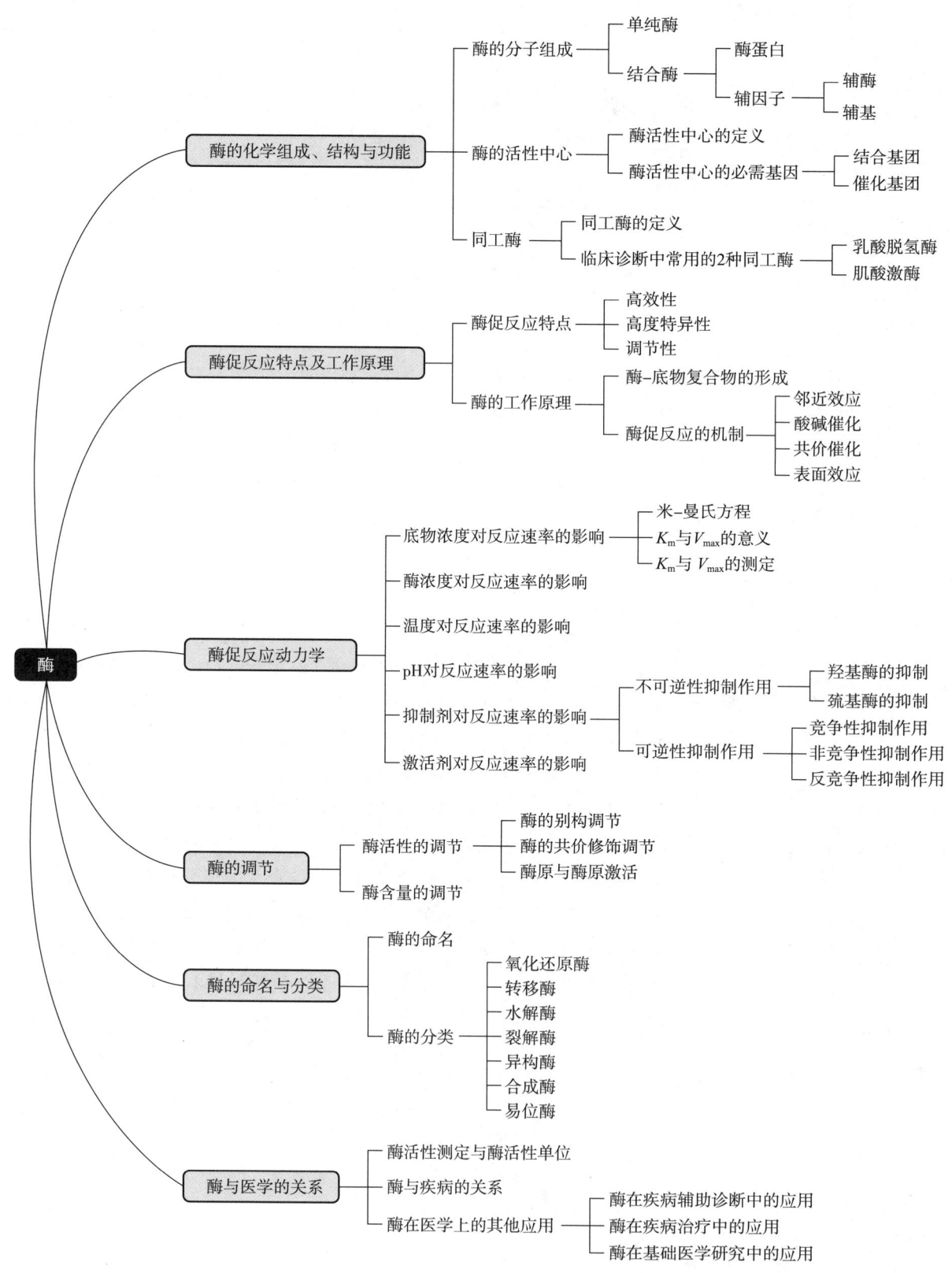

第一节 酶的化学组成、结构与功能

酶（enzyme）的化学本质是蛋白质，基本组成单位与其他蛋白质一样主要是 20 种氨基酸，同样具有一、二、三、四级结构。根据酶蛋白的结构特点和分子大小可将酶大致分为三类：① 由一条多肽链组成，仅具有三级结构的酶称为单体酶（monomeric enzyme），如溶菌酶、胰蛋白酶等。属于这一类的酶很少，一般都是催化水解反应的酶，相对分子质量在 13 000~35 000。② 由几个或几十个相同或不同的亚基以非共价键连接组成的酶称为寡聚酶（oligomeric enzyme），如磷酸化酶 a、3- 磷酸甘油醛脱氢酶等。绝大部分寡聚酶都含有偶数亚基，但个别寡聚酶含有奇数亚基，如嘌呤核苷磷酸化酶就含有 3 个亚基。寡聚酶各亚基之间靠次级键结合，彼此容易分开，大多数寡聚酶在各亚基聚合后有催化活性，解聚时失去活性。相当数量的寡聚酶是关键酶，在代谢调控中起重要作用。③ 由几种不同功能的酶彼此聚合形成的多酶复合物，称为多酶体系（multienzyme system）。如葡萄糖氧化分解过程中的丙酮酸脱氢酶复合体。一些多酶体系在进化过程中，由于各酶蛋白的基因融合，多种不同的催化功能存在于一条多肽链中，这类酶称为多功能酶（multifunctional enzyme）。多功能酶有利于催化一系列连续进行的反应，能显著提高催化效率，相对分子质量很高。

人文视角 3-1
酶研究简史

微课或微视频 3-1
酶的化学组成、结构
与功能

一、酶的分子组成

根据酶的组成特点可将酶分为单纯酶（simple enzyme）和结合酶（conjugated enzyme）两类。

（一）单纯酶的分子组成

单纯酶是指水解后仅有氨基酸组分而无其他组分的酶，是单纯蛋白质。它的催化活性取决于蛋白质结构。脲酶、淀粉酶、脂酶、核糖核酸酶、一些消化蛋白酶等均属此类。

（二）结合酶的分子组成

由蛋白质和非蛋白质成分结合形成的酶称为结合酶，其中蛋白质部分称为酶蛋白（apoenzyme），非蛋白质部分称为辅因子（cofactor）。酶蛋白与辅因子结合形成的复合物称为全酶（holoenzyme），只有全酶才具有催化作用。

酶的辅因子按其化学本质分为两类：金属离子和小分子有机化合物。酶蛋白决定反应的特异性、专一性。辅因子则直接对电子、原子或化学基团进行传递，决定反应的种类与性质。酶的辅因子按其与酶蛋白结合的紧密程度及作用特点可分为辅酶（coenzyme）与辅基（prosthetic group）。辅酶与酶蛋白的结合疏松，可以用透析或超滤的方法除去。辅酶在反应中作为底物，接受质子或基团后离开酶蛋白，参加另一酶促反应并将所携带的质子或基团转移出去。辅基则与酶蛋白结合紧密，不能通过透析或超滤将其除去，在反应中辅基不能离开酶蛋白。如细胞色素氧化酶与铁卟啉辅基结合较牢固，铁卟啉辅基不易被除去。一般金属离子多作为酶的辅基，小分子有机化合物有的属于辅酶（如 NAD^+、$NADP^+$ 等），有的属于辅基（如 FAD、FMN、生物素等）。

金属离子是最多见的辅因子，约 2/3 的酶含有金属离子（表 3-1）。常见的金属离子有 Na^+、

Mg^{2+}、K^+、Cu^{2+}、Zn^{2+}、Fe^{2+} 等。有的金属离子与酶结合紧密，提取过程中不易丢失，这类酶称为金属酶（metalloenzyme）；有的金属离子虽为酶的活性所必需，但与酶的结合不甚紧密，这类酶称为金属激活酶（metal-activated enzyme）。金属离子作为辅因子的作用是多方面的，主要是作为酶活性中心的催化基团参与催化反应，起到传递电子、连接酶与底物、稳定酶的构象及中和阴离子降低反应中的静电斥力等作用。

表 3-1　一些酶的辅因子（金属离子）

含有或需要金属离子的酶	辅因子	含有或需要金属离子的酶	辅因子
乙醇脱氢酶	Zn^{2+}	琥珀酸脱氢酶	Fe^{2+}，Fe^{3+}
羧肽酶	Zn^{2+}	铁氧还蛋白	Fe
精氨酸酶	Mn^{2+}	铁黄素蛋白	Fe
丙酮酸羧化酶	Mn^{2+}	磷酸转移酶	Mg^{2+}，Mn^{2+}
NADH- 泛醌还原酶	Fe^{2+}，Fe^{3+}	细胞色素氧化酶	Cu^+，Cu^{2+}
过氧化物酶	Fe^{2+}，Fe^{3+}	碳酸酐酶	Zn^{2+}
过氧化氢酶	Fe^{2+}，Fe^{3+}	酪氨酸酶	Cu^+，Cu^{2+}

作为辅因子的有机化合物是一些化学性质稳定的小分子物质，主要作用是参与酶的催化过程，在反应中传递电子、质子或一些基团。虽然含小分子有机化合物的酶很多，但此种辅因子多是维生素或维生素类物质（表 3-2）。

表 3-2　B 族维生素及其辅酶（辅基）形式

B 族维生素	辅酶或辅基	主要作用
硫胺素（维生素 B_1）	焦磷酸硫胺素（TPP）	转移羧基
硫辛酸	6,8- 二硫辛酸	转移酰基
泛酸	辅酶 A（CoA-SH）	转移酰基
核黄素（维生素 B_2）	黄素单核苷酸（FMN）	转移氢原子
	黄素腺嘌呤二核苷酸（FAD）	转移氢原子
尼克酰胺（维生素 PP）	烟酰胺腺嘌呤二核苷酸（NAD^+）	转移氢原子、电子
	烟酰胺腺嘌呤二核苷酸磷酸（$NADP^+$）	转移氢原子、电子
吡哆醛（维生素 B_6）	磷酸吡哆醛	转移氨基、氨基酸脱羧基
生物素	生物素	转移羧基
叶酸	四氢叶酸	转移一碳单位
钴胺素（维生素 B_{12}）	5- 甲基钴铵素	转移甲基
	5'- 脱氧腺苷钴铵素	转移甲基

二、酶的活性中心

（一）酶活性中心的定义

大多数酶的化学本质是蛋白质，酶蛋白分子中氨基酸残基侧链具有不同的化学基团。在这些化学基团中一些与酶活性密切相关的基团称为酶的必需基团（essential group）。必需基团在酶蛋白一级结构上可能相距很远，但通过肽链的折叠在空间结构上彼此相互靠近，组成具有特定空间结构的区域，能与底物特异地结合并将底物转化为产物，这一区域称为酶的活性中心（active center of enzymes）。结合酶中的辅酶或辅基参与酶活性中心的组成。

（二）酶活性中心的必需基因

酶活性中心内的必需基团根据功能不同可分为结合基团（binding group）和催化基团（catalytic group）。结合基团的作用是识别底物并与之特异结合，形成酶-底物的过渡态复合物；催化基团的作用则是影响底物中某些化学键的稳定性，催化底物发生化学反应并将其转变成产物。有些酶活性中心内的必需基团同时具有结合和催化两方面的功能。还有一些必需基团虽然不参加活性中心的组成，但却是维持酶活性中心的空间构象所必需的，这些基团是酶活性中心外的必需基团。破坏酶活性中心外的必需基团可导致酶空间构象改变而失去催化活性。

酶的活性中心通常是酶分子三维结构中很小的区域，由酶的特定空间构象所维持，活性中心深入到酶分子内部，且多为氨基酸残基的疏水基团形成疏水环境，有利于和底物相互作用。多数底物与酶通过弱的作用力结合，结合的专一性决定于活性中心的原子基团的排列方式，并且活性中心具有弹性变形的能力。在最适的理化条件下，酶以具有催化活性的构象存在，活性中心便自然地形成。外界理化因素改变而破坏了酶的构象时，活性中心的特定结构变形甚至解体，酶的催化能力就降低甚至完全失去催化活性。所以酶的空间构象是其催化功能的基础。

三、同工酶

（一）同工酶的定义

同工酶（isoenzyme）是指催化的化学反应相同，酶蛋白的分子结构、理化性质乃至免疫学性质不同的一组酶。同工酶是长期进化过程中基因趋异的产物。根据国际生物化学学会的建议，同工酶是由不同基因或等位基因编码的多肽链，或由同一基因转录生成的不同 mRNA 翻译的不同多肽链组成的蛋白质。翻译后经修饰生成的多分子形式不在同工酶之列。同工酶存在于同一种属或同一个体的不同组织或同一细胞的不同亚细胞结构中，在代谢调节上起着重要作用。各种同工酶的同工酶谱在胎儿发育过程中有其规律性的变化，可作为发育过程中各组织分化的一项重要特征。同时，了解胎儿发育不同时间一些同工酶的出现或消失，还可用于解释发育过程中这些阶段特有的代谢特征。现已发现百余种同工酶，如 6-磷酸葡萄糖脱氢酶、乳酸脱氢酶（LDH）、酸性磷酸酶（ACP）和碱性磷酸酶（AKP）、丙氨酸氨基转移酶（ALT）和天冬氨酸氨基转移酶（AST）、肌酸激酶（CK）等。

（二）临床诊断中常用的 2 种同工酶

1. 乳酸脱氢酶（lactate dehydrogenase，LDH）是四聚体酶。该酶的亚基有两型：骨骼肌型（M 型）和心肌型（H 型）。这两型亚基以不同的比例组成 5 种同工酶：LDH_1（H_4）、LDH_2（H_3M）、LDH_3（H_2M_2）、LDH_4（HM_3）、LDH_5（M_4）。由于分子结构的差异，这五种同工酶具有不同的电泳速度，对同一底物亲和力不同。单个亚基无酶的催化活性。LDH 的同工酶在不同组织器官中的含量与分布比例不同，这使得不同的组织与细胞具有不同的代谢特点（表 3-3）。

正常情况下血清中 LDH 活性很低，多半由红细胞渗出。当某一器官或组织发生病变时，组织中的同工酶释放到血液中，血清的 LDH 同工酶谱会发生一定的变化，可依据同工酶谱的改变

临床聚焦 3-1
乳酸脱氢酶

表 3-3　乳酸脱氢酶（LDH）同工酶组织分布特点

类型	亚基组成	组织				
		心肌	红细胞	骨骼肌	肝	肾
LDH$_1$	H$_4$	++++	+++	−	−	+
LDH$_2$	H$_3$M	+++	+++	−	−	+
LDH$_3$	H$_2$M$_2$	+	+	+	+	++
LDH$_4$	HM$_3$	−	−	++	+	++
LDH$_5$	M$_4$	−	−	++++	++++	++

对疾病进行诊断。例如，冠心病及冠状动脉血栓引起的心肌受损患者血清中 LDH$_1$、LDH$_2$ 含量增高，而肝细胞受损患者血清中 LDH$_5$ 升高。

2. 肌酸激酶（creatine kinase，CK）是二聚体酶，其亚基有肌型（M 型）和脑型（B 型）两种。脑中含 CK$_1$（BB 型），骨骼肌中含 CK$_3$（MM 型），CK$_2$（MB 型）仅见于心肌。血清 CK$_2$ 活性的测定对于早期诊断心肌梗死有一定意义。

临床聚焦 3-2
肌酸激酶

同工酶的测定已应用于临床实践。当某组织发生疾病时，可能有某种特殊的同工酶释放出来，同工酶谱的改变有助于对疾病的诊断。同工酶可以作为遗传标志，用于遗传分析研究。

第二节　酶促反应特点及工作原理

酶是生物体活细胞内合成的具有催化作用的蛋白质，具有两方面的特性，既有与一般催化剂相同的催化性质，又具有生物大分子的特征。

一、酶促反应特点

（一）高效性

在发生化学反应时，反应物分子必须活化后达到或超过一定的能量阈值，成为活化分子，反应才能发生。化学反应中要求的能量阈值越高，则其中活化分子就越少，反应速率越慢；相反，要求的能量阈值越低，则有较多的反应物分子成为活化分子，由此反应速率越快。这种提高反应物分子达到活化状态的能量，称为活化能（activation energy）。催化剂的作用，主要是降低反应所需的活化能，使更多的反应物分子活化从而加速反应的进行（图 3-1）。

在酶促反应过程中，酶作用的反应物称为底物（substrate，S），通过反应生成的物质称为产物（product，P）。酶催化的

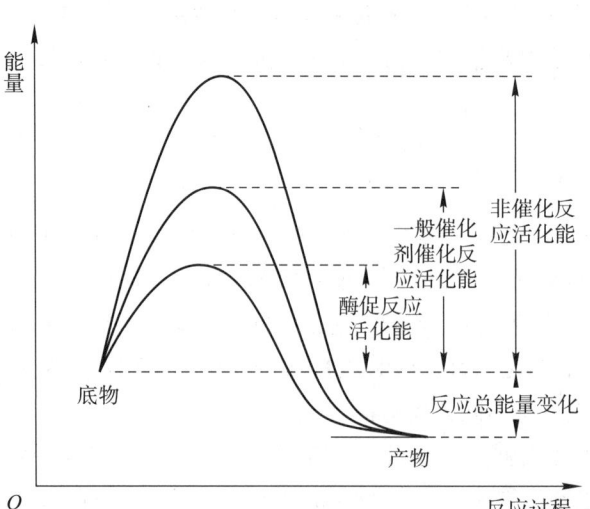

图 3-1　酶促反应活化能的改变

化学反应称为酶促反应。酶促反应具有特殊的性质与反应机制。酶与一般化学催化剂一样，在化学反应前后没有质和量的改变，只能催化热力学允许的化学反应（$\Delta G < 0$），提高反应速率，不改变反应的平衡点，即不改变反应的平衡常数。酶能提高反应的速率，主要因为有效地降低了反应的活化能。酶在相对温和的条件下，降低酶促反应活化能的机制是：酶首先与底物结合成一个不稳定的酶-底物复合物，由于底物与酶的结合导致底物分子内的某些化学键发生不同程度的变化，呈不稳定状态或称过渡态，易于向产物方向进行。所以少量酶即可催化大量底物发生反应，提高反应效率，体现酶的催化高效性。

酶具有极高的催化效率，酶的催化效率通常比非催化反应高 $10^8 \sim 10^{20}$ 倍，比一般催化剂高 $10^7 \sim 10^{13}$ 倍。

（二）高度特异性

与一般催化剂不同，酶对其所催化的底物具有较严格的选择性。即一种酶仅作用于一种或一类化合物，或一定的化学键，催化一定的化学反应并产生一定的产物，酶的这种特性称为酶的特异性（specificity）或专一性。根据酶对其底物化学结构或空间结构选择的严格程度不同，酶的特异性可大致分为以下三种类型。

1. 绝对特异性　有的酶仅能作用于一种特定结构的底物分子，进行专一的催化反应，生成具有特定结构的产物。酶对底物的这种极其严格的选择性称为酶的绝对特异性（absolute specificity）。例如，脲酶只催化尿素水解为 CO_2 和 NH_3，对其他尿素的衍生物不起催化作用。

2. 相对特异性　多数酶可对一类化合物或一种化学键起到催化作用，酶的这种对底物分子不太严格的选择性称为相对特异性（relative specificity）。例如，脂肪酶不仅水解脂肪，也可水解简单的酯；磷酸酶对一般的磷酸酯键都有水解作用，可水解甘油或酚与磷酸形成的酯键。

3. 立体异构特异性　酶具有立体异构特异性（stereo specificity），当底物具有立体异构体时，仅作用于底物的一种立体异构体。例如，L-氨基酸脱氢酶仅催化 L-氨基酸，而不作用于 D-氨基酸。除立体异构特异性外，有些酶也显示出几何异构特异（顺反异构体）性。例如，延胡索酸酶仅催化反丁烯二酸（延胡索酸）加水生成苹果酸的化学反应，对顺丁烯二酸则无此催化作用。

（三）调节性

酶是生物催化剂，与化学催化剂相比，其催化作用的另一个特征是在机体内可以受到调控。生物体内进行的化学反应，虽然种类繁多，但非常协调有序。体内代谢常通过对酶原的激活、酶活性的激活或抑制来调节代谢反应，也可通过对酶的合成进行诱导、阻遏，或对酶的降解速率的控制来调节代谢。酶的可调节性使体内代谢反应得以在精确调控下有条不紊地进行。如糖原合成与降解的平衡就是通过对糖原合酶和糖原磷酸化酶活性的有效调节来实现的。

二、酶的工作原理

酶催化机制的研究是生物化学的重要课题，它探讨酶高效催化的原因及酶促反应的过程。

（一）酶-底物复合物的形成

酶与底物结合进而催化底物转变为产物，解释酶与底物结合方式的学说，首先是 E. Fischer 提出的"锁-匙"结合的机械模式。继而发展为酶和底物接近时，其结构相互诱导、变形并彼

拓展学习 3-1
酶－底物复合物的形成

此适应结合的"诱导契合"模式。与底物靠近时酶的构象改变有利于与底物结合，同时底物在酶的诱导下也发生变形，处于不稳定的过渡状态，易受酶的催化攻击，过渡态底物和酶的活性中心的结构相吻合，形成暂时的酶－底物过渡态复合物。酶与底物结合时有显著构象变化，已被 X 射线衍射所证实。在酶促反应中，已获得大量底物过渡态，并由此推导出许多过渡态类似物作为设计药物、抗体酶等的依据。

（二）酶促反应的机制

1. 邻近效应　酶可以与其底物结合在酶的活性中心上。由于化学反应速率与反应物浓度成正比，若在反应系统的某一局部区域，底物浓度增高，则反应速率也随之提高。此外，酶与底物间的靠近具有一定的取向，这样反应物分子才会被作用，大大增加酶－底物复合物进入活化状态的概率。酶遇到其特异底物时，发生构象改变利于催化，同时底物分子也受到酶作用而变化，酶结构中的某些基团或离子可以使底物分子内产生张力作用，使底物变形和扭曲进而引起键的断裂，转变为产物。

2. 酸碱催化　一般催化剂只有酸催化或碱催化。而酶是两性电解质，活性中心内有些功能基团具有给予或接受质子或电子的特性，能对底物进行质子或电子的传递，提高酶的催化效能。

3. 共价催化　酶和底物形成一个反应性很高的共价中间物。很多酶的催化基团可和底物形成瞬间共价键而将底物激活进行共价催化。共价催化的形式是酶的亲核基团对底物中的亲电子的碳原子进行攻击，酶的亲核基团能提供电子进行亲核催化。

4. 表面效应　酶促反应在酶的疏水活性中心进行，防止水化膜的形成，可排除水对底物与酶结合的干扰性吸引与排斥，亲核、亲电反应均可被加速。

第三节　酶促反应动力学

生物体内进行的酶促反应也可用化学动力学的理论和方法进行研究。酶促反应动力学（kinetics of enzyme-catalyzed reaction）研究酶促反应速率及其影响因素。这些因素包括酶浓度、底物浓度、pH、温度、抑制剂、激活剂等。酶的结构与功能的关系及酶作用机制的研究需要动力学的实验数据，为了了解酶在代谢中的作用及药物的作用机制，需要掌握酶促反应的速率规律，因此酶促反应动力学的研究具有重要的理论和实践意义。

一、底物浓度对反应速率的影响

微课或微视频 3-2
底物浓度对酶促反应
速率的影响

确定底物浓度与酶促反应速率之间的关系，是酶促反应动力学的核心内容。在酶浓度、温度、pH 不变的情况下，以底物浓度为横坐标，酶促反应速率为纵坐标作图呈矩形双曲线（图 3-2）。当底物浓度较低时，酶促反应速率随底物浓度的

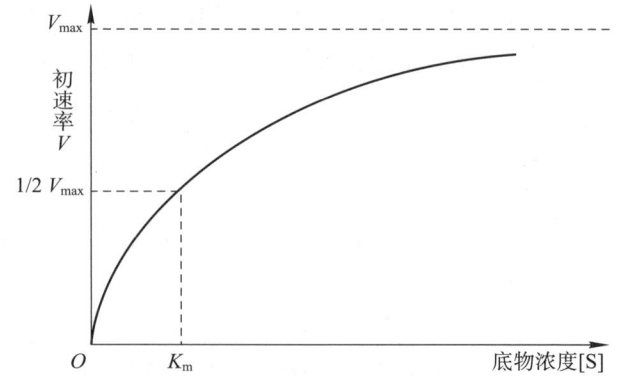

图 3-2　底物浓度与反应速率的关系

增加而增加，反应速率与浓度成正比关系；随着底物浓度的增加，反应速率增加的幅度逐渐下降，反应速率与底物浓度的增加不再成正比关系。当酶促反应达到一定阶段，继续加大底物浓度，反应速率将不再增加，这是因为酶的活性中心已被底物所饱和。所有的酶均有此饱和现象，只是达到饱和时所需的底物浓度不同。因此为了准确表示酶活力，都以初速率衡量，因为在这种假设情况下，反应体系中底物浓度（≥95%）总量远超过产物浓度（≤5%），酶促反应两侧的物质浓度相差悬殊，逆反应可不予考虑。酶促反应的初速率越大，意味着酶的催化活力越大。

（一）米 – 曼氏方程

利用中间产物学说可以解释酶被底物饱和的现象。酶促反应中，酶（E）首先与底物（S）结合形成酶 – 底物中间复合物（ES），ES 再分解为产物 P 并释放出游离的酶。

拓展学习 3-2
米 – 曼氏方程推导

$$E + S \underset{K_2}{\overset{K_1}{\rightleftharpoons}} ES \xrightarrow{K_3} E + P$$

Michaelis–Menten 于 1913 年提出了酶促反应速率与底物浓度定量关系的数学方程式，即米 – 曼氏方程（Michaelis–Menton equation），简称米氏方程。

$$V = \frac{V_{max}[S]}{K_m + [S]}$$

式中，V_{max} 为最大反应速率（maximum velocity），[S] 为底物浓度，K_m 为米氏常数（Michaelis constant），$K_m = (K_2 + K_3)/K_1$，V 是在不同 [S] 时的反应速率。当底物浓度很低（$K_m \gg$ [S]）时，$V = (V_{max}[S])/K_m$，反应速率与底物浓度成正比，反应为一级反应。当底物浓度很高（[S] $\gg K_m$）时，$V \cong V_{max}$，反应速率达最大速率，再增加底物浓度也不影响反应速率，反应为零级反应。

（二）K_m 与 V_{max} 的意义

1. 当反应速率为最大反应速率的一半时，米氏方程可以整理为：[S] = K_m，即 K_m 等于反应速率为最大反应速率一半时的底物浓度。各种酶的 K_m 值范围大致在 $10^{-6} \sim 10^{-2}$ mol/L。

2. K_m 值可以近似地表示酶与底物的亲和力，$K_m = (K_2 + K_3)/K_1$，当 $K_2 \gg K_3$，即 ES 解离成 E 和 S 的速率大大超过解离成 E 和 P 的速率时，K_3 可以忽略不计，K_m 值近似于 ES 解离常数 K_s，此时 K_m 值可用来表示酶对底物的亲和力。$K_m = K_2 / K_1 =$ [E][S] / [ES] $= K_s$。K_m 值愈大，酶与底物的亲和力愈小；K_m 值愈小，酶与底物的亲和力愈大。酶与底物的亲和力大，表示不需要很高的底物浓度，便可容易地达到最大反应速率。但是 K_3 值并非在所有酶促反应中都远小于 K_2，所以 K_s 值（又称酶促反应的底物常数）和 K_m 值的涵义不同，不能互相代替使用。

3. K_m 值是酶的特征性常数之一，只与酶的结构、酶所催化的底物和反应温度、pH、缓冲液的离子强度有关，与酶的浓度无关。对于同一底物，不同的酶有不同的 K_m 值；多底物反应的酶对不同底物的 K_m 值也各不相同，以 K_m 值最小者，作为该酶作用的最适底物。

4. 已知某酶的 K_m 值，就可以计算出在某一底物浓度时，其反应速率相当于 V_{max} 的百分率。K_m 还可帮助推断某一代谢反应的方向和途径。K_m 小的为主要催化方向（正、逆两方向反应 K_m 不同）。

5. 酶浓度一定时，则对特定底物 V_{max} 为一常数。V_{max} 是酶完全被底物饱和时的反应速率，与酶浓度成正比。

（三）K_m 与 V_{max} 的测定

1. 双倒数作图　根据矩形双曲线来测定 K_m 和 V_{max}，很难准确地测得 K_m 和 V_{max}。若把米氏方程进行变换后，将曲线作图直线化，便可准确求得 K_m 和 V_{max}。最常用的作图法为双倒数作图法（double-reciprocal plot），又称林-贝氏（Lineweaver-Burk）作图法（图 3-3）。可将米氏方程变换如下：

$$\frac{1}{V} = \frac{K_m}{V_{max}} \cdot \frac{1}{[S]} + \frac{1}{V_{max}}$$

用 $1/V$ 对 $1/[S]$ 作图，得一直线，其纵轴上的截距为 $1/V_{max}$，横轴上的截距为 $-1/K_m$。此作图法除用于求取 K_m 值和 V_{max} 值外，还可用于判断可逆性抑制反应的性质。

2. Hanes 作图法（图 3-4）　也是从米氏方程转化而来的，其方程式为：

$$\frac{[S]}{V} = \frac{[S]}{V_{max}} + \frac{K_m}{V_{max}}$$

横轴截距为 $-K_m$，直线的斜率为 $1/V_{max}$。

必须指出米氏方程只适用于较为简单的酶作用过程，对于比较复杂的酶促反应过程，如多酶体系、多底物、多产物、多中间物等，还不能全面地概括和说明，必须借助于复杂的计算过程。

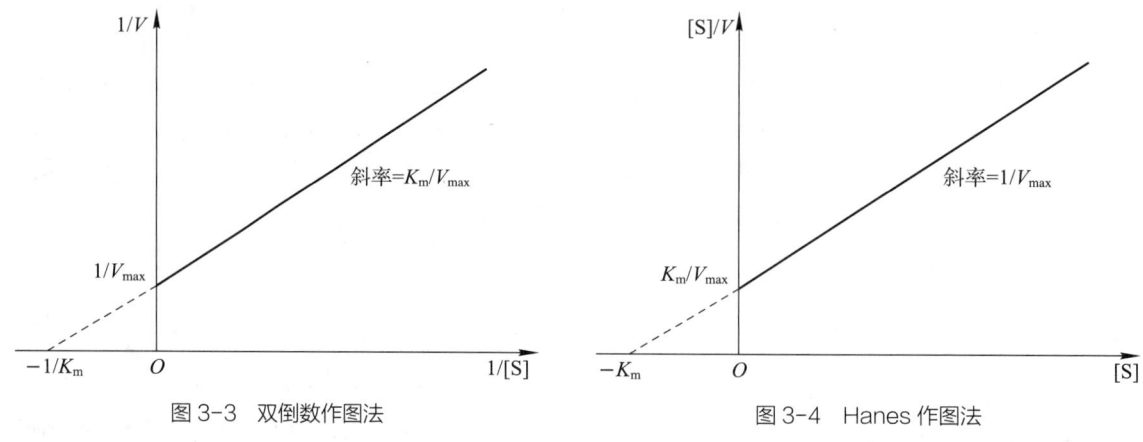

图 3-3　双倒数作图法　　　　　　　图 3-4　Hanes 作图法

二、酶浓度对反应速率的影响

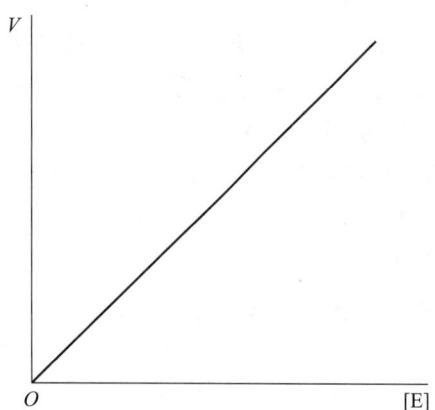

图 3-5　酶浓度对反应速率的影响

酶作为一种高效的生物催化剂，一般情况下在生物体内含量很少。当酶促反应体系的温度、pH 不变时，底物浓度远远大于酶浓度，足以使酶饱和，则反应速率与酶浓度成正比关系（图 3-5）。因为在酶促反应中，酶分子首先与底物分子作用，生成活化的中间产物而后再转变为最终产物。在底物充分过量的情况下，可以设想，酶的浓度越大，则生成的中间产物越多，反应速率也就越快。相反，如果反应体系中底物不足，酶分子过量，现有的酶分子尚未发挥作用，中间产物的数目比游离酶分子数还少，在此情况下，再增加酶浓度，也不会增大酶促反应的速率。由米氏方程可推导出酶促反应速率与酶浓度成正比的关系：$V = K[E]$。

三、温度对反应速率的影响

一般化学反应随着温度的升高反应速率加快。因为温度升高将增加反应分子的能量，酶和底物间的碰撞概率增大，化学反应的速率加快。但酶是蛋白质，可随温度的升高而变性。温度对酶促反应速率具有双重影响：一方面在温度较低时，反应速率随温度升高而加快，温度每升高 10 ℃，反应速率大约增加 1 倍。另一方面，温度进一步升高会增加酶变性的机会。温度升高到 60 ℃以上时，大多数酶开始变性；80 ℃时，多数酶的变性已不可逆。所以温度升高超过一定数值后，酶受热变性的因素占优势，反应速率减缓，形成倒 U 形曲线（图 3-6）。综合这两种因素，在此曲线顶点所代表的温度，反应速率最大，称为酶的最适温度（optimum temperature）。酶的最适温度不是酶的特征性常数，它与反应进行的时间有关。酶可以在短时间内耐受较高的温度，相反，延长反应时间，最适温度便降低。温血动物组织中酶的最适温度多在 35 ~ 40 ℃。环境温度低于最适温度时，温度每升高 10 ℃，反应速率可加大 1 ~ 2 倍。温度高于最适温度时，反应速率则因酶变性而降低。

酶的活性随温度的下降也会降低，但低温一般不破坏酶结构。温度回升后，酶又恢复活性。临床上冬眠疗法就是利用酶的这一性质以减慢组织细胞代谢速率，提高机体对氧和营养物质缺乏的耐受，有利于治疗。这也是低温保存生物制品、菌种等的原理。

四、pH 对反应速率的影响

酶蛋白分子中有些必需基团可解离，在不同的 pH 条件下解离状态不同，其所带电荷的种类和数量各不相同。酶所处的 pH 条件发生改变，可以导致这些必需基团解离状态的改变，进一步可导致酶活性中心的空间构象或辅酶与酶蛋白的结合程度发生改变，而酶往往仅在某一解离状态时才最容易同底物结合或具有催化作用，因此，pH 的改变可以影响酶的催化活性。

只有在某一特定的 pH 条件下，酶、底物和辅酶的解离情况最适宜它们互相结合，并发挥酶的催化作用，使酶促反应速率达最大值，此时环境中的 pH 称为酶的最适 pH（optimum pH）。最适 pH 和酶的最稳定 pH 及体内环境的 pH 不一定相同。虽然不同酶的最适 pH 不同，但除少数外，如胃蛋白酶最适 pH 约为 1.8，肝精氨酸酶最适 pH 为 9.8，哺乳动物体内多数酶的最适 pH 接近中性。最适 pH 不是酶的特征性常数，它受环境因素的影响很大。溶液的 pH 高于或低于最适 pH 时，酶的活性都会降低，远离最适 pH 时还会导致酶的变性失活。因此在测定酶的活性时，必须选用适宜的缓冲液以保持酶活性的相对恒定。一般在制作 V-pH 变化曲线时，采用使酶全部饱和的底物浓度，在此条件下测定不同 pH 时的酶促反应速率，曲线为较典型的钟罩形（图 3-7）。

五、抑制剂对反应速率的影响

酶的抑制剂（inhibitor）是指能使酶的催化活性下降而不引起酶蛋白变性的物质。抑制剂多与酶的活性中心内、外必需基团相结合，从而抑制酶的催化活性。抑制剂降低酶的活性，但几乎不破坏酶的空间结构，而是直接或间接地对酶的活性中心发挥作用。抑制作用不同于蛋白质变性，抑制剂通常对酶有一定的选择性，一种抑制剂只能引起某一类或某几类酶的抑制。而酶蛋白

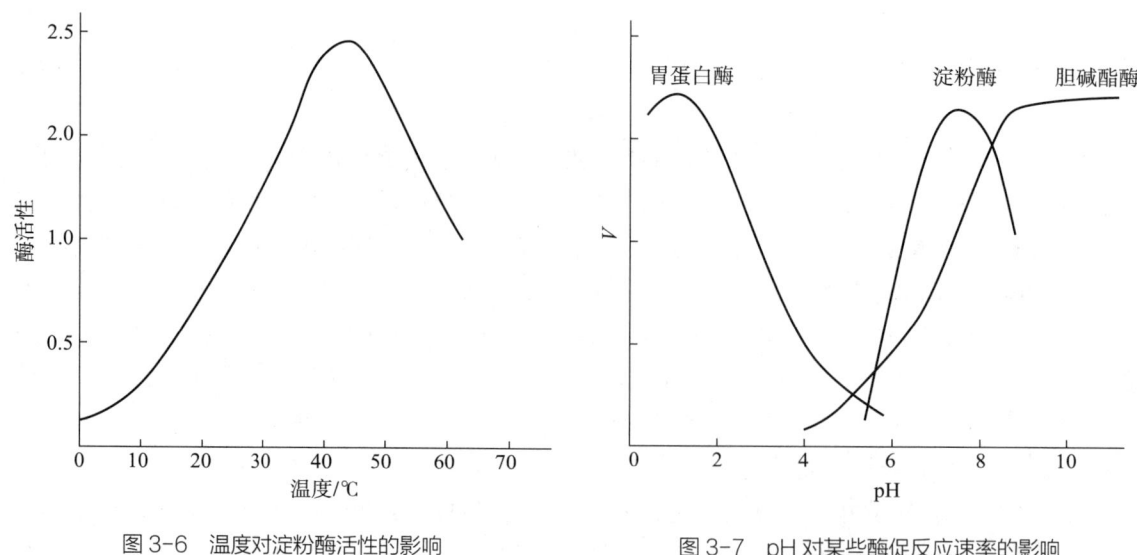

图 3-6　温度对淀粉酶活性的影响　　　　图 3-7　pH 对某些酶促反应速率的影响

微课或微视频 3-3
抑制剂对酶促反应速
率的影响

受到一些物理因素或化学试剂的影响，破坏了次级键，改变了酶的空间构象，引起酶活性的降低或丧失，从而导致酶蛋白变性，这些物理或化学因素对酶没有选择性，因此不属于抑制剂。抑制剂对酶促反应速率的影响是与医学关系最为密切的内容之一。很多药物是酶的抑制剂，了解酶的抑制作用是阐明药物作用机制和设计研究新药的重要途径。

　　根据抑制剂与酶结合的紧密程度不同，除去抑制剂后酶的活性是否得以恢复，可将抑制作用分为可逆性抑制作用与不可逆性抑制作用两大类。

（一）不可逆性抑制作用

　　抑制剂与酶分子活性中心的某些必需基团以共价键相结合而引起酶活性的丧失，这种结合不能用简单的透析、超滤等物理方法解除而恢复酶活性，这种抑制作用称为不可逆性抑制作用（irreversible inhibition）。此时抑制剂与酶的结合是不可逆反应。抑制作用随抑制剂浓度的增加而逐渐增加，当抑制剂的量大到足以和所有的酶结合，则酶的活性就完全被抑制。与抑制剂的不可逆结合使酶丧失活性，按抑制剂作用特点，又有专一性和非专一性之分。

　　1. 羟基酶的抑制　有一些不可逆性抑制剂，可与酶活性中心上的羟基（羟基酶）牢固共价结合，使之丧失催化活性。在农业上如农药美曲膦酯（敌百虫）、敌敌畏等有机磷化合物能专一地与胆碱酯酶（choline esterase）活性中心丝氨酸残基的羟基共价结合，使酶失去催化活性。胆碱酯酶的作用是使乙酰胆碱水解，当有机磷农药中毒时，胆碱酯酶受到抑制，造成胆碱能神经末梢分泌的乙酰胆碱积蓄，从而使迷走神经兴奋而呈现毒性状态。这些具有专一作用的抑制剂常被称为专一性抑制剂。

当发生有机磷农药中毒时，临床上可用解磷定来急救，因为虽然有机磷制剂与酶结合后不解离，但可用肟化物（含 CH=NOH）等把酶上的磷酸根除去使酶复活。

2. 巯基酶的抑制 低浓度的重金属离子（如 Pb^{2+}、Cu^{2+}、Hg^{2+}）或 As^{3+} 可与酶分子的巯基（—SH）结合，从而使酶失活。由于这些抑制剂所结合的巯基不局限于必需基团，所以此类抑制剂又称为非专一性抑制剂。化学毒气路易士气（Lewisite）是一种含砷的化合物，它能抑制体内的巯基酶而使人畜中毒。重金属盐引起的巯基酶中毒可用二巯基丁二酸钠解毒，二巯基丁二酸钠含有 2 个巯基，在体内达到一定浓度后，可与毒剂结合，恢复酶的活性。

$$Pb^{2+}(Hg^{2+}\text{或}Cu^{2+}) + E\begin{matrix}SH\\SH\end{matrix} \longrightarrow E\begin{matrix}S\\S\end{matrix}Pb（Hg\text{或}Cu）+ 2H^+$$

巯基酶 　　　失活的酶

$$\begin{matrix}COONa\\|\\CHS\\CHS\\|\\COONa\end{matrix}Pb(Hg\text{或}Cu) \longleftarrow \begin{matrix}COONa\\|\\CHSH\\CHSH\\|\\COONa\end{matrix}$$

二巯基丁二酸钠

（二）可逆性抑制作用

可逆性抑制作用（reversible inhibition）是指抑制剂通过非共价键与酶或酶－底物复合物可逆性结合，使酶活性降低或消失。采用透析或超滤的方法可将抑制剂除去，使酶活性得以恢复。可逆性抑制剂与游离状态的酶之间存在着一个动态平衡。根据抑制剂与底物的关系，可逆性抑制作用通常分为三种类型。

1. 竞争性抑制作用 竞争性抑制剂的结构与底物分子的结构非常相似或部分相似，因此可与底物竞争结合酶的活性中心，生成酶－抑制剂复合物（EI），从而抑制酶的活性，故称为竞争性抑制作用（competitive inhibition）。抑制程度决定于抑制剂与酶的相对亲和力及与底物浓度的相对比例。竞争性抑制反应用下列简化式表示（大写的英文字母 I 表示抑制剂）：

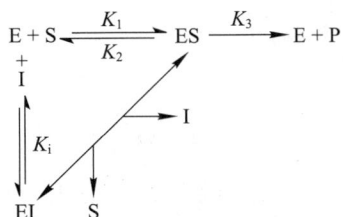

此类抑制剂竞争性结合酶的活性中心，而生成酶－抑制剂复合物，从而使可以与底物结合成中间产物（ES）的酶相对减少，酶活性因此降低。另一方面，抑制剂并没有破坏酶分子的特定构象，也没有破坏酶分子的活性中心，且竞争性抑制剂与酶的结合是可逆的，因此可用加入大量底物，提高底物竞争力的办法，消除竞争性抑制剂对酶活性的抑制作用。这是竞争性抑制作用的一个重要特征。按米氏方程可推导出竞争性抑制剂、底物和反应速率之间的动力学关系：

$$V = \frac{V_{max}[S]}{K_m\left(1 + \dfrac{[I]}{K_i}\right) + [S]}$$

式中，K_i 为抑制剂常数，即酶与抑制剂结合的解离常数。其双倒数方程式是：

$$\frac{1}{V}=\frac{K_{m}}{V_{\max}}\left(1+\frac{[\mathrm{I}]}{K_{i}}\right)\frac{1}{[\mathrm{S}]}+\frac{1}{V_{\max}}$$

在有竞争性抑制剂存在条件下，根据实验结果作出 $1/V$ 对 $1/[\mathrm{S}]$ 变化曲线（图 3–8B）。为了便于比较，在此图中同时给出了无抑制剂时的变化曲线（图 3–8A）。从图中可以看出，加入竞争性抑制剂后，$V_{\max}$ 不因有抑制剂的存在而改变，即竞争性抑制剂不影响酶促反应的 $V_{\max}$。但直线的斜率增大，达到 $V_{\max}$ 时所需底物的浓度明显地增大，即米氏常数 K_{m} 变大。有竞争性抑制剂存在时，从横轴上的截距量得的"K_{m} 值"（称为表观 K_{m} 值，apparent K_{m}）大于无抑制剂存在时的 K_{m} 值。可见，竞争性抑制作用使酶的表观 K_{m} 值增大，酶与底物的亲和力降低。

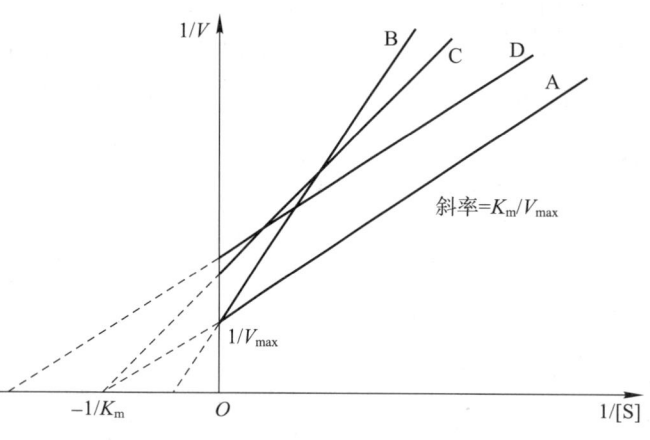

图 3-8 三种可逆性抑制作用的双倒数作图曲线
A. 无抑制剂；B. 竞争性抑制；C. 非竞争性抑制；D. 反竞争性抑制

在物质代谢途径的调节中，常见的是产物的反馈抑制。产物反馈抑制多属于竞争性抑制，产物与底物竞争酶的活性中心，形成酶 – 产物复合物，抑制底物向产物转化，从而达到对代谢的平衡调节。

临床上利用竞争性抑制的原理可进行疾病的治疗，如用磺胺类药物治疗细菌感染就是通过竞争性抑制细菌代谢酶的活性达到抑菌抗菌的效果。磺胺类药物能抑制细菌的生长繁殖，而不伤害人和畜禽。这是因为细菌不能利用外源的叶酸，必须自己合成。细菌体内的叶酸合成酶能够催化对氨基苯甲酸合成二氢叶酸，再还原成四氢叶酸后，即作为细菌核酸合成中一碳单位转移酶的辅酶。磺胺类药物与对氨基苯甲酸的结构非常相似，是二氢蝶酸合酶的竞争性抑制剂，抑制二氢叶酸的合成，四氢叶酸减少，一碳单位转移酶功能受限，从而使细菌的 DNA 合成受阻。人和畜禽不合成叶酸，主要利用食物中的叶酸，因此其核酸的合成不受磺胺类药物的干扰。对氨基苯甲酸与磺胺类药物结构对照如下：

$$H_2N \text{—} \bigcirc \text{—} COOH \qquad H_2N \text{—} \bigcirc \text{—} SO_2NHR$$

对氨基苯甲酸　　　　　　　　磺胺类药物

另外，许多属于抗代谢物的抗癌药物，如氨甲蝶呤（MTX）、6– 巯基嘌呤（6–MP）、5– 氟尿嘧啶（5–FU）等，几乎都是酶的竞争性抑制剂，它们分别抑制四氢叶酸、嘌呤核苷酸及脱氧胸苷酸的合成，从而干扰癌细胞的核酸合成，抑制其增殖。

2. 非竞争性抑制作用　有些抑制剂可与酶活性中心外的必需基团结合，不影响酶与底物的结合，酶和底物的结合也不影响酶与抑制剂的结合。因此底物和抑制剂与酶结合之间无竞争关系。但是酶 – 底物 – 抑制剂复合物（ESI）不能转变为产物，呈现抑制作用，故称为非竞争性抑制作用（non-competitive inhibition）。此类抑制剂在化学结构上与底物分子的结构并不相似，不能与酶的活性中心结合，但它可以与酶活性中心以外的部位结合，即可与底物同时结合在酶分子的不同部位上，形成 ESI 三元复合物。换句话说，就是抑制剂与酶分子结合之后，不妨碍该酶分子再与底物分子结合，但是在 ESI 三元复合物中，酶分子不能催化底物反应，即酶活性丧失。非竞争性抑制作用可以用下列简化反应式表示：

$$\text{E} + \text{S} \underset{K_2}{\overset{K_1}{\rightleftharpoons}} \text{ES} \overset{K_3}{\rightarrow} \text{E} + \text{P}$$

$$\text{EI} + \text{S} \rightleftharpoons \text{ESI}$$

按照米氏方程的推导方法，得出酶促反应的速率、底物浓度和抑制剂之间的动力学关系，其双倒数方程式是：

$$\frac{1}{V} = \frac{K_m}{V_{max}} \left(1 + \frac{[\text{I}]}{K_i} \right) \frac{1}{[\text{S}]} + \frac{1}{V_{max}} \left(1 + \frac{[\text{I}]}{K_i} \right)$$

在非竞争性抑制剂存在的情况下，以 $1/V$ 对 $1/[\text{S}]$ 作图（图 3-8C），见所得直线斜率增大，即酶促反应速率和最大反应速率 V_{max} 明显地降低。在横轴的截距与无抑制剂时相同，即 K_m 值不改变，说明非竞争性抑制剂不影响酶对底物的亲和力。由此可见，非竞争性抑制剂可能结合在酶活性中心之外的必需基团上，该必需基团对于维持酶分子构象起关键作用。因此，底物和非竞争性抑制剂在与酶分子结合时，互不排斥，无竞争性，因而不能用增加底物浓度的方法来消除这种抑制作用。这是不同于竞争性抑制的一个特征。大部分非竞争性抑制作用都是由一些可以与酶的活性中心之外的基团（如巯基）可逆结合的试剂引起的。这种基团对于酶活性来说也是很重要的，因为它们帮助维持了酶分子的天然构象。

3. 反竞争性抑制作用 反竞争性抑制剂与上述两类抑制剂的作用机制不同，即它不是直接与酶结合而抑制酶活性，而是与酶-底物（ES）形成的中间复合物结合，生成酶-底物-抑制剂复合物（ESI），其不能解离出产物。这样不仅使 ES 量下降，减少产物的生成，还促进 E 与 S 形成中间复合物。所以从这点上看，这类抑制剂反而有增强底物与酶亲和结合的作用，故称为反竞争性抑制。其抑制作用的简化反应过程如下：

$$\text{E} + \text{S} \underset{K_2}{\overset{K_1}{\rightleftharpoons}} \text{ES} \overset{K_3}{\rightarrow} \text{E} + \text{P}$$

$$\text{ESI}$$

其双倒数方程式是：

$$\frac{1}{V} = \frac{K_m}{V_{max}} \cdot \frac{1}{[\text{S}]} + \frac{1}{V_{max}} \left(1 + \frac{[\text{I}]}{K_i} \right)$$

反竞争性抑制剂存在时，以 $1/V$ 对 $1/[\text{S}]$ 作图（图 3-8D），所得直线与无抑制剂存在时比较，直线斜率不变。从纵轴截距可见反竞争性抑制剂使酶促反应的 V_{max} 降低，从横轴截距可知反竞争性抑制剂使酶促反应的表观 K_m 值降低。

上述三种可逆性抑制作用的动力学比较列于表 3-4。

表 3-4 抑制类型及其特征的比较

作用特征	无抑制剂	竞争性抑制	非竞争性抑制	反竞争性抑制
与 I 结合的组分		E	E、ES	ES
动力学参数				

续表

作用特征	无抑制剂	竞争性抑制	非竞争性抑制	反竞争性抑制
表观 K_m	K_m	增大	不变	减小
最大速率	V_{max}	不变	降低	降低
双倒数作图				
斜率	K_m / V_{max}	增大	增大	不变
纵轴截距	$1/V_{max}$	不变	增大	增大
横轴截距	$-1/K_m$	增大	不变	减小

六、激活剂对反应速率的影响

能使酶活性提高的物质，称为酶的激活剂（activator），其中大部分是离子或简单的有机化合物。如 Mg^{2+} 是多种激酶和合成酶的激活剂，动物唾液中的淀粉酶则受 Cl^- 的激活。

有些金属离子激活剂对酶促反应是必需的，这类激活剂称必需激活剂。例如，Mg^{2+} 作为激活剂的反应中，Mg^{2+} 与底物 ATP 结合生成 Mg^{2+}–ATP 之后作为酶的真正底物参加反应。有些激活剂对酶促反应是非必需的，激活剂缺失时酶仍有一定的催化活性，这类激活剂称为非必需激活剂。非必需激活剂通过与酶或底物或酶–底物复合物结合，提高酶的催化活性。例如，Cl^- 是唾液淀粉酶的非必需激活剂。通常，酶对激活剂有一定的选择性，且有一定的浓度要求，一种酶的激活剂对另一种酶来说可能是抑制剂，当激活剂的浓度超过一定的范围时，它就成为抑制剂。

第四节　酶的调节

一、酶活性的调节

（一）酶的别构调节

生物体内许多酶具有别构现象，即某些物质可以与酶分子上的非催化部位可逆性特异结合，引起酶蛋白分子构象发生改变，从而改变酶的催化活性，这种现象称为酶的别构调节（allosteric regulation）。受这种调节作用的酶称为别构酶（allosteric enzyme）。酶分子中的此结合部位称为别构部位（allosteric site）或调节部位（regulatory site）。导致别构效应的物质称为别构效应剂（allosteric effector）。有时底物本身就是酶的别构效应剂。

别构酶分子中常含有多个亚基，酶分子的催化部位（活性中心）和调节部位有的可以在同一亚基内，也可能不在同一亚基。含催化部位的亚基称为催化亚基，含调节部位的亚基称为调节亚基。如果某效应剂引起酶对底物的亲和力增加，催化活性增强，加快酶促反应速率，此效应称为别构激活效应，效应剂称为别构激活剂（allosteric activator）；反之，引起酶对底物的亲和力下降，催化活性减弱，降低酶促反应速率的效应称为别构抑制效应，相应的效应剂为别构抑制剂（allosteric inhibitor）。具有多亚基的别构酶与血红蛋白类似，存在着协同效应，包括正协同效应

拓展学习 3-3
酶的别构调节

与负协同效应。

大多数别构酶为寡聚酶，含的亚基数一般为偶数；且分子中有催化部位（结合催化底物）与调节部位（结合别构剂），这两部位可以在不同的亚基上（分别称为催化亚基和调节亚基），或者在同一亚基的两个不同部位。

（二）酶的共价修饰调节

酶的共价修饰调节是体内关键酶活性调节的另一种重要方式。酶蛋白上的一些基团在另一种酶的催化下与某种化学基团发生可逆的共价结合，从而改变酶的活性，这一过程称为酶的共价修饰（covalent modification）或化学修饰（chemical modification）调节。在共价修饰过程中，酶发生无活性（或低活性）与有活性（或高活性）两种形式的互变。这种互变由不同的酶所催化，后者又受激素的调控。酶的共价修饰包括磷酸化与脱磷酸化、乙酰化与脱乙酰化、甲基化与脱甲基化、腺苷化与脱腺苷化，以及—SH 与—S—S—的互变等。其中以磷酸化修饰最为常见。酶的共价修饰是体内快速调节的一种重要方式。

凡能通过别构或共价修饰改变酶活性或催化功能的酶，称为调节酶（regulatory enzyme）。调节酶大多是系列反应中的第一个酶或分支点的酶，因此具有（代谢）调节功能，故称为调节酶（亦称关键酶）。

（三）酶原与酶原激活

大多数酶在细胞内合成时，肽链折叠成具有特征的空间结构，形成具有催化活性的酶活性中心。有些酶在细胞内刚合成或初分泌时，或在其发挥催化功能之前只是酶的无活性前体，必须在一定的条件、场所和激活机制下，酶的无活性前体中的一个或几个特定的肽键发生水解，致使酶构象发生改变，形成并暴露酶的活性中心，表现出酶的催化活性。这种酶的无活性前体称为酶原（zymogen）。酶原向有活性酶的转变过程称为酶原的激活。酶原激活的实质是酶的活性中心形成或暴露的过程。例如，胰蛋白酶原进入小肠后，在 Ca^{2+} 存在下受肠激酶的激活，第 6 位赖氨酸残基与第 7 位异亮氨酸残基之间的肽键被切断，水解掉一个六肽，酶分子的构象发生改变，形成酶的活性中心，从而成为有催化活性的胰蛋白酶（图 3-9）。血液中凝血与纤维蛋白溶解系统的酶类也都以酶原的形式存在，它们的激活具有典型的级联反应特征。只要少数凝血因子被激活，便可通过级联放大作用，迅速使大量的凝血酶原转化为凝血酶，引发快速而有效的血液凝固。

酶原激活具有重要的生理意义。例如，消化道内蛋白酶初期以酶原形式分泌，这不仅保护消化器官本身不受酶的水解破坏，而且保证了酶在特定的部位与环境中才发挥其催化作用。若酶原在不合适的时间和部位被激活，即可造成疾病。如急性胰腺炎，就是因为胰蛋白酶原由于某种病因作用使

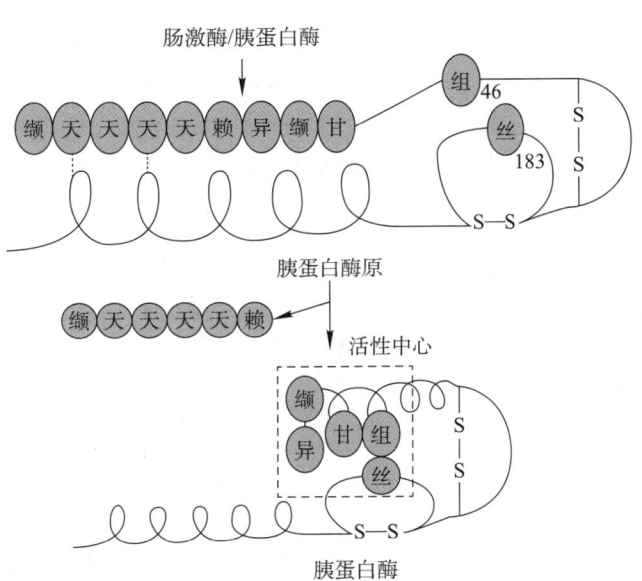

图 3-9　胰蛋白酶原激活示意图

其在胰腺中被异常激活成为胰蛋白酶，使胰腺组织本身被消化损害造成的。凝血和纤溶系统酶类均以酶原形式存在于血液中循环运行，保证生理血流的畅通。一旦出血，即可转化为有活性的酶促进止血，发挥其对机体的保护作用。但若它们被异常激活，就会造成血栓。此外，酶原还可被视作酶的储存形式。

二、酶含量的调节

某些底物、产物、激素及药物能使酶的合成增加或减少，这种影响一般发生在转录水平。能促进酶蛋白生物合成的物质称为诱导剂（inducer），减少酶蛋白生物合成的物质称为辅阻遏剂（corepressor）。由于酶蛋白的生物合成需要转录、翻译及翻译后加工等多个环节，故诱导剂作用于转录水平后，仍然需要几个小时才能发挥作用，效应出现较迟。辅阻遏剂与阻遏蛋白结合后，影响酶的基因表达，称为阻遏作用。

另一方面可以通过酶的降解来实现对酶含量的调节，降解过程大多发生在细胞内，可分为溶酶体蛋白降解途径和非溶酶体蛋白降解途径。溶酶体蛋白降解途径是指在溶酶体酸性条件下，无选择地把酶蛋白吞入溶酶体进行水解。非溶酶体途径又称泛素–蛋白酶体途径，是指在细胞质基质中对异常蛋白和短半寿期（亦称半衰期）蛋白进行泛素标记，然后被蛋白酶体识别并进行水解。

第五节 酶的命名与分类

酶的种类繁多且催化反应各异，目前已经得到鉴定的酶有十万多种。为了研究、学习及应用的方便，需要对其进行系统的分类和命名。

一、酶的命名

酶的命名有习惯命名法和系统命名法。习惯命名法是由酶的发现者根据其所催化的特异底物、催化反应的性质及酶的来源而定，但这种命名方法有时不能说明酶促反应的本质，有时出现一酶多名等混乱现象。为了克服酶的习惯命名法的弊端，1961年国际酶学委员会提出系统命名法。系统命名法是按酶所催化的所有底物与反应类型来进行命名，底物名称之间以"："分隔。如谷氨酸脱氢酶按照系统命名法命名为：L-谷氨酸：NAD$^+$氧化还原酶。但有些酶促反应是双底物或多底物反应，且许多底物的化学名称太长，因而根据系统命名法得到的酶名称过于复杂。为了应用方便，国际酶学委员会又从每种酶的数个习惯名称中选定一个简便实用的推荐名称。例如，乳酸：NAD$^+$氧化还原酶的推荐命名为乳酸脱氢酶，甘油醛-3-磷酸醛–酮–异构酶的推荐名为丙糖磷酸异构酶。

二、酶的分类

国际酶学委员会按照酶促反应的性质，将酶分为七大类。

（一）氧化还原酶

氧化还原酶（oxidoreductases）是催化氧化还原反应的一类酶，包括催化传递电子、氢及氧参加的反应。例如，琥珀酸脱氢酶、异柠檬酸脱氢酶、细胞色素氧化酶、过氧化氢酶、过氧化物酶等。

（二）转移酶

转移酶（transferases）是催化底物之间的某些化学基团转移或交换的一类酶。例如，氨基转移酶、甲基转移酶、磷酸化酶等。将一种分子的某一基团转移到另一种分子上。当酶以三磷酸腺苷（ATP）为供体，把一个磷酸基团转移到另一个分子时，称为激酶（kinase）。受体可以是小分子或蛋白质。

（三）水解酶

水解酶（hydrolases）是催化底物发生水解反应的一类酶，按其所水解的底物不同可分为淀粉酶、糖苷酶、蛋白酶、脂肪酶、磷酸酶等。

（四）裂解酶

裂解酶（lyases）是以非水解反应方式催化从底物移去一个基团并留下双键的反应或其逆反应的一类酶。例如，脱水酶、碳酸酐酶、脱羧酶、柠檬酸合酶等。

（五）异构酶

催化各种同分异构体之间相互转化的酶类称为异构酶（isomerases）。例如，磷酸丙糖异构酶、磷酸甘油酸变位酶、消旋酶、差向异构酶、顺反异构酶等。

（六）合成酶

催化两分子底物合成为一分子化合物，同时伴有高能键水解供能的酶类称为合成酶（ligases）。例如，谷氨酰胺合成酶、腺苷酸代琥珀酸合成酶、DNA 连接酶等。另外，在新键形成中不需 ATP 参与的酶称为合酶。合酶在酶分类上不属于合成酶。

国际酶学委员会还规定了上述六类酶的编号，同时根据酶所催化的化学键的特点和参加反应的基团不同，又将每大类进一步划分。每种酶的分类编号由 4 个阿拉伯数字组成。数字前冠以酶学委员会的缩写 EC（enzyme commission）。例如，乳酸脱氢酶的编号为 EC1.1.1.27，丙氨酸转氨酶的编号为 EC2.6.1.2。编号中第 1 个数字是酶的分类号，第 2 个数字代表在此类中的亚类，第 3 个数字表示亚 – 亚类，第 4 个数字为该酶在亚 – 亚类中的排序。

（七）易位酶

易位酶（translocases）又称转位酶，是指催化离子或分子跨膜转运或在细胞膜内进行易位反应的酶，即指催化离子或分子从膜的一侧（面 1）转运到膜的另一侧（面 2）的一类酶。根据底物类型，易位酶分为六个亚类：催化氢离子转位、催化无机阳离子及其螯合物转位、催化无机阴离子转位、催化氨基酸和肽转位、催化糖及其衍生物转位、催化其他化合物转位。

第六节　酶与医学的关系

酶与医学的关系十分密切，许多疾病的发生和酶的异常有关。组织、器官、细胞的正常代谢是机体健康的基础。酶的产生、清除、结构及功能异常会导致机体的新陈代谢紊乱而发生疾病。临床上可通过对酶活性及酶含量的检查来进行疾病诊断，并且利用药物及基因工程技术等对酶的生成、清除、结构及功能进行干预调节，从而达到治疗疾病的目的。

一、酶活性测定与酶活性单位

临床上对酶活性的测定是辅助诊断疾病的重要手段。酶活性是指酶催化一定化学反应的能力，衡量酶活性高低的标准是指在规定条件下酶促反应速率的大小。酶促反应速率可用单位时间内底物的消耗量或产物的生成量来表示。酶活性单位是表示酶量多少的单位，它反映在规定条件下，酶促反应在单位时间内生成一定量的产物或消耗一定量的底物所需的酶量。在实际工作中，酶活性单位往往与所用的测定方法、反应条件等因素有关。同一种酶所采用的测定方法不同，活性单位也不尽相同。为了便于比较，1976 年国际生物化学学会（IUB）（现称国际生物化学与分子生物学学会，IUBMB）酶学委员会规定使用国际单位（international unit，IU）使酶的活性单位标准化。一个国际单位是指在最适条件下，每分钟催化 $1\mu mol/L$ 底物减少或 $1\mu mol/L$ 产物生成所需的酶量。

临床应用中，酶活性测定的目的是了解组织中酶的存在与多寡。测定血清、尿液等体液中酶活性的改变，可以反映某些疾病的发生、发展，有助于临床诊断和预后的判断。许多因素可以影响酶促反应速率。酶活性的测定要求有适宜的特定反应条件，影响酶促反应速率的各种因素应相对恒定。酶的样品应做适当的处理。测定酶活性时，底物的量要足够，使酶被底物饱和，以充分反映待测酶的活力。测定代谢物时应保持酶的足够浓度，根据反应时间选择反应的最适温度，根据不同的底物和缓冲液选择反应的最适 pH。为获取最高反应速率，在反应体系中应含有适宜的辅因子、激活剂并避免酶抑制因子的影响等。

二、酶与疾病的关系

体内的新陈代谢过程都是由相应的一系列酶催化进行的，任何酶的缺陷或酶活性异常都可引起代谢障碍而致病。

酶的异常可能导致疾病的发生，一个重要的方面是表现为遗传性疾病。已发现的许多先天性代谢缺陷病，都是由于酶的先天性或遗传性缺损所致。由于先天性缺乏某种酶而阻碍代谢的正常进行，其结果造成代谢产物不能生成或堆积。如白化病是由于体内缺乏酪氨酸酶，导致黑色素细胞内不能将酪氨酸转化成黑色素，因此，眼、毛发、皮肤都呈白色。苯丙酮尿症是由于苯丙氨酸羟化酶的先天性缺陷，使体内苯丙氨酸不能羟化转变成酪氨酸，以致血中呈现高浓度的苯丙氨酸，形成高苯丙氨酸血症，高浓度苯丙氨酸转入次要代谢途径生成大量苯丙酮酸，由尿液排出形成苯丙酮尿症。苯丙氨酸经转氨基等反应生成苯乙酸和苯乳酸，能抑制大脑中 L-

谷氨酸脱羧酶和色氨酸羟化酶等活性。这两种酶是生成神经递质 γ- 氨基丁酸和 5- 羟色胺的重要酶，抑制其活性可造成患儿发生智力障碍。

另一方面，由于物理、化学及生物等致病因素引起酶后天性异常，同样会导致疾病的发生。如长期肝病、肝衰竭患者易出血不止，这是因为患者肝不能正常合成与凝血有关的酶，造成患者凝血功能障碍。另外，中毒性疾病多表现为酶活性受到抑制，如前所述有机磷农药中毒就是由于有机磷化合物能特异性地与酶活性中心的丝氨酸羟基结合而抑制乙酰胆碱酯酶活性，从而影响神经递质的正常作用而致病。急性胰腺炎时，胰蛋白酶原在胰腺中被激活，造成胰腺组织被水解破坏。许多炎症都可以导致弹性蛋白酶从浸润的白细胞或巨噬细胞中释放，对组织产生破坏作用。激素代谢障碍或维生素缺乏也可引起某些酶的异常。

临床聚焦 3-3
酶与疾病的发生

三、酶在医学上的其他应用

（一）酶在疾病辅助诊断中的应用

通过对酶活性的测定进行疾病的辅助诊断在临床医学中得到广泛应用。酶的先天性或遗传性缺陷导致的疾病，可通过直接检测酶的基因、酶的活性或酶含量来进行诊断。酶缺陷会导致特定的代谢底物在血液或尿液中堆积，或代谢产物缺失，因此，也可通过检测酶所催化的底物或产物的量来间接诊断。认识在体液中堆积的中间代谢底物或缺失的代谢产物有助于发现可能的酶缺陷。

一般来说在健康人体内，许多酶特异性地分布于某些细胞、组织或器官，酶的含量或活性恒定在一定范围。如果检测到酶的分布异常，酶活性或含量超出了正常的范围，就可初步诊断某些器官组织发生了病变。

（二）酶在疾病治疗中的应用

许多疾病的发生与酶的缺陷或活性异常有关，所以可以通过药物及基因工程技术等对酶进行干预从而治疗疾病。许多药物可通过抑制生物体内的某些酶活性来达到治疗目的。如能抑制细菌重要代谢途径中的酶活性，便可达到抑菌目的。磺胺类药物是细菌二氢叶酸合成酶的竞争性抑制剂。氯霉素可抑制某些细菌转肽酶的活性从而抑制其蛋白质的合成。肿瘤细胞有其独特的代谢方式，人们试图阻断相应的酶活性，以达到遏制肿瘤生长的目的。氨甲蝶呤、5- 氟尿嘧啶、6- 巯基嘌呤等，都是核苷酸代谢途径中相关酶的竞争性抑制剂。

少数情况下酶可以直接用作治疗剂。链霉素激酶是一种从链球菌属获得的混合酶，能活化血浆中的纤溶酶原，对清除发生心肌梗死后在肢端形成的血凝块很有效。

（三）酶在基础医学研究中的应用

随着科学技术的发展，酶产品及制剂成为医学基础研究中的重要工具。根据酶的生物催化特性，可用来作为生物标记；合成或降解实验研究中的生物成分，提高研究效率。如基因工程技术中广泛利用 DNA 内切酶、DNA 聚合酶及连接酶等。

拓展学习 3-4
酶分子工程

（李冬民）

复习思考题

1. 影响酶促反应的因素有哪些？是怎样影响的？

2. 酶促反应有何特点？

3. 什么是酶原、酶原的激活，有何意义？

4. 什么是同工酶，在临床上有何诊断意义？

5. 简述 K_m、V_{max} 的生理意义。

网上更多……

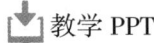 本章小结　　　　自测题　　　　教学 PPT

第二篇 物质代谢及其调节

生物体内的各种基本物质在生命过程中按一定的规律不断地进行新陈代谢（metabolism），以实现生物体与外环境的物质和能量交换、自我更新，以及机体内环境的相对稳定。新陈代谢是生命现象的基本特征，代谢一停止，生命即终止。新陈代谢是建立在合成代谢与分解代谢对立和统一的基础上的，一个总的合成代谢过程，常常包括一些分解反应；而一个总的分解代谢过程也常常包括一些合成反应和能量消耗（如活化过程）。另外，合成代谢为分解代谢提供了物质前提，使外部物质变为内部物质，并储存了能量；同时分解代谢为合成代谢提供了原料（分解代谢中间物）和必需的能量，使部分内部物质变为外部物质（排泄废弃物）。在生命的整个进程中，合成代谢和分解代谢也在进行转化，机体逐渐从以合成代谢为主转化为以分解代谢为主，由于这种主次关系的转化，使得生物个体的发展呈现出生长、发育和衰老等不同阶段。

新陈代谢中绝大部分化学反应是在细胞内由酶催化进行的，并伴随着多种形式的能量变化。合成代谢储存能量，分解代谢释放能量。在线粒体中进行的生物氧化反应是机体生成可利用能量形式的主要方式。

物质代谢包括糖代谢、脂质代谢、氨基酸代谢、核苷酸代谢等。上述各种物质代谢之间有着广泛的联系，各种反应途径不仅共同组成复杂的代谢途径网络，而且基于机体严密的代谢调控能力，使其构成一个统一的整体。正常的物质代谢是生命过程所必需的，而物质代谢的紊乱往往是一些疾病的重要原因。为此，物质代谢是医学生物化学的重要组成内容。

学习本篇要注意掌握各类物质代谢的基本反应途径、关键酶与主要调节环节、重要生理意义、各类物质代谢的相互联系与调节规则，以及代谢异常与疾病的关系等问题。

第四章
糖代谢

关键词

糖原	糖酵解	糖无氧氧化	乳酸循环
糖有氧氧化	磷酸戊糖途径	糖异生	血糖

生命活动的基本特征之一是生物体内各种物质按一定规律不断地进行新陈代谢，其中糖代谢是生物体广泛存在的最基本的代谢。糖类在生命活动中的主要作用是提供能源和碳源：糖分解释放的能量供应机体 50%~70% 的能量所需，驱动生命的维持、增殖和繁衍；糖代谢的中间产物作为碳骨架转变成氨基酸、脂肪酸、核苷酸等。所以在生命活动的整个周期中，糖代谢起着重要的作用。人体每日摄入的食物中糖类一般比脂质和蛋白质多，通常占食入量一半以上。为什么吃了食物我们就能运动，主要是什么维持我们生命能量的供给？为什么剧烈运动以后肌肉会酸痛？饥饿时机体靠什么来维持血糖水平和能量供给？是什么导致了糖尿病患者血糖升高？诸多问题将在糖代谢章节一一揭示。

思维导图

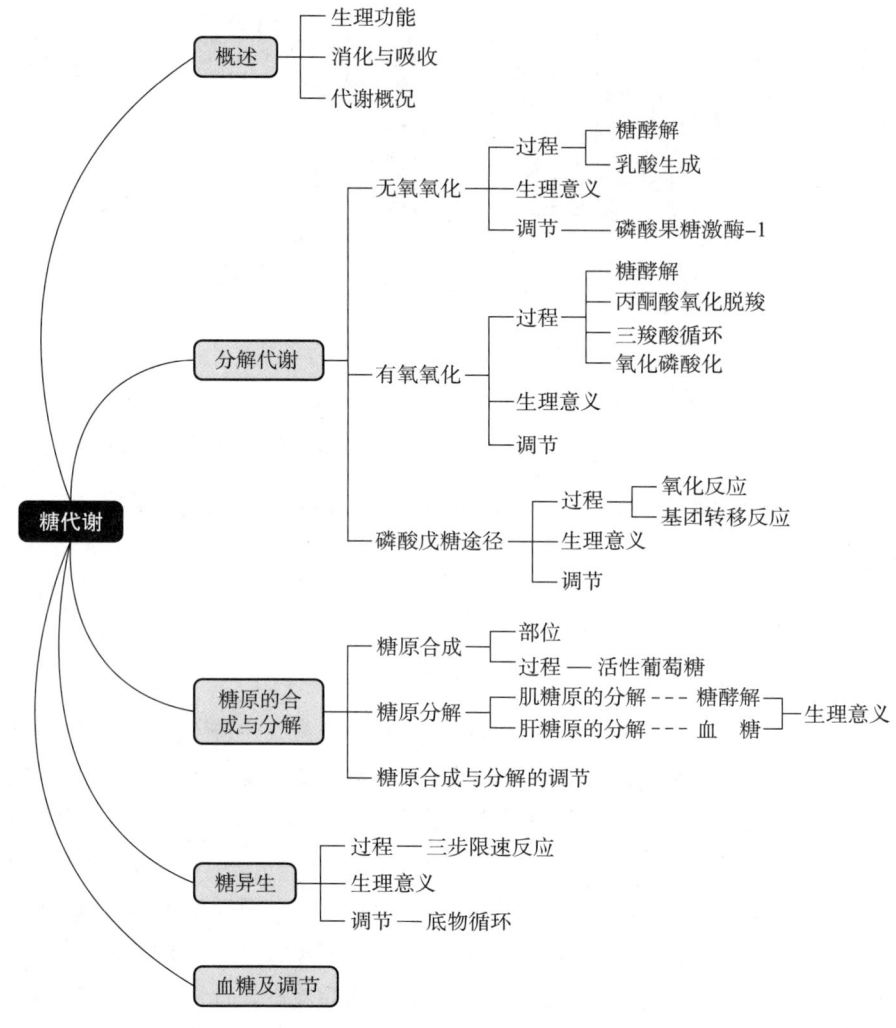

糖类是人体所需的一类重要营养物质，主要生理功能是为生命活动提供能源和碳源。1 mol葡萄糖完全氧化为二氧化碳和水可释放 2 840 kJ 的能量，其中约 34% 转变为 ATP，提供机体所需能量的 50%～70%，在营养物质中处于被优先利用的地位。糖代谢的中间产物可在体内转变为其他非糖含碳物质，如非必需氨基酸、脂肪和核苷等，是体内重要的碳源。此外，糖类和蛋白质、脂质形成蛋白聚糖和糖脂等复合物，参与构造组织细胞，还参与构成体内多种生物活性物质，如 NAD$^+$、FAD、ATP 等。

根据糖类的分子结构特点，通常将其分为 4 类：① 单糖（monosaccharides），指不能用水解方法再进行降解的糖类及其衍生物，如葡萄糖、果糖、半乳糖等；② 寡糖（oligosaccharides），指 2～10 个单糖分子缩合成的低聚糖，包括蔗糖、乳糖、麦芽糖、麦芽三糖等；③ 多糖（polysaccharides），是由若干单糖分子通过糖苷键聚合而成的高分子聚合物，常见的有淀粉、纤维素、糖原等；④ 结合糖，指糖类与非糖类物质以共价键结合形成的糖复合物，如糖蛋白、蛋白聚糖、糖脂等。

拓展学习 4-1
糖的分类及分子结构式示意图

人体内主要的糖类是葡萄糖和糖原，其他的单糖如半乳糖、果糖、甘露糖等在机体所占比例较小，且主要是进入葡萄糖代谢途径中进行代谢。因此，在糖代谢中，葡萄糖的代谢是核心。

第一节　概述

一、糖类的生理功能

糖类是一类非常重要的有机化合物，在人体中的生理功能主要有以下几个方面：

（一）机体的结构成分
糖类与非糖类物质形成的结合糖，如糖脂、糖蛋白等，是机体组织细胞的结构成分之一。

（二）主要能源物质
生物体内贮存的糖类物质如糖原，通过生物氧化释放能量，供机体各项生理活动。

（三）合成其他化合物
糖类作为碳源，为机体合成一些生物分子如核苷酸、氨基酸、脂肪酸等提供碳架。

（四）信息分子
糖蛋白、糖脂中的糖链在体内具有特殊的生理功能，参与细胞识别、代谢调控、免疫保护等生理活动，起着信息分子的作用。

二、糖类的消化与吸收

食物中的糖类有植物淀粉、纤维素、糖原及麦芽糖、蔗糖、乳糖、葡萄糖等，其中主要以淀粉为主。

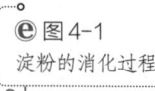
图 4-1
淀粉的消化过程

淀粉是由许多葡萄糖分子组成的带大量分支的大分子多糖，直链部分的葡萄糖通过 α-1,4-糖苷键相连，分支处以 α-1,6-糖苷键相连。唾液中的 α-淀粉酶（amylase，最适 pH 6～7）可水解淀粉分子内的 α-1,4-糖苷键，水解产物为线形或分支的寡糖。

人文视角 4-1
乳糖不耐受症

淀粉的消化从口腔开始，但食物在口腔中停留的时间短，淀粉的消化部位主要在小肠。小肠中含有胰腺分泌的 α-淀粉酶，催化淀粉水解成寡糖、麦芽糖、麦芽三糖、含分支的异麦芽糖及 α-极限糊精（4～9 个葡萄糖残基聚合而成的寡糖）。寡糖的进一步消化在小肠黏膜刷状缘进行，小肠黏膜刷状缘上含有的 α-葡萄糖苷酶（包括麦芽糖酶）水解没有分支的麦芽糖及麦芽三糖，α-极限糊精酶（包括异麦芽糖酶）水解 α-极限糊精、异麦芽糖。此外，肠黏膜细胞还存在蔗糖、乳糖等二糖酶可水解蔗糖和乳糖。

人文视角 4-2
纤维素与人体健康

纤维素的直链由葡萄糖经 β-1,4-糖苷键连接，人体消化道内无水解 β-1,4-糖苷键的酶，故纤维素不能被水解，但它能促进胃肠蠕动，刺激消化液分泌，为维持人体健康所必需。

图 4-2
葡萄糖的吸收机制

糖类被消化成单糖后主要在小肠上段被吸收。小肠黏膜细胞摄入葡萄糖是一个依赖特定载体转运的主动耗能过程，在吸收过程中同时伴有 Na^+ 的转运，这类转运体称为 Na^+ 依赖型葡萄糖转运体（Na^+-dependent glucose transporter，SGLT）。它们主要存在于小肠黏膜和肾小管上皮细胞。

三、糖类的代谢概况

拓展学习 4-2
葡萄糖转运体 SGLT
和 GLUT

被小肠黏膜细胞吸收的各种单糖（葡萄糖占主要）经门静脉进入肝，肝可将食物中消化吸收的果糖、半乳糖等转化为葡萄糖，再将直接吸收及转化的葡萄糖中的一部分转变为肝糖原储存起来，另一部分经肝静脉进入体循环运输到全身各组织细胞被利用。然而，葡萄糖无法自由通过细胞膜脂质双层结构进入细胞，组织细胞对血液中葡萄糖的摄取是依赖葡萄糖转运体（glucose transporter，GLUT）以易化扩散的方式实现的，现已发现 14 种葡萄糖转运体，在不同的组织细胞中起作用。

图 4-3
糖的吸收与代谢概况

在肝外组织细胞中，根据需要或生理状况，一部分糖类经合成代谢转变为糖原储存，其中以肌糖原最多；其余大部分经氧化分解供能，还有一部分转变为其他糖类或物质；在饥饿情况下，非糖类物质经过糖异生生成葡萄糖以维持血糖浓度。

第二节　糖类的分解代谢

糖类的分解代谢在体内主要有以下几种途径：无氧氧化、有氧氧化、磷酸戊糖途径及其他代谢途径。各种途径进行的强度随生理状态及不同组织而异。

一、糖类的无氧氧化

微课或微视频 4-1
糖类的无氧氧化
人文视角 4-3
糖酵解的发现
图 4-4
丙酮酸的代谢去路

1 分子葡萄糖在细胞质中裂解为 2 分子丙酮酸的过程称为糖酵解（glycolysis）。糖酵解是葡萄糖无氧氧化和有氧氧化的共同起始途径。在不能利用氧或氧供应不充足时，人体将糖酵解产生的丙酮酸在胞质中还原生成乳酸，称为乳酸发酵，即糖类的无氧氧化；氧供应充足时，丙酮酸主要进入线粒体中彻底氧化为 CO_2 和 H_2O，即糖类的有氧氧化；在某些植物和微生物中，丙酮酸可转变为乙醇和 CO_2，称为乙醇发酵。

（一）糖类无氧氧化的反应过程

糖类无氧氧化的反应过程可划分为两个阶段。第一阶段：葡萄糖分解生成丙酮酸（pyruvate）的糖酵解过程。第二阶段：丙酮酸还原生成乳酸（lactic acid）的过程。全部反应过程均在细胞质中进行。

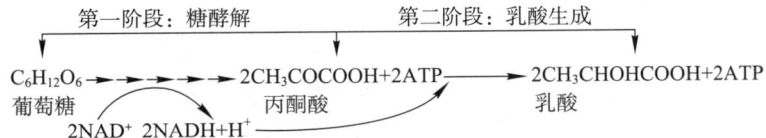

1. 糖酵解过程　共 10 步反应，前 5 步为消耗 ATP 阶段，后 5 步为产生 ATP 阶段。

（1）葡萄糖磷酸化为 6- 磷酸葡萄糖　葡萄糖进入细胞后首先 C_6 上的羟基接受 ATP 分子的 γ- 磷酸根被磷酸化为 6- 磷酸葡萄糖（glucose-6-phosphate，G-6-P）。磷酸化后的葡萄糖极性增加，不能自由通过细胞膜而逸出细胞，而且葡萄糖由此变得不稳定，利于它在细胞内的进一步代谢。此反应不可逆，催化此反应的酶为己糖激酶（hexokinase，HK），需要 Mg^{2+}，是糖酵解途径中的关键酶。哺乳动物体内发现 4 种己糖激酶同工酶（Ⅰ～Ⅳ型）。Ⅰ、Ⅱ、Ⅲ型主要存在于肝外组织，分布较广，专一性较低，且这些酶对葡萄糖有较强亲和力。Ⅳ型己糖激酶主要存在于肝组织中，称葡萄糖激酶（glucokinase），专一性较高。

拓展学习 4-3
己糖激酶与葡萄糖激酶

葡萄糖　　　　　　　6- 磷酸葡萄糖

（2）6- 磷酸葡萄糖转化为 6- 磷酸果糖　6- 磷酸葡萄糖在磷酸己糖异构酶催化下转变为 6- 磷酸果糖（fructose-6-phosphate，F-6-P），这是一步醛糖和酮糖间的异构反应，需要 Mg^{2+} 参与，属于可逆反应。

6- 磷酸葡萄糖　　　　　　　6- 磷酸果糖

（3）6- 磷酸果糖生成 1,6- 二磷酸果糖　6- 磷酸果糖在磷酸果糖激酶 -1（phosphofructokinase-1，PFK-1）的催化下（C_1 磷酸化），消耗 1mol ATP 转变为 1,6- 二磷酸果糖（1,6-fructose-bisphosphate，F-1,6-BP），此过程需 Mg^{2+} 参与。这是一步不可逆反应，磷酸果糖激酶 -1 是糖酵解过程的第二个关键酶。体内另有磷酸果糖激酶 -2（phosphofructokinase-2，PFK-2）催化 6- 磷酸果糖 C_2 磷酸化，生成 2,6- 二磷酸果糖，它不是糖酵解的中间产物，但对

临床聚焦 4-1
神奇的 F-1, 6-BP

糖酵解的调控有重要作用。

6-磷酸果糖 ——磷酸果糖激酶-1 / Mg²⁺ / ATP → ADP—— 1,6-二磷酸果糖

（4）磷酸己糖裂解成 2 分子磷酸丙糖　1 分子 1,6- 二磷酸果糖在醛缩酶（aldolase）的催化下裂解生成 2 分子磷酸丙糖，即磷酸二羟丙酮和 3- 磷酸甘油醛。反应可逆。

1,6-二磷酸果糖 ——醛缩酶—— 磷酸二羟丙酮 / 3-磷酸甘油醛

（5）3- 磷酸甘油醛的消耗与不断生成　上述两种磷酸丙糖是同分异构体，在磷酸丙糖异构酶催化下可相互转变。3- 磷酸甘油醛在下一步反应中不断被消耗掉，磷酸二羟丙酮迅速转变为 3- 磷酸甘油醛，继续进行分解。

糖酵解上述五步反应伴随着能量的消耗，从葡萄糖开始，每生成 1 分子 1,6- 二磷酸果糖就会消耗 2 分子 ATP。

（6）1,3- 二磷酸甘油酸的生成　3- 磷酸甘油醛经脱氢氧化及磷酸化生成 1,3- 二磷酸甘油酸（1,3-bisphosphoglycerate，1,3-BPG）。此反应由 3- 磷酸甘油醛脱氢酶（glyceraldehyde-3-phosphate dehydrogenase）催化，以 NAD^+ 为辅酶接受氢离子和电子，无机磷酸提供磷酸，这是糖酵解过程中唯一的一次氧化反应，反应过程可逆。羧基与磷酸形成的混合酸酐是一种高能化合物，此高能磷酸基团可将能量转移给 ADP 生成 ATP。

3-磷酸甘油醛 ——3-磷酸甘油醛脱氢酶 / Pi / NAD⁺ → NADH+H⁺—— 1,3-二磷酸甘油酸

（7）1,3- 二磷酸甘油酸转变成 3- 磷酸甘油酸　磷酸甘油酸激酶（phosphoglycerate kinase）催化混合酸酐上的磷酸基转移给 ADP 生成 ATP，这是糖酵解过程中第一次生成 ATP。这种 ADP 或其他核苷二磷酸的磷酸化作用与底物的脱氢作用直接相偶联的反应过程称为底物水平磷酸化

（substrate level phosphorylation），是机体产生 ATP 的方式之一。此反应可逆。

1,3-二磷酸甘油酸　　磷酸甘油酸激酶／Mg²⁺／ADP／ATP　　3-磷酸甘油酸

（8）3-磷酸甘油酸转变成 2-磷酸甘油酸　此反应由磷酸甘油酸变位酶（phosphoglycerate mutase）催化，磷酸基团由甘油酸 C_3 位转至 C_2 位，反应可逆，需要 Mg^{2+} 参与。

3-磷酸甘油酸　　磷酸甘油酸变位酶／Mg²⁺　　2-磷酸甘油酸

（9）2-磷酸甘油酸脱水生成磷酸烯醇式丙酮酸　此反应由烯醇化酶（enolase）催化，Mg^{2+} 作为激活剂。反应过程中，分子内部能量重新分配，形成含有高能磷酸基团的磷酸烯醇式丙酮酸（phosphoenolpyruvate，PEP）。此反应可逆。

2-磷酸甘油酸　　烯醇化酶／Mg²⁺／H_2O　　磷酸烯醇式丙酮酸

（10）磷酸烯醇式丙酮酸转变成丙酮酸　此步反应由丙酮酸激酶（pyruvate kinase，PK）催化，Mg^{2+} 作为激活剂，经底物水平磷酸化产生 1 分子 ATP。丙酮酸激酶是糖酵解过程中第三个关键酶，此反应不可逆。

磷酸烯醇式丙酮酸　　丙酮酸激酶／ADP／Mg²⁺／ATP　　丙酮酸

第一阶段的后五步反应伴随着能量的释放和储存，共产生 4 分子 ATP，生成方式都是底物水平磷酸化。

2. 乳酸生成过程　丙酮酸在乳酸脱氢酶（lactate dehydrogenase，LDH）催化下还原为乳酸。还原反应所需氢原子由 NADH+H⁺ 提供，后者来自上述第六步反应 3-磷酸甘油醛脱下的氢。在缺氧情况下，这对氢用于还原丙酮酸生成乳酸，NADH+H⁺ 重新转变成 NAD⁺，使得糖酵解反应继续进行，该步反应可逆。

丙酮酸　　乳酸脱氢酶／NADH+H⁺／NAD⁺　　乳酸

拓展学习 4-4
糖类无氧氧化的反应特点

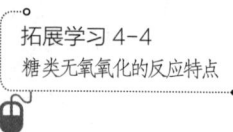

糖类无氧氧化的全部反应总结见图 4-1。

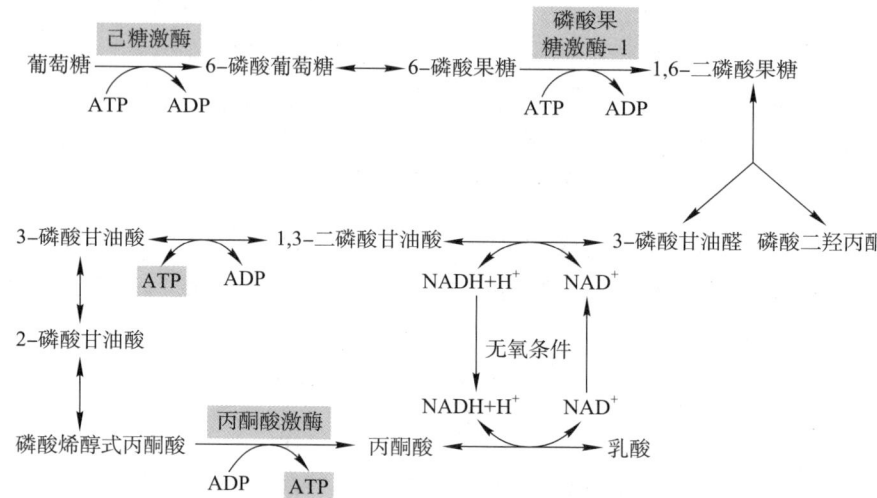

图 4-1　糖类无氧氧化反应全过程

图 4-5
糖酵解过程的能量消耗与生成示意图

临床聚焦 4-2
糖类无氧氧化与肿瘤
临床聚焦 4-3
糖类无氧氧化与龋齿

图 4-6
磷酸果糖激酶 -1 的别构修饰调节

（二）糖类无氧氧化的生理意义

（1）糖类无氧氧化最主要的生理意义是为机体提供能量。1 分子葡萄糖经无氧氧化可净生成 2 分子 ATP，产生的能量虽然不多，但在某些情况下具有重要意义。

1）可为机体迅速提供能量，这对肌肉收缩尤为重要。肌肉内 1 g 新鲜组织仅含 5~7 μmol ATP，只要收缩几秒钟即可耗尽。即使氧不缺乏，因葡萄糖进行有氧氧化的反应过程比无氧氧化长，不能及时满足需要，而通过糖类无氧氧化则可迅速得到 ATP。

2）是机体缺氧状态下主要的供能方式。如剧烈运动、机体大失血、人体从平原到高原初期、肺疾病等情况下。

3）机体供氧充足情况下，糖类无氧氧化是一些代谢活跃、耗能较多的少数组织的能量来源。如成熟红细胞、视网膜、神经、骨髓和肿瘤细胞等。其中红细胞因无线粒体则更有赖于无氧氧化供能。

（2）无氧氧化的第一阶段——糖酵解可为细胞内其他物质的合成提供原料，如丙酮酸为合成丙氨酸提供骨架，磷酸二羟丙酮是合成甘油的原料。

（三）糖类无氧氧化的调节

糖类无氧氧化过程的 3 步不可逆反应分别由己糖激酶、磷酸果糖激酶 -1 和丙酮酸激酶催化，它们是糖类无氧氧化的三个调节点。其中磷酸果糖激酶 -1 的活性最低，是最主要的调节点。

1. 磷酸果糖激酶 -1　是一种四聚体别构酶，可受代谢物的别构调节。高浓度 ATP、柠檬酸、长链脂肪酸是此酶的别构抑制剂，ADP、AMP、2,6- 二磷酸果糖和 1,6- 二磷酸果糖是此酶的别构激活剂。

磷酸果糖激酶 -1 有两个 ATP 结合位点：一个位于活性中心的催化部位，ATP 作为底物与之结合，是 ATP 高亲和力位点；另一个位于活性中心外的别构调节部位，是 ATP 低亲和力结合位点。当细胞内 ATP 浓度升高而结合别构调节位点，可降低磷酸果糖激酶 -1 的活性；反之，若 ADP 和 AMP 浓度升高，它们与别构调节位点结合，解除 ATP 对酶活性的抑制，酶活性升高。

　　1,6- 二磷酸果糖是此酶的反应产物，具有正反馈作用，有利于糖类的分解。2,6- 二磷酸果糖是磷酸果糖激酶 -1 最强烈的激活剂。2,6- 二磷酸果糖由磷酸果糖激酶 -2（PFK-2）催化 6- 磷酸果糖生成，同时此酶是一个双功能酶，兼具果糖二磷酸酶 -2（fructose biphosphatase-2, FBP-2）的活性，能够催化 2,6- 二磷酸果糖转变成 6- 磷酸果糖。

拓展学习 4-5
磷酸果糖激酶 -2 是双功能酶

　　饥饿时，机体动员脂肪氧化分解，生成较多脂肪酸和乙酰辅酶 A（coenzyme A，CoA），长链脂肪酸是磷酸果糖激酶 -1 的别构抑制剂；乙酰 CoA 可与草酰乙酸缩合为柠檬酸，抑制此酶活性，减少糖类的分解，维持血糖浓度。

　　2. 丙酮酸激酶　是第二个重要的调节点。1,6- 二磷酸果糖是丙酮酸激酶的别构激活剂，而 ATP、乙酰 CoA 及游离长链脂肪酸是该酶的别构抑制剂；丙酮酸激酶还受共价修饰方式调节，胰高血糖素可通过 cAMP 激活蛋白激酶 A 使丙酮酸激酶磷酸化后失活，抑制其活性。

ℯ 图 4-7
丙酮酸激酶活性的共价修饰调节

　　3. 己糖激酶　K_m 相对较小，其活性受到自身反应产物 6- 磷酸葡萄糖的抑制；肝内葡萄糖激酶 K_m 相对较大，其活性对于肝维持血糖稳定至关重要。在餐后血糖浓度很高时，葡萄糖激酶被激活，并且其活性不受 6- 磷酸葡萄糖的抑制，可保证肝糖原顺利合成。长链脂酰 CoA 对葡萄糖激酶有别构抑制作用，这在饥饿时减少肝和其他组织摄取葡萄糖有一定意义。体内血糖浓度升高时，胰岛素分泌量提高，可诱导葡萄糖激酶基因的转录，促进酶的合成，有利于糖原的合成。

二、糖类的有氧氧化

　　葡萄糖在有氧条件下彻底氧化分解生成 CO_2 和 H_2O 并释放大量能量的过程，称为糖类的有氧氧化（aerobic oxidation）。这是葡萄糖氧化的主要方式，同时也是机体获得能量的主要途径。肌肉组织等在无氧条件下分解生成的乳酸，最终仍需在有氧时彻底氧化成 CO_2 和 H_2O。

（一）糖类有氧氧化的反应过程

　　糖类有氧氧化过程大致分成四个阶段：第一阶段，葡萄糖循糖酵解分解成丙酮酸；第二阶段，丙酮酸从细胞质进入线粒体，氧化脱羧生成乙酰 CoA、CO_2 和 $NADH+H^+$；第三阶段，乙酰 CoA 进入三羧酸循环氧化生成 $NADH+H^+$、$FADH_2$ 和 CO_2；第四阶段，前三阶段氧化过程中脱下的氢经呼吸链传递给 O_2，生成 H_2O 并释放能量（图 4-2）。

ℯ 图 4-8
葡萄糖有氧氧化代谢分区域进行示意图

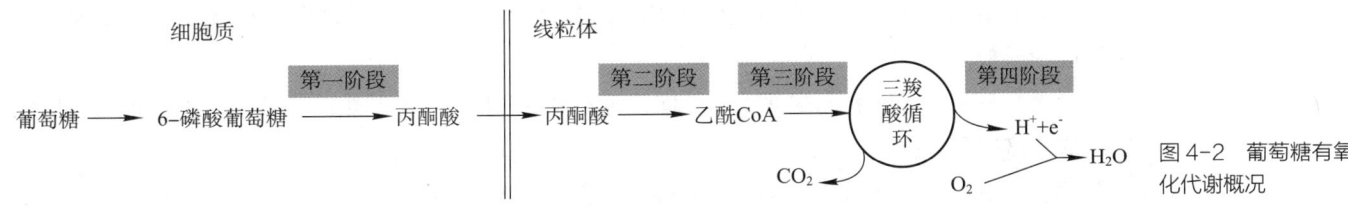

图 4-2　葡萄糖有氧氧化代谢概况

　　第一阶段的反应见前述，第四阶段将在第六章生物氧化中讨论。在此主要介绍第二阶段丙酮酸氧化脱羧和第三阶段三羧酸循环反应过程。

　　1. 丙酮酸氧化脱羧生成乙酰 CoA　细胞质中生成的丙酮酸经线粒体内膜上的特异载体转运到线粒体内，在丙酮酸脱氢酶复合体（pyruvate dehydrogenase complex）的催化下进行氧化脱羧，并与 CoA 结合生成含有高能键的乙酰 CoA，此反应不可逆。总反应式如下：

ℯ 图 4-9
丙酮酸氧化脱羧生成乙酰 CoA

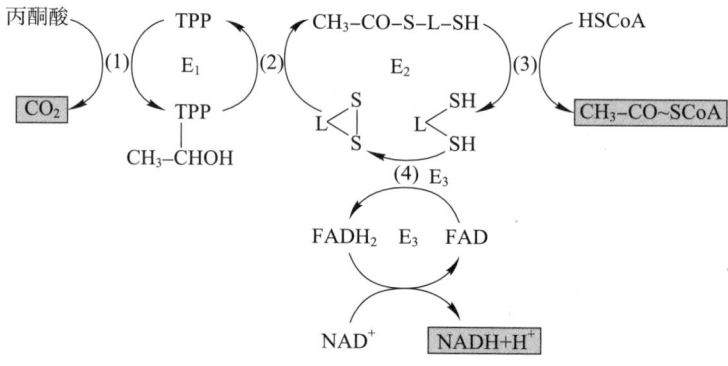

在真核细胞中，丙酮酸脱氢酶复合体由3种酶蛋白和5种辅因子组成（表4-1）。其中TPP、硫辛酸和FAD与酶蛋白以共价键结合。这5种辅因子均含有维生素，当这些维生素缺乏时，势必导致糖代谢障碍。如维生素B_1缺乏时，体内TPP不足，丙酮酸氧化脱羧受阻，能量生成减少，丙酮酸及乳酸堆积可引起多发性末梢神经炎。

表4-1 丙酮酸脱氢酶复合体的组成

酶蛋白	辅因子	所含维生素
丙酮酸脱氢酶（PDH）	TPP	维生素 B_1
二氢硫辛酰胺转乙酰酶（DLT）	硫辛酸，CoA	硫辛酸，泛酸
二氢硫辛酰胺脱氢酶（DLDH）	FAD，NAD^+	维生素 B_2，维生素 PP

此多酶复合体中进行着紧密相连的连锁反应过程，使得反应迅速完成。反应过程可描述如下（图4-3）。

图4-3 丙酮酸脱氢酶复合体作用过程简图

（1）丙酮酸脱羧后，丙酮酸上的羧基与丙酮酸脱氢酶（E_1）的辅酶TPP噻唑环上活泼碳原子反应形成羟乙基-TPP。

（2）二氢硫辛酰胺转乙酰酶（E_2）催化羟乙基-TPP的羟乙基生成乙酰基，并与硫辛酰胺结合形成乙酰硫辛酰胺。

（3）二氢硫辛酰胺转乙酰酶（E_2）催化乙酰硫辛酰胺的乙酰基转移给CoA，生成乙酰CoA。同时氧化过程中产生的2个电子使硫辛酰胺上的二硫键还原为2个巯基。

（4）二氢硫辛酰胺脱氢酶（E_3）催化二氢硫辛酰胺脱氢氧化，生成硫辛酰胺及$FADH_2$。$FADH_2$由二氢硫辛酰胺脱氢酶（E_3）继续催化脱氢转移给NAD^+，生成 NADH + H^+。

丙酮酸氧化脱羧反应是介于糖酵解和三羧酸循环之间的桥梁。虽然进入三羧酸循环的乙酰CoA还可来自脂肪酸、氨基酸的分解代谢，但从糖酵解来的丙酮酸氧化脱羧产生的乙酰CoA是最主要的。

2. 乙酰 CoA 进入三羧酸循环　乙酰 CoA 与草酰乙酸缩合生成柠檬酸，经历 4 次脱氢及 2 次脱羧的一连串反应，又生成草酰乙酸，构成循环反应。因循环反应中的第一个中间产物是含有三个羧基的柠檬酸，故称为三羧酸循环（tricarboxylic acid cycle，TCA cycle），或柠檬酸循环（citric acid cycle）。三羧酸循环是 Krebs 于 1937 年发现的，故又称 Krebs 循环。

人文视角 4-4
三羧酸循环的发现

（1）三羧酸循环的反应过程　共有 8 步代谢反应，均在线粒体内进行。

1）乙酰 CoA 与草酰乙酸缩合生成柠檬酸。此反应由柠檬酸合酶（citrate synthase）催化。柠檬酸合酶是三羧酸循环的关键酶，此酶对草酰乙酸的 K_m 较小，约 10 mmol/L，即使线粒体内草酰乙酸的浓度很低，反应也得以迅速进行。反应底物乙酰 CoA 中的高能硫酯键水解时释放出较多自由能，$\Delta G^{0'}$=-32.2 kJ/mol，反应不可逆。

2）柠檬酸经顺乌头酸生成异柠檬酸。此反应由顺乌头酸酶催化，柠檬酸先脱水生成顺乌头酸，再加水生成异柠檬酸。原来在 C_3 上的羟基转移到 C_2 上。

3）异柠檬酸氧化脱羧转变为 α- 酮戊二酸。这是三羧酸循环中第一次氧化脱羧反应，脱下的 2H 由 NAD^+ 接受，羧基以 CO_2 形式脱落。异柠檬酸脱氢酶（isocitrate dehydrogenase）是三羧酸循环的关键酶，是最主要的调节点，反应不可逆。

4）α- 酮戊二酸氧化脱羧生成琥珀酰 CoA。此反应是三羧酸循环中第二次氧化脱羧反应，由 α- 酮戊二酸脱氢酶复合体（α-ketoglutarate dehydrogenase complex）催化。α- 酮戊二酸脱氢酶复合体是三羧酸循环的关键酶。α- 酮戊二酸脱氢酶复合体组成（α- 酮戊二酸脱氢酶、二氢硫辛酰胺转琥珀酰酶和二氢硫辛酰胺脱氢酶，辅酶包括 TPP、硫辛酸、FAD、NAD^+ 和 CoA）及反应方式与丙酮酸脱氢酶复合体相似。由于反应中分子内部能量重排，产物琥珀酰 CoA 中含有一个高能硫酯键，此反应不可逆。

$$\alpha\text{-酮戊二酸} + HSCoA \xrightarrow[\substack{NAD^+ \quad NADH+H^+ \quad CO_2}]{\alpha\text{-酮戊二酸脱氢酶复合体}} \text{琥珀酰CoA}$$

从柠檬酸到琥珀酰 CoA 生成，其间经历 2 次氧化脱羧，生成 2 个 CO_2。据同位素标记实验证明，生成的 2 个 CO_2 的碳原子来自草酰乙酸，而非乙酰 CoA，这是由于中间反应过程中乙酰 CoA 的 C 原子不断地置换草酰乙酸的 C 原子，故实质上是氧化了 1 分子乙酰 CoA。

5）琥珀酰 CoA 转变为琥珀酸。此反应由琥珀酰 CoA 合成酶（succinyl CoA synthetase）催化，琥珀酰 CoA 中的高能硫酯键释放的能量使 GDP 磷酸化成 GTP，反应需 Mg^{2+} 参加。该酶在不同组织中也可以 ADP 作为辅因子，生成 ATP，以适应不同组织的代谢特点。这是三羧酸循环中唯一的一次底物水平磷酸化反应。

$$\text{琥珀酰CoA} \xrightleftharpoons[\text{GDP（ADP）} \quad \text{GTP（ATP）}]{\text{琥珀酰CoA合成酶} \quad P_i} \text{琥珀酸} + HSCoA$$

6）琥珀酸脱氢氧化转变为延胡索酸。此反应由琥珀酸脱氢酶（succinate dehydrogenase）催化。该酶是三羧酸循环中唯一与线粒体内膜结合的酶，辅酶是 FAD，还含有铁硫中心。来自琥珀酸的电子通过 FAD 和铁硫中心进入电子传递链，最后到 O_2。

$$\text{琥珀酸} \xrightleftharpoons[\text{FAD} \quad \text{FADH}_2]{\text{琥珀酸脱氢酶}} \text{延胡索酸}$$

7）延胡索酸转变为苹果酸。延胡索酸在延胡索酸酶催化下，加水生成苹果酸。

$$\text{延胡索酸} \xrightarrow[\text{H}_2\text{O}]{\text{延胡索酸酶}} \text{苹果酸}$$

8）苹果酸脱氢生成草酰乙酸。此反应由苹果酸脱氢酶催化，辅酶是 NAD^+。草酰乙酸在细胞内不断地被用于柠檬酸合成，故这一可逆反应向生成草酰乙酸的方向进行。再生的草酰乙酸可再次进入三羧酸循环。

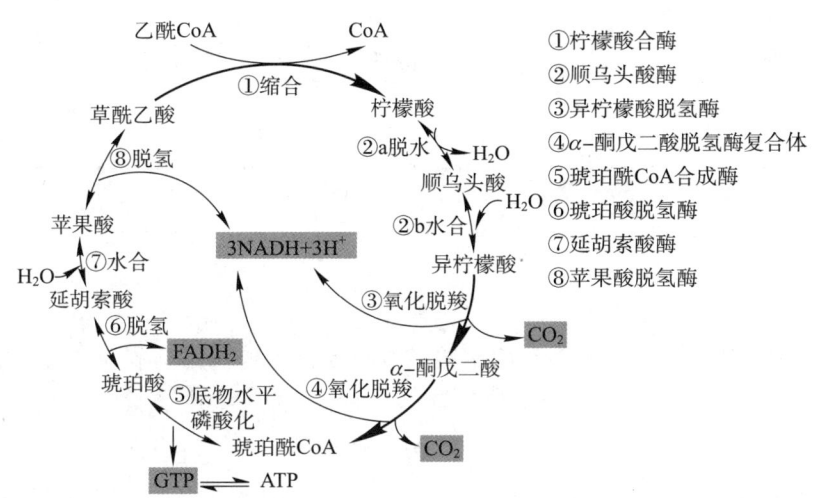

三羧酸循环总反应式如下：

$$CH_3COSCoA + 3NAD^+ + FAD + GDP(ADP) + P_i + 2H_2O \rightarrow 2CO_2 + 3NADH + 3H^+ + FADH_2 + GTP(ATP) + HSCoA$$

三羧酸循环的反应过程可归纳总结如图 4-4。

（2）三羧酸循环的生理意义。

拓展学习 4-6
三羧酸循环的主要特点

①柠檬酸合酶
②顺乌头酸酶
③异柠檬酸脱氢酶
④α-酮戊二酸脱氢酶复合体
⑤琥珀酰CoA合成酶
⑥琥珀酸脱氢酶
⑦延胡索酸酶
⑧苹果酸脱氢酶

图 4-4 三羧酸循环过程示意图

1）三羧酸循环是糖类、脂质和蛋白质三大物质代谢最终代谢的共同通路。糖类、脂质和蛋白质在体内代谢最终都生成乙酰 CoA，然后进入三羧酸循环进行分解。三羧酸循环本身只有一个底物水平磷酸化反应生成高能磷酸键，故循环本身并不是释放能量、生成 ATP 的主要环节。其作用是通过 4 次脱氢，为氧化磷酸化反应生成 ATP 提供还原当量。

2）三羧酸循环是糖类、脂质和蛋白质三大物质代谢相互联系的枢纽。三羧酸循环的许多中间产物与其他代谢途径相互沟通。如草酰乙酸、α- 酮戊二酸可通过转氨基作用转变为天冬氨酸、谷氨酸而参与蛋白质代谢；反过来，许多氨基酸碳架是三羧酸循环的中间产物，通过糖异生生成葡萄糖。此外，线粒体中生成的乙酰 CoA 可通过柠檬酸 – 丙酮酸循环进入细胞质合成脂肪酸。

人文视角 4-5
逆三羧酸循环与生命起源

（二）糖类有氧氧化的生理意义

糖类有氧氧化是机体产能的主要途径，1 分子葡萄糖经有氧氧化可生成 30 或 32 分子 ATP，总结如表 4-2。

（三）糖类有氧氧化的调节

葡萄糖有氧氧化的主要作用是为机体提供能量，而机体对能量的需求变动很大。所以细胞内糖类有氧氧化速率的调节主要为了适应机体或器官对能量的不同需求。代谢调节的另一个原则是底物、产物的浓度控制。因为葡萄糖生成丙酮酸过程的调节和糖类无氧氧化相同，这里主要讨论

表 4-2　葡萄糖有氧氧化时 ATP 的生成与消耗

	反应过程	ATP 生成方式	ATP 生成数量
第一阶段	葡萄糖→6- 磷酸葡萄糖		−1
	6- 磷酸果糖→1,6- 二磷酸果糖		−1
	3- 磷酸甘油醛→1,3- 二磷酸甘油酸	NADH（FADH$_2$）呼吸链氧化磷酸化	2.5（1.5）×2[①]
	1,3- 二磷酸甘油酸→3- 磷酸甘油酸	底物水平磷酸化	1×2[②]
	磷酸烯醇式丙酮酸→丙酮酸	底物水平磷酸化	1×2
第二阶段	丙酮酸→乙酰 CoA	NADH 呼吸链氧化磷酸化	2.5×2
第三阶段	异柠檬酸→α- 酮戊二酸	NADH 呼吸链氧化磷酸化	2.5×2
	α- 酮戊二酸→琥珀酰 CoA	NADH 呼吸链氧化磷酸化	2.5×2
	琥珀酰 CoA →琥珀酸	底物水平磷酸化	1×2
	琥珀酸→延胡索酸	FADH$_2$ 呼吸链氧化磷酸化	1.5×2
	苹果酸→草酰乙酸	NADH 呼吸链氧化磷酸化	2.5×2
合　计			30 或 32

注：① 根据 NADH 进入线粒体的方式不同，获得的 ATP 数量不同（见第六章）。② 1 分子葡萄糖生成 2 分子 3- 磷酸甘油醛，故 ×2。

图 4-10
糖类有氧氧化过程能量生成示意图

丙酮酸脱氢酶复合体和三羧酸循环的调节。

图 4-11
丙酮酸脱氢酶复合体的调节

1. 丙酮酸脱氢酶复合体的调节　丙酮酸脱氢酶复合体受别构调节和共价修饰调节。别构抑制剂有 ATP、乙酰 CoA、NADH、脂肪酸等。别构激活剂有 AMP、CoA、NAD$^+$ 和 Ca^{2+} 等。当 [ATP]/[ADP]，[NADH]/[NAD$^+$] 和 [乙酰 CoA]/[CoA] 比值较高时，提示机体能量足够，丙酮酸脱氢酶复合体活性被抑制。乙酰 CoA 和 NADH 浓度增高还见于饥饿时，大量脂肪酸被动员利用，这时糖类的有氧氧化被抑制，大多数组织器官利用脂肪酸作为能量来源以确保脑等重要组织对葡萄糖的需要。

丙酮酸脱氢酶复合体还存在共价修饰调节，组成成分之一的丙酮酸脱氢酶中的丝氨酸残基可被特定的蛋白激酶磷酸化而使其失活，相应的磷酸酶可使磷酸化的丙酮酸脱氢酶去磷酸化而恢复其活性。

2. 三羧酸循环的调节　柠檬酸合酶、异柠檬酸脱氢酶、α- 酮戊二酸脱氢酶复合体是三羧酸循环的三个调节点，最重要的调节点是异柠檬酸脱氢酶，其次是 α- 酮戊二酸脱氢酶复合体。因为柠檬酸合酶催化生成的柠檬酸可转移至细胞质，分解成乙酰 CoA 用来合成脂肪酸，所以其活性升高不一定加速三羧酸循环的运转。

当 [ATP]/[ADP]，[NADH]/[NAD$^+$] 很高时，提示能量足够，三个关键酶活性被抑制；反之，这三个关键酶的活性被激活。此外，底物和产物的浓度都可影响三种酶的活性。底物乙酰 CoA、草酰乙酸不足，产物柠檬酸、ATP 产生过多，都能抑制柠檬酸合酶。琥珀酰 CoA 抑制 α- 酮戊二酸脱氢酶复合体。另外，线粒体内 Ca^{2+} 浓度升高时，Ca^{2+} 不仅可直接与异柠檬酸脱氢酶和 α- 酮戊二酸脱氢酶结合使酶激活，还可激活丙酮酸脱氢酶复合体，从而推动三羧酸循环和有氧氧化的进行。

图 4-12
丙酮酸氧化脱羧与三羧酸循环的调节

正常情况下，糖酵解、三羧酸循环和氧化磷酸化的速度相互协调。三羧酸循环需要多少乙酰 CoA，糖酵解就氧化相应数量的葡萄糖生成丙酮酸，进而氧化脱羧为乙酰 CoA。酵解速度与三羧酸循环速度的配合不仅有赖于高 ATP 和 NADH 的抑制作用，也受柠檬酸的调控，柠檬酸是糖酵解途径中磷酸果糖激酶 -1 的重要别构抑制物。另外，氧化磷酸化的速率对三羧酸循环的运转也起着非常重要的作用，三羧酸循环中产生的 H^+ 及电子若不能有效地进行氧化磷酸化，$NADH + H^+$，$FADH_2$ 仍保持还原状态，则三羧酸循环必将受到影响。

（四）巴斯德效应

当氧供给充足时，糖酵解生成的 $NADH+H^+$ 进入线粒体内进行氧化，而不是还原丙酮酸生成乳酸。丙酮酸进入线粒体内氧化脱羧生成乙酰 CoA，乙酰 CoA 进入三羧酸循环彻底氧化。故在氧供给充足时，糖类的氧化分解以有氧氧化为主，而无氧氧化被抑制，此种效应称为巴斯德效应（Pasteur effect）。

（五）瓦伯格效应

增殖活跃的细胞（如肿瘤细胞）即使在有氧情况下，不依赖线粒体的氧化磷酸化为其供能，而依赖有氧糖酵解，这一现象称为瓦伯格效应（Warburg effect）。瓦伯格效应被认为是肿瘤的一大特征。

三、磷酸戊糖途径

磷酸戊糖途径（pentose phosphate pathway）是糖分解代谢的另一条途径，葡萄糖经此条代谢途径生成在体内具有重要生理功能的 5- 磷酸核糖和 $NADPH+H^+$，因此它的重要性并不亚于无氧氧化和有氧氧化。此反应途径主要发生在肝、脂肪组织、哺乳期的乳腺、肾上腺皮质、性腺、骨髓和红细胞等。

（一）磷酸戊糖途径的反应过程

磷酸戊糖途径反应在细胞质中进行，整个反应过程可分为两个阶段。第一阶段是不可逆的氧化反应阶段，生成磷酸戊糖、$NADPH + H^+$ 和 CO_2。第二阶段是可逆的非氧化反应阶段，包括一系列基团移换反应，最终生成 6- 磷酸果糖和 3- 磷酸甘油醛。

1. 氧化反应阶段 6- 磷酸葡萄糖在 6- 磷酸葡萄糖脱氢酶（glucose-6-phosphate dehydrogenase）的作用下脱氢生成 6- 磷酸葡萄糖酸内酯，后者在内酯酶的作用下水解为 6- 磷酸葡萄糖酸；6- 磷酸葡萄糖酸在 6- 磷酸葡萄糖酸脱氢酶催化下再脱氢、脱羧生成 5- 磷酸核酮糖。6- 磷酸葡萄糖脱氢酶是磷酸戊糖途径的关键酶。6- 磷酸葡萄糖来自糖酵解的第一步反应，两次脱氢反应中氢的受体是 $NADP^+$，故反应共生成 2 个 $NADPH+H^+$。反应式如下：

2. 非氧化反应阶段　在第一阶段中共生成 1 分子 5- 磷酸核酮糖和 2 分子 NADPH+H$^+$。5- 磷酸核酮糖经异构反应生成 5- 磷酸核糖，或者在差向异构酶作用下，转变为 5- 磷酸木酮糖，这些反应均为可逆反应。

在细胞内 5- 磷酸核糖用于合成核苷酸，NADPH+H$^+$ 用于许多化合物的合成代谢。不同的细胞对这两种物质的需求是不同的。很多细胞中合成代谢消耗的 NADPH 远比核糖需要量大，因此 5- 磷酸核糖会出现过剩。第二阶段反应的意义就在于通过一系列基团转移反应，将第一阶段生成的多余的核糖转变成 6- 磷酸果糖和 3- 磷酸甘油醛，进而进入糖酵解。因此磷酸戊糖途径也称磷酸戊糖旁路（pentose phosphate shunt）。1 个葡萄糖分子不可能完成这两个阶段的反应，至少有 3 个葡萄糖分子同时进入才可以完成。

● 图 4-13
磷酸戊糖途径与糖酵解的关系

磷酸戊糖途径总的反应过程归纳于图 4-5，总的反应式总结如下：

$$3 \times 6\text{-磷酸葡萄糖} + 6NADP^+ \rightarrow 2 \times 6\text{-磷酸果糖} + 3\text{-磷酸甘油醛} + 6NADPH + 6H^+ + 3CO_2$$

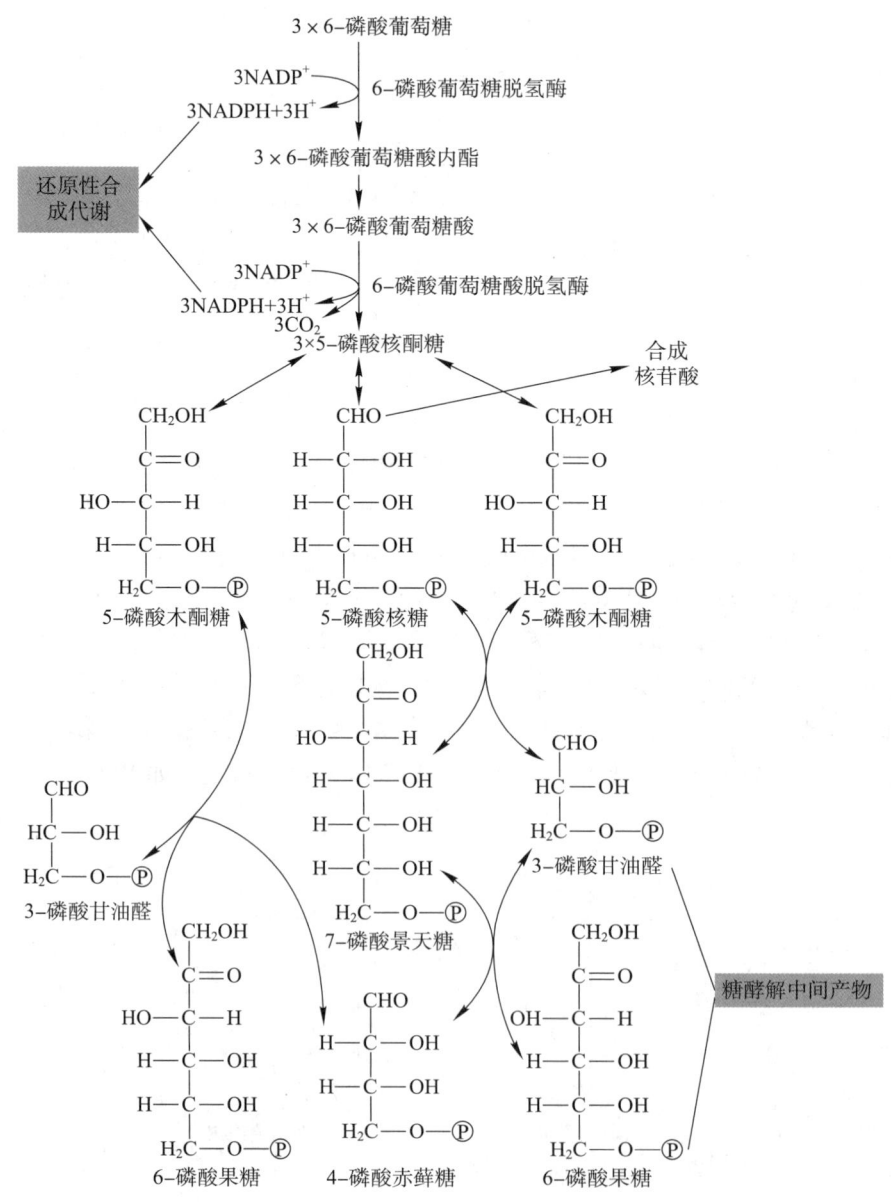

图 4-5　磷酸戊糖途径反应全过程

（二）磷酸戊糖途径的生理意义

1. 为核酸的生物合成提供核糖　5-磷酸核糖是合成核苷酸及其衍生物的重要原料，如 RNA、DNA、ATP 等重要分子。故在损伤后修复再生的组织、更新旺盛的组织中，此代谢途径比较活跃。

2. $NADPH + H^+$ 作为供氢体参与多种代谢反应

（1）$NADPH + H^+$ 是体内许多合成代谢的供氢体，如胆固醇、脂肪酸和类固醇激素等化合物的合成，都需要大量的 $NADPH+H^+$。

（2）$NADPH + H^+$ 参与体内的羟化反应，是细胞色素 P450 单加氧酶系的组成成分，参与激素、药物、毒物在肝的生物转化过程（见第二十章第二节肝的生物转化作用）。

（3）$NADPH + H^+$ 是谷胱甘肽还原酶的辅酶，可维持谷胱甘肽的还原性。还原型谷胱甘肽（GSH）是体内重要的抗氧化剂，可以保护一些含巯基的蛋白质或酶免受氧化剂尤其是过氧化物的损坏。在红细胞中，还原型谷胱甘肽对保护红细胞膜的完整具有重要作用。

先天性缺乏 6-磷酸葡萄糖脱氢酶是一种与 X 染色体连锁的遗传病，因磷酸戊糖途径不能正常进行，导致 $NADPH + H^+$ 的缺乏，不能有效维持谷胱甘肽的还原状态，红细胞膜易破裂而发生溶血性贫血。这种患者在食用蚕豆后容易诱发，故称蚕豆病。

临床聚焦 4-4
磷酸戊糖途径与蚕豆病

（三）磷酸戊糖途径的调节

磷酸戊糖途径的关键酶是 6-磷酸葡萄糖脱氢酶，此酶活性受 $NADPH/NADP^+$ 比值影响，比值升高时抑制该酶活性，反之，激活该酶。

拓展学习 4-7
其他单糖的分解代谢

第三节　糖原的合成与分解

糖原（glycogen）是动物体内葡萄糖的储存形式，是机体能迅速动用的能量储备，同时对于维持血糖浓度的恒定具有重要的意义。糖原主要储存在肝组织和肌组织。肝组织中的肝糖原总量为 70～100 g，是血糖的重要来源；肌组织中的肌糖原总量为 250～400 g，主要供肌肉收缩时所需，不能补充血糖。本节主要以肝糖原为例介绍糖原合成与分解的途径、调节和生理意义。

每个糖原分子只有一端葡萄糖残基保留有半缩醛羟基而具有还原性，称为还原性末端（还原端）；其他的末端葡萄糖残基都没有半缩醛羟基，因而不具还原性，故称为非还原性末端（非还原端）。糖原在体内的合成与分解均从非还原端开始。

拓展学习 4-8
糖原与脂肪作为能量储备的区别
拓展学习 4-9
糖原的分子结构特点

一、糖原合成

由单糖（主要是葡萄糖）合成糖原的过程称为糖原合成（glycogenesis），主要在肝细胞和肌细胞的细胞质中进行。其基本反应过程如下。

（一）葡萄糖生成 6-磷酸葡萄糖

此反应由己糖激酶催化，但在肝细胞中，由葡萄糖激酶催化。ATP 供应能量，反应不可逆。

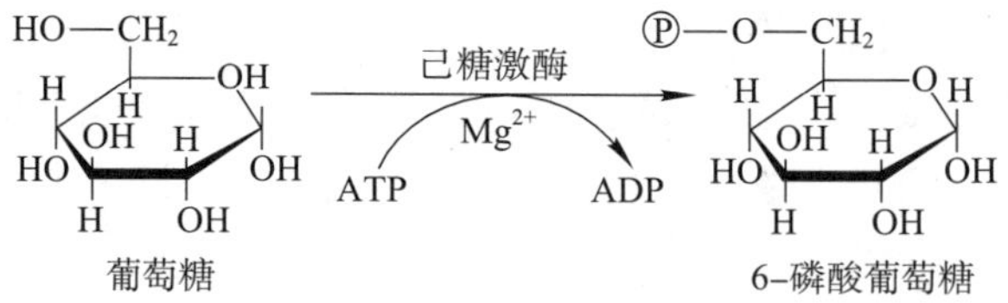

葡萄糖 → 6-磷酸葡萄糖

（二）6-磷酸葡萄糖转变为1-磷酸葡萄糖

此反应在磷酸葡萄糖变位酶作用下完成。此步骤为葡萄糖与糖原分子的连接作准备。

6-磷酸葡萄糖 ←→ 1-磷酸葡萄糖

（三）尿苷二磷酸葡萄糖的生成

在尿苷二磷酸葡萄糖焦磷酸化酶作用下，1-磷酸葡萄糖与UTP作用，生成尿苷二磷酸葡萄糖（UDPG），释放出焦磷酸。这一过程消耗的UTP可由ATP和UDP通过转磷酸基团生成，故糖原合成是个耗能过程，糖原分子上每增加1分子葡萄糖，需消耗2分子ATP。UDPG是葡萄糖的活化形式，被称为"活性葡萄糖"。

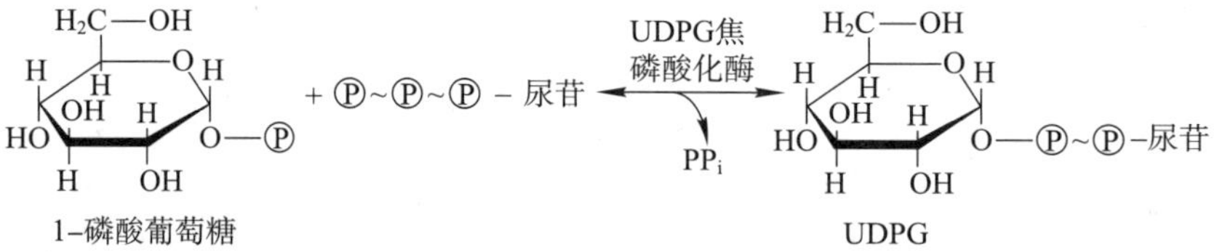

1-磷酸葡萄糖 → UDPG

（四）UDPG合成糖原

拓展学习4-10
糖原引物

UDPG的葡萄糖残基在糖原合酶（glycogen synthase）作用下，转移到细胞内原有的糖原引物上，在非还原端以α-1,4-糖苷键连接。每进行一次反应，糖原引物上即增加一个葡萄糖单位。所谓糖原引物是指细胞内原有的较小的糖原分子。糖原合酶是糖原合成过程的关键酶，受胰岛素激活。

$$UDPG + 糖原（G_n）\xrightarrow{糖原合酶} UDP + 糖原（G_{n+1}）$$

（五）糖链分支

在糖原合酶作用下，糖链只能延长，不能形成分支，当糖链长度达到12~18个葡萄糖基时，分支酶可将一段糖链（6~7个葡萄糖单位）转移到邻近的糖链上，以α-1,6-糖苷键连接，从而形成分支（图4-6）。在糖原合酶和分支酶的交替作用下，糖原分子延长，分支增多，分子变大。分支的形成不仅可增加糖原的水溶性，更重要的是可增加非还原端的数目，有利于糖原的合成和分解代谢。

二、糖原分解

糖原分解（glycogenolysis）是指糖原分解为1-磷酸葡萄糖而被机体利用的过程。主要在细

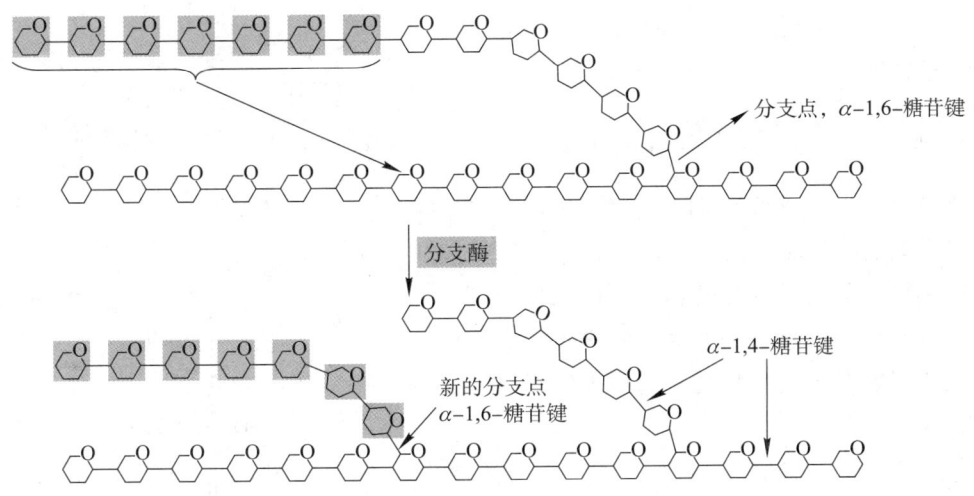

图 4-6 分支酶作用示意图

胞质中进行。肝糖原和肌糖原解聚释出的 1- 磷酸葡萄糖可转变为 6- 磷酸葡萄糖，但后续肝组织和肌肉组织对 6- 磷酸葡萄糖的利用则各不相同。

（一）糖原分解为 1- 磷酸葡萄糖

从糖原分子的非还原端开始，由糖原磷酸化酶（glycogen phosphorylase）逐个催化水解 α-1,4- 糖苷键，生成 1- 磷酸葡萄糖。糖原磷酸化酶是糖原分解的关键酶。

ⓔ 图 4-14 糖原磷酸化分解

$$糖原（G_n）+ H_3PO_4 \xrightarrow{\text{糖原磷酸化酶}} 糖原（G_{n-1}）+ 1-磷酸葡萄糖$$

当糖链上的葡萄糖基逐个磷酸化分解至距分支点约 4 个葡萄糖基时，由于空间位阻作用，糖原磷酸化酶不再起作用，这时由脱支酶（debranching enzyme）参与继续将糖原分解。脱支酶有两个功能：① 葡聚糖转移酶活性，可以将 3 个葡萄糖基转移到邻近糖链的末端，仍以 α-1,4- 糖苷键相连，可继续受糖原磷酸化酶的作用。② α-1,6- 葡萄糖苷酶活性，可以水解分支处留下的一个葡萄糖单位，使其成为游离葡萄糖（图 4-7）。

在糖原磷酸化酶与脱支酶的共同作用下，最终产物中约 85% 为 1- 磷酸葡萄糖，15% 为游离葡萄糖。

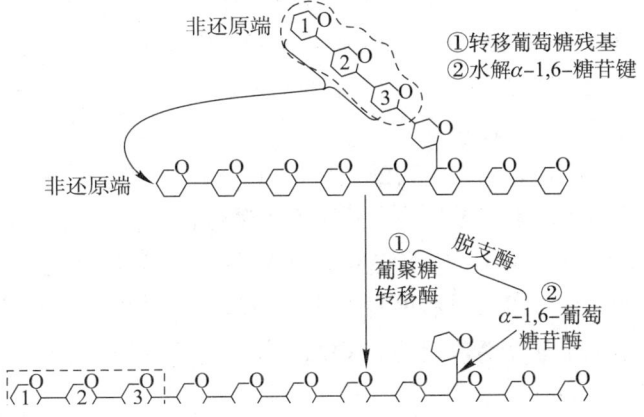

图 4-7 脱支酶作用示意图

（二）1- 磷酸葡萄糖在变位酶作用下转变为 6- 磷酸葡萄糖

$$1-磷酸葡萄糖 \xrightarrow{\text{变位酶}} 6-磷酸葡萄糖$$

（三）6- 磷酸葡萄糖水解为葡萄糖

此反应由葡萄糖 -6- 磷酸酶（glucose-6-phosphatase）催化。葡萄糖 -6- 磷酸酶只存在于肝和肾，故只有肝、肾组织中的糖原分解可以补充血液中的葡萄糖。

$$6\text{-}磷酸葡萄糖 + H_2O \xrightarrow{\text{葡萄糖-6-磷酸酶}} 葡萄糖 + H_3PO_4$$

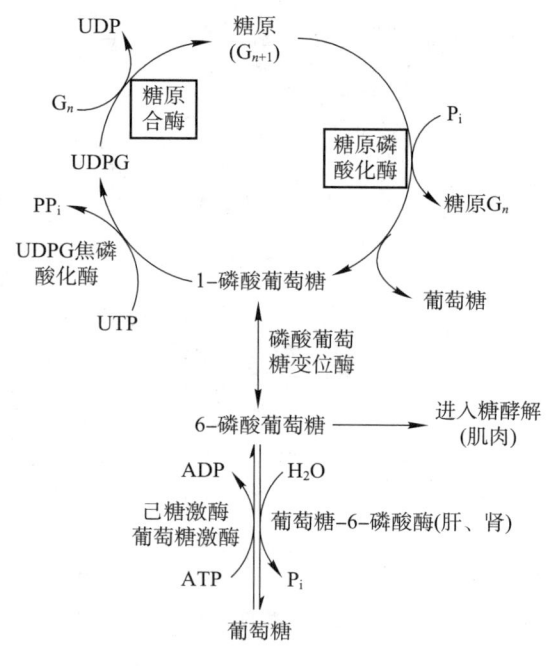

图 4-8 糖原合成与分解图解

Ⓔ 图 4-15
糖原在肝组织和肌肉组织中的代谢

肌糖原分解的前两步过程同肝糖原分解，但由于肌组织中缺乏葡萄糖-6-磷酸酶，6-磷酸葡萄糖不能分解为游离葡萄糖，所以肌糖原不能分解补充血糖，主要是循糖酵解进入糖类的无氧氧化或糖类的有氧氧化，为肌肉组织收缩提供能量。

糖原合成与分解总结如图 4-8。

三、糖原合成与分解的调节

糖原合成与分解的关键酶分别是糖原合酶和糖原磷酸化酶，这两种酶的活性变化决定了糖原代谢的方向和速率，其活性受共价修饰调节和别构调节。

（一）共价修饰调节

糖原合酶与糖原磷酸化酶的共价修饰调节涉及激素信号转导。当机体处于血糖水平下降、剧烈运动、应激反应状态时，胰高血糖素、肾上腺素分泌增加，通过信号转导系统使 cAMP 的浓度增高，进而激活 cAMP 依赖性蛋白激酶（cAMP-dependent protein kinase，简称蛋白激酶 A，PKA）。活化的 PKA 使糖原合酶和糖原磷酸化酶都发生磷酸化修饰，但使两种酶活性发生相反的改变。这种通过一系列酶促反应将激素信号放大的连锁反应称为级联放大系统，与酶含量调节相比反应快、效率高。

糖原合酶发生磷酸化后，由有活性的糖原合酶 a 变为无活性的糖原合酶 b，从而使糖原合成过程减弱；糖原磷酸化酶发生磷酸化后，由原来的无活性的糖原磷酸化酶 b 变为有活性的糖原磷酸化酶 a，从而使糖原分解增强。糖原磷酸化酶的磷酸化过程由磷酸化酶 b 激酶催化。磷酸化酶 b 激酶也有两种形式，去磷酸的磷酸化酶 b 激酶没有活性，在依赖 cAMP 的蛋白激酶作用下转变为有活性的磷酸化的磷酸化酶 b 激酶。最终结果是抑制糖原合成，促进糖原分解（图 4-9）。

（二）别构调节

糖原合酶与糖原磷酸化酶都是别构酶，都可受到代谢物的别构调节。6-磷酸葡萄糖和 ATP 是糖原合酶的别构激活剂，可促进糖原合成。

肝细胞和肌细胞的糖原磷酸化酶属于同工酶，人类这两种酶 90% 的氨基酸序列是相同的。其调节机制的差异与两种糖原的功能有关，肌糖原的功能是维持肌细胞自身的能量需要，而肝糖原是为了其他组织细胞（如脑细胞、红细胞）供能和维持血糖浓度的恒定。肌糖原磷酸化酶的别构效应物有 ATP、AMP 和 6-磷酸葡萄糖，前两者反映细胞的能量状态，后者则反映糖原磷酸化

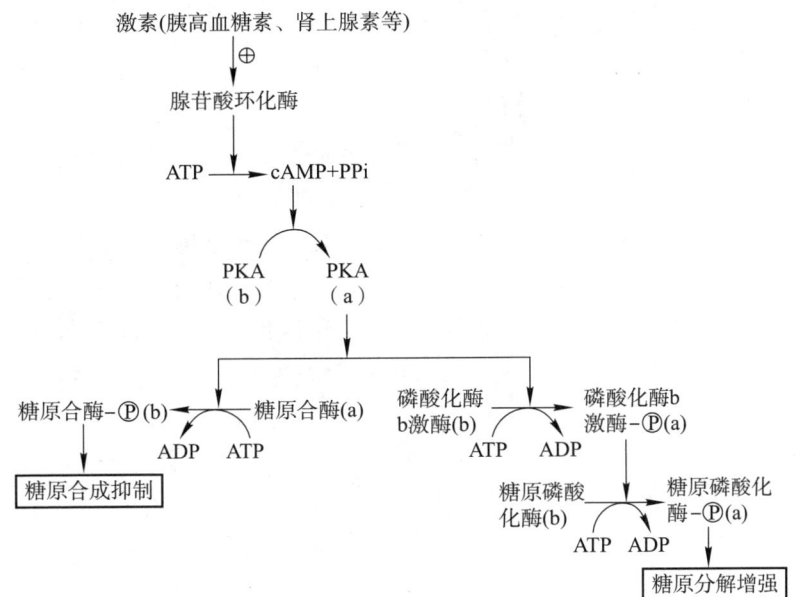

图 4-9 糖原合成与分解的共价修饰调节
（a）活性型;（b）无活性型

分解进行的程度。ATP 和 6- 磷酸葡萄糖别构抑制肌糖原磷酸化酶，AMP 起别构激活作用。而肝糖原磷酸化酶的别构效应物是葡萄糖。

总之，无论是肝细胞还是肌细胞，两种酶是同时受到调控的，与细胞当时的生理状况有关，整个调节过程较为复杂，既受到别构效应物的直接调节，又受到"可逆磷酸化"的级联控制，后一种方式最终由激素控制。

第四节　糖异生

糖异生（gluconeogenesis）是指非糖类物质（如生糖氨基酸、乳酸、丙酮酸及甘油等）转变为葡萄糖或糖原的过程。糖异生的最主要器官是肝，肾在正常情况下糖异生能力只有肝的 1/10，长期饥饿时肾糖异生能力增强。

一、糖异生途径

从丙酮酸生成葡萄糖的具体反应过程称为糖异生途径。糖异生途径基本上是糖酵解的逆过程，但是由于糖酵解过程中由己糖激酶、磷酸果糖激酶 –1 及丙酮酸激酶催化的三个反应释放了大量的能量，是不可逆的，构成糖异生途径难以逆行的"能障"。在糖异生途径中须由另外的酶来催化其逆行过程。

（一）丙酮酸转变为磷酸烯醇式丙酮酸

糖酵解中丙酮酸激酶催化磷酸烯醇式丙酮酸生成丙酮酸，在糖异生途径中其逆过程由两个反应组成：① 丙酮酸经羧化生成草酰乙酸；② 草酰乙酸经脱羧生成磷酸烯醇式丙酮酸（PEP）。以上联合称为丙酮酸羧化支路，是一个耗能的过程（图 4-10）。

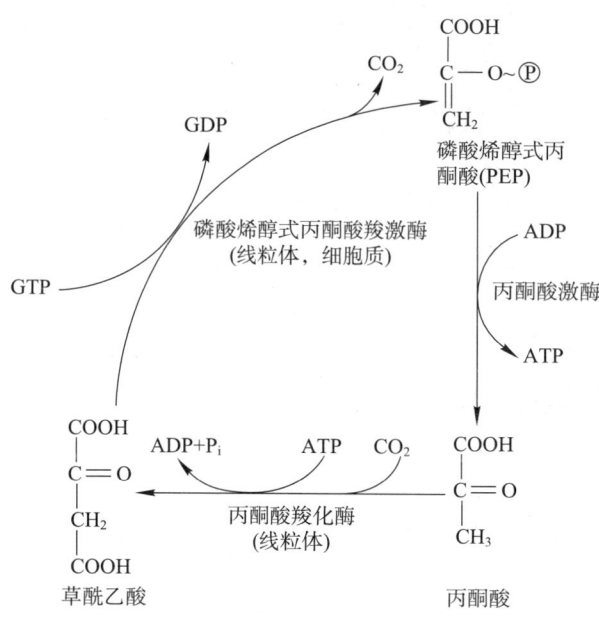

图 4-10 丙酮酸羧化支路

第一步反应由丙酮酸羧化酶（pyruvate carboxylase）催化，辅酶为生物素，需消耗 ATP，CO_2 通过生物素使丙酮酸羧化生成草酰乙酸。此酶存在于线粒体中，故丙酮酸必须进入线粒体才能被羧化为草酰乙酸，这也是体内草酰乙酸的重要来源之一。

第二步反应由磷酸烯醇式丙酮酸羧激酶催化，由 GTP 提供能量，释放 CO_2。磷酸烯醇式丙酮酸羧激酶在人体细胞的线粒体及细胞质中均存在，以细胞质为主。存在于线粒体中的磷酸烯醇式丙酮酸羧激酶，可直接催化草酰乙酸脱羧生成 PEP，PEP 从线粒体转运到细胞质。存在于细胞质中的磷酸烯醇式丙酮酸羧激酶，需要将草酰乙酸从线粒体转运到细胞质中。由于草酰乙酸不能自由进出线粒体内膜，需借助两种方式将其转运入细胞质：① 草酰乙酸由苹果酸脱氢酶（需 $NADH + H^+$）催化转变为苹果酸；② 借助天冬氨酸转氨酶［AST，或称谷草转氨酶（GOT）］所催化的转氨基反应，草酰乙酸从谷氨酸接受氨基而生成天冬氨酸（参见第七章氨基酸代谢）。上述两种方式所生成的苹果酸和天冬氨酸可分别由线粒体内膜上的载体转运到细胞质中。在细胞质中苹果酸可脱氢氧化、天冬氨酸可再经转氨基作用生成草酰乙酸，完成将草酰乙酸从线粒体转运到细胞质的过程。然后，转运到细胞质中的草酰乙酸可在磷酸烯醇式丙酮酸羧激酶催化下脱羧生成 PEP。草酰乙酸的运输途径如图 4-11。

（二）1，6- 二磷酸果糖转变为 6- 磷酸果糖

此反应由果糖二磷酸酶 -1 催化进行（图 4-12），水解 C_1 的磷酸酯键，是释能反应，易于进行，但不生成 ATP。此步反应完成糖酵解中磷酸果糖激酶 -1 催化反应的逆过程。

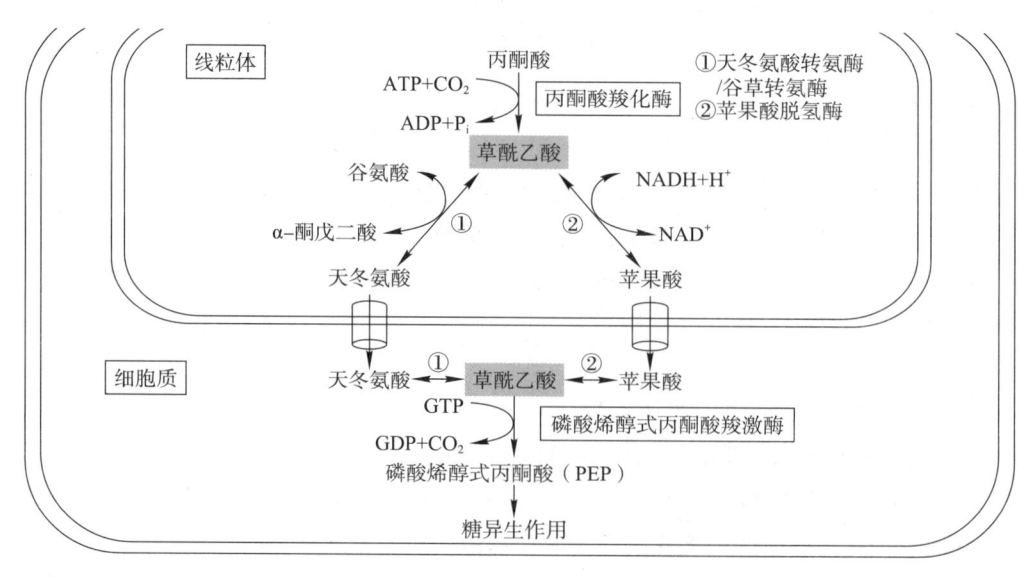

图 4-11 草酰乙酸的运输途径示意图

（三）6-磷酸葡萄糖转变为葡萄糖

此反应由葡萄糖-6-磷酸酶催化进行（图4-12），同样不生成ATP。完成糖酵解中己糖激酶催化反应的逆过程。

催化上述三个不可逆反应的酶就是糖异生途径的关键酶。

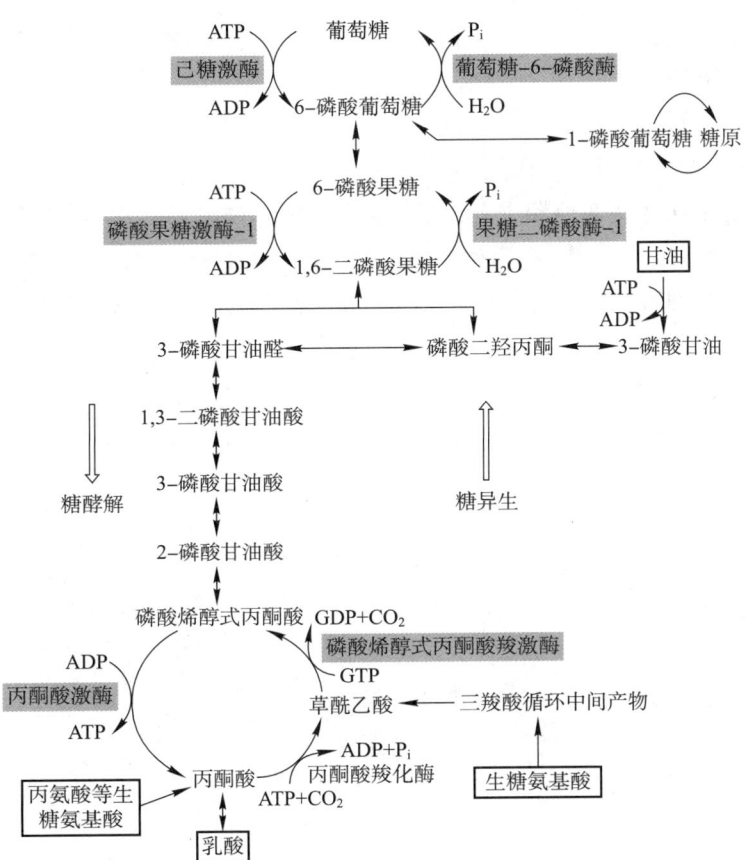

图4-12　糖异生与糖酵解

二、甘油、乳酸和生糖氨基酸的糖异生

甘油是脂肪分解产物，可以在甘油激酶作用下磷酸化转变为3-磷酸甘油，再脱氢生成磷酸二羟丙酮，最后沿着糖酵解的相反方向异生成糖类。

乳酸首先在乳酸脱氢酶作用下转变为丙酮酸，后者通过丙酮酸羧化支路汇入糖异生途径。

生糖氨基酸可以通过丙酮酸或三羧酸循环中间产物转变为草酰乙酸进入糖异生。

糖异生与糖酵解归纳如图4-12。

三、糖异生的生理意义

（一）在空腹或饥饿状态下维持血糖浓度的相对恒定

糖异生最重要的生理意义是在空腹或饥饿状态下维持血糖浓度的相对恒定。空腹或饥饿时，肝糖原分解产生的葡萄糖仅能维持 8~12 h，此后，机体基本依靠糖异生作用来维持血糖浓度恒定。相对恒定的血糖浓度对于维持机体重要器官（如脑、红细胞等）的能量供应十分重要。

（二）补充肝糖原

机体在饥饿后进食，肝补充或恢复糖原储备的重要途径为糖异生，而不是肝直接利用葡萄糖合成糖原。近年来的研究表明，葡萄糖激酶的 K_m 较高，肝摄取葡萄糖的能力低。摄入的相当一部分葡萄糖先分解成丙酮酸、乳酸等三碳化合物，后者再异生成糖原。这个理论可以解释下面两个现象：① 肝摄取葡萄糖的能力低，但仍可合成糖原；② 进食 $2 \sim 3\ h$ 内，肝仍保持较高的糖异生活性。合成糖原的这条途径称为三碳途径，或者称为间接途径。而葡萄糖经 UDPG 合成糖原的过程称为直接途径。

e 图 4-16
糖原合成的直接和间接途径

（三）肾糖异生增强有利于维持酸碱平衡

长期饥饿造成的机体代谢性酸中毒，可促进肾小管中磷酸烯醇式丙酮酸羧激酶的合成，从而使糖异生增强。另外，当肾中 α- 酮戊二酸因异生成糖类而减少时，可促进谷氨酰胺、谷氨酸的脱氨反应，肾小管细胞将脱下的 NH_3 分泌入管腔中，可结合原尿中的 H^+ 并将其排出体外，降低原尿中 H^+ 浓度，对于防止酸中毒有重要的作用（参见第七章氨基酸代谢）。

（四）乳酸再利用

人文视角 4-6
Cori 循环
e 图 4-17
Cori 循环

肌肉收缩（尤其是供氧不足时）通过糖类无氧氧化生成乳酸。肌肉内有关糖异生酶活性低，所以乳酸通过细胞膜弥散进入血液后转运入肝，在肝内异生为葡萄糖。葡萄糖释放入血液后又可被肌肉细胞摄取利用。这就构成了一个循环，称为乳酸循环，又称 Cori 循环（图 4-13）。此循环的生理意义在于乳酸的再利用及防止乳酸堆积引起酸中毒。

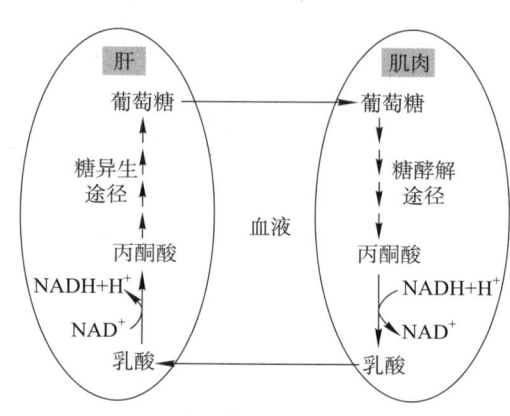

图 4-13　乳酸循环（Cori 循环）

四、糖异生的调节

糖异生与糖酵解是方向相反的两条代谢途径，有三步作用物的互变反应分别由不同的酶催化其单向反应，这种互变反应称为底物循环（substrate cycle）。当两种酶活性相等时，就不能将代谢向前推进，结果仅是 ATP 分解释放能量，因而又称之为无效循环（futile cycle）。只有当两酶活性不完全相等时，代谢才能向一个方向进行，因此糖酵解与糖异生是互为调节的。当糖类供应充分时，糖酵解有关的酶活性增高，糖异生有关的酶活性降低；反之亦然，这样有利于节约能源。这种协调主要依赖对两个底物循环的关键酶活性进行调节。

如图 4-14 所示，第一个底物循环发生在 6- 磷酸果糖和 1,6- 二磷酸果糖之间，2,6- 二磷酸果糖和 AMP 激活磷酸果糖激酶 -1 的同时，抑制果糖二磷酸酶 -1 的活性，使反应向糖酵解方向进行，抑制了糖异生。柠檬酸和 ATP 在抑制磷酸果糖激酶 -1 的同时，激活果糖二磷酸酶 -1 的活性，使反应向糖异生方向进行。

第二个底物循环发生在磷酸烯醇式丙酮酸和丙酮酸之间，1,6- 二磷酸果糖是丙酮酸激酶的别构激活剂，胰高血糖素可减少其生成而降低丙酮酸激酶的活性，于是糖异生加强而糖酵解被抑制。另外，肝内丙酮酸激酶可被丙氨酸抑制，因为在饥饿状态下，丙氨酸是主要的糖异生原料，故丙氨酸的这种抑制作用有利于丙氨酸异生成糖类。

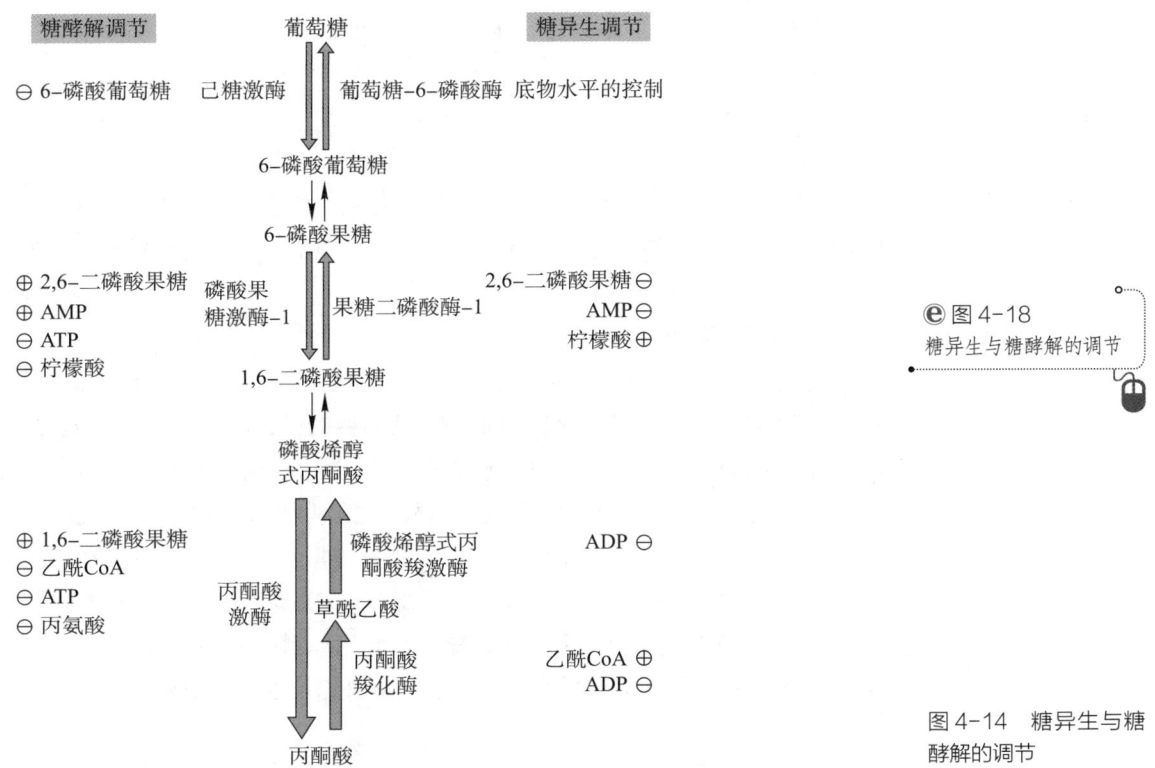

图 4-14 糖异生与糖酵解的调节

在机体饥饿状态下，脂肪酸的氧化与糖异生是"相伴相随"的。机体动员脂肪分解生成大量的 ATP，还可以产生乙酰 CoA 等中间物。当细胞通过脂肪酸氧化产生足够的 ATP 时，也就降低了对糖酵解产生 ATP 的依赖。脂肪酸氧化产生的乙酰 CoA 是丙酮酸羧化酶的激活剂，同时可反馈抑制丙酮酸脱氢酶复合体的活性，使丙酮酸氧化受阻而大量堆积，为糖异生提供了丰富的原料。这种调节有利于在机体饥饿时，促进糖异生，抑制糖酵解，维持血液中葡萄糖浓度。

第五节　血糖及其调节

血糖（blood sugar）指血液中的葡萄糖。正常人空腹血糖含量为 3.89 ~ 6.11 mmol/L，其量相对恒定。血糖含量的相对恒定对于保证人体各组织器官特别是脑组织的正常功能活动极为重要。

一、血糖的来源与去路

血糖的来源：① 食物中的糖类是血糖的主要来源；② 肝糖原分解是空腹时血糖的直接来源；③ 非糖类物质（如甘油、乳酸及生糖氨基酸）通过糖异生作用生成葡萄糖，在长期饥饿时作为血糖的来源。

血糖的去路：① 在各组织中氧化分解提供能量，这是血糖的主要去路；② 在肝、肌肉等组织进行糖原合成；③ 通过磷酸戊糖途径等转变为其他糖类及其衍生物，如核糖、糖醛酸等；

④ 转变为非糖类物质，如脂肪、非必需氨基酸等。

二、血糖的调节

正常人体内血糖浓度的相对恒定是神经系统、激素及组织器官共同调节的结果。其中激素对血糖浓度的调节最为重要。下面介绍几种调节血糖水平激素的作用机制。

（一）胰岛素

胰岛素（insulin）是由胰岛 B 细胞合成分泌的。它的分泌受血糖水平的调控，血糖升高，立即引起胰岛素分泌。胰岛素是体内唯一降低血糖的激素，也是唯一可同时促进体内糖原、脂肪、蛋白质合成的激素。其降低血糖的机制是：① 促进肌肉、脂肪等组织细胞葡萄糖运载体转运葡萄糖进入细胞内；② 通过增强磷酸二酯酶活性，降低 cAMP 水平，使糖原合酶活性增强，糖原磷酸化酶活性降低，从而加速糖原合成、抑制糖原分解；③ 通过激活丙酮酸脱氢酶磷酸酶使丙酮酸脱氢酶复合体激活，加快糖类的有氧氧化；④ 通过抑制磷酸烯醇式丙酮酸羧激酶活性，促进氨基酸进入肌肉组织合成蛋白质，减少糖异生原料，从而抑制肝内糖异生；⑤ 通过抑制脂肪组织内的激素敏感性脂肪酶减少脂肪动员，促进糖类的有氧氧化。

拓展学习 4-11
胰岛素和胰高血糖素对血糖水平的调节

（二）胰高血糖素

胰高血糖素是由胰岛 A 细胞分泌的 29 肽激素，是体内主要升高血糖的激素。血糖水平降低或血中氨基酸水平升高能刺激该激素的分泌。其升高血糖的机制包括：① 作用于肝细胞膜受体，激活依赖 cAMP 的蛋白激酶，抑制糖原合酶和激活磷酸化酶，使肝糖原迅速分解，血糖升高；② 抑制肝磷酸果糖激酶 -2，激活 2,6 - 二磷酸果糖酶，降低细胞内 2,6 - 二磷酸果糖水平，抑制糖酵解，促进糖异生；③ 诱导肝中磷酸烯醇式丙酮酸羧激酶的合成，抑制丙酮酸激酶，加速肝摄取血中的氨基酸，促进糖异生作用；④ 激活脂肪组织内的激素敏感脂肪酶，加速脂肪动员，使大量脂肪酸运送到肝、肌肉等组织，从而抑制这些组织摄取葡萄糖，间接升高血糖。

拓展学习 4-12
胰高血糖素和肾上腺素对血糖浓度的调节

（三）肾上腺素

肾上腺素是迅速而有力地升高血糖的激素，其作用机制基本同胰高血糖素。与胰高血糖素的区别在于它对肝和肌肉的糖原均有作用。在肝中促进肝糖原分解为葡萄糖，在肌肉中则促进肌糖原分解生成乳酸，乳酸可通过 Cori 循环间接升高血糖。肾上腺素主要在应激状态下发挥作用，对于经常性血糖波动（尤其是进食引起的）没有生理意义。

肝是调节血糖浓度的最主要器官。肝细胞内存在特有的葡萄糖激酶和葡萄糖 -6- 磷酸酶，它们受血糖水平及某些激素的影响而改变活性，从而发挥调节血糖的作用。

三、糖代谢异常

（一）低血糖

空腹血糖低于 2.8 mmol/L 时称为低血糖（hypoglycemia），脑组织对低血糖极为敏感，因为脑细胞所需要的能量主要来自葡萄糖的氧化。低血糖时可出现头晕、心悸、出冷汗，严重时出现昏迷，称为低血糖休克。如不能及时给患者静脉滴注葡萄糖，可导致死亡。

出现低血糖的原因有：① 胰性：胰岛 B 细胞功能亢进，如 B 细胞肿瘤，胰岛 A 细胞功能低下等；② 肝性：如肝癌，肝糖原的分解及糖异生作用等糖代谢过程均受损，不能及时有效地调节血糖浓度，故易产生低血糖；③ 内分泌异常：垂体功能减退、肾上腺皮质功能减退等；④ 饥饿或不能进食者。

（二）高血糖及糖尿

空腹血糖浓度高于 7 mmol/L 称为高血糖（hyperglycemia）。如果血糖浓度高于肾糖阈，则尿中就会出现糖类，此现象称为糖尿（glucosuria）。高血糖的发生原因及表现：

（1）生理性高血糖　① 摄入性高血糖：一次性进食大量葡萄糖或静脉输入大量葡萄糖；② 情绪性高血糖：情绪激动或应激状态下，肾上腺素分泌增加，使血糖浓度增高。

（2）持续性高血糖和糖尿　主要见于糖尿病（diabetes mellitus）。糖尿病是一种因部分或完全胰岛素缺失或细胞胰岛素受体减少或受体敏感性降低导致的疾病，它是除了肥胖症之外人类最常见的内分泌紊乱性疾病。临床上将糖尿病分为两型：① 胰岛素依赖型（1 型）：多发生于青少年，主要与遗传有关，是自身免疫病。② 非胰岛素依赖型（2 型）：和肥胖关系密切，可能是由于细胞膜上胰岛素受体丢失或受体敏感性降低所致。

（3）血糖正常而出现糖尿　见于慢性肾炎、肾病综合征等引起的肾对糖类的吸收障碍。

临床聚焦 4-5 胰岛素与糖尿病

（三）糖原贮积症

糖原贮积症（glycogen storage disease）是一类遗传性代谢病，其特点为体内某些组织器官中有大量糖原堆积，造成组织器官功能损害。引起该病的原因是患者先天性缺乏与糖原代谢有关的酶类。根据所缺陷的酶在糖原代谢中的作用，受累的器官不同，糖原的结构亦有差异，对健康或生命的影响程度也不同。例如，肝内糖原磷酸化酶缺乏，肝糖原分解障碍，糖原沉积导致肝大，但婴儿仍可成长。若葡萄糖 -6- 磷酸酶缺乏，则肝糖原分解障碍，不能用以维持血糖，将造成严重后果。

临床聚焦 4-6 糖原贮积症

（周冰蕊）

复习思考题

一、简答题

1. 糖类的有氧氧化包括哪几个阶段？
2. 磷酸戊糖途径有何生理意义？
3. 肝糖原与肌糖原在分解上有何不同？
4. 糖异生途径是否为糖酵解的逆反应，为什么？
5. 简述糖异生的生理意义。
6. 在剧烈运动过后，肌肉收缩产生大量的乳酸，试述乳酸的主要代谢去向。
7. 血糖有哪些来源与去路？
8. 体内葡萄糖代谢有哪几步底物水平磷酸化反应？分别在哪些代谢反应中出现？
9. ATP 是磷酸果糖激酶 -1 的底物，为什么 ATP 浓度高，反而会抑制磷酸果糖激酶 -1？

二、讨论题

肝在维持血糖浓度恒定方面发挥了哪些作用？

网上更多……

　本章小结　　　　自测题　　　　教学 PPT

第五章
脂质代谢

关键词

必需脂肪酸	脂肪动员	脂肪酸的 β– 氧化
酮体	脂肪酸合成	甘油磷脂
磷脂酶	胆固醇合成与转化	血脂
血浆脂蛋白代谢	脂质异常血症	

　　脂质是广泛存在于自然界的一大类物质，是动物和植物的重要组成成分，它们的化学组成、结构、理化性质及生物功能存在着很大的差异，不溶于水而溶于有机溶剂是其最基本特征。脂肪在生命活动中主要储存和供给能量，通常机体 20%～30% 的能量来自脂肪组织。近些年，随着对脂肪组织的深入研究，其内分泌功能正在不断被人们认识。大量的研究证实，脂质代谢紊乱与肥胖、2 型糖尿病、动脉粥样硬化等疾病的发生关系密切。

　　因此，通过本章的学习，我们不但能够理解"空腹或饥饿状态下有氧运动减肥"的生物化学含义，不溶于水的脂质如何完成体内的运输和代谢，还能解释脂质代谢紊乱相关疾病的代谢机制，这对于研究脂质及其代谢在生命活动和疾病发生发展中的主要作用具有非常重要的意义。

思维导图

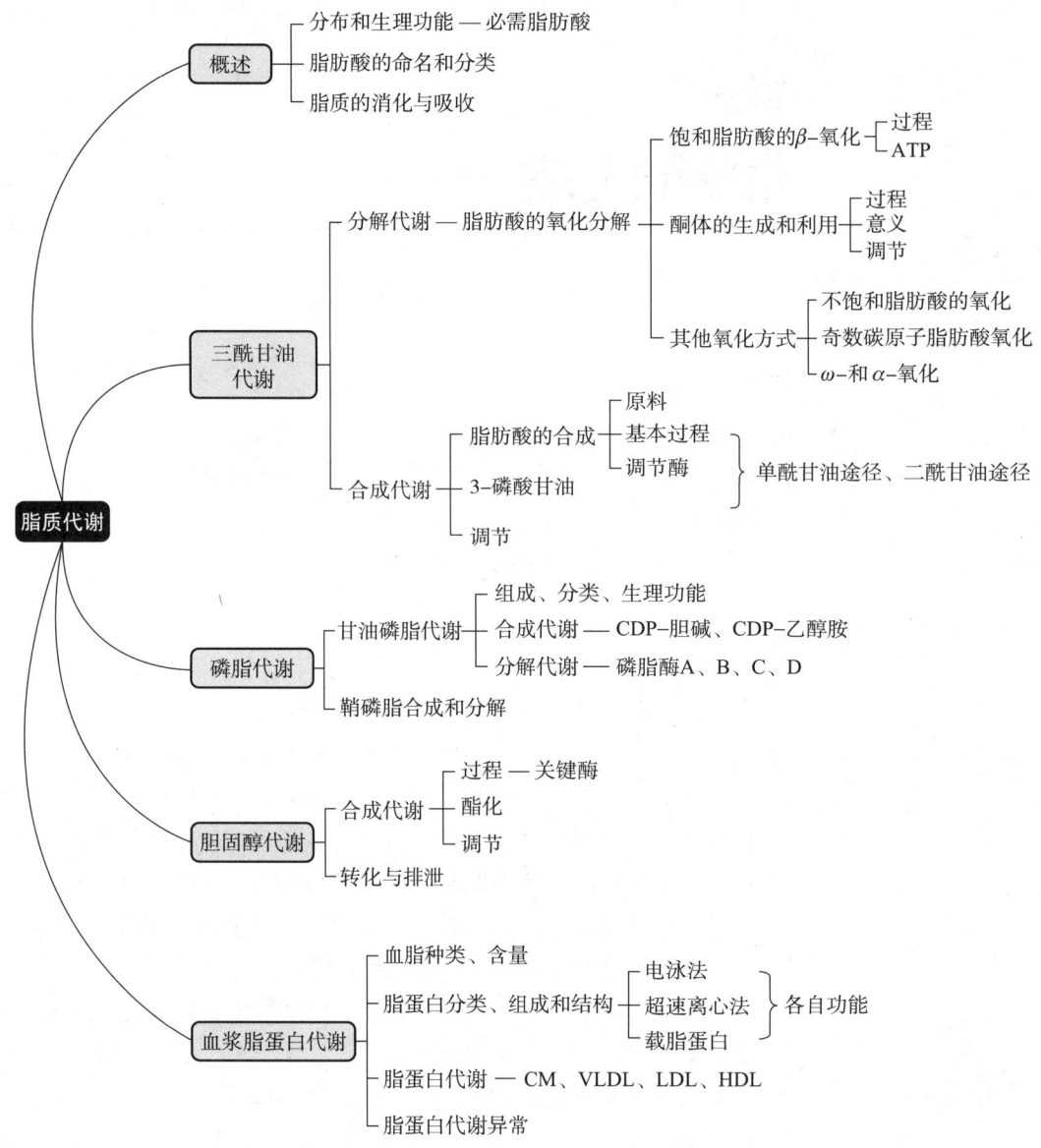

脂质（lipids）是机体内的一类有机大分子物质，它包括的范围很广，主要有脂肪（fat）、类脂（lipoids）及其衍生物，是生物体的重要组成成分之一。

第一节 概述

一、脂质在体内的分布及生理功能

（一）脂肪的分布和生理功能

脂肪是人体内储存最多的能源物质，主要分布于皮下、肾周围、肠系膜和大网膜等处。脂肪是甘油的 3 个羟基和 3 个脂肪酸分子通过羧酸酯键连接生成的化合物，故又称三酰甘油（triacylglycerol，TG）或三脂酰甘油。体内尚存在少量被 1 个或 2 个脂肪酸酯化的单酰甘油和二酰甘油。脂肪组织中储存的脂肪可动员分解供给机体能量，1 g 脂肪完全氧化可产生 38.9 kJ（9.3 kcal）能量，比等量的糖类或蛋白质高约 1 倍。分布于人体皮下的脂肪组织不易导热，可起到保持体温的作用；内脏周围的脂肪组织还能缓冲外界的碰撞，使内脏免受损伤。食物中的脂肪能够促进脂溶性维生素 A、D、E、K 的吸收。近些年随着对脂肪组织的深入研究，发现它还具有内分泌功能。

● 图 5-1
甘油、单酰甘油、二酰甘油、三酰甘油分子结构式及示意图

（二）类脂的分布和生理功能

类脂分布于人体的各种组织，主要分布于细胞膜，约占生物膜质量的一半，全身类脂约占体重的 5%，神经组织中含量最多。类脂包括磷脂、糖脂和胆固醇及其酯三大类。磷脂是含有磷酸的脂质，包括由甘油构成的甘油磷脂（phosphoglyceride）和由鞘氨醇构成的鞘磷脂（sphingomyelin）。糖脂（glycolipid）是含有糖基的脂质。它们是生物膜的主要组成成分，构成疏水性的"屏障"，分隔细胞水溶性成分和细胞器，是细胞能够正常进行各种功能活动的重要保证。磷脂分子中的花生四烯酸是合成前列腺素及血栓素等的原料。近年来发现磷脂酰肌醇的一系列中间代谢产物还具有信息传递作用，胆固醇在体内转变为胆汁酸、维生素 D_3、类固醇激素等具有重要生理活性的物质。

二、脂肪酸的命名和分类

（一）脂肪酸的命名

脂肪酸可以看做是脂肪烃分子末端氢原子被羧基取代后生成的化合物，结构通式为 $CH_3(CH_2)_nCOOH$。脂肪酸的命名用碳原子的数目、不饱和键的数目及位置来表示，通常有两种系统：Δ 编号系统和 n 或 ω 编号系统。

（1）Δ 编号系统 脂肪酸的碳原子从羧基碳原子算起，羧基碳原子为 1，依次编号为 2、3、4⋯不饱和键的位置用 Δ 表示。如油酸（18：1，Δ^9 顺），表示含 18 个碳原子、1 个不饱和键，在第 9~10 位碳原子之间有一个顺式双键；α- 亚麻酸（18：3，$\Delta^{9,\ 12,\ 15}$），表示含 18 个碳原子、3 个不饱和键，双键位置按碳原子编号依次为 9、12、15。

（2）n 或 ω 编号系统 该系统则从离羧基最远的碳原子算起，最远端的甲基碳原子也叫做 ω-

碳原子，脂肪酸的碳原子按字母编号依次为 ω-1、ω-2、ω-3…不饱和键的位置也可用 ω- 来表示。如油酸（18：1，ω-9），表示含 18 个碳原子、1 个不饱和键，第一个双键从甲基端数起，在第 9~10 位碳之间；亚麻酸（18：3，ω-3），表示含 18 个碳原子、3 个不饱和键，第一个双键从甲基端数起，在第 3~4 碳之间。国际上还有用 n 来代替 ω 的表示方法，即 ω-6 就是 n-6。

人文视角 5-1
ω-3 多不饱和脂肪酸
与健康

（二）脂肪酸的分类

脂肪酸可按其链上所含碳原子数目来分类。碳原子数 2~4 为短链脂肪酸，6~10 为中链脂肪酸，12 以上为长链脂肪酸。人体血液和组织中的脂肪酸大多数是各种长链脂肪酸。脂肪酸也可按其结构分为饱和脂肪酸（saturated fatty acid）和不饱和脂肪酸（unsaturated fatty acid），饱和脂肪酸不含双键，不饱和脂肪酸含有一个或多个双键，含有一个不饱和键的称为

表 5-1
常见的不饱和脂肪酸

单不饱和脂肪酸（monounsaturated fatty acid），具有两个或多个不饱和键的称为多不饱和脂肪酸（polyunsaturated fatty acid）。天然脂肪酸的碳原子数大多是偶数，其中有饱和脂肪酸，以软脂酸（16：0）和硬脂酸（18：0）最为常见；也有不饱和脂肪酸，以软油酸（16：1，Δ^9）、油酸（18：1，Δ^9）和亚油酸（18：2，$\Delta^{9,12}$）为常见。多数脂肪酸在人体内能合成，只有亚油酸、亚麻酸和花生四烯酸在体内不能合成，必须从食物摄取，称为人体必需脂肪酸（essential fatty acids）。

（三）多不饱和脂肪酸的衍生物

前列腺素（prostaglandin，PG）、血栓素（thromboxane，TX）A_2 和白三烯（leukotriene，LT）均由多不饱和脂肪酸衍生而来。当细胞受到外界刺激时，磷脂酶 A2 被激活，水解膜磷脂释放出花生四烯酸，后者在脂过氧化酶作用下生成丙三烯，在环过氧化酶作用下生成 PG、TX 及 LT。这些多不饱和脂肪酸衍生物在调节细胞代谢上具有重要作用，与炎症、免疫、过敏及心血管疾病等重要病理过程有关。

图 5-2
前列腺素结构示意图

1. 前列腺素（PG）　是一类具有廿碳的不饱和脂肪酸衍生物，由一个五碳环和两条 R 侧链构成。以前列腺酸（prostanoic acid）为基本骨架，按其五碳环上取代基团、双键位置的不同，PG 分为 PGA~PGI 九型。

不同亚型 PG 的生理功能不同，PGE_2 是诱发炎症的主要因素之一，能使局部血管扩张及毛细血管通透性增加，引起红肿、热痛等症状。PGE_2/PGA_2 能使动脉和呼吸道平滑肌舒张，具有降血压和治疗哮喘的作用；$PGE_{2\alpha}$ 可使卵巢平滑肌收缩，引起排卵，子宫释放的 $PGE_{2\alpha}$ 能使黄体溶解，分娩时子宫内膜释出的 PGE_2，能引起子宫收缩加强，促进分娩。PGE_2 和 PGI_2 有明显抑制胃酸分泌的作用，因此，内源性前列腺素可能是防止溃疡病发生的一个重要因素。PGE_2 和 $PGF_{2\alpha}$ 具有促进血小板聚集的作用，导致血管内血栓形成，PGI_2 由血管内皮细胞合成，可使血管平滑肌舒张，有对抗 PGE_2 血小板聚集的作用。

图 5-3
血栓素结构示意图

2. 血栓素（TX）A_2　是从花生四烯酸和白细胞代谢产物中分离的另一类廿碳多不饱和脂肪酸的衍生物。血小板产生的 TXA_2 也是廿碳不饱和脂肪酸衍生物，与前列腺素不同的是五碳环为一个环醚结构所取代。TXA_2 和 PGE_2 促进血小板聚集，血管收缩，促进凝血及血栓形成，是促进凝血及血栓形成的重要因素，而血管内皮细胞释放的 PGI_2 则有很强的舒血管及抗血小板聚集作用，因此 PGI_2 与 TXA_2 的平衡是调节小血管收缩、血小板聚集的重要条件，它们的代谢与心脑血管病有密切的关系。

3. 白三烯（LT）　是从花生四烯酸和白细胞代谢产物中分离的一类廿碳多不饱和脂肪酸的衍

生物，按取代基性质分为 A、B、C、D、E、F 六类。研究证明，过敏反应的慢反应物质是 LTC$_4$、LTD$_4$ 和 LTE$_4$ 的混合物，该类物质使支气管平滑肌收缩的作用较组胺及 PGF$_2$ 强 10 万倍，作用缓慢而持久。此外，LTG$_4$ 可调节白细胞功能，促进其游走和趋化，能激活腺苷酸环化酶，使多核白细胞脱颗粒，促进溶酶体释放水解酶类，促进炎症及过敏反应的发展。在体内含量虽微，却具有很高的生理活性，是某些变态反应、炎症及心血管等疾病中的化学介质。

ⓔ图 5-4
白三烯结构示意图

三、脂质的消化与吸收

（一）脂质的消化

膳食中的脂质主要为脂肪，约占 90%，此外还含有少量磷脂、胆固醇及其酯和一些游离脂肪酸（free fatty acids，FFA）。脂质的消化主要在小肠中进行，通过小肠蠕动及胆汁中胆汁酸盐的作用，食物中的脂质被乳化并分散成水包油的细小微团（micelles），提高了溶解度并增加了酶与脂质的接触面积，有利于脂质的消化及吸收。胆汁及胰液均分泌入十二指肠，因此小肠上段是脂质消化的主要场所。在形成的水油界面上，小肠中的酶类开始对食物中的脂质进行消化，这些酶包括胰脂酶（pancreatic lipase）、辅脂酶（colipase）、胆固醇酯酶（cholesteryl esterase）和磷脂酶 A$_2$（phospholipase A$_2$）。胰脂酶特异催化三酰甘油的 1 位及 3 位酯键水解，生成 2- 单酰甘油及 2 分子脂肪酸。2- 单酰甘油也可在酯酶催化下水解成甘油和脂肪酸。胰脂酶必须吸附在乳化的脂肪微团水油界面上才能水解微团内的三酰甘油。辅脂酶是胰脂酶作用的必需辅因子，相对分子质量约 10 000，它在胰腺泡中以酶原形式合成，随胰液分泌入十二指肠；进入肠腔后，其 N 端被胰蛋白酶切下一个五肽而被激活。辅脂酶本身不具脂肪酶活性，但它能通过氢键与胰脂酶结合，通过疏水作用与脂肪结合，这是它发挥作用的基础。在小肠内，胰脂酶的作用依赖于胆汁酸盐的存在，但又受胆汁酸盐的抑制，原因是脂肪乳化，其表面张力升高，反而使胰脂酶不能与微团内的三酰甘油接触；同时胰脂酶在水油界面易于变性失活。辅脂酶能同时与胰脂酶和脂肪结合，使胰脂酶充分发挥水解脂肪的作用。磷脂酶 A$_2$ 催化磷脂 2 位酯键水解，生成脂肪酸与溶血磷脂；胆固醇酯酶催化胆固醇酯水解为胆固醇及游离脂肪酸。

ⓔ图 5-5
三酰甘油、磷脂、胆固醇酯水解示意图

（二）脂质的吸收

脂质消化产物主要在十二指肠下段及空肠上段以单纯扩散的方式吸收。食物中的脂质在小肠经上述酶类消化后，生成单酰甘油、脂肪酸、胆固醇及溶血磷脂等。这些产物极性明显增强，被胆汁酸盐乳化成体积更小、极性更大的混合微团（mixed micelles），穿过小肠黏膜细胞表面水屏障被肠黏膜细胞吸收。甘油、短链（2~4C）及中链（6~10C）脂肪酸易被肠黏膜细胞吸收，并直接进入门静脉。一部分未被消化的由短链及中链脂肪酸构成的三酰甘油，被胆汁酸盐乳化后也可被吸收。吸收后在肠黏膜细胞内脂肪酶的作用下水解为脂肪酸和甘油，通过门静脉进入血液循环。长链脂肪酸（12~26C）、2- 单酰甘油及其他脂质消化产物随微团吸收入小肠黏膜细胞。长链脂肪酸在脂酰 CoA 合成酶（fatty acyl CoA synthetase）催化下，消耗 ATP 生成脂酰 CoA。脂酰 CoA 可在滑面内质网转酰基酶（acyltransferase）的作用下，将 2- 单酰甘油、溶血磷脂和胆固醇酯化成相应的三酰甘油、磷脂及胆固醇酯，它们再与细胞内粗面内质网合成的载脂蛋白（apolipoprotein，apo）结合成乳糜微粒，通过胞吐作用而释放出细胞，经淋巴循环进入血液循环，被其他细胞所利用。

ⓔ图 5-6
三酰甘油消化吸收示意图

第二节 三酰甘油代谢

一、三酰甘油的分解代谢

（一）脂肪动员

脂肪组织中的三酰甘油在一系列脂肪酶的作用下逐步分解，释放甘油（glycerol）和游离脂肪酸供其他组织氧化利用的过程称为脂肪动员（fat mobilization）（图 5-1）。

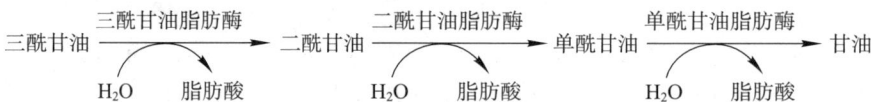

图 5-1 脂肪动员示意图

研究进展 5-1
神秘的脂肪激素

🖱

e 图 5-7
激素调节三酰甘油脂肪酶活性作用示意图

🖱

脂肪动员受激素的调控。当禁食、饥饿或交感神经兴奋时，胰高血糖素、肾上腺素和去甲肾上腺素等分泌增加，作用于白色脂肪细胞膜受体，激活腺苷酸环化酶，使 ATP 环化为 cAMP，激活 cAMP 依赖的蛋白激酶，使细胞质内脂滴包被蛋白 -1（perilipin-1）和激素敏感脂肪酶（hormone sensitive lipase，HSL）被磷酸化而激活。磷酸化的脂滴包被蛋白 -1 一方面激活脂肪组织三酰甘油脂肪酶（adipose triacylglycerol lipase，ATGL），另一方面使激活的 HSL 从细胞质转移至脂滴表面。脂肪在脂肪细胞内依次经 ATGL、HSL 和单酰甘油脂肪酶（monoacylglycerol lipase，MGL）催化，分解为脂肪酸和甘油。能直接激活三酰甘油脂肪酶促进脂肪分解的激素称为脂解激素（lipolytic hormones）。甲状腺激素、生长激素及肾上腺皮质激素等具有协同作用。胰岛素的作用则相反，它能抑制腺苷酸环化酶，增强磷酸二酯酶活性，减少 cAMP 生成，抑制蛋白激酶 A，从而抑制 HSL 的磷酸化激活，抑制脂肪动员，故称为抗脂解激素（antilipolytic hormones）。当禁食、饥饿或处于兴奋状态时，肾上腺素、胰高血糖素等分泌增加，脂解作用加强；进食后胰岛素分泌增加，则脂解作用降低。

脂肪动员生成的脂肪酸不溶于水，释放入血与清蛋白结合才能被运输至其他组织利用，每分子清蛋白可结合 10 分子脂肪酸，主要被心、肝和骨骼肌等摄取利用。

（二）甘油的代谢

甘油可直接由血液运送至肝、肾和肠等组织。在甘油激酶的催化下生成 3- 磷酸甘油。3- 磷酸甘油是甘油的活化形式。因甘油激酶的活性在肝中最高，在其他组织中都很低，所以肝是甘油活化及代谢的主要场所。肝内的 3- 磷酸甘油可作为合成三酰甘油的原料，参与脂肪的合成；亦可在 3- 磷酸甘油脱氢酶的催化下，形成磷酸二羟丙酮，后者可循糖类有氧氧化途径继续分解并释放能量，也可循糖异生途径合成糖原（图 5-2）。

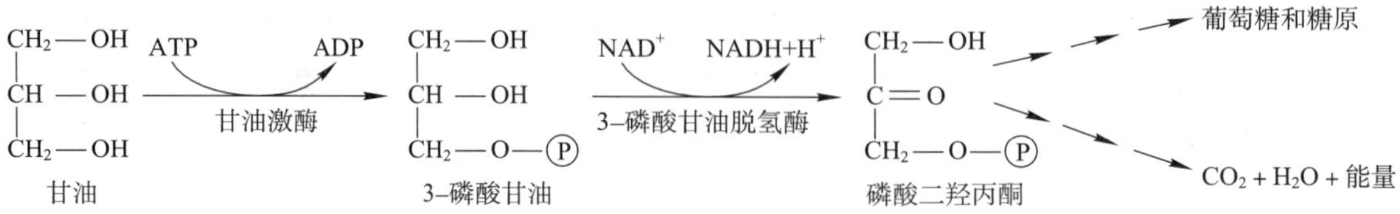

$$
\begin{array}{ccccccc}
CH_2-OH & \xrightarrow[\text{甘油激酶}]{ATP \quad ADP} & CH_2-OH & \xrightarrow[\text{3-磷酸甘油脱氢酶}]{NAD^+ \quad NADH+H^+} & CH_2-OH & \nearrow & \text{葡萄糖和糖原} \\
CH-OH & & CH-OH & & C=O & & \\
CH_2-OH & & CH_2-O-\text{P} & & CH_2-O-\text{P} & \searrow & CO_2+H_2O+\text{能量}
\end{array}
$$

图 5-2 甘油的代谢　　甘油　　　　　　　　　　　　3-磷酸甘油　　　　　　　　　　磷酸二羟丙酮

微课或微视频 5-1
脂肪酸的 β- 氧化

（三）脂肪酸的氧化分解

在供氧充足的条件下，脂肪酸在体内分解成 CO_2 和 H_2O，并产生大量能量，因此脂肪酸是机体主要能量来源之一。除成熟的红细胞和大脑组织外，体内其他组织都能氧化脂肪酸以获得能量，但肝和肌肉是进行脂肪酸氧化最活跃的组织，其最主要的氧化形式是 β- 氧化（β-oxidation）。此过程可分为脂肪酸的活化、脂酰 CoA 进入线粒体、脂酰 CoA 的 β- 氧化及乙酰 CoA 进入三羧酸循环彻底氧化四个阶段。

1. 脂肪酸的活化　脂肪酸在氧化之前必须活化。使化学性质稳定的脂肪酸转变成活泼的脂酰 CoA 的过程称为活化。脂肪酸活化在线粒体外进行，由内质网和线粒体外膜上的脂酰 CoA 合成酶（acyl–CoA synthetase）在 ATP、HSCoA 和 Mg^{2+} 存在的条件下，催化脂肪酸生成脂酰 CoA。活化后的脂酰 CoA 不但极性增强，易溶于水，并且分子中有高能硫酯键，性质活泼，更容易参与反应。该反应过程中生成的焦磷酸（PP_i）迅速被细胞内焦磷酸酶水解，阻止逆向反应的进行。所以每分子脂肪酸活化成脂酰 CoA，实际上消耗了 2 个高能磷酸键。

$$脂肪酸 + HSCoA \xrightarrow[\text{ATP} \quad \text{Mg}^{2+} \quad \text{AMP}]{\text{脂酰CoA合成酶}} 脂酰CoA + PP_i$$

2. 脂酰 CoA 进入线粒体　催化脂肪酸 β- 氧化的酶系在线粒体基质中，活化的脂酰 CoA 必须进入线粒体才能分解。实验证明，10 个碳原子及以下的中、短碳链脂肪酸被活化后，可直接进入线粒体内膜进行氧化，但长链脂酰 CoA 不能自由通过线粒体内膜，需肉碱（carnitine，L-3- 羟 -4- 三甲氨基丁酸）载体转运才能进入线粒体基质。线粒体内膜的内、外两侧分别存在着肉碱脂酰转移酶Ⅱ（carnitine acyl transferase Ⅱ）和肉碱脂酰转移酶Ⅰ两种同工酶。在线粒体内膜外侧的肉碱脂酰转移酶Ⅰ催化下，长链脂酰 CoA 与肉碱反应，生成辅酶 A 和脂酰肉碱，后者通过线粒体内膜上肉碱 – 脂酰肉碱转位酶（carnitine acylcarnitine translocase）的作用转至线粒体内膜内侧。位于线粒体内膜内侧的肉碱脂酰转移酶Ⅱ将脂酰肉碱中的脂酰基转移至 HSCoA 分子上，生成脂酰 CoA，并释放出肉碱，同时肉碱 – 脂酰肉碱转位酶再次将肉碱转运至外膜，重新发挥其载体功能，而脂酰 CoA 则进入线粒体基质，成为脂肪酸 β- 氧化酶系的底物（图 5-3）。

⊜ 图 5-8
肉碱结构示意图

长链脂酰 CoA 进入线粒体是脂肪酸 β- 氧化的限速步骤，肉碱脂酰转移酶Ⅰ是控制脂肪酸 β- 氧化的关键酶。丙二酰 CoA 是肉碱脂酰转移酶Ⅰ的抑制剂，因为丙二酰 CoA 是合成脂肪酸的原料，胰岛素通过诱导乙酰 CoA 羧化酶的合成使丙二酰 CoA 浓度增加，进而抑制肉碱脂酰转移酶Ⅰ。饥饿或禁食时胰岛素分泌减少，丙二酰 CoA 合成降低，解除对肉碱脂酰转移酶Ⅰ的抑制，脂酰 CoA 进入线粒体氧化供能。相反，饱食后胰岛素分泌增加，丙二酰 CoA 合成增加，抑制肉碱脂酰转移酶Ⅰ，脂肪酸的 β- 氧化则被抑制。

3. 脂酰 CoA 的 β- 氧化　脂酰 CoA 进入线粒体基质后，在脂肪酸 β- 氧化多酶复合体催化下，逐步进行氧化分解。由于氧化过程是在脂酰基的 β- 碳原子上依次进行的，故称为 β- 氧化。β- 氧化要经过四步反应，即脱氢、加水、再脱氢和硫解，生成 1 分子乙酰 CoA 和 1 分子比原来少 2 个碳原子的脂酰 CoA。这四步连续反应反复进行，直到脂酰 CoA 全部变成乙酰 CoA。

（1）脱氢（dehydrogenation）　反应由脂酰 CoA 脱氢酶催化，辅基为 FAD，脂酰 CoA 的 α-，β- 碳原子各脱去 1 个 H 原子，生成 $\Delta^2\alpha$，β- 反式烯脂酰 CoA。脱下的 2 个 H 由该酶的辅基 FAD 接受，还原为 $FADH_2$，后者经琥珀酸氧化呼吸链氧化可产生 1.5 分子 ATP。

（2）加水（hydration）　反应由烯脂酰 CoA 水合酶催化，烯脂酰 CoA 加 1 分子 H_2O 生成 L-（＋）-β- 羟脂酰 CoA。

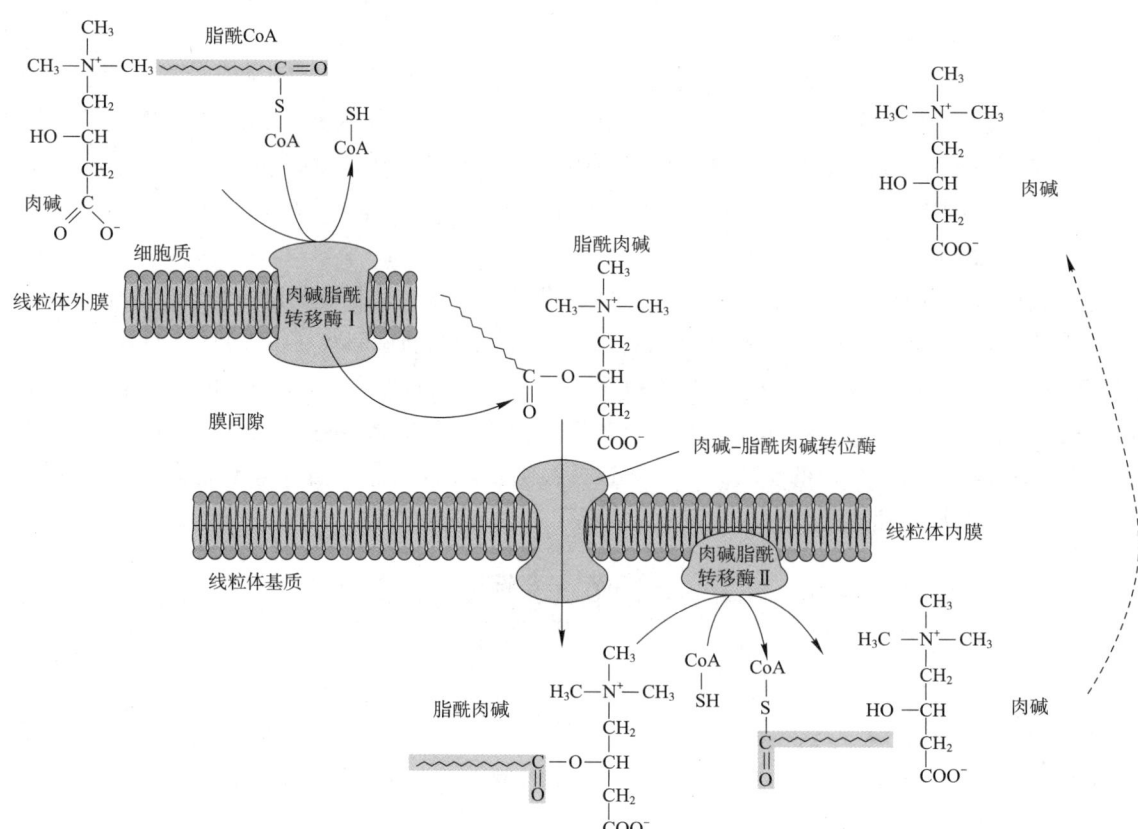

图 5-3　脂酰 CoA 进入线粒体示意图

（3）再脱氢（dehydrogenation）　β- 羟脂酰 CoA 在 β- 羟脂酰 CoA 脱氢酶的催化下，在 β- 碳原子上脱去 2 个 H，并由该酶辅酶 NAD^+ 接受，生成 β- 酮脂酰 CoA 及 $NADH+H^+$，后者经 NADH 氧化呼吸链氧化，产生 2.5 分子 ATP。

（4）硫解（thiolysis）　β- 酮脂酰 CoA 在 β- 酮脂酰 CoA 硫解酶的催化下，加入 1 分子 HSCoA，碳链在 α 位和 β 位之间断裂，生成 1 分子乙酰 CoA 和 1 分子比原来少 2 个碳原子的脂酰 CoA。

新生成的脂酰 CoA 又可进入下一轮的 β- 氧化，如此反复进行，直到偶数碳原子的脂酰 CoA 全部变成乙酰 CoA（图 5-4）。脂肪酸 β- 氧化生成的乙酰 CoA 可进入三羧酸循环彻底氧化生成 H_2O 和 CO_2，并释放能量；也可以进一步转变为其他代谢中间产物，如酮体、胆固醇和类固醇化合物等。

纵观上述过程，脂肪酸的 β- 氧化过程具有以下特点：首先脂肪酸需要活化生成脂酰 CoA，这是一个耗能过程。第二，β- 氧化反应在线粒体内进行，因此没有线粒体的红细胞不能利用脂肪酸氧化供能。中、短链脂肪酸不需载体可直接进入线粒体，而长链脂酰 CoA 需要肉碱转运。第三，β- 氧化过程中有 $FADH_2$ 和 $NADH+H^+$ 生成，这些代谢过程中脱下的氢要经呼吸链传递给氧生成水，且乙酰 CoA 的氧化也需要氧，因此，脂肪酸 β- 氧化是需氧的过程。脂肪酸 β- 氧化也是脂肪酸的改造过程，机体所需要的脂肪酸链的长短不同，通过 β- 氧化可将长链脂肪酸改造成长度适宜的脂肪酸，供机体代谢所需。

4. 脂肪酸氧化过程中能量的生成　现以软脂酸（16 碳饱和脂肪酸）为例，计算氧化过程中产生的 ATP。

（1）每分子脂肪酸的活化需消耗 2 分子 ATP。

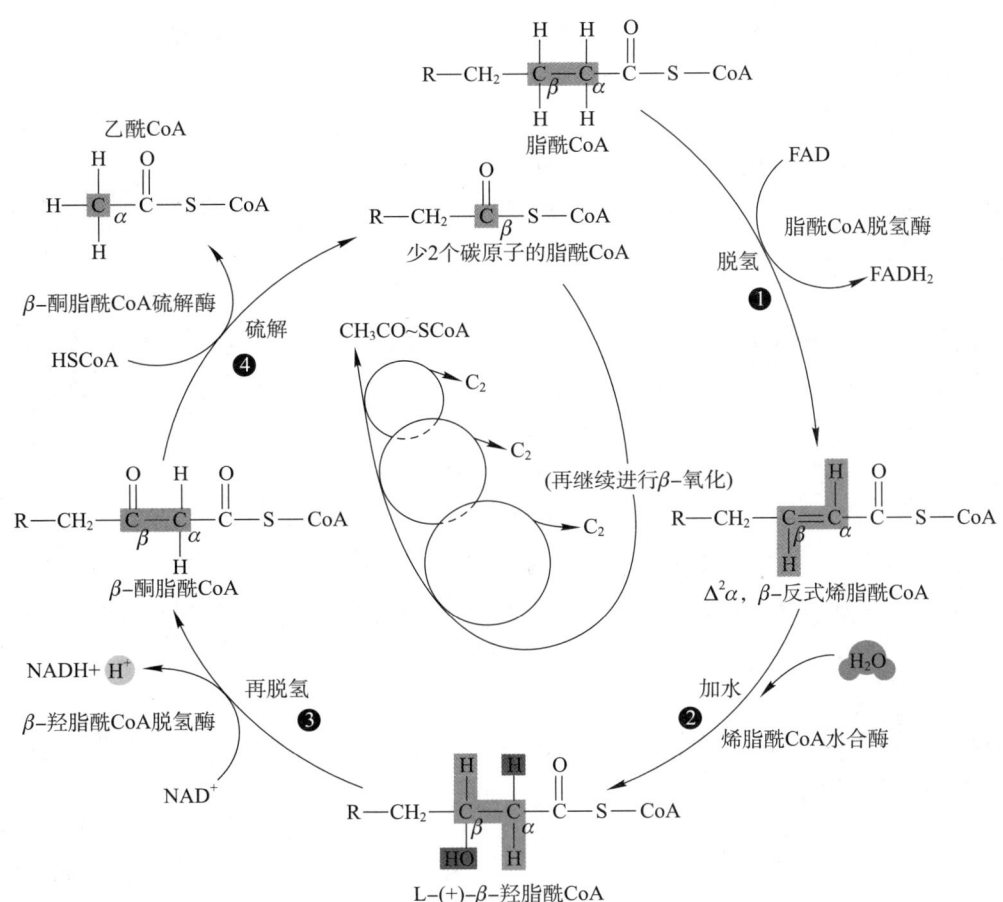

图 5-4 脂酰 CoA 的 β- 氧化过程

（2）活化后的脂肪酸每经历一次 β- 氧化，可产生 1 分子乙酰 CoA、1 分子 NADH+H⁺ 及 1 分子 FADH₂。软脂酸需经过 7 次 β- 氧化，可产生 8 分子乙酰 CoA、7 分子 NADH+H⁺ 及 7 分子 FADH₂。

（3）8 分子乙酰 CoA 经三羧酸循环彻底氧化可产生 80 分子 ATP（8 × 10 = 80）。

7 分子 NADH + H⁺ 及 7 分子 FADH₂ 通过呼吸链传递氢的过程可产生 28 分子 ATP（7 × 2.5 + 7 × 1.5 = 28），总计每分子软脂酸在体内彻底氧化净生成 80+28-2 = 106 分子 ATP。

（四）脂肪酸的其他氧化方式

1. 不饱和脂肪酸的氧化　机体中脂肪酸一半以上是不饱和脂肪酸，食物中也含有不饱和脂肪酸。不饱和脂肪酸也在线粒体中进行 β- 氧化。不同的是饱和脂肪酸 β- 氧化过程中产生的烯脂酰 CoA 是反式烯脂酰 CoA，而天然不饱和脂肪酸中的双键为顺式，且多在第 9 位，由于烯脂酰 CoA 水化酶和羟脂酰 CoA 脱氢酶具有高度立体异构特异性，因此当不饱和脂肪酸在氧化过程中产生顺式中间产物 Δ²- 烯脂酰 CoA 时，还需线粒体特异的顺 - 反烯脂酰 CoA 异构酶的参与，将顺式转变为氧化酶系所需的反式构型，β- 氧化才能继续进行。以棕榈油酸（16 碳 - Δ⁹- 顺单烯脂酸）为例说明：棕榈油酸经 3 次 β- 氧化后，Δ⁹- 顺烯脂酰 CoA 转变为 Δ³- 顺烯脂酰 CoA，在异构酶作用下，被转变为 Δ²- 反烯脂酰 CoA 后才能继续进行 β- 氧化。

不饱和脂肪酸完全氧化生成 CO₂ 和 H₂O 时提供的 ATP 少于相同碳原子数的饱和脂肪酸。

2. 奇数碳原子脂肪酸的氧化　人体内和膳食中含有极少量的奇数碳原子脂肪酸，经过 β- 氧化除生成乙酰 CoA 外，还生成一分子丙酰 CoA，丙酰 CoA 经 β- 羧化酶及变位酶的作用转变为琥珀

ⓔ 图 5-9 不饱和脂肪酸的氧化示意图

ⓔ 图 5-10 奇数碳原子脂肪酸的氧化示意图

酰 CoA 后，进入三羧酸循环进一步氧化分解；丙酰 CoA 也可经草酰乙酸异生为糖类，或经脱羧反应生成乙酰 CoA。

（五）酮体的生成和利用

酮体（ketone bodies）是脂肪酸在肝正常分解代谢所生成的特殊中间产物，包括乙酰乙酸（acetoacetic acid，约占 30%）、β- 羟丁酸（β-hydroxybutyric acid，约占 70%）和丙酮（acetone，极少量）。

1. 酮体的生成　肝细胞中含有活性较强的合成酮体的酶系，合成原料是脂肪酸 β- 氧化生成的乙酰 CoA。脂肪酸在心肌、骨骼肌等组织中经 β- 氧化产生的乙酰 CoA 进入三羧酸循环彻底氧化生成 CO_2、H_2O，而在肝线粒体内产生的乙酰 CoA 大部分用于酮体合成。

酮体合成的全过程在肝细胞线粒体中进行，其过程如下：

（1）乙酰乙酰 CoA 的生成　在肝细胞线粒体内，2 分子乙酰 CoA 在乙酰乙酰 CoA 硫解酶作用下脱去一分子 HSCoA，缩合生成 1 分子乙酰乙酰 CoA。

（2）羟甲戊二酸单酰 CoA 的生成　在 3- 羟 -3- 甲基戊二酸单酰 CoA（hydroxy methyl glutaryl CoA，HMGCoA）合成酶催化下，乙酰乙酰 CoA 再与 1 分子乙酰 CoA 缩合生成 HMGCoA，并释放出一分子 HSCoA。

（3）乙酰乙酸的生成　HMGCoA 在 HMGCoA 裂解酶催化下分解为乙酰乙酸和乙酰 CoA，后者可再用于酮体的合成。

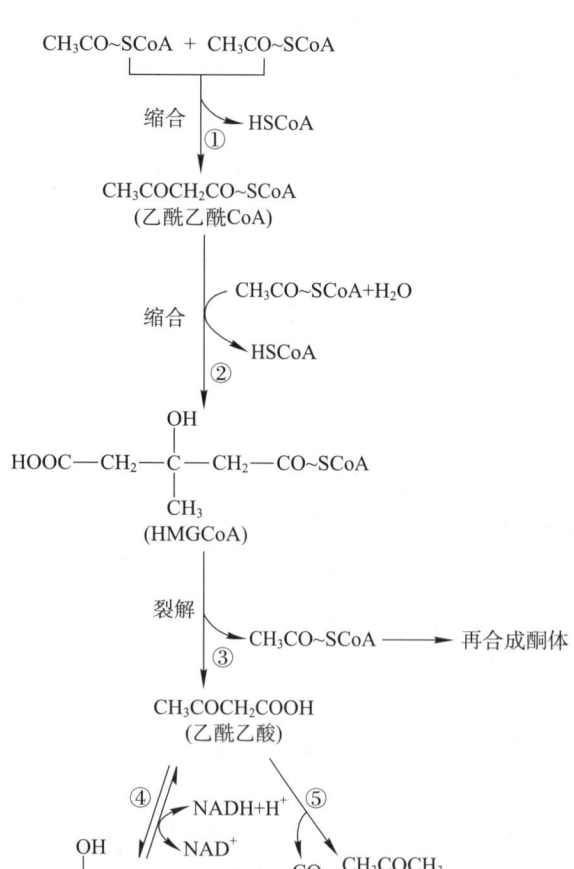

图 5-5　酮体的生成
①乙酰乙酰 CoA 硫解酶，
②HMGCoA 合成酶，
③HMGCoA 裂解酶，
④β- 羟丁酸脱氢酶，
⑤自发进行

（4）β- 羟丁酸和丙酮的生成　乙酰乙酸在 β- 羟丁酸脱氢酶的催化下，被还原成 β- 羟丁酸（$NADH+H^+$ 作供氢体），极少数乙酰乙酸经自发的脱羧反应生成丙酮（图 5-5）。

酮体生成后迅速透过肝线粒体膜和细胞膜进入血液，转运至肝外组织利用。

2. 酮体的利用　肝含有合成酮体的酶系，但缺乏利用酮体的酶，因此不能氧化酮体，肝产生的酮体需经血液运输到肝外组织进一步氧化利用。

（1）酮体被氧化的关键是乙酰乙酸被激活为乙酰乙酰 CoA，激活的途径有两种：其一，骨骼肌、心肌和肾中有琥珀酰 CoA 转硫酶（succinyl CoA thiophorase），在琥珀酰 CoA 存在时，此酶催化乙酰乙酸活化生成乙酰乙酰 CoA。其二，在心肌、肾和大脑中，有 HSCoA 和 ATP 存在时，由乙酰乙酸硫激酶催化，将乙酰乙酸转变为乙酰乙酰 CoA。

（2）β- 羟丁酸先脱氢转变为乙酰乙酸，再循上述途径转变为乙酰乙酰 CoA。

（3）乙酰乙酰 CoA 在硫解酶催化作用下，分解为 2 分子乙酰 CoA。乙酰 CoA 进入三羧酸循环被彻底氧化。

（4）丙酮除随尿排出外，由于其易挥发，如血中浓度过高，丙酮还可经肺直接呼出。

肝外组织利用乙酰乙酸的过程见图 5-6。

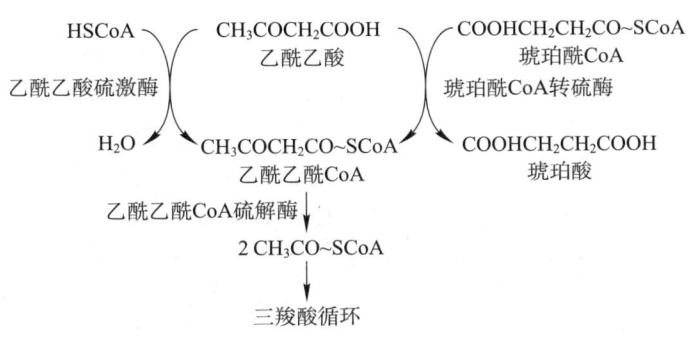

图 5-6　酮体的利用

3. 酮体生成的生理意义　酮体是脂肪酸在肝代谢的正常中间产物，是肝输出能源的一种形式。酮体水溶性好，容易利用（乙酰乙酸活化后只需一步反应就可以生成 2 分子乙酰 CoA），在血中运输不需载体，相对分子质量小，能通过血脑屏障及肌肉毛细血管壁，是肌肉尤其是脑组织的重要能源。正常情况下，由于脂肪酸碳链长，不易通过血脑屏障，脑组织主要利用血糖供能。在饥饿或糖类供应不足时，一方面，肝外组织利用酮体氧化供能，减少了对葡萄糖的需求，保证了脑组织、红细胞对葡萄糖的需要，从而保证大脑的正常功能；另一方面，酮体可替代葡萄糖，成为脑组织的能量来源，饥饿 5 周时酮体供能可多达 70%。

正常人血液中酮体含量极少（0.03～0.5 mmol/L），但在某些生理（饥饿、禁食、妊娠等）或病理（如糖尿病）情况下，糖类的供给不足或利用障碍，脂肪动员增强，脂肪酸则成为人体的主要供能物质。若肝中合成酮体的量超过肝外组织利用酮体的能力，两者之间失去平衡，血中酮体浓度就会过高而导致酮血症（acetonemia）。血中酮体经肾小球的滤过量超过肾小管的重吸收能力时，尿中出现酮体，称为酮尿症（acetonuria）。乙酰乙酸和 β- 羟丁酸都是酸性物质，因此酮体在体内大量堆积还会引起代谢性（酮症）酸中毒。

4. 酮体生成的调节

（1）饱食及饥饿的影响　饱食后，胰岛素分泌增加，脂肪动员减少，进入肝的脂肪酸减少，因而酮体生成减少。饥饿时，胰高血糖素等脂解激素分泌增多，脂肪动员加强，血中游离脂肪酸浓度升高而使肝摄取游离脂肪酸增多，有利于 β- 氧化及酮体生成。

（2）肝细胞糖原含量及代谢的影响　饱食及糖类供给充足时，肝糖原丰富，糖代谢旺盛，此时进入肝细胞的脂肪酸主要与 3- 磷酸甘油反应，生成三酰甘油及磷脂。饥饿或糖类供给不足时，糖代谢减弱，3- 磷酸甘油及 ATP 不足，进入肝细胞的脂肪酸主要进入线粒体进行 β- 氧化，使酮体生成增多。

（3）丙二酰 CoA 抑制脂酰 CoA 进入线粒体　饱食后糖代谢生成的乙酰 CoA 及柠檬酸能别构激活乙酰 CoA 羧化酶，促进丙二酰 CoA 的合成。丙二酰 CoA 是肉碱脂酰转移酶 I 的抑制剂，阻止长链脂酰 CoA 进入线粒体进行 β- 氧化，利于脂肪酸的合成。因此，在饱食及糖类利用充分的情况下，酮体生成减少。

二、三酰甘油的合成代谢

（一）脂肪酸的合成

1. 合成原料和合成部位 糖代谢中产生的乙酰 CoA 是合成脂肪酸的主要原料，此外还需要 ATP、NADPH+H⁺、CO_2、Mn^{2+} 等。NADPH+H⁺ 是合成脂肪酸的供氢体，主要由磷酸戊糖途径生成。脂肪酸合成酶系存在于细胞质，故脂肪酸合成的全过程在细胞质进行。

由于乙酰 CoA 的生成均在线粒体内，而脂肪酸合成酶系存在于细胞质中，故线粒体内的乙酰 CoA 必须进入细胞质才能参与脂肪酸的合成，但乙酰 CoA 不能自由通过线粒体内膜，需要通过柠檬酸–丙酮酸循环进入细胞质。在线粒体中，乙酰 CoA 先与草酰乙酸合成柠檬酸，后者通过线粒体内膜上的载体转运到细胞质。在细胞质中，柠檬酸受 ATP- 柠檬酸裂解酶的催化生成乙酰 CoA 和草酰乙酸，乙酰 CoA 即可用于脂肪酸的合成。而草酰乙酸则在苹果酸脱氢酶的作用下还原为苹果酸，苹果酸经线粒体内膜载体的转运进入线粒体；也可由苹果酸酶催化氧化脱羧生成丙酮酸。丙酮酸则通过载体转运入线粒体内羧化形成草酰乙酸，与乙酰 CoA 结合生成柠檬酸参与乙酰 CoA 转运。反应中脱下的 H 由 NADP⁺ 接受生成 NADPH+H⁺，因此，循环中不仅提供了脂肪酸合成的原料，还提供了 NADPH+H⁺。

2. 参与脂肪酸合成的酶

（1）乙酰 CoA 羧化酶（acetyl–CoA carboxylase） 脂肪酸的合成是 2C 单位的延长过程，只有 1 分子直接来自乙酰 CoA，其余的均来自乙酰 CoA 的羧化产物丙二酰 CoA，催化乙酰 CoA 羧化为丙二酰 CoA 的是乙酰 CoA 羧化酶。

$$CH_3CO{\sim}SCoA \xrightarrow[\substack{HCO_3^-+H^++ATP \qquad ADP+P_i}]{\substack{\text{乙酰CoA羧化酶(生物素)} \\ Mn^{2+}}} HOOC{-}CH_2{-}CO{\sim}SCoA$$

乙酰 CoA 羧化酶存在于细胞质中，是脂肪酸合成的关键酶，该酶的辅基是生物素，生物素在羧化反应中起转移羧基的作用，Mn^{2+} 为激活剂。乙酰 CoA 羧化酶可通过别构和共价修饰调节而改变活性。真核生物中乙酰 CoA 羧化酶具有无活性的单体（相对分子质量约 40 000）和有活性的多聚体（10 ~ 20 个单体）两种形式。柠檬酸、异柠檬酸可使该酶由无活性的单体聚合成有活性的多聚体，长链脂酰 CoA 则使其解聚失活而实现该酶的别构调节。胰高血糖素及肾上腺素可激活一种依赖于 cAMP 的蛋白激酶，蛋白激酶使乙酰 CoA 羧化酶磷酸化而失活，而胰岛素则通过蛋白质磷酸酶的作用使磷酸化的乙酰 CoA 羧化酶去磷酸而恢复活性。

（2）脂肪酸合成酶系 细胞质中的脂肪酸合成酶系由乙酰转移酶、丙二酰转移酶、β- 酮脂酰合成酶、β- 酮脂酰还原酶、β- 羟脂酰脱水酶、Δ^2 烯脂酰还原酶及长链脂酰硫酯酶共计 7 种酶和酰基载体蛋白（acyl carrier protein，ACP）组成。ACP 是一个相对分子质量为 1.0×10^4 的多肽，与 CoA 相似，含有 4′- 磷酸泛酰巯基乙胺（4′–phosphopantetheine）基团，该基团的 4′- 磷酸与 ACP 分子中丝氨酸残基借磷酸酯键相连，其末端的巯基称中心巯基，可与脂酰基结合形成硫酯键，是脂酰基的载体。此外，该酶系中 β- 酮脂酰合成酶半胱氨酸残基的—SH（称为外周巯基）也可与脂酰基相连，并参与脂肪酸的合成反应。原核生物（如大肠埃希菌）的脂肪酸合成酶系是以 ACP 为中心、含有上述 7 种酶的多酶体系。哺乳动物脂肪酸合成酶由两条相同的多肽链组成，二聚体的每个亚基均有一个 ACP 结构域，并且具有 7 种酶活性，属于多功能酶。两条链

ⓔ图 5-11
柠檬酸 – 丙酮酸循环示意图

ⓔ图 5-12
乙酰 CoA 羧化酶活性调节示意图

ⓔ图 5-13
酰基载体蛋白（ACP）结构示意图

首尾相连形成二聚体时具有酶活性，二聚体解聚，则酶活性丧失。

3. 软脂酸的合成过程　软脂酸的合成实际上是一个重复循环的过程，每一次经转移、缩合、还原、脱水、再还原等连续步骤使碳链延长 2 个碳原子，经历 7 次重复，最终生成含 16 碳的软脂酸。参与软脂酸合成的 8 分子乙酰 CoA 分子中，有 7 分子需先羧化为丙二酰 CoA 才能参与软脂酸合成。具体步骤如下：

（1）乙酰基的转移　在乙酰基转移酶催化下，乙酰 CoA 分子中的乙酰基先转移到脂肪酸合成酶系的 ACP 中心巯基上，再转移到该酶系中的外周巯基上。

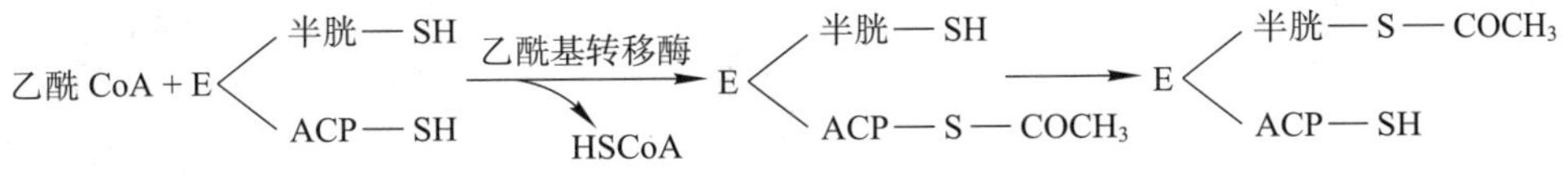

乙酰 CoA + E〈半胱—SH / ACP—SH〉 →(乙酰基转移酶, HSCoA)→ E〈半胱—SH / ACP—S—COCH₃〉 → E〈半胱—S—COCH₃ / ACP—SH〉

（2）丙二酰基的转移　在丙二酰转移酶催化下，丙二酰基转移到脂肪酸合成酶系中心巯基上，生成乙酰、丙二酰 – 酶复合物。

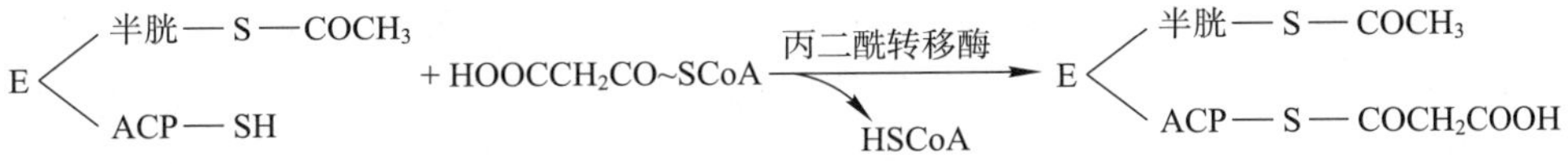

E〈半胱—S—COCH₃ / ACP—SH〉 + HOOCCH₂CO~SCoA →(丙二酰转移酶, HSCoA)→ E〈半胱—S—COCH₃ / ACP—S—COCH₂COOH〉

（3）缩合反应　在 β- 酮脂酰合酶催化下，外周巯基上的乙酰基转移到丙二酰基的第 2 个碳原子上并脱去羧基，生成 β- 酮脂酰 – 酶复合物，β- 酮脂酰基（乙酰乙酰基）连接在 ACP 巯基上。

E〈半胱—S—COCH₃ / ACP—S—COCH₂COOH〉 →(β-酮脂酰合酶, CO₂)→ E〈半胱—SH / ACP—S—COCH₂COCH₃〉

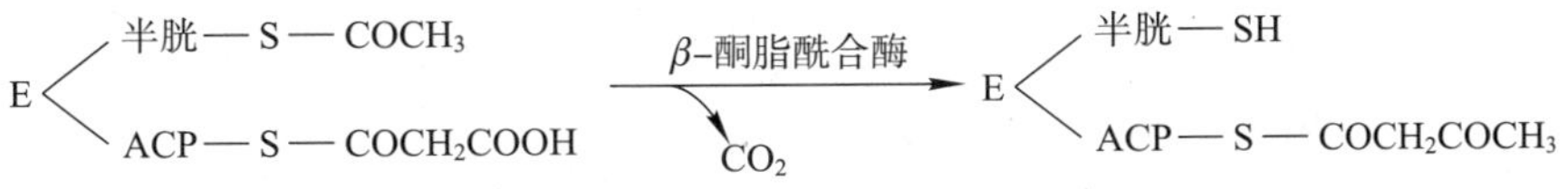

（4）β- 酮脂酰 – 酶复合物经还原、脱水、再还原生成丁酰 – 酶复合物，丁酰基连接在 ACP 巯基上。

E〈半胱—SH / ACP—S—COCH₂COCH₃〉 →(NADPH+H⁺ → NADP⁺, β-酮脂酰还原酶)→ E〈半胱—SH / ACP—S—COCH₂—CH(OH)—CH₃〉 →(H₂O, β-羟脂酰脱水酶)→

E〈半胱—SH / ACP—S—COCH=CH—CH₃〉 →(NADPH+H⁺ → NADP⁺, Δ^2烯脂酰还原酶)→ E〈半胱—SH / ACP—S—CO—CH₂—CH₂—CH₃〉

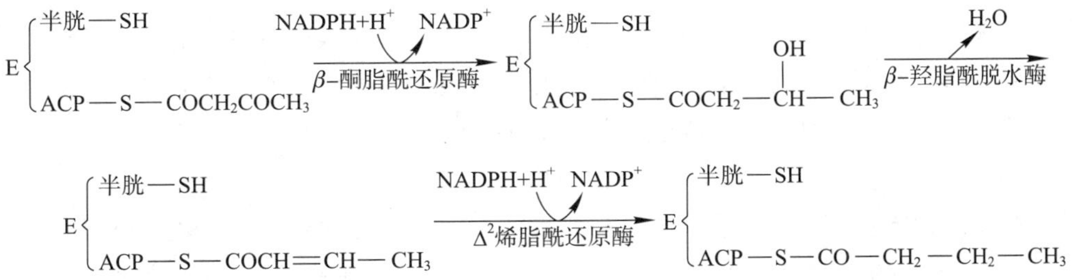

经过上述步骤，脂酰基由 2 个碳原子增加到 4 个碳原子，完成了脂肪酸合成的第一轮循环。丁酰基又在脂酰转移酶催化下，从 ACP 的中心巯基转移到外周巯基上，ACP 上的中心巯基再与新的丙二酰基结合，继续第二轮循环，再增加 2 个碳原子，经 7 次循环之后，生成 16 碳的软脂酰 – 酶复合物，经长链脂酰硫酯酶水解而释放出软脂酸（图 5-7）。

软脂酸合成的总反应式可表示为：

乙酰 CoA + 7 丙二酰 CoA + 14NADPH + 14H⁺ ⟶ 软脂酸 + 7CO₂ + 14NADP⁺ + 8HSCoA + 6H₂O

4. 碳链的延长或缩短　人体内脂肪酸碳链的长短不一，而体内脂肪酸合成酶系催化的合成产物是软脂酸，因此，根据机体的需要可将其缩短或延长。脂肪酸碳链的缩短在线粒体中经

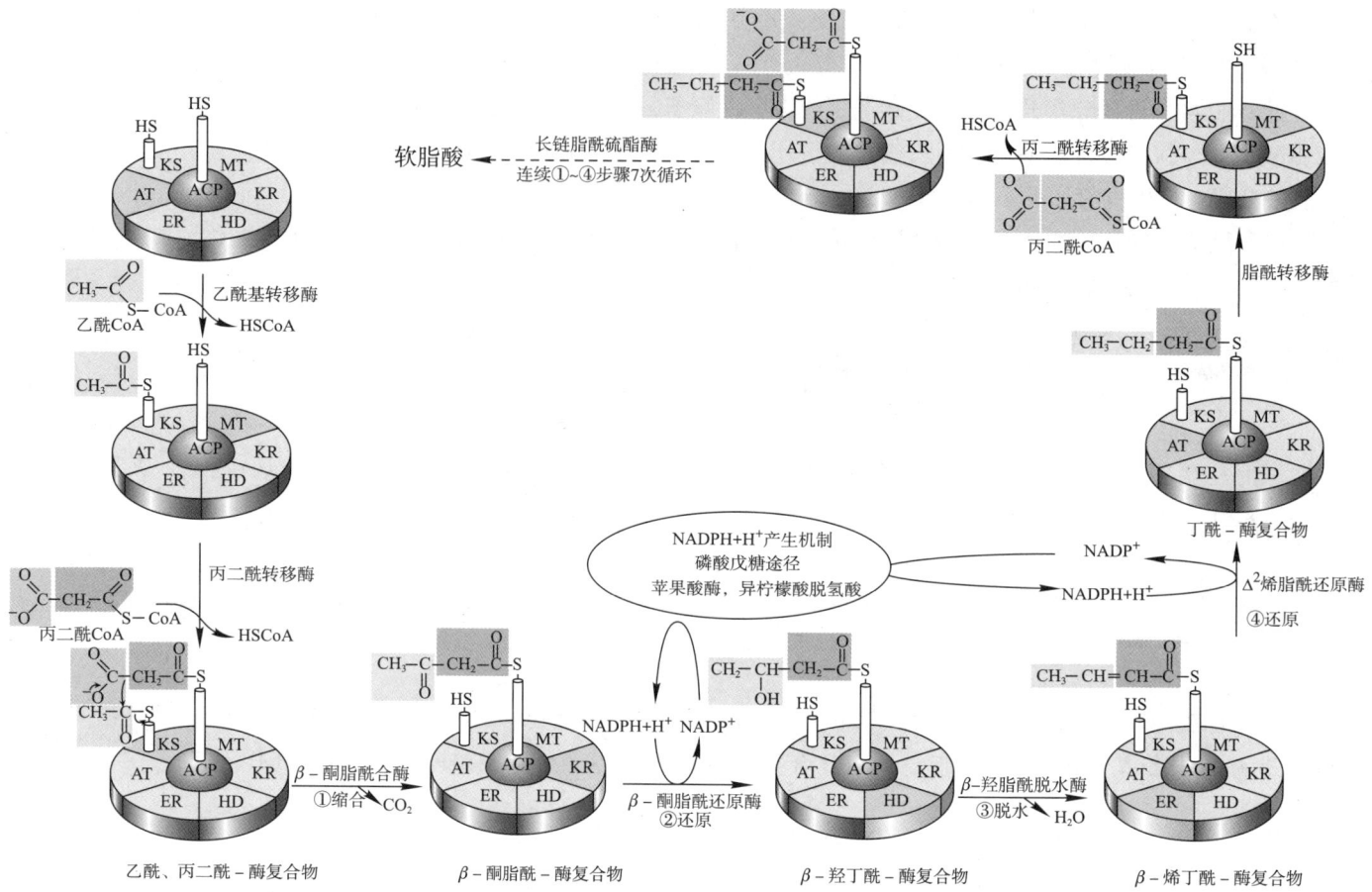

图 5-7　软脂酸生物合成过程示意图

AT：乙酰基转移酶；MT：丙二酰转移酶；KS：β-酮脂酰合酶；KR：β-酮脂酰还原酶；HD：β-羟脂酰脱水酶；ER：Δ²烯脂酰还原酶；ACP：酰基载体蛋白

过一次 β- 氧化可减少 2 个碳原子。

脂肪酸碳链的延长可在滑面内质网和线粒体中经脂肪酸延长酶系催化完成。在内质网，软脂酸延长是以丙二酰 CoA 为 2C 单位的供体，由 NADPH+H⁺ 供氢，亦经缩合、还原、脱水、再还原等步骤延长碳链，与细胞质中脂肪酸合成过程基本相同，可延长脂肪酸链至 24C，但以硬脂酸（18C）为主，且催化反应的酶系不同，其脂酰基载体是 CoA 而不是 ACP。

在线粒体，软脂酸经线粒体脂肪酸延长酶系的作用，与乙酰 CoA 缩合逐步延长碳链，其过程与脂肪酸 β- 氧化的逆过程相似，只是烯脂酰 CoA 还原酶的辅酶为 NADPH+H⁺，而非 FADH₂。通过此种方式一般可延长脂肪酸碳链至 24 ~ 26 碳，但以硬脂酸为主。

5. 不饱和脂肪酸的合成　是在去饱和酶系的作用下，在饱和脂肪酸中引入双键的过程。人体脂质中的不饱和脂肪酸有软油酸（16：1，Δ^9）、油酸（18：1，Δ^9）、亚油酸（18：2，$\Delta^{9,\ 12}$）、亚麻酸（18：3，$\Delta^{9,\ 12,\ 15}$）和花生四烯酸（20：4，$\Delta^{5,\ 8,\ 11,\ 14}$）等。软油酸和油酸可在肝微粒体内由一种混合功能氧化酶（即 Δ^9 脱饱和酶）催化，分别由软脂酸和硬脂酸脱饱和完成。

因缺乏 Δ^9 及以上脱饱和酶，亚油酸、亚麻酸及花生四烯酸人体不能合成，必须从食物摄取，为必需脂肪酸。

（二）3- 磷酸甘油的来源

合成脂肪需要 3- 磷酸甘油，其来源包括：

1. 糖代谢　在糖类供应充足时，主要由糖代谢生成。细胞质中的磷酸二羟丙酮经 3- 磷酸甘油脱氢酶催化，还原生成 3- 磷酸甘油。

$$
\begin{array}{l}
CH_2OH \\
| \\
C=O \\
| \\
CH_2-O-\textcircled{P}
\end{array}
+ NADH+H^+
\xrightleftharpoons[]{\text{3-磷酸甘油脱氢酶}}
\begin{array}{l}
CH_2OH \\
| \\
CHOH \\
| \\
CH_2-O-\textcircled{P}
\end{array}
+ NAD^+
$$

磷酸二羟丙酮　　　　　　　　　　　　　　　3-磷酸甘油

2. 细胞内甘油再利用　肝、肾、哺乳期乳腺及小肠黏膜细胞富含甘油激酶，脂肪动员产生的甘油经该酶的催化可生成 3- 磷酸甘油。另外，当糖类供应不足时，3- 磷酸甘油也可来自生糖氨基酸等糖异生原料。

$$
\begin{array}{l}
CH_2OH \\
| \\
CHOH \\
| \\
CH_2OH
\end{array}
\xrightarrow[\text{ATP} \quad \text{ADP}]{\text{甘油激酶(肝、肾)}}
\begin{array}{l}
CH_2OH \\
| \\
CHOH \\
| \\
CH_2-O-\textcircled{P}
\end{array}
$$

甘油　　　　　　　　　　　　　　　　　3-磷酸甘油

（三）脂肪的合成

1. 合成部位和合成原料　脂肪组织、肝、小肠和哺乳期乳腺是三酰甘油的主要合成场所，但以肝合成能力最强。肝可利用糖类、甘油和脂肪酸为原料，通过二酰甘油途径合成三酰甘油。脂肪酸可来自脂肪动员，或由糖类和氨基酸转变生成，以及来自食物的外源性中短链脂肪酸。正常情况下，肝合成的三酰甘油和磷脂、胆固醇、载脂蛋白一起形成极低密度脂蛋白，分泌入血。磷脂合成障碍或载脂蛋白合成障碍及营养不良等原因均会影响三酰甘油转运出肝，引起脂肪肝。脂肪组织三酰甘油的合成与肝基本相同，脂肪酸除来自食物外，主要在体内由糖类转变而来。脂肪组织不能利用甘油，只能利用糖类分解提供的 3- 磷酸甘油合成脂肪。小肠黏膜上皮细胞合成三酰甘油有两条途径。在进餐后，食物中的三酰甘油水解生成游离脂肪酸和 2- 单酰甘油，经单酰甘油途径合成三酰甘油，进而形成乳糜微粒，这是小肠黏膜细胞合成三酰甘油的主要途径。饥饿情况下，也能利用糖类、甘油和脂肪酸经二酰甘油途径合成三酰甘油，进而参与极低密度脂蛋白合成。

2. 合成途径

（1）单酰甘油途径　该途径是以单酰甘油为起始物，在脂酰 CoA 转移酶催化下，加上 2 分子脂酰基，生成三酰甘油。

$$
\begin{array}{l}
O \\
\| \\
R_2-C-O-\overset{\displaystyle CH_2OH}{\underset{\displaystyle CH_2OH}{\overset{|}{\underset{|}{CH}}}}
\end{array}
+ 2RCO{\sim}SCoA
\xrightarrow{\text{脂酰CoA转移酶}}
\begin{array}{l}
O \\
\| \\
R_2-C-O-\overset{\displaystyle CH_2O-C\overset{\displaystyle O}{\diagdown}}{\underset{\displaystyle CH_2-O-C\diagdown}{\overset{|}{\underset{|}{CH}}}}
\end{array}
R_1 \quad R_3
+ 2HSCoA
$$

单酰甘油　　　　　　　　　　　　　　　　　　三酰甘油

（2）二酰甘油途径　肝和脂肪细胞主要按此途径合成三酰甘油。该途径是利用糖代谢生成的

3-磷酸甘油，在脂酰 CoA 转移酶催化下，依次加上 2 分子脂酰基生成磷脂酸。后者在磷脂酸磷酸酶作用下，水解脱去磷酸生成二酰甘油，然后由脂酰 CoA 转移酶催化，再转移 1 分子脂酰基生成三酰甘油（图 5-8）。

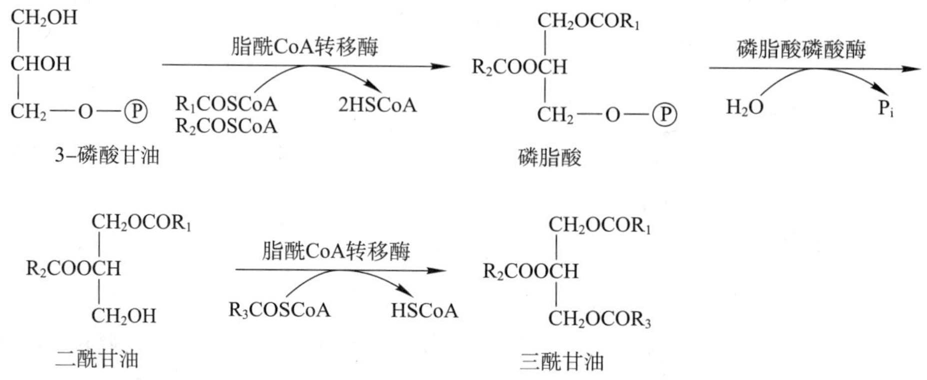

图 5-8 二酰甘油途径

（四）脂肪合成的调节

拓展学习 5-1
代谢弹性和基因弹性分数

1. 代谢物的调节 进食高脂膳食后，或因饥饿而脂肪动员加强时，肝细胞内脂酰 CoA 增多，可反馈抑制乙酰 CoA 羧化酶，进而抑制体内脂肪酸的合成；进食糖类后，糖代谢加强，NADPH + H$^+$ 及乙酰 CoA 供应增多，有利于脂肪酸的合成，同时糖代谢加强的结果使细胞内 ATP 增多，进而抑制异柠檬酸脱氢酶，造成异柠檬酸及柠檬酸堆积，在线粒体内膜相应载体的协助下，由线粒体转入细胞质基质，可别构激活乙酰 CoA 羧化酶，使脂肪酸合成增加。此外，大量进食糖类也能增强各种合成脂肪有关的酶活性从而使脂肪合成增强。

2. 激素的调节作用 胰岛素、胰高血糖素、肾上腺素及生长素等均参与对脂肪酸合成的调节。胰岛素能诱导乙酰 CoA 羧化酶、脂肪酸合成酶及柠檬酸裂解酶的合成，从而促进脂肪酸的合成。此外，胰岛素还可通过促进乙酰 CoA 羧化酶的去磷酸化而使酶活性增强，也使脂肪酸合成加速，进而促进脂肪的合成。胰高血糖素等可通过增加 cAMP 激活 PKA 活性，PKA 使乙酰 CoA 羧化酶磷酸化而降低活性，因此抑制脂肪酸的合成。此外，胰高血糖素可增加长链脂酰 CoA 对乙酰 CoA 羧化酶的反馈抑制，进而抑制三酰甘油合成。

第三节 磷脂代谢

一、磷脂的分子组成、种类和生理功能

磷脂（phospholipids）是一类含有磷酸的脂质的总称。机体中主要含有两大类磷脂，由甘油构成的磷脂称为甘油磷脂（phosphoglyceride），由神经鞘氨醇构成的磷脂称为鞘磷脂（sphingomyelin）。

甘油磷脂的核心结构是 3-磷酸甘油，分子中还含有脂肪酸和含氮化合物等。在甘油磷脂分子中，甘油 C$_1$ 和 C$_2$ 上的羟基都被脂肪酸酯化，C$_3$ 位上的磷酸基团被其他羟基化合物酯化。

图 5-14
甘油磷脂结构示意图

根据与磷酸相连的取代基的不同，又可将甘油磷脂分为许多类，其中重要的有：磷脂酰胆碱（phosphatidylcholine，也称为卵磷脂 lecithin）、磷脂酰乙醇胺（phosphatidylethanolamine，又

称脑磷脂 cephalin）、磷脂酰丝氨酸（phosphatidylserine）、磷脂酰甘油和磷脂酰肌醇等。心磷脂（cardiolipin）是由甘油的 C_1 和 C_3 与 2 分子磷脂酸结合而成。此外，在甘油磷脂分子中如果甘油第 1 位的脂酰基被长链醇取代则形成醚，如缩醛磷脂（plasmalogen）及血小板活化因子（platelet activating factor，PAF）也都属于甘油磷脂。

ⓔ 图 5-15
甘油磷脂分类和取代基结构示意图

鞘磷脂是神经组织各种膜的主要结构脂质之一，存在于大多数哺乳动物细胞，是髓鞘的主要成分，以鞘氨醇或二氢鞘氨醇为基本骨架形成。鞘氨醇是具有 18C 长碳氢链的氨基二元醇，分子中 C_1、C_2 和 C_3 位上分别有—OH、—NH_2 和—OH 三个功能基团。鞘氨醇 C_2 位上的氨基（—NH_2）通过酰胺键结合脂酰基后生成神经酰胺（ceramide），即 N-脂酰鞘氨醇，然后 C_1 位羟基（—OH）再结合磷酸胆碱或磷酸乙醇胺，即成为鞘磷脂。

ⓔ 图 5-16
鞘氨醇、二氢鞘氨醇、神经酰胺和鞘磷脂结构示意图

磷脂具有调整生物膜的功能。生物膜对于动物具有重要的生理功能，控制着细胞的新陈代谢、细胞间的热量生成与转移、对外部侵害的抵御能力及细胞的修复能力。甘油磷脂除了构成生物膜外，还是胆汁和膜表面活性物质等的成分之一，并参与细胞膜对蛋白质的识别和信号传导。同时磷脂也是血浆脂蛋白的重要成分，有促进脂质代谢和转运等功能。表面活性磷脂能有效保护胃黏膜不受损伤。另外，不同的磷脂还有一些特殊的功能，如胆碱通过在肝合成磷脂酰胆碱来调节脂肪代谢；神经组织的乙酰胆碱是一种神经递质，与神经兴奋的传导有关；三磷酸肌醇（IP_3）和二酰甘油（DG）是胞内重要的信使分子；心磷脂是线粒体内膜和细菌膜的重要成分，而且是唯一具有抗原性的磷脂分子。血小板激活因子也是一种特殊的磷脂酰胆碱，具有极强的生物活性，与血液凝固有关。

二、甘油磷脂的代谢

（一）甘油磷脂的合成

全身各组织细胞内质网中均含有合成甘油磷脂的酶系，故各组织（除成熟红细胞外）均可合成磷脂。肝、肾、肠等组织中磷脂合成均很活跃，尤以肝为最强，是血中磷脂的主要来源。

1. 合成原料　合成甘油磷脂需要甘油、脂肪酸、磷酸盐、胆碱、丝氨酸、肌醇等为原料。甘油和脂肪酸主要由糖代谢转化而来，但其 C_2 位上多为不饱和必需脂肪酸，需由食物提供。丝氨酸和肌醇主要由食物提供。胆碱和乙醇胺可由丝氨酸在体内转变生成或食物供给。丝氨酸脱羧后生成乙醇胺，乙醇胺从 S-腺苷甲硫氨酸（SAM）获得 3 个甲基即生成胆碱。

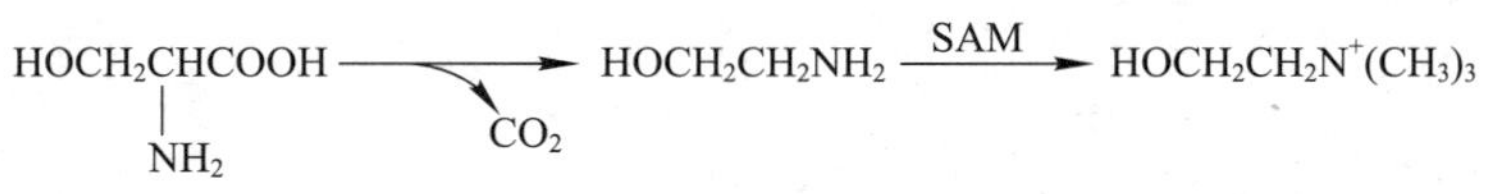

$$HOCH_2\underset{\underset{NH_2}{|}}{C}HCOOH \xrightarrow{\quad -CO_2 \quad} HOCH_2CH_2NH_2 \xrightarrow{\quad SAM \quad} HOCH_2CH_2N^+(CH_3)_3$$

丝氨酸　　　　　　　　　　　乙醇胺　　　　　　　　　胆碱

合成磷脂所需的能量主要由 ATP 提供，此外，由于乙醇胺和胆碱需要被 CTP 活化而被 CDP 携带，因此，反应过程中的 CTP 不但供能，而且是合成 CDP-乙醇胺和 CDP-胆碱等重要活性中间物所必需的"载体"（图 5-9）。

2. 合成基本过程　合成甘油磷脂有两条途径，分别为二酰甘油途径和 CDP-二酰甘油途径，磷脂酸是两条途径共同的起始反应物。

ⓔ 图 5-17
甘油磷脂合成的二酰甘油途径示意图

（1）二酰甘油途径　磷脂酰胆碱和磷脂酰乙醇胺主要通过此途径合成。该途径的特点是参与合成的乙醇胺和胆碱需先活化为 CDP-乙醇胺和 CDP-胆碱，再转移到二酰甘油分子上。

ⓔ图 5-18
甘油磷脂合成的 CDP-
二酰甘油途径示意图

（2）CDP- 二酰甘油途径　此途径合成磷脂酰肌醇、磷脂酰丝氨酸和二磷脂酰甘油。该途径的特点是：首先磷脂酸与 CTP 由磷脂酸胞苷酰转移酶催化，生成 CDP- 二酰甘油，即被 CTP 活化的是二酰甘油，在合成酶催化下活化的 CDP- 二酰甘油再分别与肌醇和丝氨酸生成相应的磷脂。

由于哺乳动物缺乏磷脂酰丝氨酸合成酶系，故哺乳动物体内的磷脂酰丝氨酸只能由磷脂酰乙醇胺分子中乙醇胺被丝氨酸置换生成。

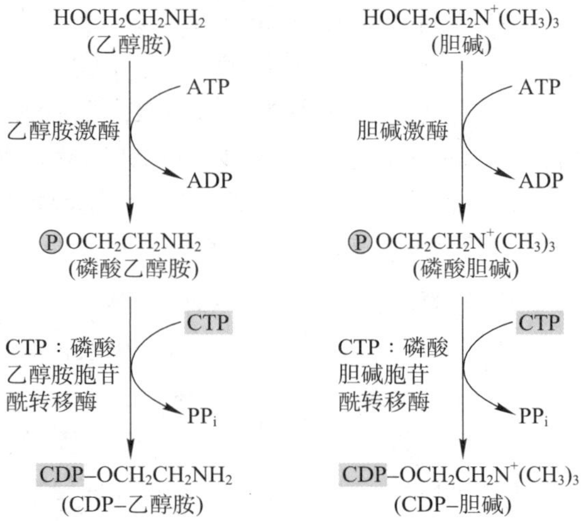

图 5-9　CDP- 乙醇胺和 CDP- 胆碱的生成

ⓔ图 5-19
各种磷脂酶作用的化
学键及产物示意图

（二）甘油磷脂的分解

甘油磷脂在多种磷脂酶的作用下，水解为它们的各组成成分的过程即为甘油磷脂的分解。生物体内存在多种可以水解甘油磷脂的磷脂酶（phospholipase），其中主要有磷脂酶 A_1、A_2、B_1、B_2、C 和 D。它们特异地作用于磷脂分子内部的各个酯键，形成不同的产物。这个过程也是甘油磷脂的改造加工过程。

1. 磷脂酶 A_1　自然界分布广泛，主要存在于动物细胞的溶酶体内，此外蛇毒及某些微生物中亦有，可催化甘油磷脂的第 1 位酯键断裂，产物为脂肪酸和溶血磷脂 2（lysolecithin 2）。

2. 磷脂酶 A_2　普遍存在于动物各组织细胞膜及线粒体膜，能使甘油磷脂分子中第 2 位酯键水解，产物为溶血磷脂 1 及多不饱和脂肪酸。Ca^{2+} 为该酶的激活剂。

3. 磷脂酶 B_1 和磷脂酶 B_2　分别催化溶血磷脂 1 第 1 位酯键和溶血磷脂 2 第 2 位酯键水解。溶血磷脂是一类具有较强表面活性的物质，尤其是溶血磷脂 2 有很强的溶血作用，能使红细胞及其他细胞破裂，引起溶血或细胞坏死。当溶血磷脂经磷脂酶 B 作用脱去脂肪酸，转变成甘油磷酸胆碱或甘油磷酸乙醇胺后，即失去溶解细胞膜的作用。

4. 磷脂酶 C　存在于细胞膜及某些细胞中，特异水解甘油磷脂分子中第 3 位磷酸酯键，释放二酰甘油、磷酸胆碱或磷酸乙醇胺。

5. 磷脂酶 D　主要存在于植物中，动物脑组织中亦有，催化磷脂分子中磷酸与取代基团（如胆碱等）间的酯键，释放出磷脂酸和相应的取代基团。

三、鞘磷脂的代谢

人体内含量最多的鞘磷脂是神经鞘磷脂（sphingomyelin），由神经酰胺和磷酸胆碱组成。鞘磷脂化合物中不含甘油，其脂质部分为鞘氨醇或 N- 脂酰鞘氨醇（神经酰胺）。

（一）鞘磷脂的合成

1. 合成部位　全身各组织细胞内质网中均含有合成鞘氨醇的酶，故各组织均能合成神经鞘磷脂，以脑组织最为活跃。

2. 合成原料　软脂酰 CoA 和丝氨酸为合成的基本原料，还需长链脂肪酸、CDP- 胆碱等。

3. 合成过程　需鞘氨醇合成酶系催化及磷酸吡哆醛、$NADPH+H^+$ 和 FAD 等辅酶参与。软脂酰 CoA 和丝氨酸在鞘氨醇合成酶系的催化下先合成鞘氨醇，鞘氨醇进而由脂酰基转移酶催化，其氨基与脂酰 CoA 进行酰胺缩合，生成神经酰胺，再由 CDP- 胆碱供给磷酸胆碱，即生成神经鞘磷脂。

（二）鞘磷脂的分解

水解鞘磷脂的酶是鞘磷脂酶（sphingomyelinase），属磷脂酶 C 类，它催化鞘磷脂的磷酸酯键水解，生成磷酸胆碱和神经酰胺。鞘磷脂酶存在于脑、肝、肾等细胞溶酶体中，缺乏此酶，可引起鞘磷脂沉积，导致中枢神经退行性病变。

第四节　胆固醇代谢

胆固醇（cholesterol）是重要的类脂之一，是体内最丰富的固醇类化合物，最初从动物胆石中分离出来，故称为胆固醇。其分子中含有 27 个碳原子，是一种环戊烷多氢菲的衍生物。胆固醇 C_3 上的羟基为其极性头，分子的其余部分疏水，为非极性尾。同时 C_3 位上的羟基可与脂肪酸以酯键相连形成胆固醇酯（cholesteryl ester，CE）。

ⓔ 图 5-20 胆固醇结构示意图

胆固醇是生物膜的重要组成成分（动物细胞器膜的含量要少些），由于环状结构的刚性，胆固醇的存在降低了膜的流动性。胆固醇也是合成胆汁酸、类固醇激素和维生素 D_3 等重要生理活性物质的前体。血浆中的脂蛋白也富含胆固醇，其中约 70% 与长链脂肪酸构成胆固醇酯。胆固醇代谢障碍可引起血浆胆固醇增多，是形成动脉粥样硬化、心脑血管病变的重要危险因素之一。因此对于大多数组织来说，保证胆固醇的供给，维持其代谢平衡是十分重要的。

一、胆固醇的来源

胆固醇广泛分布于全身各组织中，其中约 25% 分布于脑和神经组织中。肝、肾及肠等内脏，以及皮肤、脂肪组织亦含较多的胆固醇。每 100 g 组织中含 0.2 ~ 0.5 g 胆固醇，以肝为最多，肾上腺、卵巢等组织含胆固醇高达 1% ~ 5%，但总量很少。

人体内的胆固醇主要由机体自身合成，成年人每天合成 1 ~ 1.5 g，仅少量从食物中摄取。在通常膳食条件下，每天食物中含胆固醇 0.3 ~ 0.8 g，主要来自动物内脏、蛋类、奶油及肉类，其中约 1/3 可被肠道吸收，成为体内外源性胆固醇的来源。食物中的胆固醇多为游离胆固醇，10% ~ 15% 为胆固醇酯，后者需经胰腺分泌的胰胆固醇酯酶水解生成游离胆固醇方能吸收。植物不含胆固醇，而含植物固醇如 β- 谷固醇、麦角固醇等，它们不易为人体吸收，食物中的植物固醇可抑制胆固醇的吸收。

二、胆固醇的生物合成

成年人除脑组织外各种组织都能合成胆固醇，其中肝和肠黏膜是合成的主要场所。体内胆固醇 70% ~ 80% 由肝合成，10% 由小肠合成。其他组织如肾上腺皮质、脾、卵巢、睾丸及胎盘乃至动脉管壁，也可合成胆固醇。胆固醇的合成主要在细胞质和内质网中进行。胆固醇可以在肠黏膜、肝、红细胞及肾上腺皮质等组织中酯化成胆固醇酯。

（一）合成原料

用同位素标记实验证实，乙酰CoA是胆固醇合成的直接原料，另外还需要ATP供能和NADPH+H$^+$供氢。合成1分子胆固醇需消耗18分子乙酰CoA、36分子ATP和16分子NADPH+H$^+$。乙酰CoA来自葡萄糖、脂肪酸及某些氨基酸在线粒体内的分解代谢，经柠檬酸-丙酮酸循环进入细胞质，其中葡萄糖是最主要的来源，故高糖饮食的人也可能出现血浆胆固醇增高的现象。NADPH+H$^+$主要来自细胞质中磷酸戊糖代谢途径。

（二）合成的基本过程

胆固醇合成过程比较复杂，有近30步反应，整个过程可概括为3个阶段（图5-10）。

1. 甲羟戊酸（mevalonic acid，MVA）的生成　在细胞质中，2分子乙酰CoA在硫解酶催化下，缩合成乙酰乙酰CoA，然后在羟甲戊二酸单酰CoA合成酶催化下，再与1分子乙酰CoA缩合生成羟甲戊二酸单酰CoA（HMGCoA）。此过程与酮体生成相同，但细胞内定位不同，此过程在细胞质中进行，而酮体生成在肝细胞线粒体内进行，因此肝细胞中有两套同工酶分别进行上述反应。HMGCoA再在HMGCoA还原酶（HMGCoA reductase）催化下，由NADPH+H$^+$供氢生成甲羟戊酸，催化此反应的HMGCoA还原酶是胆固醇合成的关键酶。

2. MVA合成30C的鲨烯（squalene）　MVA在ATP供能条件下，先经磷酸化、脱羧、脱羟基生成5C的异戊烯焦磷酸，异戊烯焦磷酸异构化为二甲基丙烯焦磷酸，二甲基丙烯焦磷酸与异戊烯焦磷酸缩合成10C中间物，然后再与5C的异戊烯焦磷酸合成为15C的中间物焦磷酸法尼

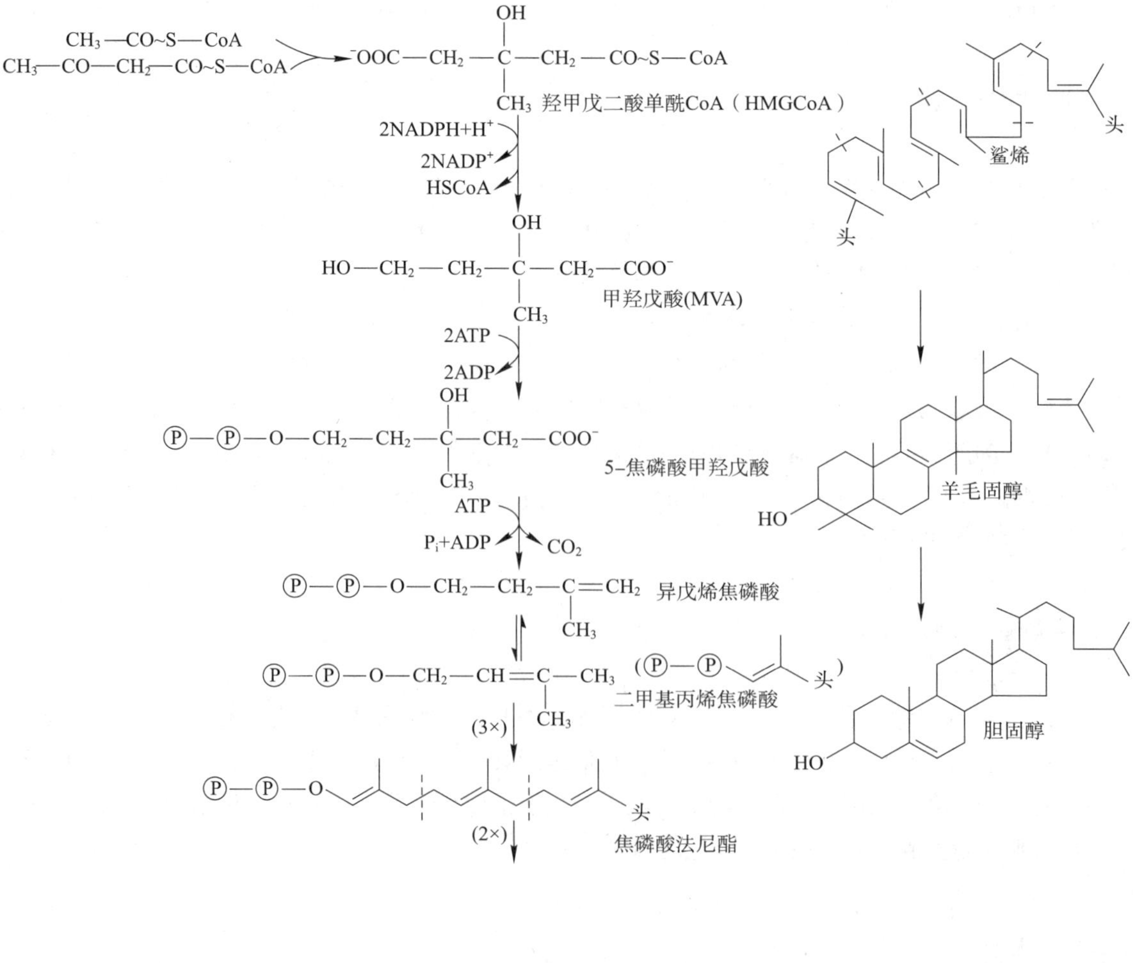

图5-10　胆固醇生物合成过程

酯，2 分子焦磷酸法尼酯通过缩合、还原生成 30C 的多烯烃鲨烯。

3. 胆固醇的合成　鲨烯与细胞质中的固醇载体蛋白（sterol carrier protein，SCP）结合进入内质网，经加氧酶、环化酶等催化的多步反应，先生成羊毛固醇，再经过一系列氧化、脱羧、还原等多个步骤，脱去 3 分子 CO_2，形成 27C 的胆固醇（图 5-10）。

（三）胆固醇的酯化

细胞内和血浆中的游离胆固醇都可以被酯化成胆固醇酯，但在不同部位催化胆固醇酯化的酶及反应过程不同。

1. 细胞内胆固醇的酯化　在组织细胞内，游离胆固醇在脂酰 CoA 胆固醇脂酰转移酶（acyl-CoA-cholesterol acyl transferase，ACAT）催化下，接受脂酰 CoA 的脂酰基形成胆固醇酯。

2. 血浆胆固醇的酯化　在血浆中，卵磷脂胆固醇脂酰转移酶（lecithin cholesterol acyl transferase，LCAT）催化卵磷脂 C_2 的脂酰基转移至胆固醇第 3 位羟基上，生成胆固醇酯及溶血磷脂酰胆碱。LCAT 由肝实质细胞合成，合成后分泌入血，在血浆中发挥作用。

（四）胆固醇的合成调节

胆固醇的合成过程受多种因素的调节，这些因素主要通过影响合成途径的关键酶——HMGCoA 还原酶来实现。该酶的活性具有昼夜节律性，午夜最高，中午活性最低。

1. 激素的调节　胰高血糖素等通过 cAMP 激活蛋白激酶，加速 HMGCoA 还原酶磷酸化而失活，从而减少胆固醇合成；胰岛素则能促进酶的脱磷酸作用，使酶活性增加，有利于胆固醇合成。此外，胰岛素还能诱导 HMGCoA 还原酶的合成，从而增加胆固醇合成。甲状腺素也可通过促进该酶的合成使胆固醇合成增多，但其同时又能促进胆固醇转变为胆汁酸，增加胆固醇的转化，而且此作用强于前者。故当甲状腺功能亢进时，总的效应是降解大于合成，故患者血清胆固醇降低。

2. 饥饿与饱食　饥饿与禁食可使 HMGCoA 还原酶合成减少，酶活性降低。同时饥饿与禁食也引起乙酰 CoA、ATP、NADPH+H$^+$ 等合成原料不足，故可抑制胆固醇的合成。相反，摄入高糖、高饱和脂肪等饮食后，HMGCoA 还原酶活性增加，胆固醇合成增加。食物胆固醇摄入多也可反馈抑制 HMGCoA 还原酶的活性，抑制肝胆固醇的合成。

3. 胆固醇含量　细胞内胆固醇含量升高可反馈抑制 HMGCoA 还原酶的合成，进而抑制胆固醇的合成。HMGCoA 还原酶在肝细胞的半寿期为 2～4 h，因此可实现较灵敏的调节作用。反之，细胞胆固醇含量降低，可解除胆固醇对酶蛋白合成的抑制作用，胆固醇合成增加。胆固醇的氧化产物如 7β- 羟胆固醇、25- 羟胆固醇也可通过别构调节 HMGCoA 还原酶，抑制其活性，从而减少胆固醇的合成。

三、胆固醇的转化与排泄

胆固醇的环戊烷多氢菲母核在体内不能被彻底氧化分解，但可通过其侧链的氧化、还原或降解转变为其他生理活性物质，进一步参与体内代谢和调节。有近一半的胆固醇不经转化，直接被排出体外。

（一）胆固醇转变成胆汁酸

胆固醇在肝内转化为胆汁酸是体内胆固醇的主要代谢去路，胆汁酸可促进脂质物质的消化和吸收。正常人每天合成的胆固醇总量中约有40%在肝内转变为胆汁酸，随胆汁排入肠道。在小肠下段，大部分胆汁酸又通过重吸收入肝构成胆汁酸的肝肠循环；小部分胆汁酸经肠道细菌作用后排出体外。药物消胆胺可与胆汁酸结合，阻断胆汁酸的肠肝循环，增加胆汁酸的排泄，间接促进肝内胆固醇向胆汁酸的转变。

（二）胆固醇转变为类固醇激素

胆固醇是肾上腺皮质激素、雌激素、孕激素、雄激素等类固醇激素的前体。肾上腺皮质以胆固醇为原料，在一系列酶的催化下，在球状带细胞主要合成醛固酮而调节水电解质代谢；在束状带细胞中主要合成皮质醇和少量皮质酮，两者在调节糖类、脂质及蛋白质代谢中发挥作用。在睾丸间质细胞中，胆固醇可转化为睾酮。在卵巢中，胆固醇可合成雌二醇和孕酮，这些性激素有促进性器官发育、维持第二性征的作用，对全身代谢也有影响。

（三）胆固醇转变为维生素 D_3

在皮肤中，胆固醇可被氧化为7-脱氢胆固醇，后者经紫外线照射转变为维生素 D_3（$VitD_3$）。维生素 D_3 经肝细胞微粒体 25-羟化酶催化生成 25-羟维生素 D_3（$25-OH-Vit D_3$），后者经血浆转运至肾，再经羟化形成具有生理活性的 1,25-二羟维生素 D_3［$1,25-(OH)_2-Vit D_3$］。活性维生素 D_3 具有调节钙磷代谢的作用，能促进钙磷的吸收，有利于骨盐的形成。

（四）胆固醇的排泄

在体内，部分胆固醇随胆汁直接排入肠腔，或随肠黏膜细胞脱落而排入肠道。进入肠道的胆固醇少数被重吸收，大部分在肠腔中被肠道细菌还原变成粪固醇随粪便排出。

ⓔ 图5-21
1,25-（OH）₂-Vit D₃
生成过程示意图

第五节　血浆脂蛋白代谢

一、血脂的种类与含量

ⓔ 表5-2
正常成人空腹时血浆中
脂质的主要组成和含量

血脂是指血浆中所含脂质的统称，以脂蛋白的形式存在，包括三酰甘油、少量二酰甘油和单酰甘油、磷脂、胆固醇和胆固醇酯及少量的游离脂肪酸。各种脂质在血脂中所占比例不同。

血脂包括外源性和内源性脂质。前者指食物中经消化吸收入血的脂质，后者指体内合成或从组织中动员出来的脂质。由于影响血脂含量的因素较多，如年龄、性别、膳食、情绪、运动、遗传、内分泌、其他代谢状况等，所以血脂含量不如血糖恒定，波动的范围较大。通常食用高脂膳食后，血脂含量短时间内大幅度上升，在进食 3～6 h 后逐渐趋于正常，故测定血脂时，需在空腹12～14 h 后采血，才能比较可靠地反映血脂水平。

二、血浆脂蛋白的分类与组成

脂质是脂溶性化合物，不溶或仅微溶于水，在水中应呈乳浊液，但正常人血浆脂质含量达 5.0 mmol/L，仍清澈透明，说明血脂在血浆中不是以游离状态存在，而是与蛋白质结合，形成血浆脂蛋白（lipoprotein）后，才能被输送到全身各组织细胞，因此脂蛋白是血脂在血浆中的存在及运输形式，脂蛋白中的蛋白质部分称为载脂蛋白（apolipoprotein，apo）。

由于不同的脂蛋白所含各种脂质的比例及载脂蛋白的种类与数量不同。因此主要依据各种脂蛋白的水化密度（hydrated density）和电泳迁移率（mobility）的不同，即超速离心法和电泳法进行分类。

1. 超速离心法　是根据各种脂蛋白所含的脂质及蛋白质的质和量的不同而导致其密度大小差异进行的分类法。各种脂蛋白在一定密度的介质中进行超速离心时，由于其密度大小不同表现出不同的浮沉速率而被分离。据此将血浆脂蛋白分为乳糜微粒（chylomicron，CM）、极低密度脂蛋白（very low density lipoprotein，VLDL）、低密度脂蛋白（low density lipoprotein，LDL）和高密度脂蛋白（high density lipoprotein，HDL）四大类。这四类脂蛋白的密度大小依次为：CM < VLDL < LDL < HDL。除这四类脂蛋白外，还有中间密度脂蛋白（intermediate density lipoprotein，IDL）的存在。

2. 电泳法　是主要依据各种脂蛋白中不同载脂蛋白表面电荷的差异，在电场中有不同的迁移率而进行的分类法。该法可将血浆脂蛋白分为：乳糜微粒、β- 脂蛋白、前 β- 脂蛋白和 α- 脂蛋白四类。α- 脂蛋白（相当于 HDL）中蛋白质含量最高，在电场中电荷最多，相对分子质量小，电泳速率最快，电泳在相当于 $α_1$- 球蛋白位置。乳糜微粒蛋白质含量很少，98% 是不带电荷的脂质，特别是三酰甘油含量最高，在电场中几乎不移动，所以停留在点样处。β- 脂蛋白（相当于 LDL）出现于 β- 球蛋白位置；前 β- 脂蛋白（相当于 VLDL）出现于 $α_2$- 球蛋白位置。四种脂蛋白电泳速率的大小为：CM < β- 脂蛋白 < 前 β- 脂蛋白 < α- 脂蛋白（图 5-11）。正常人空腹血清在一般电泳谱带上无乳糜微粒。

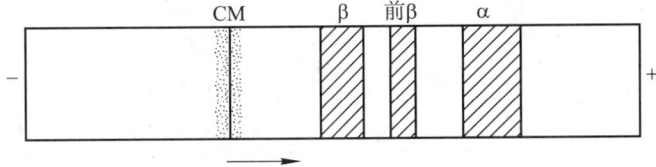

图 5-11　血浆脂蛋白醋酸纤维膜电泳图

血浆脂蛋白主要由载脂蛋白和脂质组成，各种脂蛋白的蛋白质和脂质组成比例及含量相差很大。CM 中的三酰甘油含量最多，蛋白质含量少；VLDL 中也含较多的三酰甘油；LDL 的胆固醇含量最高，载脂蛋白几乎只含 apoB100；HDL 的蛋白质含量最多，且含较多的磷脂及胆固醇。表 5-1 介绍了血浆脂蛋白的分类、性质、组成和功能。

三、血浆脂蛋白的结构

（一）血浆脂蛋白的基本结构

一般认为血浆脂蛋白都具有类似的结构，除新生 HDL 呈圆盘状外，其余均为球状颗粒，不同的脂蛋白颗粒大小不同。颗粒的内核主要由疏水性较强的三酰甘油和胆固醇酯非极性分子组成；内核外包裹着由磷脂、游离胆固醇及载脂蛋白等双性分子组成的单层结构，具有亲水性。磷脂的极性部分可与蛋白质结合，非极性部分可与其他脂质结合，作为连接蛋白质和脂质的桥梁。

ℯ 图 5-22
血浆脂蛋白颗粒结构示意图

表 5-1　血浆脂蛋白的分类、性质、组成和功能

分类	超速离心法	CM	VLDL	LDL	HDL
	电泳法	乳糜微粒	前 β - 脂蛋白	β - 脂蛋白	α - 脂蛋白
性质	密度 / ($g \cdot mL^{-1}$)	< 0.95	0.95 ~ 1.006	1.006 ~ 1.063	1.063 ~ 1.210
	电泳位置	原点	α_2- 球蛋白	β- 球蛋白	α_1- 球蛋白
	微粒直径 /nm	80 ~ 500	25 ~ 80	20 ~ 25	7.5 ~ 10
化学组成 /%	蛋白质	0.5 ~ 2	5 ~ 10	20 ~ 25	50
	脂质	98 ~ 99	90 ~ 95	75 ~ 80	50
	三酰甘油	80 ~ 95	50 ~ 70	10	5
	磷脂	5 ~ 7	15	20	25
	胆固醇	1 ~ 4	15	45 ~ 50	20
载脂蛋白组成 /%	胆固醇酯	3	10 ~ 12	40 ~ 42	15 ~ 17
	apo A I	7	< 1	—	65 ~ 70
	apo A II	5	—	—	20 ~ 25
	apo A IV	10	—	—	—
	apo B48	9	—	—	—
	apo B100	—	20 ~ 60	95	—
	apo C I	11	3	—	6
	apo C II	15	6	微量	1
	apo C III	41	40	—	4
	apo E	微量	7 ~ 15	< 5	2
	apo D	—	—	—	3
生成部位		小肠黏膜细胞	肝细胞	血浆	肝、小肠和血浆
功能		转运外源性三酰甘油及胆固醇	转运内源性三酰甘油及胆固醇	转运内源性胆固醇	逆向转运胆固醇

磷脂和胆固醇同时具有极性和非极性基因，极性亲水基团朝外，与周围水相相容；非极性疏水基团向内，与内部的疏水基团相连，从而使血浆脂蛋白能够稳定地悬浮于水溶液之中。

（二）载脂蛋白

各种载脂蛋白主要在肝中合成，小肠黏膜细胞也可合成少量。近年发现除肝外，脑、肾、肾上腺、脾、巨噬细胞也能合成载脂蛋白 E。迄今已发现 20 余种载脂蛋白，如 apoA I 、A II 、A IV、B48、B100、C I 、C II 、C III 、D、E、H、J 和 apo（a）等，结构与功能研究比较清楚的有 apoA、B、C、D 和 E 五类。每一类脂蛋白又可分为不同的亚类，如 apoA 又分为 A I 、A II 、A IV，apoB 分为 B100 和 B48，apoC 分为 C I 、C II 、C III 等。载脂蛋白在分子结构上具有一定的特点，往往含有较多的双性 α- 螺旋结构，表现出两面性，分子的一侧极性较高，可与水及磷脂或胆固醇极性区结合，构成脂蛋白的亲水面；分子的另一侧极性较低，可与非极性的脂质结合，构

成脂蛋白的疏水核心区。每种脂蛋白都含有多种载脂蛋白，但多以某一种为主，且各种载脂蛋白之间维持一定比例。如 HDL 主要含 apoA I 及 apoA II，LDL 几乎只含 apoB100，VLDL 除含 apoB100 外，还含 apo C I 、C II 、C III 及 E，CM 含 apoB48 而不含 apoB100。目前人的几种主要载脂蛋白的基因结构、染色体定位、氨基酸序列已逐渐被人们所了解。如 apoB100 是迄今被阐明一级结构的相对分子质量最大的蛋白质，是一个相对分子质量为 512 723、由 4 536 个氨基酸残基构成的单链多肽。

载脂蛋白在脂蛋白的代谢及完成其生理功能中具有重要作用，其主要功能包括：① 构成并且稳定脂蛋白颗粒的结构。载脂蛋白与脂质的亲和作用，使脂质溶于水性介质中。② 作为脂质运输的载体，使高度疏水的脂质通过血液循环运输到身体各个组织。③ 修饰并协同调节与脂蛋白有关酶的活性。如 apoA I 能激活卵磷脂 – 胆固醇脂酰转移酶（LCAT），该酶催化血浆磷脂上的脂酰基转移到胆固醇分子上，使游离胆固醇酯化为胆固醇酯；apoC II 可激活脂蛋白脂肪酶（lipoprotein lipase，LPL），该酶可水解 CM 和 VLDL 中的三酰甘油；apoA II 能激活肝脂肪酶，apoA IV 能辅助激活脂蛋白脂肪酶等。④ 介导脂蛋白颗粒之间相互作用，促进脂质转化或转运。⑤ 作为脂蛋白受体的配体，决定和参与脂蛋白与细胞膜上脂蛋白受体的结合及其代谢过程。载脂蛋白结合到受体上是细胞摄取脂蛋白的第一步。如 apoB100 能识别 LDL 受体，apoE 不仅能识别 LDL 受体，还能识别 CM 残粒受体。人血浆载脂蛋白的功能和含量见表 5-2。

表 5-2 人血浆主要载脂蛋白的特征

载脂蛋白	相对分子质量	脂蛋白载体	功　能	血浆质量浓度 /（g·L⁻¹）
A I	28 300	HDL，CM	稳定 HDL 结构，激活 LCAT，识别 HDL 受体	1.00 ~ 1.60
A II	17 500*	HDL	激活 HL，抑制 LCAT，稳定 HDL 结构	0.30 ~ 0.40
A IV	46 000	CM，HDL	辅助激活 LPL，活化 LCAT	0.10 ~ 0.18
B100	512 723	VLDL，IDL，LDL	识别 LDL 受体	0.60 ~ 1.12
B48	264 000	CM	促进肠 CM 形成	
C I	6 500	CM，VLDL，HDL	激活 LCAT（？）	0.03 ~ 0.07
C II	8 800	CM，VLDL，HDL	激活 LPL	0.03 ~ 0.05
C III 0 ~ 2	8 900	CM，VLDL，HDL	抑制 apoC II，激活 LPL	0.08 ~ 0.12
D	22 000	HDL	转运胆固醇酯	0.02 ~ 0.04
E	34 145	CM，VLDL，HDL	促进 CM 残粒和 IDL 的摄取	0.03 ~ 0.06
H	36 281	CM，VLDL，HDL	激活 LPL，抑制内源性凝血旁路激活	
J	70 000	HDL，VHDL	结合和转运脂质	
（a）	187 000 ~ 662 000	Lp（a）	抑制纤溶蛋白酶活性	0 ~ 0.3

＊为二聚体。

四、血浆脂蛋白的代谢

（一）乳糜微粒的代谢

乳糜微粒（CM）是转运外源性三酰甘油和胆固醇的主要形式，由小肠黏膜上皮细胞合成，在血浆中转化为 CM 残粒，肝是清除残粒的部位。

从食物中摄取的脂质（主要是三酰甘油），在肠道内被胰腺分泌的脂酶水解成脂肪酸和单酰甘油，被小肠黏膜细胞吸收后在细胞内重新酯化，合成三酰甘油和胆固醇酯，同时肠黏膜细胞能合成载脂蛋白 apoB48 和 apoA，连同合成及吸收的磷脂及胆固醇，在高尔基复合体内将脂质和载脂蛋白组装成 CM 分泌到细胞外，经淋巴循环最终进入血液循环。新生 CM 入血后，接受来自 HDL 的 apoC 和 apoE，并将部分 apoA Ⅰ、apoA Ⅱ 和 apoA Ⅳ 转移给 HDL，被修饰为成熟的 CM。成熟 CM 经过毛细血管时，其分子中的 apoC Ⅱ 与附着在血管壁上的脂蛋白脂肪酶（LPL）接触，进而激活脂肪组织、心肌和肌肉组织的末梢毛细血管内皮细胞外表面上的 LPL。LPL 催化 CM 中的三酰甘油和磷脂逐步水解为甘油、脂肪酸和溶血磷脂等。脂肪酸可被上述组织摄取利用，甘油可进入肝用于糖异生。通过 LPL 的反复作用，CM 内核 90% 以上的三酰甘油被水解利用，CM 表面的 apoA Ⅰ、A Ⅱ、A Ⅳ、C 等连同磷脂和胆固醇离开 CM 颗粒，参与形成新生的 HDL；同时，CM 接收血浆中 HDL 和 LDL 中的胆固醇酯。随着 CM 颗粒内核三酰甘油的逐步水解和交换，成熟的 CM 颗粒逐渐变小，转变为富含胆固醇酯、apoB48 及 apoE 的 CM 残粒。肝细胞膜上的 apoE 受体和 LDL 受体相关蛋白（LDL receptor related protein，LRP）可识别 CM 残粒，将其吞噬入肝细胞。CM 残粒在肝细胞内与细胞溶酶体融合，载脂蛋白被水解为氨基酸，胆固醇酯被水解为胆固醇和脂肪酸，进而被肝利用或分解，完成最终代谢。CM 是食物来源的外源性脂质进入末梢组织的载体。

在正常人血浆中，CM 的降解速率很快，半寿期只有 5～20 min，空腹 12～14 h 后血浆中不含 CM，故食用大量脂肪后，血浆暂时出现混浊，数小时后便可澄清，此现象称为脂肪的廓清。CM 的代谢见图 5-12。

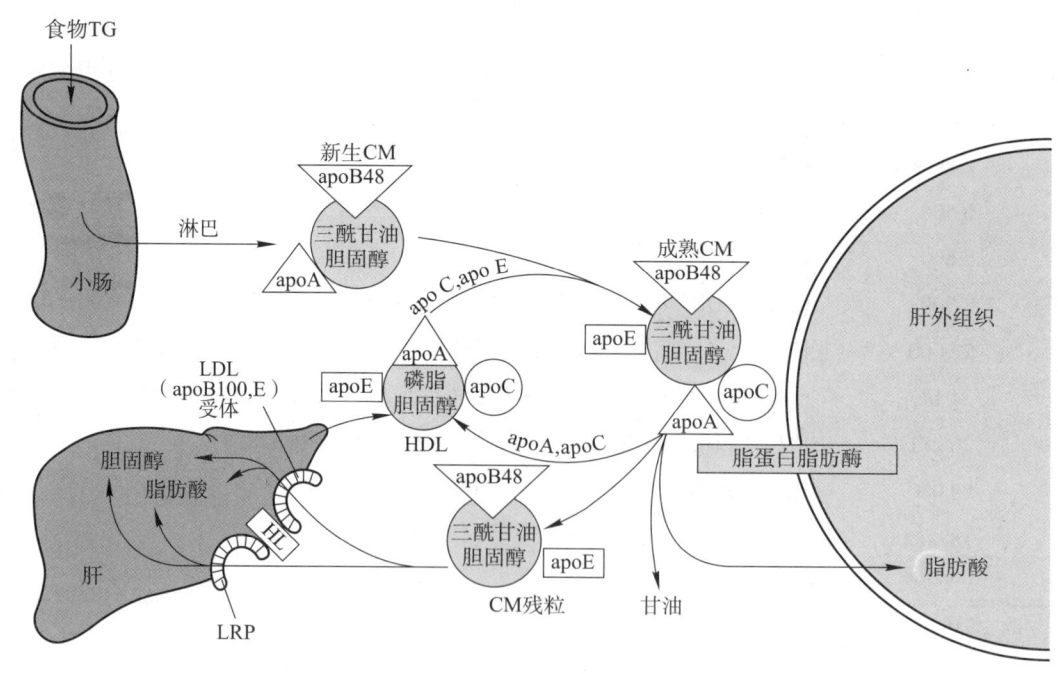

图 5-12 CM 代谢过程示意图

（二）极低密度脂蛋白的代谢

极低密度脂蛋白（VLDL）是运输内源性三酰甘油的主要形式。肝细胞可利用由糖类生成的脂肪酸、食物和脂肪动员获得的脂肪酸及 CM 残粒中的三酰甘油在肝细胞内进一步水解生成的脂肪酸等合成三酰甘油，加上 apoB100、apoE 及磷脂、胆固醇等形成 VLDL。小肠细胞也能合成少量 VLDL。

VLDL 由肝和小肠合成后进入血液循环，从 HDL 获得 apoC，其中 apoC Ⅱ 激活肝外组织毛细血管内皮细胞表面的 LPL，进而水解 VLDL 中的三酰甘油生成甘油和脂肪酸。在 LPL 的反复作用下，VLDL 逐步被水解，释出的脂肪酸被心肌、骨骼肌、脂肪等肝外组织摄取利用。与此同时，VLDL 表面的 apoC、磷脂和胆固醇向 HDL 转移，apoB100 保留在颗粒中。在胆固醇酯转运蛋白（cholesterol ester transfer protein，CETP）的催化下，VLDL 中的三酰甘油与 HDL 中的胆固醇酯发生相互交换，随着脂解和交换的进行，VLDL 中的三酰甘油逐渐减少，其密度逐渐加大，胆固醇酯、apoB100、apoE 的含量相对增加，VLDL 转变为 IDL。IDL 中胆固醇和三酰甘油的含量大致相当，载脂蛋白主要是 apoB100 及 apoE。部分 IDL 与肝细胞膜上的 apoE 受体结合后被肝细胞摄取。未被摄取的 IDL（在人约占总 IDL 的 50%，在大鼠约占 10%）在 LPL 和肝脂肪酶或称肝脂酶（hepatic lipase，HL）作用下进一步水解三酰甘油，释出的脂肪酸被肝外组织及肝细胞摄取利用，同时其表面的 apoE 转移至 HDL，最后剩下的脂质主要是胆固醇酯，而载脂蛋白只有 apoB100，IDL 即转变为 LDL。VLDL 在血浆中的半寿期为 6～12 h，其代谢过程见图 5-13。

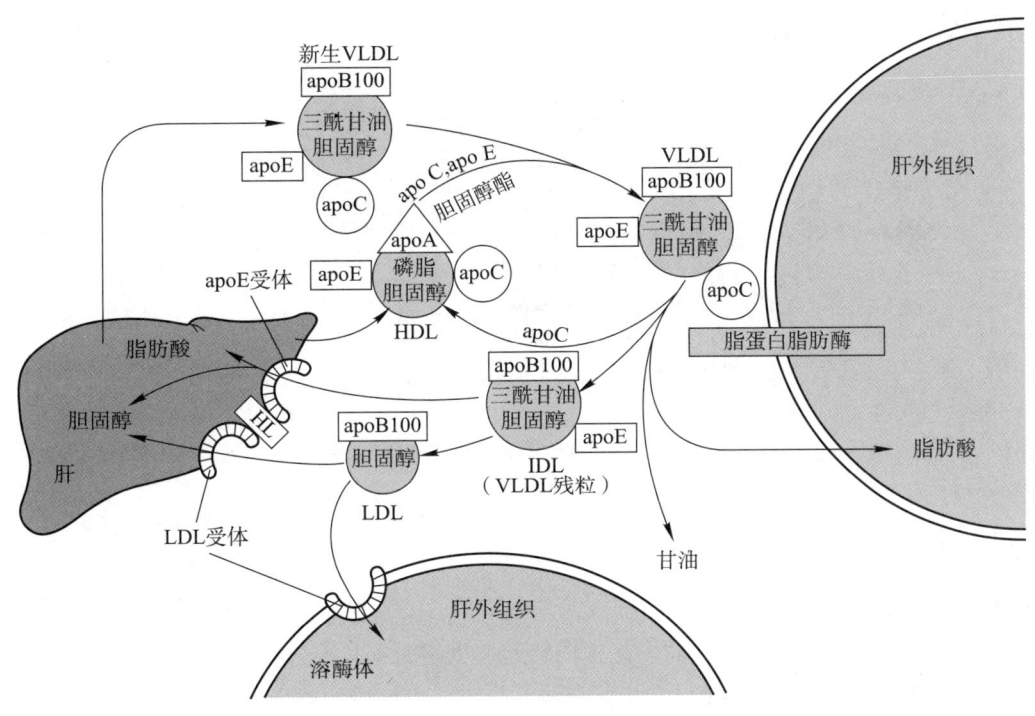

图 5-13　VLDL 和 LDL 代谢过程示意图

（三）低密度脂蛋白的代谢

低密度脂蛋白（LDL）是转运肝合成的胆固醇及其酯的主要形式。其主要功能是将内源性胆固醇运输到肝外组织，保证组织细胞对胆固醇的需求。血浆中 LDL 的来源有两条途径：主要途径是由 VLDL 代谢转变而来，另一条途径是经肝合成后直接分泌到血液中。肝是降解 LDL 的主要器官，肾上腺皮质、卵巢、睾丸等组织摄取及降解 LDL 的能力也较强。

LDL 的降解主要经 LDL 受体代谢途径进行。肝、动脉壁细胞及全身各组织细胞表面均存在 LDL 受体。LDL 受体能特异识别和结合含 apoE 或 apoB100 的脂蛋白，故又称 apoB 受体。LDL 经

LDL 受体介导内吞进入细胞内与溶酶体融合，在溶酶体中的蛋白酶作用下，载脂蛋白被降解为氨基酸，胆固醇酯被胆固醇酯酶水解为游离胆固醇及脂肪酸。游离胆固醇除作为细胞膜的重要成分和用于类固醇激素合成外，还可调节细胞内胆固醇代谢：① 抑制内质网 HMGCoA 还原酶，从而抑制细胞本身胆固醇的合成；② 阻抑细胞 LDL 受体的合成，减少细胞对 LDL 的进一步摄取；③ 激活内质网脂酰 CoA 胆固醇脂酰转移酶（ACAT）的活性，使游离胆固醇酯化成胆固醇酯储存在细胞质中。该过程即为 LDL 受体代谢途径（图 5-14）。血浆中 65%～70% 的 LDL 依赖该受体途径清除。除 LDL 受体代谢途径外，血浆中约有 30% 的 LDL 还可通过网状内皮系统的吞噬细胞及血管内皮细胞直接吞噬后清除。在这一通路中，由于这两类细胞膜表面具有清道夫受体（scavenger receptor，SR），可与 LDL（多为经过化学修饰的 LDL）结合，吸收 LDL 中的胆固醇。巨噬细胞由于胆固醇的沉积而变成"泡沫"细胞。当 LDL 尤其是氧化修饰的 LDL（ox-LDL）过量时，其携带的胆固醇被人类动脉壁细胞摄取而沉积在动脉壁上，容易引起动脉粥样硬化。因此，一旦 LDL 受体缺陷，VLDL 残粒的代谢会由正常时大部分经肝 LDL 受体识别、结合，而转变为大部分转变成 LDL，使血浆中 LDL 浓度增加。有研究证实，血浆低密度脂蛋白 – 胆固醇（LDL-C）浓度与动脉粥样硬化成正相关，其浓度升高是冠心病的危险因素。

拓展学习 5-2
清道夫受体基因结构特点及功能

LDL 是空腹血浆中主要的脂蛋白。LDL 在血浆中的半寿期为 2～4 天。

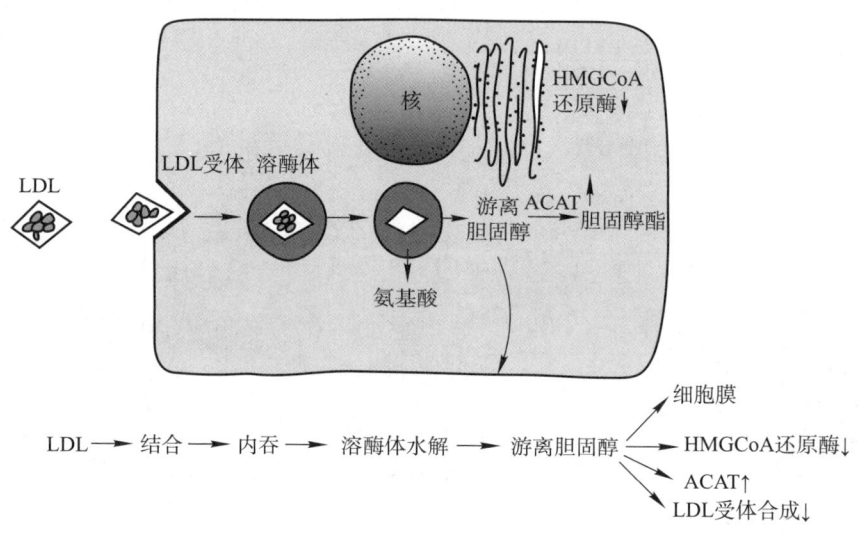

图 5-14 LDL 受体代谢途径示意图

（四）高密度脂蛋白的代谢

高密度脂蛋白（HDL）的主要功能是逆向转运胆固醇，即从肝外组织将胆固醇转运到肝细胞进行代谢（图 5-15）。HDL 主要由肝和小肠合成并分泌。HDL 中的载脂蛋白含量很多，包括 apoA、apoC、apoD 和 apoE 等，脂质以磷脂为主。HDL 按其密度大小可分为 HDL_1、HDL_2 和 HDL_3。HDL_1 仅在膳食诱导的高胆固醇血症的动物血浆中出现，它富含胆固醇，唯一的载脂蛋白是 apoE。正常人血浆中仅有 HDL_2 和 HDL_3。

肝细胞将磷脂、少量胆固醇及 apoA、apoC、apoE 等组装成新生 HDL；小肠黏膜细胞合成的新生 HDL 除磷脂和游离胆固醇外仅含 apoA，入血后获得 apoC 和 apoE。新生 HDL 呈圆盘状双脂层结构。血浆中也可生成 HDL，即 CM 和 VLDL 中的三酰甘油在血浆中由 LPL 催化水解时，其表面的 apoA I、apoA II 和 apoA IV 及磷脂、胆固醇脱离 CM 和 VLDL 而形成新生 HDL。

血浆中圆盘状的 HDL 在卵磷脂胆固醇酯酰转移酶（LCAT）催化下，表面卵磷脂的 2 位脂酰

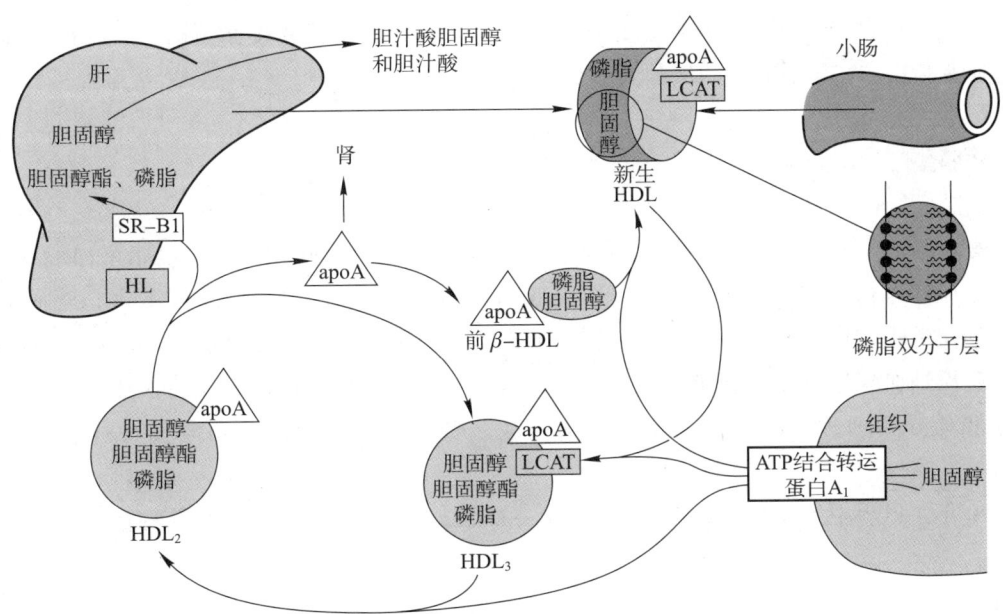

图 5-15 HDL 代谢途径示意图

基转移到胆固醇 3 位羟基上，生成溶血卵磷脂及胆固醇酯。LCAT 在肝中合成，可被 HDL 中的 apoA I 激活，分泌入血后发挥活性。在 LCAT 的反复作用下，胆固醇酯不断转运入新生的 HDL 核心，使盘状 HDL 逐步膨胀为单脂层的球状 HDL，同时其表面的 apoC 及 apoE 又转移到 CM 及 VLDL 上，最后新生 HDL 转变为成熟的密度较高的 HDL$_3$。

HDL$_3$ 在 LCAT 的作用下，胆固醇酯化继续增加，接收 CM 及 VLDL 水解过程释放出的磷脂、apoA I、apoA II 等而转变为密度较小、颗粒较大的 HDL$_2$。分布于肝和肾上腺等组织的 HDL 受体——清道夫受体 B$_1$（SR-B$_1$）在 HDL 的代谢中具有双重作用。一方面，它通过识别和结合 HDL$_2$ 颗粒的 apoA I，使肝选择性地将胆固醇酯摄入细胞（胆固醇的逆向转运，reverse cholesterol transport）；另一方面，它还介导了胆固醇从组织细胞中的溢出。逆向转运胆固醇的机制还涉及 ATP 结合转运蛋白，这些转运蛋白家族成员在结合底物并偶联 ATP 水解的条件下，使底物跨膜转运；另外，转运蛋白还介导胆固醇从细胞向 HDL 的运输。颗粒较小的 HDL$_3$ 通过 ATP 结合转运蛋白摄取血中末梢组织细胞释放的游离胆固醇后，经 LCAT 催化生成胆固醇酯，使 HDL$_3$ 转变为 HDL$_2$。HDL$_2$ 又通过 SR-B$_1$ 介导选择性地将胆固醇酯运至肝或通过 HL 水解 HDL$_2$ 中的磷脂及三酰甘油，使 HDL$_2$ 再转变为 HDL$_3$ 而完成 HDL 循环，该循环使胆固醇的逆向转运得以完整实现。

值得一提的是，ATP 结合转运蛋白家族中的 A$_1$ 蛋白可促进组织细胞向低脂颗粒溢出胆固醇，如前 β-HDL（preβ-HDL）的转运，使盘状 HDL 转化为 HDL$_3$。前 β-HDL 是最有效的促进胆固醇从细胞中的溢出的 HDL。在 HDL$_2$ 和 HDL$_3$ 相互转变过程中释放的 apoA，与少量的磷脂和胆固醇形成前 β-HDL，剩余的 apoA 在肾降解。

成熟的 HDL 与肝细胞膜 HDL 受体结合后被摄取，其中的胆固醇可用于合成胆汁酸或直接随胆汁排出体外，这是 HDL 在肝的主要降解途径。HDL 在血浆中的半寿期为 3~5 天。

由此可见，机体可通过这种逆向转运胆固醇机制，将外周组织衰老细胞膜中的胆固醇转运至肝代谢，并排出体外，避免了局部组织细胞中胆固醇的大量沉积。HDL 浓度与血浆 TG 浓度及 LPL 活性有直接关系，在 CM 和 VLDL 水解时，其表面多余的磷脂和 apoA 释放入血，促进前 β-HDL 和盘状 HDL 的形成。有研究证明，高密度脂蛋白胆固醇含量与动脉管腔狭窄程度成显著的负相关。HDL 的升高意味着清除多余胆固醇的能力强，所以高密度脂蛋白是一种抗动脉粥样硬化的血浆脂蛋白，是冠心病的保护因子。

五、血浆脂蛋白代谢异常

临床聚焦 5-1
脂蛋白代谢紊乱与动脉粥样硬化
表 5-3
高脂蛋白血症分型和各种脂蛋白及脂质含量变化

空腹血脂高于正常参考范围的上限称为高脂血症。由于血脂在血浆中以脂蛋白形式运输，因此高脂血症也被称为高脂蛋白血症（hyperlipoproteinemia）。高脂蛋白血症实际上是血浆中某一类或某几类脂蛋白水平升高的表现，临床上常见高三酰甘油血症和高胆固醇血症。近年来人们逐渐认识到血浆中低密度脂蛋白胆固醇（LDL-C）降低也是一种血脂代谢紊乱，因而有人建议采用脂质异常血症（dyslipidemia），认为这一名称能更为全面准确地反映血脂代谢紊乱状态。

1970 年，世界卫生组织（World Health Organization，WHO）建议将高脂蛋白血症分为六型。

（关亚群）

复习思考题

1. 超速离心法将血浆脂蛋白分成哪几类？简述每类血浆脂蛋白的组成特点、合成部位及生理功能。
2. 胆固醇在体内都能转化为哪些生理活性物质？各有何功能？
3. 试以脂质代谢及代谢紊乱理论分析酮症成因。
4. 从脂质代谢紊乱角度分析，脂肪肝形成的原因是什么？
5. 为什么糖吃多了人体也会发胖（写出主要反应过程）？脂肪能转变成葡萄糖吗？为什么？

网上更多……

本章小结　　　自测题　　　教学 PPT

第六章
生物氧化

关键词

生物氧化　　呼吸链　　氧化磷酸化　　NADH 呼吸链

琥珀酸氧化呼吸链　　细胞色素　　铁硫蛋白

泛醌　　P/O 比值　　ATP 合酶　　泛醌–细胞色素 c 还原酶

高能磷酸化合物　　氧化磷酸化抑制剂　　解偶联剂

呼吸链抑制剂　　磷酸肌酸　　细胞色素 c 氧化酶

化学渗透假说　　3–磷酸甘油穿梭　　苹果酸–天冬氨酸穿梭

　　　　一切生命活动都需要能量，生物体生命活动所需要的能量来源于摄入到体内的糖类、脂肪及蛋白质等营养物质的氧化分解。在通常情况下，我们将这些物质在体内（氧化）分解生成水和二氧化碳并释放能量的过程，称为生物氧化。生物氧化在细胞线粒体内或线粒体外均可进行，但氧化过程不同。供能物质在线粒体内的氧化主要表现为细胞内氧的消耗和二氧化碳释放，同时伴有 ATP 的生成。而在线粒体外，如在内质网、过氧化物酶体系、微粒体氧化体系等进行的生物氧化不伴有 ATP 的生成，主要与代谢物或药物、毒物的生物转化有关。

思维导图

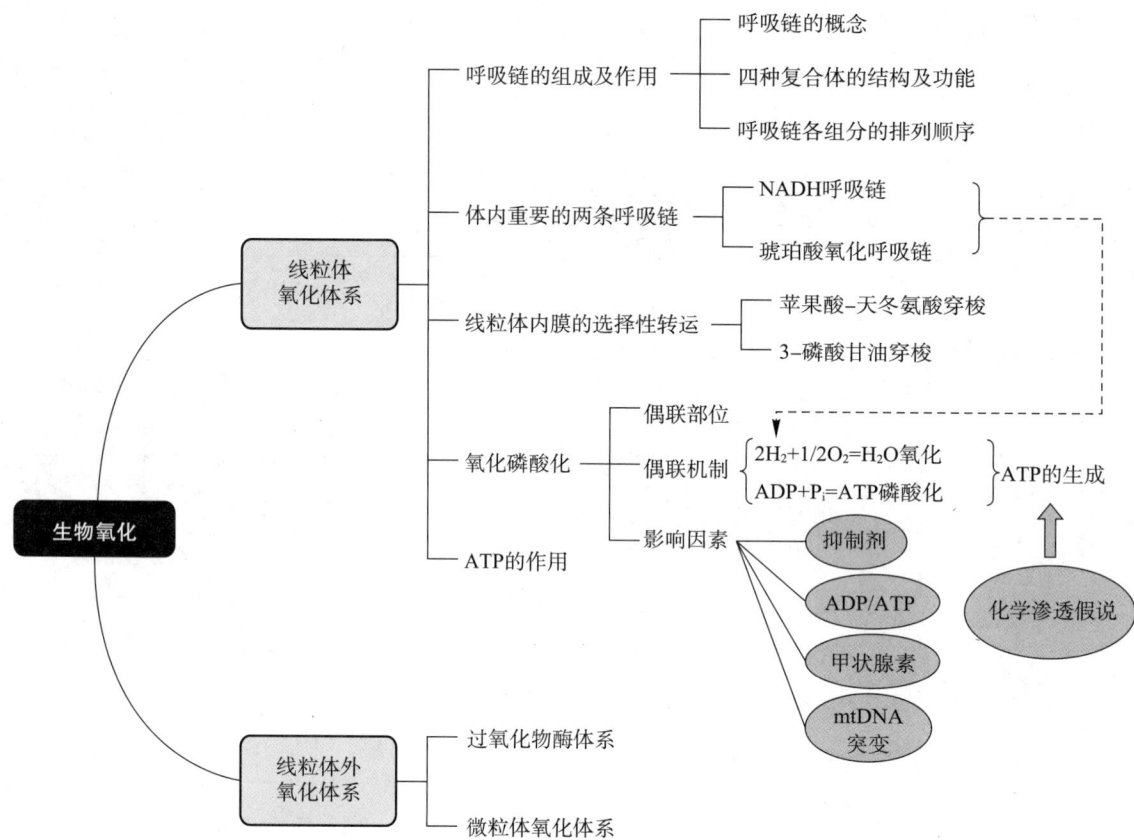

化学物质在生物体内的氧化分解统称为生物氧化（biological oxidation），在线粒体内及线粒体外均可进行，但氧化过程不同。线粒体内的氧化偶联磷酸化伴有 ATP 的生成，主要表现为细胞内氧的消耗和 CO_2 的释放。线粒体外如微粒体、过氧化物酶体的氧化不伴有 ATP 的生成，主要和体内产生的一些代谢物或药物、毒物的生物转化有关。因此，生物氧化的特点是：作用条件温和；需要有酶催化，分阶段逐步完成；细胞质、线粒体、微粒体等都可以进行氧化反应，但过程与产物不同。本章重点介绍线粒体氧化体系及能量的产生机制。

第一节　线粒体氧化体系

一、呼吸链的组成及作用

（一）呼吸链的概念

线粒体氧化体系的主要功能是为机体提供能量，包括热能、ATP 等。糖类、脂肪、蛋白质等营养物质在线粒体内彻底氧化分解成 CO_2 和 H_2O 的过程中，营养物质被氧化发生脱氢反应，脱下的氢（$H^+ + e^-$）以 NADH + H^+（简写为 NADH）、$FADH_2$ 等形式存在。NADH 和 $FADH_2$ 在线粒体被氧化时，需要一系列酶的催化，逐步脱氢、失电子，最终将 e^- 和 H^+ 传递给氧生成水，同时释放能量生成 ATP。因此，将线粒体内膜中存在按一定顺序排列的由多种酶及辅酶组成的蛋白质复合体，形成具有连续传递电子/氢的反应链，能够将营养物质脱下的氢（$H^+ + e^-$）传递给氧分子，氧最终接受电子和 H^+ 生成水，称为电子传递链（electron transfer chain）。由于此过程与细胞呼吸过程有关，所以也称为呼吸链（respiratory chain）。其中传递氢的酶或辅酶称为递氢体，传递电子的酶或辅酶称为递电子体。

（二）呼吸链的组成

用胆酸、脱氧胆酸等反复处理线粒体内膜，可将呼吸链分离得到 4 种具有传递电子功能的酶复合体，每个复合体都由多种酶蛋白、金属离子、辅酶或辅基组成（表 6-1）。除 4 种复合体外，呼吸链还含有 2 种可以自由移动的电子传递体（泛醌、Cyt c）。

表 6-1　人线粒体呼吸链复合体

复合体	酶名称	多肽链数	辅基
复合体 I	NADH- 泛醌还原酶	43	FMN，Fe-S
复合体 II	琥珀酸 - 泛醌还原酶	4	FAD，Fe-S
复合体 III	泛醌 - 细胞色素 c 还原酶	11	血红素，Fe-S
复合体 IV	细胞色素 c 氧化酶	13	血红素，Cu

酶复合体是线粒体内膜氧化呼吸链的天然存在形式。4 种复合体中，复合体 I、III、IV 完全镶嵌在线粒体内膜中，复合体 II 镶嵌在内膜的内侧，泛醌可以结合在膜上，也可以游离状态存在，细胞色素 c 是唯一的水溶性球形蛋白，与线粒体内膜外表面疏松结合（图 6-1）。

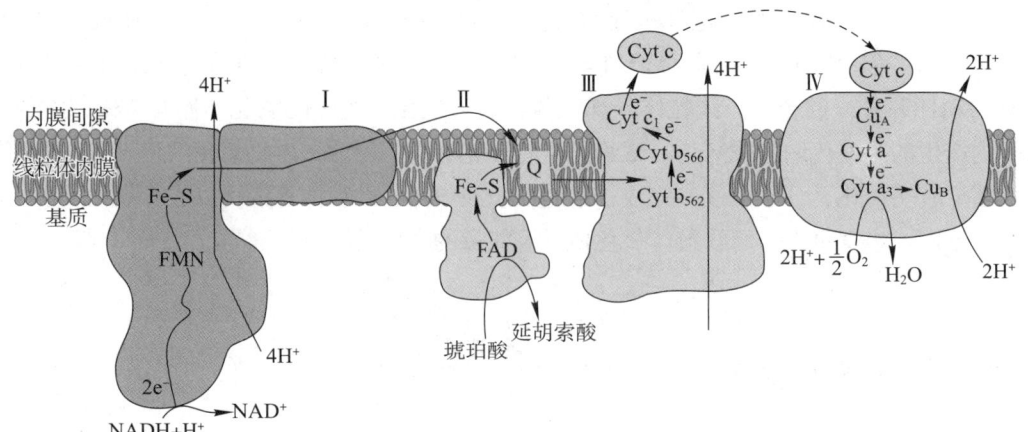

图 6-1 各复合体在线粒体内膜上的顺序和定位

1. 复合体 Ⅰ——NADH- 泛醌还原酶 在三羧酸循环和脂肪酸 β- 氧化等过程的脱氢酶催化反应中，大部分代谢物脱下的 2H 由氧化型烟酰胺腺嘌呤二核苷酸（nicotinamide adenine dinucleotide，NAD⁺）接受，形成还原型烟酰胺腺嘌呤二核苷酸（NADH）+H⁺。复合体 Ⅰ 是由黄素蛋白（含 FMN 和 Fe-S 辅基）和铁硫蛋白（含 Fe-S 辅基）组成的跨膜蛋白质，呈 "L" 形。复合体 Ⅰ 由基质接受还原型 NADH+H⁺ 中的 2H⁺ 和 1 对电子，经 FMN、铁硫蛋白传递后，再传到泛醌，即 NADH → FMN → Fe-S → Q。同时伴有质子从线粒体基质转移至线粒体内膜外侧（膜间隙）。因此，复合体 Ⅰ 具有质子泵的功能，每次传递 1 对电子时偶联将 4 个 H⁺ 从线粒体内膜基质侧泵到膜间隙侧（图 6-2）。

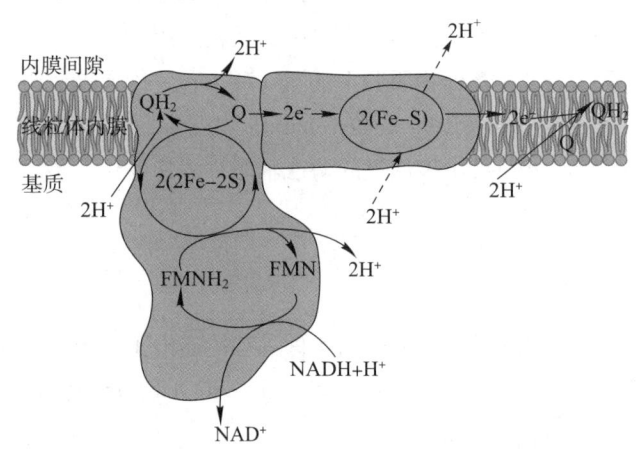

图 6-2 复合体 Ⅰ 传递电子、泵出质子机制示意图

NAD⁺ 是多种不需氧脱氢酶的辅酶，是连接作用物与呼吸链的重要环节。分子中除含有维生素 PP 外，还含有核糖、磷酸及一分子腺苷一磷酸（AMP），其结构如图 6-3。

NAD⁺（氧化型辅酶 Ⅰ）的主要功能是接受从代谢物上脱下的 2H（2H⁺+2e⁻）。NAD⁺ 的分子结构中烟酰胺的吡啶氮为五价，可以接受双电子还原为三价氮，其对位的碳性质活泼，能接受一个 H⁺ 进行加氢反应，是双电子传递体。反应时，烟酰胺部分可接受 1 个氢原子及 1 个电子，将 1 个质子（H⁺）游离出来，所以 NADH+H⁺ 代表还原型辅酶 Ⅰ。此外，NAD⁺ 结构中核糖的 2 位羟基被磷酸化后生成烟酰胺腺嘌呤二核苷酸磷酸（nicotinamide adenine dinucleotide phosphate，NADP⁺），NADP⁺ 通过相同的机制接收氢后生成 NADPH+H⁺，发挥传递氢和电子的作用，但参与不同的反应。

黄素蛋白中含有黄素腺嘌呤二核苷酸（flavin adenine dinucleotide，FAD）和黄素单核苷酸（flavin mononucleotide，FMN）两种辅基，两者是维生素 B₂ 与核苷酸形成的有机化合物。FAD 和 FMN 通过分子结构中的异咯嗪环，可以进行可逆的加氢、脱氢反应。FAD 或 FMN 的异咯嗪环上的第 1 位和第 10 位氮原子可接受代谢物脱下来的氢形成 FADH₂ 或 FMNH₂（图 6-4）。

铁硫蛋白（iron-sulfur protein）因分子中含有铁硫中心（iron-sulfur center，Fe-S center）而得

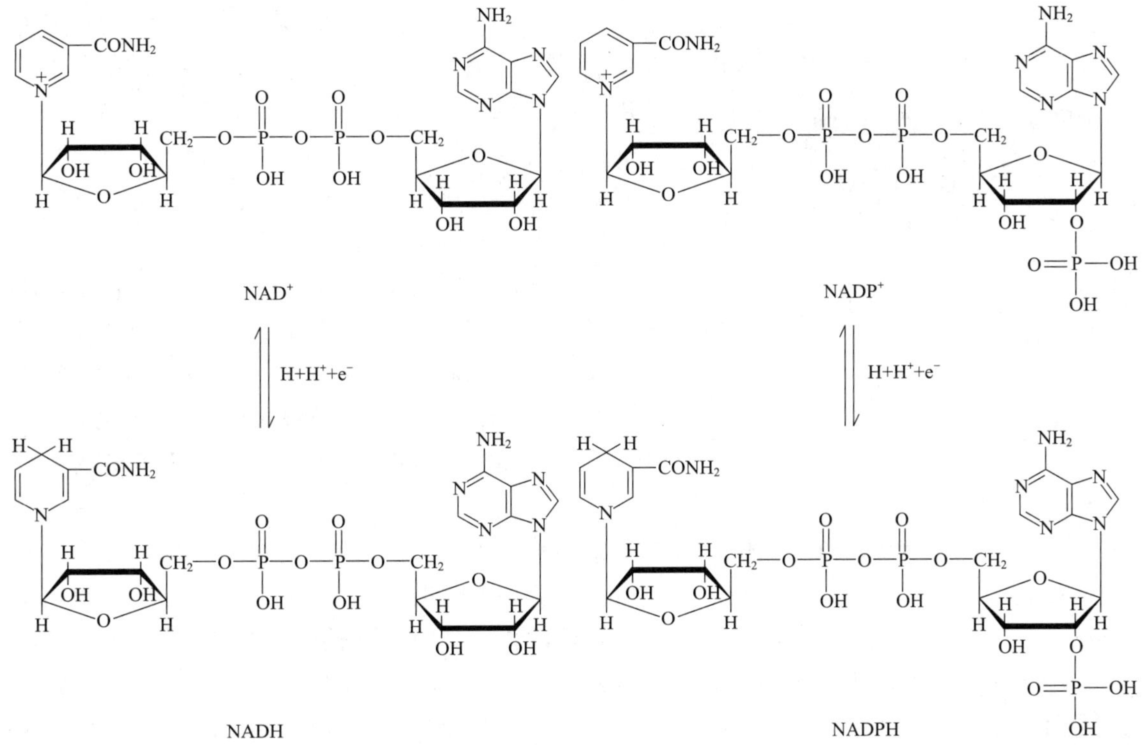

图6-3 NAD⁺（NADP⁺）结构与脱氢反应

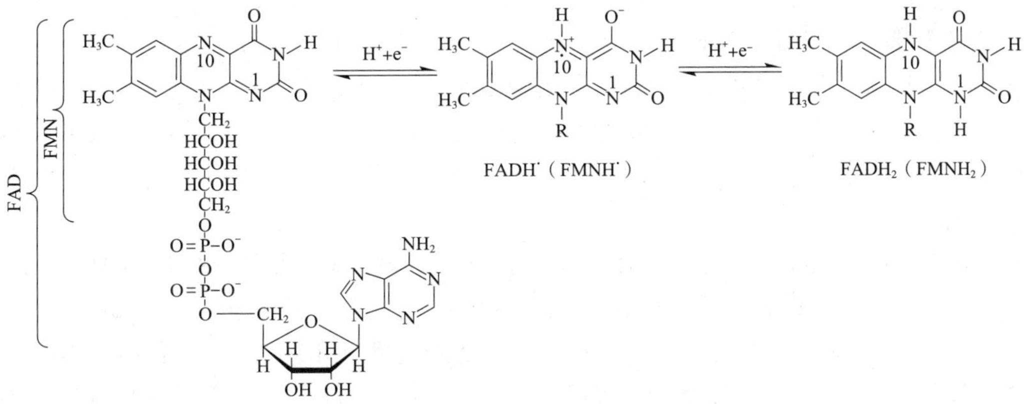

图6-4 黄素核苷酸的结构及它的三种氧化还原状态

名。其中 Fe^{2+} 与无机硫原子或蛋白质多肽链上半胱氨酸残基的—SH 相结合。Fe–S 为单电子传递体，主要通过铁硫蛋白中 Fe^{3+} 与 Fe^{2+} 的变化传递电子。Fe–S 的结构形式多样，可以是单个 Fe 离子与蛋白质 4 个半胱氨酸残基上的—SH 相连，也可以是 2 个、4 个 Fe 离子通过无机 S 原子及蛋白质半胱氨酸残基的—SH 连接，形成 Fe_2S_2、Fe_4S_4 的结构形式（图 6-5）。

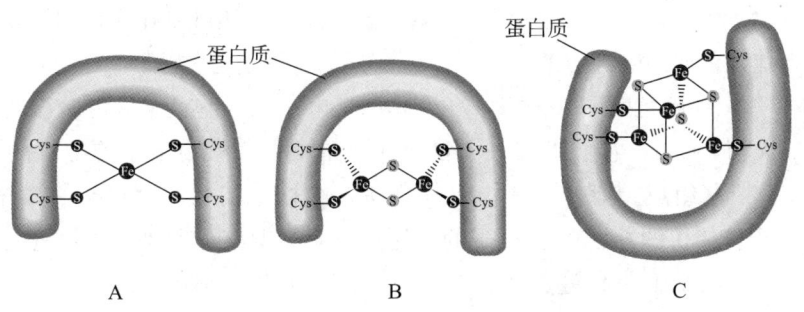

图6-5 三种类型铁原子与硫原子关系示意图
A. 单个铁与半胱氨酸的巯基硫相连；
B. Fe_2S_2；C. Fe_4S_4
Ⓢ 代表无机硫；Ⓢ 代表半胱氨酸的巯基硫

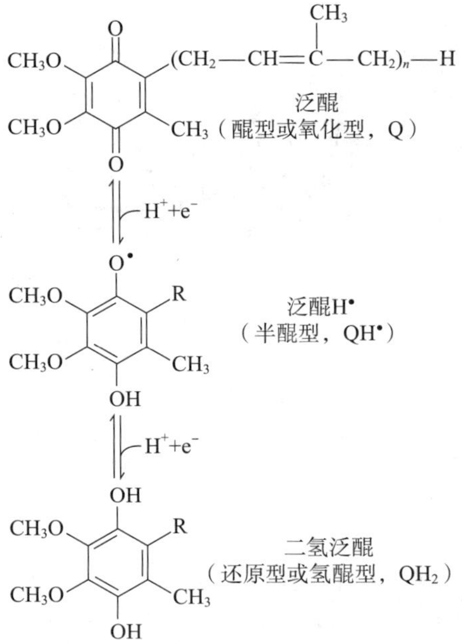

图 6-6 泛醌的加氢和脱氢反应

泛醌（ubiquinone）又称辅酶 Q（coenzyme Q，CoQ 或 Q），是生物界中广泛存在的一种脂溶性的小分子醌类化合物。在其分子结构中，异戊二烯单位的数目因物种而异，人体内的 Q 侧链由 10 个异戊二烯单位组成，用 Q_{10} 表示。由于侧链的存在，使得泛醌具有较强的疏水作用，因此可在线粒体内膜的脂质双分子层中自由扩散。在氧化还原反应中，泛醌分为半醌型泛醌、二氢泛醌、泛醌三种状态。泛醌接受 1 个电子和 1 个质子还原成半醌型泛醌，再接受 1 个电子和 1 个质子还原成二氢泛醌，后者又可脱去电子和质子被逐步氧化为泛醌（图 6-6）。泛醌可以同时传递氢和电子，所以它是一种双、单电子的传递体。

2. 复合体 II——琥珀酸 - 泛醌还原酶 复合体 II 将电子从琥珀酸传递给泛醌。复合体 II 主要由含辅基 FAD 的黄素蛋白、铁硫蛋白组成。作用是催化琥珀酸脱氢生成 $FADH_2$，将电子传递到铁硫中心，然后传递给泛醌，即琥珀酸 → FAD → Fe-S → Q。在整个催化反应的过程中，由于自由能变化极小，所以复合体 II 没有质子泵的作用，即电子从 $FADH_2$ 转移到辅酶 Q 时，不伴有质子从线粒体基质转移到线粒体内膜外，也就没有 ATP 的生成。

3. 复合体 III——泛醌 - 细胞色素 c 还原酶 复合体 III 将电子从泛醌传递给细胞色素 c。复合体 III 主要由细胞色素 b（Cyt b_{562}、b_{566}）、细胞色素 c_1 和铁硫蛋白组成。在电子传递过程中，二氢泛醌被氧化生成泛醌，细胞色素 c 接受电子被还原，即 QH_2 → Cyt b → Fe-S → Cyt c_1 → Cyt c。与此同时，每传递 1 对电子可以同时将 4 个 H^+ 从内膜基质侧泵到胞质侧，因此复合体 III 具有质子泵的功能。

拓展学习 6-1
Q 循环

细胞色素（cytochrome，Cyt）是以血红素为辅基的蛋白质，血红素中的铁离子可通过二价与三价铁的转变传递电子，即血红素铁氧化型为 Fe^{3+}，接受一个电子后转变为 Fe^{2+}，是单电子传递体。根据细胞色素在还原状态下不同的吸收光谱，可分为细胞色素 a、b、c（Cyt a、Cyt b、Cyt c）三大类，其所含的血红素辅基也分别称为血红素 a、b、c（图 6-7）。每一类细胞色素又因其最大吸收峰的微小差别分为几个亚类，如 Cyt a 又分为 Cyt a、Cyt a_3，Cyt c 分为 Cyt c、Cyt c_1。

各种细胞色素的主要差别在于其辅基结构及辅基与蛋白质部分的连接方式。血红素 a 的铁卟啉环侧链中，1 个甲基被甲酰基取代，1 个乙烯基连接异聚戊二烯长链。血红素 b、c 与血红蛋白的血红素相同。血红素 a 和 b 与 Cyt a 和 Cyt b 蛋白以非共价结合，而血红素 c 通过乙烯基侧链与蛋白质两个半胱氨酸残基—SH 共价结合（图 6-7）。在线粒体呼吸链中存在的 5 种细胞色素 a、a_3、b、c 和 c_1 中，只有 Cyt c 属于膜周蛋白，而且能溶于水，还可以在线粒体内膜外侧移动，有利于电子从复合体 III 传递到复合体 IV，Cyt c 不属于任何一种复合物体。

4. 复合体 IV——细胞色素 c 氧化酶 复合体 IV 将电子从细胞色素 c 传递给氧生成 H_2O。复合体 IV 包括 Cyt a 和 Cyt a_3，它们组成一个复合体，是唯一直接将电子传给氧的细胞色素。人复合体 IV 由 13 个亚基组成，亚基 1-3 构成复合体 IV 的核心结构，含有 Fe、Cu 离子的结合位点，发挥传递电子作用（图 6-8）。在电子的传递过程中，铜离子和亚铜离子可进行二价与一价的互变，将 Cyt c 的电子最终传递给氧，使 O_2 还原与 H^+ 生成 H_2O，即 Cyt c → Cu_A → Cyt a →

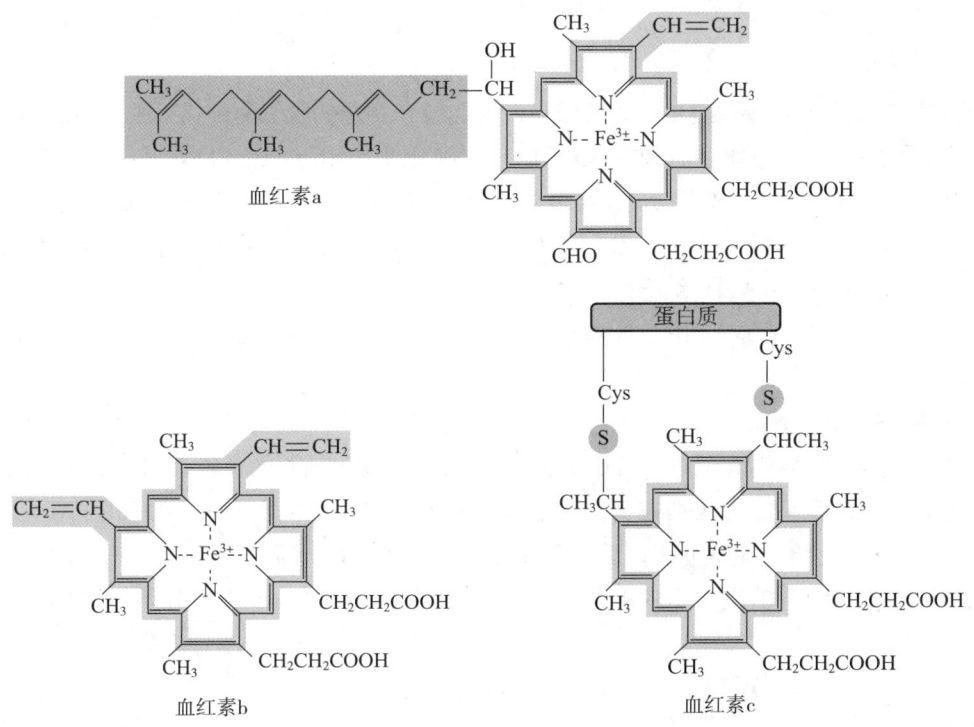

图 6-7　细胞色素 a、b、c 辅基的结构

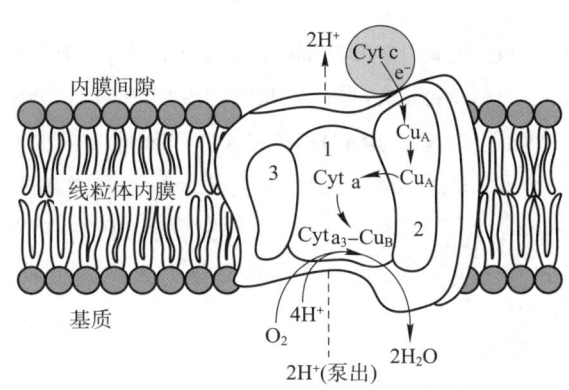

图 6-8　复合体 IV 结构及电子传递示意图

Cyt a_3 → Cu_B → O_2。复合体 IV 也具有质子泵的作用，每传递 2 个 e^- 伴随 2 个 H^+ 从内膜基质侧泵到内膜胞质侧。

（三）呼吸链各组分的排列顺序

呼吸链中各电子传递体是按照一定顺序排列的，目前普遍接受的呼吸链排列顺序如下：

NADH → NADH 脱氢酶（FMN，Fe-S）→ Q → Cyt b → Cyt c_1 → Cyt c → Cyt aa_3 → O_2

↑

琥珀酸脱氢酶（FAD，Fe-S）

拓展学习 6-2
呼吸链各组分排列顺序的四种实验测定方法

二、体内重要的两条呼吸链

线粒体内主要的呼吸链有两条：NADH 呼吸链和琥珀酸氧化呼吸链。

（一）NADH 呼吸链

NADH 呼吸链是体内最主要的一种呼吸链。代谢物在相应的脱氢酶催化下脱下 2H（$2H^+ + 2e$），由 NAD^+ 接受生成 NADH+H^+；后者在 NADH- 泛醌还原酶作用下，经 FMN、Fe-S 传递给 Q 生成 QH_2。QH_2 中的 2H 解离成 $2H^+$ 和 $2e^-$，其中 $2H^+$ 游离在基质中，$2e^-$ 则首先由 Cyt b 接受，依次按照 Cyt b → Fe-S → Cyt c_1 → Cyt c → Cu_A → Cyt a → Cyt a_3 → Cu_B → O_2 的顺序逐步传递给氧，生成 O^{2-}，与游离于基质中的 $2H^+$ 结合生成水。

NADH 呼吸链的电子传递顺序：NADH →复合体 Ⅰ → Q →复合体 Ⅲ → Cyt c →复合体 Ⅳ → O_2。

（二）琥珀酸氧化呼吸链

琥珀酸氧化呼吸链又称 $FADH_2$ 呼吸链，主要由以 FAD 为辅基的黄素蛋白、泛醌和细胞色素组成。它与 NADH 呼吸链的区别在于：琥珀酸在琥珀酸脱氢酶作用下脱下 2H 由 FAD 接受生成 $FADH_2$，再将氢传递给 Q 生成 QH_2，后续过程与 NADH 呼吸链传递过程相同。

琥珀酸氧化呼吸链的电子传递顺序：琥珀酸→复合体 Ⅱ → Q →复合体 Ⅲ → Cyt c →复合体 Ⅳ → O_2。

三、氧化磷酸化

微课或微视频 6-1
氧化磷酸化

在机体能量代谢中，ATP 是体内主要供能的高能化合物。细胞内生成 ATP 的方式有两种，一种是氧化磷酸化（oxidative phosphorylation），即代谢物脱下的氢经线粒体氧化呼吸链传递给氧生成水的同时，释放的能量驱动 ADP 磷酸化生成 ATP，代谢物的氧化反应与 ADP 磷酸化反应偶联发生。另一种生成 ATP 的方式是底物水平磷酸化，即代谢物在脱氢、脱水反应中，引起分子内能量的重新分布和聚集，形成高能化合物，带有高能的底物在代谢反应中将能量释放，使 ADP 磷酸化生成 ATP 的过程（见第四章）。氧化磷酸化是人体内生成 ATP 的主要方式，也是维持生命活动的主要能量来源。

（一）氧化磷酸化的偶联部位

根据下述实验结果和数据大致可以确定电子在呼吸链中传递释放能量发生氧化磷酸化的偶联部位，即 ATP 的产生部位。

1. P/O 比值（phosphate/oxygen rate） 是指物质氧化时，每消耗 1 mol 氧原子所消耗的无机磷的摩尔数（或生成 ATP 的摩尔数）。根据测定不同作用物经呼吸链氧化的 P/O 比值，可大体推测出偶联部位及 ATP 的生成数。在模拟细胞内液的密闭环境中，将分离得到的较完整的线粒体与底物、ADP、H_3PO_4、Mg^{2+} 相互作用，结果发现在消耗氧气的同时消耗磷酸。测定氧气和无机磷酸的消耗量，就可计算出 P/O 比值。已知 $\beta-$ 羟丁酸的氧化是通过 NADH 进入呼吸链，2H 经 NADH 呼吸链传递到氧生成水，测得 P/O 比值约为 2.5，即可生成 2.5 分子的 ATP，表明在 NADH 呼吸链上可能存在 3 个 ATP 偶联部位。琥珀酸氧化时，测得 P/O 比值约为 1.5，即 $FADH_2$ 呼吸链上可能存在 2 个 ATP 偶联部位。而两条呼吸链的区别在于琥珀酸氧化直接经以 FAD 为辅基的黄素蛋白进入 Q，这表明在 NADH 至 Q 之间可能存在 ATP 偶联部位。而抗坏血酸底物直接通过 Cyt c 传递进行氧化，P/O 比值接近 1，说明 Cyt c 和 O_2 之间可能存在 ATP 偶联部位，而另一个 ATP 偶联部位则应在 Q 与 Cyt c 之间。

2. 自由能变化　从 NAD^+ 到 Q 段测得的还原电位差约为 0.36 V，从 Q 到 Cyt c 的电位差为 0.19 V，从 Cyt aa_3 到分子氧为 0.58 V。根据热力学公式，标准自由能变化（$\Delta G^{\ominus\prime}$）与还原电位变化（$\Delta E^{\ominus\prime}$）之间有如下关系：

$$\Delta G^{\ominus\prime} = -nF\Delta E^{\ominus\prime}$$

式中，n 代表传递电子数，F 为法拉第常数 96.5 kJ/（mol·V）。

通过计算，它们相应的 $\Delta G^{\ominus\prime}$ 分别为 69.5 kJ/mol、36.7 kJ/mol、112 kJ/mol，而生成 1 mol ATP 需要能量约为 30.5 kJ/mol，由此可见复合体 I、III、IV 传递一对电子释放的能量能够满足生成 ATP 所需的能量。需要指出的是，偶联部位并不意味着这三个复合体是直接产生 ATP 的部位，而是电子释放的能量能够满足 ADP 磷酸化生成 ATP 的需要。

（二）氧化磷酸化的偶联机制

氧化磷酸化的偶联机制共存在三种假说：化学偶联假说（chemical coupling hypothesis）、构象偶联假说（conformational coupling hypothesis）和化学渗透假说（chemiosmotic hypothesis）。目前越来越多的证据支持化学渗透假说。这一假说是 1961 年由英国生物化学家 Peter Mitchell 最先提出的，他也因此获得了 1978 年诺贝尔化学奖。其要点为：电子经呼吸链传递释放的能量，通过复合体的质子汞功能，驱动质子从线粒体内膜的基质侧转移到内膜的胞质侧（线粒体内膜不允许 H^+ 自由通透），形成跨线粒体内膜的 H^+ 电化学梯度，以此储存电子传递释放的能量。当质子顺浓度梯度回流基质时驱动 ADP 与 P_i 生成 ATP（图 6-9）。如一对电子自 NADH 传递至氧可释放约 220 kJ/mol 的能量，同时将 10 个 H^+ 从线粒体基质转移至膜间隙。

人文视角 6-1
化学渗透假说与诺贝尔奖
拓展学习 6-3
化学偶联假说、构象偶联假说

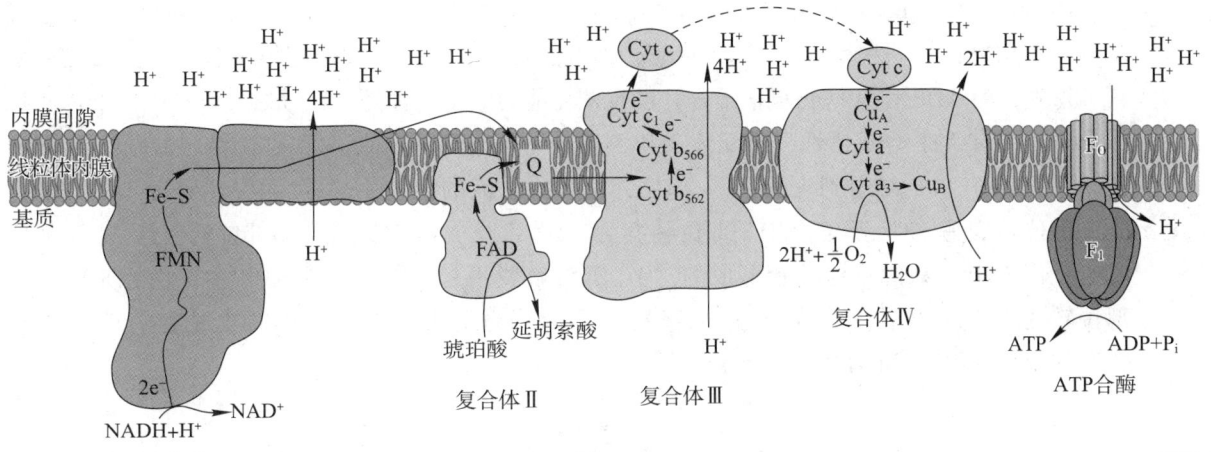

图 6-9　化学渗透假说

（三）ATP 的生成

ATP 由位于线粒体内膜上一个酶的复合体系催化完成。这个复合体系称为 ATP 合酶（ATP synthase），由多种亚基组成复合体，呈现蘑菇样结构，主要由 F_1（亲水部分）和 Fo（疏水部分）组成。F_1 由 $\alpha_3\beta_3\gamma\delta\varepsilon$ 亚基组成复合体，其功能是催化 ATP 合成。Fo 由 a、b_2、$c_{9\sim12}$ 亚基组成，大部分结构镶嵌在线粒体内膜中，形成跨内膜质子通道，起到质子回流作用。Fo 通过寡霉素敏感蛋白（oligomycin sensitive conferring protein，OSCP）和偶合因子 6（coupling factor 6，F_6）构成的柄结构与 F_1 单元相连（图 6-10）。

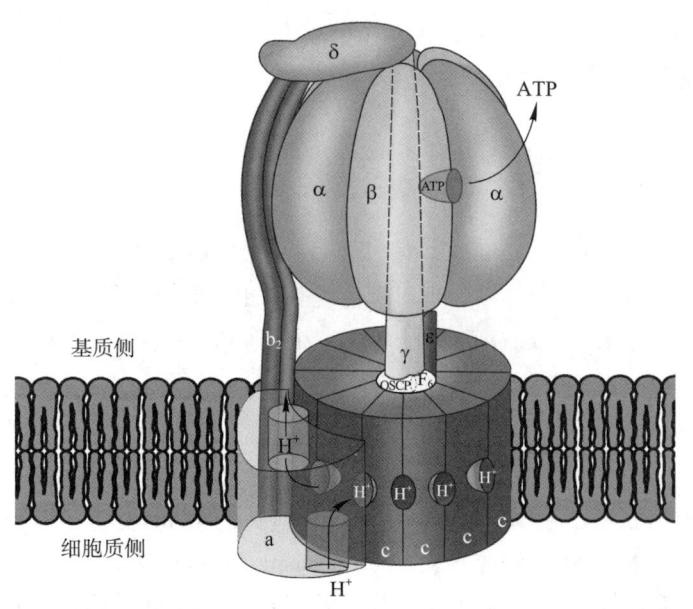

图 6-10　ATP 合酶

Fo 的 c 亚基由短环连接的 2 个反向跨膜 α- 螺 旋 组 成，9~12 个 c 亚基组成环装结构，a 亚基紧靠 c 亚基环外侧，有 5 个跨膜 α- 螺旋形成 2 个半穿透线粒体内膜，且不连通的亲水质子半通道，两个开口分别位于线粒体基质侧和内膜的胞质侧，两个半透膜分别与 1 个 c 亚基相对应。2 个 b 亚基通过长的亲水端锚定 F_1 的 α 亚基，并通过 δ 与亚基 $\alpha_3\beta_3$ 稳固结合，嵌入内膜的疏水端与 Fo 的 a 亚基结合，使 a、b_2 和 F_1 中的 $\alpha_3\beta_3$、δ 亚基组成稳定的"定子"部分。F_1 的 3 个 α 亚基与 3 个 β 亚基交替排列，形成 αβ 功能单元，像橘子瓣样围绕 γ 亚基形成六聚体，γ 和 ε 亚基共同形成中心轴，轴上端 γ 与 β 亚基疏松结合，影响 β 亚基的活性结构，下端与 Fo 的 c 亚基环结合，使得 c 亚基环、γ 和 ε 亚基共同组成 ATP 酶结构的"转子"部分。

当质子顺梯度穿内膜向基质回流时，"转子"部分围绕"定子"部分进行旋转，使 F_1 的 αβ 功能单元利用释放的能量结合 ADP 和 P_i 生成 ATP。目前虽然对 ATP 合酶的结构组成有所了解，但 H^+ 回流时能量是如何转移到 ATP 合酶及 ATP 合酶又是如何催化生成 ATP 的机制还未完全阐明。1993 年，Paul Boyer 提出在 ATP 合成的结合变构机制（binding change mechanism）中，β 亚基有三型构象：第一种是处于"O"状态，即开放形式，无活性，对配体亲和力低。第二种是"L"形式，与 ADP 和 P_i 底物疏松结合，没有催化能力。第三种是"T"形式，与 ADP 和 P_i 底物结合紧密，有 ATP 合成活性，与配体亲和力高。如果在酶分子的"T"部位结合着一个 ATP 分子，又有 ADP 和 P_i 结合到它的"L"部位，这时质子流的能量使"T"部位转变为"O"部位，"L"部位转变为"T"部位，"O"部位转变为"L"部位。当 ATP 所处的部位转变为"O"部位时，就使 ATP 容易地从这个新形成的"O"部位解脱下来，同时又使 ADP 和 P_i 由原来的"L"部位转变成"T"部位并合成新的 ATP 分子。只有当质子流从 F_o 流至 F_1 时才发生"O""L"和"T"的相互转化（图 6-11）。

图 6-11　ATP 合酶的结合变构机制

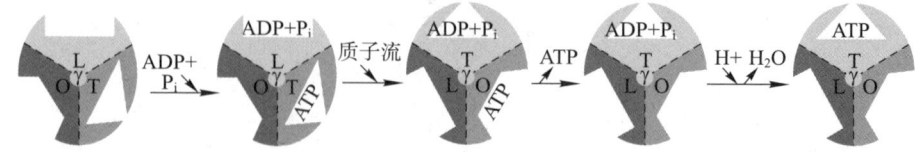

（四）影响氧化磷酸化的因素

1. ADP 的调节作用　正常机体氧化磷酸化的速率主要受 ADP 的调节。当活动和消耗能量时细胞消耗 ATP，ADP 生成速度增加，使 ATP/ADP 的比值降低，ADP 进入线粒体迅速用于磷酸化，随之氧化磷酸化加速，ATP 生成增多，满足能量需求，直到 ATP/ADP 比值上升至正常水平，氧化磷酸化也随之减慢。另外，ATP/ADP 的相对含量同时调节糖酵解、三羧酸循环过程，以满足氧化磷酸化对 NADH 和 FADH$_2$ 的需求；同时 ATP 也通过别构调节的方式，影响糖酵解及三羧酸循环的速率，协调产能代谢相关途径。因此，ADP/ATP 比率是调节氧化磷酸化的重要因素。

2. 抑制剂

（1）呼吸链抑制剂　能够阻断呼吸链中某部位电子传递而使氧化受阻的物质（药物或毒物）称为呼吸链抑制剂。例如，鱼藤酮（rotenone）、粉蝶霉素 A（piericidin A）及异戊巴比妥（amobarbital）等可阻断电子从铁硫中心向泛醌的传递。萎锈灵（carboxin）是复合体 II 的抑制剂。抗霉素 A（antimycin A）、二巯丙醇（dimercaptopropanol，BAL）具有抑制电子从 Cyt b 向 Cyt c$_1$ 传递的作用，是复合体 III 的抑制剂。氰化物、硫化氢、一氧化碳和叠氮化物等抑制细胞色素 c 氧化酶，阻断电子由 Cyt aa$_3$ 向分子氧的传递，这就是煤气（CO）、氰化物中毒的原理之一。这一类呼吸链抑制剂可使细胞呼吸停止而危及生命。主要抑制剂及作用部位见图 6-12。

临床聚焦 6-1
一氧化碳、氰化物中毒的生化机制及救治

（2）氧化磷酸化抑制剂　这类抑制剂的作用特点是既能抑制氧的利用又抑制 ATP 的生成，但不直接抑制电子的传递。例如，寡霉素（oligomycin）可以阻止质子从 F$_0$ 质子通道回流，使磷酸化过程无法完成，抑制 ATP 生成（图 6-12）。氧化磷酸化抑制剂可直接干扰 ATP 的生成过程，由于它干扰了由电子传递的高能状态形成 ATP 的过程，结果使得电子传递不能进行。

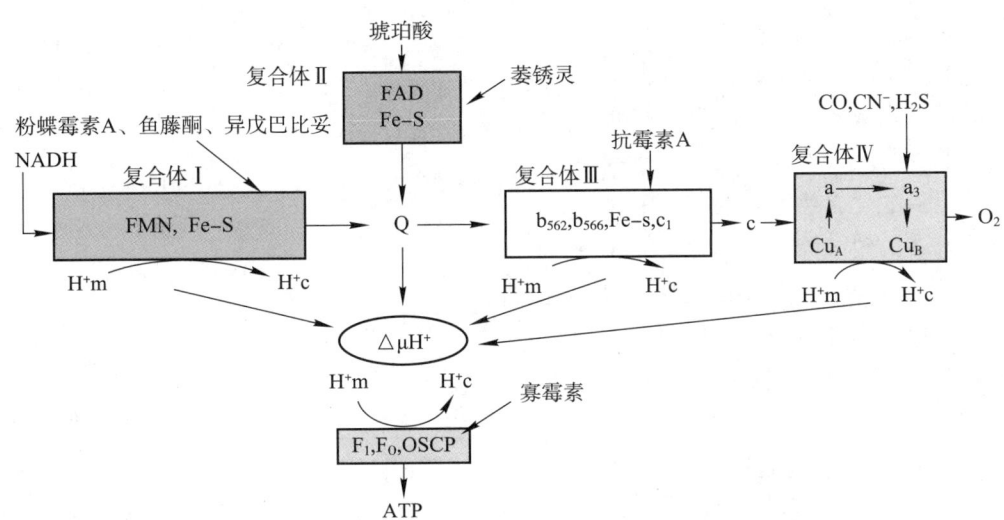

图 6-12　呼吸链抑制剂的作用部位

（3）解偶联剂（uncouplers）　这类化合物可使氧化与磷酸化偶联过程脱离。它只抑制 ATP 的生成过程，不抑制电子传递过程，使电子传递产生的自由能都转变为热能。其基本作用机制是使呼吸链传递电子过程中泵出的 H$^+$ 不经 ATP 合酶的 F$_0$ 质子通道回流，而是通过其他途径返回线粒体基质，从而破坏内膜两侧的质子电化学梯度，ATP 的生成受到抑制。如二硝基苯酚（dinitrophenol，DNP）为脂溶性物质，在线粒体内膜中可自由移动，当其进入基质后可释出 H$^+$，返回胞质侧可再结合 H$^+$，从而使 H$^+$ 的跨膜梯度消除，氧化过程释放的能量不能用于 ATP 的合成。机体内源性解偶联剂能使组织产热，如新生儿体内存在的棕色脂肪组织富含一种特殊蛋白质，称解偶联蛋白 1（uncoupling protein1，UCP1），其是由两个相对分子质量 3.2×10^4 的亚基组成的二聚体，在内膜上形成质子通道，H$^+$ 可经此通道返回线粒体基质中，从而产生热量，因此棕色脂肪组织是产热御寒组织，新生儿可通过这种机制产热以维持体温。新生儿硬肿症就是因为缺乏棕色脂肪组织，不能维持正常体温而使皮下脂肪凝固所致。

临床聚焦 6-2
新生儿硬肿症

3. 甲状腺激素　是调节氧化磷酸化的重要激素，它可激活许多组织细胞膜上的 Na$^+$-K$^+$-ATP

酶，使 ATP 加速分解为 ADP 和 P_i，ADP 进入线粒体数量增多，使氧化磷酸化速度加快。甲状腺激素还可使解偶联蛋白基因表达增加，引起物质氧化释能和产热比率增加，所以临床上常见到甲状腺功能亢进症患者基础代谢率偏高。

4. 线粒体 DNA 突变　线粒体 DNA（mtDNA）呈裸露的环状双螺旋结构，缺乏蛋白质保护和损伤修复系统，易受到损伤继而突变，其突变率远高于细胞核内的基因组 DNA。

线粒体的编码基因主要满足线粒体功能所需。如人 mtDNA 含 37 个编码基因，用于表达呼吸链复合体 I 中的 7 个亚基、Cyt b、复合体Ⅳ中的 3 个亚基、ATP 酶的 2 个亚基，以及 22 个 tRNA 和 2 个 rRNA。因此，mtDNA 的突变直接影响呼吸链结构及电子传递功能，使能量产生障碍，引发疾病。

拓展学习 6-4
线粒体 DNA 与疾病发生

四、ATP 在能量的生成、利用、转移和储存中的作用

（一）ATP 与高能化合物

ATP 属于高能磷酸化合物，可直接为细胞的各种生理活动提供能量；其他高能化合物所储存的能量不能直接被生物利用，需要将其化学能转移，以形成 ATP 的能量形式被利用。一般将水解时释出的自由能大于 25 kJ/mol 的磷酸化合物称为高能磷酸化合物，将这些水解时释放能量较多的磷酸酯键，称为高能磷酸键，用"~P"表示。生物体内常见的高能化合物包括高能磷酸化合物和含有 CoA 的高能硫酯化合物（表 6-2）。

表 6-2　几种常见的高能化合物

化合物	释放能量（pH7.0, 25℃）kJ/mol（kcal/mol）
磷酸肌酸	−43.1（−10.3）
1,3- 二磷酸甘油酸	−49.3（−11.8）
磷酸烯醇式丙酮酸	−61.9（−14.8）
ATP → ADP + P_i	−30.5（−7.3）
ADP → AMP + P_i	−27.6（−6.6）
氨基甲酰磷酸	−51.4（−12.3）
乙酰 CoA	−31.5（−7.5）
焦磷酸	−27.6（−6.6）

（二）ATP 的利用和储存

人类发挥生理功能所需要的一切能量，主要来自营养物质糖类、脂质等的分解代谢，但都必须转化成 ATP 的形式才被利用，所以 ATP 是细胞可以直接利用的能量形式。ATP 分解时释放出的大量能量参与完成机体各种生理活动。

1. 参与糖类、脂质及蛋白质的生物合成过程　ATP 可用于糖类、脂质及蛋白质的生物合成过程。UTP、CTP、GTP 可为糖原、磷脂、蛋白质等合成提供能量，但它们一般不能从物质氧化过程中直接生成，只能在核苷二磷酸激酶的催化下，从 ATP 中获得 ~P 产生。反应如下：

$$ATP + UDP \rightarrow ADP + UTP$$
$$ATP + CDP \rightarrow ADP + CTP$$
$$ATP + GDP \rightarrow ADP + GTP$$

2. 磷酸肌酸是肌肉中能量的储存形式　磷酸肌酸（creatine phosphate, CP）作为高能化合物，存在于需能较多的骨骼肌、心肌和脑中。肌酸在肌酸激酶的催化下，由 ATP 提供 ~P 生成磷酸肌酸。当体内 ATP 不足时，磷酸肌酸将 ~P 转给 ADP，生成 ATP，补充 ATP 的不足（图 6-13）。

ATP 在体内能量捕获、转移、储存和利用过程中处于中心地位。一般情况下，ATP 分子一旦形成，数分钟之内即被利用。所以 ATP 不是能量的储存形式，而是一种能量传递分子，即在

体内不断进行 ADP-ATP 的再循环，伴随自由能的释放和获得（图 6-14）。

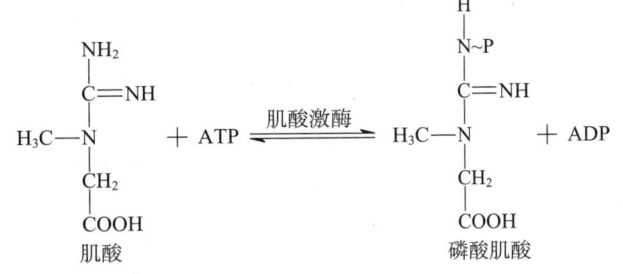

图 6-13 高能磷酸键在 ATP 和磷酸肌酸间的转移

五、线粒体内膜对各种物质的选择性转运

线粒体基质与胞质之间有线粒体内、外膜相隔，外膜的通透性较大，大多数小分子化合物和离子可以自由通过进入膜间隙。而内膜却具有较严格的透过选择性，它通过与代谢物转运相关的转运蛋白体系，对各种物质进行选择性转运，以保证生物氧化的顺利进行。

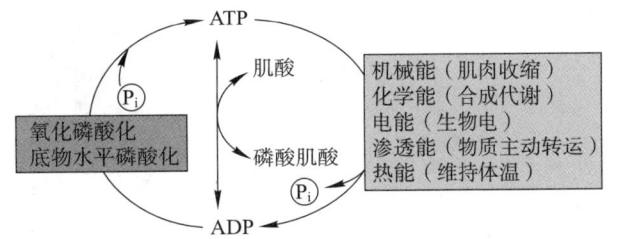

图 6-14 ATP 的生成、储存和利用

（一）胞质中 NADH 的氧化

线粒体内生成的 NADH 可直接进入呼吸链进行氧化磷酸化，但在细胞质中生成的 NADH 不能自由通过线粒体内膜，故线粒体外 NADH 必须通过某种转运机制才能进入线粒体。目前发现的转运机制有：3- 磷酸甘油穿梭（3-glycerophosphate shuttle）和苹果酸 – 天冬氨酸穿梭（malate-aspartate shuttle）。

1. 3- 磷酸甘油穿梭　这种穿梭主要存在于脑和骨骼肌中。如图 6-15 所示，具体穿梭过程是：线粒体外的 NADH 在细胞质中磷酸甘油脱氢酶的催化下，使磷酸二羟丙酮还原成 3- 磷酸甘油，后者可容易地透过线粒体外膜到达线粒体内膜的膜间隙侧，再经位于线粒体内膜膜间隙侧的磷酸甘油脱氢酶催化生成磷酸二羟丙酮和 $FADH_2$。$FADH_2$ 则进入琥珀酸氧化呼吸链进行传递，因此 1 分子的 NADH 经此穿梭能产生 1.5 分子 ATP。

2. 苹果酸 – 天冬氨酸穿梭　这种穿梭主要存在于肝、肾和心肌中。如图 6-16 所示，细胞质

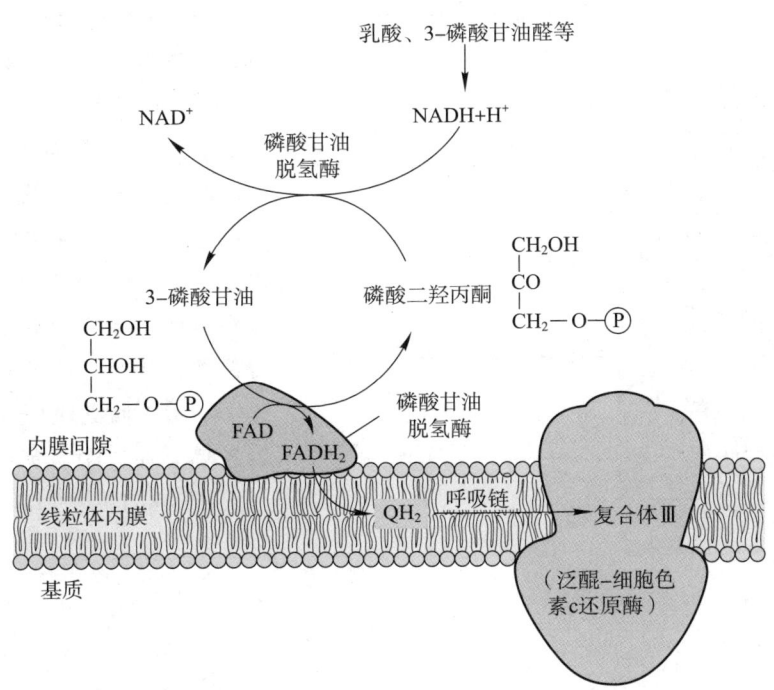

图 6-15　3- 磷酸甘油穿梭

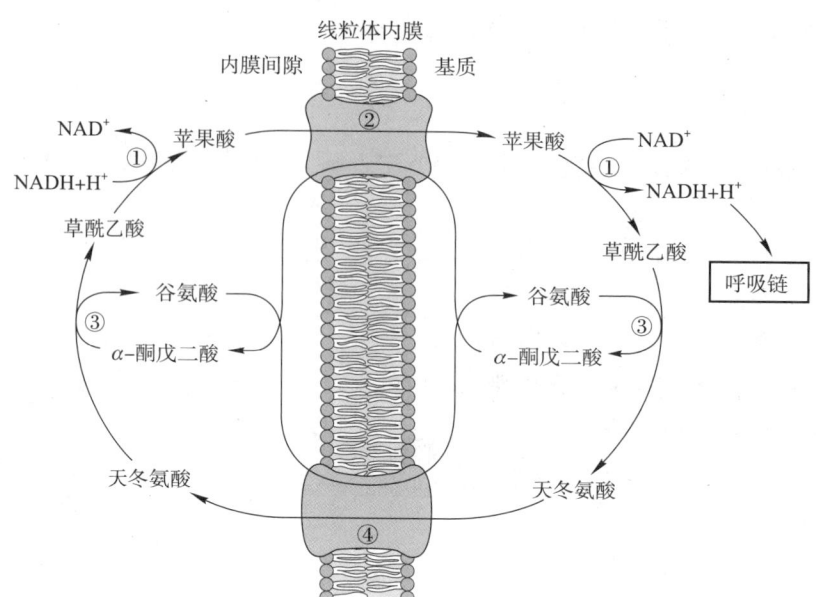

图6-16 苹果酸–天
冬氨酸穿梭
① 苹果酸脱氢酶；
② 苹果酸-α-酮戊二
酸转运体；③ 谷草转
氨酶；④ 谷氨酸–天
冬氨酸转运体

中的 NADH 在苹果酸脱氢酶的催化下，使草酰乙酸还原为苹果酸，苹果酸进入线粒体后重新生成草酰乙酸和 NADH。NADH 进入 NADH 呼吸链进行氧化生成 2.5 分子 ATP。由于草酰乙酸不易穿过线粒体内膜，因此必须经谷草转氨酶的催化生成天冬氨酸，后者经谷氨酸 – 天冬氨酸转运体运出线粒体再转变为草酰乙酸，继续进行穿梭。

（二）ATP 与 ADP 转运蛋白

由于线粒体内产生的 ATP 绝大多数在细胞质中被利用，而 ATP、ADP 和 P_i 都不能自由通过线粒体内膜，必须依赖载体转运。ATP、ADP 由腺苷酸载体（adenine nucleotide transporter）转运，腺苷酸载体称为腺苷酸转运蛋白，也称 ATP-ADP 转位酶（ATP-ADP translocase）（图 6-17）。该蛋白质能将线粒体基质中的 ATP 和细胞质中产生的 ADP 进行交换转运。此转运蛋白是由 2 个亚基组成的二聚体，形成跨膜蛋白通道，将膜间隙的 ADP^{3-} 转运至线粒体基质中，同时将基质中的 ATP^{4-} 转运出来。转运蛋白转运的速率受细胞质和线粒体内 ADP、ATP 水平的影响。当细胞质中 ADP 水平升高时，ADP 进入线粒体内，而 ATP 自线粒体逆向转运至细胞质中，结果线粒体内 ADP/ATP 比率升高，促进 ATP 的生成。P_i 也是线粒体基质 ATP 合成所需要的，它通过 P_i-H^+ 同向转运系统（symport system）完成转运。

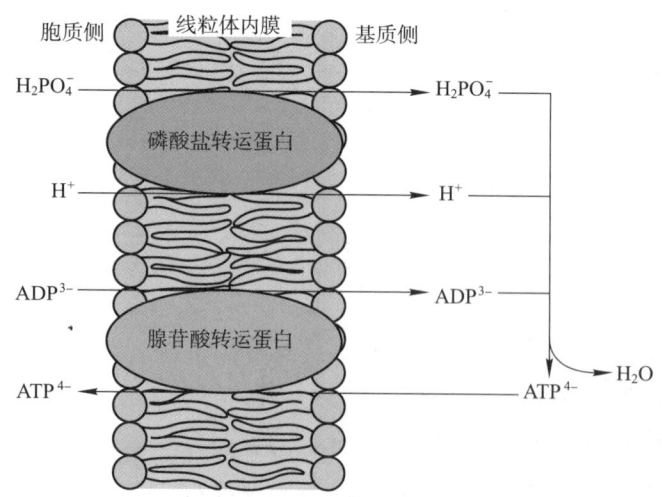

图6-17 ATP、ADP、
P_i 的转运

第二节 线粒体外氧化体系

除线粒体外，细胞的微粒体和过氧化物酶体也是生物氧化的场所，主要参与物质的生物转化（详见第二十章）。其中存在一些不同于线粒体的氧化酶类，组成特殊的氧化体系，其特点是在氧化过程中不伴有偶联磷酸化，不生成 ATP。此外，线粒体呼吸链在单电子传递过程中，单电子也有机会"漏出"直接与氧直接结合生成活性氧组分，如 $O_2^{\cdot-}$ 和 H_2O_2。产生的活性氧是引起细胞氧化损伤的原因之一，机体内也存在相应的抗氧化作用机制。

一、过氧化物酶体系

过氧化物酶体（peroxisome）是一种特殊的细胞器，存在于动物的肝、肾、中性粒细胞核、小肠黏膜细胞中。过氧化物酶体内含有多种氧化酶，可以催化过氧化氢及超氧阴离子的生成，同时含有分解它们的酶。

（一）过氧化氢及超氧阴离子的生成与毒性

生物氧化过程中，呼吸链在电子传递中，由于漏出的电子直接与氧结合产生超氧阴离子（$O_2^{\cdot-}$），再逐步接受电子生成 H_2O_2、羟自由基（$OH^{\cdot}$）。此外，细胞质中黄嘌呤氧化酶、微粒体中单加氧酶等催化反应，需要氧为底物，也可产生 $O_2^{\cdot-}$。这些未被完全还原的含氧分子，氧化性远大于 O_2，合称为反应活性氧类（reactive oxygen species，ROS）。

$$O_2 + e^- \rightarrow O_2^{\cdot-}$$

$$O_2 + 3e^- + 3H^+ \rightarrow HO_2 + OH^{\cdot}$$

$$O_2 + 2e^- + 2H^+ \rightarrow H_2O_2$$

拓展学习 6-5
ROS 及其活性作用

H_2O_2 在体内有一定的生理作用，如中性粒细胞产生的 H_2O_2 可用于杀死吞噬的细胞；甲状腺产生的 H_2O_2 可用于酪氨酸的碘化过程，为合成甲状腺激素所必需。但对大多数组织来说，H_2O_2 若堆积过多，则会对细胞有毒性作用。$O_2^{\cdot-}$、H_2O_2、羟自由基等可使 DNA 氧化、修饰、甚至断裂；氧化蛋白质的巯基而改变蛋白质功能；羟自由基氧化细胞膜磷脂生成过氧化脂质，引起细胞膜损伤。

（二）过氧化氢及超氧阴离子的清除

1. 过氧化氢酶（catalase） 又称触酶，广泛分布于血液、骨髓、黏膜、肾及肝等组织，其辅基含有 4 个血红素，催化反应如下：

$$2H_2O_2 \rightarrow 2H_2O + O_2$$

2. 过氧化物酶（peroxidase） 分布在乳汁、白细胞、血小板等体液或细胞中。该酶也是以血红素为辅基，催化 H_2O_2 直接氧化酚类或胺类化合物，反应如下：

$$R + H_2O_2 \longrightarrow RO + H_2O \text{ 或 } RH_2 + H_2O_2 \longrightarrow R + 2H_2O$$

3. 超氧化物歧化酶（superoxide dismutase，SOD） 可催化一分子超氧阴离子氧化生成 O_2，另一分子超氧阴离子还原生成 H_2O_2：

$$2O_2^{\cdot-} + 2H^+ \xrightarrow{\text{SOD}} H_2O_2 + O_2$$

在真核细胞胞质内，该酶以 Cu^{2+}、Zn^+ 为辅基，称为 Cu/Zn-SOD；线粒体内以 Mn^{2+} 为辅基，称 Mn-SOD。生成的 H_2O_2 可被活性极强的过氧化氢酶分解。SOD 是人体防御内、外环境中超氧阴离子损伤的重要酶。

体内其他小分子自由基清除剂有维生素 C、维生素 E、β- 胡萝卜素、泛醌等，共同组成人体的抗氧化体系。

二、微粒体氧化体系

存在于微粒体中的氧化体系为单加氧酶，又称混合功能氧化酶（mixed function oxidase），其催化氧分子中的一个氧原子加到底物分子上（羟化），另一个氧原子被 $NADPH + H^+$ 还原成水。单加氧酶催化的化学反应与体内许多重要的活性物质的生成、灭活及药物、毒物的生物转化有关（详见第二十章），其反应式如下：

$$RH + NADPH + H^+ + O_2 \longrightarrow ROH + NADP^+ + H_2O$$

拓展学习 6-6
细胞色素 P450

单加氧酶在肝和肾上腺的微粒体中含量最多，酶结构中含有细胞色素 P450（Cyt P450），通过血红素的 Fe 离子进行单电子传递（图 6-18）。Cyt P450 在生物中广泛分布，人 Cyt P450 有数百种同工酶，分别识别各自特异性底物。

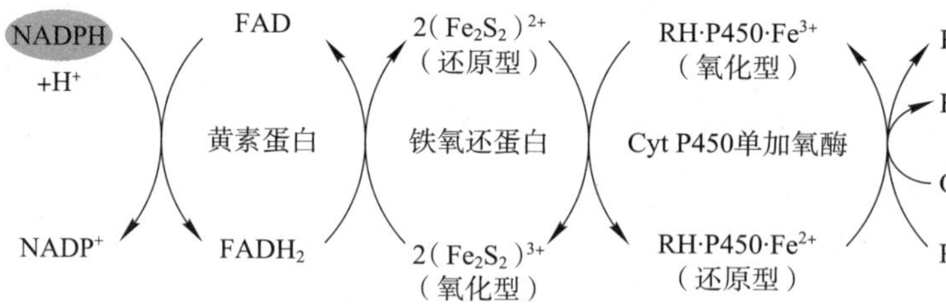

图 6-18　微粒体细胞色素 P450 单加氧酶反应机制

（孙玉宁）

复习思考题

一、简答题

1. 试列表比较体内氧化（生物氧化）与体外氧化的异同。

2. 描述 NADH 呼吸链和琥珀酸氧化呼吸链的组成、排列顺序及磷酸化的偶联部位。

3. 简述氧化磷酸化抑制剂的分类及其各自的作用部位。

4. 细胞质中 NADH 通过什么方式进入线粒体？通过氧化作用可产生多少 ATP？

5. 简述体内 ATP 的生成方式及其各自的概念。

二、讨论题

论述影响氧化磷酸化的因素及其作用机制。

网上更多……

 本章小结　　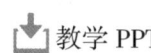 自测题　　 教学 PPT

第七章
氨基酸代谢

关键词

氨基酸	氮平衡	必需氨基酸	转氨基作用
联合脱氨基作用	鸟氨酸循环	脱羧基作用	一碳单位
SAM	甲硫氨酸循环	PAPS	苯丙酮尿症
白化病	氨基酸代谢库		

　　氨基酸是蛋白质的基本组成单位。蛋白质是生命活动的物质基础，是三大营养物质之一，因此蛋白质的代谢在生命活动过程中占据十分重要的地位。蛋白质代谢包括合成代谢和分解代谢，合成代谢将在第十二章蛋白质的生物合成中进行详细介绍。蛋白质在体内分解产生氨基酸，氨基酸的主要代谢途径是经脱氨基作用产生氨和含碳链骨架的各种中间代谢物，前者进一步转变为尿素排出体外，后者可彻底氧化分解为 CO_2 和 H_2O 并提供能量，或转变为糖类、脂质等，所以氨基酸代谢是蛋白质分解代谢的核心内容，也是蛋白质与糖类、脂质及核苷酸代谢相互联系的重要环节。

思维导图

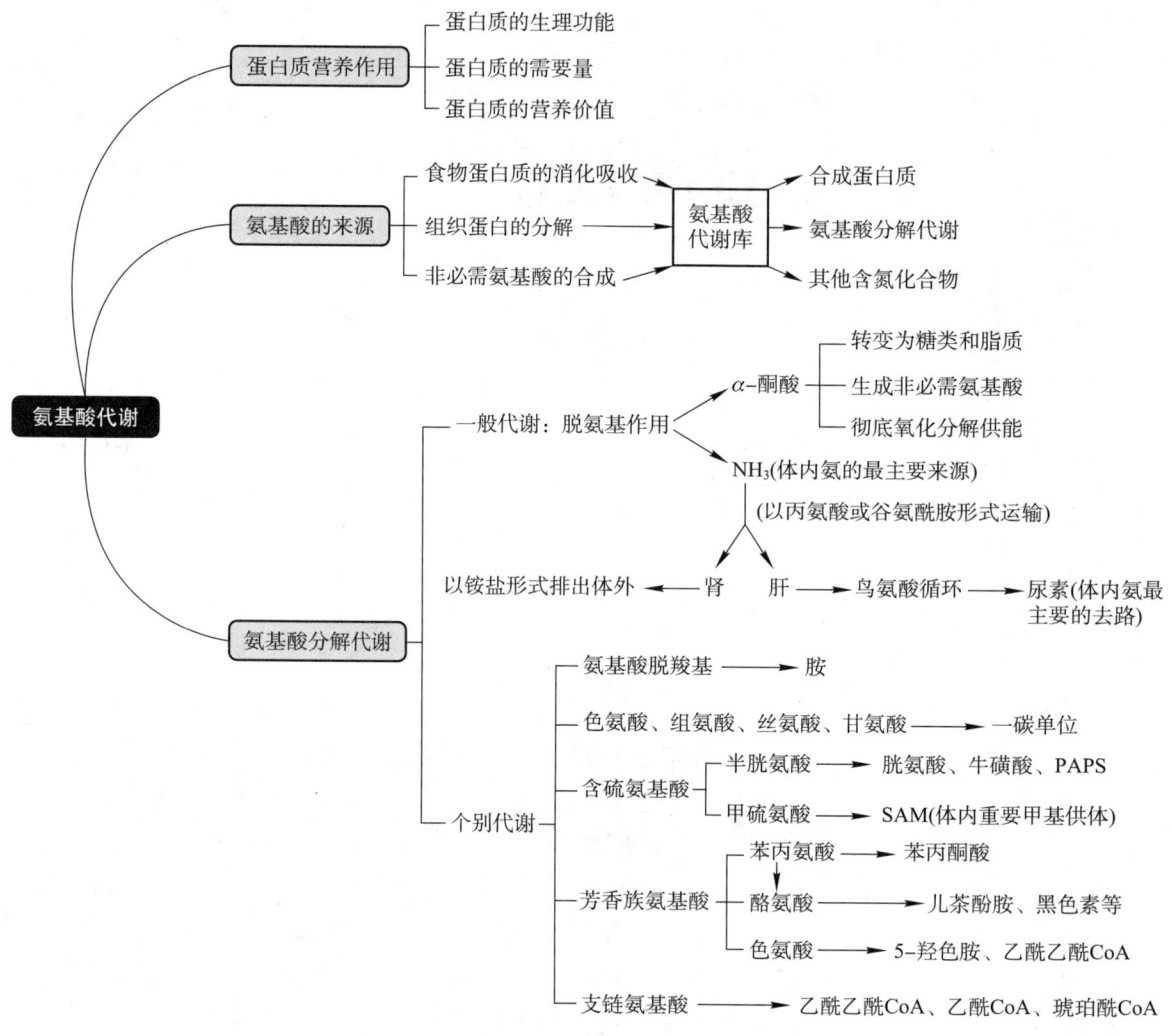

氨基酸不仅参与蛋白质的合成，在机体代谢中还以各种方式转变为多种重要生理活性物质，因此氨基酸在机体的物质代谢和能量代谢中具有重要意义。氨基酸代谢包括合成代谢和分解代谢两方面，本章重点讨论分解代谢。

第一节　概述

一、蛋白质的生理功能与营养价值

（一）蛋白质的生理功能

1. 维持细胞组织的生长、更新和修补　蛋白质是组织细胞的重要成分，参与构成各种组织细胞是蛋白质最重要的功能。膳食中必须提供足够质和量的蛋白质，才能维持细胞组织生长、更新和修补的需要。对于生长发育期的儿童及康复期患者，供给蛋白质尤为重要。

2. 参与多种重要的生理活动　体内具有多种特殊功能的蛋白质，如酶、多肽类激素、抗体和调节蛋白等，在体内发挥催化、调节、免疫防御等作用。此外，氨基酸代谢过程中还可产生胺类、神经递质等具有重要生理功能的化合物。

蛋白质和氨基酸的上述功能不能由糖类、脂质代替。由此可见，蛋白质是生命活动的重要物质基础。

3. 氧化供能　体内蛋白质降解成氨基酸之后，经脱氨基作用生成的 α- 酮酸可以直接或间接参加三羧酸循环而氧化分解供能，是体内能量的来源之一。一般来说，成人每日约有18%的能量来自蛋白质，但是，蛋白质的这种功能可由糖类及脂肪代替，因此，供能是蛋白质的次要生理功能。

（二）蛋白质的需要量

1. 氮平衡　蛋白质在机体内代谢的概况可根据氮平衡（nitrogen balance）实验来反映。食物中的含氮物质绝大部分是蛋白质，测定食物的含氮量可估算其所含蛋白质的量。蛋白质在体内分解代谢所产生的含氮物质主要由尿、粪排出。因此，测定尿与粪中的含氮量（排出氮）及摄入食物的含氮量（摄入氮）可以反映人体蛋白质的代谢概况。人体氮平衡状况有以下三种：

（1）氮的总平衡　摄入氮量 = 排出氮量，反映体内蛋白质合成与分解处于动态平衡，见于正常成年人的蛋白质代谢情况，每日进食的蛋白质主要用于维持组织细胞蛋白质的更新。

（2）氮的正平衡　摄入氮量 > 排出氮量，反映体内蛋白质合成大于分解，部分摄入的蛋白质分解后用于合成体内蛋白质。见于儿童、孕妇及恢复期患者。

（3）氮的负平衡　摄入氮量 < 排出氮量，反映体内蛋白质合成小于分解，见于饥饿或消耗性疾病、营养不良、大量出血、大面积烧伤等患者。

2. 生理需要量　不进食蛋白质膳食约 8 天后，成年人每日排出氮量趋于稳定，约 3.8 g，相当于每日最低分解约 20 g 蛋白质（按 60 kg 体重计算）。由于食物蛋白质与人体蛋白质组成存在差异，不可能全部被利用，为维持氮的总平衡，故成年人每日最低需要 30 ~ 50 g 蛋白质。我国营养学会推荐正常成人每日蛋白质需要量为 80 g。

（三）蛋白质的营养价值

食物蛋白质的营养价值（nutrition value）与食物中蛋白质的含量，所含必需氨基酸的种类、数量和比例，以及食物蛋白质在体内消化吸收、利用的比率有关。由于各种蛋白质所含的氨基酸种类和数量不同，它们的营养价值也就不同。营养学上把机体需要而又不能自身合成，必须由食物提供的氨基酸，称为营养必需氨基酸（nutritionally essential amino acid），共9种，它们是色氨酸、赖氨酸、甲硫氨酸、苏氨酸、缬氨酸、苯丙氨酸、异亮氨酸、亮氨酸和组氨酸。其余11种非必需氨基酸在体内可以合成，不一定由食物提供，称为营养非必需氨基酸（nutritionally nonessential amino acid）。其中组氨酸对于婴幼儿来说也是必需氨基酸，发育多年后可以合成。组氨酸和精氨酸虽能在人体内合成，但合成量不多，若长期缺乏也能造成氮的负平衡，因此有人将组氨酸和精氨酸也归为营养必需氨基酸。有些氨基酸虽可以体内合成，但要以必需氨基酸为原料，如酪氨酸和半胱氨酸在体内分别由苯丙氨酸和甲硫氨酸转变而来，食物中添加这两种氨基酸可以减少对苯丙氨酸和甲硫氨酸的需要量。这种通过消耗必需氨基酸而间接依赖食物供给的营养非必需氨基酸称为条件必需氨基酸（conditionally essential amino acid）。

一般来说，含有必需氨基酸种类多和数量足的蛋白质，营养价值高，反之营养价值低。由于动物性蛋白质所含必需氨基酸的种类和比例与人体相近，故营养价值高。将几种营养价值较低的蛋白质混合食用，必需氨基酸互相补充从而提高蛋白质的营养价值，这种作用称为食物蛋白质的互补作用（complementary action）。例如，谷类蛋白质含赖氨酸较少而含色氨酸较多，豆类蛋白质含赖氨酸较多而含色氨酸较少，两者混合食用即可提高营养价值。

二、食物蛋白质的消化、吸收与腐败

（一）食物蛋白质的消化

食物蛋白质的消化、吸收是人体氨基酸的主要来源。由于蛋白质分子大，未经消化不易吸收，另外通过消化可消除蛋白质的种属特异性和抗原性，避免过敏反应和毒性反应。一般说来，食物蛋白质需经消化道一系列蛋白酶水解为氨基酸及小肽后才能被机体吸收利用。

唾液中不含水解蛋白质的酶，故食物蛋白质的消化自胃开始，主要在小肠完成。

1. **胃内消化**　胃中消化蛋白质的酶是胃蛋白酶（pepsin）。胃蛋白酶是由胃黏膜主细胞合成分泌的胃蛋白酶原（pepsinogen）经胃酸激活或胃蛋白酶自身激活而生成的。激活过程是从其分子的氨基末端切去42个氨基酸残基的小肽，产生具有活性的胃蛋白酶。胃蛋白酶的最适pH为1.5~2.5，对蛋白质肽键作用的特异性较差，主要水解芳香族氨基酸、甲硫氨酸或亮氨酸等残基组成的肽键（表7-1）。蛋白质经胃蛋白酶作用后，生成多肽及少量氨基酸。胃蛋白酶对乳汁中的酪蛋白（casein）有凝乳作用，使乳汁中蛋白质在胃中停留时间延长，有利于蛋白质在婴儿胃中的消化。

2. **小肠中的消化**　食物在胃中停留时间较短，因此蛋白质在胃中消化很不完全。蛋白质消化不全的产物及未被消化的蛋白质进入小肠，受胰液及肠黏膜细胞分泌的多种蛋白酶及肽酶的共同作用，进一步水解成为寡肽和氨基酸。小肠是蛋白质消化的主要部位。

（1）胰液中的蛋白酶及其作用　蛋白质的消化主要靠胰酶来完成，这些酶的最适pH在7.0左右。胰液中的蛋白酶基本上分为两类，即内肽酶（endopeptidase）和外肽酶（exopeptidase）。内肽酶可以水解蛋白质肽链内部的一些肽键，包括胰蛋白酶（trypsin）、糜蛋白酶（chymotrypsin）及弹性蛋白酶（elastase）等。这些酶对不同氨基酸组成的肽键有一定的专一性。外肽酶则水解蛋

表 7-1　蛋白水解酶作用的特异性

酶	特 异 性	
胃蛋白酶	R₃= 色、苯丙、丙、酪、甲硫、亮	R₄= 任何氨基酸残基
胰蛋白酶	R₃= 精、赖	R₄= 任何氨基酸残基
糜蛋白酶	R₃= 苯丙、酪、色	R₄= 任何氨基酸残基
弹性蛋白酶	R₃= 脂肪族氨基酸残基	R₄= 任何氨基酸残基
氨肽酶	R₁= 任何氨基酸残基	R₂= 除脯氨酸外任何氨基酸残基
羧肽酶 A	R₅= 任何氨基酸残基	R₆= 除精、赖、脯外任何氨基酸残基
羧肽酶 B	R₅= 任何氨基酸残基	R₆= 精、赖

注：$R_1 \sim R_6$ 等代表图 7-1 中所指氨基酸残基。

白质或多肽末端的肽键，每次仅水解掉一个氨基酸残基，对不同氨基酸组成的肽键也有一定特异性，主要有羧肽酶 A（carboxypeptidase A）和羧肽酶 B（carboxypeptidase B）（图 7-1 和表 7-1）。

蛋白质在胰液中蛋白酶作用下，最终水解为氨基酸和一些寡肽。

胰腺细胞最初分泌出来的各种蛋白酶均以无活性的酶原形式存在，它们分泌到十二指肠后迅速被十二指肠黏膜细胞分泌的肠激酶（enterokinase）激活。肠激酶也是一种蛋白水解酶，特异地作用于胰蛋白酶原。胰蛋白酶的自身激活作用较弱，但它能迅速将胰液中其他几种酶原激活（图 7-2）。由于胰液中的各种蛋白酶均以无活性的酶原形式存在，同时，胰液中还存在着胰蛋白

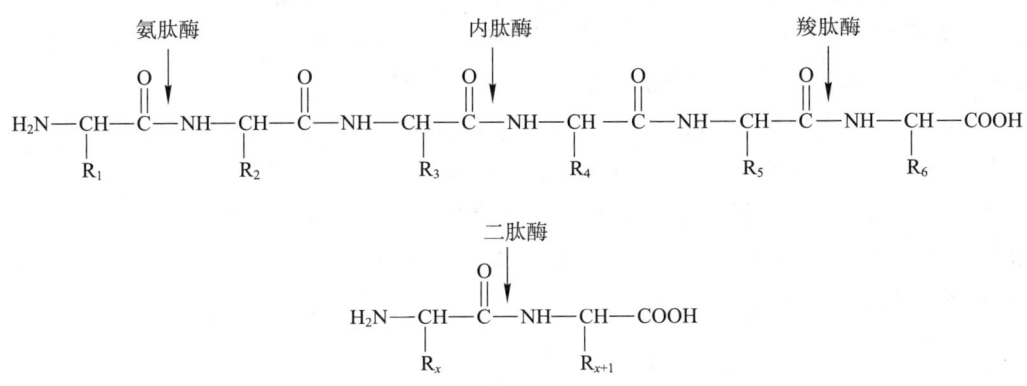

图 7-1　蛋白水解酶作用示意图

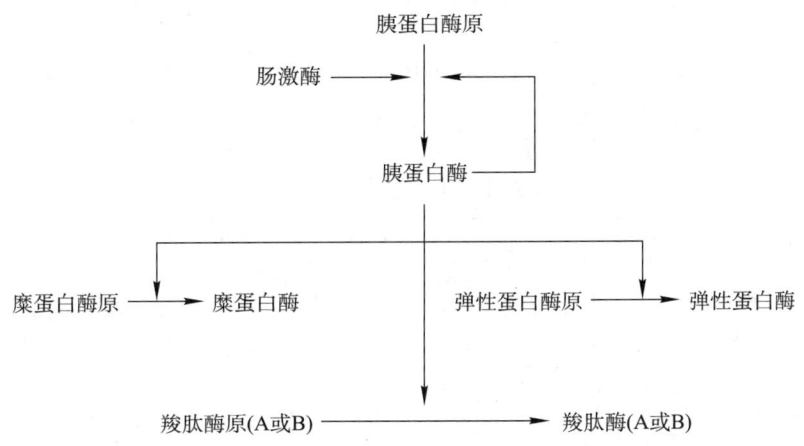

图 7-2　胰酶的激活

酶抑制剂，故能避免胰腺组织受蛋白酶的自身消化。

（2）小肠黏膜细胞寡肽酶的作用　蛋白质经胃液和胰液中各种酶的水解，所得到的产物中仅1/3为氨基酸，其余2/3为寡肽。寡肽的水解主要在小肠黏膜细胞内进行。小肠黏膜细胞质中存在着两种寡肽酶（oligopeptidase）：氨肽酶（aminopeptidase）和二肽酶（dipeptidase）。氨肽酶从肽链的氨基末端逐个水解出氨基酸，最后生成二肽。二肽再经二肽酶水解，最终生成氨基酸（图7-1）。

食物蛋白质在各种水解酶的协同作用下，消化的效率很高。一般正常成人，食物中95%的蛋白质可被完全水解为氨基酸和少量的二肽、三肽，直接被机体吸收。

（二）氨基酸及寡肽的吸收

食物蛋白质经消化水解产生的氨基酸及小分子肽，主要在小肠通过主动耗能的转运机制被吸收。

1. 载体蛋白　实验表明，肠黏膜细胞膜上具有转运氨基酸和寡肽的载体蛋白（carrier protein），能与氨基酸或寡肽及 Na$^+$ 形成三联体，将氨基酸及 Na$^+$ 转运入细胞，Na$^+$ 则借钠泵排出细胞，并消耗 ATP。此过程与葡萄糖载体系统的吸收类似。

由于氨基酸结构的差异，主动转运氨基酸或寡肽的载体蛋白（又称为转运蛋白，transporter）也不相同。人体内至少有7种类型的载体，分别参与不同氨基酸和寡肽的吸收，它们是中性氨基酸载体、碱性氨基酸载体、酸性氨基酸载体、亚氨基酸载体、β- 氨基酸转运蛋白、二肽转运蛋白及三肽转运蛋白。其中，中性氨基酸载体是主要载体。同一种载体转运的氨基酸在结构上有一定的相似性，当某些氨基酸共用同一载体时，它们在吸收过程中将彼此竞争。

上述氨基酸的主动转运不仅存在于小肠黏膜细胞，类似的作用也可能存在于肾小管细胞、肌细胞、白细胞等细胞膜上，这对于细胞浓集氨基酸具有普遍意义。

2. γ- 谷氨酰基循环　除上述氨基酸吸收机制外，20 世纪 60 年代 Meister 提出氨基酸吸收的"γ- 谷氨酰基循环"（γ-glutamyl cycle）机制，又称 Meister 循环。该机制通过谷胱甘肽的合成与分解来实现对氨基酸的耗能转运，并由此构成一个循环反应（图7-3）。

催化上述反应的各种酶在小肠黏膜细胞、肾小管细胞和脑组织中均存在。在这些酶中，γ- 谷氨酰基转移酶（γ-glutamyl transferase）是关键酶，位于细胞膜上，其余的酶均在细胞质

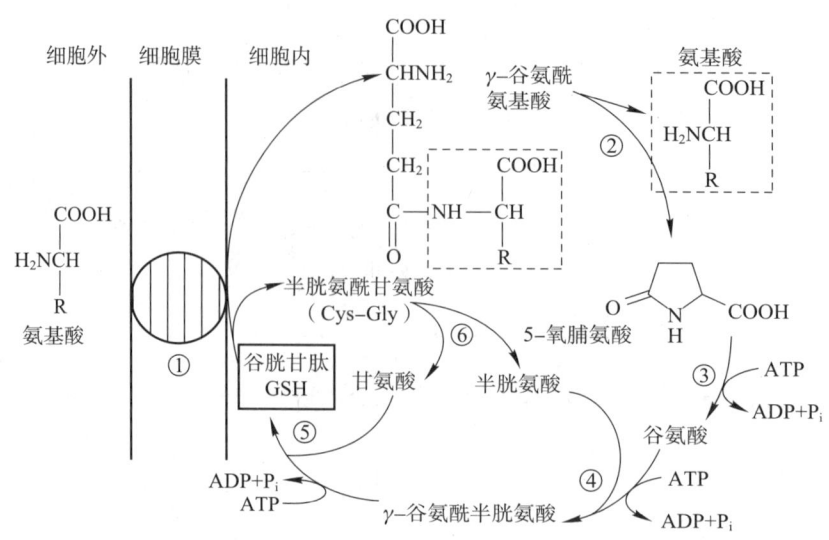

图 7-3　γ- 谷氨酰基循环
① γ- 谷氨酰基转移酶；② γ- 谷氨酰环化转移酶；③ 5- 氧脯氨酸酶；④ γ- 谷氨酰半胱氨酸合成酶；⑤ 谷胱甘肽合成酶；⑥ 肽酶

中。通过这个循环，每转运 1 分子氨基酸，需要消耗 3 分子 ATP。值得提出的是，某些氨基酸，如脯氨酸，不能通过 γ- 谷氨酰基循环转运入细胞，由此并不能排除其他转运过程的存在。

（三）蛋白质在肠道的腐败

食物在经过肠道时，并非所有的蛋白质都被彻底消化和完全吸收。肠道细菌对未被消化的蛋白质及消化而不被吸收的产物所起的作用，称为腐败作用（putrefaction）。实际上，腐败作用是细菌本身的代谢过程，以无氧分解为主。腐败作用的大多数产物对人体有害，包括胺、氨、苯酚、吲哚、甲基吲哚及硫化氢等。但也可以产生少量脂肪酸及维生素（维生素 K、泛酸、叶酸等）等可被机体利用的物质。这里主要介绍几种有害物质的生成。

1. 胺类的生成　肠道细菌的蛋白酶水解蛋白质成为氨基酸，氨基酸再经脱羧基作用，产生胺类（amines）。例如，组氨酸脱羧基生成组胺，赖氨酸脱羧基生成尸胺，色氨酸脱羧基生成色胺，酪氨酸脱羧基生成酪胺，苯丙氨酸脱羧基生成苯乙胺等。

酪胺和苯乙胺若不能在肝内分解而进入脑组织，则可分别经过羟化而形成 β- 羟酪胺（octopamine，章胺）和苯乙醇胺。它们的化学结构与儿茶酚胺（见本章第四节）类似，称为假神经递质（false neurotransmitter）。假神经递质增多，可干扰正常神经递质儿茶酚胺的作用，阻碍神经冲动传递，使大脑发生异常抑制，这可能与肝性脑病症状的发生有关。

苯乙胺　　　苯乙醇胺　　　酪胺　　　β-羟酪胺

2. 氨的生成　肠道中的氨主要有两个来源：一是未被吸收的氨基酸在肠道细菌作用下脱氨基而生成；二是血液中尿素渗入肠道，受肠道细菌产生的尿素酶的水解而生成氨。这些氨均可被吸收进入血液，在肝中合成尿素。降低肠道的 pH，可减少氨的吸收。

3. 其他有害物质的生成　除了胺类和氨以外，通过腐败作用还可产生一些其他有害物质，如苯酚、吲哚、甲基吲哚及硫化氢等。

正常情况下，腐败作用产生的有害物质大部分随粪便排出，只有小部分被吸收，经肝代谢转变而解毒，故一般不会发生中毒现象。

三、体内蛋白质的降解

（一）蛋白质的半寿期

人体内的蛋白质处于不断降解和合成的动态平衡。成人每天有 1% ~ 2% 的蛋白质被降解，其中主要是肌肉蛋白质。蛋白质降解产生的氨基酸中有 75% ~ 80% 又参与新蛋白质的合成，其余 20% ~ 25% 进入氨基酸代谢库被分解与转化。不同蛋白质的寿命差异很大，短则数秒钟，长则数月甚至更长。蛋白质的寿命通常用半寿期（half-life，$t_{1/2}$，亦称半衰期）表示，即蛋白质降解为原浓度一半所需时间。例如，肝中大部分蛋白质的 $t_{1/2}$ 为 1 ~ 8 天，血浆蛋白质的 $t_{1/2}$ 约为 10 天，结缔组织中某些蛋白质的 $t_{1/2}$ 可达 180 天以上，眼晶状体蛋白质的 $t_{1/2}$ 更长。而一些关键酶的

$t_{1/2}$ 较短，例如，色氨酸加氧酶、酪氨酸转氨酶和 HMGCoA 还原酶的 $t_{1/2}$ 只有 $0.5 \sim 2$ h，鸟氨酸脱羧酶的 $t_{1/2}$ 约 11 min；有些调控基因表达和细胞信号传递的蛋白质的 $t_{1/2}$ 仅在分秒之间。科学家研究发现，细胞内蛋白质寿命与其结构有关，即所谓的结构信号。结构信号有 2 种序列，其一是 N 端氨基酸序列。N 端氨基酸残基是 Ser、Ala、Thr、Val 或 Gly 的蛋白质，其半寿期在 20 h 以上；而 N 端氨基酸残基是 Phe、Leu、Asp、Lys 或 Arg 的蛋白质，其半寿期只有 3 min 左右。其二是 PEST 序列。研究发现结构域中富含 Pro（P）–Glu（E）–Ser（S）–Thr（T）序列的蛋白质比其他蛋白质降解速度更快，如果切除 PEST 序列可延长蛋白质寿命。

（二）蛋白质的降解

体内蛋白质降解主要由一系列细胞内蛋白酶和肽酶催化完成。真核细胞主要通过以下两条途径降解细胞内蛋白质。

1. 不依赖 ATP 的降解途径 在溶酶体内进行。溶酶体含多种蛋白酶，称为组织蛋白酶（cathepsin），其主要功能是进行细胞内消化，不需要消耗 ATP。溶酶体对降解的蛋白质选择性较差，主要降解细胞外来的蛋白质、膜蛋白和长寿命的细胞内蛋白质。

2. 依赖 ATP 和泛素的降解途径 在细胞质中进行，主要降解短寿命蛋白质、癌基因产物和异常蛋白。此途径需要泛素（ubiquitin）、蛋白酶体（proteasome）和 ATP 的参与。一般的过程是靶蛋白在细胞内首先与泛素分子共价结合而被"标记"，即泛素化（ubiquitination），然后泛素化的靶蛋白通过依赖 ATP 的蛋白酶体的作用而被水解。

📷 图 7-1
泛素结构示意图
📷 图 7-2
靶蛋白泛素化过程
📷 图 7-3
异肽键

（1）靶蛋白的泛素化 泛素是由 76 个氨基酸残基组成的小分子蛋白质，相对分子质量 8.5×10^3，因普遍存在于真核细胞中而得名。泛素分子中 C 端甘氨酸残基和第 48 位的赖氨酸残基与泛素的活化、转运、靶蛋白泛素化及多聚泛素化密切相关。泛素化是通过 3 个酶促反应来完成的。首先是泛素 C 端的—COOH 与泛素活化酶（ubiquitin-activating enzyme，E_1）的半胱氨酸—SH 通过硫酯键结合，使泛素活化，这一过程需要 ATP 参与；然后泛素分子被转移到泛素结合酶（ubiquitin-conjugating enzyme，E_2）的—SH 上，最后由泛素 – 蛋白质连接酶（ubiquitin-protein ligase，E_3）识别待降解靶蛋白，并将活化的泛素转移至靶蛋白赖氨酸的 ε – 氨基上，形成异肽键（ε –isopeptide bond）。而此泛素分子中赖氨酸的 ε – 氨基又可与另一个泛素的羧基末端连接。周而复始，可连接多个泛素分子形成聚泛素链。聚泛素链如同贴在靶蛋白上的死亡标签。标签有长有短，在酵母细胞中一般是 4 聚泛素链，哺乳动物一般为 6 或 7 聚泛素链。结合一个泛素分子称为单泛素化。单泛素化只能调节靶蛋白的功能而不能使之降解。

$$泛素—\overset{O}{\underset{\|}{C}}—O^- \; + \; HS\text{-}E_1 \quad \xrightarrow{ATP \quad AMP+PP_i} \quad 泛素—\overset{O}{\underset{\|}{C}}—S—E_1$$

$$泛素—\overset{O}{\underset{\|}{C}}—S—E_1 \quad \xrightarrow{HS\text{-}E_2 \quad HS\text{-}E_1} \quad 泛素—\overset{O}{\underset{\|}{C}}—S—E_2$$

$$泛素—\overset{O}{\underset{\|}{C}}—S—E_2 \quad \xrightarrow[E_3]{被降解蛋白质 \quad HS\text{-}E_2} \quad 泛素—\overset{O}{\underset{\|}{C}}—NH—被降解蛋白质$$

（2）泛素化的靶蛋白在蛋白酶体中降解 蛋白酶体是存在于细胞核和细胞质内的 ATP- 依赖性蛋白酶。由一个 20S 的核心颗粒（core particle，CP）和 2 个 19S 的调节颗粒（regulatory particle，RP）组成，共 64 个亚基，相对分子质量约为 2.5×10^6。CP 是由 2 个 α 环和 2 个 β 环组成的圆柱体，中心形成一个空腔。β 环中有 3 个亚基具有蛋白酶活性，可催化不同蛋白质水解。两个 RP 分别位于圆柱形核心颗粒的两端，形成空心圆柱的盖子。每个 RP 由 18 个亚基组成，有些亚基起识别、结合待降解的聚泛素化蛋白作用，有些亚基具有 ATP 酶活性，与蛋白质的去折叠和蛋白质定位于核心颗粒有关。降解过程为：聚泛素化的靶蛋白首先被 RP 识别、结合，并释放泛素，泛素可重复利用；RP 底部的 ATP 酶水解 ATP，使靶蛋白去折叠，随即去折叠的靶蛋白被转移到 CP 的中心腔，受 β 亚基内表面活性部分特异水解，产生一些含 7~9 个氨基酸残基的寡肽，再由寡肽酶水解生成氨基酸。

ⓔ 图 7-4
蛋白酶体结构示意图
ⓔ 图 7-5
蛋 白 酶 体 CP 结 构 示
意图
ⓔ 图 7-6
泛素化蛋白降解过程

四、氨基酸代谢概况

食物蛋白质经消化、吸收的氨基酸（外源性氨基酸）与体内组织蛋白质降解产生的氨基酸和体内合成的非必需氨基酸（内源性氨基酸）混在一起，分布于体内各处，参与代谢，称为氨基酸代谢库（amino acid metabolic pool）。氨基酸代谢库通常以游离氨基酸总量计算。因为氨基酸不能自由通过细胞膜，所以在体内的分布也是不均匀的。例如，肌肉中的氨基酸占总代谢库的 50% 以上，肝约占 10%，肾约占 4%，血浆占 1%~6%。由于肝、肾体积较小，实际上它们所含游离氨基酸的浓度很高，氨基酸的代谢也很旺盛。

氨基酸代谢库中的氨基酸有 4 条去路：① 合成蛋白质和多肽，是体内氨基酸最主要的代谢去路，正常成人体内约 75% 的氨基酸用于合成蛋白质。② 转变为胺等其他含氮化合物。③ 进入氨基酸的分解代谢。各种氨基酸具有共同的结构特点，因而有共同的代谢途径，又称氨基酸的一般代谢，包括氨基酸脱氨基、氨的代谢和 α- 酮酸代谢。但不同氨基酸由于结构差异，各有其特殊的代谢方式。④ 正常人尿中排出少量的氨基酸。体内氨基酸代谢的概况如图 7-4。

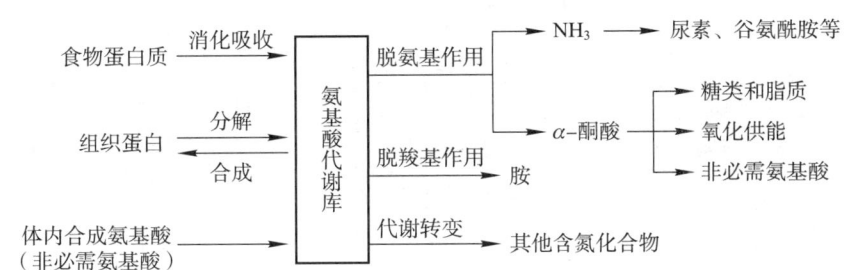

图 7-4 氨基酸代谢概况

第二节 氨基酸的一般代谢

一、氨基酸的脱氨基作用

氨基酸分解代谢的最主要反应是脱氨基作用。氨基酸的脱氨基作用在体内大多数组织中均可进行。氨基酸可以通过多种方式脱去氨基，如转氨基、氧化脱氨基、联合脱氨基及非氧化脱氨基等，其中以联合脱氨基作用最为重要。

（一）转氨基作用

1. 转氨基作用与转氨酶 转氨基作用（transamination）是指在氨基转移酶（aminotransferase）或称转氨酶（transaminase）作用下，某一氨基酸的 α- 氨基转移到另一种 α- 酮酸的酮基上，生成相应的氨基酸，而原来的氨基酸则转变成相应的 α- 酮酸的过程。

$$\begin{array}{c} \underset{\substack{|\\ \text{COOH}}}{\overset{\substack{R_1\\|}}{H-C-NH_2}} + \underset{\substack{|\\ \text{COOH}}}{\overset{\substack{R_2\\|}}{C=O}} \underset{\longleftarrow}{\overset{\text{转氨酶}}{\longrightarrow}} \underset{\substack{|\\ \text{COOH}}}{\overset{\substack{R_1\\|}}{C=O}} + \underset{\substack{|\\ \text{COOH}}}{\overset{\substack{R_2\\|}}{H-C-NH_2}} \end{array}$$

由上述反应可见，转氨基作用并没有真正脱氨，氨基仅仅被转移，无游离氨产生，因此只有氨基酸种类的更新，无氨基酸数量的改变。大多数转氨基反应的平衡常数接近于 1，是可逆反应，因此，转氨基作用既是氨基酸的分解代谢过程，也是体内某些氨基酸（非必需氨基酸）合成的重要途径。体内大多数氨基酸可以参与转氨基作用，但赖氨酸、脯氨酸及羟脯氨酸例外。除了 α- 氨基外，氨基酸侧链末端的氨基，如鸟氨酸的 δ- 氨基也可通过转氨基作用而脱去。

转氨酶具有底物专一性，不同氨基酸与 α- 酮酸之间的转氨基作用只能由特异的转氨酶催化。体内各种转氨酶的活性和组织细胞分布各有不同，致使各组织器官在氨基酸代谢的种类和强度上有一定的差异和特征。例如，丙氨酸和芳香族氨基酸的转氨酶活性在肝中较高，因此丙氨酸和芳香族氨基酸主要在肝中分解，而支链氨基酸的分解代谢主要在骨骼肌中进行，也是因为这些氨基酸的转氨酶活性在骨骼肌中较高的缘故。

在各种转氨酶中，以催化 L- 谷氨酸与 α- 酮酸的转氨酶最为重要。例如，谷丙转氨酶（glutamic pyruvic transaminase，GPT，又称丙氨酸转氨酶 alanine transaminase，ALT）和谷草转氨酶（glutamic oxaloacetic transaminase，GOT，又称天冬氨酸转氨酶 aspartate transaminase，AST）在体内广泛存在，但在各组织中活性不同（表 7-2）。

表 7-2　正常成年人各组织中 GOT 和 GPT 活性

组织	GOT（AST）（单位 /g 湿组织）	GPT（ALT）（单位 /g 湿组织）	组织	GOT（AST）（单位 /g 湿组织）	GPT（ALT）（单位 /g 湿组织）
心	156 000	7 100	胰腺	28 000	2 000
肝	142 000	44 000	脾	14 000	1 200
骨骼肌	99 000	4 800	肺	10 000	700
肾	91 000	19 000	血清	20	16

$$\text{谷氨酸+丙酮酸} \xrightleftharpoons[]{\text{谷丙转氨酶}} \alpha\text{-酮戊二酸+丙氨酸}$$

$$\text{谷氨酸+草酰乙酸} \xrightleftharpoons[]{\text{谷草转氨酶}} \alpha\text{-酮戊二酸+天冬氨酸}$$

由表 7-2 可见，正常时上述转氨酶主要存在于细胞内，而血清中的活性很低；各组织器官中以心和肝的活性为最高。当某种原因使细胞膜通透性增高或细胞破坏时，则转氨酶可以大量释放入血，造成血清中转氨酶活性明显升高。例如，急性肝炎患者血清 GPT 活性显著升高，心肌梗死患者血清中 GOT 明显上升，临床上可以此作为疾病诊断和预后的指标之一。

2. 转氨基作用的机制 现已证实，所有转氨酶的辅酶都是磷酸吡哆醛（pyridoxal phosphate）。磷酸吡哆醛由维生素 B_6 磷酸化生成，结合于转氨酶活性中心赖氨酸的 ε- 氨基上。在转氨基过程中，磷酸吡哆醛先从氨基酸接受氨基转变成磷酸吡哆胺，而氨基酸则转变成 α- 酮酸。磷酸吡哆胺进一步将氨基转移给另一种 α- 酮酸而生成相应的氨基酸，同时磷酸吡哆胺又转变为磷酸吡哆醛。磷酸吡哆醛与磷酸吡哆胺的这种相互转变，起着传递氨基的作用（图 7-5）。

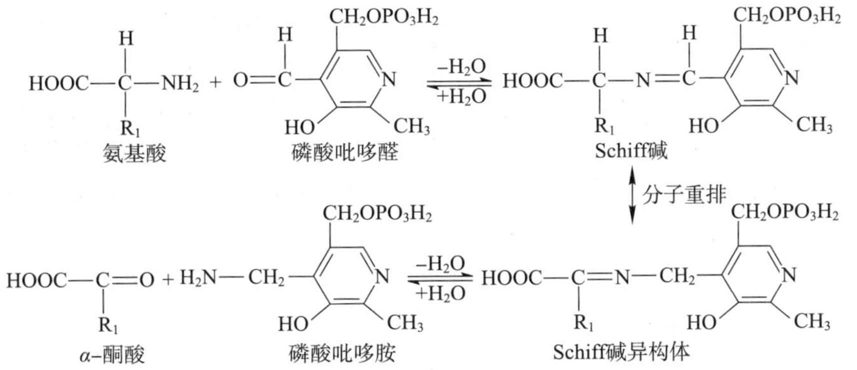

图 7-5 磷酸吡哆醛传递氨基的过程

（二）氧化脱氨基作用

1. L- 谷氨酸脱氢酶 氧化脱氨基作用是指氨基酸先脱氢生成亚氨基酸，再水解释放出游离氨的过程。L- 谷氨酸是哺乳动物组织细胞内唯一能以相对高的速率进行氧化脱氨反应的氨基酸。肝、肾、脑等组织中广泛存在或存有 L- 谷氨酸脱氢酶（L-glutamate dehydrogenase），此酶活性较强，是一种不需氧脱氢酶，催化 L- 谷氨酸氧化脱氨生成 α- 酮戊二酸，辅酶是 NAD^+ 或 $NADP^+$。

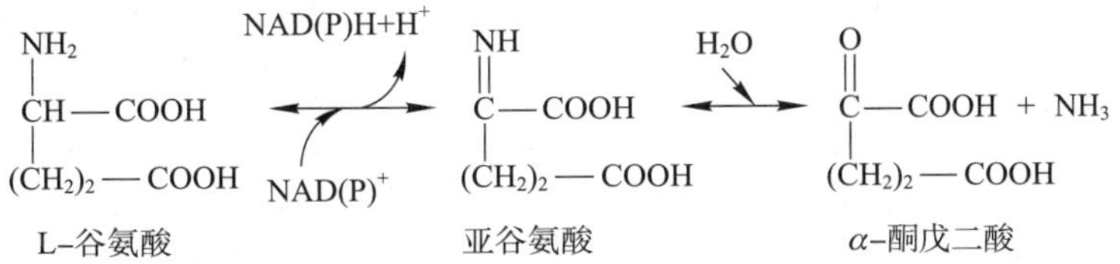

上述反应可逆。L- 谷氨酸脱氢酶是一种别构酶，由 6 个相同的亚基聚合而成，每个亚基的相对分子质量为 5.6×10^4。已知 GTP 和 ATP 是此酶的别构抑制剂，而 GDP 和 ADP 是别构激活剂。因此当体内 GTP 和 ATP 不足时，谷氨酸加速氧化脱氨，这对于氨基酸氧化供能起着重要的调节作用。

2. L- 氨基酸氧化酶 在肝、肾组织中还存在一种以 FAD 或 FMN 为辅基的 L- 氨基酸氧化酶催化的氧化脱氨基反应。氨基酸被氧化为亚氨基酸，再加水分解为 α- 酮酸和铵离子。

（三）联合脱氨基作用

转氨基作用只是将氨基转移，并没有脱氨，而氧化脱氨基主要针对 L- 谷氨酸。因此，体内要实现真正意义上的脱氨基作用主要通过联合脱氨基作用来实现。

1. 转氨基作用与谷氨酸氧化脱氨基作用的联合 氨基酸首先与 α- 酮戊二酸进行转氨基作用生成 α- 酮酸和谷氨酸，然后谷氨酸在 L- 谷氨酸脱氢酶作用下，经氧化脱氨释放出游离氨（图 7-6）。

联合脱氨基作用的全过程是可逆的，因此也是体内合成非必需氨基酸的主要途径。由于 L- 谷氨酸脱氢酶在肝、肾、脑中活性最强，这种联合脱氨基作用主要在肝、肾、脑等组织中进行。

2. 转氨基作用与嘌呤核苷酸循环的联合 骨骼肌和心肌中 L- 谷氨酸脱氢酶活性很弱，难以通过以上方式脱氨基。肌肉中的氨基酸主要通过转氨基作用与嘌呤核苷酸循环（purine

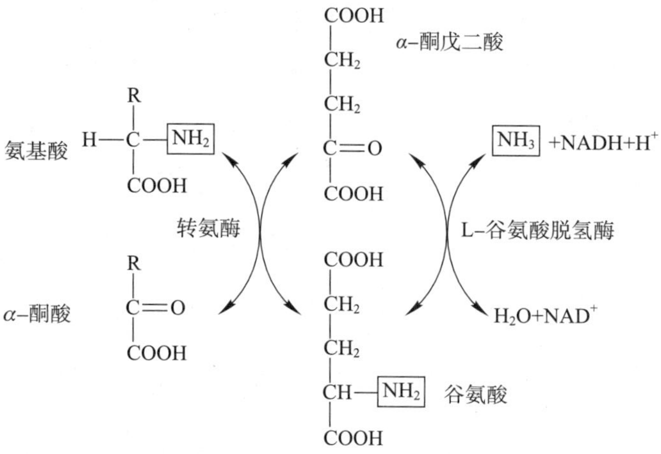

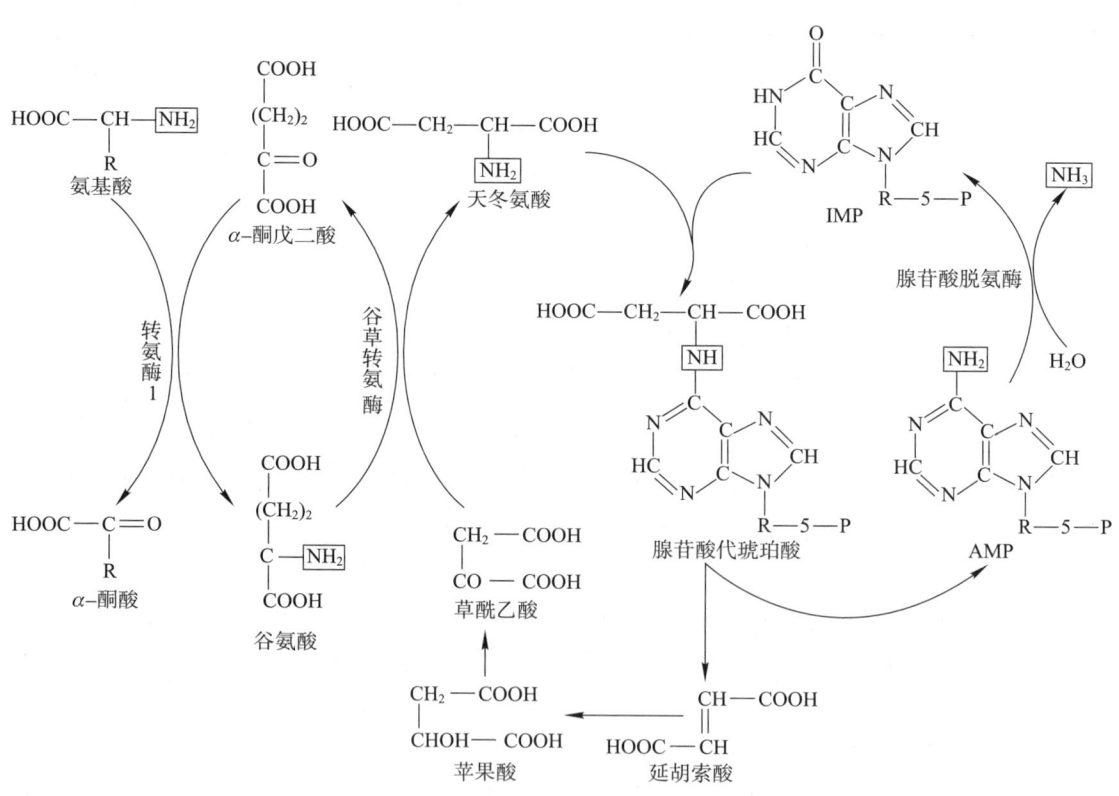

图 7-6 联合脱氨基作用

nucleotide cycle）联合作用脱去氨基。在此过程中，氨基酸首先通过连续的转氨基作用将氨基转移给草酰乙酸，生成天冬氨酸；天冬氨酸与次黄嘌呤核苷酸（inosine monophosphate，IMP）反应生成腺苷酸代琥珀酸，后者经过裂解，释放出延胡索酸并生成腺嘌呤核苷酸（AMP）。AMP 在腺苷酸脱氨酶（该酶在肌组织中活性较强）催化下脱去氨基，最终完成氨基酸的脱氨基作用。IMP 可以再参加循环（图 7-7）。该途径不可逆。

除上述脱氨基作用外，在肝、肾组织中还存在一种以 FAD 或 FMN 为辅基的 L- 氨基酸氧化酶催化的氧化脱氨基反应；在微生物中还有非氧化脱氨基作用等。

图 7-7　嘌呤核苷酸循环

二、α– 酮酸的代谢

氨基酸脱氨基后生成的 α- 酮酸，主要通过以下三方面进行代谢。

拓展学习 7-1
非必需氨基酸的生成

（一）经氨基化生成非必需氨基酸
如前所述，转氨基作用和氧化脱氨基作用均是可逆反应，逆向反应使 α- 酮酸氨基化生成相应的氨基酸。

（二）转变成糖类及脂质

在体内，α-酮酸可以转变成糖类及脂质。实验发现，用各种不同的氨基酸饲养人工造成糖尿病的犬时，大多数氨基酸可使尿中排出的葡萄糖增加，少数几种则可使葡萄糖及酮体的排出同时增加，而亮氨酸和赖氨酸只能使酮体排出量增加。由此，将在体内可以转变成糖的氨基酸称为生糖氨基酸（glucogenic amino acid），能转变成酮体者称为生酮氨基酸（ketogenic amino acid）；两者兼有者称为生糖兼生酮氨基酸（glucogenic and ketogenic amino acid）（表 7-3）。

表 7-3　氨基酸按生糖及生酮性质的分类

类　别	氨　基　酸
生糖氨基酸	甘氨酸、丝氨酸、缬氨酸、精氨酸、半胱氨酸、脯氨酸、丙氨酸、组氨酸、谷氨酸、谷氨酰胺、天冬氨酸、天冬酰胺、甲硫氨酸
生酮氨基酸	亮氨酸、赖氨酸
生糖兼生酮氨基酸	异亮氨酸、苯丙氨酸、酪氨酸、苏氨酸、色氨酸

各种氨基酸脱氨基后产生的 α-酮酸结构差异很大，其代谢途径也不尽相同。这些代谢过程的中间产物包括：乙酰 CoA（2 碳化合物）、丙酮酸（3 碳化合物）及三羧酸循环的中间物，例如，琥珀酰 CoA、延胡索酸、草酰乙酸（4 碳化合物）及 α-酮戊二酸（5 碳化合物）等。通过这些中间产物使 α-酮酸可以进入糖代谢和脂质代谢途径。

（三）氧化供能

α-酮酸在体内可以通过三羧酸循环与生物氧化体系彻底氧化成 CO_2 和水，同时释放能量供生理活动的需要。

综上所述，氨基酸的代谢与糖类、脂肪的代谢密切相关。三羧酸循环是物质代谢的中心枢纽，通过它可使糖类、脂肪酸及氨基酸完全氧化，也可使其彼此相互转变，构成一个完整的物质代谢体系。

拓展学习 7-2
糖类、脂质、氨基酸的相互联系

第三节　氨的代谢

一、体内氨的来源

（一）氨基酸脱氨基作用及胺类的分解

氨基酸脱氨基作用是体内氨的主要来源，胺类分解也可以产生氨。

$$RCH_2NH_2 + H_2O + O_2 \xrightarrow{\text{胺氧化酶}} RCHO + NH_3 + H_2O_2$$

（二）肠道吸收

肠道氨主要包括蛋白质腐败作用产生的氨和尿素渗入肠道经细菌尿素酶水解产生的氨。肠道产生氨的量较多，每日约 4 g。由肠道吸收的氨经血液运输到肝合成的尿素相当于正常人每天排出尿素总量的 1/4。NH_3 比 NH_4^+ 易于穿过细胞膜而被吸收，在碱性环境中，NH_4^+ 偏向于转变成 NH_3。因此临床上为了减少氨的吸收，对高血氨患者采用弱酸性透析液做结肠透析，而禁止用碱性肥皂水灌肠。

（三）肾小管上皮细胞分泌

肾小管上皮细胞中的谷氨酰胺在谷氨酰胺酶的催化下水解成谷氨酸和 NH_3，这部分氨分泌到肾小管腔中主要与尿中的 H^+ 结合成 NH_4^+，以铵盐的形式由尿排出体外，这对调节机体的酸碱平衡起着重要作用。酸性尿有利于肾小管细胞中的氨扩散入管腔形成 NH_4^+，但碱性尿则可妨碍肾小管细胞中 NH_3 的分泌，此时氨被吸收入血，成为血氨的另一个来源。故临床上对肝硬化腹水的患者，不宜使用碱性利尿药。

二、氨的转运

氨是有毒物质。各组织中产生的氨必须以无毒性的方式经血液运输到肝合成尿素，或运至肾以铵盐形式随尿排出。现已阐明，血液中的氨主要以丙氨酸及谷氨酰胺两种形式进行运输。

（一）丙氨酸 – 葡萄糖循环

肌肉蛋白质降解产生的氨基酸经转氨基作用，将氨基转给丙酮酸生成丙氨酸，丙氨酸经血液运到肝。在肝中，丙氨酸通过联合脱氨基作用，释放出氨和丙酮酸，前者用于合成尿素，后者可经糖异生途径生成葡萄糖。葡萄糖由血液输送到肌组织，沿糖酵解途径转变成丙酮酸，再接受氨基而生成丙氨酸。丙氨酸和葡萄糖反复地在肌肉和肝之间转变，这一途径称为"丙氨酸 – 葡萄糖循环"（alanine-glucose cycle）（图 7-8）。通过这个循环，肌肉中的氨以无毒的丙氨酸形式经血液运输到肝；同时，肝又为肌肉提供了生成丙酮酸的葡萄糖。

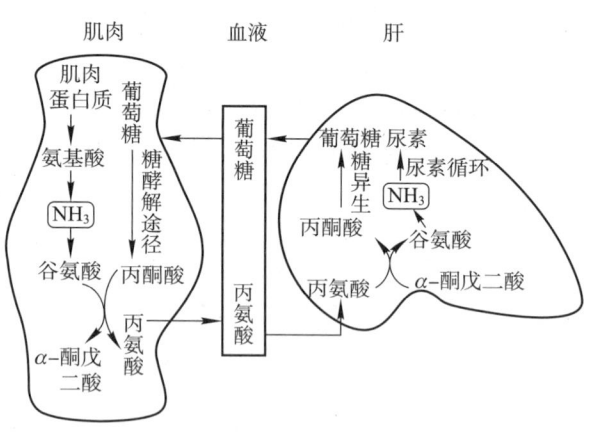

图 7-8　丙氨酸 – 葡萄糖循环

（二）谷氨酰胺的运氨作用

谷氨酰胺是另一种转运氨的形式。在脑、肌肉等组织中，谷氨酰胺合成酶（glutamine synthetase）催化氨与谷氨酸结合生成谷氨酰胺，并由血液输送到肝或肾，再经谷氨酰胺酶（glutaminase）水解成谷氨酸及氨。氨在肝中合成尿素经肾排出。谷氨酰胺的合成与分解是由不同酶催化的不可逆反应，其合成需要 ATP 参与。

谷氨酰胺既是氨的解毒产物，也是氨的储存及运输形式。谷氨酰胺在脑中固定和转运氨的过程中起着重要作用。临床上对高血氨的患者可服用或输入谷氨酸盐使其转变为谷氨酰胺，以降低氨的浓度。

此外，谷氨酰胺还可以提供其酰胺基使天冬氨酸转变成天冬酰胺。机体细胞能够合成足量的天冬酰胺以供蛋白质合成的需要，但白血病细胞却不能或很少能合成天冬酰胺，必须依靠血液从其他器官运输而来。故临床上应用天冬酰胺酶（asparaginase）来减少血中天冬酰胺，使白血病细胞的增殖受到抑制，以达到治疗白血病的目的。

三、体内氨的去路与尿素的生成

正常情况下体内的氨有 4 条去路：① 在肝中合成尿素，这是氨的最主要去路；② 与谷氨酸结合生成谷氨酰胺；③ 合成非蛋白含氮化合物；④ 肾小管细胞分泌的氨与尿中 H^+ 结合，以铵盐形式排出。正常成年人尿素占排氮总量的 80% ~ 90%，因此肝在氨解毒中起着重要作用。体内氨的来源与去路保持动态平衡，使血氨浓度相对稳定。

（一）尿素合成的鸟氨酸循环学说

动物实验和临床观察证明，肝是合成尿素的主要器官，肾及脑等其他组织虽然也能合成尿素，但合成量甚微。

在 20 世纪 30 年代，德国科学家 Hans Krebs 和 Kurt Henseleit 根据一系列实验，首次提出了鸟氨酸循环（ornithine cycle），又称尿素循环（urea cycle）或 Krebs–Henseleit 循环。Krebs 一生中提出了两个循环（另一个是三羧酸循环），为生物化学的发展做出了重大贡献。鸟氨酸循环学说是根据以下实验依据提出的：① 在有氧条件下将大鼠肝的薄切片和多种可能相关的代谢物及铵盐保温数小时后，铵盐的含量减少，而同时尿素增多；② 在此反应中，分别加入各种化合物，发现鸟氨酸、瓜氨酸和精氨酸能够大大加速尿素的合成；③ 根据这三种氨基酸的结构推断，鸟氨酸可能是瓜氨酸的前体，而瓜氨酸又是精氨酸的前体（图 7-9）；④ 肝含有精氨酸酶，此酶催化精氨酸水解生成鸟氨酸及尿素。

根据上述实验，尿素合成的循环机制为：首先，鸟氨酸与氨及 CO_2 结合生成瓜氨酸；瓜氨酸再接受 1 分子氨而生成精氨酸；最后，精氨酸水解产生尿素，并重新生成鸟氨酸。鸟氨酸又参

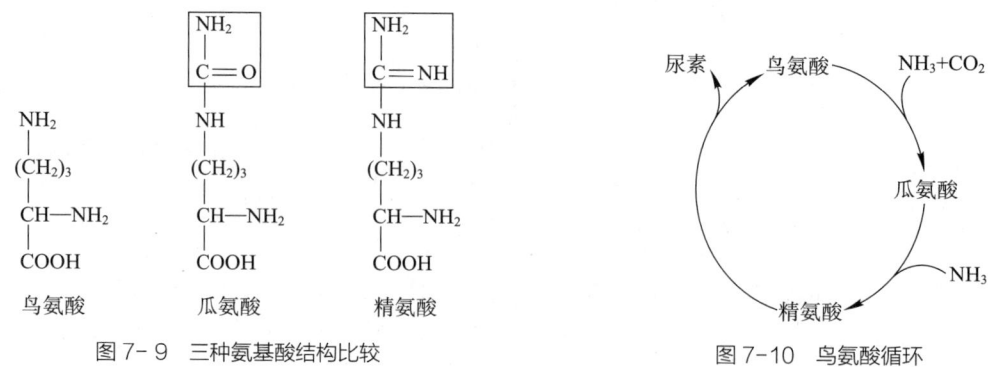

图 7-9　三种氨基酸结构比较　　　　　图 7-10　鸟氨酸循环

与下一轮循环（图 7-10）。

（二）鸟氨酸循环的反应步骤

鸟氨酸循环的具体过程远比上述复杂，共分 5 步反应完成。

1. 氨基甲酰磷酸的合成　在肝细胞线粒体中，氨基甲酰磷酸合成酶 I（carbamoyl phosphate synthetase I，CPS-I）在 Mg^{2+} 及 N- 乙酰谷氨酸（N-acetyl glutamic acid，AGA）存在下，催化氨、CO_2 和 ATP 缩合为氨基甲酰磷酸。

$$CO_2 + NH_3 + H_2O + 2ATP \xrightarrow[\text{AGA，Mg}^{2+}]{\text{CPS-I}} H_2N-\overset{\overset{\displaystyle O}{\|}}{C}-O \sim PO_3^{2-} + 2ADP + P_i$$

此反应不可逆，消耗 2 分子 ATP，CPS-I 是尿素循环中的关键酶，是一种别构酶，AGA 是此酶的别构激活剂，可增加酶与 ATP 的亲和力。

氨基甲酰磷酸是高能化合物，性质活泼，易与鸟氨酸反应生成瓜氨酸。

2. 瓜氨酸的合成　在肝细胞线粒体中，鸟氨酸氨基甲酰转移酶（ornithine carbamoyl transferase，OCT）催化氨基甲酰磷酸上的氨基甲酰基转移到鸟氨酸上生成瓜氨酸。

$$
\begin{array}{ccc}
\text{鸟氨酸} & \text{氨基甲酰磷酸} & \text{瓜氨酸}
\end{array}
$$

此反应不可逆。OCT 也存在于肝细胞的线粒体中，并通常与 CPS-I 结合成酶的复合体。

3. 精氨酸代琥珀酸的合成　瓜氨酸在线粒体合成后，即被转运到细胞质中，在精氨酸代琥珀酸合成酶（argininosuccinate synthetase，ASS）的催化下，与天冬氨酸反应生成精氨酸代琥珀酸，天冬氨酸提供了尿素的第二个氮。此反应需 ATP 供能，ASS 是尿素合成的第二个关键酶。在上述反应过程中，天冬氨酸又可由草酰乙酸与谷氨酸经转氨基作用而生成，而谷氨酸的氨基又可来自体内多种氨基酸。由此可见，多种氨基酸的氨基也可通过天冬氨酸的形式参与尿素合成。

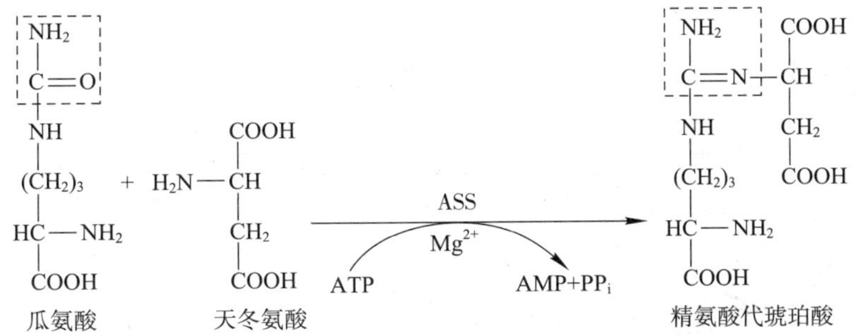

瓜氨酸　　　　天冬氨酸　　　　　　　　　　　精氨酸代琥珀酸

ATP　　　AMP+PP$_i$　　ASS　　Mg^{2+}

4. 精氨酸的合成　精氨酸代琥珀酸经精氨酸代琥珀酸裂解酶（argininosuccinase 或 argininosuccinatelyase，ASL）的催化，裂解成精氨酸及延胡索酸。

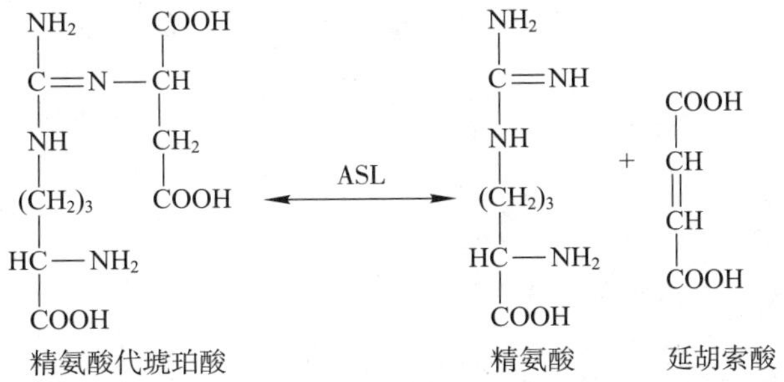

精氨酸代琥珀酸　　ASL　　精氨酸　　＋　　延胡索酸

此步反应产生的延胡索酸可通过三羧酸循环的中间步骤转变成草酰乙酸，后者与谷氨酸经转氨基反应，又可重新生成天冬氨酸。由此，通过延胡索酸和天冬氨酸，可使尿素循环与三羧酸循环联系起来。

5. 精氨酸水解生成尿素　在胞质中，精氨酸在精氨酸酶的催化下，水解生成尿素和鸟氨酸。鸟氨酸通过线粒体内膜上载体的转运再进入线粒体，参与下一轮鸟氨酸循环。

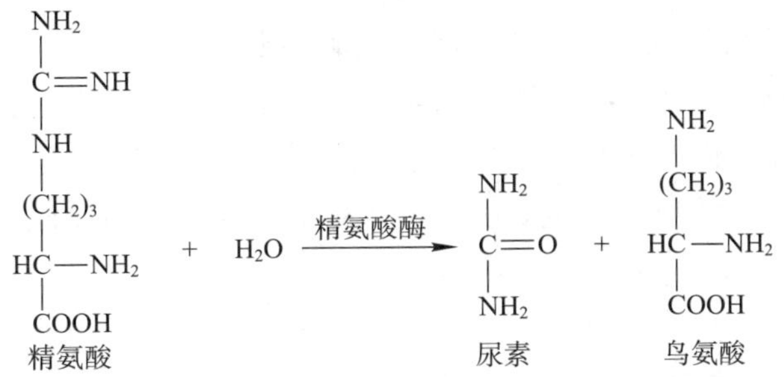

精氨酸　　＋　　H$_2$O　　精氨酸酶　　尿素　　＋　　鸟氨酸

尿素合成的总反应归结为：

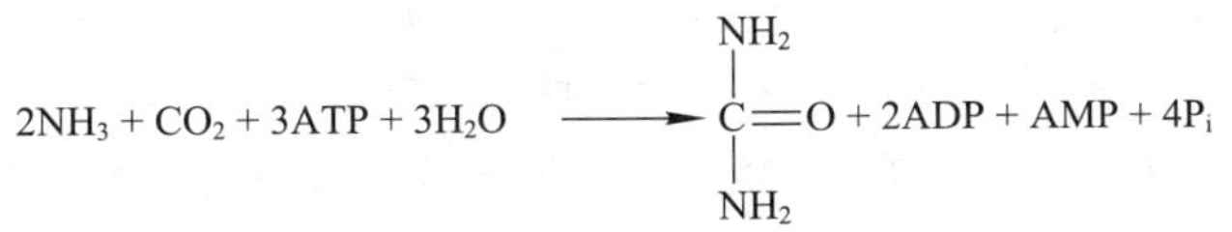

$$2NH_3 + CO_2 + 3ATP + 3H_2O \longrightarrow \underset{NH_2}{\overset{NH_2}{C=O}} + 2ADP + AMP + 4P_i$$

尿素合成的中间步骤及其在细胞中的定位总结见图 7-11。

从上述反应可见，尿素分子中的 2 个氮原子，一个来自游离氨，另一个则来自天冬氨酸，而天冬氨酸又可由其他氨基酸通过转氨基作用而生成。由此，尿素分子中 2 个氮原子的来源虽然不同，但都直接或间接来自各种氨基酸。尿素合成是一个耗能的过程，每合成 1 分子尿素需要消耗 3 分子 ATP 的 4 个高能键。反应中所需的 CO$_2$ 可由 HCO$_3^-$ 提供。

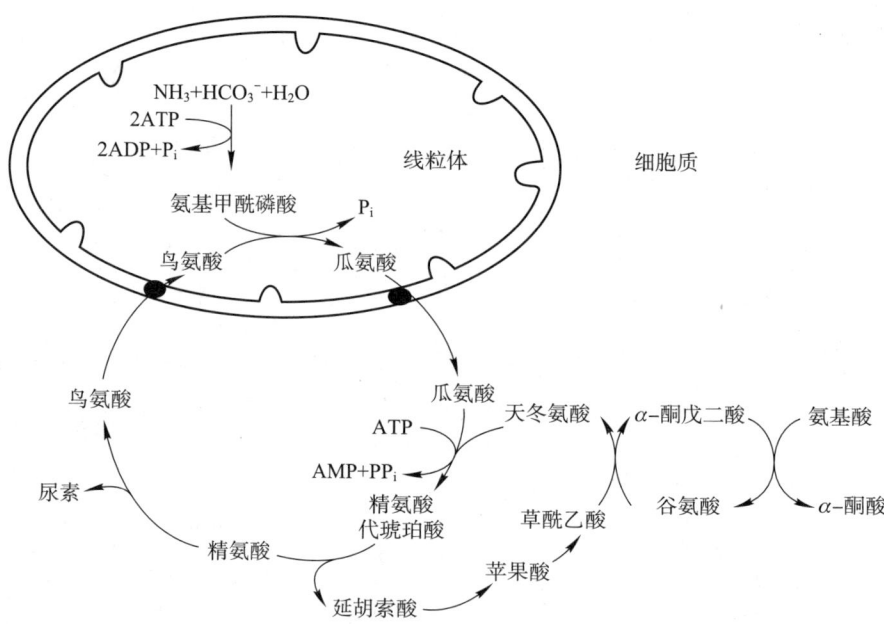

图 7-11 尿素生物合成示意图

（三）尿素合成的调节

正常情况下，机体通过适当的速度合成尿素，以保证及时、充分地解除氨毒。尿素合成的速度可受多种因素的调节。

1. 高蛋白质膳食的影响　高蛋白质膳食增加体内氨基酸的量，尿素的合成速度加快，排出的含氮物中尿素约占 90%；反之，低蛋白质膳食者尿素合成速度减慢，尿素的排出量只占含氮排泄物的 60% 或更低。

2. CPS-I 对尿素合成的调节　氨基甲酰磷酸的生成是调节尿素合成的重要步骤。肝线粒体中，CPS-I 是尿素循环启动的关键酶，N- 乙酰谷氨酸（AGA）是该酶的别构激活剂。乙酰谷氨酸由乙酰 CoA 和谷氨酸通过乙酰谷氨酸合成酶的催化而生成。精氨酸是此酶的激活剂，因此肝中精氨酸浓度增高时，乙酰谷氨酸的生成增加，促进尿素合成。

3. 精氨酸代琥珀酸合成酶的调节　参与尿素合成的酶系中，每一种酶的相对活性相差很大，而精氨酸代琥珀酸合成酶的活性是最低的，是尿素合成启动后的关键酶，可调节尿素的合成速度。

四、高氨血症和氨中毒

血氨的来源与去路保持动态平衡，使血氨浓度处于较低的水平，正常人生理状况下的血氨浓度为 47～65 μmol/L。氨在肝中合成尿素是维持这种平衡的关键。当肝功能严重损伤时，尿素合成发生障碍，血氨浓度升高，称为高氨血症。高血氨的毒性机制尚不十分清楚，一般认为，氨进入脑组织，可与脑中的 α- 酮戊二酸结合生成谷氨酸，氨还可与脑中的谷氨酸进一步结合生成谷氨酰胺。因此，高血氨时脑中氨的增加可以使脑细胞中的 α- 酮戊二酸减少，导致三羧酸循环减弱，ATP 合成减少，引起大脑功能障碍，严重时患者可发生昏迷，又称为肝昏迷（肝性脑病）。另一种可能性是谷氨酸和谷氨酰胺的增加，使脑细胞渗透压增大引起脑水肿所致。尿素合成相关酶的遗传性缺陷也可导致高氨血症。

临床聚焦 7-1
肝昏迷

第四节　个别氨基酸代谢

氨基酸的分解代谢除了共同途径（或一般代谢）外，因氨基酸侧链 R 基的不同，有些氨基酸还有其特殊的代谢途径，本节仅对几种重要的氨基酸代谢途径进行介绍。

一、氨基酸的脱羧基作用

体内部分氨基酸可进行脱羧基作用（decarboxylation），生成相应的胺。催化这些反应的酶是氨基酸脱羧酶（decarboxylase）。氨基酸脱羧酶的辅酶是磷酸吡哆醛。氨基酸脱羧基后生成的胺具有重要的生物活性。体内广泛存在着胺氧化酶，能将这些胺类氧化成为相应的醛类，再进一步氧化成羧酸，羧酸再分解为 CO_2 和 H_2O 或随尿排出，从而避免胺类在体内蓄积。

下面介绍几种重要胺类物质的生成。

（一）γ- 氨基丁酸

L- 谷氨酸脱羧酶催化谷氨酸脱羧基生成 γ- 氨基丁酸（γ-aminobutyric acid，GABA）。L- 谷氨酸脱羧酶在脑、肾组织中活性很高，所以脑中 GABA 的含量较多。GABA 是抑制性神经递质，对中枢神经有抑制作用。

（二）组胺

组氨酸在组氨酸脱羧酶催化下生成组胺（histamine）。组胺广泛分布于体内各组织细胞，包括肥大细胞、乳腺、肺、肝、肌肉及胃黏膜等。

组胺是一种强烈的血管舒张剂，可增加毛细血管的通透性。在过敏反应、创伤性休克及炎症病变部位均有组胺的释放。组胺可使平滑肌收缩，引起支气管痉挛导致哮喘。组胺还可以刺激胃蛋白酶及胃酸的分泌。组胺可经氧化或甲基化而灭活。

（三）5- 羟色胺

色氨酸首先通过色氨酸羟化酶的作用生成 5- 羟色氨酸，再经脱羧酶作用生成 5- 羟色胺

（5-hydroxytryptamine，5-HT）。

5- 羟色胺在脑的视丘下部、大脑皮质及神经细胞的突触小泡内含量丰富，作为神经递质，具有抑制作用，直接影响神经传导。5- 羟色胺还存在于胃肠道、血小板及乳腺细胞中。在外周组织中，5- 羟色胺具有收缩血管的作用。

5- 羟色胺经单胺氧化酶作用，可以生成 5- 羟色醛，进一步氧化生成 5- 羟吲哚乙酸等随尿排出。恶性肿瘤患者能产生大量的 5- 羟色胺，因而患者尿中 5- 羟吲哚乙酸排出量明显升高。

（四）多胺

多胺（polyamines）是一类含多个氨基的化合物。某些氨基酸的脱羧基作用可以产生多胺类物质。例如，鸟氨酸脱羧基生成腐胺，然后再转变成亚精胺（spermidine）和精胺（spermine）。

亚精胺与精胺是调节细胞生长的重要物质。凡生长旺盛的组织中，如胚胎、再生肝、生长激素作用的细胞及肿瘤组织等，多胺合成的关键酶鸟氨酸脱羧酶（ornithine decarboxylase，ODC）活性均较强，多胺的含量也较高。目前临床上通过测定患者血、尿中多胺含量来作为癌症的辅助诊断及病情变化的指标之一。

二、一碳单位的代谢

某些氨基酸在分解代谢过程中可以产生含有一个碳原子的基团称为一碳单位（one carbon units）。体内的一碳单位有：甲基（—CH_3，methyl）、亚甲基（—CH_2—，methylene）、次甲基（—CH＝，methenyl）、甲酰基（—CHO，formyl）及亚氨甲基（—CH＝NH，formimino）等。

（一）一碳单位的载体

一碳单位不能游离存在，需与载体结合而转运和参加代谢。四氢叶酸（tetrahydrofolic acid，FH_4）是一碳单位的运载体。一碳单位通常结合在 FH_4 分子的 N^5、N^{10} 位上。哺乳类动物体内，四氢叶酸可由叶酸经二氢叶酸还原酶（dihydrofolate reductase）催化，通过两步还原反应而生成。

5,6,7,8-四氢叶酸（FH_4）

（二）一碳单位的生成

一碳单位主要由丝氨酸、甘氨酸、组氨酸及色氨酸代谢产生。从量上看，丝氨酸是一碳单位的主要来源。

1. N^5,N^{10}-亚甲（甲烯）基四氢叶酸的生成

2. N^5-亚氨甲基四氢叶酸及 N^5,N^{10}-次甲（甲炔）基四氢叶酸的生成

3. N^{10}–甲酰四氢叶酸的生成

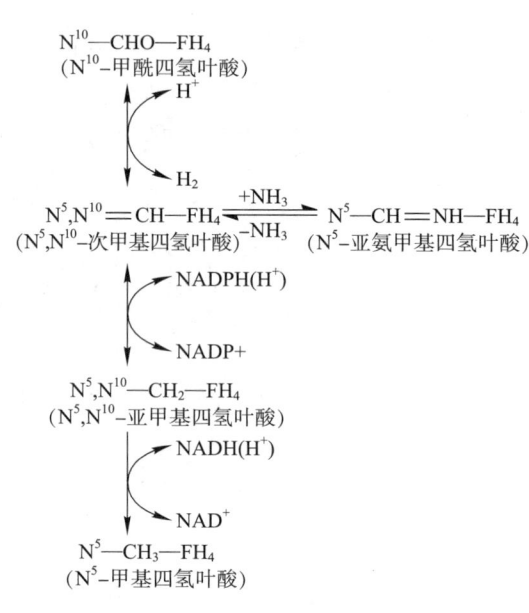

色氨酸　　　　　　　　　　　　　　甲酸　　　　　N^{10}–甲酰四氢叶酸

（三）一碳单位的相互转变

各种形式的一碳单位可以在酶催化下相互转变，但 $N^5—CH_3—FH_4$ 的生成是不可逆的（图7-12）。

（四）一碳单位的生理功能

一碳单位的主要生理功能是作为嘌呤及嘧啶的合成原料，故在核酸生物合成中占有重要地位，因而一碳单位代谢是氨基酸代谢与核酸代谢相互联系的重要途径。一碳单位代谢的障碍或 FH_4 不足可引起巨幼细胞贫血。N^5–甲基四氢叶酸通过 S–腺苷甲硫氨酸向许多化合物提供甲基。临床上利用磺胺类药物干扰细菌合成四氢叶酸而杀菌；应用叶酸类似物，例如氨甲蝶呤等阻碍 FH_4 合成，从而抑制核酸合成而发挥抗癌作用。

图 7-12　一碳单位的相互转变

三、含硫氨基酸的代谢

体内的含硫氨基酸有甲硫氨酸（蛋氨酸）、半胱氨酸和胱氨酸。甲硫氨酸可以转变为半胱氨酸和胱氨酸，半胱氨酸和胱氨酸也可以互变，但后两者不能变为甲硫氨酸，所以甲硫氨酸是必需氨基酸。

（一）甲硫氨酸的代谢

1. 甲硫氨酸与转甲基作用　甲硫氨酸分子中 S 元素上含甲基，在腺苷转移酶（adenosyl transferase）催化下与ATP作用，生成 S–腺苷甲硫氨酸（S-adenosyl methionine，SAM）。SAM中的甲基与有机四价硫结合而被高度活化，故称活性甲基，SAM又被称为活性甲硫氨酸。

甲硫氨酸　　　　　ATP　　　　　　　　　S–腺苷甲硫氨酸(SAM)

SAM 在甲基转移酶（methyl transferase）的作用下，可将甲基转移至其他物质而使其甲基化（methylation）。甲基化反应是体内非常重要的反应，可修饰 DNA 的结构而调控基因表达，还可在合成反应中经甲基化而生成肾上腺素、肌酸、肉毒碱等生理活性物质。据统计，体内有 50 多种物质需要 SAM 提供甲基，生成相应甲基化合物，因此，SAM 是体内最重要、最直接的甲基供体。

2. 甲硫氨酸循环　甲硫氨酸活化生成 SAM，SAM 通过转甲基作用后变成 S– 腺苷同型半胱氨酸，后者进一步脱去腺苷，生成同型半胱氨酸（homocysteine），同型半胱氨酸可以接受 N^5—CH_3—FH_4 提供的甲基，重新生成甲硫氨酸，形成一个循环过程，称为甲硫氨酸循环（methionine cycle）（图 7–13）。

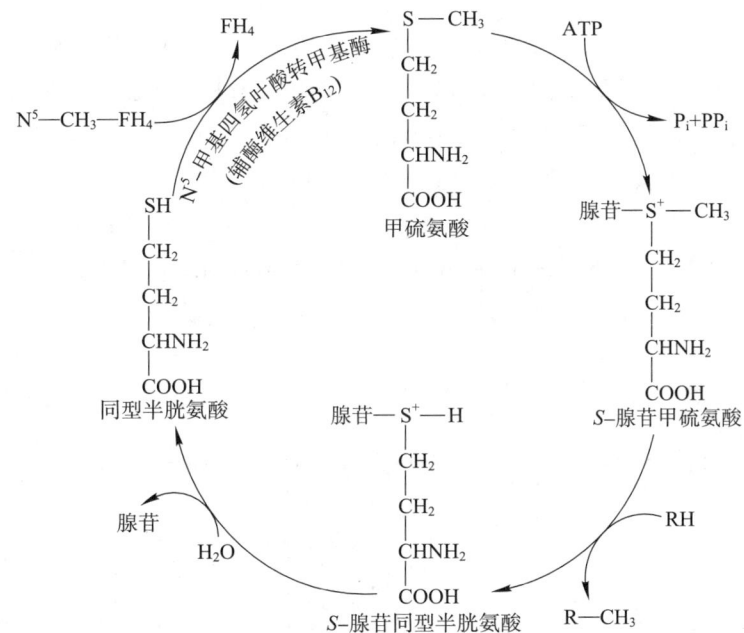

图 7-13　甲硫氨酸循环

甲硫氨酸循环的生理意义是：其一，通过循环使甲硫氨酸再生，减少甲硫氨酸的消耗，满足体内广泛存在的甲基化反应；其二，由 N^5—CH_3—FH_4 提供甲基使同型半胱氨酸转变成甲硫氨酸的反应是目前已知体内能利用 N^5—CH_3—FH_4 的唯一反应，该反应由 N^5– 甲基四氢叶酸转甲基酶催化，因此通过该循环可使 N^5—CH_3—FH_4 释放 FH_4 而被再利用。

尽管上述循环可以生成甲硫氨酸，但体内不能合成同型半胱氨酸，它只能由甲硫氨酸转变而来，所以实际上体内仍然不能合成甲硫氨酸，必须由食物供给。

N^5– 甲基四氢叶酸转甲基酶的辅酶是维生素 B_{12}。维生素 B_{12} 缺乏时，N^5—CH_3—FH_4 上的甲基不能转移，这不仅影响甲硫氨酸的生成，同时也影响四氢叶酸的再利用，使组织中游离的四氢叶酸含量减少，导致核酸合成障碍，影响细胞分裂，因此，维生素 B_{12} 不足时会导致巨幼细胞贫血。

临床聚焦 7-2
高同型半胱氨酸血症

（二）半胱氨酸与胱氨酸的代谢

1. 半胱氨酸与胱氨酸的互变　半胱氨酸含有巯基（—SH），胱氨酸含有二硫键（—S—S—），两者可以通过氧化还原反应相互转变：

2. 牛磺酸的生成　体内牛磺酸（taurine）由半胱氨酸代谢转变而来。半胱氨酸首先氧化成磺基丙氨酸，再脱去羧基生成牛磺酸。牛磺酸是结合胆汁酸的组成成分。

已发现脑组织中含有较多的牛磺酸，可能具有促进婴幼儿脑细胞发育、提高神经传导等功能。

3. 硫酸根的生成　含硫氨基酸氧化分解均可以产生硫酸根，半胱氨酸是体内硫酸根的主要来源。半胱氨酸可直接脱去巯基和氨基，生成丙酮酸、NH_3 和 H_2S，H_2S 再经氧化而生成 H_2SO_4。半胱氨酸中的巯基也可先氧化成亚磺基，然后再生成硫酸。

体内的硫酸根一部分以无机盐形式随尿排出，另一部分则经 ATP 活化成活性硫酸根，即 3′- 磷酸腺苷 -5′- 磷酸硫酸（3′-phospho-adenosine-5′-phosphosulfate，PAPS），反应过程如下：

$$SO_4^{2-}+ATP \xrightarrow{-PP_i} AMP-SO_3^- \xrightarrow{+ATP} 3-PO_3H_2-AMP-SO_3^-$$
（3′-磷酸腺苷-5′-磷酸硫酸，PAPS）

PAPS 的性质比较活泼，是体内硫酸根的供体。PAPS 在肝内生物转化作用中可提供硫酸根使某些物质生成硫酸酯，还可参与硫酸角质素及硫酸软骨素等分子中硫酸化氨基糖的合成。

四、肌酸和磷酸肌酸的代谢

肌酸（creatine）和磷酸肌酸（creatine phosphate）是能量储存、利用的重要化合物。在肌酸激酶（creatine kinase，CK）催化下，肌酸接收 ATP 上高能磷酸基变成磷酸肌酸，储存能量。磷酸肌酸上的高能磷酸基又可转移至 ADP 生成 ATP 而被利用。肌酸激酶由两种亚基组成，即 M 亚基（肌型）与 B 亚基（脑型），有 3 种同工酶：MM 型、MB 型及 BB 型。它们在体内各组织中的分布不同，MM 型主要在骨骼肌，MB 型主要在心肌，BB 型主要在脑。心肌梗死时，血中 MB 型肌酸激酶活性增高，可作为辅助诊断的指标之一。肌酸在心肌、骨骼肌及大脑中含量丰富。

肌酸以甘氨酸为骨架，由精氨酸提供脒基生成胍乙酸，再由 S- 腺苷甲硫氨酸供给甲基而合成（图 7-14）。肝是合成肌酸的主要器官。人体每天都有一定量的肌酸转变为肌酐而被排出体外。正常成人，每日尿中肌酐的排出量恒定。肾功能障碍时，肌酐排泄受阻，血中肌酐浓度升高，可作为测定肾功能的指标之一。

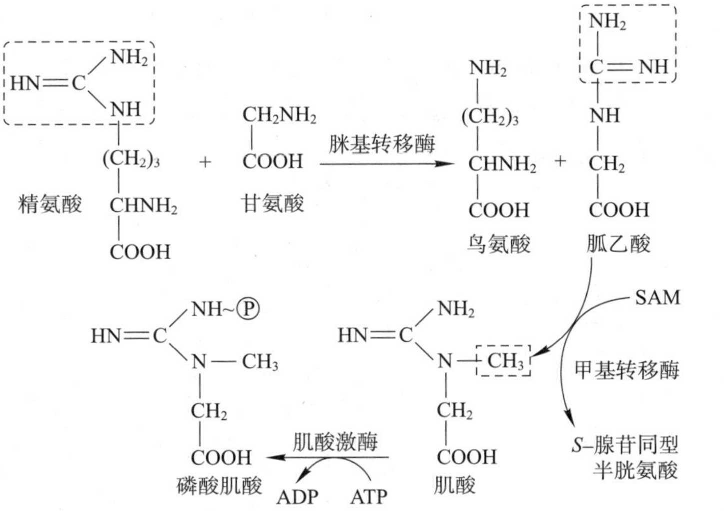

图 7-14　肌酸与磷酸肌酸的代谢

五、芳香族氨基酸的代谢

芳香族氨基酸包括苯丙氨酸、酪氨酸和色氨酸。苯丙氨酸和色氨酸是营养必需氨基酸。

（一）苯丙氨酸代谢

正常情况下，苯丙氨酸的主要代谢途径是在苯丙氨酸羟化酶（phenylalanine hydroxylase）催化下羟化生成酪氨酸。苯丙氨酸羟化酶是一种单加氧酶，其辅酶是四氢生物蝶呤，催化的反应不可逆，因而酪氨酸不能变为苯丙氨酸。膳食中酪氨酸含量充足可以减少苯丙氨酸的消耗。

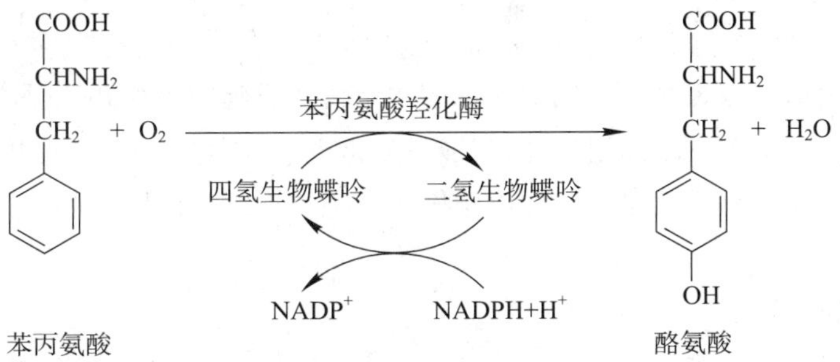

苯丙氨酸除转变为酪氨酸外，少量可经转氨基作用生成苯丙酮酸。当苯丙氨酸羟化酶先天性缺乏时，体内苯丙氨酸不能转变成酪氨酸，而经转氨基作用生成大量苯丙酮酸，后者进一步转变成苯乙酸等衍生物。此时，尿中出现大量苯丙酮酸等代谢产物，称为苯丙酮尿症（phenylketonuria，PKU）。苯丙酮酸的堆积使中枢神经系统的发育障碍，故患儿的智力低下。治疗原则是早期发现，并适当控制膳食中的苯丙氨酸含量。

（二）酪氨酸代谢

1. 儿茶酚胺合成　酪氨酸的代谢与机体内合成某些神经递质、激素有关。酪氨酸在酪氨酸羟化酶（tyrosine hydroxylase）催化下，生成 3,4- 二羟苯丙氨酸（3,4-dihydroxyphenylalanine，dopa，多巴）。此酶是以四氢生物蝶呤为辅酶的单加氧酶。通过多巴脱羧酶的作用，多巴转变成多巴胺（dopamine）。多巴胺是脑中的一种神经递质，帕金森病（Parkinson's disease）患者多巴胺生成减少。在肾上腺髓质中，多巴胺在多巴胺 $\beta-$ 羟化酶催化下，侧链的 $\beta-$ 碳原子再次被羟化，生成去甲肾上腺素（norepinephrine），后者进一步甲基化转变成肾上腺素（epinephrine）。多巴胺、去甲肾上腺素、肾上腺素统称为儿茶酚胺（catecholamine）。酪氨酸羟化酶是儿茶酚胺合成的关键酶，受终产物的反馈调节。

2. **黑色素的合成** 酪氨酸代谢的另一条途径是合成黑色素（melanin）。在黑色素细胞中酪氨酸在酪氨酸酶（tyrosinase）的催化下生成多巴，后者经氧化、脱羧等反应转变成吲哚 $-5,6-$ 醌。吲哚 $-5,6-$ 醌可聚合生成黑色素。若人体缺乏酪氨酸酶，黑色素合成障碍，皮肤、毛发等呈现白色，称为白化病（albinism）。

3. **酪氨酸的氧化分解** 酪氨酸还可在酪氨酸转氨酶的催化下，生成对羟苯丙酮酸，在其氧化酶作用下生成尿黑酸。尿黑酸经尿黑酸氧化酶作用转变成延胡索酸和乙酰乙酸，两者分别参与糖类和脂肪酸代谢。因此，苯丙氨酸和酪氨酸是生糖兼生酮氨基酸。当尿黑酸氧化酶先天缺陷时，尿黑酸进一步分解受阻，大量尿黑酸由尿排出，经空气氧化使尿呈黑色，称为尿黑酸尿症。

（三）色氨酸的代谢

色氨酸除生成 5- 羟色胺外，本身还可进行分解代谢。在肝中，色氨酸通过色氨酸加氧酶（tryptophane oxygenase，又称吡咯酶，pyrrolase）的作用，生成一碳单位和功能不明的酸性中间产物，最后可产生丙酮酸与乙酰乙酰 CoA，所以色氨酸是一种生糖兼生酮氨基酸。此外，色氨酸分解还可产生烟酸，这是体内合成维生素的特例，但其合成量甚少，不能满足机体的需要。

六、支链氨基酸的代谢

支链氨基酸包括亮氨酸、异亮氨酸和缬氨酸，它们都是必需氨基酸。这三种氨基酸分解代谢的途径基本相同：① 经转氨基作用，生成各自相应的 $\alpha-$ 酮酸；② $\alpha-$ 酮酸通过氧化脱羧，生成相应的 $\alpha,\beta-$ 烯脂酰 CoA；③ 经 $\beta-$ 氧化生成不同的中间产物参与代谢：缬氨酸（生糖氨基酸）分解产生琥珀酰 CoA，亮氨酸（生酮氨基酸）产生乙酰 CoA 及乙酰乙酰 CoA，异亮氨酸产生乙酰 CoA 及琥珀酰 CoA（生糖兼生酮氨基酸）（图 7-15）。

支链氨基酸的分解代谢主要在骨骼肌中进行。三种支链氨基酸经转氨基作用生成的 α-酮酸，大部分运往肝等组织利用。临床上给肝功能不良者输入支链氨基酸相应的 α-酮酸，经体内转氨合成支链氨基酸，可以减少游离 NH_3 的释放，有利于降低血氨。另外，正常人血中支链氨基酸与芳香族氨基酸中的苯丙氨酸和酪氨酸含量有一定比例关系，称为支/芳比，正常范围为 2.3～3.5。当该比值低于 2 时，可能引起血氨升高，导致肝性脑病发生，如给患者输入支链氨基酸为主的氨基酸制剂，具有一定的效果。

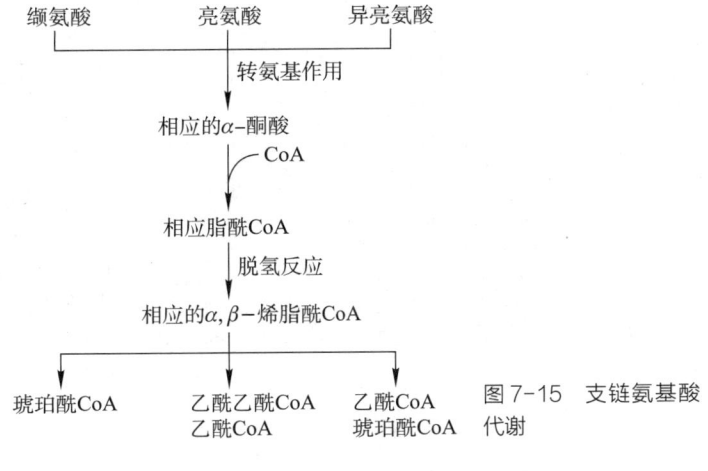

图 7-15 支链氨基酸代谢

（李 凌）

复习思考题

一、简答题

1. 血氨有哪些来源和去路？

2. 说明下列代谢的生理意义：

（1）鸟氨酸循环。（2）甲硫氨酸循环。（3）丙氨酸–葡萄糖循环。

3. 一碳单位代谢有何生理意义？

4. 简要说明缺乏叶酸和维生素 B_{12} 产生巨幼细胞贫血的生化机制。

二、讨论题

禁食动物喂以无精氨酸的蛋白质易发生氨中毒，如给予鸟氨酸则无中毒现象，试解释其机制。如非禁食动物，则不易发生氨中毒，为什么？

网上更多……

📇 本章小结　　✍ 自测题　　⬇ 教学 PPT

第八章
核苷酸代谢

关键词

核酸　　　　核苷酸　　　核苷　　　碱基　　　戊糖　　　一碳单位

从头合成　　补救合成　　PRPP　　PRA　　　尿酸　　　痛风症

核酸是生物体主要的遗传物质，核苷酸是核酸的基本组成单位，在体内分布广泛。与蛋白质的基本组成单位氨基酸不同，无论核糖核苷酸还是脱氧核糖核苷酸都是机体利用一些简单原料自身合成的，因此核苷酸不是营养必需物质。食物中的核酸在消化道中可被逐级水解成核苷酸、核苷、戊糖、磷酸和碱基。这些产物均可被吸收，磷酸和戊糖可再被利用，碱基除小部分可再被利用外，大部分均被分解而排出体外。本章主要介绍嘌呤和嘧啶核苷酸的合成和分解途径，以及相应抗代谢物的作用。

思维导图

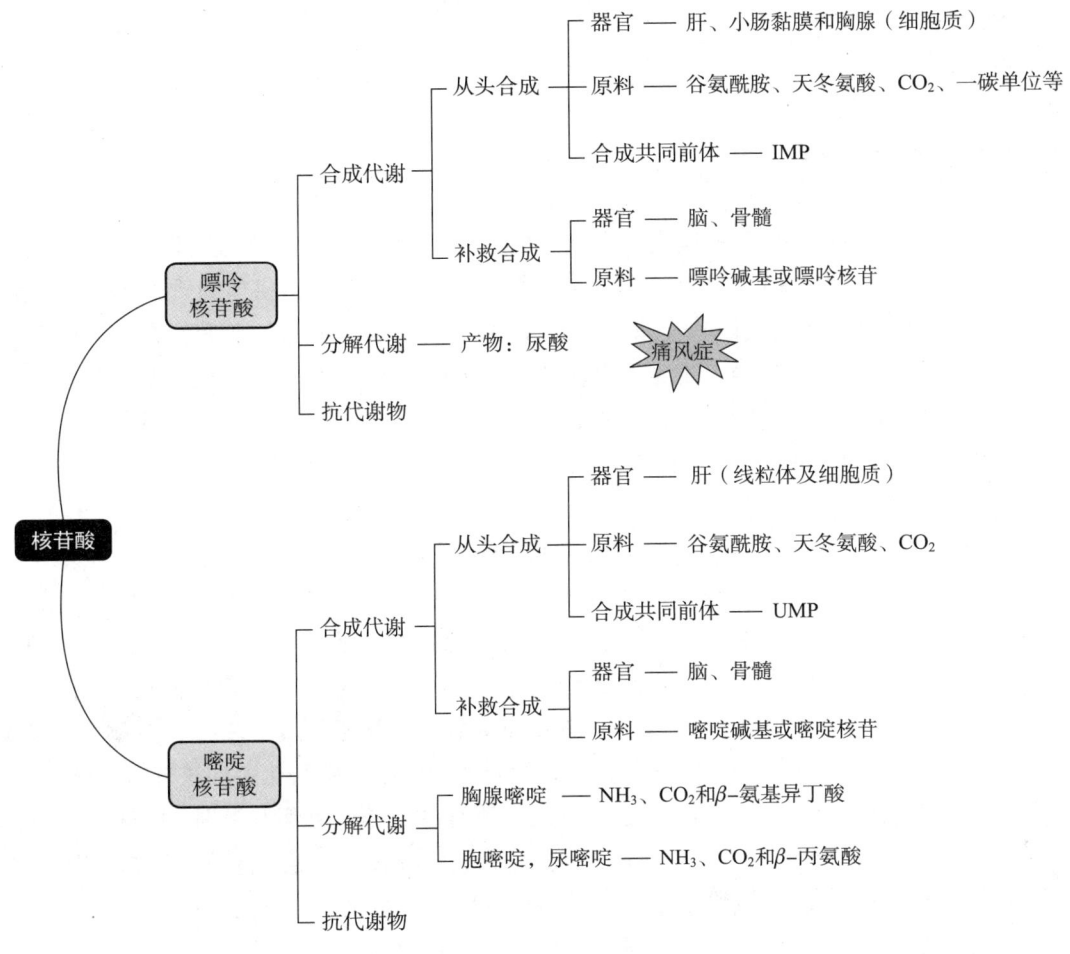

第一节　概述

一、核苷酸的生理功能

核苷酸是核酸的基本组成单位，它在体内具有许多重要的生理功能：① 作为核酸合成的原料；② 作为体内能量的主要利用形式，如 ATP 是体内的直接供能物质，参与肌肉收缩、物质转运等过程；③ 参与代谢和生理调节，如 cAMP 和 cGMP 作为多种细胞膜受体激素作用的第二信使，参与细胞信号转导；④ 参与组成活性中间代谢物，如 UDP- 葡萄糖是糖原和糖蛋白合成的活性中间物，CDP- 胆碱、CDP- 乙醇胺、CDP- 二酰甘油是甘油磷脂合成的活性中间物；⑤ 构成辅酶，如腺苷酸可作为多种辅酶（NAD^+、$NADP^+$、CoA 和 FAD）的组成成分。

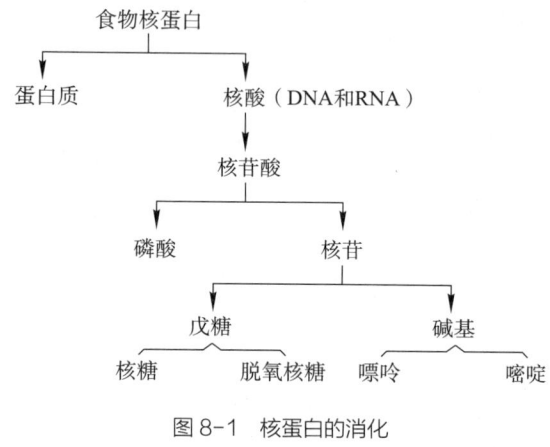

图 8-1　核蛋白的消化

二、核苷酸的消化吸收

食物中的核蛋白经胃酸的作用，分解为核酸和蛋白质。核酸在小肠中受来自胰液和肠液的多种水解酶的作用，逐步分解为核苷酸、核苷和磷酸，核苷还可进一步被核苷酶降解为碱基和戊糖（图 8-1）。核苷酶包括核苷磷酸化酶和核苷水解酶，前者存在比较广泛，后者主要存在于植物和微生物体内。核苷酸及其水解产物均可被小肠黏膜细胞吸收，但绝大部分在肠黏膜细胞中又被进一步分解。分解生成的戊糖被机体吸收利用；碱基则大部分被分解而排出体外，因此食物来源的嘌呤和嘧啶很少被机体利用。

三、核苷酸代谢的概况

核苷酸代谢包括合成代谢与分解代谢。合成代谢又分为从头合成途径（de novo synthesis）和补救合成途径（salvage pathway）。从头合成途径是指细胞利用小分子化合物和一碳单位逐步合成核苷酸的过程，是体内核苷酸合成的主要途径；补救合成途径是指细胞利用游离的碱基或核苷直接合成核苷酸的过程，只发生于脑和骨髓等组织器官。

第二节　嘌呤核苷酸代谢

一、嘌呤核苷酸的合成代谢

（一）从头合成途径

除某些细菌外，几乎所有生物体均可通过从头合成途径合成嘌呤核苷酸。从头合成的主要器官是肝，其次是小肠黏膜和胸腺。催化从头合成途径的酶系存在于细胞质中，所需原料主要有谷氨酰胺、甘氨酸、天冬氨酸、CO_2 和一碳单位（N^{10}-甲酰-FH_4）（图 8-2）。

嘌呤环是在 5-磷酸核糖-1-焦磷酸（5-phosphoribosyl-1-pyrophosphate，PRPP）的基础上逐步合成的。合成过程分为 2 个阶段：第一个阶段是次黄嘌呤核苷酸（inosinic monophosphate，IMP）的合成，需 11 步酶促反应；第二个阶段是 AMP 和 GMP 的合成。

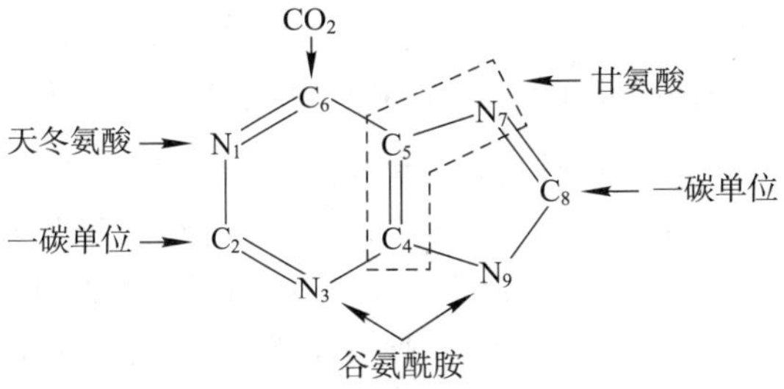

1. IMP 的合成　过程见图 8-3。起始反应物 5-磷酸核糖来自磷

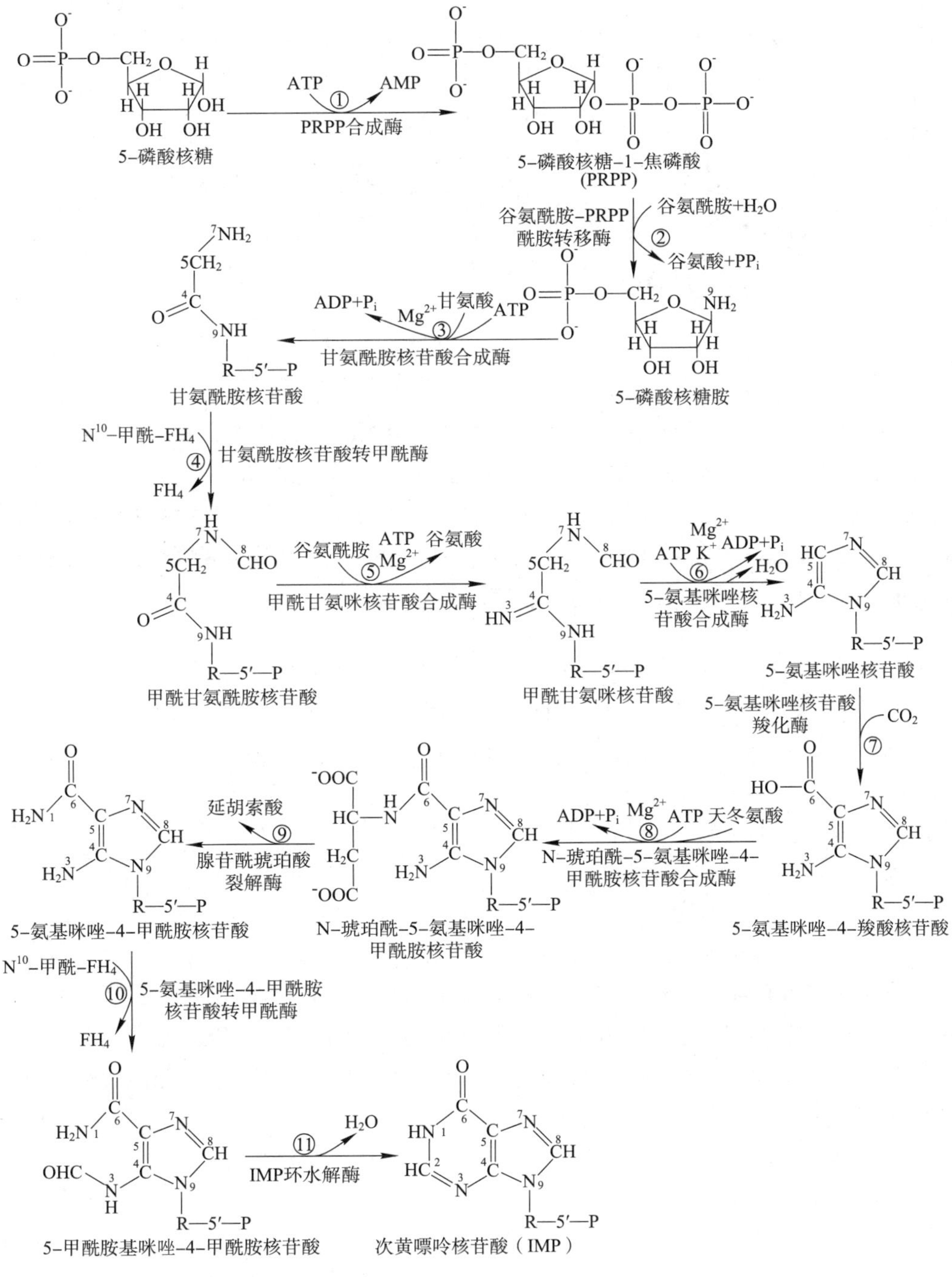

图 8-2　嘌呤碱基的元素来源

图 8-3　次黄嘌呤核苷酸的合成

拓展学习 8-1
嘌呤核苷酸从头合成
的调节

酸戊糖途径，合成的第一个产物是 PRPP，是核苷酸合成的磷酸核糖供体。甲酰基由 N^{10}– 甲酰四氢叶酸提供。嘌呤核苷酸从头合成途径的关键反应是 PRPP 和 5– 磷酸核糖胺（phosphoribosyl amine，PRA）的生成，催化这两步反应的酶分别是 PRPP 合成酶和谷氨酰胺 –PRPP 酰胺转移酶。AMP、GMP、IMP 对这两个酶具有负反馈调节作用。

2. AMP 和 GMP 的合成　AMP 和 GMP 是在 IMP 的基础上合成的，因此 IMP 是 AMP 和 GMP 合成的共同前体（图 8-4）。

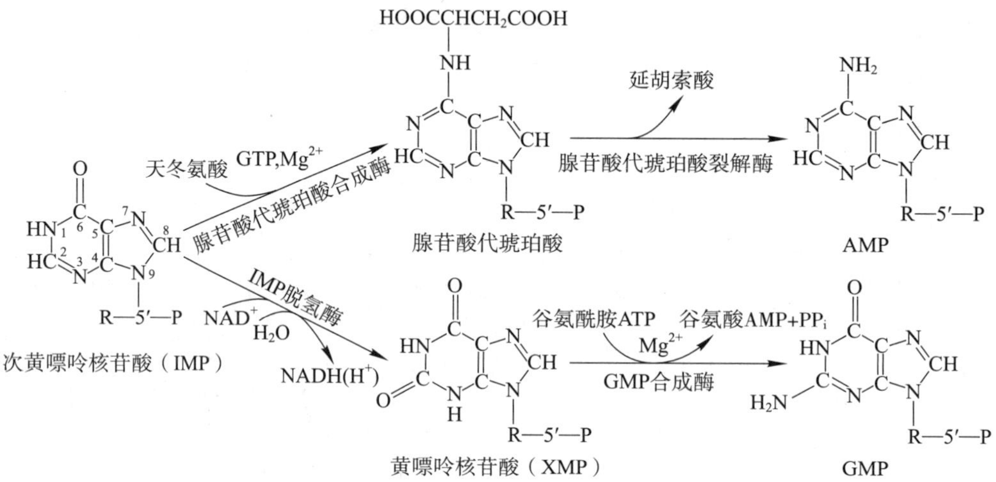

图 8-4　AMP 和 GMP 的合成

（二）补救合成途径

嘌呤核苷酸补救合成途径是指细胞利用游离的嘌呤碱基或嘌呤核苷来合成嘌呤核苷酸。补救合成途径要比从头合成途径简单得多，耗能也少。脑、骨髓等缺乏从头合成的酶系，故在这些器官中补救合成途径非常重要。补救合成途径主要由腺嘌呤磷酸核糖转移酶（adenine phosphoribosyl transferase，APRT）、次黄嘌呤 – 鸟嘌呤磷酸核糖转移酶（hypoxanthine–guanine phosphoribosyl transferase，HGPRT）及腺苷激酶催化完成。

$$腺嘌呤 + PRPP \xrightarrow{APRT} AMP + PP_i$$

$$次黄嘌呤 + PRPP \xrightarrow{HGPRT} IMP + PP_i$$

$$鸟嘌呤 + PRPP \xrightarrow{HGPRT} GMP + PP_i$$

$$腺嘌呤核苷 \underset{ATP \quad ADP}{\xrightarrow{腺苷激酶}} AMP$$

（三）嘌呤核苷酸抗代谢物

某些物质在结构上与氨基酸、叶酸或嘌呤碱类似，它们能够竞争性地抑制或干扰嘌呤核苷酸合成的某些步骤，这些物质统称为嘌呤核苷酸抗代谢物，它们通常具有抗肿瘤作用。

临床聚焦 8-1
自毁容貌症（Lesch–
Nyhan syndrome）

氮杂丝氨酸和 6– 重氮 –5– 氧正亮氨酸是谷氨酰胺的类似物，可干扰谷氨酰胺在嘌呤核苷酸合成中的作用，从而干扰嘌呤核苷酸的合成。

氮杂丝氨酸 $N^+ \equiv N-CH_2-\overset{\overset{\displaystyle O}{\|}}{C}-O-CH_2-\overset{\overset{\displaystyle NH_2}{|}}{CH}-COOH$

6-重氮-5-氧正亮氨酸 $N^+ \equiv N-CH_2-\overset{\overset{\displaystyle O}{\|}}{C}-CH_2-CH_2-\overset{\overset{\displaystyle NH_2}{|}}{CH}-COOH$

谷氨酰胺 $H_2N-\overset{\overset{\displaystyle O}{\|}}{C}-CH_2-CH_2-\overset{\overset{\displaystyle NH_2}{|}}{CH}-COOH$

氨甲蝶呤（methotrexate，MTX）和氨蝶呤（aminopterin，APT）是叶酸类似物，通过竞争性抑制二氢叶酸还原酶，使叶酸不能还原成 FH_2 和 FH_4，导致一碳单位代谢障碍，从而抑制嘌呤核苷酸的合成。临床上应用 MTX 治疗白血病等。

R=H （氨蝶呤）
R= CH₃(氨甲蝶呤)

6-巯基嘌呤（6-mercaptopurine，6-MP）、6-巯基鸟嘌呤、2,6-二氨基嘌呤和8-氮杂鸟嘌呤是嘌呤碱的类似物。6-MP 的结构与次黄嘌呤相似，它在体内可转变为 6-巯基嘌呤核苷酸。6-巯基嘌呤核苷酸一方面可抑制谷氨酰胺-PRPP 酰胺转移酶，阻断 IMP 的合成；另一方面还可抑制腺苷酸代琥珀酸合成酶和 IMP 脱氢酶，阻止 IMP 转变为 AMP 和 GMP。此外，6-MP 还直接抑制 HGPRT。因此，6-MP 既能抑制嘌呤核苷酸的从头合成途径，又能抑制其补救合成途径。临床上应用 6-MP 治疗自身免疫病、白血病和妊娠滋养细胞瘤等。

6-巯基嘌呤　　6-巯基鸟嘌呤　　8-氮杂鸟嘌呤

二、嘌呤核苷酸的分解代谢

嘌呤核苷酸的分解代谢主要发生在肝、肾及小肠。嘌呤核苷酸首先经过核苷酸酶的水解产生核苷，核苷再经核苷磷酸化酶的作用生成 1-磷酸核糖和自由的嘌呤碱基。1-磷酸核糖可经磷酸核糖变位酶催化转变为 5-磷酸核糖，后者既可参与 PRPP 的合成，也可进入磷酸戊糖途径代谢。嘌呤碱基一方面可作为补救合成的原料，另一方面可进一步氧化分解为终产物尿酸（图8-5），随尿排出体外。正常人血浆中尿酸含量为 $0.12 \sim 0.36$ mmol/L。高嘌呤饮食、嘌呤核苷酸分解代谢增强、肾尿酸排泄障碍等均可引起血浆尿酸含量增高。由于尿酸的水溶性差，当血浆尿酸含量超过 420 μmol/L 时，尿酸盐结晶便可沉积在关节、软组织、软骨及肾等处引起痛风症。痛风症患者多见于成年男性，临床上常用黄嘌呤氧化酶抑制剂来抑制尿酸生成，降低血尿酸水平。常用的药物一种是嘌呤类抑制剂别嘌呤醇，另一种是非嘌呤类抑制剂非布司他。别嘌呤醇与次黄嘌呤结构相似（图8-6），可竞争性抑制黄嘌呤氧化酶活性，减少尿酸合成，且别嘌呤醇在体内可形

Ｅ 图 8-1
常见食物中嘌呤含量
临床聚焦 8-2
高尿酸血症
微课或微视频 8-1
高尿酸血症与嘌呤核苷酸代谢
Ｅ 图 8-2
高尿酸血症的由来
研究进展 8-1
自闭症与嘌呤核苷酸代谢异常
研究进展 8-2
尿酸氧化酶的研究进展

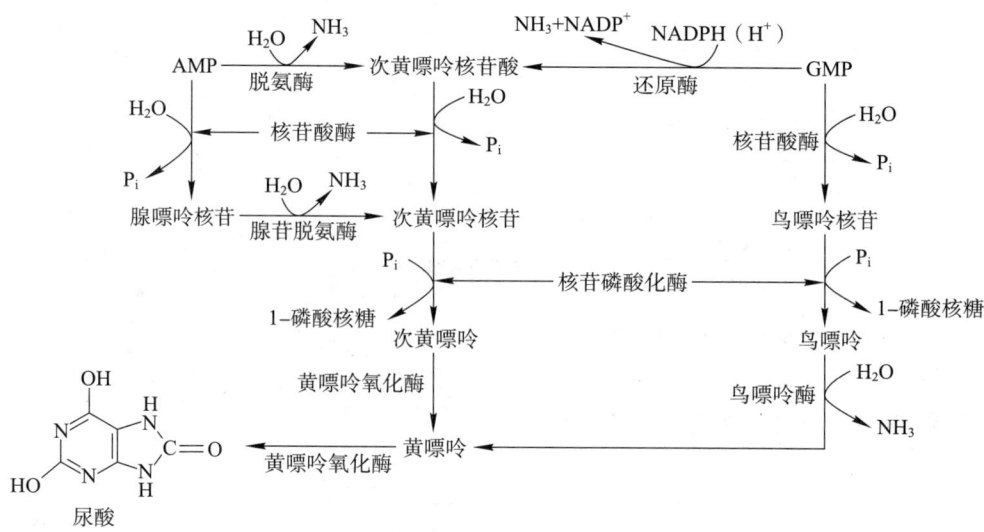

图 8-5 嘌呤核苷酸的
分解代谢

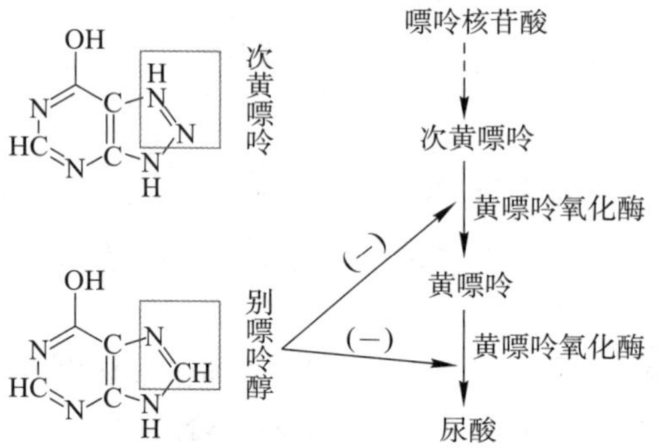

图 8-6 别嘌呤醇抑制
嘌呤核苷酸的从头合成

成与 IMP 结构相似的别嘌呤核苷酸，抑制嘌呤核苷酸的从头合成。非布司他为新型降尿酸药物，
为特异性黄嘌呤氧化酶抑制剂，降尿酸效果好。

第三节　嘧啶核苷酸代谢

一、嘧啶核苷酸的合成代谢

（一）从头合成途径

　　嘧啶核苷酸从头合成主要在肝中进行，除二氢乳清酸脱氢酶位于线粒体外，其他酶均存在
于细胞质。与嘌呤核苷酸的合成不同，嘧啶核苷酸是首先合成嘧啶
环，然后与磷酸核糖连接生
成尿嘧啶核苷酸（UMP），UMP 是其他嘧啶核苷酸合成的前体。嘧啶核苷酸从头合成的原料主
要有谷氨酰胺、天冬氨酸和 CO_2（图 8-7）。

　　UMP 的合成需 6 步反应，可分为三个阶段：① 氨基
甲酰磷酸的合成。② 氨基甲酰天冬氨酸的合成。③ UMP
的生成。胞苷三磷酸（CTP）是在尿苷三磷酸（UTP）的基
础上生成的（图 8-8）。

临床聚焦 8-3
腺苷脱氨酶缺乏症

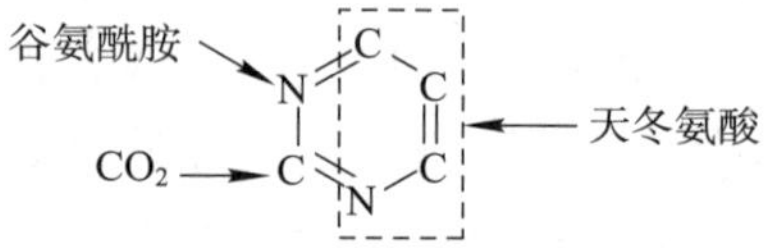

图 8-7　嘧啶碱基的元素来源

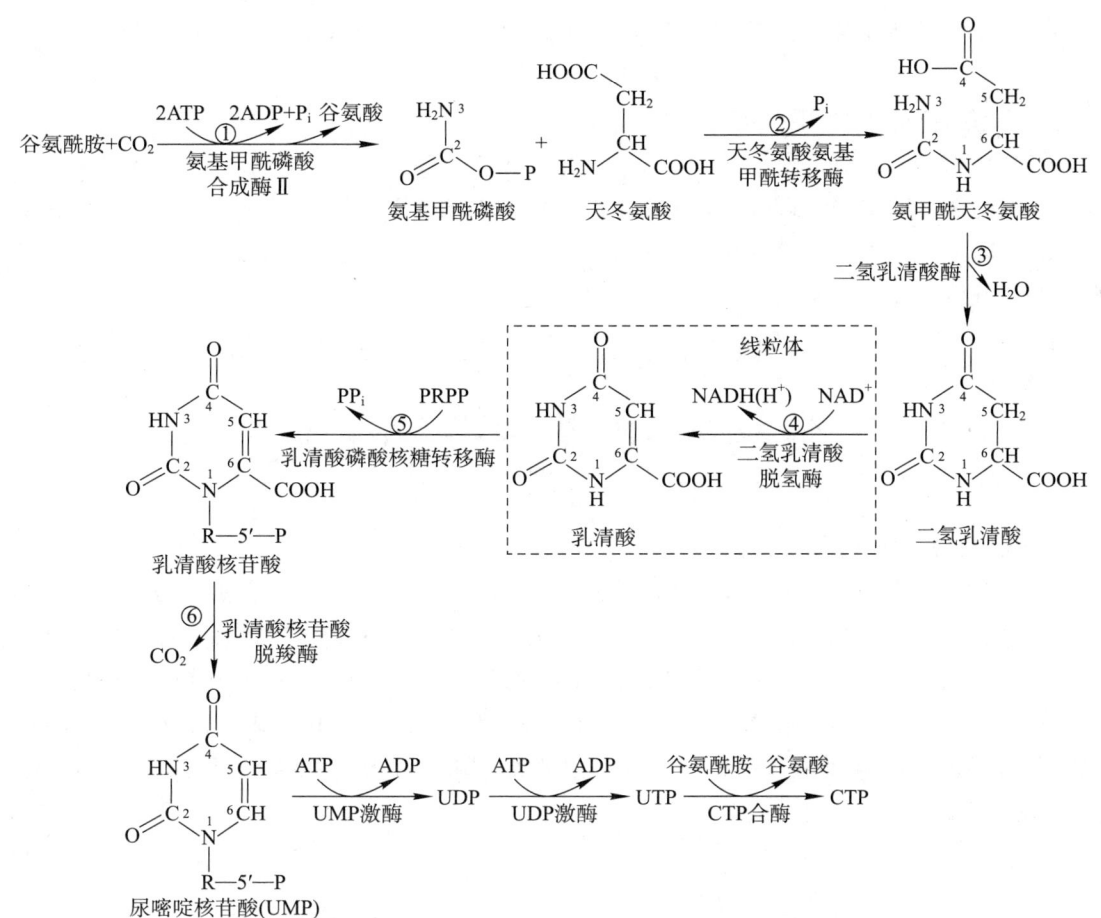

图 8-8 嘧啶核苷酸的从头合成

值得注意的是，参与嘧啶核苷酸合成的氨基甲酰磷酸合成酶 II（carbamyl phosphate synthetase II，CPS-II）位于细胞质中，而参与尿素合成的 CPS-I 则位于肝细胞的线粒体中。真核细胞中，氨基甲酰磷酸合成酶 II、天冬氨酸氨基甲酰转移酶和二氢乳清酸酶位于同一条肽链上，而乳清酸磷酸核糖转移酶和乳清酸核苷酸脱羧酶也位于同一条肽链上，这是进化过程中基因融合的结果，有利于酶促反应等速进行。

拓展学习 8-2
CPS-I 和 CPS-II 的区别

嘧啶核苷酸从头合成在肝中进行。合成途径中有 4 个调节部位：① 氨基甲酰磷酸合成酶 II，受 UMP 反馈抑制，是哺乳动物体内主要的调节部位；② 天冬氨酸氨基甲酰转移酶，受 UMP 和 CTP 反馈抑制，是细菌体内的主要调节部位；③ 乳清酸磷酸核糖转移酶，受 ADP 和 GDP 反馈抑制；④ CTP 合酶，受 CTP 反馈抑制。

临床聚焦 8-4
乳清酸尿症

（二）补救合成途径

同嘌呤核苷酸的补救合成途径一样，细胞也可利用现有的嘧啶碱基或嘧啶核苷直接生成嘧啶核苷酸。反应如下：

$$尿嘧啶或胸腺嘧啶 + PRPP \xrightarrow{\text{嘧啶磷酸核糖转移酶}} UMP 或 TMP + PP_i$$

$$嘧啶核苷 + ATP \xrightarrow{\text{核苷激酶，Mg}^{2+}} 嘧啶核苷酸 + ADP$$

$$脱氧胸腺嘧啶核苷 + ATP \xrightarrow{\text{胸苷激酶，Mg}^{2+}} dTMP + ADP$$

胸苷激酶在正常肝中活性很低，在再生肝及肝癌时活性显著升高，并与恶性程度有关。

（三）磷酸核苷间的相互转变

无论核糖核酸还是脱氧核糖核苷酸，核苷一磷酸、核苷二磷酸和核苷三磷酸之间均可相互转化。核苷一磷酸与核苷二磷酸之间的相互转化由特异的核苷一磷酸激酶催化，反应过程中 ATP 作为磷酸基的供体。核苷二磷酸与核苷三磷酸之间的相互转化由核苷二磷酸激酶催化，但该酶的特异性不如核苷一磷酸激酶高。

$$\text{核苷一磷酸} + \text{ATP} \xleftrightarrow{\quad\text{核苷一磷酸激酶}\quad} \text{核苷二磷酸} + \text{ADP}$$

$$\text{核苷二磷酸} + \text{ATP} \xleftrightarrow{\quad\text{核苷二磷酸激酶}\quad} \text{核苷三磷酸} + \text{ADP}$$

（四）脱氧核糖核苷酸的生成

拓展学习 8-3
核糖核苷酸还原酶

除 dTMP 外，其他脱氧核糖核苷酸均是在核苷二磷酸（NDP）的水平上由核糖核苷酸还原酶催化生成相应的脱氧核苷二磷酸（dNDP）（图 8-9），不能从 NMP 和 NTP 脱氧。核糖核苷酸还原酶是一种别构酶，是由 R1 和 R2 两种亚基组成的四聚体。R1 亚基上含有 3 个半胱氨酸残基，是使核苷二磷酸被还原的直接供氢体。反应中的硫氧还蛋白、$FADH_2$ 和 $NADPH（H^+）$ 均起供氢体的作用，但氢的最终供体是 $NADPH（H^+）$。在增殖旺盛的细胞中，DNA 合成旺盛，核糖核苷酸还原酶体系活跃。

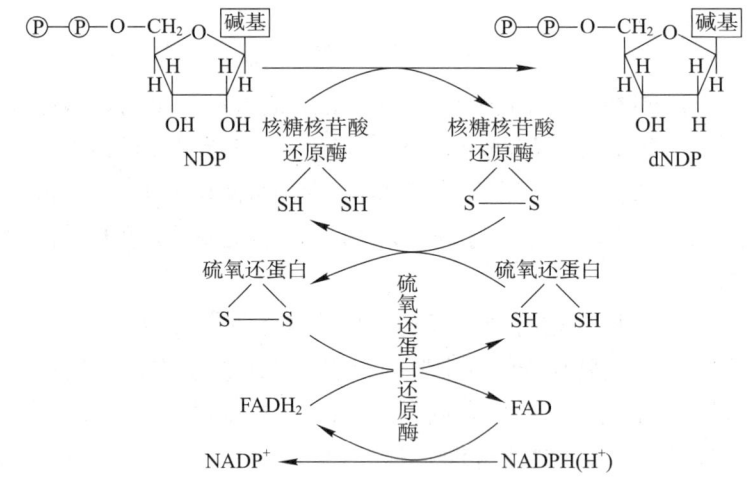

图 8-9　脱氧核糖核苷酸的生成

dTMP 由 dUMP 甲基化生成，反应由胸苷酸合酶催化，$N^5,N^{10}-$ 甲烯 $-FH_4$ 作为甲基供体。dUMP 的来源有两个途径：一是 dCMP 脱氨基，二是 dUDP 的水解，以第一个来源为主（图 8-10）。此外，dTMP 也可由脱氧胸苷在胸苷激酶的作用下磷酸化而生成。

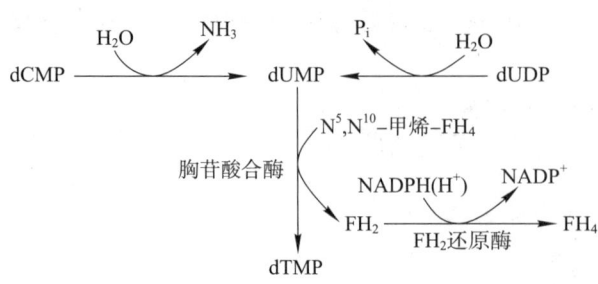

图 8-10　脱氧胸腺嘧啶核苷酸的生成

（五）嘧啶核苷酸抗代谢物

微课或微视频 8-2
肿瘤治疗与核苷酸抗
代谢物

与嘌呤核苷酸一样，氨基酸、叶酸、嘧啶碱基或嘧啶核苷的类似物能干扰或抑制嘧啶核苷酸的合成，通常也是抗肿瘤药物。前已述及，氮杂丝氨酸等是谷氨酰胺的类似物，抑制 CTP 的生成；MTX 抑制 FH_4 的形成；5- 氟尿嘧啶（5-fluorouracil，5-FU）与胸腺嘧啶结构相似，在体内可转变为与 dUMP 结构相似的氟脱氧尿嘧啶核苷一磷酸，后者可抑制胸苷酸合酶，使 dTMP 合成受阻。阿糖胞苷和环胞苷是核苷的类似物，是重要的抗癌药物。阿糖胞苷能抑制 CDP 生成 dCDP。它们的结构式如下：

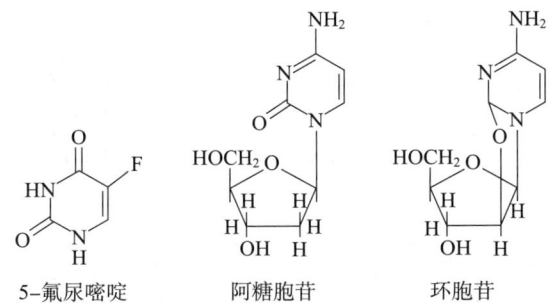

5- 氟尿嘧啶　　　阿糖胞苷　　　环胞苷

无论是嘌呤核苷酸还是嘧啶核苷酸的抗代谢物，最终都干扰或抑制核酸的合成，特别是 DNA 的合成（表 8-1）。

表 8-1　核苷酸抗代谢物一览表

类别	名称	机制
嘌呤类似物	6- 巯基嘌呤（6-MP）	与次黄嘌呤类似，抑制 HGPRT 及嘌呤核苷酸的补救合成；在体内转变成 6- 巯基嘌呤核苷酸，与次黄嘌呤核苷酸类似，抑制嘌呤核苷酸的从头合成
胸腺嘧啶类似物	5- 氟尿嘧啶（5-FU）	抑制胸腺嘧啶核苷酸的合成
氨基酸类似物	氮杂丝氨酸 6- 重氮 -5- 氧正亮氨酸	谷氨酰胺类似物，干扰谷氨酰胺在嘌呤和嘧啶核苷酸合成中的作用
叶酸类似物	氨蝶呤 氨甲蝶呤（MTX）	抑制二氢叶酸还原酶，从而抑制四氢叶酸的合成，抑制核苷酸合成时一碳单位的供给，同时抑制嘌呤核苷酸和嘧啶核苷酸的合成

二、嘧啶核苷酸的分解代谢

肝是嘧啶核苷酸分解代谢的主要场所。嘧啶核苷酸分解产生嘧啶碱基和磷酸核糖，胞嘧啶先经脱氨基转变为尿嘧啶，它们最终的分解产物是 NH_3、CO_2 和 β- 丙氨酸；胸腺嘧啶分解代谢的最终产物是 NH_3、CO_2 和 β- 氨基异丁酸（图 8-11）。β- 丙氨酸和 β- 氨基异丁酸可继续分解代谢，β- 氨基异丁酸亦可随尿排出体外。食入含 DNA 丰富的食物、经放射治疗或化学治疗的患者及白血病患者，尿中 β- 氨基异丁酸排出量增多。

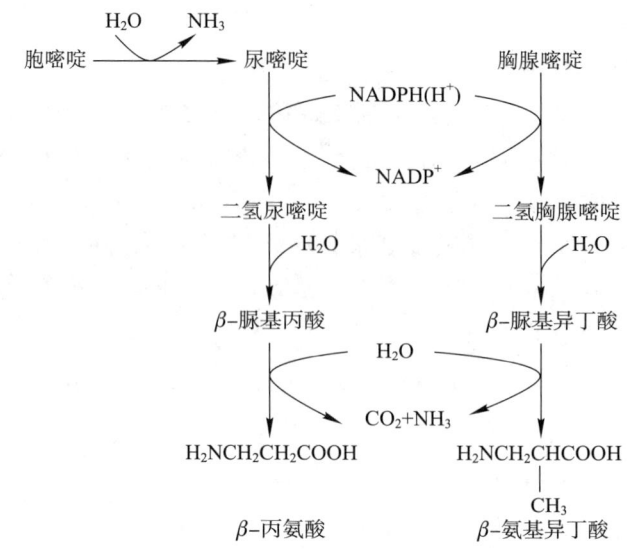

图 8-11　嘧啶碱基的
分解代谢

（苏　燕）

复习思考题

一、简答题

1. 简要说明 dTMP 是如何生成的。

2. 嘌呤核苷酸从头合成途径与嘧啶核苷酸从头合成途径的主要区别是什么？

二、讨论题

从生物化学的角度分析核酸或核苷酸作为营养保健品是否具有科学性？说明理由。

网上更多⋯⋯

👤≡ 本章小结　　　✏️ 自测题　　　⬇️ 教学 PPT

第九章
物质代谢的联系与调节

关键词

必需氨基酸	酶的区域化	别构调节	别构酶	别构效应剂
共价修饰	蛋白激酶	磷蛋白磷酸酶	诱导	阻遏
诱导剂	阻遏剂	激素	受体	激素反应元件
应激				

物质代谢是指物质在生物体内发生的化学转变，包括合成代谢和分解代谢，一般均是在酶的催化作用下完成的。物质代谢是生命的一个基本特征，是生命活动的物质基础。体内各种物质代谢及代谢间的相互联系是在体内精细而又复杂的调节机制下进行的。物质代谢失调或失衡，机体相应就会产生代谢变化，甚至发生疾病；一旦物质代谢停止，生命亦随之终止。

思维导图

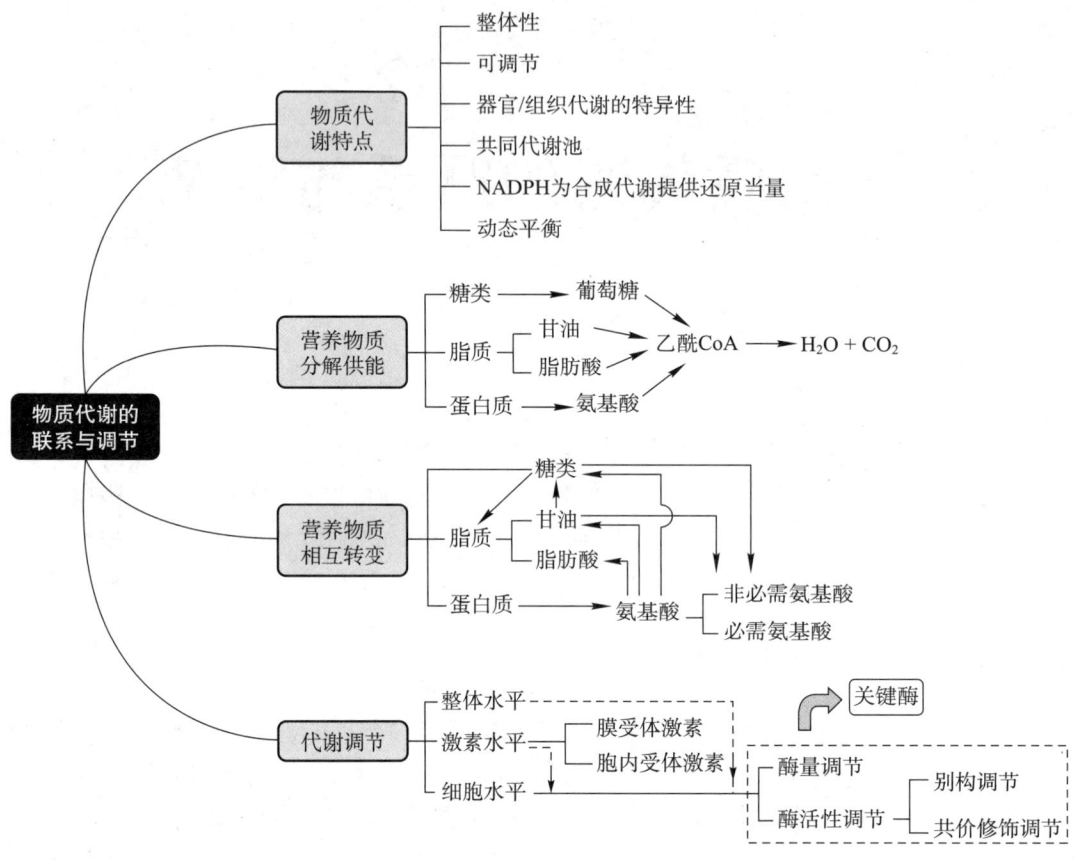

第一节　物质代谢的特点

一、体内各种物质代谢的整体性

机体内各种物质（包括糖类、脂质、蛋白质、核酸、水、无机盐、维生素等）的代谢不是彼此间孤立进行的，它们互相联系，或互相转换，或相互依存，或相互制约，从而构成统一整体。例如，糖类、脂质及蛋白质代谢均可产生乙酰 CoA，后者可经三羧酸循环彻底氧化分解供能，也可作为合成脂肪酸、胆固醇的原料。脂肪动员加强时，脂肪酸分解产生大量乙酰 CoA 及长链脂酰 CoA，后两者则分别抑制丙酮酸脱氢酶和柠檬酸合酶的活性以制约糖类的分解代谢。

二、体内各种物质代谢的可调节性

由于物质代谢一般均是酶促反应，而酶具有可调节性，所以物质代谢也具有可调节性。物质代谢调节是生物的重要特征，普遍存在于生物界。在机体内存在着一套精细、完善而又复杂的调节机制，能够保证体内各种物质代谢有条不紊地进行，同时使各种物质代谢的强度、方向和速度能适应内外环境的变化，保证机体各项生命活动的正常进行。

三、体内各组织、器官的代谢特异性

体内各种组织、器官结构不同，所含酶类的种类和含量各有差异，因而各物质代谢途径及功能也各具特色，即代谢具有组织、器官特异性。例如，肝对营养物质（如糖类、脂质、蛋白质等）及非营养物质（如激素、食品添加剂、药物、毒物等）代谢物均具有特殊的重要作用，是机体物质代谢的枢纽；红细胞缺乏亚细胞器，只能以糖酵解作为唯一的能量来源。

四、体内各种代谢物具有共同的代谢池

机体内无论是从外界摄入的或是体内产生的各种代谢物，进行中间代谢时不分彼此，参加到共同的物质代谢池中进行代谢。

五、ATP 是机体储存能量和消耗能量的共同形式

一切生命活动都需要能量的供给。ATP 作为机体内能量的"通用货币"，在生命活动中发挥主要作用。体内糖类、脂质、蛋白质分解氧化释放的部分能量，以生成 ATP 的形式储存在高能磷酸键中。生命活动如各种生物大分子的合成、肌肉收缩、神经冲动的传导、细胞渗透压及形态的维持等均直接利用 ATP 供能。

六、NADPH 提供合成代谢所需的还原当量

体内的合成代谢途径与分解代谢途径所需的酶及辅酶大多不同。氧化分解代谢的脱氢酶通常以 NAD^+ 为辅酶，参与脱氢反应；参与合成代谢的还原酶则以 NADPH 为辅酶，提供还原当量。例如，磷酸戊糖途径生成的 NADPH 为脂肪酸、胆固醇及还原型谷胱甘肽的合成提供还原当量。

第二节　物质代谢的相互关系

体内各代谢途径之间，可通过一些共同的中间代谢产物相互联系和转变。所以，在体内糖类、脂质、蛋白质代谢时，除了一些必需营养物质（如必需氨基酸、必需脂肪酸等）外，大多数可以相互转变。

一、各种能源物质的代谢

生物体的能量来自糖类、脂质、蛋白质三大营养物质在体内的分解氧化。三大营养物质的氧化供能，可分为三个阶段：首先，糖原、脂肪、蛋白质分解产生各自的基本组成单位；其次，这些基本组成单位按各自不同的分解途径生成共同的中间产物——乙酰 CoA；最后，乙酰 CoA 进入三羧酸循环和氧化磷酸化彻底氧化成 CO_2 和 H_2O，同时产生能量（图9-1）。

从能量供应的角度出发，这三大营养物质可以相互替代，并相互制约。当任何一种营养物质的分解代谢占优势时，就会通过中间代谢物抑制其他供能物质的分解。例如，机体内的脂肪动员加强时，其生成乙酰 CoA 增多，从而导致生成柠檬酸增多，ATP 生成增多，ATP/ADP 比值增高，三者均可别构抑制糖分解代谢的主要关键酶——6- 磷酸果糖激酶 -1 的活性，从而抑制糖类的分解代谢；同时，这些物质又可反馈性激活果糖 -1,6- 二磷酸酶，促进糖异生，将部分非糖类物质转变成葡萄糖。相反，当葡萄糖的摄入增多时，一方面葡萄糖分解供能加强，糖原合成增多，同时在胰岛素的调节作用下，抑制脂肪动员；另一方面，过多的葡萄糖通过中间代谢产物转变成脂肪或非必需氨基酸，以维持血糖浓度相对恒定。

通常情况下，机体的供能物质以糖类和脂质为主。人体所需能量的 50%～70% 由糖类提供，是机体的首要供能物质。脂肪作为另一种供能物质，是机体储能的主要形式。一般情况下，脂肪含量占体重的 20%，肥胖者可达体重的 30%～40%。蛋白质作为组织细胞的重要结构成分，在维持

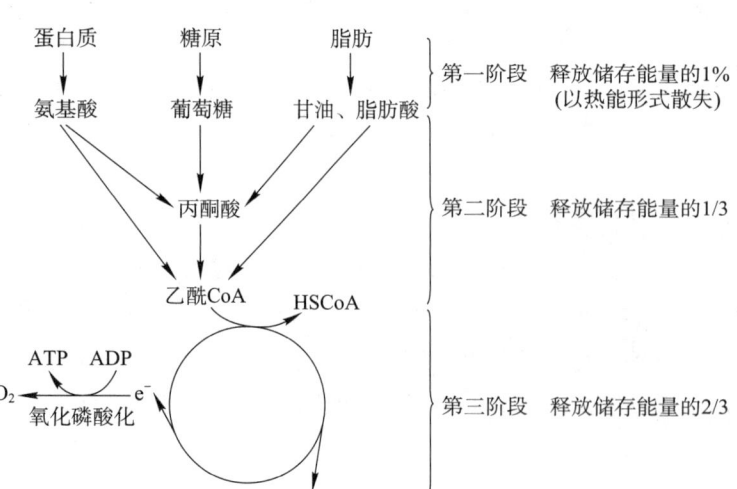

图9-1　蛋白质、糖类、脂肪氧化分解的三个阶段

组织细胞的生长、更新、修补及执行各种生命活动中发挥重要作用，蛋白质分解氧化提供的能量可占总能量的 18%。

二、糖类、脂质及蛋白质之间的代谢联系

（一）糖类代谢与脂质代谢的相互联系

糖类可转变为脂肪，脂肪是机体能量存储的主要形式。当人体摄取糖量超过机体能量消耗时，除合成少量糖原外，主要转变为脂肪。糖类转变为脂肪的大致步骤：一方面糖分解产生的磷酸二羟丙酮转变为 3- 磷酸甘油，作为合成脂肪的甘油供体；另一方面，糖代谢产生的大量乙酰 CoA 羧化成丙二酸单酰 CoA，参与脂酸的合成，进而与 3- 磷酸甘油合成脂肪。这就是低脂高糖膳食结构者发生肥胖和血清三酰甘油升高的原因。此外，糖类也可以转变为胆固醇，为磷脂合成提供原料。糖类代谢产生的大量乙酰 CoA 和 NADPH 可为胆固醇合成提供原料。反之，脂肪分解产生的甘油可在肝、肾、肠等组织中被甘油激酶催化生成 3- 磷酸甘油，然后转变为糖；但是脂肪分解的另一主要产物脂肪酸不能转变为糖，原因是脂肪酸经 $\beta-$ 氧化生成的乙酰 CoA 不能逆转生成丙酮酸。

（二）糖类代谢与蛋白质代谢的相互联系

糖类可以转变为非必需氨基酸。糖类在分解代谢中产生一些中间代谢物，如丙酮酸、$\alpha-$ 酮戊二酸、草酰乙酸等均可经加氨基或转氨基作用，生成丙氨酸、谷氨酸和天冬氨酸等非必需氨基酸。由于有机体不能合成必需氨基酸，所以食物中的蛋白质不能由糖类来代替，食物中蛋白质的摄入是维持机体正常功能所必需的。此外，在糖类代谢过程中产生的能量可为氨基酸和蛋白质的合成提供能源。

蛋白质在体内可以分解成氨基酸，转变成糖类。除了只能生酮的亮氨酸和赖氨酸外，均可经脱氨基作用后转变为丙酮酸、$\alpha-$ 酮戊二酸、草酰乙酸、琥珀酸，循糖异生途径转变成葡萄糖和糖原。

（三）脂质代谢与蛋白质代谢的相互联系

脂质中仅有脂肪分解产生的甘油可经代谢转变成丙酮酸，进而在转氨基作用下生成丙氨酸。高等动物体内，脂肪酸不能合成非必需氨基酸。氨基酸分解后可生成乙酰 CoA，后者是脂肪酸合成的原料进而合成脂肪，因此蛋白质还可以转变为脂肪；乙酰 CoA 还可用于胆固醇的合成以满足机体的需要。此外，一些氨基酸还可作为磷脂合成的原料，如丝氨酸及其代谢产生的乙醇胺与胆碱是合成磷脂酰丝氨酸、脑磷脂及卵磷脂的原料。

（四）核苷酸、氨基酸与糖类代谢的相互联系

氨基酸还为体内核酸的合成提供原料，如嘌呤合成需要谷氨酰胺、甘氨酸、天冬氨酸和一碳单位（氨基酸代谢产生），嘧啶合成需要谷氨酰胺和天冬氨酸及一碳单位为原料。磷酸戊糖途径为核苷酸的合成提供 5- 磷酸核糖和 NADPH 还原当量。

糖类、脂肪、氨基酸及核苷酸代谢途径间的相互关系见图 9-2。

拓展学习 9-1
植物和微生物中的乙醛酸循环

临床聚焦 9-1
糖尿病的临床症状与物质代谢关系

临床聚焦 9-2
酒精性脂肪肝与体内物质代谢变化

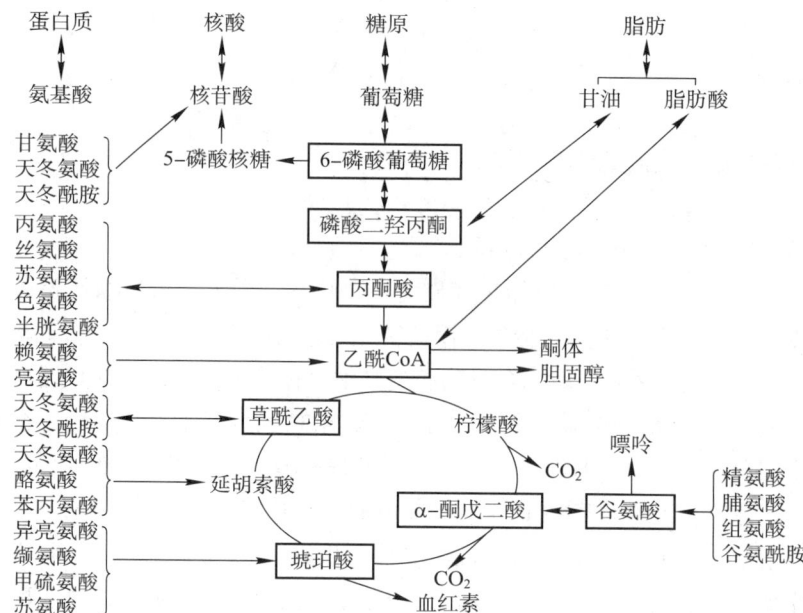

图9-2　蛋白质、糖类、脂肪分解途径的相互联系

方框中为枢纽性中间代谢物

第三节　代谢调节的方式

代谢调节普遍存在于生物界，是生命的重要特征，是生物进化过程中逐步形成的一种适应能力。生物进化程度越高，其代谢调节越精细、复杂。单细胞生物直接与外界环境接触，主要通过细胞内代谢物浓度的变化，对酶的活性和（或）含量进行调节。这种调节称为原始（基础）调节或细胞水平代谢调节。从单细胞生物进化至高等生物，在细胞水平调节的基础上，又出现了激素水平代谢调节。这种调节通过内分泌细胞或内分泌器官分泌的激素来影响细胞水平的调节，所以更为精细而复杂。高等动物不仅有完善的内分泌系统，还有功能复杂的神经系统。在中枢系统的控制下，或通过神经纤维及神经递质对靶细胞直接发生影响，或通过某些激素的分泌来调节某些细胞的代谢与功能，并通过各种激素的互相协调对机体代谢进行综合调节，这种调节称为整体水平代谢调节。细胞水平代谢调节、激素水平代谢调节及整体水平代谢调节称为三级水平代谢调节。在这些水平代谢调节中，细胞水平代谢调节是基础，激素水平和整体水平的调节最终是通过细胞水平的代谢调节来实现的。

一、细胞水平代谢调节

细胞水平代谢调节的实质是酶的调节，主要通过酶的细胞内区域化分布、酶的别构调节、酶的共价修饰调节及酶含量的调节等方面来进行。

（一）酶在细胞内的分布

生命活动中各种生物化学反应绝大多数是在细胞内进行的。参与同一代谢途径的酶类常可组成多酶体系，分布于细胞的某一区域或亚细胞结构中，即酶的区域化（compartmentation）分布。如糖酵解、糖原合成、脂肪酸合酶等酶系分布在细胞质中，而三羧酸循环、脂肪酸β-氧化和氧化磷酸化酶系分布于线粒体中，核酸合成则在细胞核内进行（表 9-1）。这种酶的区域化分布既可避免各种代谢途径之间互相干扰，促进彼此协调，又可使同一代谢途径能够连续进行，提高反应速率，有利于调节因素对不同代谢途径的特异调节。由于细胞内各种酶系的分布不同，细胞内各区域的代谢物浓度对代谢速度有重要影响。例如，脂肪酸的分解代谢过程中，在细胞质中生成的脂酰 CoA 不能直接进入线粒体，必须通过肉碱运载脂酰 CoA 进入线粒体，然后完成脂肪酸 β-氧化，也就是说线粒体内脂酰 CoA 的浓度直接影响脂肪酸 β-氧化的速度，因而肉碱在脂质代谢中起重要作用。

表 9-1 真核细胞主要代谢途径多酶体系在细胞内的分布

代谢途径（酶或酶系）	细胞内分布	代谢途径（酶或酶系）	细胞内分布
糖原合成与分解	细胞质基质	磷脂合成	内质网
糖酵解	细胞质基质	胆固醇合成	内质网、细胞质基质
糖异生	线粒体、细胞质基质	尿素合成	线粒体、细胞质基质
磷酸戊糖途径	细胞质基质	蛋白质合成	内质网、细胞质基质
三羧酸循环	线粒体	血红素合成	线粒体、细胞质基质
氧化磷酸化（呼吸链）	线粒体	胆红素合成	微粒体、细胞质基质
脂肪动员	细胞质基质	多种水解酶	溶酶体
脂肪酸 β-氧化	线粒体	DNA 合成	细胞核
脂肪酸合成	细胞质基质	RNA 合成	细胞核

代谢途径包含一系列酶催化的化学反应，其速率和方向是由其中一个或几个具有调节作用的酶活性决定的。这些能控制代谢途径中关键反应的酶称为关键酶。关键酶活性改变不但可以影响整个酶体系催化反应的总速度，甚至还可以改变代谢反应的方向。例如，细胞中 ATP/ADP 的比值增加，可以抑制磷酸果糖激酶 -1 的活性，使糖酵解速率减慢，同时还可通过激活果糖 -1,6- 二磷酸酶而促进糖异生。可见，通过调节关键酶的活性而改变代谢途径的速率与方向是细胞代谢调节的一种重要方式（表 9-2）。

表 9-2 一些重要代谢途径的关键酶

代谢途径	关键酶
糖原合成	糖原合酶
糖原分解	糖原磷酸化酶
糖酵解	己糖激酶、磷酸果糖激酶 -1、丙酮酸激酶
糖异生	丙酮酸羧化酶、磷酸烯醇式丙酮酸羧激酶、果糖 -1,6- 二磷酸酶、葡糖 -6- 磷酸酶
三羧酸循环	柠檬酸合酶、异柠檬酸脱氢酶、α-酮戊二酸脱氢酶复合体
脂肪动员	激素敏感性三酰甘油脂肪酶
脂肪酸 β-氧化	肉碱脂酰转移酶 I
脂肪酸合成	乙酰 CoA 羧化酶
胆固醇合成	HMGCoA 还原酶
尿素合成	精氨酸代琥珀酸合成酶
血红素合成	ALA 合酶
胆汁酸生成	胆固醇 -7α- 羟化酶

（二）酶的别构调节

别构效应剂对别构酶的调节是细胞代谢调节的重要形式，也是一些药物发挥功能的重要机制。别构效应剂可以是酶的底物，也可以是酶的产物或酶体系的终产物，或其他代谢物。这些别构效应剂在细胞内浓度的改变能灵敏地反映代谢途径的强度和能量供求情况，并使别构酶构象改变，影响酶活性，从而调节代谢的速度、方向及细胞能量的供需平衡（表9-3）。

表9-3 一些代谢途径中的别构酶及其效应剂

代谢途径	别构酶	效应剂	
		激活	抑制
糖原分解	磷酸化酶 b	AMP、G-1-P、P_i	ATP、G-6-P
糖原合成	糖原合酶	G-6-P	
糖酵解	己糖激酶	AMP、ADP、FDP、P_i	G-6-P
	磷酸果糖激酶 -1	FDP	柠檬酸
	丙酮酸激酶	FDP	ATP、乙酰 CoA
糖异生	丙酮酸羧化酶	乙酰 CoA、ATP	AMP
	果糖 -1,6- 二磷酸酶	5'-AMP	AMP
三羧酸循环	柠檬酸合酶	AMP	ATP、长链脂酰 CoA
	异柠檬酸脱氢酶	AMP、ADP	ATP
脂肪酸合成	乙酰 CoA 羧化酶	柠檬酸、异柠檬酸	长链脂酰 CoA
氨基酸代谢	谷氨酸脱氢酶	ADP、亮氨酸、甲硫氨酸	ATP、GTP、NADH
嘌呤合成	PRPP 酰胺转移酶	PRPP	AMP、ADP、GMP、GDP
嘧啶合成	天冬氨酸氨基甲酰转移酶		CTP
血红素合成	ALA 合酶		血红素

别构酶常为多亚基组成的寡聚体，结构中包括催化亚基和调节亚基。别构后常引起亚基 - 亚基之间的聚合状态改变，这是别构酶活性的基础。别构效应剂通过非共价键与调节亚基结合，引起酶蛋白构象变化，有的表现为亚基的聚合或解聚，有的是原聚体与多聚体相互转变，导致酶活性的变化。例如，天冬氨酸氨基甲酰转移酶可催化氨基甲酰磷酸与天冬氨酸合成为氨基甲酰天冬氨酸。该酶由 6 个催化亚基与 6 个调节亚基构成，催化亚基与底物结合，调节亚基与别构抑制剂 CTP 结合。CTP 与调节亚基的结合，使其构象改变，这一改变可传至催化亚基，使催化亚基转变为无活性构象，酶活性降低。CTP 结合越多，使酶活性降低越多，直至完全丧失活性。相反，ATP 作为该酶的别构激活剂，可通过调节亚基使酶的构象有利于催化作用，提高酶活性。

别构调节的意义在于使代谢物的生成不致过多，通过调节使能量得以有效利用，促进不同代谢途径之间相互协调。

（三）酶的共价修饰调节

酶的共价修饰主要方式有磷酸化与脱磷酸、乙酰化与脱乙酰、甲基化与脱甲基、腺苷化与脱腺苷及—SH 与—S—S—互变等，其中以磷酸化修饰最为常见（表9-4）。酶蛋白分子中丝氨酸、苏氨酸或酪氨酸的羟基是磷酸化修饰的位点。酶蛋白的磷酸化是在蛋白激酶（protein kinase）的催化下，由 ATP 提供磷酸基及能量完成的，而脱磷酸则是由磷酸酶（phosphatase）催化的水解反应。因此，酶的磷酸化与脱磷酸这对相反过程，分别由蛋白激酶及磷酸酶催化的反应完成（图 9-3）。

表 9-4　某些酶的酶促共价修饰调节

酶类	反应类型	效应
糖原合酶	磷酸化／脱磷酸	抑制／激活
糖原磷酸化酶	磷酸化／脱磷酸	激活／抑制
磷酸化酶 b 激酶	磷酸化／脱磷酸	激活／抑制
磷酸化酶磷酸酶	磷酸化／脱磷酸	抑制／激活
磷酸果糖激酶	磷酸化／脱磷酸	抑制／激活
丙酮酸脱氢酶	磷酸化／脱磷酸	抑制／激活
丙酮酸脱羧酶	磷酸化／脱磷酸	抑制／激活
三酰甘油脂肪酶（脂肪细胞）	磷酸化／脱磷酸	激活／抑制
HMGCoA 还原酶	磷酸化／脱磷酸	抑制／激活
HMGCoA 还原酶激酶	磷酸化／脱磷酸	激活／抑制
乙酰 CoA 羧化酶	磷酸化／脱磷酸	抑制／激活
谷氨酰胺合成酶（大肠杆菌）	磷酸化／脱磷酸	抑制／激活
黄嘌呤氧化（脱氢）酶	—SH/—S—S—	脱氢／氧化

共价修饰调节主要有以下特点：① 大多数接受共价修饰调节的酶都有无活性或低活性和有活性或高活性两种形式，它们之间的互变由两种不同的酶催化，催化互变反应的酶在体内又受上游调节因素如激素的控制。② 共价修饰调节是酶促反应，催化效率高，因此具有逐级放大的效应，故也被称为级联放大效应，使得此种代谢调节变得更

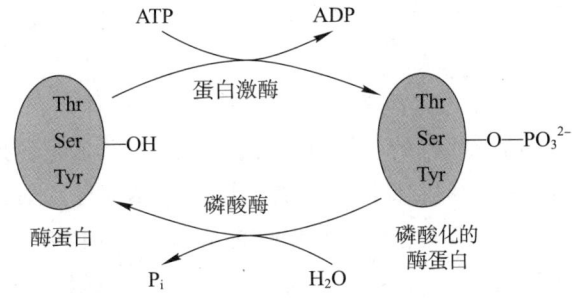

图 9-3　酶的磷酸化与脱磷酸

加精细、准确，而且其在代谢途径调节的信号通路中具有广泛的意义。③ 在调节过程中虽然需要消耗 ATP，但由于是在酶催化下进行的，利用能量的效率很高，且专一性强。以最常见的磷酸化修饰为例，在调节过程中仅需以 ATP 供给磷酸基团，其耗能远少于合成酶蛋白，且作用迅速，因此是体内调节酶活性经济而有效的方式。

酶的别构调节和共价修饰调节都是通过改变现有酶的结构而调节其活性。细胞内同一关键酶往往同时受到这两种方式的调节，这两种调节方式是相互协同、相辅相成的。例如，在糖原分解途径的调节中，磷酸化酶 b 既可受 AMP、P_i 的别构激活和 ATP、G-6-P 的别构抑制，又可通过磷酸化酶 b 激酶的磷酸化共价修饰而被激活，或受磷蛋白磷酸酶的脱磷酸作用而失活。在调节作用上，别构调节大多使代谢发生方向性的变化，共价修饰调节则以放大效应调节代谢强度为主要

作用。在别构剂浓度足够大时，首先接受别构调节，但这种调节虽及时，却容易受到内环境的影响。在内环境改变时，代谢途径酶活性降低，效应剂生成减少，人体就会通过激素来调高共价修饰的酶活性而提高调节效率。例如，某些激素可以通过 cAMP 激活靶细胞蛋白激酶的活性，以发挥强大的酶蛋白的磷酸化修饰作用，这也是在临床治疗中应用某些激素的原因。

（四）酶含量的调节

机体可通过调节细胞内酶的合成途径，使酶的含量发生相应变化，调节酶活性，此过程耗能，所需时间较长，因此酶含量的调节属迟缓调节。调节酶的合成主要有两种方式——酶的诱导（induction）和阻遏（repression）。酶的诱导是指在诱导因素作用下，使酶的编码基因激活或表达增强，酶的生物合成增多，酶活性增加的现象；酶的阻遏则指酶的编码基因关闭或表达减弱，酶的生物合成停止或减少，酶活性降低的现象。一般将增加酶合成的化合物称为酶的诱导剂（inducer）。代谢产物、药物或毒物、激素等都可作为诱导剂促进酶的合成。减少酶合成的化合物称为酶的阻遏剂（repressor），通常是代谢过程的终产物。此外，改变酶蛋白分子的降解速度也能调节细胞内酶的含量。各种蛋白质均有一定的半寿期，有些蛋白质分子比较稳定，半寿期较长；有些蛋白质分子不稳定，半寿期较短。

二、激素水平代谢调节

通过激素来调控物质代谢是高等生物体内代谢调节的重要方式。不同激素作用于不同的组织产生不同的生物效应，因此激素作用表现为高度的组织特异性和效应特异性。激素之所以能作用于某种特定的靶组织（或靶细胞），是由于这些组织或细胞存在与激素特异性结合的受体（receptor）。激素要与特定组织（靶组织）或细胞（靶细胞）膜上或胞内受体发生特异识别与结合，然后将激素的信号传入细胞内（细胞质或核内），转化为一系列细胞内的化学反应，最终表现出激素的生物学效应。按激素受体在细胞的部位不同，将激素分为膜受体激素和胞内受体激素两大类。

1. 膜受体激素对代谢的调节　膜受体是存在于细胞表面质膜上的跨膜糖蛋白。膜受体激素大多是亲水性的，很难跨越细胞膜。此类激素包括胰岛素、生长激素、促性腺激素、促甲状腺激素、甲状旁腺激素等蛋白类激素，生长因子等肽类激素及肾上腺激素等儿茶酚胺类激素。这类激素（作为第一信使）与相应受体特异识别并结合，通过跨膜传递将信号传递到细胞内，通过产生第二信使，再由第二信使将激素信号逐级放大，产生显著代谢效应。

2. 胞内受体激素对代谢的调节　胞内受体激素是一些疏水性激素，包括类固醇激素、甲状腺激素、1,25-$(OH)_2$-维生素 D_3 及视黄酸等。这些激素可透过细胞膜进入细胞，与胞内相应受体结合。此类激素的受体大多位于细胞核内，两个激素受体复合物形成二聚体，并与 DNA 的特定序列——激素反应元件（hormone response element，HRE）结合，促进（或抑制）相应基因的表达，以调节细胞内蛋白质或酶的含量，从而实现激素对物质代谢的调节。

关于激素对细胞的信号转导作用详见第十七章。

三、整体水平代谢调节

人类在生活过程中，其所处的内外环境总是不断地变化，机体通过神经 - 体液途径对物质代谢进行调节，以保证机体的能量供求，维持机体正常的生理活动和内环境的相对恒定。现以饱食、饥饿和应激为例阐述物质代谢的整体调节。

（一）饱食状态下的代谢调节

饱食状态下，机体以分解葡萄糖为主，为全身各组织、器官提供能量；超过组织利用能力的葡萄糖可以转换成糖原和脂肪后被储存和利用。饱食状态下摄入的脂肪可转换成内源性三酰甘油后被储存和利用。机体可根据膳食结构不同，分泌不同激素对代谢进行调节。高糖膳食后胰岛素水平明显升高，胰高血糖素降低。高蛋白膳食后胰岛素水平中度升高，胰高血糖素水平升高。高脂膳食后胰岛素水平降低，胰高血糖素水平升高。

（二）饥饿状态下的代谢调节

在某种病理性（如消化道梗阻或昏迷）或特殊（如食物短缺、禁食等）情况下，未进食或不能进食时，如果未得到及时治疗或相应处理，则物质代谢在神经－体液系统的影响下会发生一系列变化。

1. 短期饥饿　饥饿的第 1 ~ 3 天，肝糖原显著减少，血糖水平趋于下降，引起胰高血糖素分泌增加和胰岛素分泌减少。这两种激素的增减可引起体内发生以"三增强一减弱"为主要特征的代谢变化。

（1）肌肉蛋白质分解增强，氨基酸释放增多　释放的氨基酸主要转变成丙氨酸（占输出总氨基酸的 30% ~ 40%）和谷氨酰胺进入血液循环，在胰高血糖素的作用下，肝细胞摄取丙氨酸经糖异生转变为糖类。

（2）糖异生作用增强　饥饿 2 天后，糖异生作用明显加强。饥饿初期，糖异生的主要器官是肝（约占 80%），小部分在肾皮质（约占 20%）中进行。肝糖异生的速率为 150 g/d，其中 40% 来自氨基酸，30% 来自乳酸，10% 来自甘油代谢。

（3）脂肪动员增强，酮体生成增多　脂肪动员和分解加强，释放出的脂肪酸约 25% 在肝中转变成酮体。此时脂肪酸和酮体成为心、肌、肾皮质的重要能源，一部分酮体成为大脑的能量来源。

（4）组织对葡萄糖利用降低　由于心、肌、肾皮质摄取和氧化脂肪酸和酮体增加，因而减少了对葡萄糖的氧化利用。饥饿初期，大脑对葡萄糖的利用也有所减少，但仍以葡萄糖为主要供能物质。

总之，饥饿初期的主要能源来自储存的脂肪和蛋白质分解，其中脂肪占能量来源的 85% 以上。此时若及时补充葡萄糖，不仅可以减少酮体生成，降低酸中毒发生，同时也可减少体内蛋白质的消耗（每输入 100 g 葡萄糖约可节省 50 g 蛋白质的消耗），这对于临床上不能进食的慢性消耗性疾病患者（如肿瘤晚期患者、重度烧伤昏迷期患者等）而言尤为重要。

2. 长期饥饿　指未进食 3 天以上，通常在饥饿的第 4 ~ 7 天，体内物质代谢将进一步发生变化。

（1）组织蛋白质分解减少，以保证人体的基本生理功能。

（2）脂肪动员进一步增强，肝的生酮量进一步增多。

（3）肾皮质的糖异生作用明显增强，其能力几乎和肝相当。生成葡萄糖约 40 g/d，占这个时期糖异生总量的 50%。由于蛋白质分解减少，糖异生原料主要是乳酸和丙酮酸。

（4）肌肉以氧化脂肪酸为主要能源，节省酮体以供脑组织利用。此时，脑主要靠氧化酮体供能，饥饿 3 ~ 4 天时，脑每天消耗约 50 g 酮体；饥饿 2 周后，每天消耗酮体约 100 g。

（三）应激状态下的代谢调节

应激（stress）是机体受到一些异乎寻常的刺激（如创伤、剧痛、冻伤、缺氧、感染及剧烈情绪激动等）后所做出的一系列反应的"紧张状态"。应激状态伴有神经 - 体液的变化，包括交感神经兴奋引起肾上腺髓质和皮质激素分泌增多，血浆胰高血糖素及生长激素水平增高，胰岛素水平降低。这些激素水平的变化，引起一系列代谢变化。

1. 糖代谢变化主要表现为血糖升高　应激时，肾上腺素、去甲肾上腺素及胰高血糖素分泌增加，促进糖原分解；同时肾皮质激素、胰高血糖素又可使糖异生作用加强，使血糖来源增多；此外，由于胰岛素水平降低，组织细胞摄取和利用葡萄糖减少，这些均可使血糖进一步升高。

2. 脂肪代谢变化主要表现为脂肪动员加速　脂解激素（肾上腺素、胰高血糖素及糖皮质激素等）分泌增加而胰岛素的分泌减少，促进脂肪大量动员，血液中脂肪酸升高，可作为心、肌、肾等组织能量的主要来源。

3. 蛋白质代谢变化主要表现为蛋白质分解加强　肾皮质激素分泌增加和胰岛素分泌减少均可引起蛋白质分解加强，氨基酸释出增多，血中氨基酸增多，一方面为糖异生提供原料；另一方面，氨基酸分解加强，尿素合成及尿氮排出增加，可出现负氮平衡。

综上所述，应激时三大营养物质糖类、脂质、蛋白质的代谢特点是分解代谢加强，合成代谢受阻，血中葡萄糖、甘油、乳酸、氨基酸、酮体等中间代谢产物含量增多。这些代谢变化的重要意义在于为机体应对"紧急情况"提供足够的能量来源。

（四）肥胖与代谢综合征

研究进展 9-1
代谢综合征研究进展
人文视角 9-1
肥胖、消瘦与健康

肥胖目前常用体重指数（body mass index，BMI）来衡量。我国一般以 BMI 大于 24 为超重，大于 28 为肥胖。肥胖是导致高血压、动脉粥样硬化、冠心病、脑卒中、糖尿病等疾病的主要危险因素之一。而代谢综合征（metabolic syndrome）是指人体的蛋白质、脂肪、糖类等物质发生代谢紊乱的病理状态，是一组复杂的代谢紊乱症候群，是导致糖尿病、心脑血管疾病等慢性疾病的重要危险因素。代谢综合征在临床上主要表现为腹部肥胖或超重、脂代谢异常、高血压、糖尿病、胰岛素抵抗和（或）葡萄糖耐量异常等。

（李崇奇）

复习思考题

一、简答题

1. 试述乙酰 CoA 在代谢中的作用。

2. 比较酶的别构调节与共价修饰调节的异同点。

3. 简述应激时血糖升高的机制。

4. 为何称三羧酸循环是物质代谢的中枢，有何生理意义？

二、讨论题

论述短期饥饿时，机体代谢发生的主要变化。

网上更多……

👤≡ 本章小结　　📝 自测题　　⬇ 教学 PPT

基因（gene）一词，是 1909 年由丹麦遗传学家 W. Johannsen 首先提出来的。DNA 是生物体遗传信息的主要载体，基因简单来说就是一段具有特定功能的 DNA 片段，它能编码单个具有生物学功能的产物，包括多肽链或 RNA。为了保证物种的稳定性，遗传信息在传递过程中需要遵循一定的规律。

DNA 可以进行复制（replication），从而使子代细胞能获得与亲代完全相同的遗传性状。然而，基因只是信息的载体，它本身不能直接体现出该信息，必须要指导生成功能性 RNA 或蛋白质才能执行特定的生物学功能。DNA 不能作为蛋白质合成的直接模板，需要先以 DNA 为模板生成 RNA，即将遗传信息抄录到 RNA 分子上，此过程称为转录（transcription）。然后，以 RNA 为模板合成蛋白质，此过程称为翻译（translation）。1958 年，DNA 双螺旋结构发现者之一的 F. Crick 将遗传信息由 DNA→RNA→蛋白质传递的规律总结为中心法则（central dogma）。1970 年 Howard Temin 和 David Baltimore 在研究 RNA 病毒时，发现 RNA 病毒能以 RNA 为模板合成 DNA，称为逆转录（reverse transcription），使中心法则得到了完善和补充。

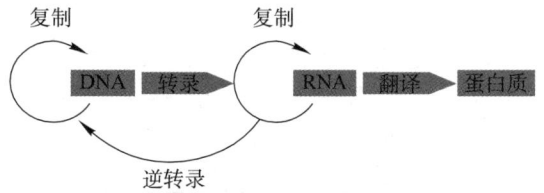

基因转录及翻译的过程即基因的表达，基因表达具有时间和空间的特异性，并受到机体精密的调控，从而使生物体更好地适应内外环境的变化。

本篇以中心法则为线索，介绍 DNA、RNA、蛋白质的生物合成及基因表达调控。

第十章
DNA的生物合成

关键词

半保留复制	复制起始点	前导链	后随链	冈崎片段
Klenow 片段	端粒	逆转录	移码突变	插入
缺失				

> DNA是生物体主要的遗传物质，其生物合成方式有DNA复制、DNA修复合成和逆转录等。复制以半保留复制的方式进行，此外，DNA的复制还具有双向复制、半不连续复制、高度保真性等特点。复制过程需要有多种蛋白质的参与，其中最重要的是DNA聚合酶。

思维导图

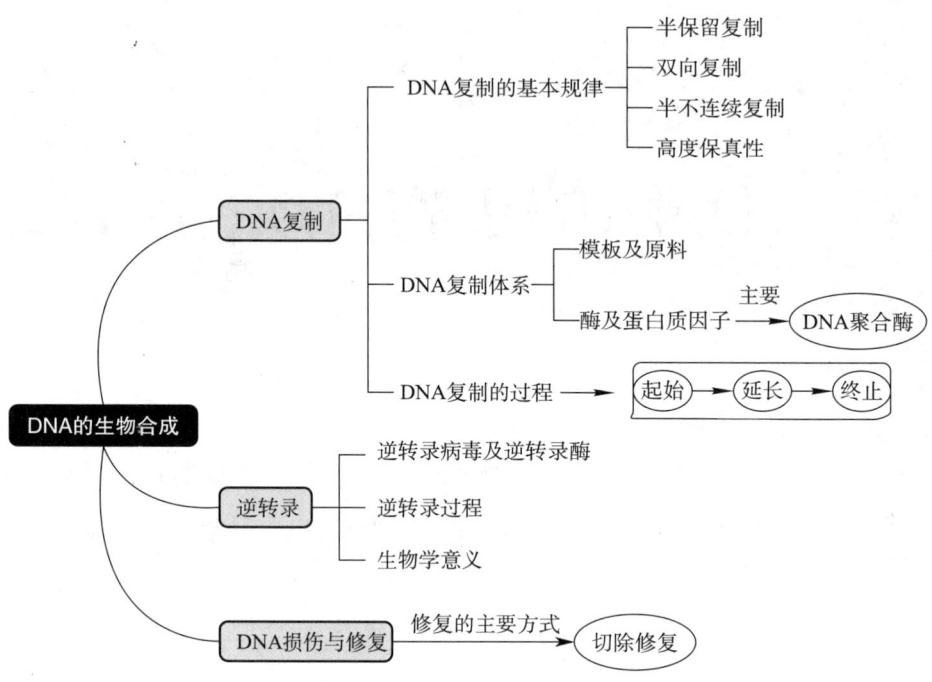

在细胞增殖过程中，亲代细胞需将其遗传物质准确地传递给子代细胞。DNA 复制是指以亲代 DNA 为模板合成子代 DNA 的过程，这是细胞内 DNA 生物合成的主要方式。通过 DNA 的复制，子代细胞能获得和亲代细胞完全相同的遗传信息。原核生物和真核生物 DNA 复制的基本原理和过程大致相同，细节上有所差别。DNA 复制机制的知识大多数来自原核生物研究的结果，真核生物复制过程中的很多细节目前尚未完全阐明，因此，本章重点讨论原核生物 DNA 复制的过程。

此外，某些 RNA 病毒能以病毒的 RNA 为模板合成 DNA，这是生物体合成 DNA 的另一种方式，称为逆转录。

由于内外因素的作用可能会导致 DNA 发生损伤，生物体通过长期进化形成了有效的修复机制，能及时识别 DNA 的损伤并加以修复，从而能保持生物遗传的稳定性。

第一节　DNA 复制

一、DNA 复制的基本规律

DNA 复制是一个复杂的酶促反应过程，需要多种物质的参与。虽然不同生物由于基因组大小及结构的差异，复制上各有其特点，但所有生物的基因组在复制过程中都要遵循以下四个基本规律。

1. 半保留复制　在研究 DNA 复制方式的早期，人们提出了三种假设，即全保留、半保留和混合式（图 10-1）。最终，通过实验证实了 DNA 复制的方式是半保留复制。

半保留复制（semiconservative replication），即 DNA 复制时亲代 DNA 的两条链解开，以每条单链作为模板按碱基互补配对规则合成新链，从而形成两个子代 DNA 分子，每一个子代 DNA 分子都包含一条亲代链和一条新合成链（图 10-2）。

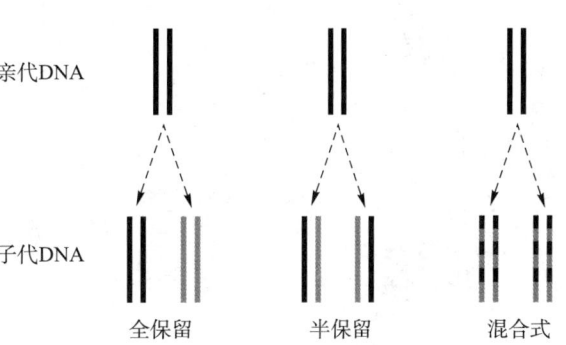

亲代DNA

子代DNA

全保留　　　半保留　　　混合式

图 10-1　DNA 复制的三种可能方式

半保留复制假说在 1958 年由 Matthew Messelson 和 Franklin Stahl 通过实验得到证实。细菌可以利用 NH_4Cl 作为氮源合成 DNA，把细菌放在含 $^{15}NH_4Cl$ 的培养液中培养若干代，将会得到所有氮均为 ^{15}N 的 DNA 分子，因其密度较高，通过密度梯度离心法分离，$^{15}N-DNA$ 的条带位于普通的 $^{14}N-DNA$ 条带的下方。然后，将含 $^{15}N-DNA$ 的细菌转入含 $^{14}NH_4Cl$ 的普通培养液培养数代，提取子一代及子二代的 DNA 进行密度梯度离心法分析，结果如图 10-3 所示。实验结果表明，培养一代后 DNA 分子的密度介于 $^{15}N-DNA$ 和 $^{14}N-DNA$ 之间，提示复制产生的两个子代 DNA 分子中都有一条链是 $^{15}N-DNA$ 单链（来自亲代的链），另一条是 $^{14}N-DNA$ 单链（新合成的链），即杂合的 DNA（$^{15}N-DNA/^{14}N-DNA$）。培养第二代，得到等量的杂合 DNA 和 $^{14}N-DNA$。继续培养，杂合 DNA 的含量将呈几何级数减少，这一实验结果证实 DNA 复制方式是半保留复制。半保留复制能使亲代 DNA 的遗传信息以极高的准确性传递给子代 DNA 分子，体现了生物遗

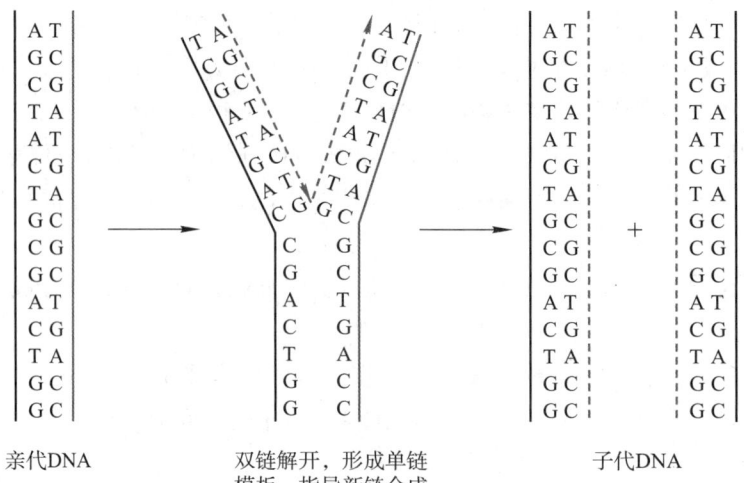

图 10-2 DNA 半保留
复制示意图

亲代DNA　　　　　　双链解开，形成单链　　　　　　子代DNA
　　　　　　　　　　模板，指导新链合成

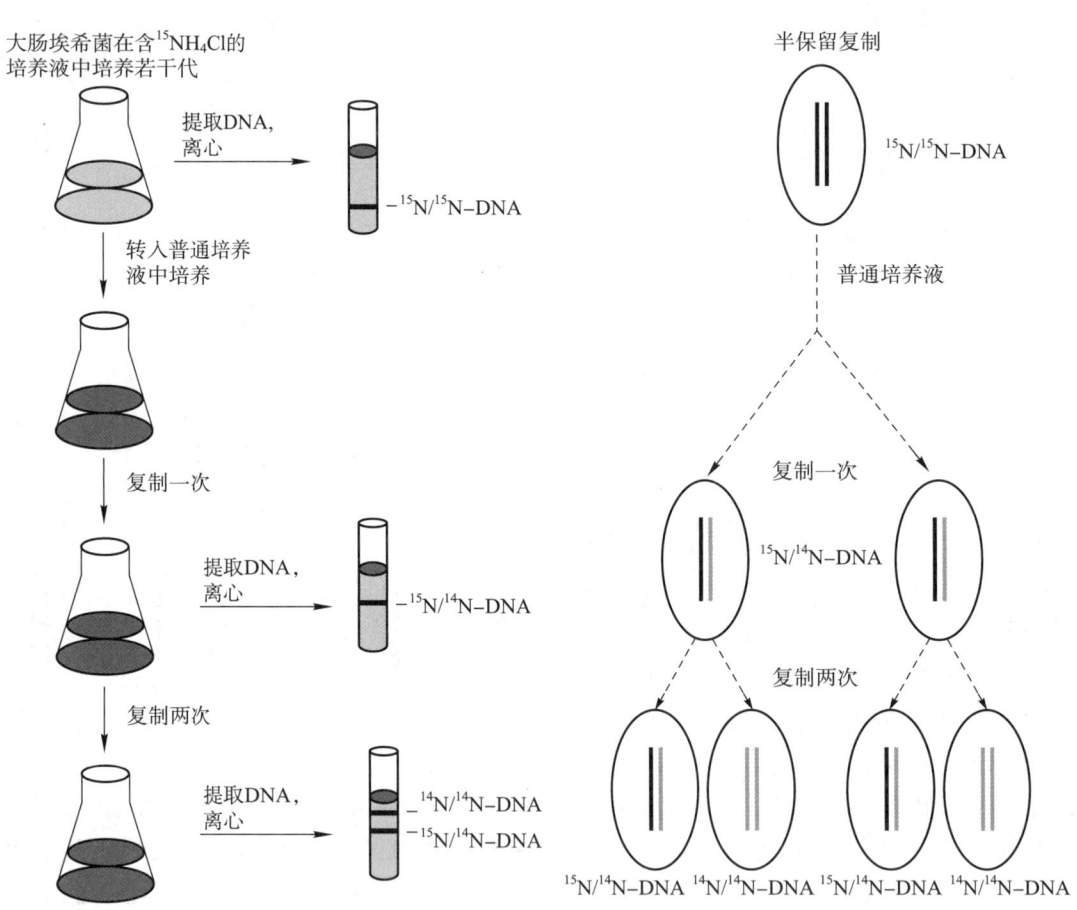

图 10-3 DNA 半保留
复制实验

传过程的相对保守性。

2. 双向复制　DNA 分子并非从任何一个部位都可以开始复制，复制总是在 DNA 分子上特定位点开始，称为复制起始点（replication origin）。原核生物只有一个复制起始点，真核生物有多个复制起始点，从而能加快真核生物基因组 DNA 复制的速度。复制起始点的结构多呈十字形，富含 AT 序列，有利于 DNA 双链的解开，启动复制过程。

DNA 双链从复制起始点解链以后会向两个方向继续解开，复制将沿两个方向同时进行，故称为双向复制（bidirectional replication）。
解开的两条模板单链和尚未解旋的
DNA 双链模板形成 Y 形的叉状结构，
称为复制叉（replication fork），又称为
生长叉（growing fork），如图 10–4 所示。
含有一个复制起始点的一个完整 DNA
分子或 DNA 分子上的某段区域被视为

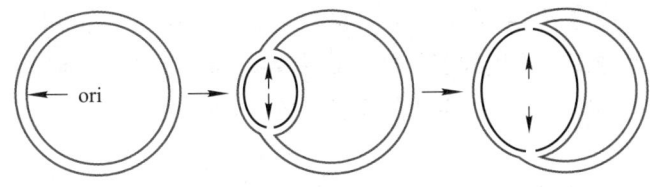

a. 环状 DNA 上的起始点　　b. 从起始点开始向　　c. 形成两个方向
（ori）　　　　　　　　　两个方向解链　　　　相反的复制叉

图 10-4　原核生物 DNA
的双向复制

一个独立复制单元，称为复制子（replicon）。质粒、细菌染色体和噬菌体通常只有一个复制起始
点，因而其 DNA 分子就构成一个复制子；真核生物染色体有多个复制起始点，所以含有多个复制子。

3. 半不连续复制　每个 DNA 分子复制会产生两条新链，由于新链的合成方向都是 5′ → 3′
方向，并且新链和模板链之间是反向平行的关系，所以在复制过程中一条新链的合成方向与复制
叉前进的方向相同，能连续合成；另一条新链的合成方向与复制叉前进方向相反，不能连续合
成，这种复制方式称为半不连续复制（semidiscontinuous replication）。能连续合成的链称为前导
链（leading strand），不能连续合成的链称为后随链（lagging strand）。由于复制是边解链边复制，
后随链在合成过程中需要将 DNA 解
开一定的长度才能合成新链，所以其
复制方式是先合成一些短的 DNA 片
段，然后再通过连接酶将其连接形成
完整的长链（图 10–5）。1968 年，日
本学者 Reji Okazaki 利用电子显微镜
和放射自显影技术观察到了后随链不
连续的复制现象，这些片段被命名为
冈崎片段（Okazaki fragment）。真核生
物中冈崎片段的长度为 100 ~ 200 个核

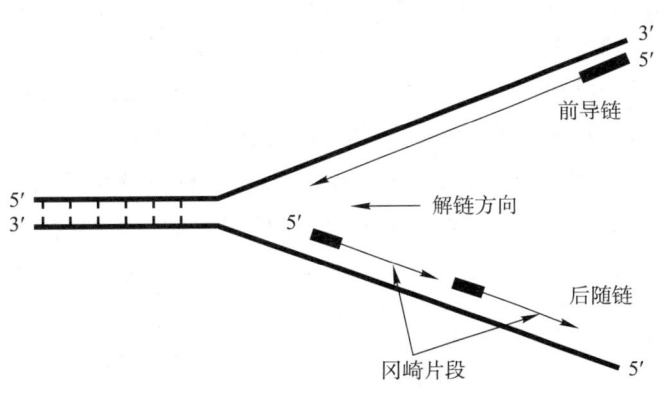

图 10-5　DNA 的半不
连续复制

苷酸残基，而原核生物为 1 000 ~ 2 000 个核苷酸残基。

4. 高度保真性　DNA 复制具有高度保真性，这对于保持物种的稳定性具有非常重要的意
义。DNA 复制保真性的维持主要通过以下三种机制：① DNA 聚合酶对底物有严格的选择性，
新链的合成严格遵守碱基互补配对规则；② DNA 聚合酶具有校读的作用，能及时识别错配的碱
基并将其切除；③ 生物具有 DNA 损伤修复系统，能对 DNA 分子上出现的异常改变及时加以
纠正。

二、DNA 复制体系

DNA 复制需要多种物质的参与，主要有模板、原料和多种酶及蛋白质因子。目前，在大肠
埃希菌中发现的与 DNA 复制相关的蛋白质大约有 30 种，真核生物中相关的蛋白质更多。

（一）DNA 复制的模板及原料

1. 模板　复制过程要以亲代 DNA 作为模板，而亲代 DNA 分子必须要解链成为单链才能指导新
链的合成。

2. 原料　以四种脱氧核糖核苷酸（dNTP），即 dATP、dGTP、dCTP、dTTP 为原料。在模板

的指导下，按照碱基互补配对规则，沿 5′→3′ 方向，dNTP 通过 DNA 聚合酶催化形成的磷酸二酯键逐个连接到引物或延长中新链的 3′-OH 上。此外，由于 DNA 复制过程中需要合成 RNA 引物，所以还需要四种核糖核苷酸（NTP）参与。

（二）主要酶类及蛋白质因子

1. DNA 聚合酶　全称是依赖 DNA 的 DNA 聚合酶（DNA-dependent DNA polymerase，DDDP），简称 DNA-pol，1958 年由 Arthur Kornberg 在大肠埃希菌中首次发现。目前在原核及真核生物中已发现了多种类型的 DNA 聚合酶，它们主要表现以下三种催化活性：① 5′→3′ 方向的聚合酶活性，催化 3′，5′- 磷酸二酯键的形成，使 DNA 链沿 5′→3′ 方向延长；② 5′→3′ 核酸外切酶活性，能从 5′→3′ 方向水解核酸单链，在 DNA 复制中主要用于对引物的水解；③ 3′→5′ 核酸外切酶活性，能从 3′→5′ 方向将复制过程中错配的核苷酸水解，具有即时校读的功能。

在原核生物中已发现至少 5 种 DNA 聚合酶，主要的有 3 种，分别称为 DNA-pol Ⅰ、DNA-pol Ⅱ 和 DNA-pol Ⅲ。DNA-pol Ⅰ 是所有生物 DNA 聚合酶的原型，具有上述三种催化活性，在 DNA 复制过程中主要用于填补引物切除后留下的空隙。DNA-pol Ⅰ 由一条含 928 个氨基酸残基的多肽链构成，相对分子质量 1.09×10^5。用蛋白酶能将其水解为大小两个片段，其中大片段保留了 5′→3′ 方向聚合酶活性和 3′→5′ 核酸外切酶活性，称为 Klenow 片段（Klenow fragment），是基因工程中常用的一种工具酶；小片段具有 5′→3′ 核酸外切酶活性。DNA-pol Ⅱ 也只有一条多肽链，相对分子质量 1.20×10^5，具有 5′→3′ 方向的聚合酶活性和 3′→5′ 核酸外切酶活性。研究提示，DNA-pol Ⅱ 在已经发生损伤的 DNA 模板上也能催化核苷酸聚合，据此推测它可能主要参与 DNA 的校正修复过程。DNA-pol Ⅲ 是 DNA 复制中起主要作用的酶，相对分子质量约为 6.0×10^6，由 10 种亚基组成不对称的异聚体结构。α、ε 和 θ 三个亚基组成聚合酶的核心酶，一个 DNA-pol Ⅲ 分子中有 2 个核心酶，其中一个催化前导链的合成，另一个催化后随链的合成。两个 β 亚基能使 DNA 聚合酶稳定地结合在 DNA 模板上，在复制叉高速解链的过程中也不至于脱落（图 10-6）。DNA-pol Ⅲ 活性高于其他 DNA 聚合酶，每分钟大约能催化 10^5 次聚合反应。

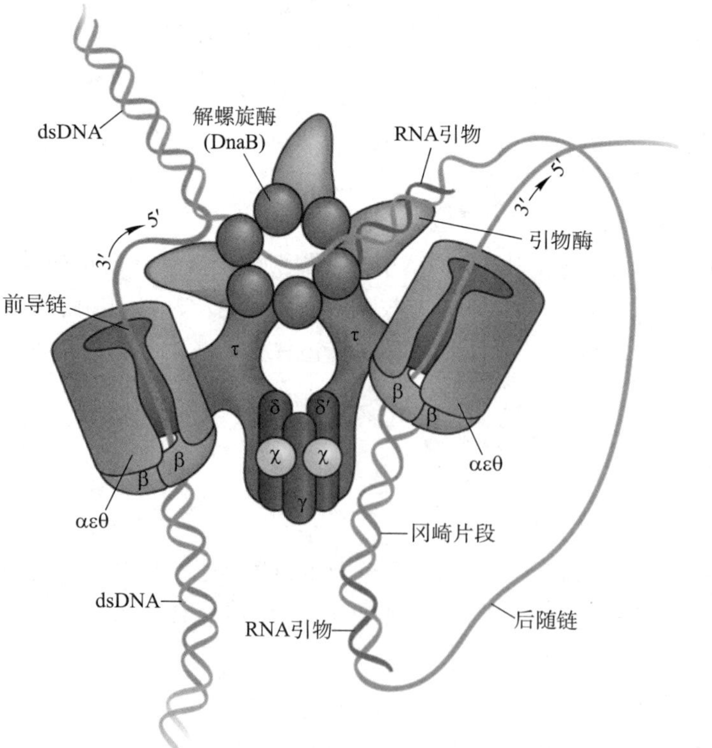

原核生物三种 DNA 聚合酶的分子组成及功能总结如表 10-1。

拓展学习 10-1
DNA 聚合酶的发现

研究进展 10-1
DNA 聚合酶的作用机制

图 10-6　大肠埃希菌 DNA-pol Ⅲ 分子结构模型及其作用机制

表 10-1　原核生物 DNA 聚合酶

DNA-pol	分子组成	功能
Ⅰ	一条肽链	填补缺口，校正修复
Ⅱ	一条肽链	可能参与 DNA 的修复
Ⅲ	10 种（17 个）亚基组成异聚体	催化链的延长，复制中主要的酶

真核生物中发现的 DNA 聚合酶大约有 15 种，根据其氨基酸序列的不同进行分类，其中常见的有 α、β、γ、δ、ε 五种。DNA 聚合酶 δ 主要参与冈崎片段的延长及后随链的合成；DNA 聚合酶 β 主要参与 DNA 的损伤修复；DNA 聚合酶 ε 主要负责合成前导链；DNA 聚合酶 γ 主要参与线粒体 DNA 的复制。DNA 聚合酶 α 不仅能催化 DNA 新链的延长，还能催化 RNA 链的合成，所以它在真核生物 DNA 复制中具有引物酶的活性（表 10-2）。

表 10-2　真核生物 DNA 聚合酶

DNA-pol	功能
α	合成引物
β	DNA 的损伤修复
γ	线粒体 DNA 合成
δ	后随链合成
ε	前导链合成

临床聚焦 10-1
DNA 聚合酶基因突变与肿瘤

2. 解旋酶（helicase）　作用是解开双链，形成单链作为 DNA 复制的模板。在大肠埃希菌中所发现的与复制相关的蛋白质被命名为 DnaA，DnaB，DnaC⋯DnaX 等，大肠埃希菌的解旋酶即 DnaB，DNA 解链除了需要 DnaB，还需要 DnaA 和 DnaC 的协同作用。

3. DNA 拓扑异构酶（DNA topoisomerase）　简称为拓扑酶，其作用简单来说是改变 DNA 分子的拓扑性质。拓扑是指物体或图像作弹性位移而又保持物体不变的性质，所有 DNA 的拓扑性相互转换均需 DNA 链的暂时断裂和再连接。复制过程中，DNA 分子每复制 10 bp，未解开的双螺旋就会绕其长轴旋转一周，产生正超螺旋。随着复制叉的不断前行，DNA 分子将变得更加正超螺旋化，DNA 链将会出现缠绕、打结等现象，复制也无法继续进行。拓扑酶能在 DNA 复制过程中消除局部双链解开产生的应力，将 DNA 转变为负超螺旋，理顺 DNA 链。

拓扑酶的作用特点是既能切断 3′,5′- 磷酸二酯键，从而使 DNA 超螺旋在解旋过程中不至于缠绕打结，又能在适当的时候重新形成 3′,5′- 磷酸二酯键，封闭切口。原核及真核生物的拓扑酶均分为Ⅰ型和Ⅱ型，最近研究还发现了拓扑酶Ⅲ。拓扑酶Ⅰ能切断 DNA 双链中的一股，使超螺旋松弛，适当时候又会封闭切口，其作用不需要消耗 ATP；拓扑酶Ⅱ则是切断处于正超螺旋的 DNA 双链，通过切口消除应力使超螺旋松弛，利用 ATP 提供的能量使松弛的 DNA 转变为负超螺旋，双链切口也会被拓扑酶Ⅱ重新封闭（图 10-7）。

4. 单链 DNA 结合蛋白　复制中的两条单链模板是由一个双链 DNA 分子解链后形成的，两者为互补链，碱基完全配对，因此很容易重新结合在一起。通过单链 DNA 结合蛋白（single-stranded DNA binding protein，SSB）及时结合到解开的单链模板上，能避免重新形成双链，从而保持了单链模板的稳定。SSB 对单链 DNA 有较高亲和力，能特异地结合到解开的 DNA 单链模板上，保持单链模板的稳定性。在真核生物中，还有一种称为复制蛋白 A（replication protein A，RPA）的物质也会结合到单链 DNA 模板上，保持模板的稳定。

5. 引物酶　DNA 新链的合成必须从引物的 3′-OH 末端开始，因此复制时需先合成一小段 RNA 引物，其长度为 10 ~ 200 个核苷酸。引物的形成需由引物酶（primase）催化完成。原核生

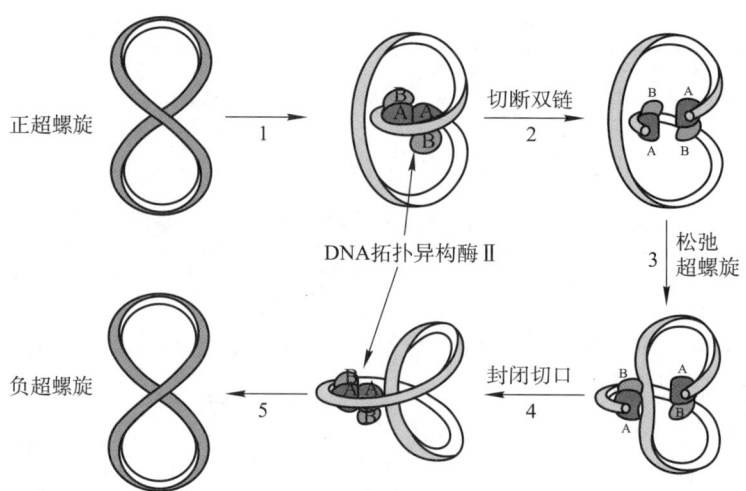

图 10-7 DNA 拓扑异构酶 II 作用示意图

物中的引物酶又称为 DnaG 蛋白，真核生物 DNA 聚合酶 α 的一个亚基就具有引物酶的活性。

6. DNA 连接酶　双链 DNA 分子中一条单链上的断裂部位，称为切口（nick）。由于后随链的合成是不连续的，因此，后随链上的冈崎片段之间会存在很多的切口。DNA 连接酶（DNA ligase）能利用 ATP 提供的能量，将双链 DNA 分子中出现的单链切口连接起来，从而形成完整的双链 DNA 分子（图 10-8）。DNA 连接酶不仅在复制中发挥作用，还参与 DNA 损伤修复、重组等过程，同时也是重组 DNA 技术中一种重要的工具酶。

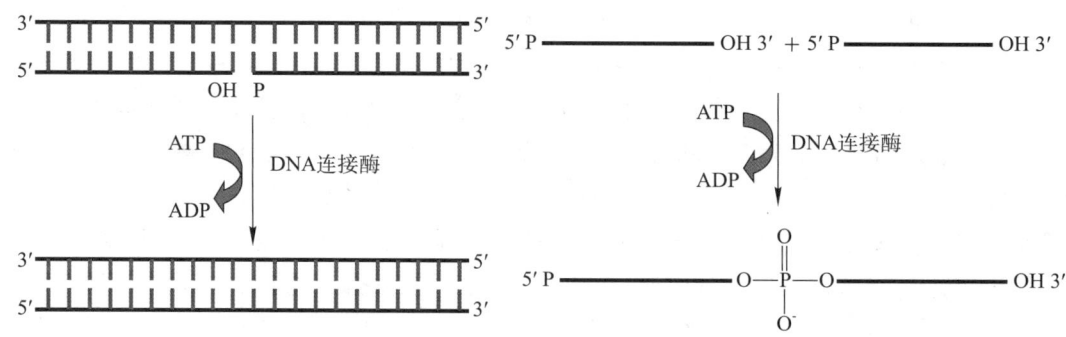

图 10-8 DNA 连接酶的作用示意图

DNA 复制过程中还需要其他多种蛋白质的参与，以上介绍的六种是最主要的，其名称和功能总结如表 10-3。

表 10-3　参与 DNA 复制的主要酶类和蛋白质

名称	功能	催化磷酸二酯键形成
DNA 聚合酶	合成 DNA 新链、切除引物、校正修复	能
DNA 拓扑异构酶	松解超螺旋，理顺 DNA 链	能
解旋酶（DnaB）	解开双螺旋	不能
单链 DNA 结合蛋白	稳定单链模板	不能
引物酶（DnaG）	合成引物	能
DNA 连接酶	连接冈崎片段	能

三、DNA 复制过程

DNA 复制是一个连续进行的过程，只是为了便于理解，人为将其分为起始、延长、终止三个阶段。原核生物和真核生物单个复制子的复制过程大致相似，在原核和真核生物中起始和终止阶段差异较大。

（一）原核生物 DNA 复制过程

1. 起始　是复制过程中较复杂的一个阶段，需要多种蛋白质的参与。这一阶段主要是解决两个问题，一是在复制起始点附近将 DNA 双链解开形成单链模板，二是催化引物生成。

（1）DNA 复制起始点的识别和解链　大肠埃希菌染色体第 82 等分位点上有一个复制起始点，称为 oriC，长度为 245 bp，含有 5 组由 9 个碱基对组成的串联重复序列（DnaA 结合位点）和 3 组由 13 个碱基对组成的串联重复序列（AT 富含区）。大肠埃希菌 DNA 解链过程主要由 DnaA、DnaB、DnaC 三种蛋白质共同参与完成，其中 DnaA 能识别 oriC 中的串联重复序列并与之结合，多个 DnaA 聚合，从而形成 DNA 蛋白复合体结构，这一复合体能促使 DNA 解链。解旋酶（DnaB）在 DnaC 协同下结合到 DNA 分子上，逐步置换出 DnaA，促使 DNA 分子进一步解开双链。单链 DNA 结合蛋白将及时结合到解开的两条单链上，保持单链模板的稳定。解链过程会使 DNA 分子正超螺旋化，应力不断增加，为了避免 DNA 链发生缠绕、打结，使复制得以顺利进行，需要拓扑异构酶来理顺 DNA 链。

（2）引发　复制起始点局部区域解链以后，引物酶（DnaG）进入，从而形成由解旋酶、DnaC、引物酶和 DNA 复制起始点区域所组成的复合结构，称为引发体（primosome）（图 10-9）。引物酶根据模板的碱基序列，从 5′→3′ 方向催化 NTP 聚合，生成短片段的 RNA 引物。引物生成以后，DNA-pol Ⅲ 将进入反应体系中，两个方向相反的复制叉也逐渐形成，DNA 复制将进入新链的延长阶段。

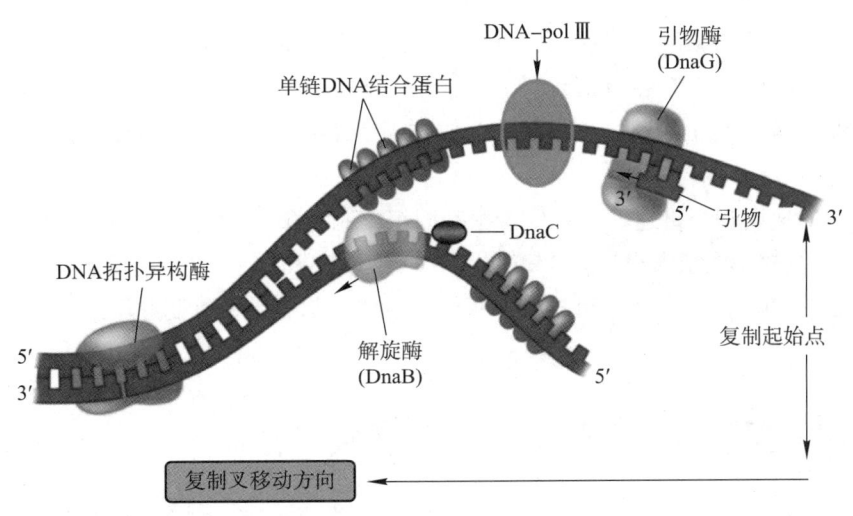

图 10-9　引发体及复制叉的形成

2. 延长　链的延长是指在 DNA-pol Ⅲ 的催化下，沿 5′→3′ 方向，按碱基互补配对规则将 dNTP 以 dNMP 的方式逐个连接到引物或延长中子链 3′-OH 的过程，其本质是磷酸二酯键不断形成的化学反应过程（图 10-10）。由于 DNA 分子是反向平行结构，新链的延伸方向都是 5′→3′

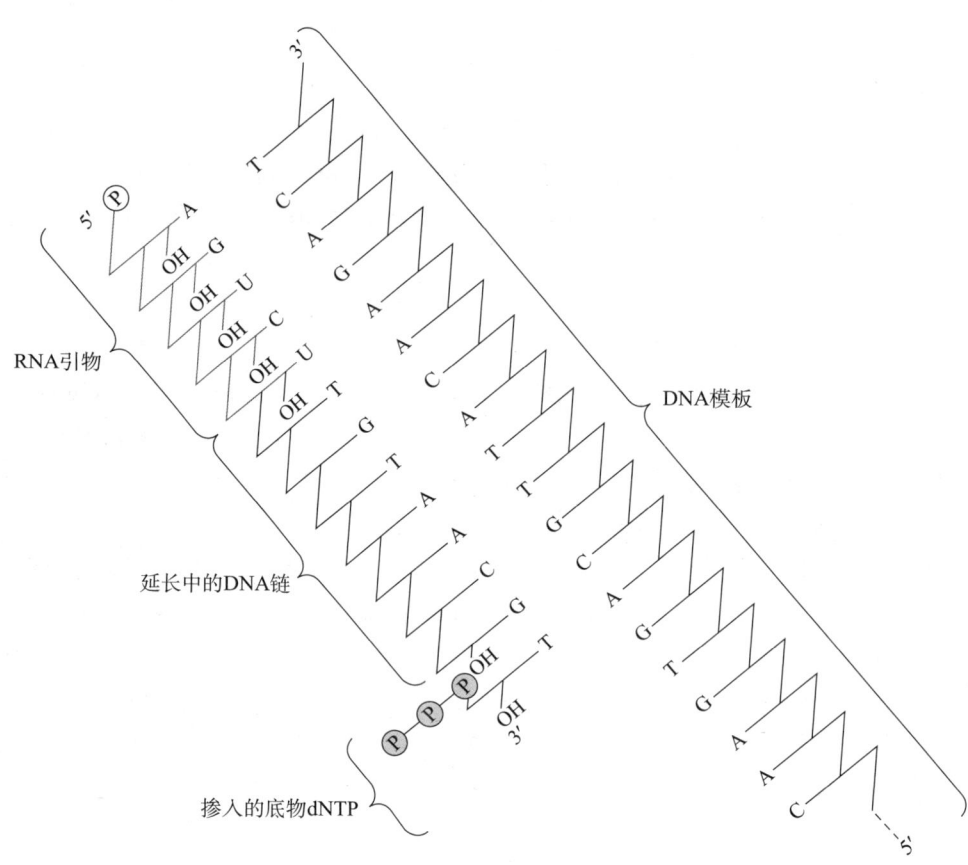

图 10-10 复制的化
学反应

方向，所以一条新链的延伸方向与解链方向相同能连续合成，称为前导链；另一条新链的合成方向与解链方向相反，只能是解开一段复制一段，不能连续合成，称为后随链。后随链的形成需要 DNA 模板解开足够长度后，先由引物酶催化合成一小段 RNA 引物，然后 DNA-pol Ⅲ 催化合成冈崎片段，当后一个冈崎片段合成到前一个冈崎片段的 RNA 引物处，延长反应停止，DNA-pol Ⅲ 从 DNA 模板上解离下来。

链的延长主要由 DNA-pol Ⅲ 催化，它的两个 β 亚基环形结合在 DNA 模板上，形成"夹钳"（clamp）样结构，使 DNA 聚合酶能牢固地结合在 DNA 模板上，因此在高速解链的过程中也不至于从 DNA 模板上脱落。前导链的合成先于后随链，后随链的模板链会折叠或绕成环状（图 10-11）。

DNA 复制的速度相当迅速，大肠埃希菌基因组复制一代大约需要 20 min，复制速度相当于 3×10^5 bp/min。真核基因组大小约为 3×10^9 bp，如果也是只有一个复制起始点，按相同的速度复制一次大约需要 150 h。实际上，真核生物每个染色体上都有多个复制起始点，从而使复制的速

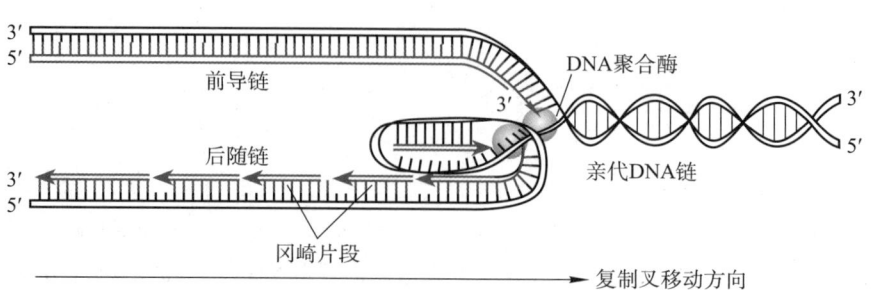

图 10-11 DNA 复制
链的延长

度得以加快，例如，哺乳动物基因组复制一次大约需要 9 h。

3. 终止　大肠埃希菌复制起始点在 82 等分位点，终止点在复制起始点对侧终止区域内的 32 等分位点，刚好将环状 DNA 分为两个半圆。从复制起始点开始，通过双向复制，两个复制叉在终止点汇合，形成两个环状 DNA 分子，分别被分配到两个子代细胞中。

DNA 复制为半不连续复制，后随链上会出现很多不连续的冈崎片段，每个冈崎片段的前端都有一段 RNA 引物。当后一个冈崎片段合成到前一个冈崎片段的 RNA 引物处时，DNA-pol Ⅲ 将被 DNA-pol Ⅰ 所替代，以其 5′→3′ 核酸外切酶活性切除 RNA 引物并以 5′→3′ 方向聚合酶活性将缺口填补起来。DNA-pol 只能将 DNA 延长，冈崎片段之间的切口需由 DNA 连接酶催化连接，最后才能形成完整的双链 DNA（图 10-12）。

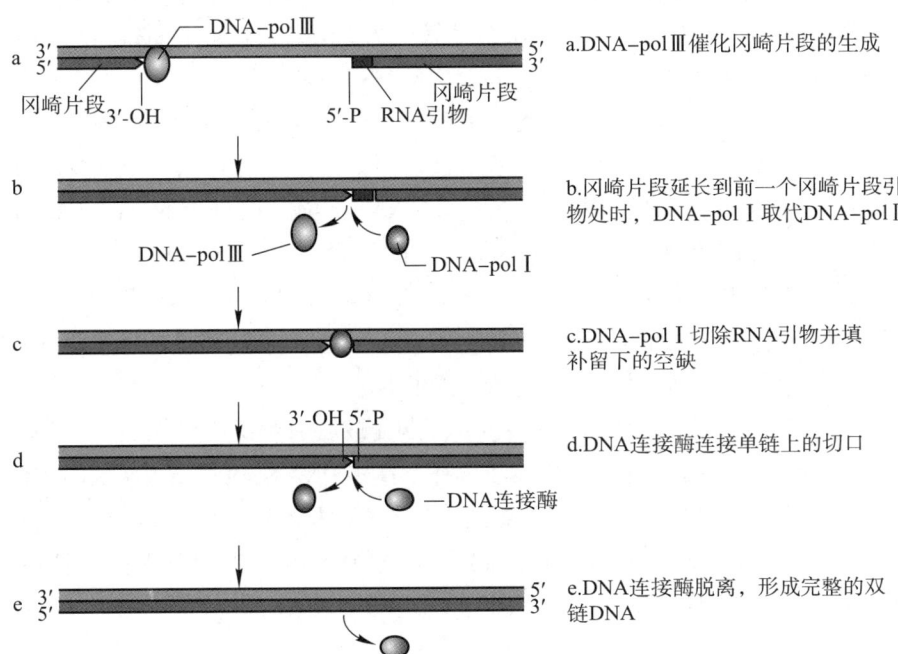

a. DNA-pol Ⅲ 催化冈崎片段的生成

b. 冈崎片段延长到前一个冈崎片段引物处时，DNA-pol Ⅰ 取代 DNA-pol Ⅲ

c. DNA-pol Ⅰ 切除 RNA 引物并填补留下的空缺

d. DNA 连接酶连接单链上的切口

e. DNA 连接酶脱离，形成完整的双链 DNA

图 10-12　DNA 复制中引物的切除及冈崎片段的连接

（二）真核生物 DNA 生物合成过程

真核生物和原核生物 DNA 复制的基本原理和过程非常相似，但具体过程要复杂得多。首先，真核生物的 DNA 组装成结构非常紧密的染色体，定位于细胞核中。每条染色体上平均有几百个复制起始点，形成多个复制子，而各个复制子的复制并不同步。其次，真核生物细胞周期有明显的时相划分，分为 G_1、S、G_2、M 四期，DNA 的复制在 S 期进行，每个细胞周期 DNA 只复制一次。细胞能否分裂，与进入 S 期及 M 期这两个关键点密切相关。细胞周期的进行受到细胞周期蛋白（cyclin）、细胞周期蛋白依赖激酶（cyclin dependent kinase，CDK）等多种物质的精确调控。

1. 起始

（1）DNA 复制起始点的识别及激活　真核生物 DNA 复制从多个起始点启动复制过程，在每个起始点也会形成两个移动方向相反的复制叉。起始点由起始识别复合物（origin recognition complex，ORC）、小染色体维系蛋白（mini-chromosome maintenance protein，MCM）等多种蛋白质复合物来结合（图 10-13）。MCM 具有解旋酶活性，能被 S 期 - 细胞周期蛋白激酶（S-phase cyclin dependent kinase，S-CDK）和 Dbf4-Cdc7 激酶（Dbf4-dependent protein kinase，DDK）磷酸

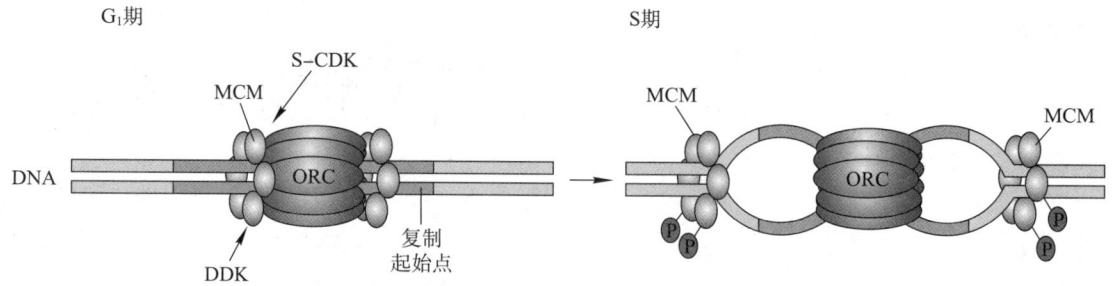

图 10-13　DNA 复制起始点的识别及激活

化激活，MCM 被激活后会将起始点附近 DNA 母链解开，细胞周期由 G₁ 期进入 S 期。

（2）引物的合成　DNA 聚合酶 α 具有引物酶的活性，能以解开的一段 DNA 为模板，合成一段 8 ~ 10 个核苷酸的 RNA。然后，引物酶的活性转变为 DNA 聚合酶的活性，以 RNA 3′ 端为起点合成一段 15 ~ 30 个核苷酸的 DNA，从而形成 RNA-DNA 引物。

2. 链的延长　DNA 聚合酶 α 不具备持续合成的能力，当引物形成后，复制因子 C（replication factor C，RFC）结合到引物 - 模板结合处，DNA 聚合酶 α 从模板上脱离。RFC 促使增殖细胞核抗原（proliferation cell nuclear antigen，PCNA）形成闭合环形的可滑动 DNA 夹子，然后 DNA 聚合酶 δ 结合到滑动夹子上，完成冈崎片段的延伸。

3. 终止　真核 DNA 复制终止的基本过程和原核生物非常相似，也需要将引物切除并将不连续的冈崎片段连接起来。两者的差别在于真核 DNA 复制不仅有冈崎片段的连接，还有复制子之间的连接；复制完成后 DNA 随即与组蛋白组装成染色体。

此外，由于真核生物染色体 DNA 是线性的，复制完成后两条新链 5′ 端引物被切除，DNA 聚合酶无法填补留下的缺口。如果这一缺口无法填补，真核 DNA 将随着复制次数的增加长度逐渐缩短。当然，在正常的生理情况下，复制得到的染色体长度是不变的。这是因为在真核生物染色体末端存在一种特殊的结构，称为端粒（telomere）。端粒能维持染色体的稳定性和 DNA 复制的完整性，由许多富含 TG 的重复序列及相关的蛋白质组成，像帽子一样盖在染色体两端，使染色体 DNA 末端膨大成粒状，因而得名。端粒 DNA 的 3′ 端由数百个 TG 重复序列组成，四膜虫的重复序列为 –TTGGGG–，人的重复序列为 –TTAGGG–。

端粒酶（telomerase）是催化端粒合成的酶，其结构由三部分组成：人类端粒酶 RNA（human telomerase RNA，hTR）、人类端粒酶协同蛋白 1（human telomerase associated protein 1，hTP1）和人端粒酶逆转录酶（human telomerase reverse transcriptase，hTRT）（图 10-14）。端粒酶能以自身携带的 RNA 为模板，逆转录合成端粒 DNA，其作用机制称为爬行模型（inchworm model），基本过程是：①端粒酶 RNA（AnCn）识别并结合母链 DNA（TnGn）；②逆转录延长母链并反折，延伸至足够长度后，端粒酶脱离母链，代之以 DNA 聚合酶；③反折的母链同时起模板和引物的作用，在 DNA 聚合酶的催化下完成链的延长（图 10-15）。

端粒重复序列的长度随着细胞分裂次数和年龄的增加而缩短，继而引起染色体稳定性下降，引起细胞衰老。研究发现，体外培养的细胞随着传代次数的增加，端粒长度是逐渐缩短的。适度的端粒酶活性对于细胞的正常增殖非常重要，在增殖活跃的肿瘤细胞中发现端粒酶的活性增高。因此，对于端粒和端粒酶的研究，在解释衰老及肿瘤等疾病的发病机制方面有重要意义。

拓展学习 10-2
端粒及端粒酶的发现

（三）其他复制方式

生物体还存在其他复制的方式，如滚环复制（rolling circle replication）和 D- 环复制（D-loop

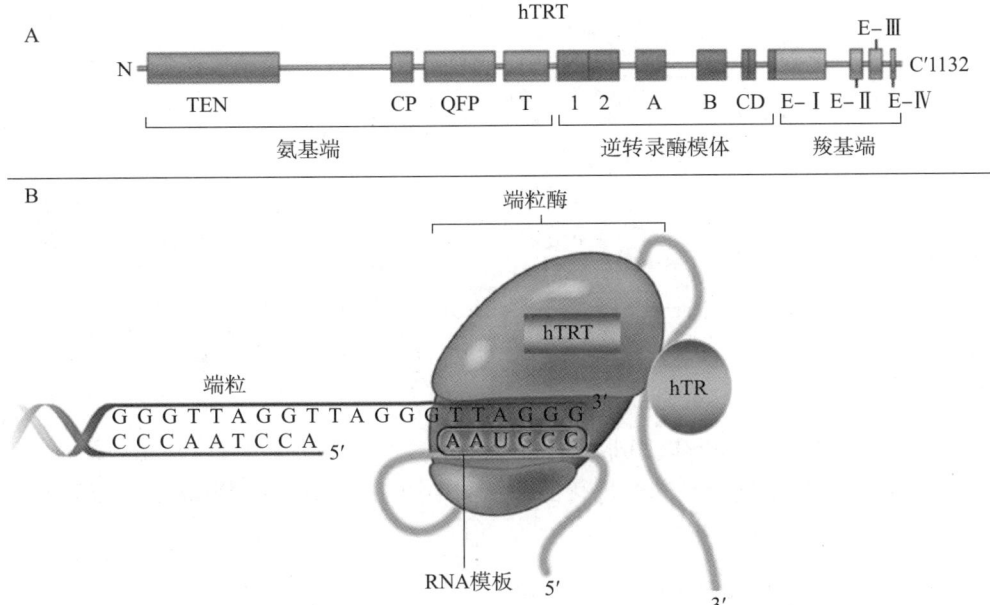

图 10-14 人端粒酶结构（A）及其作用（B）示意图

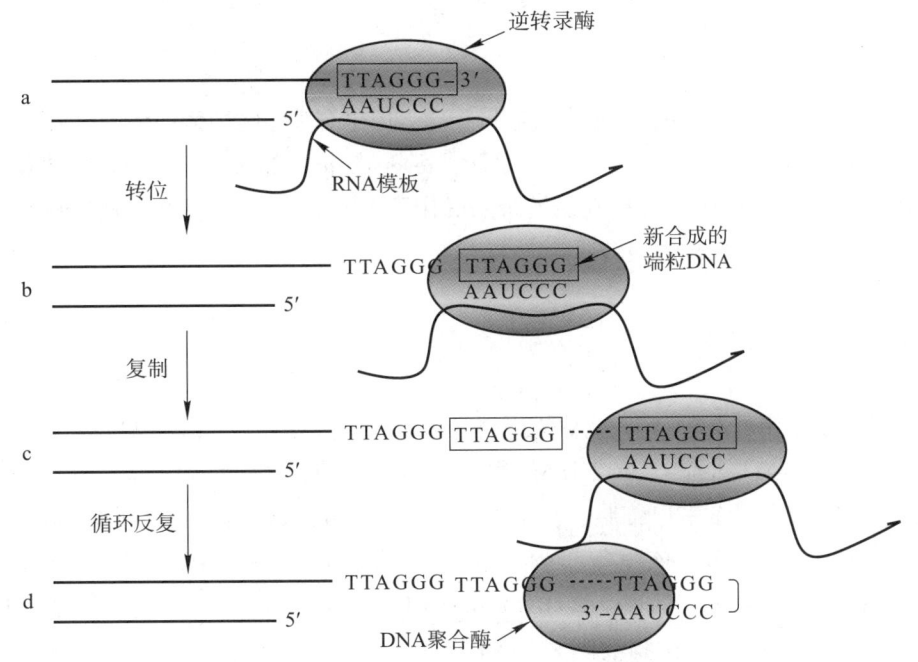

图 10-15 端粒酶作用的"爬行模型"

a~c. 以端粒酶中的 RNA 为模板在逆转录酶的催化下使端粒 3' 端延长；d. 端粒 DNA 反折成非标准配对的发夹结构，端粒酶脱离，DNA 聚合酶结合上去催化 DNA 链延长

replication）。

　　滚环复制是某些低等生物的复制方式，例如，大肠埃希菌噬菌体 φX174 的感染型为单链 DNA，感染细菌以后，病毒在细菌中的复制型是双链环状 DNA，复制方式为滚环复制。病毒自身编码产生的 A 蛋白（protein A）具有核酸内切酶及连接酶的活性，在正链的复制起始点将链切开，形成开环单链。以正链的 3' 端为引物，负链为模板，在宿主细胞 DNA 复制酶及蛋白质因子的作用下边滚动边进行子链的延长。与此同时，正链 5' 端向外伸出。完成一次复制后，A 蛋白将负链复制产物切断，以延伸出的正链为模板再滚动一次，最后形成两个环状双链 DNA（图 10-16）。

图 10-16　滚环复制
示意图
a.A 蛋白将外环（正
链）切开，形成切口；
b. 以内环（负链）为模
板，子链沿切口 3' 方
向延伸；c. 第一次滚环
完成，A 蛋白将负链的
复制产物断开，以正链
为模板继续指导子链延
长；d. 负链的复制产
物；e. 正链的复制产物

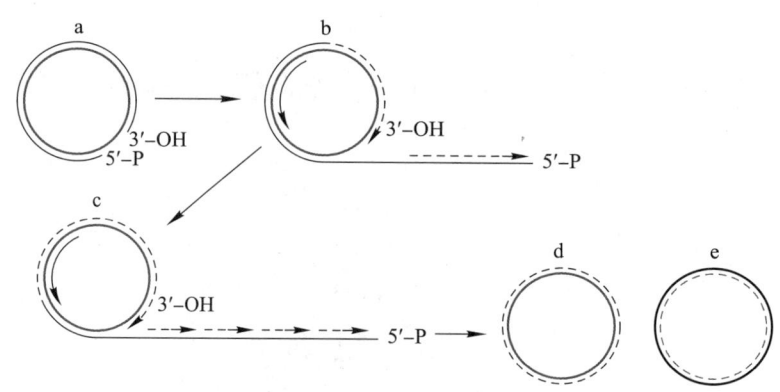

真核生物线粒体 DNA（mitochondrial DNA，mtDNA）的复制方式为 D- 环复制，mtDNA 为双链环状 DNA，两条链的复制不是同时进行的，复制中会出现字母 D 的形状，因而得名。DNA-pol γ 是催化 mtDNA 进行复制的酶。

第二节　逆转录

研究进展 10-2
遗传物质 RNA

自然界大多数生物都以双链 DNA 作为遗传物质，但也有某些噬菌体和病毒以 RNA 作为遗传物质。某些 RNA 病毒中存在着特殊的逆转录酶（reverse transcriptase），能以逆转录的方式合成 DNA。逆转录又称"反转录"，是指在逆转录酶的作用下，以 RNA 为模板合成 DNA 的过程，因其与转录过程刚好相反，故称为逆转录。

一、逆转录病毒及逆转录酶

能进行逆转录作用的 RNA 病毒就称为逆转录病毒（retrovirus），如甲肝病毒、人类免疫缺陷病毒（human immune-deficiency virus，HIV）等。研究也发现，逆转录病毒也存在于某些正常细胞中，如蛙卵、正在分裂的淋巴细胞、胚胎细胞等。1970 年 Howard Temin 和 David Baltimore 在 RNA 病毒中发现了逆转录酶，该酶有三种催化活性：① 依赖 RNA 的 DNA 聚合酶（RNA dependent DNA polymerase，RDDP）活性。② RNA 酶 H（RNase H）活性。③ 依赖 DNA 的 DNA 聚合酶活性。逆转录酶在多种分子生物学技术中都有应用。

二、逆转录过程

逆转录作用的基本过程分为三步，首先，病毒感染宿主细胞后，以病毒 RNA 为模板，dNTP 为原料，在逆转录酶 RDDP 活性的作用下合成 DNA 单链，这条以 RNA 为模板生成的 DNA 链称为互补 DNA（complementary DNA，cDNA），它与模板形成 RNA/DNA 的杂化双链。然后，通过逆转录酶 RNase H 的活性将杂化双链中的 RNA 水解。最后，以 cDNA 单链为模板，合成第二条 DNA 互补链，从而形成双链 cDNA（图 10-17）。此双链 cDNA 能整合到宿主细胞的 DNA 分子中，随着宿主细胞的 DNA 一起进行复制和表达，最终在宿主细胞中表达出病毒的遗传信息。

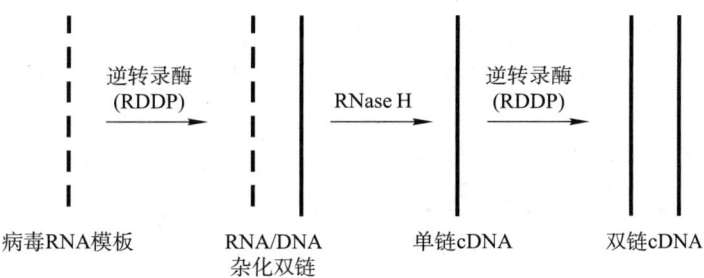

图 10-17　逆转录反应过程

三、逆转录的生物学意义

1. 逆转录作用的发现是对分子生物学中心法则的补充和完善　逆转录作用是对传统中心法则的挑战，使人们认识到在某些生物体内 RNA 同样具有储存和表达遗传信息的功能。

2. 逆转录病毒的研究促进了对病毒致癌机制的认识　研究发现多数肿瘤病毒均为逆转录病毒，人们逐渐认识到很多肿瘤的发生与逆转录作用有关。肿瘤病毒正是通过逆转录的方式在宿主细胞中表达出病毒癌基因的相关信息，从而导致细胞发生恶性转化。

3. 逆转录酶的发现促进了分子生物学技术的发展　逆转录酶是重组 DNA 技术中一种重要的工具酶，逆转录能以 mRNA 为模板获得双链 DNA，既保留了基因完整的编码序列，又能使基因长度大大缩短，因此是重组 DNA 技术中获取目的基因的一种重要方法。

第三节　DNA 损伤与修复

微课或微视频 10-1
DNA 损伤与修复

一、DNA 损伤

各种因素所导致的 DNA 组成和结构任何异常的改变称为 DNA 损伤（DNA damage），如果这一损伤能导致生物体的基因型发生稳定的、可遗传的变化，就称为突变（mutation）。DNA 损伤的急性效应会造成对复制、转录的干扰；而长期效应则引起基因组不稳定性（genome instability，GIN），即突变。小范围的 DNA 损伤通常可通过 DNA 修复纠正，而程度广泛的损伤可引起细胞的程序性死亡。

遗传信息传递过程中，DNA 复制的保真性是维持物种稳定的主要因素。然而，生物体时刻会受到来自体内外环境中各种因素的影响，DNA 的改变不可避免。自然界遗传的稳定性和变异是对立统一的，突变其实是生物进化的分子基础。

临床聚焦 10-2
DNA 损伤修复与乳腺癌

（一）DNA 损伤的因素
引起 DNA 损伤的因素很多，可分为外因（环境因素）和内因（生理因素）。
1. 外因
（1）物理因素　主要是紫外线和各种电离辐射。电离辐射既可以直接使生物大分子化学键断裂，分子结构遭到破坏；又可以通过激发细胞产生自由基，间接损伤 DNA 分子。紫外线的照射可使两个相邻的胸腺嘧啶碱基（T）发生共价连接，形成胸腺嘧啶二聚体结构（TT）（图 10-18）。

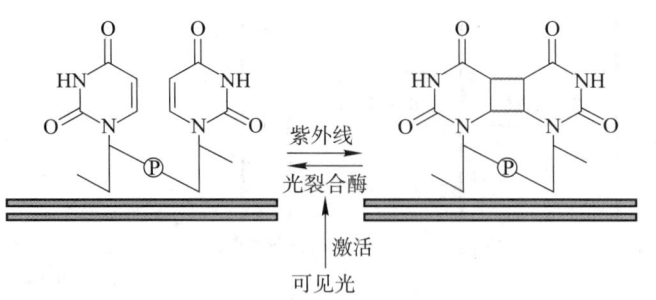

紫外线
光裂合酶

激活
可见光

图 10-18 嘧啶二聚体的形成与修复

二聚体的形成会影响 DNA 双螺旋结构，使复制和转录受阻。

（2）化学因素 能引起 DNA 损伤的化学物质称为化学诱变剂，按其作用机制的不同可分为自由基、碱基类似物、碱基修饰物和嵌入染料等多种类型。例如，碱基类似物 5- 溴尿嘧啶可替代正常碱基掺入到 DNA 分子中，引起碱基的转换突变；烷化剂能修饰 DNA 链中碱基的某些基团，改变其配对性质，进而改变 DNA 结构；亚硝酸盐有脱氨基的作用，能使腺嘌呤脱氨后转变为次黄嘌呤，从而不再与胸腺嘧啶配对，转而与胞嘧啶配对。

（3）生物因素 病毒产生的毒素和代谢产物有可能会诱发基因突变。

2. 内因 主要包括 DNA 在复制过程中的错误、DNA 损伤修复出现的错误、碱基的自发突变等。

（二）DNA 损伤的类型

根据 DNA 分子结构改变方式的不同，损伤的类型可分为碱基的错配、缺失、插入和重排，以及 DNA 链的断裂和 DNA 链的共价交联等几种类型。

1. 错配（mismatch） 又称为点突变（point mutation），指的是 DNA 分子中碱基的替换。相同类型碱基的替换称为转换，不同类型碱基的替换称为颠换。如果碱基的改变产生新的密码子，使编码的氨基酸信息发生改变，这样的突变称为错义突变（missense mutation）；如碱基的改变使代表某种氨基酸的密码子突变为终止密码，从而使肽链合成提前终止，这样的突变称为无义突变（nonsense mutation）。发生碱基错配的原因可能是复制过程中核苷酸的掺入错误或复制酶的校对作用失灵、化学诱变剂的作用等。

2. 缺失（deletion）和插入（insertion） 缺失是指 DNA 分子中一个或多个碱基的丢失，插入是指在 DNA 分子中插入一个或多个碱基。由于密码子具有连续性的特点，缺失和插入都会导致 mRNA 阅读框移位，翻译产物的结构和功能发生明显的改变，称为移码突变（frame shift mutation）。

3. 重排（rearrangement） DNA 分子内较大片段的交换，称为重组或重排。如位于 11 号染色体上的 *Hbβ* 基因家族的重排引起地中海贫血，β 基因和 δ 基因重排会形成两种融合基因，即 Lepore（δβ 融合基因）及 anti-Lepore（βδ 融合基因）。

4. DNA 链的断裂 是电离辐射致 DNA 损伤的主要形式，戊糖环的破坏、碱基的损伤和脱落都是引起 DNA 断裂的原因。

5. DNA 链的共价交联 包括 DNA 分子中同一条链上的两个碱基的共价键结合，称为 DNA 链内交联（DNA intrastrand cross-linking）；DNA 分子一条链上的碱基与另一条链上的碱基之间的共价结合，称为 DNA 链间交联（DNA interstrand cross-linking）。此外，DNA 分子还可与蛋白质以共价键结合，称为 DNA- 蛋白质交联（DNA protein cross-linking）。

二、DNA 损伤的修复

发生 DNA 损伤的细胞其转归很大程度上取决于 DNA 损伤修复的结果，如能正确修复，DNA

结构和功能恢复正常，细胞保持正常的功能；如损伤得不到有效修复，则会启动细胞凋亡过程，清除受损的细胞。在生物进化过程中，无论是低等生物还是高等生物都形成了自己的 DNA 修复系统，修复的方式主要有直接修复、切除修复、重组修复和跨损伤修复等。

1. 直接修复（direct repair）　是通过直接作用于受损的 DNA，恢复其原有的结构。光修复系统就是一种直接修复的过程，通过光裂合酶（photolyase）的催化作用能打开嘧啶二聚体，恢复 DNA 的正常结构（图 10-18）。此酶存在于大多数生物细胞中，能在 400 nm 波长的可见光照射下被活化。

2. 切除修复（excision repair）　是生物界普遍存在及最重要的一种修复方式，通过相应酶的作用将异常的碱基或核苷酸切除并修复。原核生物和真核生物切除修复过程需要的酶系统不完全相同，但其工作原理基本相同。目前，大肠埃希菌中切除修复的过程研究得较为清楚。大肠埃希菌 DNA 分子在紫外线的照射下发生损伤时，UvrA（ultra-voilet resistant A）和 UvrB 蛋白复合物能结合到 DNA 分子损伤部位，利用 ATP 提供的能量使 DNA 构象改变。然后，UvrC 蛋白取代复合物中的 UvrA 蛋白。UvrC 蛋白具有切除作用，能将损伤的单链部分切除。通过 DNA-pol I 填补切除后留下的空隙，DNA 连接酶将缺口连接起来，恢复 DNA 的正常结构（图 10-19）。

3. 重组修复（recombination repair）　光修复和切除修复是速效的修复系统，在 DNA 损伤数分钟后就开始工作。但当 DNA 损伤范围较广时，上述修复机制未能及时修复，DNA 已进入复制过程。损伤的 DNA 分子作为模板时，子代 DNA 在损伤的对应部位将出现空缺，需依靠重组修复对子代 DNA 的缺陷加以修复。根据修复机制的不同，重组修复可分为同源重组修复和非同源末端连接重组修复两种方式。

（1）同源重组修复（homologous recombination repair）　是指参加重组的两段双链 DNA 存在较长范围的相同序列（≥200 bp），从而能保证重组后生成的新链序列正确。大肠埃希菌同源重组的分子机制已经比较清楚，起关键作用的是 RecA，也称为重组酶，由 352 个氨基酸组成。多个 RecA 单体在 DNA 上聚集，形成右手螺旋的核蛋白细丝，可以识别和容纳 DNA 链。在 ATP 存在

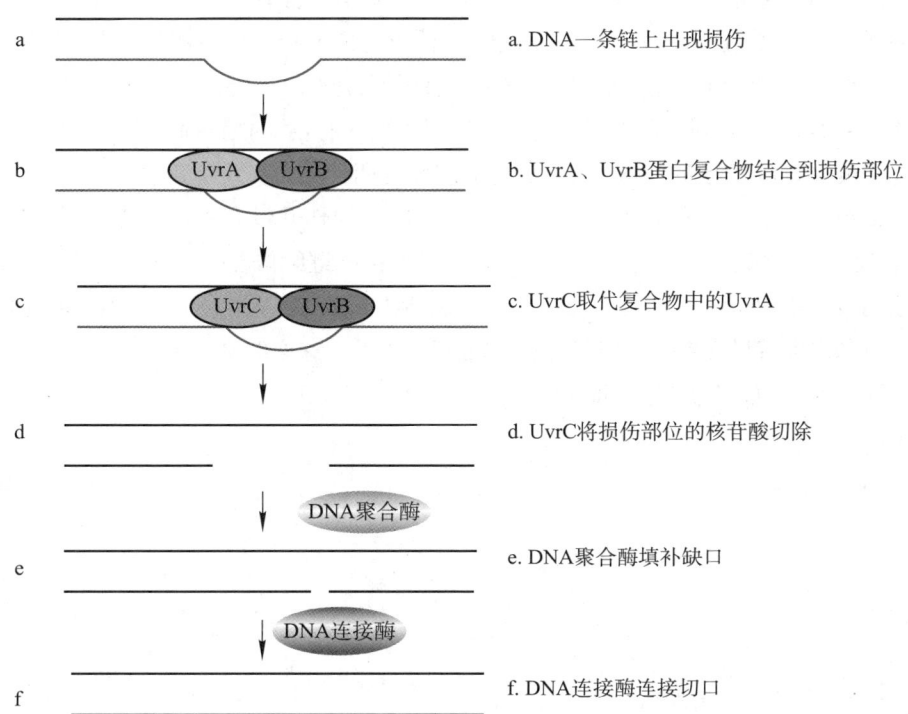

a. DNA 一条链上出现损伤

b. UvrA、UvrB 蛋白复合物结合到损伤部位

c. UvrC 取代复合物中的 UvrA

d. UvrC 将损伤部位的核苷酸切除

DNA 聚合酶

e. DNA 聚合酶填补缺口

DNA 连接酶

f. DNA 连接酶连接切口

图 10-19　大肠埃希菌核苷酸的切除修复

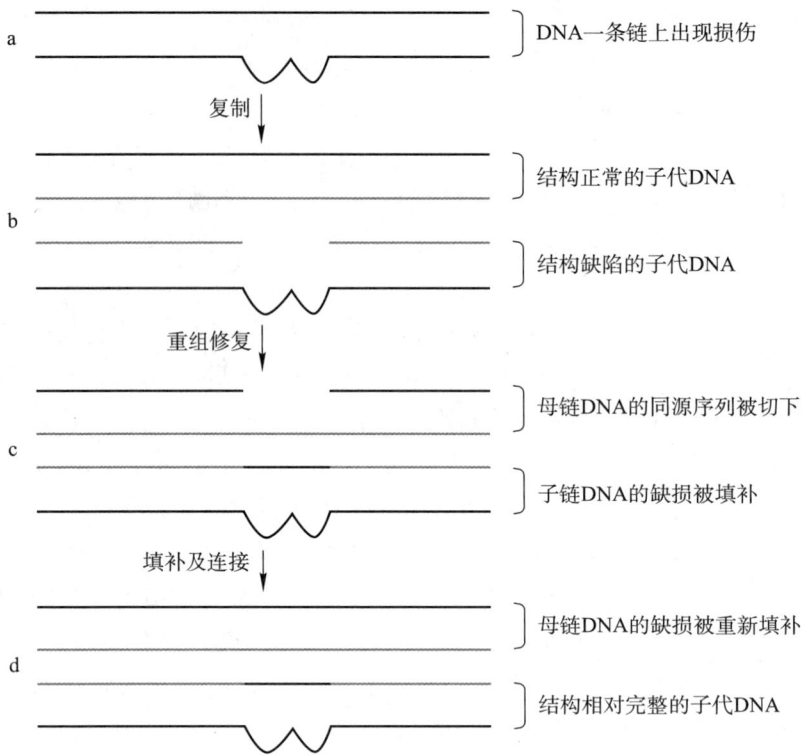

图 10-20　同源重组修复作用过程

a　DNA一条链上出现损伤

复制 ↓

b　结构正常的子代DNA
结构缺陷的子代DNA

重组修复 ↓

c　母链DNA的同源序列被切下
子链DNA的缺损被填补

填补及连接 ↓

d　母链DNA的缺损被重新填补
结构相对完整的子代DNA

的情况下，RecA 可与损伤的 DNA 单链结合，并识别一段与受损 DNA 序列相同的姐妹链，两段 DNA 链并列排列，交叉互补，以结构正常的 DNA 作为模板重建受损链。在相应酶的作用下，新合成的 DNA 链连接，交叉分离，完成同源重组（图 10-20）。

（2）非同源末端连接重组修复（non-homologous ending joining recombination repair） 是哺乳动物细胞 DNA 双链断裂的一种修复方式。由于修复时两段 DNA 链的末端不需要同源性就能相互代替连接，所以通过此方式修复的 DNA 序列中可存在一定的差异。

4. 跨损伤修复　是在大肠埃希菌中发现的一种应急的 DNA 损伤修复机制。当 DNA 分子损伤范围较广，难以继续复制，危及细菌生存时，会诱导细胞以一个或多个应急途径，通过跨过损伤部位，使细菌 DNA 的复制得以继续进行，细胞得以暂时存活。根据损伤部位跨越机制的不同，跨损伤修复又被分为重组跨损伤修复与合成跨损伤修复两种类型。重组跨损伤修复是在大肠埃希菌中，通过重组跨越，解决有损伤的 DNA 复制的问题，损伤并没有真正被修复，只是被转移到另一个新合成的子代 DNA 分子上，需要通过其他修复系统继续修复。合成跨损伤修复是当 DNA 分子损伤范围较广难以继续复制时，会诱导细菌表达出新的 DNA 聚合酶（DNA 聚合酶Ⅳ或Ⅴ），其活性低、碱基识别特异性差，并且没有校对功能。所以，这样的复制错误较多，会产生广泛的突变，是大肠埃希菌 SOS 反应的一部分。

（杨银峰）

复习思考题

一、简答题

1. DNA 复制的基本特征有哪些？

2. 参与原核生物 DNA 复制的酶和蛋白质因子有哪些？其作用分别是什么？

3. 什么是逆转录？

4. 什么是 DNA 损伤？修复方式有哪些？

二、讨论题

子代细胞为何能获得与亲代细胞相同的遗传性状，其机制是什么？

网上更多……

　本章小结　　　　自测题　　　　教学 PPT

第十一章
RNA的生物合成

关键词

转录	模板链	编码链	转录不对称性
RNA 聚合酶	启动子	转录泡	顺式作用元件
反式作用因子	转录因子	断裂基因	选择性剪接
RNA 编辑			

　　依据中心法则，RNA 的合成是遗传信息从 DNA 向蛋白质传递的桥梁。生物体内 RNA 的合成包括转录和复制两种方式。转录是 RNA 生物合成的主要形式，指以 DNA 为模板合成 RNA 的过程，即以 DNA 上基因模板链为指导，在 RNA 聚合酶的催化下合成单链 RNA，主要产物包括 mRNA、tRNA 和 rRNA 等。转录是一个非常复杂的过程，原核生物转录多以操纵子形式进行，转录往往偶联蛋白质的翻译；真核生物的基因是独立转录调控的，而且真核细胞有复杂的膜系统，因此真核生物的初始转录产物往往需要加工修饰转变为成熟 RNA，并输送到胞质才能发挥功能。转录是基因表达的开始，对转录过程的调控可以导致蛋白质合成速率或功能的改变，并由此引发一系列细胞功能的变化，甚至疾病的发生。RNA 的转录是本章的主要内容。

　　RNA 复制是 RNA 生物合成的另一重要形式。某些病毒中有 RNA 复制酶（RNA 指导的 RNA 聚合酶），催化以 RNA 单链为模板合成 RNA 的过程，即 RNA 复制。RNA 复制酶仅特异对病毒 RNA 起作用，在病毒入侵宿主细胞后，病毒 RNA 能大量复制。RNA 复制在本章不做详细阐述。

思维导图

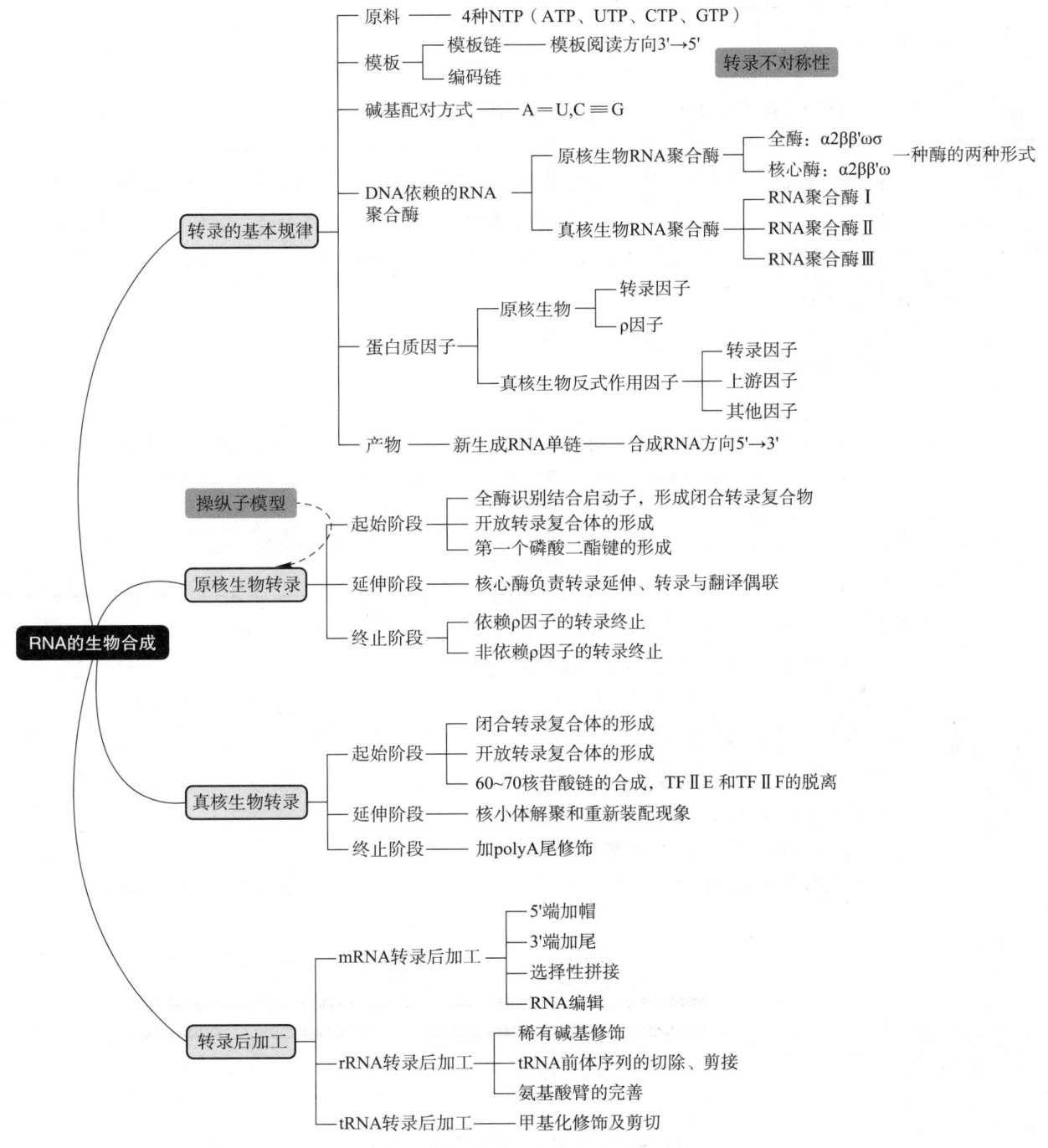

第一节　转录体系的组成

微课或微视频 11-1
转录体系的组成
拓展学习 11-1
RNA 研究背景及进展
拓展学习 11-2
转录与复制的比较

转录是生物体 DNA 遗传信息表达的第一步，涉及对基因的识别、选择、局部 DNA 超螺旋结构的处理，需要 RNA 聚合酶及多种蛋白质的参与，构成特定的转录体系。原核生物与真核生物有着共同的基本转录特征。在 RNA 聚合酶的催化下，以 DNA 的一条链为模板，四种 NTP 为原料，按碱基配对规律，4 种 NTP 之间通过 3′,5′- 磷酸二酯键相连，合成一条与模板 DNA 链互补的 RNA 链。转录合成反应的方向为 5′ → 3′，反应体系中需要 Mg^{2+}、Mn^{2+} 等参与，碱基互补原则为 A-U、G-C、T-A。

一、DNA 模板

DNA 复制时，DNA 双链均可作为模板，但转录过程只以基因组 DNA 中编码 RNA（mRNA、tRNA、rRNA 及小 RNA 等）的区段为模板。将 DNA 分子中能转录出 RNA 的区段，称为转录单元（transcription unit）。转录单元的双链中，仅有一股链作为模板指导转录，称为模板链（template strand）。与模板链相对应的互补链，其编码区的碱基序列与 mRNA 的密码序列相同（仅 T、U 互换），称为编码链（coding strand）（图 11-1）。 在 DNA 分子双链中，每个基因的模板不是全在同一条 DNA 单链上。也就是说，在双链 DNA 分子中的一条链，对于一个基因是模板链，但对另一个基因则可能是编码链（图 11-2），该现象被称为转录的不对称性。

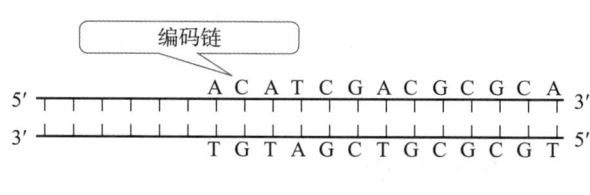

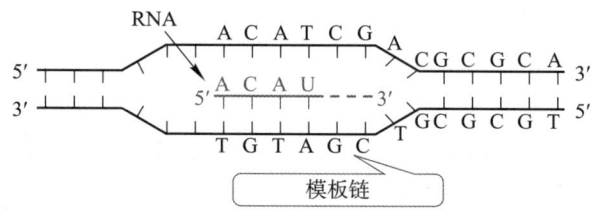

图 11-1　转录的模板

图 11-2　不同结构基因可以不同的母链进行转录

箭头示转录产物合成方向

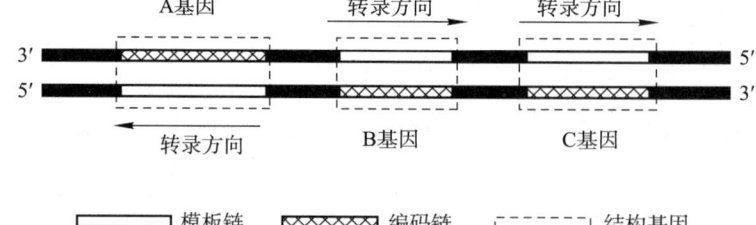

二、RNA 聚合酶

RNA 聚合酶是一种催化 DNA 转录成 RNA 的酶，也称为 DNA 依赖的 RNA 聚合酶（DNA-dependent RNA polymerase，DDRP，RNA-pol）。RNA 聚合酶以 DNA 单链为模板，以四种 NTP（ATP、GTP、UTP 和 CTP）为原料，以 Mg^{2+} 作为辅基，催化 RNA 链的生成。在此过程中，RNA

聚合酶沿着 DNA 模板链 3′→5′ 方向移动，催化 RNA 链从 5′→3′ 方向不断进行聚合延长。

DNA 聚合酶在启动 DNA 链合成时需要引物存在，而 RNA 聚合酶不需要引物就能直接启动核苷酸聚合反应。与模板配对的两个相邻核苷酸，在起始位点上被 RNA 聚合酶催化生成磷酸二酯键，形成一个四磷酸二核苷 pppNpN–OH。RNA 合成时第 1 个核苷酸多为 GTP 或 ATP，以 GTP 更常见。第 2 个核苷酸有游离的 3′–OH，可以继续加入游离的 NTP，使 RNA 链延长下去。在 RNA 合成中，最先加入的第一个核苷三磷酸并不释放出焦磷酸。

（一）原核生物 RNA 聚合酶

现已知原核生物细胞中只有 1 种 RNA 聚合酶。原核生物的 RNA 聚合酶具有多种功能：① 识别 DNA 分子中转录的起始部位；② 促进转录模板区 DNA 的解链；③ 按碱基互补配对原则，催化 3′，5′–磷酸二酯键的形成。

目前了解最清楚的是大肠埃希菌（$E.\ coli$）的 RNA 聚合酶。该酶的全酶是六聚体（$\alpha_2\beta\beta'\omega\sigma$）主要亚基及其功能见表 11–1。转录启动后，$\sigma$ 亚基（又称 σ 因子）脱离，余下的亚基（$\alpha_2\beta\beta'\omega$）构成核心酶（core enzyme）。不同种类细菌的 α、β 和 β' 亚基大小比较恒定，但 σ 亚基大小不同。$E.coli$ 中含有多种 σ 亚基，能够识别不同基因的启动子序列，从而使 RNA 聚合酶能特异地启动不同基因的转录。如 $\sigma70$ 是主要的 σ 亚基，负责管家基因的转录，而 $\sigma32$ 则负责热休克基因的转录表达。

拓展学习 11–3
σ 因子的种类及其功能

表 11–1　大肠埃希菌 RNA 聚合酶

亚基	相对分子质量	结构基因	功能
α	36 512	$rpoA$	决定哪些基因被转录
β	150 618	$rpoB$	与转录全程有关（催化）
β'	155 613	$rpoC$	结合 DNA 模板（开链）
σ	70 263	$rpoD$	识别转录起始位点
ω	11 000	$rpoZ$	募集 σ 因子，促进 β– 折叠与稳定性

原核生物 RNA 聚合酶具有以下特点：① 聚合速度比 DNA 复制酶的聚合反应速度要慢；② 缺乏 3′→5′ 外切酶活性，无校对功能，RNA 合成的错误率比 DNA 复制高很多；③ 原核生物 RNA 聚合酶的活性可以被利福霉素及利福平所抑制，这是由于后两者可以和 RNA 聚合酶的 β 亚基相结合，而抑制酶的活性。

（二）真核生物 RNA 聚合酶

在迄今所研究的所有真核生物细胞核中至少含有三种 RNA 聚合酶，分别是 RNA 聚合酶 I、RNA 聚合酶 II 和 RNA 聚合酶 III。3 种真核 RNA 聚合酶在核中的分布和功能不同。RNA 聚合酶 I 存在于核仁中，主要催化合成 rRNA，它对 α– 鹅膏蕈碱不敏感；RNA 聚合酶 II 位于核质，主要催化合成 mRNA，可以被低浓度的 α– 鹅膏蕈碱迅速抑制；RNA 聚合酶 III 也存在于核质，转录产物主要是 tRNA、5S rRNA 和一些稳定的小分子 RNA，包括一种参与 mRNA 前体剪接的 snRNA（U6），还有参与将蛋白质运送到内质网的信号识别颗粒（SRP）中的 7S RNA。动物细胞的 RNA 聚合酶 III 被高浓度的 α– 鹅膏蕈碱所抑制，但在酵母和昆虫细胞的 RNA 聚合酶 III 不被抑制，所以 RNA 聚合酶 III 对 α– 鹅膏蕈碱的敏感性有种属特异性（表 11–2）。

表 11-2　真核生物 RNA 聚合酶

种类	分布	合成的 RNA 类型	对 α- 鹅膏蕈碱的敏感性
I	核仁	rRNA	不敏感
II	核质	hnRNA	低浓度敏感
III	核质	tRNA，5S rRNA	具种属特异性，一般高浓度敏感

真核生物 RNA 聚合酶一般比原核生物聚合酶分子量大（相对分子质量 5×10^5 以上），结构也更为复杂。所有三种真核 RNA 聚合酶都含有 3 个大亚基和 12 ~ 15 个小亚基，它们的核心亚基和 E.coli 的 RNA 聚合酶的核心酶（$\alpha_2 \beta \beta' \omega$）中的相应亚基同源，其中最大的两个亚基分别和 E.coli 的 β' 及 β 亚基相似。显然，细菌和真核生物的 RNA 聚合酶有共同的起源。

拓展学习 11-4
RNA-pol II 组成

真核生物 RNA 聚合酶 II 最大的亚基羧基端都含有若干七肽重复顺序（Tyr-Ser-Pro-Thr-Ser-Pro-Ser），这一序列称为羧基末端结构域（carboxyl terminal domain，CTD）。CTD 在酵母和果蝇中分别重复 26 次和 40 次，在哺乳动物中重复 52 次。在真核 mRNA 前体合成开始时，CTD 中的 Ser 或 Thr 被磷酸化，并参与转录起始反应。CTD 的存在对于细胞的存活必不可少，酵母至少需要 10 个拷贝的 CTD 才能存活。

微课或微视频 11-2
原核生物的转录

第二节　原核生物的转录

一、原核生物的转录起始

转录起始是 RNA 聚合酶对转录基因起始位点的识别及结合，形成转录起始复合物，从而启动转录的过程。原核生物转录的基本单位是操纵子（operon）。操纵子学说是 1961 年法国科学家 J. L. Monod 和 F. Jacob 在研究大肠埃希菌基因表达过程中发现的基因转录调控规律。操纵子由调控区和结构基因组成，结构基因区通常包括数个功能上相关的基因，它们串联排列共同构成编码区。这些结构基因共用一个启动子和一个转录终止信号序列，因此转录时仅产生一条 mRNA，但可为几种不同的蛋白质编码。这样的 mRNA 分子携带几条多肽链的编码信息，被称为多顺反子（polycistron）mRNA。此外，调控区含有启动子和操纵序列（operator sequence）。启动子（promoter）是指在转录开始时，RNA 聚合酶与模板 DNA 分子结合的特定部位。这一特定部位在转录调节中有重要作用。每一个转录单元均有自己特定的启动子区。经过对百种以上原核生物不同基因的启动子进行分析，发现原核生物的启动子大约长 55 bp，其中包含有 RNA 聚合酶识别、结合及转录起始点三个部位。

转录起始点是 DNA 模板链上开始进行转录的位点，标以 +1。在 DNA 模板上，从起始点开始顺转录方向的区域称为下游；从起始点逆转录方向的区域称为上游。RNA 聚合酶识别部位约 6 bp，其中心位于上游 –35 bp 处，所以称为 –35 区，其共有序列是 5′-TTGACA-3′（图 11-3）。RNA 聚合酶结合部位是指启动子上与 RNA 聚合酶紧密结合的序列。结合部位的长度大约是 7 bp，其中心位于起始点上游的 –10 bp 处，因此将此部位称为 –10 区。多种启动子的 –10 区具有高度的保守性和一致性，共同序列为 5′-TATAAT-3′，又称为 Pribnow 盒。由于在 Pribnow 盒中碱基组成主要是 A–T 配对，因此此区域的 DNA 双链容易解开，利于 RNA 聚合酶的进入而促使

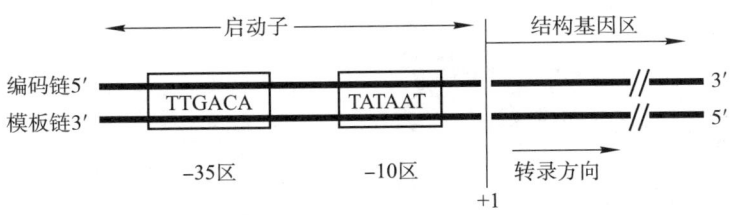

图 11-3　原核生物的启动子

转录作用的起始。

　　转录的起始需要 RNA 聚合酶以全酶形式参与，其中 σ 因子是识别转录启动子的重要成分。RNA 聚合酶与 DNA 模板的启动子结合为转录起始的标志。结合过程可分为两个步骤，首先由 σ 因子识别启动子的 –35 区，全酶与该区结合，形成疏松的复合物，此时 DNA 双链未解开，因而称为封闭型转录起始复合物（closed transcription complex），继而 RNA 聚合酶移向 –10 区及转录起始点，在 –20 区处 DNA 发生局部解链，形成 12 ~ 17 bp 的单链区，RNA 聚合酶与 DNA 结合更紧密，形成开放型转录起始复合物（open transcription complex）。此时，第一个 NTP 就可以加入，形成转录起始复合物。

$$转录起始复合物 = RNA\text{-}pol（\alpha_2 \beta\beta' \sigma \omega）\text{-}DNA\text{-}pppGpN\text{-}OH\ 3'$$

　　当几个核苷酸加入后，σ 因子从模板及 RNA 聚合酶上脱落下来，至此完成了转录起始阶段。留下的核心酶沿着模板向下游移动，不断阅读模板，进行转录延长。脱落下来的 σ 因子可以再次与核心酶结合而被循环使用。

二、原核生物的转录延伸

　　转录起始成功后，RNA pol 离开启动子区，称为启动子解脱（promoter escape），也称启动子清除（promoter clearance）。启动子解脱后，转录进入延伸阶段。

　　当 σ 因子从全酶上脱落后，核心酶催化 RNA 链的延长反应。核心酶沿模板链的 3′→5′ 方向滑行，一方面使双股 DNA 解链，另一方面催化 NTP 逐个按碱基互补原则，与上一个核苷酸的 3′-OH 形成磷酸二酯键，其 β-、γ- 磷酸基脱落生成焦磷酸迅速被水解，释放的能量进一步推动转录。RNA 链的合成方向是 5′→3′。一次完整的转录过程是由同一个 RNA 聚合酶催化完成的连续不断的反应。

　　转录形成的 RNA 在延长过程中其 3′ 端暂时与 DNA 模板链形成 DNA-RNA 杂交体，RNA 新链与 DNA 模板杂交的长度为 12 ~ 17 bp，形成一个转录泡（transcription bubble）。转录泡中的 DNA 与 RNA 之间结合不紧密，当 RNA 链的长度超过 12 个碱基时，RNA 的 3′ 端仍与 DNA 形成杂交体，但 RNA 的 5′ 端容易脱离 DNA 模板链而伸展出转录泡，于是被转录过的 DNA 区段又重新形成双螺旋（图 11-4）。在电子显微镜下观察转录，可以看到同一 DNA 模板上，有长短不一的新合成的 RNA 链散开成羽毛状，这说明在同一基因上可以有多个 RNA 聚合酶同时催化转录，生成相应的 RNA 链（图 11-5）。而且较长的 RNA 链上已经被核糖体附着，形成多聚核糖体。这些现象说明在某些情况下，转录过程尚未完全终止，就已经将转录产物作为模板开始进行翻译，这种现象被称为转录与翻译偶联。

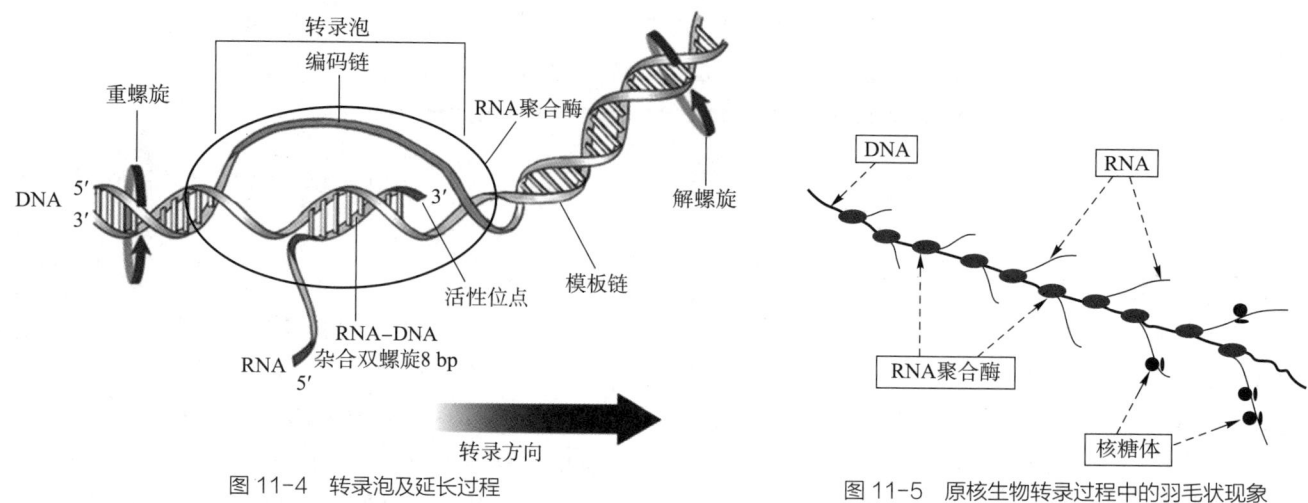

图 11-4　转录泡及延长过程　　　　　　　　　　图 11-5　原核生物转录过程中的羽毛状现象

三、原核生物的转录终止

RNA 聚合酶在 DNA 模板上滑动到一定位置停顿不前，释放已合成的 RNA，DNA 模板恢复双螺旋结构，称为转录终止。

原核生物转录的终止有两种主要机制。一种机制需要蛋白质因子 ρ 的参与，称为依赖 ρ 因子（ρ factor）的转录终止机制，另一种机制是非依赖 ρ 因子的转录终止机制。

（一）非依赖 ρ 因子的转录终止

这类转录终止模式依赖 DNA 模板上的特殊碱基序列。模板 DNA 在终止区域有特殊的连续 T 序列，在连续 T 之前有由 GC 富集区组成的反向重复序列，转录生成的 RNA 的 3′ 端富含 GC 并带有一段寡聚 U，可形成发夹结构（hairpin）（图 11-6）。这些发夹结构可以使 RNA 聚合酶变构，难以继续结合模板向前移动，使聚合作用停止。同时，由于转录产物的 $(U)_n$ 与模板的 $(A)_n$ 之间的 A∶U 杂交区的双链是最不稳定的双链，使杂化链的稳定性下降，而转录泡模板区的两股 DNA 容易恢复双链，释出转录产物 RNA，使转录终止。

在终止阶段，新合成的 RNA 链首先从 DNA 模板上解离出来，继而与核心酶分离，核心酶与双链 DNA 解离。此时 σ 因子又能与核心酶聚合，开始下一次转录。

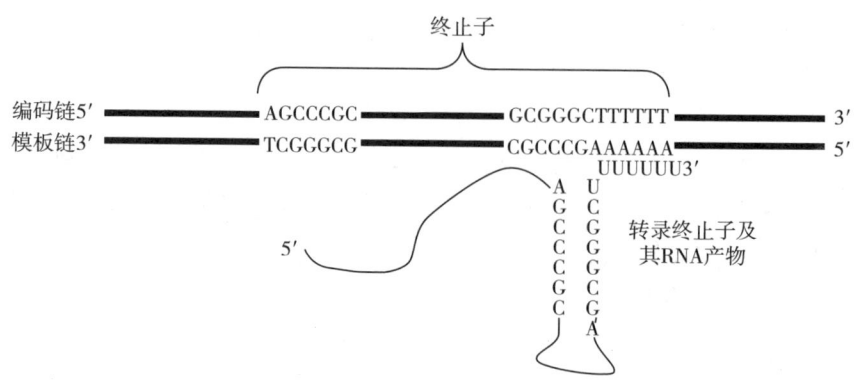

图 11-6　茎 - 环 / 发夹结构

（二）依赖 ρ 因子的转录终止

ρ 因子是一种同源六聚蛋白质，亚基的相对分子质量为 4.6×10^4。依赖 ρ 因子的终止位点，未发现有特殊的 DNA 序列，但 ρ 因子能与转录中的 RNA 结合。ρ 因子的六聚体被 70～80 nt 的 RNA 包绕，激活 ρ 因子的 ATP 酶（ATPase）活性，并向 RNA 的 3′ 端滑动。正常情况下 ρ 因子并不能追赶上 RNA 聚合酶，但当 RNA 聚合酶转录到终止位点附近时，新合成的 RNA 3′ 端也会形成发夹结构，但发夹结构中的 G/C 对含量较少，且末端没有固定特征（无连续的 U 串）。该发夹结构可以使转录发生延滞，这为 ρ 因子追赶 RNA 聚合酶提供了时间保证。ρ 因子与 RNA 聚合酶的 β 亚基相互作用，最终导致转录复合物解体，转录终止（图 11-7）。

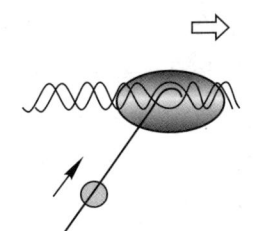

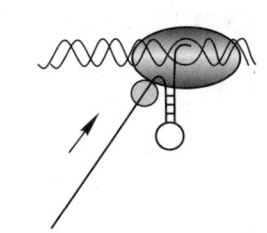
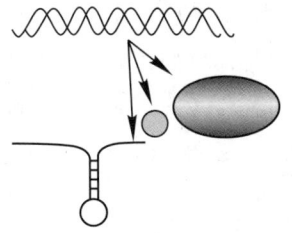

a.ρ因子与RNA结合，沿RNA向其3′方向移动　　b.发夹结构形成，RNA聚合酶停止移动，ρ因子与RNA聚合酶相互作用　　c.转录终止，RNA释放　　图 11-7　依赖 ρ 因子的转录终止

第三节　真核生物的转录

庞大的真核生物基因组结构比原核生物复杂，结构基因不连续，转录产物为单顺反子，存在核膜的分隔，核基因组的基因转录位于细胞核内进行。

一、真核生物转录起始复合物的形成

1. 顺式作用元件　紧邻基因转录区前后的 DNA 序列，通常对基因转录具有调控作用，这些序列可统称为顺式作用元件（cis-acting element）。顺式作用元件是转录因子的结合位点，其通过与转录因子结合而调控基因转录的精确起始和转录效率。一个典型的真核生物基因上游序列如图 11-8。顺式作用元件包括核心启动子、上游启动子元件（upstream promoter elements）

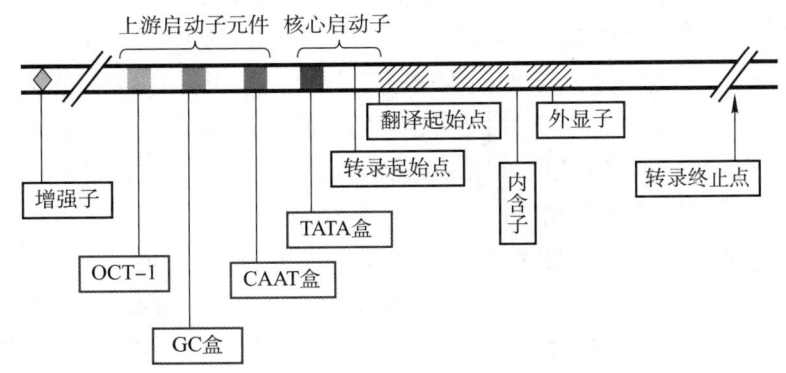

图 11-8　真核生物基因上游序列

OCT-1：ATTTGCAT 八聚体

及远隔序列。

真核生物转录起始需要 RNA 聚合酶对起始区上游 DNA 序列进行辨认和结合，生成起始复合物。其中最重要的就是核心启动子，主要包括 TATA 盒和起始元件（initiator element，Inr）。真核生物起始点上游 –35 ~ –25 区附近往往具有一段 AT 富集序列，其共有序列是 TATAA，称为 Hognest 盒或 TATA 盒（TATA box）。有的真核生物蛋白质编码基因启动子没有 TATA 盒，它们使用另一种启动子元件——起始元件（Inr）。Inr 位于转录起点附近，绝大多数 Inr 在 –1 和 +1 两个位点的核苷酸序列为 CA，对于转录起始于固定位点也起关键作用。还有一些基因的启动子没有 TATA 盒或 Inr，它们的转录起始于多个可能的位点中的任何一个，其延伸范围为 20 ~ 200 bp，造成转录产生的 mRNA 具有多个选择性 5′ 端。

上游启动子元件是位于 TATA 盒上游的 DNA 序列，多在转录起始点 –100 ~ –40 bp 的位置，比较常见的是 GC 盒和 CAAT 盒。CAAT 盒的名称来自其共有序列，是真核基因中最常见邻近序列元件（proximal sequence element，PSE）之一，一般位于 –80 bp 附近。CAAT 盒功能和方向无关，增强启动子的转录能力，对启动子的转录效率十分重要，但与启动子的特异性无关。GC 盒也是比较常见的上游启动子元件，经常以多拷贝出现，其共有序列为 GGGCGG，功能也和序列方向无关。GC 盒一般在转录起始区上游 –200 ~ –100 bp 处，长 20 ~ 50 bp，富含 GC。在脊椎动物 DNA 中，富 CG 区呈特征性非随机分布，人们常称之为 "CpG 岛"（CpG island），如果在 DNA 片段中发现 CpG 岛，就提示这个片段中可能含有转录起始区。

远隔序列包括增强子（enhancer）、沉默子（silencer）及绝缘子（insulator）等，其中增强子是能够结合特异基因的调节蛋白，促进邻近或远隔特定基因表达的 DNA 序列。增强子和启动子之间的 DNA 序列通过折叠或回折，可以使结合于增强子的蛋白质因子和结合于启动子的蛋白质因子之间相互作用，所以增强子可以远距离增强启动子的转录起始。增强子距转录起始点的距离变化很大，从 100 nt 到 50 000 nt，甚至更大，在所调控基因的上游和下游都可以发挥调控作用，但以上游为主。有些增强子可以处于基因的内部如内含子中。

临床聚焦 11-1
转录异常与遗传病

2. 转录因子　真核生物转录起始十分复杂，研究发现真核生物 RNA 聚合酶本身无法直接识别启动子并启动转录，往往需要多种蛋白因子的协助。现已发现数百种能直接或间接识别和结合 DNA 转录上游的蛋白质，统称为反式作用因子（trans-acting factor）。反式作用因子中，直接或间接结合 RNA 聚合酶的，称为转录因子（transcription factor，TF），也称为通用转录因子（general transcription factor）或基本转录因子（basal transcription factor）。对应于 RNA-pol Ⅰ、Ⅱ、Ⅲ 的 TF，分别称为 TF Ⅰ、TF Ⅱ、TF Ⅲ。

除了这些通用转录因子，还有与启动子上游元件如 GC 盒、CAAT 盒等顺式作用元件（cis-acting element）结合的蛋白质，称为上游因子（upstream factor），如 Sp1 结合到 GC 盒上，C/EBP 结合到 CAAT 盒上。这些反式作用因子调节通用转录因子与 TATA 盒的结合、RNA 聚合酶与启动子的结合及转录起始复合物的形成，从而协助调节基因的转录效率。

RNA-pol Ⅱ 与启动子的结合、启动转录需要多种蛋白因子的协同作用，通常包括可诱导因子或上游因子与增强子或启动子上游元件的结合，通用转录因子在启动子处的组装，辅激活因子和（或）中介子在通用转录因子或 RNA-pol Ⅱ 复合物与可诱导因子、上游因子之间的辅助和中介作用（表 11-3）。因子和因子之间互相识别、结合，准确地控制基因是否转录、何时转录（参见第十三章）。表 11-4 列出了识别结合 Ⅱ 类启动子的四类转录因子及其功能。

3. 转录起始复合物　真核生物 RNA 聚合酶 Ⅱ 起始转录时依次结合众多的转录因子识别基因启动子区域，形成转录起始复合物。首先是 TBP 与 TATA 盒结合之后，TF Ⅱ B 与 BRE（TF Ⅱ B

表 11-3　参与 RNA-plo Ⅱ 转录的转录因子

转录因子	功能
TF Ⅱ D	含 TBP 亚基，结合 TATA 盒
TF Ⅱ A	辅助 TF Ⅱ D-DNA 复合物的形成
TF Ⅱ B	促进 RNA-pol Ⅱ 结合及作为其他因子结合的桥梁
TF Ⅱ E	解螺旋酶
TF Ⅱ F	促进 RNA-pol Ⅱ 结合及作为其他因子结合的桥梁
TF Ⅱ H	蛋白激酶活性，使 RNA-pol Ⅱ 大亚基羧基末端磷酸化

表 11-4　识别结合 Ⅱ 类启动子的四类转录因子及其功能

转录因子	具体组分	结合序列	功能
基本组分	TBP，TF Ⅱ A，B，E，G，F 和 H	TBP 结合 TATA 盒	转录定位和起始
辅激活因子	TAF 和中介子		在聚合酶和转录因子间起中介作用
上游因子	SP1、ATF、CTF 等	上游启动子元件	协助基本转录因子
可诱导因子	如 MyoD、HIF-1 等	增强子等远隔调控序列	时间和空间特异性地调控转录

recognition element，属于核心启动子元件）的大沟结合作为 TBP 和 RNA 聚合酶结合的桥梁。TF Ⅱ A 能稳定已与 DNA 结合的 TF Ⅱ B-TBP 复合体，并且在 TBP 与不具有特征序列的启动子结合时（这种结合比较弱）发挥重要作用。接着，与 TF Ⅱ F 结合的 RNA pol Ⅱ 被募集到 TF Ⅱ B-TBP 复合体。TF Ⅱ F 的作用是辅助 RNA 聚合酶 Ⅱ 与 TF Ⅱ B 相互作用，靶向结合启动子；降低 RNA 聚合酶 Ⅱ 与 DNA 的非特异部位的结合。然后，TF Ⅱ E 和 TF Ⅱ H 加入，形成闭合复合体，装配完成转录前起始前复合物。

TF Ⅱ E 的作用是辅助 TF Ⅱ H 与转录起始复合物的结合。TF Ⅱ H 具有 DNA 解旋酶活性，使转录起始点附近的 DNA 的双螺旋打开，闭合复合体变为开放复合体。另外 TF Ⅱ H 还具有激酶活性，催化 RNA-pol Ⅱ 的 CTD 磷酸化，并促使开放复合体的构象改变，启动转录（图 11-9）。

CTD 磷酸化在转录延长期也很重要，而且影响转录后加工过程中转录复合体和参与加工的酶之间的相互作用。当合成一段含有 60~70 个核苷酸的 RNA 时，TF Ⅱ E 和 TF Ⅱ H 释放，RNA-pol Ⅱ 进入转录延长期。此后，大多数的 TF 就会脱离转录起始前复合物。此时，磷酸化 CTD 的

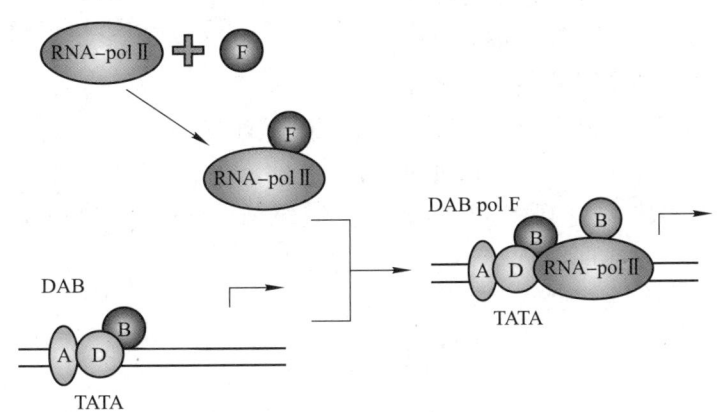

图 11-9　真核生物转录起始复合物形成

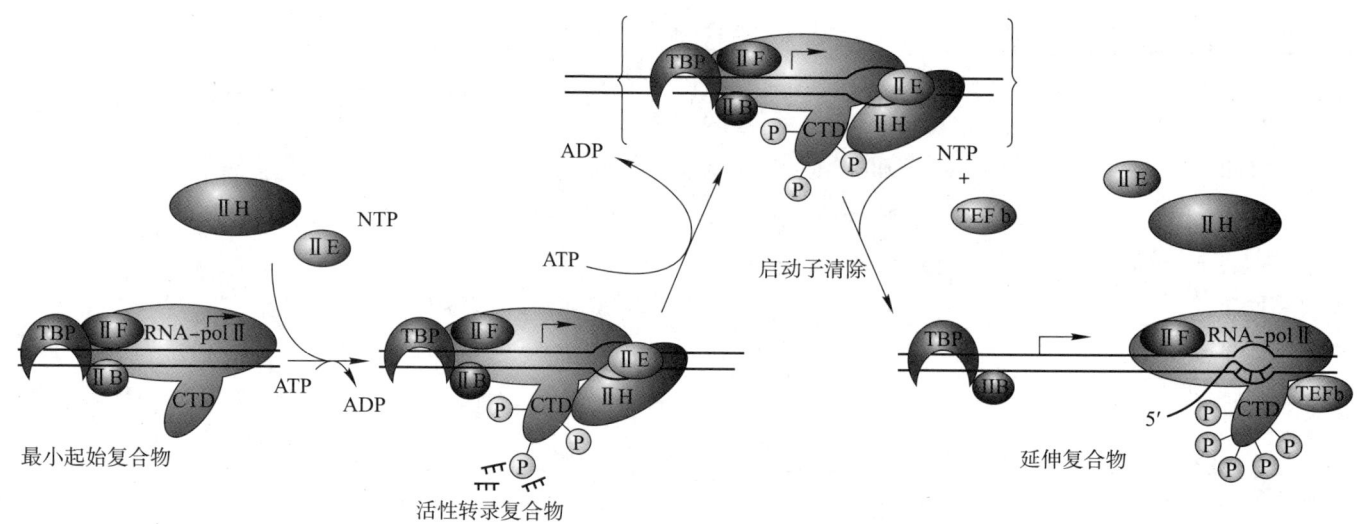

图 11-10　CTD 磷酸化在转录过程中发挥重要作用

使命由转录延长因子 b（transcription elongation factor b，TEFb）替代，TEF b 的一个组分周期蛋白依赖性激酶（cyclin-dependent kinase 9，CDK9）发挥该作用（图 11-10）。

二、真核生物的转录延长

真核生物转录延长过程与原核生物大致相似，但因有核膜相隔，没有转录与翻译偶联的现象。真核生物基因组 DNA 在双螺旋结构的基础上，与多种组蛋白组成核小体高级结构。转录延长可以观察到核小体移位和解聚现象（图 11-11）。

三、真核生物的转录终止

真核生物转录终止的机制，目前了解尚不多，而且三种 RNA 聚合酶的转录终止不完全相同。RNA-pol Ⅱ 催化的转录终止，一般与转录后产物的加工修饰相偶联。真核生物转录终止过程中结构基因模板链上没有相应的多聚胸苷酸（poly T），转录产物 mRNA 3′ 端上的多聚 A（poly A）是在转录后加工修饰过程中加上去的。在读码框架下游常见的一组共同序列 AATAAA 及下游相当多的 GT 序列被称为转录终止的修饰点。转录可越过修饰点，但在此处被切断，随后加入 poly A 尾（图 11-12）。

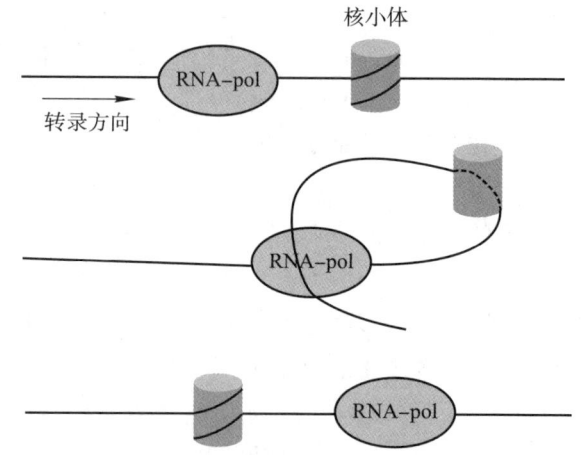

图 11-11　真核生物转录过程中的核小体移位

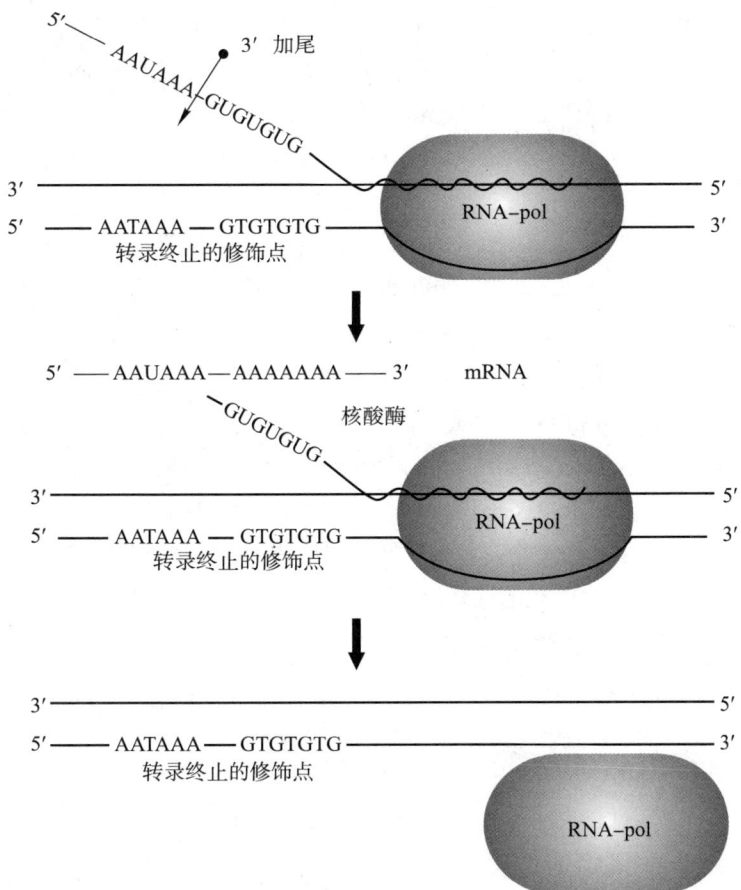

图 11-12 真核生物
的转录终止及加尾修饰

第四节 真核生物的转录后加工修饰

真核生物转录生成的 RNA 是初级转录产物（primary RNA transcript）。一般需经一定程度的加工（processing）才具有活性。RNA 的加工过程主要在细胞核内进行，也有少数反应在胞质中进行。

一、mRNA 转录后的加工修饰

真核生物 RNA 聚合酶 II 的转录产物为核不均一 RNA（heterogeneous nuclear RNA，hnRNA），其转录后加工修饰包括 5′端加帽、3′端加尾及剪接等过程，最终才能成为成熟的 mRNA。

（一）头尾修饰

1. 5′端帽子的生成　真核细胞 mRNA 5′端的帽子结构为 7- 甲基鸟嘌呤 – 三磷酸核苷（$m^7GpppN-$），且大部分为 7- 甲基鸟嘌呤 – 三磷酸鸟苷（$m^7GpppG-$）。

加帽反应过程如下：① mRNA 前体的 5′端 pppNp- 在磷酸酶作用下脱 P_i，形成 ppNp-；
② 在鸟苷酸转移酶催化下，与另一分子三磷酸鸟苷反应，形成 5′,5′- 三磷酸结构，末端成

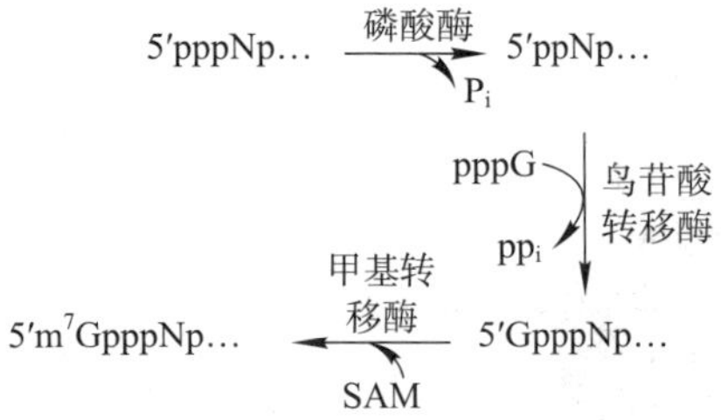

为 GpppNp-；③ 在甲基转移酶作用下，由 S- 腺苷甲硫氨酸（SAM）提供甲基，在鸟嘌呤的 N-7 上甲基化，然后在连接于鸟苷酸的第一个（或第二个）核苷酸 2′-OH 上也可以进行甲基化，最后成为 m^7GpppN 或 $m^7GpppmNp-$（图 11-13）。

图 11-13 真核生物 mRNA 5′ 端帽子结构的生成过程

帽子结构的加入在细胞核内完成，而且在 RNA 合成开始后即被加入。帽子结构的形成可以使 mRNA 免遭核酸酶的攻击；也能与帽结合蛋白复合体（cap-binding complex of protein）结合，参与 mRNA 和核糖体的结合，启动蛋白质的生物合成。

2. 3′ 端多聚 A 尾（poly A tail）的生成　在多聚 A 聚合酶的催化下，由 ATP 聚合可生成 poly A 尾。但 poly A 尾形成并不是简单地加入 A，而是在 mRNA 前体的 3′ 端 11~30 核苷酸处有一段 AAUAAA 保守序列，被特定的蛋白因子识别后，由核酸内切酶催化切除多余的核苷酸。随后，在多聚 A 聚合酶催化下，以 ATP 为底物，发生聚合反应形成 3′ 端 poly A 尾（图 11-14）。

一般真核生物在细胞质中出现的 mRNA 其 poly A 长度在 100~200 个核苷酸之间。也有少数例外，如组蛋白基因的转录产物，无论是初级还是成熟 RNA 都没有 poly A 尾。

mRNA 头尾修饰与 mRNA 从核内向胞质转移、mRNA 稳定性的维系及翻译起始的调控有关。尾部修饰是和转录终止同时进行的过程。

（二）剪接作用

细胞核内初级转录产物 hnRNA 的相对分子质量比胞质内出现的成熟 mRNA 大几倍。核酸序列分析证明，成熟 mRNA 来自 hnRNA。现已证明，真核生物的基因由若干编码区序列与非编码区序列连续镶嵌而构成，即基因的编码区是不连续的，称为断裂基因（split gene）。断裂基因中能表达的编码序列或能出现在成熟的 mRNA 结构上的序列称为外显子（exon），不能表达的间隔序列（非编码序列）称为内含子（intron）。初级转录产物 hnRNA 同时含有外显子及内含子。对 hnRNA 的剪接，就是要切除内含子的序列，再将外显子拼接起来，最终成为成熟 mRNA。第一个被详细研究的断裂基因是鸡的卵清蛋白基因，该

人文视角 11-1
施一公与 pre-mRNA 剪接机制

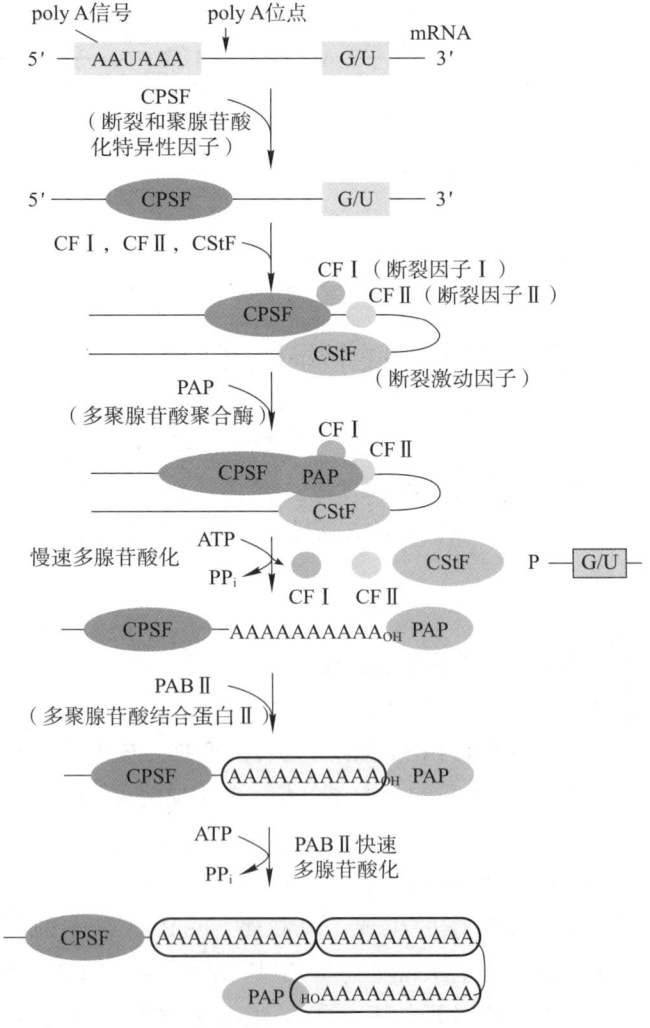

图 11-14 真核生物 mRNA 3′ 端多聚腺苷酸化过程

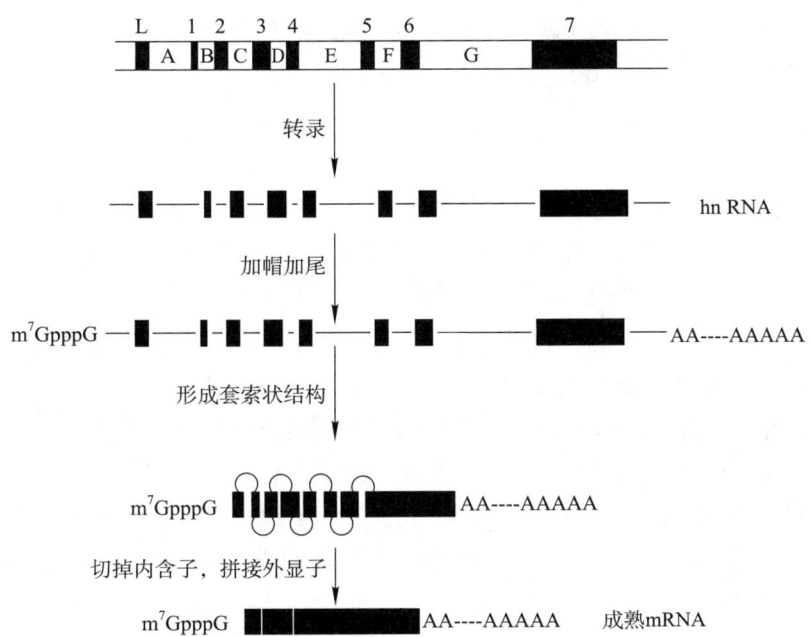

图 11-15 真核生物转录后 mRNA 的加工修饰

L 是前导序列，1~7 是外显子，A~G 是内含子

基因全长为 7.7 kb，有 8 个外显子和 7 个内含子（图 11-15）。初级转录产物 hnRNA 和相应的基因大小一致，而成熟的 mRNA 分子远远小于基因大小，仅为 1.2 kb，说明内含子仅存在于初级转录产物，在成熟 mRNA 中内含子被切除。

剪接过程依赖细胞核中的核小核糖核蛋白颗粒（small nuclear ribonucleoprotein particle，snRNP）协助完成。snRNP 由核小 RNA（small nuclear RNA，snRNA）和核蛋白组成，也称为剪接体（spliceosome），能使 hnRNA 的内含子弯成套索状，从而使两端的外显子相互靠近（图 11-16）。外显子 E1 和 E2 之间的内含子因与剪接体结合而弯曲，5′ 端与 3′ 端因此互相靠近。通过两次转酯反应可以将内含子剪除。第一次转酯反应需要细胞核内的含鸟苷酸 pG、ppG 或 pppG 的辅酶，以 3′-OH 基对 E1 和内含子之间的磷酸二酯键进行亲电子攻击，使 E1 和内含子之间的共价键断开。pG 则取代 E1 成为 5′ 端，E1 的 3′-OH 游离出来。第二次转酯反应由 E1 的 3′-OH 对内含子和 E2 之间的磷酸二酯键进行亲电子攻击，使内含子与 E2 断开（图 11-17）。

不同基因剪接过程有如下一些共同的特点：① mRNA 前体的剪切部位在内含子末端的特定序列；② 内含子以套索形式被剪切下来；③ 需要多

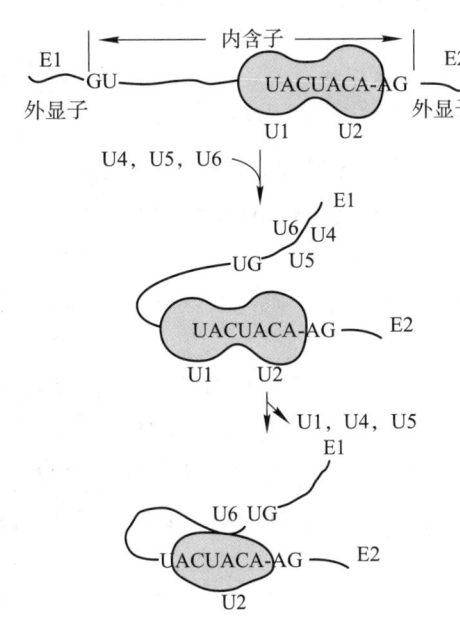

图 11-16 snRNP 与 hnRNA 结合成为剪接体

U1、U2、U4、U5 和 U6 为参与剪接体形成的 5 种 snRNP

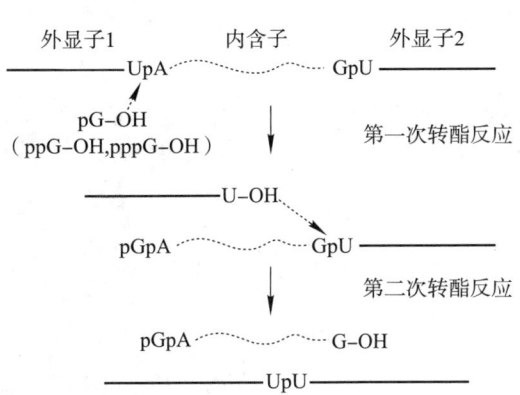

图 11-17 剪接过程的二次转酯反应

种成分的 RNA– 蛋白质复合体（剪接体）参与；④ 剪接结果可以生成结构有所不同的 mRNA，这一现象称为可变剪接（alternative splicing）。

（三）RNA 编辑

在转录产物中插入、删除或取代一些核苷酸残基，生成具有翻译功能的模板，使 mRNA 的读码框架改变，此即所谓 RNA 的编辑作用。编辑过程由一个或多个小分子的"指导 RNA"提供 mRNA 的编辑信息，并作为模板指导其进行编辑。一种基因的转录产物在不同的组织细胞内经过不同的编辑作用，得到有一定差异的成熟 mRNA，使基因的编码序列呈现多用途的分化。如人类基因组上只有一个载脂蛋白 B 基因（apoB），其转录成熟后的 mRNA 含 14 500 个核苷酸，在肝细胞中可编码相对分子质量 5.0×10^5 的 apo B100。在肠道细胞内肠黏膜细胞中特有的胞嘧啶核苷脱氨酶的作用，使 mRNA 上第 6 666 位核苷酸由 C 转变为 U，原来编码 Gln 的密码子 CAA 变成 UAA（终止密码），得到的 mRNA 编码一个相对分子质量 2.4×10^5 的 apo B48，其读码框架提前终止。RNA 编辑作用的发现，能更好地解释为什么人类基因组只有约 20 000 个基因，却可合成数十万种不同的蛋白质。

研究进展 11-1
聚焦 RNA 编辑研究

二、tRNA 转录后的加工修饰

真核生物 tRNA 分子有 40 ~ 50 种，前体 tRNA 需要经过多种转录后加工才能成为成熟的 tRNA。

（一）稀有碱基的修饰

真核生物 tRNA 前体的加工存在着化学修饰反应，如通过甲基化反应使某些嘌呤生成甲基嘌呤，通过还原反应使某些尿嘧啶还原为双氢尿嘧啶（DHU），通过核苷内的转位反应使尿苷转变为假尿苷（ψ），通过脱氨反应使腺嘌呤生成次黄嘌呤（I）。

（二）tRNA 前体的序列切除、剪接和氨基酸臂的完善

真核生物多数 tRNA 前体分子内含有内含子序列，也需通过剪接作用才能变成成熟 tRNA，并通过局部碱基配对形成三叶草结构。tRNA 前体的剪切作用与 mRNA 不同，是在两种不同酶作用下完成的，即先由核酸内切酶催化进行剪切反应再由连接酶将外显子连接起来（图 11-18），

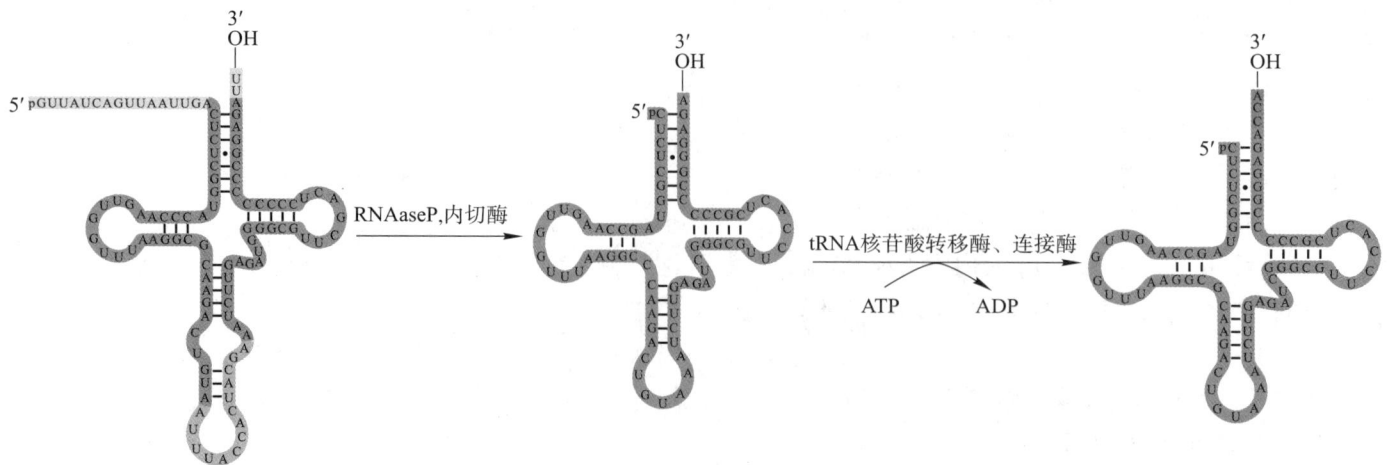

图 11-18　tRNA 转录后的加工

连接反应要消耗 ATP。tRNA 的氨基酸臂 3' 端有 CCA-OH 结构,是转录后加上去的,能携带转运氨基酸。真核细胞 tRNA 前体在 tRNA 核苷酸转移酶催化下,将 3' 端除去两个 U 后,换上 tRNA 分子中统一的 CCA-OH 末端,形成柄部结构。

三、rRNA 的转录后加工

rRNA 在细胞内主要参与核糖体的构成,作为蛋白质合成的场所,需要量大。现已证明 rRNA 的基因(rDNA)属于丰富族基因,在基因组中有数百至数千个拷贝,以满足机体对 rRNA 的需要量。

真核生物的 rRNA 基因(rDNA)含有 28S、18S、5.8S 的基因序列。转录得到的初级产物是 45S rRNA,经过甲基化及剪切作用,可产生成熟的 28S、18S、5.8S rRNA(图 11-19)。在加工过程中,主要在 28S rRNA 及 18S rRNA 中广泛进行甲基化修饰。甲基化作用多发生于核糖上,较少在碱基上。

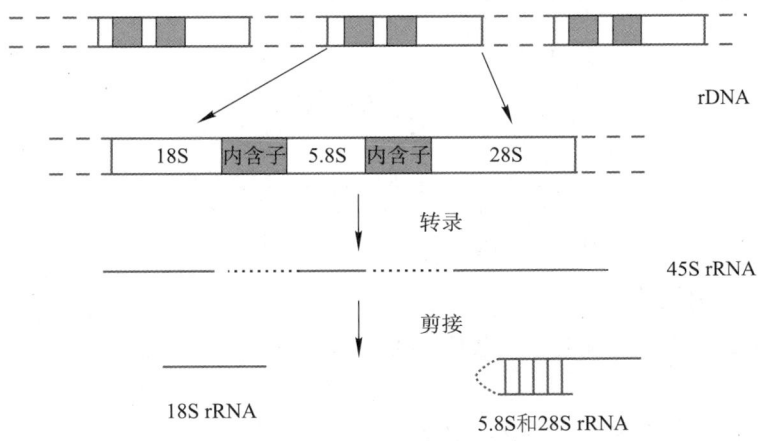

图 11-19　rRNA 的转录后加工

四、RNA 的自身催化剪接

转录产物的加工修饰多涉及内含子的切除。根据内含子切除方式的不同,可分为四类: I 类内含子,主要存在于线粒体、叶绿体及某些低等真核生物的 rRNA 基因;II 类内含子,也存在于线粒体及叶绿体中,但该类基因转录产物是 mRNA;III 类内含子,主要存在于 hnRNA 基因中,以套索结构切除;IV 类内含子,存在于 tRNA 基因中,剪接过程需要酶及 ATP。

20 世纪 80 年代初,T. R. Cech 在研究四膜虫的 rRNA 剪接中,发现反应体系中除去所有的蛋白质,剪接过程仍能完成。这种由 rRNA 自身完成的自我剪接方式,多见于 I、II 类内含子剪接(图 11-20)。其中 I 类内含子剪接的第一次转酯反应通过一个外部的鸟嘌呤核苷作为亲核体,而 II 类内含子剪接的第一次转酯反应中利用一个位于内含子中的腺苷酸残基作为亲核体。除 rRNA 外,tRNA、mRNA 的加工也可采用自我剪接方式。这种 RNA 剪接过程不需要蛋白质,而是由 RNA 分子完成,因此把具有催化活性的 RNA 称为核酶(ribozyme)。这种方式的剪接反应不仅限于细胞核,也见于线粒体,如酵母线粒体 rRNA 内含子的剪接等。

核酶研究的意义: ① 说明 RNA 可作为生物催化剂,打破了只有蛋白质才有催化功能的认识,促进了分子水平上生命起源的研究; ② 核酶的发现不仅说明 RNA 具有丰富功能,也是对分

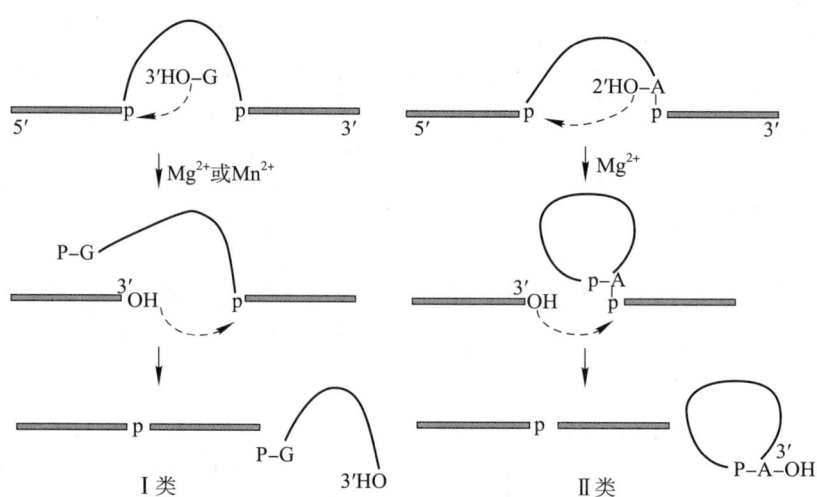

图 11-20 Ⅰ、Ⅱ类内含子的剪接

子生物学中心法则的补充；③ 根据核酶的分子结构与功能的关系，可以设计并人工合成自然界不存在的核酶，可干扰或破坏某些特异的基因，这是进行基因操作，实现基因治疗的一个重要途径。

（晁耐霞）

复习思考题

一、简答题

1. 转录的主要特征是什么？

2. 简述大肠埃希菌 RNA 聚合酶的组成及其功能。

3. 什么是转录因子？

4. 简述真核生物 RNA 聚合酶的种类及其功能。

5. 简述原核生物转录终止的机制。

6. tRNA 转录后的加工修饰方式有哪些？

7. 真核 mRNA 的"头、尾"修饰有何意义？

二、讨论题

1. 原核生物的转录起始与真核生物的转录起始有何异同？

2. 真核生物蛋白质结构基因如何实现转录终止？

网上更多……

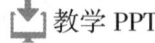 本章小结　　　　自测题　　　　教学 PPT

第十二章
蛋白质的生物合成

关键词

翻译	三联体密码	移码突变	核糖体
SD 序列	核糖体循环	翻译后加工	分子伴侣
热激蛋白	信号序列	信号肽	抗生素
干扰素			

蛋白质的生物合成也称为翻译，是指以 mRNA 为模板，把 mRNA 分子中由 A，G，C，U 四种核苷酸序列组成的遗传信息，解读为蛋白质一级结构中 20 种氨基酸的排列顺序的过程。根据生物遗传信息传递的中心法则，遗传信息储存在 DNA 分子上，通过转录生成 mRNA。mRNA 是指导翻译的直接模板，蛋白质是基因表达的最终产物。

一种成熟蛋白质的形成包括三大步骤：① 氨基酸的活化，即氨基酸与各自相应的 tRNA 在氨酰 –tRNA 合成酶的催化下形成氨酰 –tRNA；② 肽链的合成，即把 mRNA 分子的核苷酸序列，转变为蛋白质中氨基酸的排列顺序，包括起始、延长、终止三个阶段；③ 翻译后加工修饰和靶向输送，翻译后加工是指多肽链从无生物活性转变为有生物活性的过程。加工形式有多种。一级结构的加工包括 N 端甲硫氨酸的去除，个别氨基酸的修饰，以及水解修饰。高级结构的加工有亚基的聚合和辅基的连接。蛋白质的靶向输送（或称分拣）是膜性结构与功能相关的过程，它保证了合成的蛋白质在适当的位置上执行功能。

蛋白质的生物合成是一个复杂的耗能过程。它有数百种分子参与，由 ATP 和 GTP 提供合成所需要的能量。

思维导图

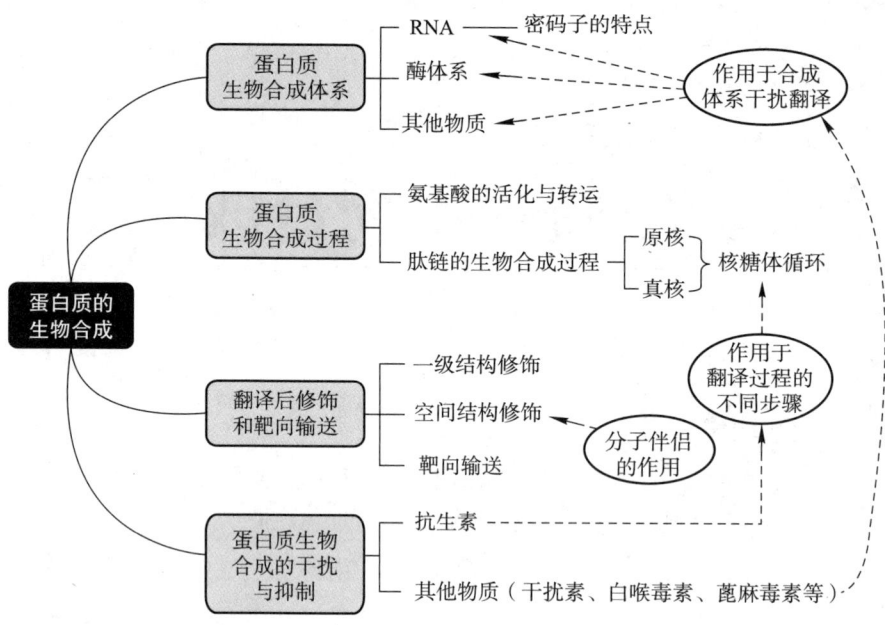

第一节　蛋白质生物合成体系

　　蛋白质的生物合成是一个由多种分子参与的复杂而有序的过程。不仅需要以 20 种主要氨基酸作为合成蛋白质的原料，还需要 mRNA 作为蛋白质合成的模板、tRNA 作为蛋白质合成时氨基酸的"转运工具"、rRNA 与多种蛋白质形成核糖体，后者作为蛋白质合成的"装配机"。此外，还需要各种蛋白质因子、酶类和能量物质等。

拓展学习 12-1
无细胞蛋白质合成系统

一、参与蛋白质生物合成的 RNA

　　参与蛋白质生物合成的 RNA 有 mRNA、tRNA 和 rRNA。它们各自起着不同的作用。

（一）mRNA

　　mRNA 携带有从 DNA 转录来的遗传信息，其碱基排列顺序决定了蛋白质中氨基酸的排列顺序，是蛋白质生物合成的直接模版。在各种 RNA 分子中，mRNA 种类很多，寿命（以半寿期表示）最短，分子大小不一。

　　原核生物一条 mRNA 往往含有功能相关的几种蛋白质多肽链（如一个酶系统）的编码序列。遗传学将编码一个多肽链的遗传单位称为顺反子（cistron）。原核生物 mRNA 被称为多顺反子（polycistron）。例如，大肠埃希菌的乳糖操纵子结构基因转录出的 mRNA，含有利用乳糖的三种酶的编码序列，分别编码 β- 半乳糖苷酶、通透酶和乙酰基转移酶。

　　真核生物 mRNA 比原核生物的 mRNA 种类更多。一条 mRNA 分子往往只带有一种蛋白质多肽链的编码信息，而且这些信息在 DNA 和 hnRNA 中是不连续的，hnRNA 经过内含子的切除和外显子的连接、修饰等才成为成熟的 mRNA，成熟的 mRNA 才在翻译中起模板作用。真核生物的 mRNA 常常只能编码一条多肽链，被称为单顺反子（monocistron）。

　　各种不同的 mRNA 分子大小和碱基排列顺序各不相同，但是都包含三部分：5′ 端非翻译区（5′-untranslated region，5′-UTR）、开放阅读框（open reading frame，ORF）和 3′ 端非翻译区（3′-untranslated region，3′-UTR）。真核与原核生物顺反子结构见图 12-1。

　　mRNA 从 5′ 端的起始密码子 AUG 开始，到 3′ 端的终止密码子（UAA、UAG、UGA）之间的核苷酸序列，称为开放阅读框。ORF 内每 3 个相邻的核苷酸组成一个密码子，就是决定一个氨基酸的遗传密码（genetic codon）。能翻译成一种氨基酸。所以称为三联体密码（triplet code）。由 A、G、C、U 4 种碱基构成的核苷酸可组合成 64（4^3）种三联体密码子。其中，有 61 种三联体密码子分别代表不同的氨基

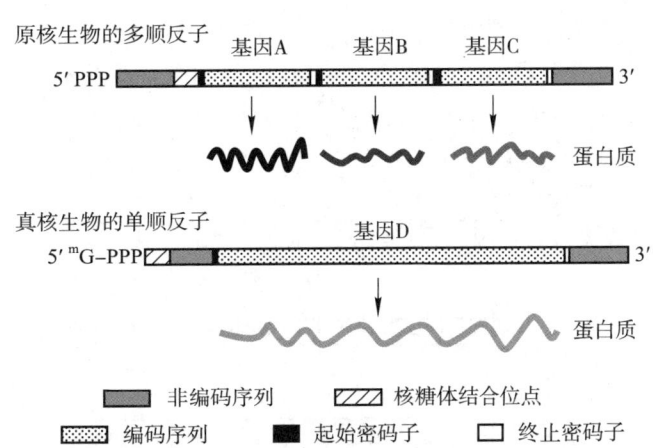

图 12-1　顺反子结构

人文视角 12-1
基因密码的破译

拓展学习 12-2
第 22 种氨基酸——吡咯赖氨酸的发现

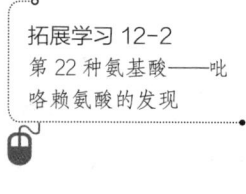

酸，AUG 既是蛋白质多肽链中的甲硫氨酸密码子，又是蛋白质肽链合成的起始信号——起始密码子（initiation coden）。在某些原核生物中，GUG 和 UUG 也可充当起始密码子。UAA、UAG、UGA 3 个密码子不编码任何氨基酸，它们是蛋白质多肽链合成的终止信号——终止密码子（termination codon）。完整的遗传密码表见表 12-1。

表 12-1 遗传密码表

		U		C		A		G	
U	UUU	Phe	UCU	Ser	UAU	Tyr	UGU	Tyr
	UUC	Phe	UCC	Ser	UAC	Tyr	UGC	Tyr
	UUA	Leu	UCA	Ser	UAA	Stop	UGA	Stop
	UUG	Leu	UCG	Ser	UAG	Stop	UGG	Trp
C	CUU	Leu	CUC	Pro	CAU	His	CGU	Arg
	CUC	Leu	CCC	Pro	CAC	His	CGC	Arg
	CUA	Leu	CCA	Pro	CAA	Gln	CGA	Arg
	CUG	Leu	CCG	Pro	CAG	Gln	CGG	Arg
A	AUU	Ile	ACU	Thr	AAU	Asn	AGU	Ser
	AUC	Ile	ACC	Thr	AAC	Asn	AGC	Ser
	AUA	Ile	ACA	Thr	AAA	Lys	AGA	Arg
	AUG*	Met	ACG	Thr	AAG	Lys	AGG	Arg
G	GUU	Val	GCU	Ala	GAU	Asp	GGU	Gly
	GUC	Val	GCC	Ala	GAC	Asp	GGC	Gly
	GUA	Val	GCA	Ala	GAA	Glu	GGA	Gly
	GUG	Val	GCG	Ala	GAG	Glu	GGG	Gly

微课或微视频 12-1
遗传密码的特点

遗传密码有以下重要特点：

1. 方向性（direction） mRNA 分子中碱基序列的排列具有方向性，因此 mRNA 分子开放阅读框内的密码子也具有方向性。翻译的阅读方向与 mRNA 的合成方向一致，从 5′ 端至 3′ 端。即读码从 mRNA 的起始密码子 AUG 开始，按 5′ → 3′ 的方向逐一阅读，至终止密码子结束。合成的蛋白质多肽链从氨基末端（N 端）开始，到羧基末端（C 端）结束。氨基酸的排列顺序与 mRNA 的密码子排列顺序相对应。

2. 连续性（commaless） mRNA 上的各密码子及密码子各核苷酸是连续排列的。遗传密码的连续性是指翻译过程中，密码子的阅读从 AUG 开始至终止密码子结束连续阅读，即无标点、无间隔、无重复，连续三个核苷酸一组翻译。如果 mRNA 链上插入或缺失一个（或非 3 的整数倍）核苷酸，就会在插入或缺失部位之后产生读码错误，造成下游翻译产物氨基酸序列的改变。由此引起的突变称为移码突变（frame shift mutation）（图 12-2）。

3. 简并性（degeneracy） 遗传密码中，除色氨酸和甲硫氨酸仅有一个密码子外，其余氨基酸有 2、3、4 个或多至 6 个三联体密码子。同一个氨基酸由多个不同的密码子编码的现象，称为简并性。从遗传密码

mRNA 5′ ---〔G U A〕〔G C C〕〔U A C〕〔G G A〕U--- 3′

（+）

插入 ---〔G U A〕〔G C C〕〔U C A〕〔C G G〕〔A U〕---

（-）

缺失 ---〔G U A〕〔C C U〕〔A C G〕〔G A U〕---

图 12-2 移码突变

表可以看出，编码同一氨基酸的不同密码子的第一、二位碱基大多相同，只是第三位碱基不同。例如，ACU、ACC、ACA、ACG 都是苏氨酸的密码子，GUU、GUC、GUA、GUG 都是缬氨酸的密码子。合成蛋白质的氨基酸简并密码子的数目见表 12-2。

表 12-2　氨基酸简并密码子数

氨基酸	密码子数目	氨基酸	密码子数目
Ala	4	Leu	6
Arg	6	Lys	2
Asn	2	Met	1
Asp	2	Phe	2
Cys	2	Pro	4
Gln	2	Ser	6
Glu	2	Thr	4
Gly	4	Trp	1
His	2	Tyr	2
Ile	3	Val	4

这些密码子第三位碱基如出现点突变，并不改变编码的氨基酸种类，从而不会影响翻译的蛋白质结构。因此，遗传密码的简并性对于减少基因突变对蛋白质功能的影响具有一定的生物学意义。在翻译过程中，表示同一种氨基酸的多个密码子中常常会有一两个被优先选择，即密码子的"偏爱性"。

4. 摆动性（wobble）　翻译过程氨基酸的正确加入，需依赖 mRNA 上的密码子与 tRNA 上的反密码子以碱基互补配对相互识别（图 12-3）。

密码子与反密码子配对，有时会出现不遵从碱基配对规律的情况，称为遗传密码的摆动现象。这一现象更常见于密码子的第三位碱基对反密码子的第一位碱基，二者虽不严格互补，也能相互辨认。tRNA 分子组成中含有较多稀有碱基，其中次黄嘌呤（inosine，I）常出现于反密码子第一位，可与密码子第 3 位的 A、C 或 U 配对，也是最常见的摆动现象（表 12-3）。

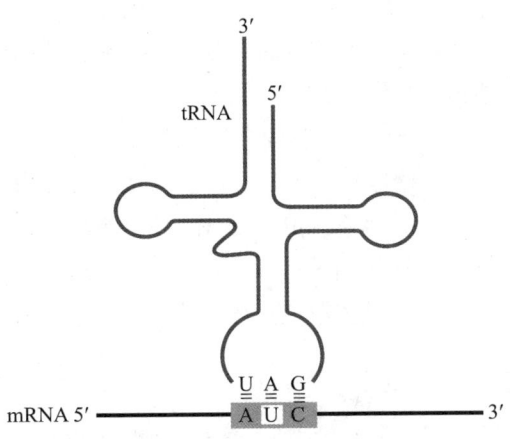

图 12-3　密码子与反密码子碱基配对

表 12-3　密码子、反密码子配对的摆动现象

tRNA 反密码子第 1 位碱基	I	U	G	A	C
mRNA 密码子第 3 位碱基	A, U, C	A, G	C, U	U	G

5. 通用性（universal）　从最简单的生物病毒到高等生物人类，蛋白质的生物合成都使用同一套遗传密码。但是研究发现，动物细胞线粒体、植物细胞叶绿体内，有自身的 DNA 和独立的复制系统，而且在翻译过程中，虽也是三联体密码子，但和普遍使用的"通用密码子"有相当大的差别。例如，线粒体和叶绿体以 AUG、AUU 及 AUA 为起始密码子，同时 AUA 兼有甲硫氨酸

密码子的功能；终止密码子是 AGA、AGG，而通用密码子中的终止密码子 UGA 转变为色氨酸密码子等。密码子的通用性也进一步证明各种生物进化来自同一祖先。

（二）tRNA

拓展学习 12-3
超越蛋白质合成：tRNA 的新型调控机制
拓展学习 12-4
第二套密码子

1. tRNA 的作用　tRNA 的种类很多，每种氨基酸有 2~6 种特异的 tRNA，特定的 tRNA 可与相应的氨基酸结合生成氨酰 -tRNA，从而携带氨基酸参与蛋白质的生物合成。

tRNA 分子上有几个重要结构与其功能相关，3′ 端共有的 CCA 序列是 tRNA 结合氨基酸部位；tRNA 分子中反密码环上的反密码子能识别 mRNA 中的密码子并且与它配对结合。因此，在蛋白质的生物合成过程中，tRNA 起着运输氨基酸和中介密码子与氨基酸之间的转换即适配体（adaptor）的作用。

2. 氨酰 -tRNA 的表示方法　tRNA 携带氨基酸的形式是氨酰 -tRNA。氨酰 -tRNA 的表示方法如 Ala-tRNA^{Ala}，Arg-tRNA^{Arg}，Met-tRNA^{Met}……Met-tRNAi^{Met}，fMet-tRNA^{fMet}。用三个字母缩写代表已结合的氨基酸残基，tRNA 右上角的三字缩写代表 tRNA 的结合特异性，有时也可略去右上角的缩写。

AUG 是甲硫氨酸密码子，同时又是起始密码子。因此与甲硫氨酸相结合的 tRNA，在真核生物中至少有两种：tRNAi^{Met} 称为起始 tRNA（initiator-tRNA），tRNA^{Met} 则是携带肽链延长中的甲硫氨酸的 tRNA。Met-tRNAi^{Met} 和 Met-tRNA^{Met} 分别被起始因子 eIF-2 和延长中起催化作用的酶所辨认。

原核生物的起始密码子只能辨认甲酰化的甲硫氨酸，即 N- 甲酰甲硫氨酸（N-formyl methionine，fMet）。

（三）rRNA

核糖体（ribosome）是 rRNA 和几十种蛋白质组成的亚细胞颗粒，其位于胞质内，可分为两类：一类附着于粗面内质网，主要参与清蛋白、胰岛素等分泌性蛋白质的合成；另一类游离于胞质，主要参与细胞固有蛋白质的合成。

核糖体蛋白（rps, rpl）种类繁多，其中有些就是参与蛋白质合成的酶和各种因子，这些蛋白质、rRNA 及 mRNA、tRNA 等特异、准确地相互配合，使氨基酸按 mRNA 上的遗传密码指引依次聚合为肽链。

1. 核糖体组成　核糖体由大、小亚基构成，每个亚基又含有不同的蛋白质和 rRNA，原核和真核生物核糖体中的成分各有不同。核糖体结构见图 12-4。

原核生物中的核糖体大小为 70S，可分为 30S 小亚基和 50S 大亚基。小亚基由 16S rRNA 和 21 种蛋白质构成，大亚基由 5S rRNA、23S rRNA 和 31 种蛋白质构成（图 2-13）。

真核生物中的核糖体大小为 80S，分为 40S 小亚基和 60S 大亚基。小亚基由 18S rRNA 和 33 种蛋白质构成，大亚基则由 5S rRNA、28S rRNA 和 49 种蛋白质构

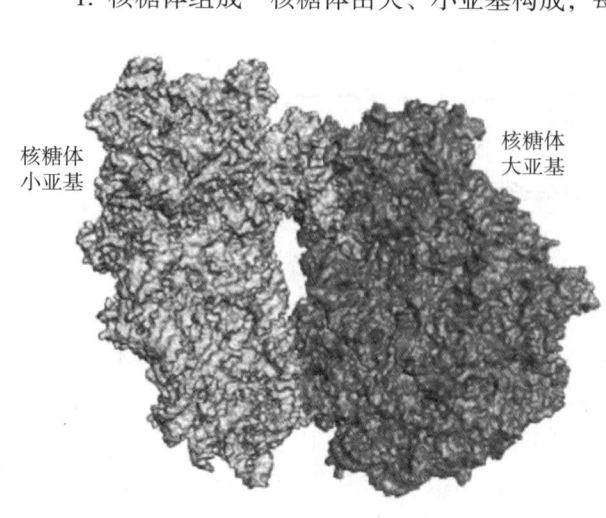

核糖体小亚基

核糖体大亚基

图 12-4　核糖体结构模式图

成，在哺乳动物中还含有 5.8S rRNA（图 2-13）。

研究进展 12-1
核糖体小亚基蛋白
RPS15 与食管癌发生

2. 核糖体的功能

（1）小亚基　可与 mRNA、GTP 和启动 tRNA 结合。

（2）大亚基。

1）具有两个不同的 tRNA 结合点：A 位，即氨酰位（aminoacyl site）或受位（acceptor site），进位时，A 位接受氨酰 -tRNA，成肽时接受 P 位给出的肽酰基链形成新的肽键；在肽链延长阶段，肽酰 -tRNA 的肽链从 P 位转给 A 位形成肽键，移位后肽酰 -tRNA 回到 P 位进行再次转肽。另外，原核生物还具有 E 位，即排出位（exit site），是 tRNA 脱离核糖体的位点。原核生物核糖体 tRNA 结合位点见图 12-5。

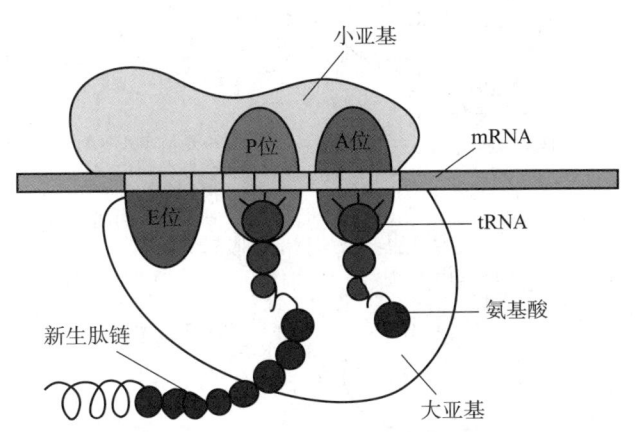

图 12-5　核糖体 tRNA 结合位点

2）具有肽酰转移酶活性：将 P 位上的肽酰基转移给 A 位上的氨酰 -tRNA，形成肽键。

3）具有 GTPase 活性，水解 GTP，获得能量。

4）具有起始因子、延长因子及释放因子的结合部位。

5）酯酶活性：将肽酰 -tRNA 的肽链与 tRNA 连接的酯键水解。

二、参与蛋白质生物合成的酶体系

参与蛋白质生物合成的重要酶有：氨酰 -tRNA 合成酶、肽酰转移酶、转位酶。

（一）氨酰 -tRNA 合成酶

tRNA 的 3′ 端 –CCA-OH 是氨基酸的结合位点。一种氨基酸可以和 2~6 种 tRNA 特异地结合，这种结合作用即由氨酰 -tRNA 合成酶（aminoacyl-tRNA synthetase）催化。

氨酰 -tRNA 合成酶具有以下特点：① 具有绝对特异性：对氨基酸和 tRNA 两种底物都能高度特异性地识别。② 具有校正活性（proofreading activity）：即该酶可以改正反应的任一步骤中出现的错误配对。校正活性实际上是水解酯键的催化活性，因为氨基酸是以其羧基（—COOH）与 tRNA 的 3′-OH 生成酯键而相连的。将错的氨基酸水解下来，换上与密码子相对应的氨基酸，就是校正（图 12-6）。

（二）肽酰转移酶

肽酰转移酶（peptidyl transferase）在成肽过程中催化 P 位上肽酰 -tRNA 的肽酰基（第一个肽键形成原核生物是 fMet-tRNA^{Met}，真核生物是 Met-tRNAi^{Met}）与 A 位上的氨酰 -tRNA 的氨基进行反应，形成肽键，反应在 A 位上进行，肽酰转移酶活性要求氨酰 -tRNA 的正确进位。当肽链合成终止时，表现出酯酶的水解活性，使 P 位上的肽链与 tRNA 分离。该酶的化学本质不是蛋白质，而是 RNA，在原核生物为 23S rRNA，在真核生物为 28S rRNA。因此，肽酰转移酶属于核酶。

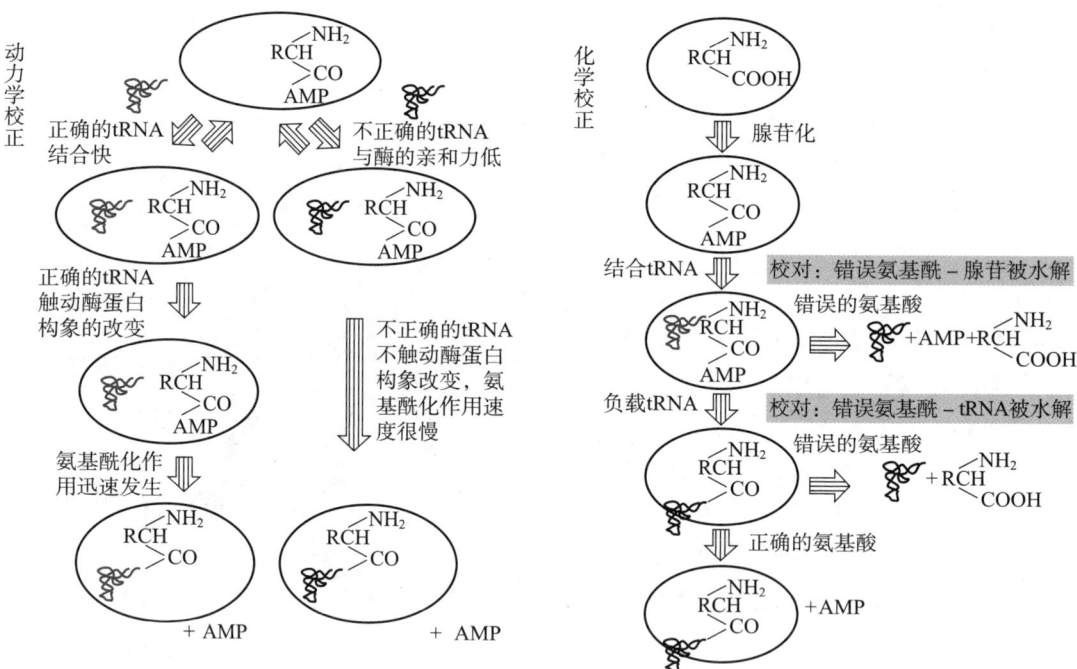

图 12-6　氨酰 -tRNA 合成酶校正作用

（三）转位酶

转位酶（translocase）的活性存在于延长因子 G（EF-G）中，使核糖体与 mRNA 之间的相对位置向 mRNA 的 3′ 端移动一个密码子的距离，导致 A 位留空，并对应 mRNA 链上的下一个密码子，以便于下一个氨基酸 tRNA 进入。

三、蛋白质生物合成需要的其他物质

（一）蛋白质因子

蛋白质生物合成的各个阶段均有蛋白质因子参与，主要有：① 起始因子（initiation factor，IF）；② 延长因子（elongation factor，EF）；③ 释放因子（release factor，RF），分别在翻译的起始、延伸、终止阶段起作用；④ 核糖体释放因子（ribosome release factor，RRF）。为区别原核生物和真核生物，真核生物的蛋白质因子在缩写前加 e，如 eIF、eRF 等。参与原核生物蛋白质生物合成的蛋白质因子见表 12-4。参与真核生物蛋白质生物合成的蛋白质因子见表 12-5。

表 12-4　参与原核生物蛋白质生物合成的蛋白质因子

蛋白质因子种类		生物学功能
IF	IF-1	占据 A 位，防止 tRNA 过早结合于 A 位
	IF-2	促进起始 RNA 与小亚基结合，具有 GTP 酶活性
	IF-3	促进大、小亚基分离，提高 P 位结合起始 tRNA 的敏感性
EF	EF-Tu	促进氨酰 -tRNA 进入 A 位，结合并分解 GTP
	EF-Ts	EF-Tu 的调节亚基
	EF-G	有转位酶活性，促进 mRNA- 肽酰 -tRNA 由 A 位前移到 P 位，促进 tRNA 卸载与释放

续表

蛋白质因子种类		生物学功能
RF	RF-1	特异识别 UAA、UAG，并激活酯酶活性
	RF-2	特异识别 UAA、UGA，并激活酯酶活性
	RF-3	具有 GTP 酶活性，当合成肽链从核糖体释放后，促进 RF-1 或 RF-2 与核糖体分离
RRF		使 tRNA、mRNA、RF 与核糖体分离

表 12-5　参与真核生物蛋白质生物合成的蛋白质因子

蛋白质因子种类		生物学功能
IF	eIF-1	参与翻译的多个步骤，多功能因子
	eIF-2	促进起始 RNA 与小亚基结合
	eIF-2B	结合小亚基，促进大、小亚基分离
	eIF-3	结合小亚基，促进大、小亚基分离，介导 eIF-4F 复合物 -mRNA 与核糖体结合
	eIF-4A	eIF-4F 复合物成分，有 RNA 解螺旋酶活性，去除 mRNA 5′ 端的发夹结构，使其与小亚基结合
	eIF-4B	结合 mRNA，扫描定位起始密码子 AUG
	eIF-4E	eIF-4F 复合物成分，结合 mRNA 5′ 端的帽子结构
	eIF-4G	eIF-4F 复合物成分，结合 eIF-4E、eIF-3 和 PABP
	eIF-4F	包含 eIF4A、eIF4E、eIF4G
	eIF-5	促进各起始因子从小亚基解离，而结合大亚基
	eIF-5B	具有 GTPase 活性，促进各种起始因子从小亚基解离，从而使大、小亚基结合
	eIF-6	促进核糖体分离
EF	eEF1-α	促进氨酰 -tRNA 进入 A 位，结合并分解 GTP
	eEF1-βγ	调节亚基
	eEF-2	有转位酶活性，促进 mRNA- 肽酰 -tRNA 由 A 位前移到 P 位，促进 tRNA 卸载与释放
RF	eRF	识别所有终止密码子，并激活酯酶活性

（二）能量及无机离子

参与蛋白质生物合成的能源物质为 ATP 和 GTP。参与蛋白质生物合成的金属离子有 Mg^{2+} 和 K^+ 等。

第二节　蛋白质生物合成过程

蛋白质的生物合成过程首先是氨基酸的活化，然后肽链合成。肽链合成由 mRNA 读码框架

5′–AUGNNN……NNN–3′ 的起始密码子 AUG 开始，按模板三联体的顺序延长肽链，直到出现终止密码子。

一、氨基酸的活化与转运

氨基酸的活化是在氨酰 –tRNA 合成酶的作用下合成氨酰 –tRNA（AAcyl–tRNA）的过程。反应如下：

$$氨基酸 + tRNA \xrightarrow[ATP \quad AMP+PP_i]{\text{氨酰–tRNA合成酶}} 氨酰–tRNA$$

实际上上述化学反应分为两个步骤完成：

第一步反应：氨基酸 + ATP–E ⟶ 氨酰 –AMP–E + PP$_i$

第二步反应：氨酰 –AMP–E + tRNA ⟶ 氨酰 –tRNA + AMP + E

氨酰 –tRNA 合成酶具有绝对专一性，对氨基酸、tRNA 两种底物都能高度特异地识别。氨酰 –AMP–E 复合体作为中间产物，有利于酶分别对氨基酸和 tRNA 两种底物进行特异性地识别。

fMet–tRNA^{fMet} 的生成是一碳化合物转移和利用的过程之一，反应由转甲酰基酶催化，甲酰基从 N^{10}– 甲酰四氢叶酸转移到甲硫氨酸的 α– 氨基。

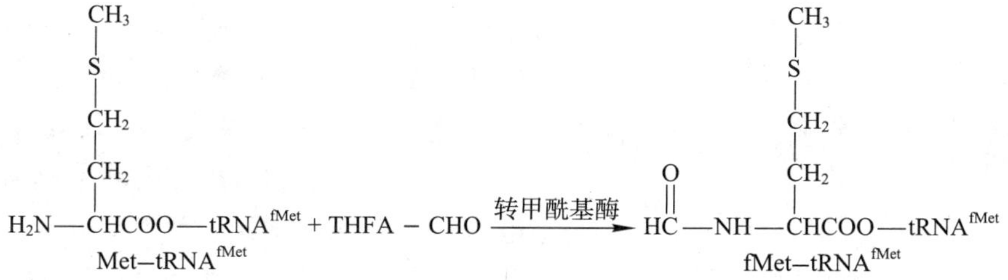

$$
\text{H}_2\text{N}—\text{CHCOO}—\text{tRNA}^{\text{fMet}} + \text{THFA} - \text{CHO} \xrightarrow{\text{转甲酰基酶}} \text{HC}—\text{NH}—\text{CHCOO}—\text{tRNA}^{\text{fMet}}
$$

Met–tRNA^{fMet} fMet–tRNA^{fMet}

二、肽链的生物合成过程

翻译过程分起始、延长、终止三个阶段。原核生物与真核生物的翻译虽然相似，但有区别。

（一）原核生物的肽链合成过程

1. 翻译的起始　是 fMet-tRNA^{fMet}、mRNA 结合到核糖体上，生成翻译起始复合物（translational initiation complex）的过程。此过程除核糖体大小亚基、mRNA、fMet-tRNA^{fMet} 外，还需要多种起始因子共同参与。原核生物翻译的起始可分为 4 步。

（1）核糖体大、小亚基分离　IF-3、IF-1 和核糖体结合，使核糖体大、小亚基分开，以利于 mRNA 和 fMet-tRNA^{fMet} 结合到核糖体小亚基上。

（2）mRNA 与小亚基结合　研究了多种原核生物 mRNA 的碱基序列，并加以比较，发现在翻译起始密码子 AUG 的上游，相距 8 ~ 13 个核苷酸处，往往有一段由 4 ~ 6 个核苷酸组成的富含嘌呤的序列。这一序列以…AGGA…为核心，因其发现者是 Shine-Dalgarno，而被称为 SD 序列。不同 mRNA 的 SD 序列见图 12-7。后来又发现，原核生物核糖体小亚基上的 16S rRNA 近 3′ 端处，有一段短序列…UCCU…是与 SD 序列互补的。故 mRNA 上的 SD 序列又称为核糖体结合位点（ribosome binding site，RBS）。紧接 AGGA 后的小段核苷酸，又可以被核糖体小亚基蛋白（rps-1）识别结合。原核生物就是靠这种核酸 - 核酸、核酸 - 蛋白质之间的识别结合而把 mRNA 连结到核糖体小亚基上。该结合反应需 IF-3、IF-1 的参与。小亚基 16S rRNA 与 SD 序列的识别见图 12-8。

（3）fMet-tRNA^{fMet} 的结合　在 IF-2 作用下，fMet-tRNA^{fMet} 与 mRNA 分子中的 AUG 相结合，即密码子与反密码子配对，此步需要 GTP 和 Mg^{2+} 参与。

（4）核糖体大亚基结合　fMet-tRNA^{fMet} 结合后，IF-3 脱离小亚基，随着 IF-3 的脱落，核糖体 50S 大亚基与 30S 小亚基结合。与此同时 GTP 水解，IF-1 和 IF-2 脱离起始复合物，fMet-tRNA^{fMet} 占据 P 位，A 位是空的，且对应于 AUG 后的密码子，为下一个氨酰 -tRNA 的进入和肽链的延伸做好准备。这样就形成了核糖体、mRNA、fMet-tRNA^{fMet} 组成的翻译

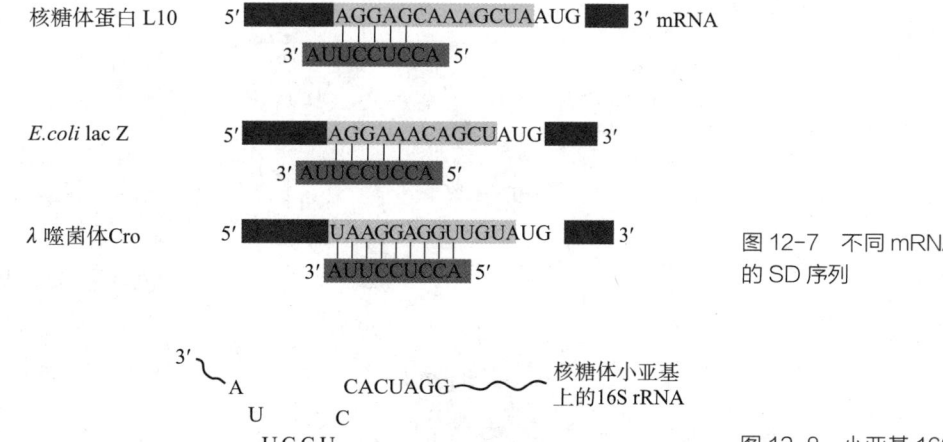

图 12-7　不同 mRNA 的 SD 序列

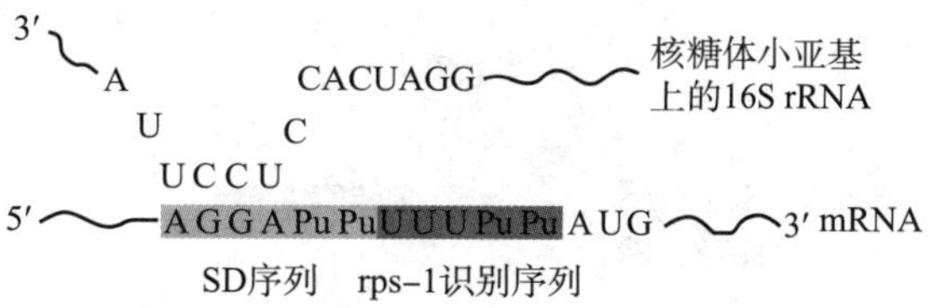

图 12-8　小亚基 16S rRNA 与 SD 序列的识别

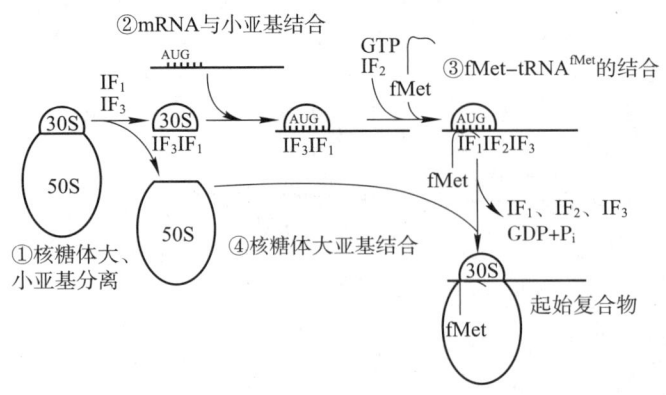

②mRNA与小亚基结合

③fMet-tRNA^{fMet}的结合

①核糖体大、小亚基分离　④核糖体大亚基结合

起始复合物

图12-9　翻译起始复合物的生成过程

起始复合物。起始复合物的生成全过程见图12-9。

2. 肽链合成的延长　肽链延长也称为核糖体循环（ribosomal cycle）。核糖体循环分三个步骤：进位、成肽和转位。循环一次，肽链延长一个氨基酸，如此不断重复，直至肽链合成终止。

（1）进位（entrance）　也称为注册（registration），指氨酰-tRNA根据遗传密码的指引，进入核糖体的A位。起始复合物形成后，核糖体P位已被fMet-tRNA^{fMet}占据，但A位是空的，且对应着mRNA的第二个密码子，即紧接AUG的三联体密码。需加入的氨酰-tRNA即为该密码子所决定，此时需延长因子T（EF-T）、GTP参与。

EF-Tu和EF-Ts是EF-T上的2个亚基。EF-T与GTP作用，形成Tu-GTP复合物，释放出Ts；Tu-GTP可结合AAcyl-tRNA（氨酰-tRNA），形成AAcyl-tRNA-Tu-GTP复合物，通过密码子与反密码子的配对，AAcyl-tRNA-Tu-GTP复合物进入核糖体A位，并与核糖体小亚基上的mRNA结合。然后，GTP分解为GDP并释放出能量，紧接着形成Tu-GDP复合物从A位脱离，完成进位。最后，Tu-GDP与Ts又利用GTP的能量重新结合成EF-T。这样，延长因子又可催化另一个AAcyl-tRNA的进位过程。已结合的AAcyl-tRNA-mRNA则在A位上进行下一步的翻译延长反应。核糖体对AAcyl-tRNA的进位有校正作用。只有正确的AAcyl-tRNA才能发生反密码子与密码子的配对而进入A位。EF在翻译进位中的作用见图12-10。

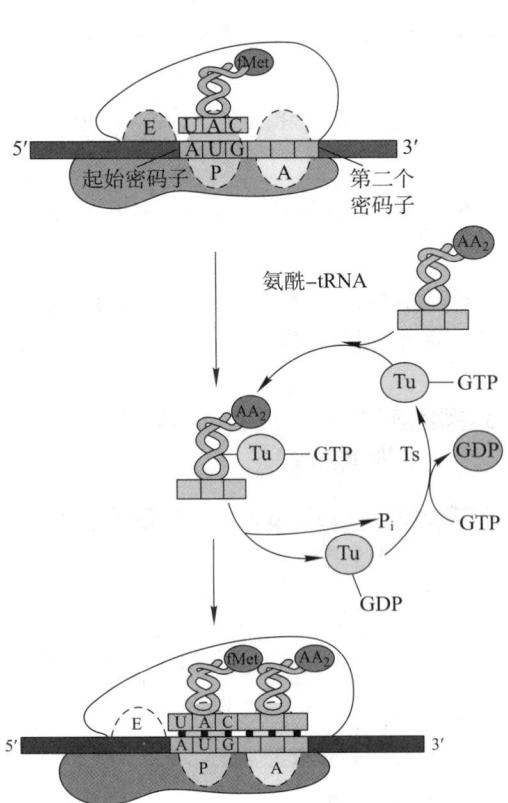

起始密码子

第二个密码子

氨酰-tRNA

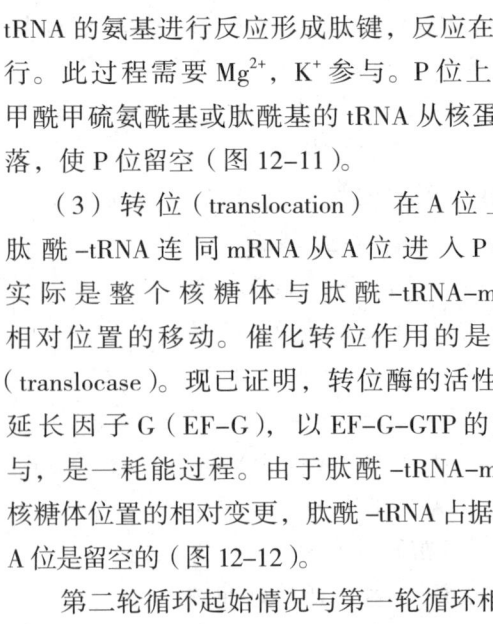

图12-10　EF-Tu-Ts循环在翻译进位中的作用

（2）成肽（transpeptidation）　是由肽酰转移酶催化的肽键形成过程。核糖体P位上的fMet-tRNA^{fMet}的甲酰甲硫氨酰基与A位上的AAcyl-tRNA的氨基进行反应形成肽键，反应在A位进行。此过程需要Mg^{2+}，K$^+$参与。P位上已失去甲酰甲硫氨酰基或肽酰基的tRNA从核蛋白上脱落，使P位留空（图12-11）。

（3）转位（translocation）　在A位上的二肽酰-tRNA连同mRNA从A位进入P位。这实际是整个核糖体与肽酰-tRNA-mRNA间相对位置的移动。催化转位作用的是转位酶（translocase）。现已证明，转位酶的活性依赖于延长因子G（EF-G），以EF-G-GTP的形式参与，是一耗能过程。由于肽酰-tRNA-mRNA与核糖体位置的相对变更，肽酰-tRNA占据了P位，A位是留空的（图12-12）。

第二轮循环起始情况与第一轮循环相似，不同的只是P位为肽酰-tRNA。而第一循环开始时P位是fMet-tRNA^{fMet}。总之，A位留空，并对应

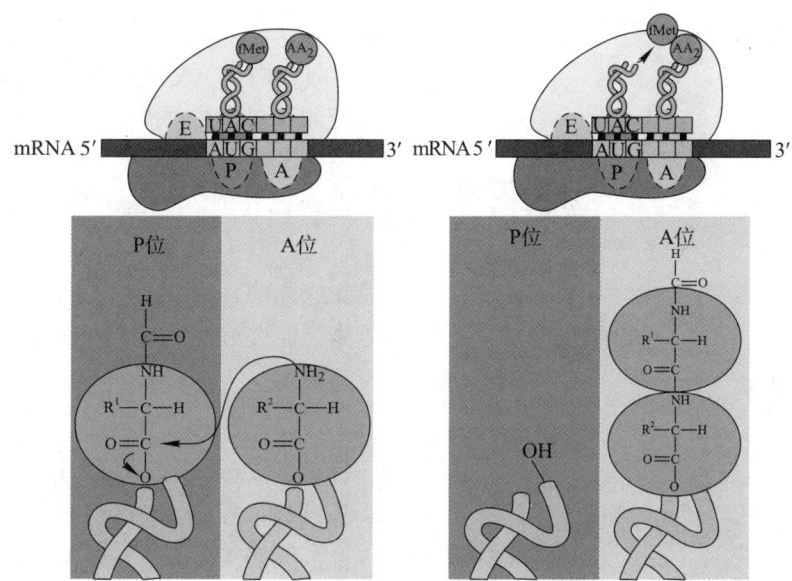

图 12-11　成肽的反应过程

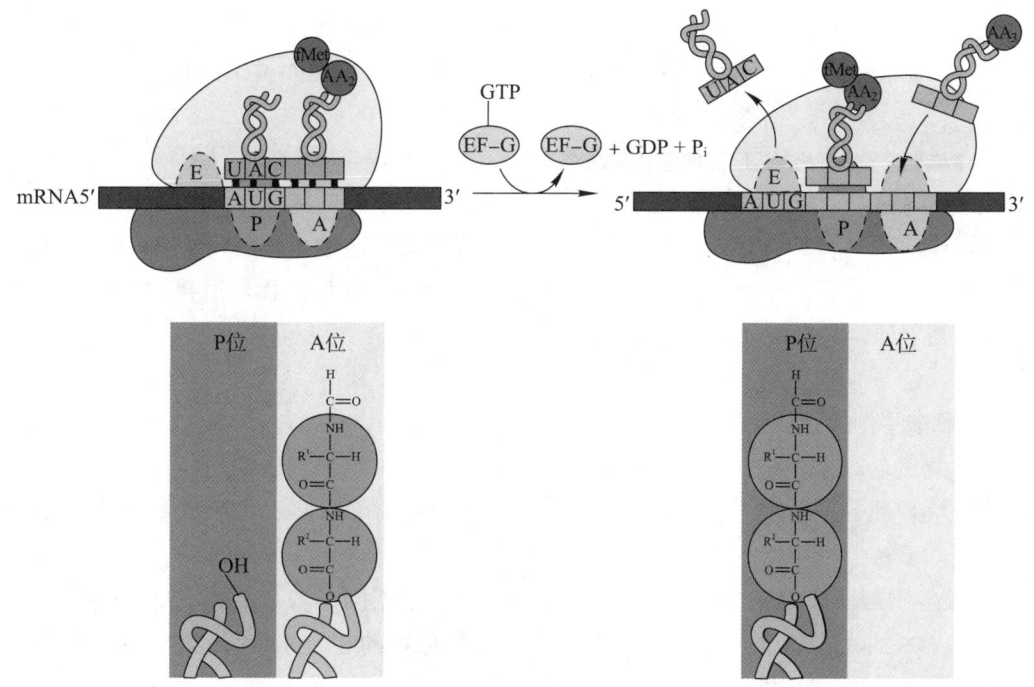

图 12-12　转位酶催化的转位反应

着 mRNA 链上第三个三联体密码子，于是第三号 AAcyl-tRNA 就按密码子的指引进入 A 位注册，开始下一循环。同样，经过进位—成肽—转位，P 位出现三肽酰 -tRNA，A 位空留让第四号 AAcyl-tRNA 进入。

总之，核糖体阅读 mRNA 密码子是从 5′ 向 3′ 方向进行，肽链合成是从 N 端向 C 端方向进行。每一次核糖体循环，肽链延长一个氨基酸残基。

3. 肽链合成的终止　包括终止密码子的识别、肽链从肽酰 -tRNA 水解释放，mRNA 从核糖体中分离及大、小亚基的解离。终止过程需 RF、RRF 参与。个别起始因子在终止过程中也发挥拆开大、小亚基的作用，继而核糖体亚基再被周而复始用于新的肽链合成。

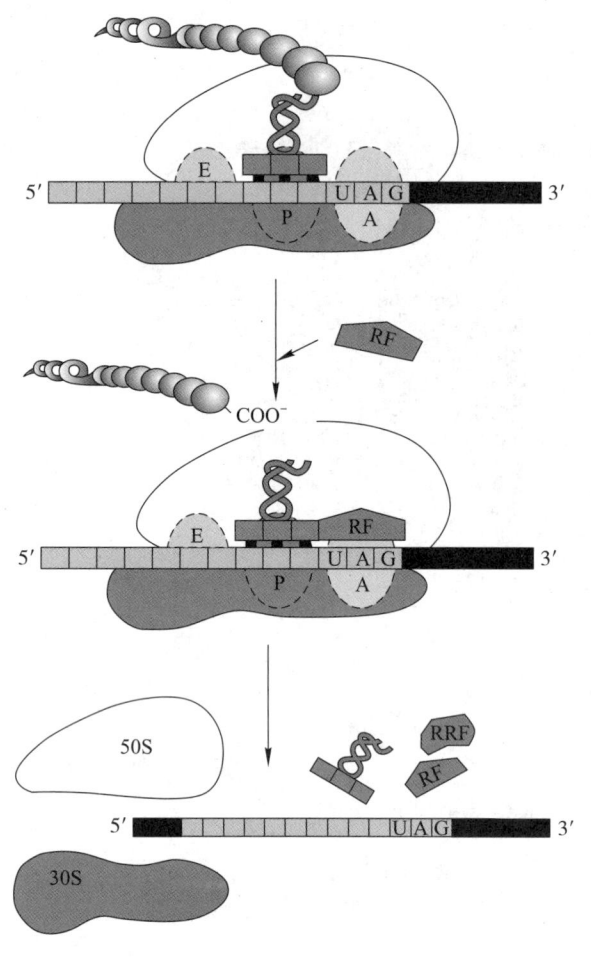

图 12-13 肽链合成的终止过程

（1）当 mRNA 终止密码子对应核糖体 A 位时，因无 AAcyl-tRNA 与之对应，即 A 位不能接纳 AAcyl-tRNA。RF-1 或 RF-2 识别终止密码子，进入 A 位。其中 RF-1 识别终止密码子 UAA、UAG，RF-2 可识别 UAA、UGA；RF-1 或 RF-2 均可诱导肽酰转移酶转变成酯酶。RF-3 与 GTP 结合，水解 GTP 供能，促进 RF1、RF2 的作用，最终导致肽链的释放。

（2）在 RRF 作用下，tRNA、mRNA、RF 与核糖体分离。随后 IF-3 等使大、小亚基解离，重新参与蛋白质合成过程。狭义上，核糖体循环指翻译延长，广义上则可包含整个翻译过程。肽链合成的终止过程见图 12-13。

蛋白质生物合成和所有的代谢合成过程一样，是消耗能量的。在氨基酸活化阶段，AAcyl-tRNA 的生成，需 ATP 变为 AMP，消耗 2 个高能磷酸键。翻译起始阶段，GTP-fMet-tRNA^{fMet} 与核糖体小亚基形成复合物，至起始复合物生成释出 1 个 GDP；延长阶段的进位、转位过程均消耗 1 个 GTP。因此每生成一个肽键，平均约消耗 4 个高能磷酸键。

（二）真核生物的肽链合成过程

原核生物的转录和蛋白质翻译过程紧密偶联，转录尚未结束翻译就已经开始，几乎同时进行。而真核生物蛋白质合成不同，是在 mRNA 转录、加工并且转运到细胞质基质后才可以作为翻译的模板。真核生物的翻译需要更多因子的参与，过程比原核生物的更复杂。

1. 真核生物翻译起始　与原核生物比较，主要有以下不同：① 真核生物的核糖体是由 40S 的小亚基和 60S 的大亚基组成的 80S 核糖体。② 真核生物的起始 tRNA 所携带的甲硫氨酸不需要甲酰化。③ 真核生物的 mRNA 未发现有 SD 序列，但有 Kozak 序列：-CCACCAUGG-，该序列具有增加起始效率的作用。翻译起始识别靠 mRNA 5′ 端的帽子结构和 3′ 端的多聚腺苷酸尾与相应蛋白质结合形成的复合物。④ 真核生物需要更多的起始因子，已发现的 eIF 有 10 余种。真核生物翻译起始复合物形成也有 4 步：

（1）核糖体大、小亚基分离　eIF-1A、eIF-3 与核糖体小亚基结合，在 eIF-1 参与下使 80S 核糖体解离成大、小亚基。

（2）Met-tRNAi^{Met} 结合到小亚基上　在 eIF-2B 的作用下，eIF-2 与 GTP 结合，再与 Met-tRNAi^{Met} 三者结合形成 Met-tRNAi^{Met}-eIF-2-GTP 复合物。在 eIF-3 及 eIF-5B 等因子的协助下，结合到 40S 小亚基 P 位上。

（3）mRNA 在核糖体小亚基就位　真核生物 mRNA 没有 SD 序列，在核糖体小亚基上的定位依赖于多种蛋白质因子（帽子结合蛋白）与帽子结构组成的复合物，帽子结合蛋白复合物由 eIF-4F（eIF-4E、eIF-4G、eIF-4A）介导。poly A 结合蛋白（poly A binding protein，PABP）结合 mRNA 的 3'-poly A 尾。连接 mRNA 首尾的 eIF-4E 和 PABP 通过 eIF-4G、eIF-3 与小亚基形成复合物。然后在 eIF-4A、eIF-4B 和 eIF-4F 的帮助下通过消耗 ATP 从 5' 端起扫描，直到 AUG 与

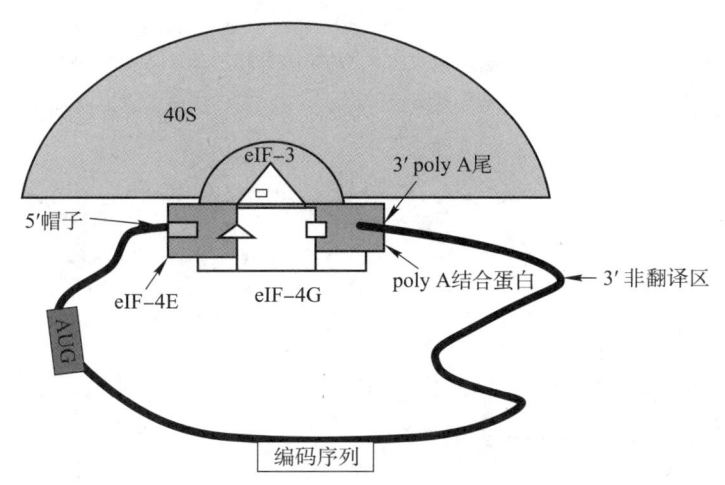

图 12-14　mRNA 在核糖体小亚基就位机制

Met-tRNAi^{Met} 的反密码子配对，使 mRNA 在核糖体小亚基上准确就位。mRNA 在核糖体小亚基就位机制见图 12-14。

（4）核糖体大亚基结合　结合 mRNA、Met-tRNAi^{Met} 的小亚基迅速与 60S 大亚基结合，形成翻译起始复合物。同时通过 GTP 水解供能及 eIF-5 的作用，使各种蛋白质因子从核糖体释放。真核生物翻译起始复合物形成过程见图 12-15。

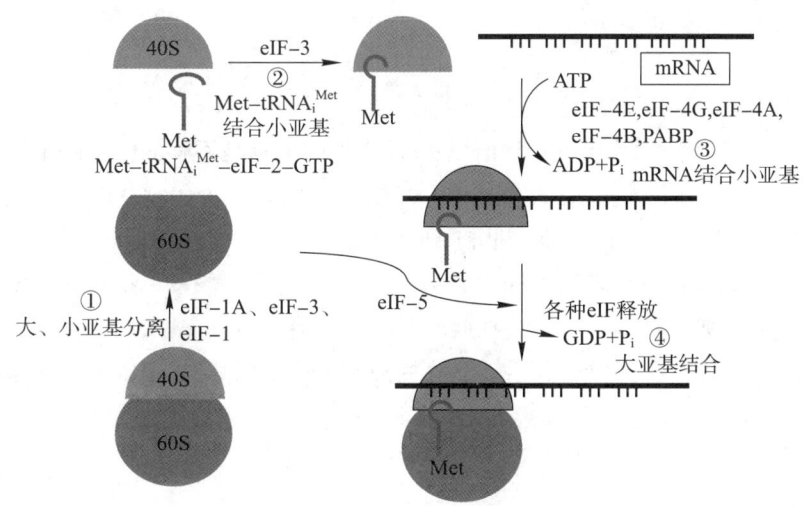

图 12-15　真核生物翻译起始复合物形成过程

2. 真核生物翻译延长　与原核生物基本相似。所不同的是：① 反应体系和延长因子不同；② 真核生物核糖体无 E 位，转位后空载的 tRNA 直接由 P 位脱落。

3. 真核生物翻译终止　真核生物翻译的终止因子只有一种 eRF，可以识别所有的终止密码子。

（三）多核糖体

在蛋白质生物合成过程中，常常由若干核糖体结合在同一 mRNA 分子上，同时进行翻译，但每两个相邻核蛋白之间存在一定的间隔，形成念珠状结构（图 12-16）。

由若干核糖体结合在一条 mRNA 上同时进行多肽链的翻译所形成的念珠状结构称为多核糖体（polysome）。细胞通过多核糖体的方式合成蛋白质，大大提高了 mRNA 的效率。

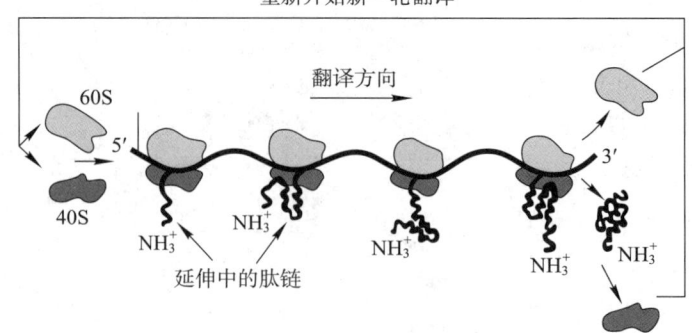

图 12-16　多核糖体循环

三、肽链生物合成的保真性

拓展学习 12-5 真核生物翻译的调控

蛋白质翻译过程中的各个步骤，均可能出现错误。但是，实际上蛋白质生物合成错误的发生概率非常低，大约在 1/3 000 以下。因为不论是原核生物还是真核生物，均有一系列的纠错机制。主要有以下几个方面：

（一）氨基酸与 tRNA 的正确结合

保证氨基酸与 tRNA 的正确结合的决定性因素是氨酰 –tRNA 合成酶。前面已经叙述，氨酰 –tRNA 合成酶具有高度专一性，既能识别氨基酸，又能识别相应的 tRNA。同时具有校正功能，使错误结合的氨酰 –tRNA 水解。

（二）核糖体参与密码子与反密码子的识别

单纯的密码子与反密码子的碱基配对对翻译保真性的贡献是不够的。密码子与反密码子的碱基配对错误率约 1/100，而实际上在核糖体水平上的解码错误在 1/10 000 以下。这是由于核糖体成分参与了密码子与反密码子的识别。肽链的生物合成速度非常快（如 37℃时大肠埃希菌的一个核糖体每秒钟可以合成 20 个氨基酸的肽链），这就要求延长阶段每一过程的速度与之适应。而 EF–Tu–GTP 仅仅存在数毫秒即被分解，在此时限内，只有正确的氨酰 –tRNA 能迅速发生密码子与反密码子的配对识别进入 A 位，激活转肽酶的活性。错误的氨酰 –tRNA 因不能迅速发生密码子与反密码子的配对识别而从 A 位解离。

第三节　蛋白质翻译后修饰和靶向输送

新生的多肽链不具备生物活性。肽链从核糖体释放后，经过细胞内各种修饰处理过程，成为有活性的成熟蛋白质，称为翻译后加工（post-translational processing）。翻译后加工包括多肽链折叠为天然的三维结构、一级结构的修饰、空间结构的修饰和蛋白质的靶向输送等方面。

一、新生多肽链的折叠与空间构象的形成

新生肽链的折叠往往从新生肽链 N 端在核糖体上一出现，肽链的折叠即开始。随着序列的

不断延伸肽链逐步折叠，产生正确的二级结构、模序、结构域到形成完整的空间构象。

　　一般认为，多肽链自身氨基酸残基顺序储存着蛋白质折叠的信息，即一级结构是空间构象的基础。细胞中大多数天然蛋白质折叠都不是自动完成的，而需要其他酶、蛋白质辅助，主要有分子伴侣、蛋白质二硫键异构酶、肽酰 – 脯氨酰顺反异构酶。

（一）分子伴侣

　　分子伴侣（molecular chaperone）是细胞中的一类保守蛋白质，可识别肽链的非天然构象，促进各功能域和整体蛋白质的正确折叠。其有以下功能：① 封闭待折叠蛋白质暴露的疏水区段。② 形成蛋白质折叠需要的微环境。③ 促进蛋白质折叠。④ 可使折叠的或错误折叠的蛋白质去折叠和去聚集。分子伴侣分为核糖体结合性和非核糖体结合性两类。下面介绍非核糖体结合性分子伴侣，主要有热激蛋白和伴侣蛋白。

临床聚焦 12-1
分子伴侣与疾病

　　1. 热激蛋白（heat shock protein，Hsp）　是在从细菌到哺乳动物中广泛存在的一类热应激蛋白质。当有机体暴露于高温的时候，激发合成此种蛋白质，来保护有机体自身。许多热激蛋白具有分子伴侣活性。按照蛋白质的大小，热激蛋白共分为 5 类，分别为 Hsp100、Hsp90、Hsp70、Hsp60 及小分子热激蛋白（small heat shock proteins，sHsp）。

　　目前，人们的主要研究集中在大肠埃希菌的蛋白质折叠。大肠埃希菌中参与蛋白质折叠的热激蛋白有 Hsp70、Hsp40 和 Grp E。Hsp70 由基因 dna K 编码，故又称 Dna K 蛋白。其 N 端是 ATP 酶结构域，能结合和水解 ATP，C 端为多肽链结合结构域。这两个结构域在蛋白质折叠过程中发挥作用（图 12–17）。

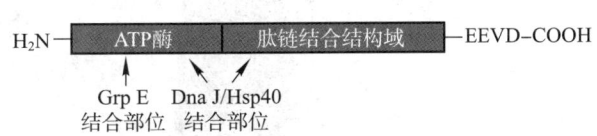

图 12-17　大肠埃希菌的 Hsp70（Dna K）结构模式图

　　大肠埃希菌的 Hsp40 也称为 Dna J 蛋白，可激活 Dna K 中的 ATP 酶，生成稳定的 Dna J –Dna K–ADP– 被折叠蛋白质复合物，以利于 Dna K 发挥分子伴侣作用。在 ATP 存在的情况下，Dna J 和 Dna K 的相互作用能抑制蛋白质的聚集。

　　Grp E 即核苷酸交换因子，与 Dna K 的 ATP 酶结构域结合，使 Dna K 的构象发生改变、ADP 从复合物中释放出来并由 ATP 代替 ADP，从而控制 Dna K 的 ATP 酶活性。

　　大肠埃希菌中的 Hsp 促进蛋白质折叠的基本过程见图 12–18。

　　2. 伴侣蛋白（chaperonin）　是分子伴侣的另一家族，如大肠埃希菌的 Gro EL 和 Gro ES，在真核细胞中同源物为 Hsp60 和 Hsp10 等家族。其主要作用是为非自发性折叠蛋白质提供能折叠形成天然空间构象的微环境。

　　Gro EL 为桶状空腔结构，Gro ES 就像桶的"盖子"。当待折叠肽链进入 Gro EL 的桶状空腔后，Gro ES 可作为"盖子"瞬时封闭 Gro EL 空腔出口。封闭后的桶状空腔与外面的环境隔绝，排除各种干扰因素，提供能完成肽链折叠的微环境（图 12–19）。

　　Gro EL 与 Gro ES 均由 7 个亚基组成，两者形成 Gro EL–Gro ES 复合物。该复合物的形成和解离构成 Gro EL–Gro ES 反应循环，即促进蛋白质折叠的过程，共 7 步反应：① 待折叠多肽链进入 Gro EL 上部空腔；② 7 分子 ATP 结合 Gro EL 上部亚基，下部亚基结合着 7 分子 ADP；③ ATP 水解，Gro ES、14 分子 ADP、7 分子无机磷酸释放；④ 7 分子 ATP、Gro ES 结合 Gro EL 上部亚基，封闭空腔上口；⑤ ATP 水解，ADP 仍留在 Gro EL 复合体上，同时，另外 7 分子 ATP 结合 Gro EL 下部亚基结合；⑥ Gro EL 顶部转动或向上移动，空腔扩大，肽链在密闭空腔中折叠；⑦折叠完成，蛋白质释放。未折叠好的蛋白质多肽链可以重复上述过程（⑧）。Gro

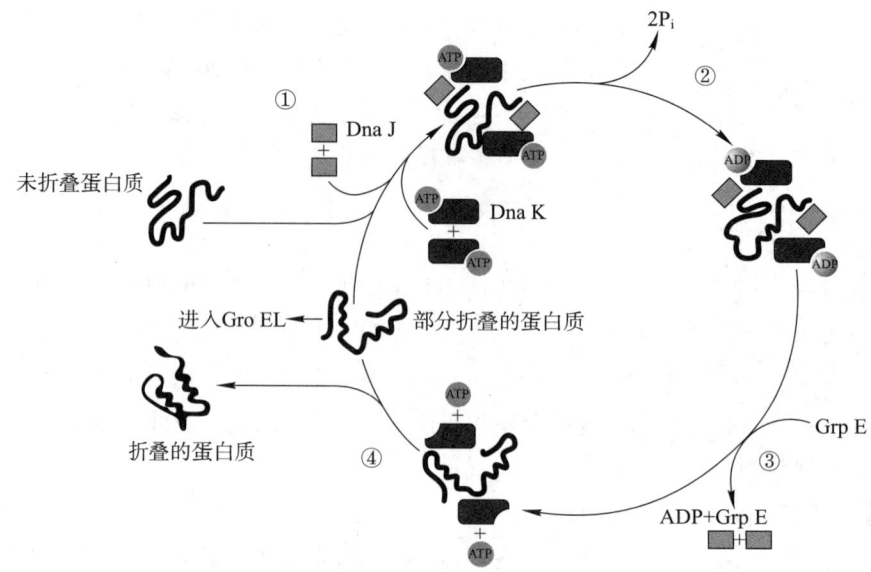

图 12-18 大肠埃希菌中的 Hsp70 反应循环

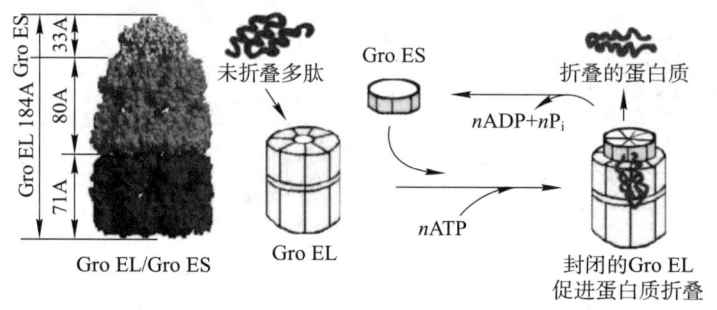

图 12-19 伴侣蛋白 Gro EL-Gro ES 系统促进蛋白质折叠

EL–Gro ES 反应循环见图 12–20。

（二）蛋白质二硫键异构酶

多肽链内或肽链之间二硫键的正确形成对稳定分泌型蛋白质、膜蛋白质等的天然构象十分重要，这一过程主要在细胞内质网进行。

蛋白质二硫键异构酶（protein disulfide isomerase，PDI）在内质网腔活性很高，可在较大区段肽链中催化错配二硫键断裂并形成正确二硫键连接，最终使蛋白质形成热力学最稳定的天然构象（图 12–21）。

（三）肽酰 - 脯氨酰顺反异构酶

肽链中肽基 - 脯氨酸间形成的肽键有顺、反两种异构体，空间构象有明显差别。肽酰 - 脯氨酰顺反异构酶（peptide prolyl–cis–trans–isomerase，PPIase）可促进上述顺、反两种异构体之间的转换。它是蛋白质三维构象形成的关键酶，在肽链合成需形成顺式构型时，可使多肽在各脯氨酸弯折处形成准确折叠。

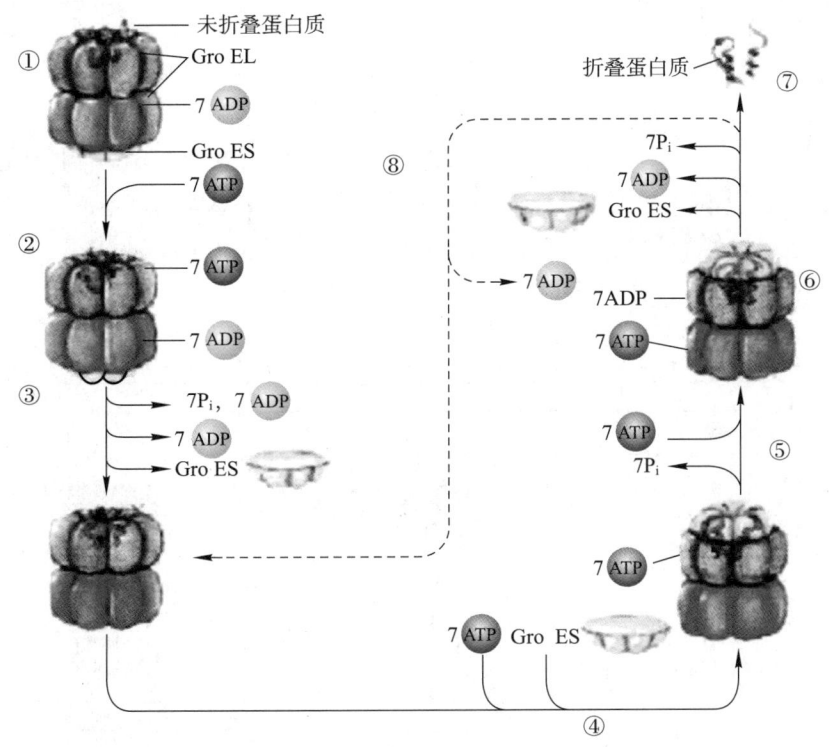

图 12-20　Gro EL-Gro ES 反应循环

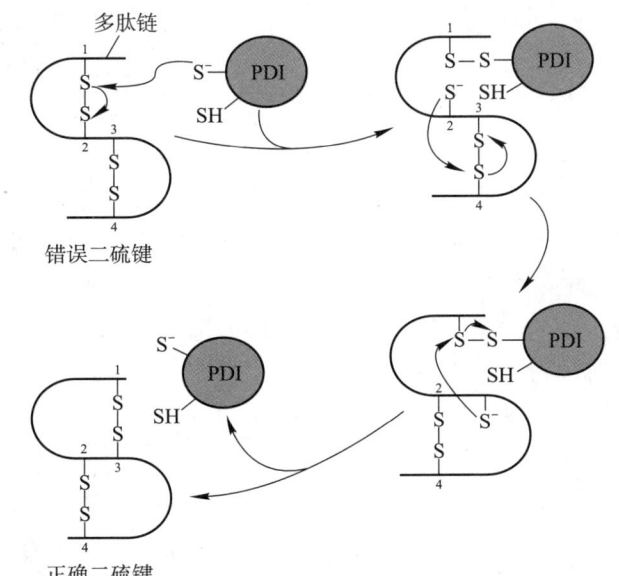

图 12-21　二硫键的形成和正确配对

二、蛋白质一级结构的修饰

（一）去除 *N*- 甲酰基或 *N*- 甲硫氨酸

原核生物翻译以 fMet-tRNA^{fMet} 作为第一个注册的起始物，真核生物翻译以 Met-tRNAi^{Met} 作为第一个注册的起始物。因此细胞内初始合成的蛋白质的 N 端氨基酸总是 fMet 或 Met。但天然蛋白质大多数不以 fMet 或 Met 为 N 端第一位氨基酸。这是因为细胞内的脱甲酰基酶或氨基肽酶可以除去 *N*- 甲酰基、N 端甲酰甲硫氨酸或 N 端的一段肽。这个过程不一定等肽链合成终止才发生，有时边合成边加工。

（二）水解修饰

真核生物中往往会存在一条已合成的多肽链经翻译后加工产生多种不同活性的蛋白质或肽的情况。最典型的例子如阿黑皮素原（POMC）。POMC 由 265 个氨基酸残基组成，经水解剪切，可生成 ACTH（39 肽）、β- 促黑激素（β-MSH，18 肽）、β- 内啡肽（β-endorphin，31 肽）、β- 促脂解素（β-LT，lipotropin，93 肽）等 9 种活性物质（图 12-22）。

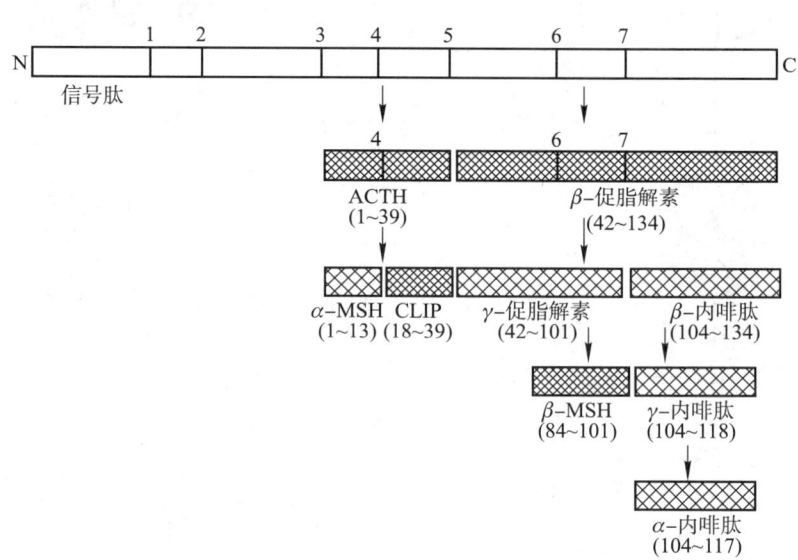

图 12-22　POMC 的
水解修饰

（三）个别氨基酸的修饰

在结缔组织的蛋白质内常出现羟脯氨酸、羟赖氨酸，这两种氨基酸并无遗传密码，而是在脯氨酸、赖氨酸残基经过羟化而出现的。不少酶的活性中心上有磷酸化的丝氨酸、苏氨酸，甚至酪氨酸，这些含—OH 基团的氨基酸是翻译后才磷酸化的。多肽链内或肽链之间往往可由两个半胱氨酸的—SH 形成二硫键，这是常见的维系蛋白质结构的化学键，其形成也是在肽链合成后两个半胱氨酸的—SH 基脱氢而连接的。

三、蛋白质空间结构的修饰

肽链释放后，进一步折叠、盘曲成高级结构。此外，空间结构的修饰还包括亚基聚合和辅基连接。

（一）亚基聚合

具有四级结构的蛋白质由两条及两条以上的肽链亚基，通过非共价键聚合，形成寡聚体（oligomer）。例如，血红蛋白分子 $\alpha_2\beta_2$ 四个亚基的聚合。膜上的镶嵌蛋白、跨膜蛋白也多为寡聚体，各亚基虽各自有独立功能，但又必须互相依存，才得以发挥作用。

（二）辅基连接

蛋白质分为单纯蛋白质及结合蛋白质两大类。前面各章讨论过的糖蛋白、脂蛋白、色蛋白及各种带辅酶的酶，都是常见的重要结合蛋白质。辅酶与肽链的结合是复杂的生化过程，很多细节尚在研究中。例如，糖蛋白的糖基化，是目前基因工程中一个未解决的关键问题。不少生物活性物质，当用基因工程方法表达出其肽链后，还不具备活性。因此如何使该蛋白质实现糖基化是正在大力研究的问题之一。

四、蛋白质的靶向输送

蛋白质在核糖体上合成后，必须分选出来，定向输送到一个合适的部位才能行使各自的生物学功能，这一过程称为蛋白质的靶向输送（protein targeting）。蛋白质的靶向输送与翻译后修饰过程同步进行。

（一）蛋白质靶向输送的信号序列

所有靶向输送的蛋白质结构中都存在分选信号，主要是 N 端特异氨基酸序列，它可引导蛋白质转移到细胞的适当靶部位。我们把引导蛋白质转移到细胞的适当靶部位的特异氨基酸序列称为信号序列（signal sequence）。信号序列是决定蛋白质靶向输送特性的最重要元件，提示指导蛋白质靶向输送的信息存在于蛋白质自身的一级结构中。

靶向不同的蛋白质，其信号序列也各特异。引导分泌蛋白质靶向输送的信号序列称为信号肽；引导细胞核的蛋白质靶向输送的特异信号序列，称为核定位序列。不同蛋白质的靶向信号见表 12-6。

表 12-6　不同蛋白质的靶向信号

靶向输送蛋白质	信号序列或成分
分泌蛋白质	信号肽，由 13~36 个氨基酸残基组成，多位于新生肽链 N 端
内质网腔蛋白质	信号肽，肽链 C 端的 -Lys-Asp-Glu-Leu（KDEL 序列）
线粒体蛋白质	导肽，N 端靶向序列（20~35 氨基酸残基）
细胞核蛋白质	核定位序列（-Pro-Pro-Lys-Lys-Lys-Arg-Lys-Val-，SV40 T 抗原）
过氧化酶体蛋白质	-Ser-Lys-Leu-（PTS 序列）
溶酶体蛋白质	Man-6-P（甘露糖 -6- 磷酸）

（二）分泌蛋白质的靶向输送

信号肽（signal peptide）是引导未成熟分泌蛋白质靶向输送的信号，对多种不同蛋白质的信号肽进行一级结构分析，发现它们有以下共同特点：① 多位于 N 端，含 1 个或几个带正电荷的碱性氨基酸残基，如赖氨酸、精氨酸。有些蛋白质的信号肽并不位于 N 端，如卵清蛋白的信号肽位于肽链中部。② 中段为疏水核心区，主要含疏水的中性氨基酸，如亮氨酸、异亮氨酸等。③ C 端加工区由一些极性相对较大、侧链较短的氨基酸（如甘氨酸、丙氨酸、丝氨酸）组成，紧接着是被信号肽酶（signal peptidase）裂解的位点（图 12-23）。

通过实验发现，不同蛋白质甚至不同物种的信号肽之间，可以互通使用。如把 A 蛋白的信号肽连接到 B 蛋白分子，B 蛋白到达原来只有 A 蛋白才会到达的位置。这个结果似乎说明信号肽对靶向输送起决定性作用。但另一些实验显示把某一分泌蛋白质的氨基酸残基序列加以人工更改后，虽然信号肽不变，也不能把蛋白质输送到应在的位置。而且，尚有为数不少的分泌蛋白质，

人文视角 12-2
信号肽的发现

人生长激素	MATGS R TSLLLAFGLLCLPWLQEGSA	FPT
人胰岛素原	MALWM R LLPLLALLALWGPDPAAA	FVN
牛白蛋白原	MKWVTFISLLLLFSSAYS	RGV
鼠抗体H链	MKV_SLLYLLTAIPHIMS	DVQ
鸡溶解酶	MRSL_ILVLCFLPKLAALG	KVF
蜜蜂蜂毒原	MKFLVNVALVFMVVYISYIYA	APE
果蝇胶蛋白	MK LLVVAVIACMLIGFADPASG	CKD
玉米蛋白19	MAA K IFCLIMLLGLSASAATA	SIF
酵母转化酶	MLLOAFLFLLAGFAAKISA	SMT
人流感病毒A	MKA K LLVLLYAFVAG	DQI

图 12-23 不同蛋白质信号肽的一级结构

■ 碱性氨基酸   ▨ 疏水氨基酸   剪切位点

未能查找到完整的信号肽序列。可见，蛋白质本身的结构也是决定靶向输送的重要因素。

分泌蛋白质在合成过程中就开始转运。真核细胞胞质内存在一种信号肽识别粒子（signal recognition particle，SRP），它是由6种不同蛋白质与一低相对分子质量的 7S RNA 组成的复合体。信号肽一出现即被 SRP 识别、结合。SRP 还有暂停蛋白质合成的作用，而且随即把正在合成蛋白质的核糖体带到细胞膜的胞质面。在此，SRP 与内质网膜上的一种称为对接蛋白（docking protein，DP）的蛋白质结合，DP 也称为 SRP 受体。靠这样的一组核酸–蛋白质组成的输送系统，促使膜蛋白的通道开放。信号肽带动合成中的蛋白质多肽链穿过内质网膜孔，然后信号肽又沿通道折回内质网膜，并被膜外侧面的信号肽酶在其加工区上切断，使成熟的蛋白质释放至内质网腔（图 12-24）。

分泌蛋白质在内质网完成折叠后，以"出芽"的形式形成囊泡，转移至高尔基复合体。囊泡与顺面高尔基网状结构融合，然后到高尔基中间膜囊进行糖基化修饰。糖基化后的分泌蛋白质以分泌小泡的形式从反面高尔基网状结构转运至细胞膜，通过胞吐作用分泌到细胞外（图 12-25）。

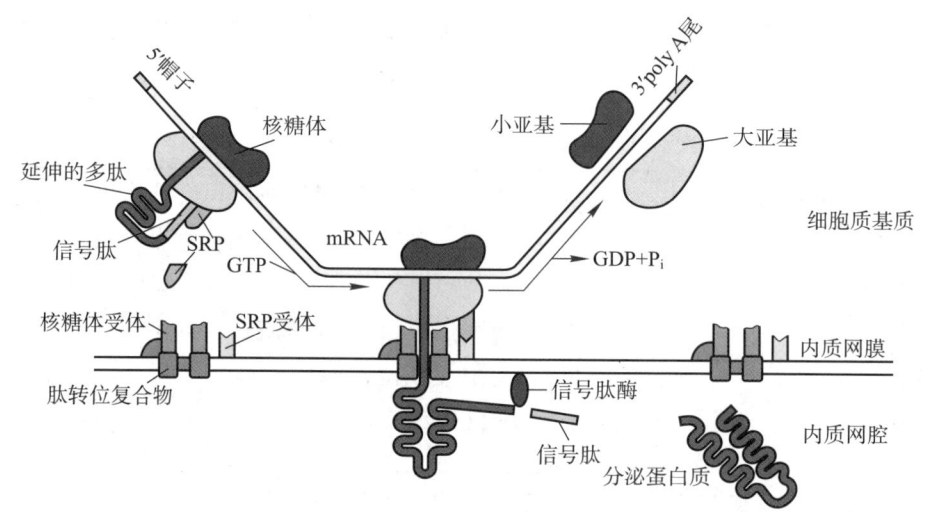

图 12-24 信号肽引导真核细胞分泌蛋白质进入内质网

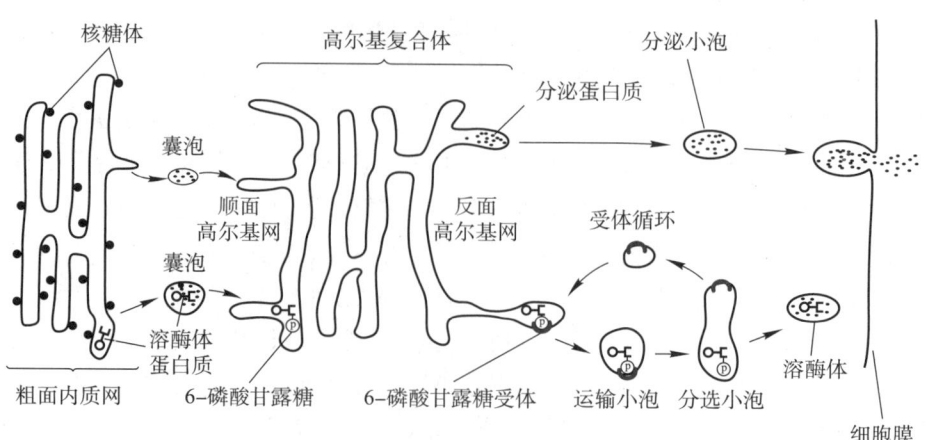

图 12-25 分泌蛋白质和溶酶体蛋白质的靶向转运

（三）溶酶体蛋白质的靶向输送

溶酶体蛋白质的靶向输送与分泌蛋白质的靶向输送相似。在高尔基复合体，溶酶体蛋白质糖基化，并结合 6- 磷酸甘露糖。6- 磷酸甘露糖是引导溶酶体蛋白质转运至溶酶体的信号。它能被反面高尔基网状结构上的 6- 磷酸甘露糖受体识别并结合。然后，在反面高尔基网状结构上包装成运输小泡，以"出芽"的形式离开高尔基复合体。运输小泡与分选小泡融合，受分选小泡内酸性环境的影响，溶酶体蛋白质与受体解离，同时去除 6- 磷酸甘露糖上的磷酸基团，避免溶酶体蛋白质与其受体的再度结合。含有受体的囊泡从分选小泡上出芽而离开，再回到高尔基复合体重复利用。而溶酶体蛋白质则通过囊泡与溶酶体融合输送到溶酶体（图 12-25）。

（四）质膜蛋白质的靶向输送

质膜蛋白质在粗面内质网上的转运机制与分泌蛋白质相似。不同类型的蛋白质以不同的形式锚定在膜上。一般该类蛋白质根据跨膜的次数，含有不同的终止转移序列（stop transfer sequence）（图 12-26）。

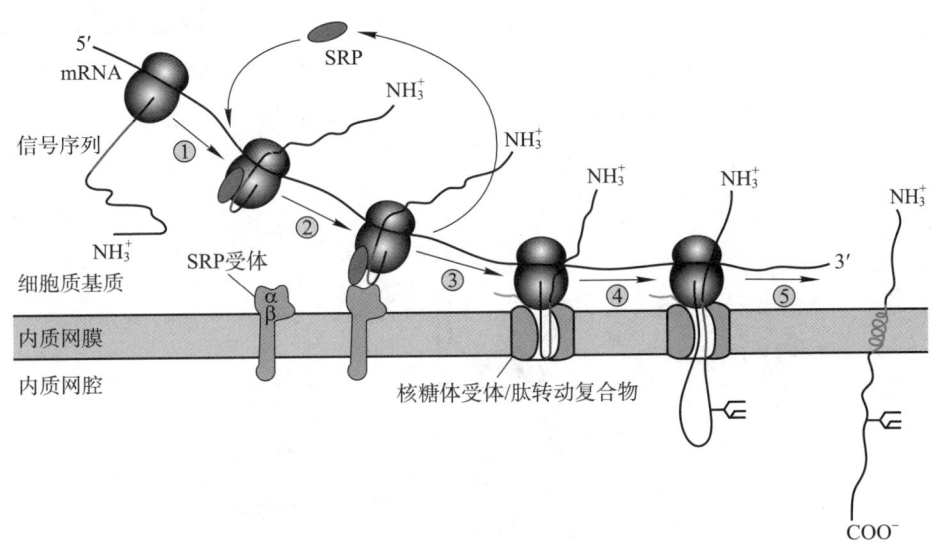

图 12-26　跨膜蛋白质的转运

（五）内质网腔蛋白质的靶向输送

内质网中的驻留蛋白质的靶向输送，与分泌蛋白质一样先经粗面内质网上的附着核糖体合成并进入内质网腔，然后随囊泡输送到高尔基复合体。但是，内质网蛋白质多肽链的 C 端含有滞留信号序列，可与相应受体结合。在高尔基复合体上，内质网蛋白质通过其滞留信号序列与受体结合后，随囊泡输送回内质网。

（六）线粒体蛋白质的靶向输送

线粒体虽然有自身的 DNA、核糖体和 mRNA，能够进行线粒体自身蛋白质的合成，但是它的自主性很小。据估计，线粒体（包括外膜、内膜、内外膜间隙、基质）内含的 1 000 种左右蛋白质，只有 2% 是线粒体自己合成的。换言之，98% 的线粒体蛋白质是由细胞核基因编码、细胞质中核糖体合成后运往线粒体。其中大部分蛋白质合成时都带有一段引导线粒体蛋白质向线粒体输送的信号序列，称为导肽（leading peptide），又称导向序列（targeting sequence）。

导肽序列也位于 N 端，导肽的长短与被引导的蛋白质定位在线粒体的不同部位有一定的关系，一般长度为 20~35 个氨基酸。定位于基质中的蛋白质一般具有较短的导肽。导肽没有共同的保守序列，但有一些共有的结构特点：带较多的正电荷氨基酸，尤其是精氨酸；有形成两亲性结构的倾向，这有利于它插入脂双层。有的线粒体蛋白质在合成时并没有导肽，如外膜蛋白质——孔蛋白（porin）、内膜蛋白质 ADP/ATP 载体、内膜外侧的细胞色素 c 等。它们导向线粒体的信息也可能位于分子内部的某些肽段，如 ADP/ATP 载体。

线粒体蛋白质分别定位于外膜、内膜、基质及内外膜间隙。它们的运送途径不尽相同。定位于基质的线粒体蛋白质在细胞质核糖体合成时都带有导肽。它们在定向运送至线粒体时都处于伸展状态，与细胞质基质内的"分子伴侣"热激蛋白 cHsp 70 或线粒体输入刺激因子（mitochondrial stimulating factor，MSF）结合，并伴随运向线粒体。到达线粒体后，"分子伴侣"即与之脱离，接着，导肽带正电荷部分通过静电作用与线粒体外膜膜蛋白 Tom 20 和 Tom 22 相结合。之后通过 Tom 5 的作用插入 Tom 40 运输孔道。随之，运送蛋白的导肽即与 Tom 22 的外膜一侧部分相接触，并开始进入内膜转运机器的 Tim 23 和 Tim 17。在这里需要内膜膜电位提供能量，与此同时线粒体基质中的"分子伴侣"mtHsp 70 通过与 Tim 44 等相结合，凭借水解 ATP 所供应的能量逐步将运送蛋白拉进基质。然后，导肽被一种肽酶（mitochondrial processing peptidase，MPP）所切除，运送蛋白通过"分子伴侣"的帮助才最终折叠成为"成熟型"蛋白质。值得指出的是，无论外膜或内膜转运机器的各种组分在转运过程中所形成的孔道不是静止的而是动态的（图 12-27）。

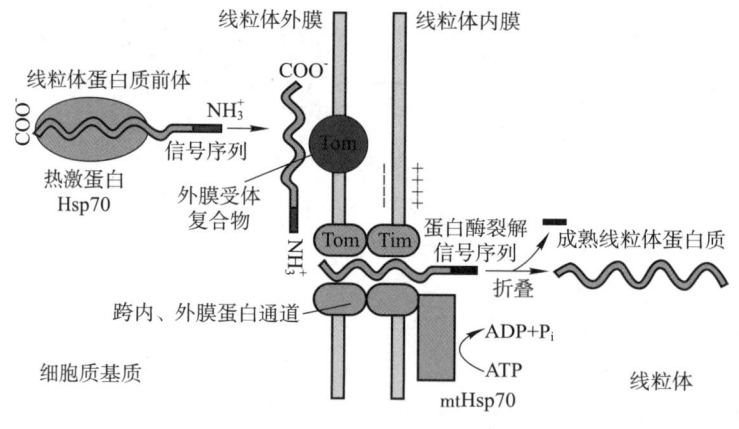

图 12-27　线粒体蛋白质的靶向输送

（七）细胞核蛋白质的靶向输送

细胞核蛋白质由核定位序列（nuclear localization sequence，NLS）牵引，从核孔处进入细胞核。NLS 一般由 4~8 个氨基酸组成，有多种类型，它们都具有一个带正电荷的肽核心，含有 Pro、Lys 和 Arg。对其连接的蛋白质无特殊要求，并且完成核输入后不被切除。第一个被确定的 NLS 是病毒 SV40 的大 T 抗原，它在细胞质中合成后很快积累在核中。其 NLS 为：Pro-Pro-lys-lys-lys-Arg-Lys-Val，即使单个氨基酸被替换，亦失去作用。如果将这种信号接到非核蛋白的随机 Lys 的侧链上，则非核蛋白也能转变成核蛋白。

aryopherin 是一类与核孔选择性运输有关的蛋白质家族，相当于受体蛋白质，包括 imporin 和 exportin 等成员。其中 imporin 负责将蛋白质从细胞质运进细胞核，exportin 负责相反方向的运输。

通过核孔复合体的转运还涉及 Ran 蛋白，Ran 是一种小 G 蛋白，调节蛋白质 – 受体复合体的组装和解体，Ran-GTP 在细胞核内的含量远高于细胞质。

核质蛋白向细胞核的输入可描述如下：① 蛋白质与 NLS 受体，即 imporin α / β 二聚体结合；② 蛋白质与受体的复合物与核孔复合物（NPC）胞质环上的纤维结合；③ 纤维向核弯曲，转运器构象发生改变，形成亲水通道供蛋白质通过；④ 蛋白质受体复合体与 Ran-GTP 结合，复合体解散，释放出蛋白质；⑤ 与 Ran-GTP 结合的 imporin β，输出细胞核，在细胞质基质中 Ran 结合的 GTP 水解，Ran-GDP 返回细胞核重新转换为 Ran-GTP；⑥ imporin α 在核内 exportin 的帮助下运回细胞质被重新利用（图 12-28）。

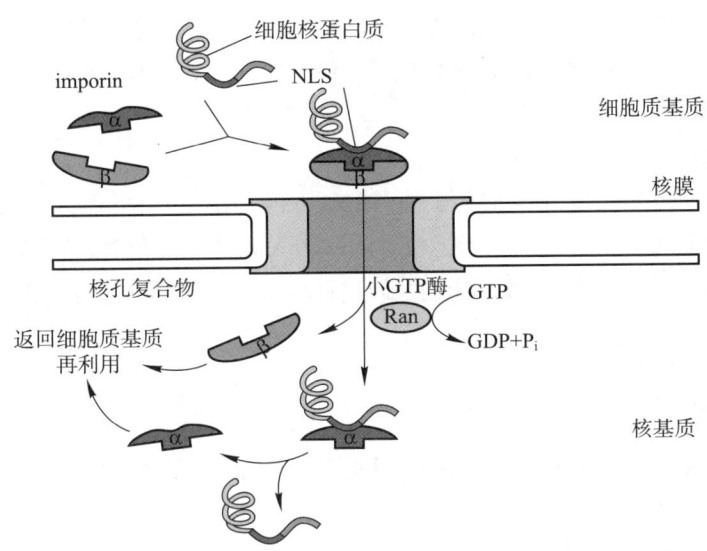

图 12-28　细胞核蛋白质的靶向输送

第四节　蛋白质生物合成的干扰与抑制

蛋白质生物合成是很多天然抗生素和某些毒素的作用靶点。抗生素等通过阻断真核、原核生物蛋白质翻译体系某组分功能、干扰和抑制蛋白质生物合成过程而起作用。

针对蛋白质生物合成必需的关键组分作为研究新抗菌药物的作用靶点，同时尽量利用真核、原核生物蛋白质合成体系的任何差异，以设计、筛选仅对病原微生物特效而不损害人体的药物。

一、抗生素

抗生素（antibiotics）是一类由某些真菌、细菌等微生物产生的药物，有抑制其他微生物生长或杀死其他微生物的能力，对宿主无毒性的抗生素可用于预防和治疗人、动物和植物的感染性疾病。蛋白质生物合成是很多抗生素和某些毒素的作用靶点，可阻断细菌蛋白质合成而抑制细菌生长和繁殖。抗生素可通过影响翻译的不同过程，达到抑菌的作用。

下面是几种常用抗生素对翻译过程的作用位点。

（一）四环素族

四环素（tetracyclin）族包括四环素、土霉素等，能抑制氨酰 –tRNA 与原核细胞的核糖体小亚基结合，抑制细菌的蛋白质生物合成。

（二）氯霉素

氯霉素（chloromycetin）能与原核生物的核糖体大亚基结合，阻断翻译延长过程。高浓度时，对真核生物线粒体内的蛋白质合成也有阻断作用。

（三）链霉素和卡那霉素

链霉素（streptomycin）和卡那霉素（kanamycin）能与原核生物核糖体小亚基结合，改变其构象，引起读码错误，使毒素类的细菌蛋白失活。结核杆菌对这两种抗生素特别敏感。

（四）嘌呤霉素

嘌呤霉素（puromycin）结构与酪氨酰 –tRNA（Tyr-RNA^{tyr}）相似，从而可取代一些氨酰 –tRNA 进入翻译中的核糖体 A 位，当延长中的肽转入此异常 A 位时，容易脱落，终止肽链合成。由于嘌呤霉素对原核生物、真核生物的翻译过程均有干扰作用，故难用作抗菌药物，目前仅试用于肿瘤治疗。

（五）放线菌酮

放线菌酮（cycloheximide）抑制核糖体转肽酶，而且只对真核生物有特异性作用，因此，只限于作研究的试剂用。

常用抗生素抑制蛋白质生物合成的原理与应用见表 12-7。

表 12-7　常用抗生素抑制蛋白质生物合成的原理与应用

抗生素	作用位点	作用原理	应用
伊短菌素	原核、真核核糖体小亚基	阻碍翻译起始复合物的形成	抗肿瘤药
四环素、土霉素	原核核糖体小亚基	抑制氨酰 –tRNA 与小亚基结合	抗菌药
链霉素、新霉素、巴龙霉素	原核核糖体小亚基	改变构象引起读码错误、抑制起始	抗菌药
氯霉素、林可霉素、红霉素	原核核糖体大亚基	抑制转肽酶，阻断肽链延长	抗菌药
嘌呤霉素	原核、真核核糖体	使肽酰基转移到它的氨基上后脱落	抗肿瘤药
放线菌酮	真核核糖体大亚基	抑制转肽酶，阻断肽链延长	医学研究
夫西地酸、细球菌素	EF-G	抑制 EF-G、阻止转位	抗菌药
壮观霉素	原核核糖体小亚基	阻止转位	抗菌药

二、干扰素

干扰素（interferon，IFN）是由真核生物细胞感染病毒后分泌的具有抗病毒作用的蛋白质。

事实上，动物和人类在生活过程中总接触和感染过病毒。过去使用的血源性干扰素，是从正常人血白细胞提取的，产量极低，价格昂贵。现在已能用基因工程技术生产各种人类干扰素。干扰素分为 α-（白细胞）型、β-（成纤维细胞）型和 γ-（淋巴细胞）型三大族类，每族类中又各有亚型，分别有各自的特异性作用。

为了解干扰素作用机制，还应先回顾和深化有关 eIF-2 与翻译起始过程。eIF-2-GTP 的结合，是进一步结合 Met-tRNAiMet 并使之进入核糖体小亚基必需的。eIF-2 若被磷酸化，则失去启动翻译过程的能力。eIF-2 的磷酸化与去磷酸化，可能是翻译调控上的一个重要环节。

干扰素对病毒有两方面的作用：其一是干扰素在双链 RNA（如 RNA 病毒）存在下，可以诱导一种蛋白激酶，由蛋白激酶使 eIF-2 发生磷酸化，从而抑制病毒蛋白质的生物合成。干扰素还可诱导生成一种罕见的 2′-5′ 寡聚腺苷酸（2′-5′A）合成酶，催化 ATP 聚合，生成单核苷酸间以 2′-5′ 磷酸二酯键连接的 2′-5′A，经 2′-5′A 活化的核酸内切酶 RNase L 可降解病毒 mRNA，从而阻断病毒蛋白质合成。干扰素的作用机制见图 12-29。

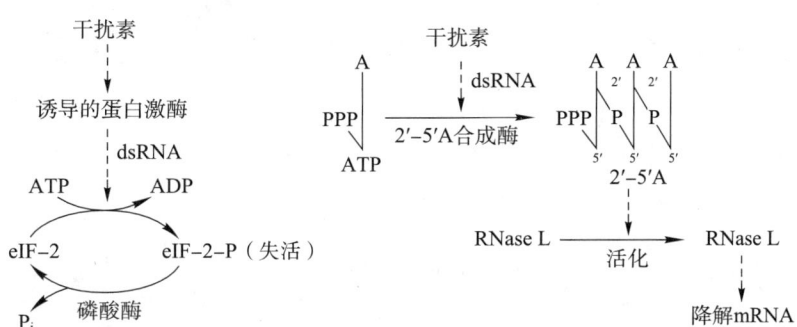

图 12-29 干扰素的作用机制

干扰素这两方面的作用是独立的。2′-5′A 抑制病毒的蛋白质合成作用，加入 eIF-2 并不能恢复；但加入相应的 mRNA 却可逆转，使病毒恢复蛋白质合成，说明两者之间没有相互依赖的关系。除了抗病毒作用外，干扰素还起调节细胞生长分化、激活免疫系统等作用。干扰素在临床应用上十分广泛，它是继基因工程产品胰岛素之后，比较早获准在临床上使用的基因工程药物。我国已有多家药厂能生产各种类型的基因工程产品干扰素。

三、毒素

（一）白喉毒素

白喉毒素（diphtheria toxin）是真核细胞蛋白质合成的抑制剂。它作为一种修饰酶，可使 eEF-2 发生 ADP 糖基化共价修饰，生成 eEF-2 腺苷二磷酸核糖衍生物，使 eEF-2 失活（图 12-30）。

（二）蓖麻蛋白

蓖麻蛋白（ricin）是蓖麻籽中所含的植物糖蛋白，由 A、B 两条多肽链组成。A 链具有酶活性，可作用于真核生物核糖体大

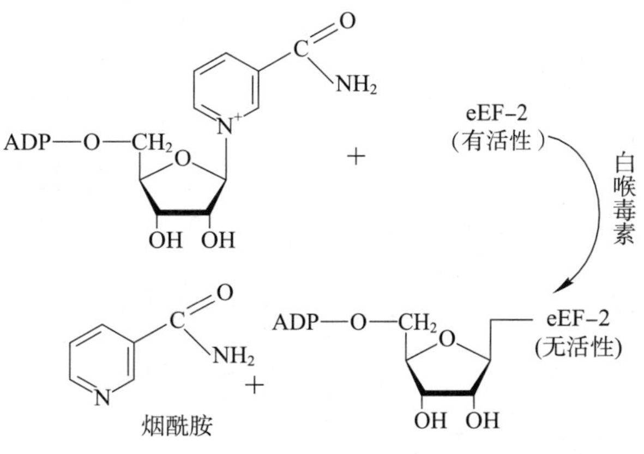

图 12-30 白喉毒素的作用机制

拓展学习 12-6
siRNA 对翻译的影响

亚基的 28S rRNA，催化其中特异腺苷酸发生脱嘌呤基反应，使 28S rRNA 降解，使核糖体大亚基失活；B 链对 A 链发挥毒性具有重要的促进作用，且 B 链上的半乳糖结合位点也是毒素发挥毒性作用的活性部位。

（汤立军）

复习思考题

1. 简述遗传密码的基本特点。

2. 蛋白质生物合成体系包括哪些物质，各起什么作用？

3. 何为摆动配对？常发生在密码子与反密码子的第几位碱基上？摆动配对有什么意义？

4. 以 DNA 5′–ATGCACTACCGG–3′ 为模板，写出由它复制、转录和翻译的产物，并注明产物的两端。

5. 核糖体是蛋白质合成的场所，这个结论是如何得到证实的？

6. 简述翻译的延长过程。

网上更多……

本章小结　　　自测题　　　教学 PPT

第十三章
基因表达调控

关键词

基因	时间特异性	阶段特异性	空间特异性
组成性基因	管家基因	可诱导基因	可阻遏基因
协调表达	协调调节	操纵子	启动序列
操纵序列	Pribnow 盒	顺式作用元件	增强子
启动子	沉默子	分解代谢物基因激活蛋白	
乳糖操纵子	色氨酸操纵子	转录前起始复合物	

为什么一个受精卵可以分化为生物体中各种各样的组织细胞？为什么正常细胞会转化为癌细胞？在同一个个体、同一个细胞中，为什么有些基因得到表达，而有些基因却保持静默？这些都涉及基因表达的调控。从 DNA 到 RNA、蛋白质的过程称为基因表达，对这个过程的调节即为基因表达调控。基因表达调控是现代生物学研究的中心课题之一。要了解生物生长发育规律、形态结构特征及生物学功能，就必须搞清楚基因表达调控的时间和空间规律。掌握基因表达调控机制，就等于掌握了一把揭示生物学奥秘的钥匙，使我们了解为什么同一个体的不同组织细胞虽然拥有相同的遗传信息，却可以产生各自不同的蛋白质产物，从而具有不同的生物学表型与功能。基因表达调控主要表现在以下几个方面：① 转录水平的调控。② 转录后水平的调控。③ 翻译水平的调控。原核生物和真核生物之间在基因、基因组、基因结构及基因组织方式等方面都存在着相当大的差异。原核生物中，营养状况、环境因素对基因表达起着十分重要的作用；而真核生物尤其是高等真核生物中，激素水平、发育阶段等是基因表达调控的主要因素，营养和环境因素的影响则为次要因素。真核生物中基因表达调控的层次、方式、特征均与原核生物有显著不同。

思维导图

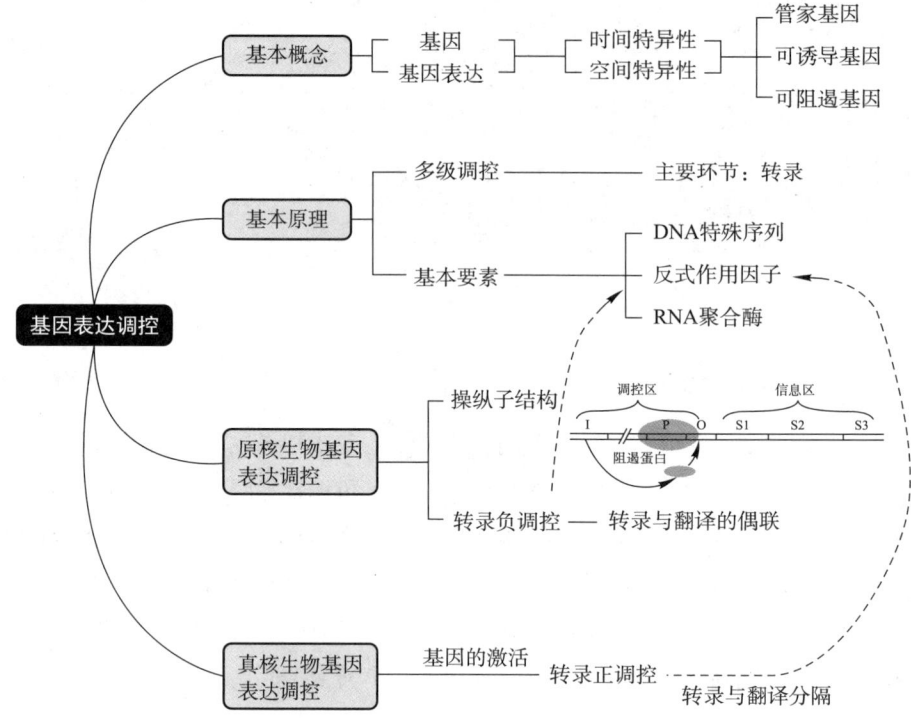

第一节　基因表达及其调控的特点

基因（gene）是遗传的物质基础，是编码 RNA 或蛋白质等具有特定功能产物的遗传信息的基本单位，是染色体上的一段 DNA 序列（对以 RNA 作为遗传信息载体的 RNA 病毒而言则是 RNA 序列）。基因表达（gene expression）是指基因经过转录、翻译合成有功能蛋白质的过程。基因表达涉及两个阶段：一是转录阶段，产物为 RNA；二是翻译阶段，产物是蛋白质。有些基因的表达仅涉及转录过程，如 tRNA、rRNA 及 microRNA（miRNA）等的基因表达；而有些基因被激活并转录生成 mRNA，进一步合成蛋白质。通过基因表达，DNA 分子中储存的遗传信息可赋予细胞或个体相应的表型和生物学功能。

在生物发育分化、生长繁殖的生命过程中，并非所有的基因都在同一时刻、同一组织细胞内进行表达。例如，大肠埃希菌（E. coli）基因组中含有约 4 000 个基因，但仅有 5%～10% 的基因处于高水平转录活性状态，其余大多数基因或以极低的速率进行转录，或处于静息状态。也就是说，基因的表达会受到严格的调节控制。基因表达调控（regulation of gene expression）是指机体为适应环境、维持自身生长和发育的需要，在不同的发育阶段及对内外环境变化时通过增加或者减少特异的基因表达产物（蛋白质或 RNA）作出的调节和应答。基因表达调控可在多个层次上进行，主要发生在转录水平和翻译水平上，如转录起始、转录后加工、翻译和翻译后加工等。基因表达及其调控均具有重要的生物学意义。

一、基因表达的一般特征

无论是原核生物，还是真核生物，基因表达都具有时间特异性和空间特异性的规律。

（一）时间特异性
某一特定基因的表达按功能需要表现出严格的时间顺序，这就是基因表达的时间特异性（temporal specificity）。例如，噬菌体、病毒或细菌侵入宿主后，进入一定的感染阶段与周期。随着感染阶段发展、生长环境变化，有些基因开启，有些基因关闭。在多细胞生物从受精卵到组织、器官形成的各个不同发育阶段，相应基因的表达严格按一定时间顺序开启或关闭，表现为与细胞分化、个体发育阶段一致。因此，多细胞生物基因表达的时间特异性又称阶段特异性（stage specificity）。

（二）空间特异性
在多细胞生物个体某一发育、生长阶段，同一基因产物在不同的组织器官表达多少是不一样的；在同一生长阶段，不同的基因表达产物在不同的组织、器官分布也不完全相同。在个体生长全过程中，某种基因产物在个体内不同组织空间出现，这就是基因表达的空间特异性（spatial specificity）。基因表达随时间或阶段顺序所表现出的这种空间分布差异又称细胞特异性或组织特异性。

二、基因表达的方式

由于不同物种的遗传背景不同，同种生物不同个体生活环境也不完全相同，另外，不同基因的功能和性质也不相同，因此不同的基因对生物体内、外环境信号刺激的反应性不同。有些基因在生命全过程中持续表达，有些基因的表达则受环境影响。按照对刺激的反应性，基因表达的方式或调节类型存在很大差异。

（一）组成性表达

有些基因产物对生命全过程都是必不可少的。这类基因在一个生物个体的几乎所有细胞中持续表达，通常被称为管家基因（house-keeping gene）。如微管蛋白基因、糖酵解酶系基因与核糖体蛋白基因等。管家基因的表达水平受环境因素影响较小，在生物体各个生长阶段的大多数或几乎全部组织中持续表达，或变化很小。我们将这类基因表达称为组成性基因表达（constitutive gene expression）。组成性基因表达只受启动序列或启动子与 RNA 聚合酶相互作用的影响，而不受其他机制调节。实际上，组成性基因表达水平并非绝对"一成不变"，只是相对变化较小而已。

（二）诱导和阻遏

除管家基因外，生物体内还存在另一些基因，这些基因的表达很容易受环境变化的影响。随外界环境信号变化，这类基因表达水平可以出现升高或降低的现象。在特定环境信号刺激下，相应的基因被激活，基因表达产物增加称为诱导（induction），这种基因被称为可诱导基因（inducible gene）；相反，当基因表达水平降低时称为阻遏（repression），这种基因称为可阻遏基因（repressible gene）。可诱导或可阻遏基因除受启动序列或启动子与 RNA 聚合酶相互作用的影响外，还受其他机制调节，这类基因的调控序列通常含有针对特异刺激的反应元件。

（三）协调调节

在生物体内，一个代谢途径通常由一系列化学反应组成，需要多种酶参与；此外，还需要很多其他蛋白质参与代谢物在细胞内、外区间的转运。这些酶及转运蛋白等编码基因被统一调节，使参与同一代谢途径的所有蛋白质（包括酶）分子比例适当，以确保代谢途径有条不紊地进行。在一定机制控制下，功能上相关的一组基因，无论其为何种表达方式，均需协调一致、共同表达，即为协调表达（coordinate expression），这种调节称为协调调节（coordinate regulation）。基因的协调表达体现在多细胞生物体的生长发育全过程。

三、基因表达调控的基本原理

（一）基因表达的多级调控

从基因激活到蛋白质生物合成的各个阶段，均存在基因表达的严格调控机制，包括转录水平（基因激活及转录起始）、转录后水平（加工及转运）、翻译水平及翻译后水平的调控，但以转录水平调控最重要。实际上，对于一个基因的编码产物蛋白质来说，至少有以下几个环节可调节蛋白质在细胞内的浓度，即基因激活、转录起始、转录后加工、mRNA 寿命的维持、蛋白质翻译、翻译后加工修饰及蛋白质降解等（图 13-1）。上述任一环节出现异常均会影响某个基因的

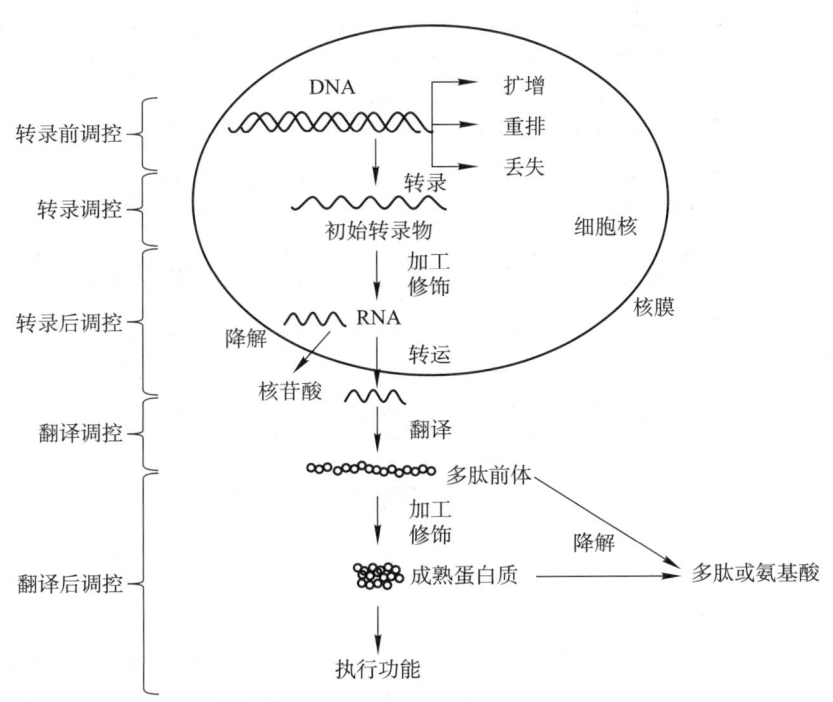

图 13-1 基因表达调控的各个环节

表达水平。目前已有证据表明，基因结构活化、转录起始、转录后加工及转运、翻译及翻译后加工等环节均为基因表达调控的关键。在上述环节中均可发生基因表达的调控作用。其中，转录起始是基因表达调控的主要环节，因为上游控制是最为经济的调节方式。

（二）基因表达的基本要素

原核生物的基因表达调控直接与其生存的环境密切相关。而多细胞的真核生物存在细胞之间的相互联系及相互作用，以协调功能，适应更复杂的生理需要，其基因表达调控过程也就更复杂。在基因转录调控方面，所涉及的调控要素主要有以下几个方面：DNA 分子上的特异序列、参与转录调控的蛋白质及 RNA 聚合酶等。

1. DNA 分子上的特异序列 一个基因开始转录，不仅与这个基因本身结构有关，还涉及一些特定的 DNA 序列，特别是转录起始区的 DNA 序列。现已知原核生物大多数基因表达调控在转录阶段是通过操纵子机制实现的。操纵子（operon）通常由信息区及调控区所组成（图13-2）。信息区常含 2 个以上功能相关的编码序列，调控区有启动序列（promoter sequence）、操纵序列（operator sequence）及其他调节序列成簇串联组成。启动子是 RNA 聚合酶结合并启动转录的特异 DNA 序列。各种原核基因启动子特定区域内，通常在转录起始点上游 −10 及 −35 区域存在一些相似序列，称为共有序列（consensus sequence）。大肠埃希菌及一些细菌操纵子的启动子共有序列在 −10 区域是 TATAAT，又称 Pribnow 盒（Pribnow box），在 −35 区域为 TTGACA。图 13-3 列举了 5 种操纵子中启动子的共有序列特征。这些共有序列中的碱基突变会影响 RNA 聚合酶与启动子的结

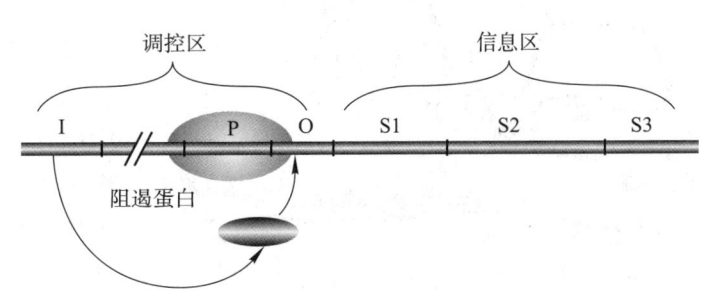

图 13-2 原核生物操纵子结构示意图

	−35区	间隔	−10区	间隔	转录起始位点
trp					
	TTGACA	N17	TTAACT	N7	转录起始位点
tRNATyr					
	TTTACA	N16	TATGAT	N7	转录起始位点
lac					
	TTTACA	N17	TATGTT	N6	转录起始位点
recAc					
	TTGATA	N16	TATAAT	N7	转录起始位点
araBAD					
	CTGACG	N16	TACTGT	N6	转录起始位点
	TTGACA		TATAAT		共有序列

图 13-3 原核生物转录起始区的共有序列

合及转录起始。

　　真核生物转录的起始区也有一些相应的特殊 DNA 序列，而且参与真核生物基因转录调控的 DNA 序列更复杂。在真核生物转录调控机制中，普遍涉及编码基因两侧的特异 DNA 序列，一般称为顺式作用元件（cis-acting element）。顺式作用元件是相对于同一分子而言，因其存在于被调控基因两侧或内部，是在同一分子内。不同真核基因的顺式作用元件中也时常发现一些共有序列，如 TATA 盒、CAAT 盒、GC 盒等。这些序列是顺式作用元件的核心，往往是真核生物 RNA 聚合酶与特异转录因子相互作用后，识别结合并启动转录或调控转录活性的位点。顺式作用元件通常是非编码序列，可出现在转录起始点的上游（5′端）或下游（3′端），甚至在受调控基因的序列内。根据顺式作用元件与受调控基因的位置关系、对转录的影响、发挥作用的方式，可将这些真核基因的转录调控元件分为启动子（promoter）、增强子（enhancer）及沉默子（silencer）等。

拓展学习 13-1
启动子的研究进展

　　2. 参与转录调控的蛋白质　原核生物基因的转录调控蛋白可分为三类：特异因子、阻遏蛋白和激活蛋白。现已知原核生物的 RNA 聚合酶只有一种，主要通过不同的 σ 因子来决定其转录的基因类别。如多数的原核基因由 σ^{70} 参与启动转录，而 σ^{32} 识别热休克基因的启动子。阻遏蛋白是阻遏物基因的表达产物，可与操纵子的操纵序列结合，是控制转录的开关。激活蛋白通过结合启动子附近的 DNA 序列，进一步促进 RNA 聚合酶与启动子的结合，增强转录活性。典型的激活蛋白为分解代谢物基因激活蛋白（catabolic gene activation protein，CAP）。某些基因在没有激活蛋白存在时，RNA 聚合酶难以结合启动子序列。原核生物的转录调控蛋白多为 DNA 结合蛋白。

　　一般将真核基因转录调控蛋白称为转录因子（transcription factor）。大多数真核基因的转录因子通过与特异的顺式作用元件相互作用，反式激活另一基因的转录过程，亦称为反式作用因子（trans-acting factor）（图 13-4）。"反式作用"意味着这些因子（蛋白质）在表达后，是作用于另一类不同的分子即顺式作用元件（DNA），并且调节另一基因的转录激活。因

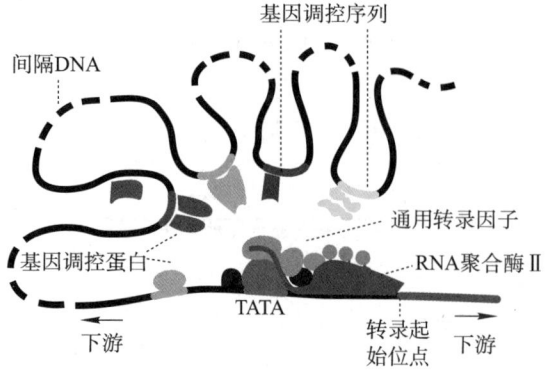

图 13-4 真核生物基因表达过程中顺式作用元件与反式作用因子的相互作用

此，大多数反式作用因子是 DNA 结合蛋白。还有一些真核基因调控蛋白不能直接结合 DNA，需要通过蛋白质 – 蛋白质相互作用后，再参与调控基因的转录。

3. RNA 聚合酶　不论是原核生物还是真核生物，基因的转录调控过程是通过特异的 DNA 序列及转录调控蛋白的共同作用实现的，最终通过影响 RNA 聚合酶活性体现转录调控的效果。启动子的结构、其他特异 DNA 调控序列的有无、调控蛋白的性质对 RNA 聚合酶活性影响很大。在真核生物中，三种 RNA 聚合酶分别转录不同类型的基因，不像原核生物的 RNA 聚合酶那样能直接识别与结合转录的起始位点。因此，对于真核生物的 RNA 聚合酶来说，反式作用因子与顺式作用元件或（与）RNA 聚合酶的相互作用对 RNA 聚合酶的功能发挥有重要意义。

拓展学习 13-2
RNA 聚合酶的研究进展

4. DNA– 蛋白质、蛋白质 – 蛋白质相互作用　上述三种基因转录调控的基本要素是通过 DNA– 蛋白质、蛋白质 – 蛋白质相互作用来实现基因转录调控的。DNA– 蛋白质相互作用（DNA–protein interaction）是指反式作用因子与顺式作用元件之间的特异识别及结合，通常是非共价结合。被调控蛋白识别的 DNA 结合位点通常呈对称或不完全对称结构。DNA 双螺旋结构中的大沟、小沟为这种识别与结合提供了基础。如果调控蛋白有一段超二级结构（如锌指结构）深入 DNA 大沟或小沟，某些氨基酸残基的侧链（R 基团）就会指向 DNA 中的某些碱基，蛋白质的氨基酸残基与 DNA 的碱基之间即产生相互作用。

在结合 DNA 之前，绝大多数调控蛋白需通过蛋白质 – 蛋白质相互作用（protein–protein interaction）形成二聚体（dimer）或多聚体（polymer）。其中，二聚体是调节蛋白结合 DNA 时最常见的形式。由同种分子形成的二聚体称为同二聚体（homodimer），异种分子间形成的二聚体称为异二聚体（heterdimer）。一般说，异二聚体比同二聚体具有更强的 DNA 结合能力。

四、基因表达调控的生物学意义

生物体所处的内、外环境是不断变化的。生物体所有细胞都必须对内、外环境的变化做出适当反应，以使生物体能更好地适应变化着的环境状态。生物体这种适应环境的能力总是与某种或某些蛋白质分子的功能有关。细胞内某种功能蛋白质分子的有或无、多或少的变化则由编码此种蛋白质分子的基因表达与否、表达水平高低等状况决定。通过一定的程序调控基因的表达，可使生物体表达出合适的蛋白质分子，以便更好地适应环境，维持其生长。

生物体调控基因表达、适应环境是普遍存在的。原核生物、单细胞生物调控基因的表达就是为了适应环境、维持生长和细胞分裂。在多细胞生物，基因表达调控的意义还在于维持细胞分化与个体发育。在多细胞个体生长、发育的不同阶段，细胞中的蛋白质分子种类和含量变化很大，即使在同一生长发育阶段，不同组织器官内蛋白质分子分布也存在很大差异，这些差异是基因表达调控引起细胞表型不同的关键。

临床聚焦 13-1
血红蛋白基因表达与贫血类型的关系

第二节　原核生物基因表达调控

原核生物的基因组远远小于真核生物，结构也更简单，而且没有细胞核，亚细胞结构远没有真核生物的那么复杂，其生存直接与环境相关。因此，原核生物基因表达的调控与真核生物的相比有很大差别。原核生物以操纵子为转录的基本单位，转录调控过程涉及操纵子结构特征，受环境因素的直接影响，以负调控为主，也存在一定的正调控。

一、原核生物基因转录调控特点

（一）σ 因子决定 RNA 聚合酶识别特异性

转录调控主要是对转录起始阶段的调节。原核生物转录的启动子有强弱之分。由于不同启动子之间存在碱基序列的差异，与 RNA 聚合酶的亲和力也不同，从而导致该酶对不同基因的基础转录水平可相差 1 000 倍以上。因此，RNA 聚合酶本身也直接参与基因表达的调控过程。σ 因子是原核生物 RNA 聚合酶全酶的组成成分之一，其作用是特异性地识别启动子。目前已在原核生物中发现了多种 σ 因子，它们能够根据细胞所处环境的变化，选择性地识别并激活不同基因的表达。通常根据这些 σ 因子相对分子质量的大小来命名。如常见的是 σ^{70}，参与绝大多数基因的转录表达；σ^{32} 和 σ^{24} 与细菌热休克应答所需基因表达相关；σ^{54} 则与细菌氮代谢相关基因的表达有关。

（二）操纵子模型在原核生物基因表达调控中具有普遍性

操纵子是原核生物基因表达调控最重要的形式，原核生物基因多数以操纵子的形式组成基因表达调控的单元。如乳糖操纵子、色氨酸操纵子等。操纵子是指一些功能相关的结构基因成簇串联存在，作为一个整体受同一控制元件的调节。串联排列的结构基因在同一个控制元件调控下，转录出多顺反子 mRNA。控制元件由启动子、操纵序列和调节基因组成。调节基因编码调节蛋白，与操纵序列结合来阻遏基因的表达，这样的调控就为负调控，相应的调节蛋白就是阻遏蛋白；如果调节基因编码的蛋白质与操作序列的结合是激活基因的表达，这样的调控就为正调控，相应的调节蛋白就是激活蛋白。原核生物基因转录调控以负调控为主。

二、原核生物基因转录调控机制——操纵子模型

在原核生物中，功能上相关的结构基因往往组合在一起，表达时受同一调控系统的调控，这种基因的组织形式即为操纵子。这是原核生物基因转录调控的主要模式。

（一）乳糖操纵子

微课或微视频 13-1
乳糖操纵子

大肠埃希菌的乳糖操纵子（lactose operon，lac operon）是一个十分巧妙的自动控制系统，这个自动控制系统负责调控大肠埃希菌的乳糖代谢，是原核生物基因表达调控的典型例子。

1. 乳糖操纵子的结构　大肠埃希菌的乳糖操纵子含有一个操纵序列（operator，O）、一个启动序列（promoter，P）及一个调节基因 I。I 基因具有独立的启动序列（PI），编码一种阻遏蛋白，阻遏蛋白会与操纵序列结合，使操纵子受阻遏而处于关闭状态。在启动序列上游还有一个分解代谢物基因激活蛋白（CAP）结合位点。由 P 序列、O 序列和 CAP 结合位点共同构成乳糖操纵子的调控区。此外，乳糖操纵子还含有 Z、Y 及 A 三个结构基因，分别编码 β- 半乳糖苷酶（β-galactosidase）、通透酶（permease）和乙酰基转移酶（transacetylase），这三个酶的编码基因由同一调控区调节，实现基因产物的协调表达（图 13-5）。β- 半乳糖苷酶是一种作用于 β- 半乳糖苷键的专一性酶，除能将乳糖水解成葡萄糖和半乳糖外，还能水解其他 β- 半乳糖苷（如苯基半乳糖苷）。通透酶的作用是使外界的 β- 半乳糖苷（如乳糖）透过大肠埃希菌细胞壁和原

生质膜进入细胞内，所以如果以乳糖为大肠埃希菌生长的唯一碳源和能源，这两种酶是必需的。β- 半乳糖苷乙酰基转移酶的作用是把乙酰 CoA 上的乙酰基转移到 β- 半乳糖苷上，形成乙酰半乳糖，它在乳糖的利用中并非必需。

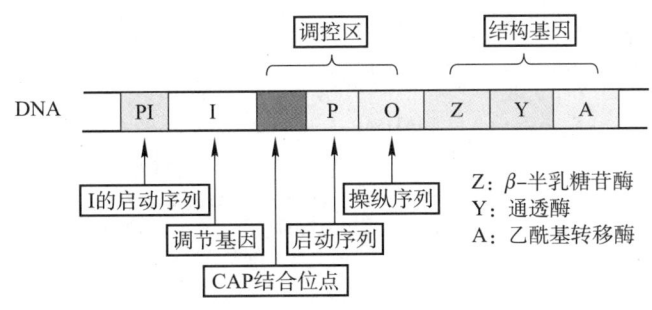

图 13-5 乳糖操纵子的结构

2. 乳糖操纵子的调控机制

（1）负调控　正常情况下，大肠埃希菌主要利用葡萄糖作为碳源。此时，阻遏蛋白与操纵序列相结合，乳糖操纵子处于阻遏状态，阻断基因的表达。阻遏蛋白是由 I 序列在 PI 启动序列作用下表达的。阻遏蛋白与操纵序列 O 结合，阻碍 RNA 聚合酶与启动序列 P 的结合，抑制转录启动。阻遏蛋白的阻遏作用并非绝对，偶有阻遏蛋白与 O 序列解聚。因此，每个细胞中可能会有寥寥数个分子的 β- 半乳糖苷酶、通透酶生成。当有乳糖存在时，乳糖操纵子即可被诱导。在这个操纵子体系中，真正的诱导剂并非乳糖本身。乳糖经通透酶催化、转运进入细胞，再经原先存在于细胞中的少量 β- 半乳糖苷酶催化，转变为别乳糖（allolactose）。后者作为一种诱导剂分子结合阻遏蛋白，使蛋白质构象变化，导致阻遏蛋白与 O 序列解离、发生转录，使 β- 半乳糖苷酶分子增加到原来的 1 000 倍（图 13-6）。别乳糖的类似物异丙基 –β-D- 半乳糖苷（isopropyl-D-thiogalacto-pyranoside，IPTG）是一种良好的诱导剂。

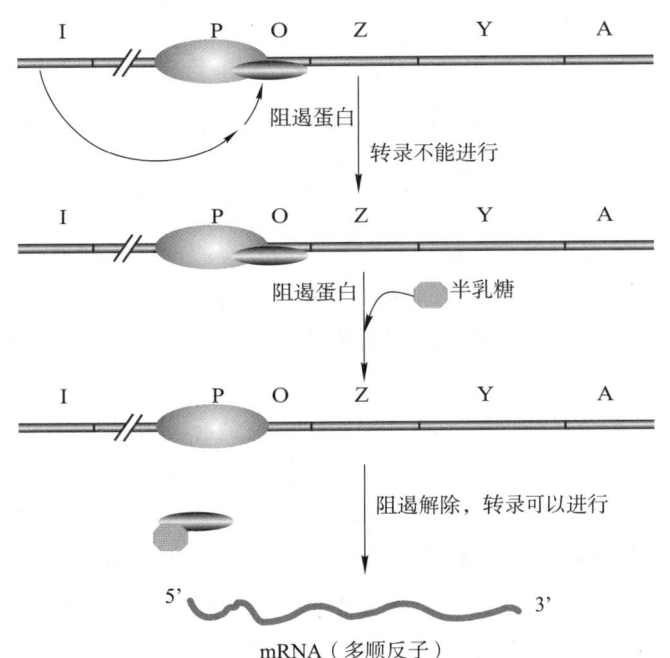

图 13-6 乳糖操纵子的负调控机制

（2）正调控　研究发现在大肠埃希菌菌株内，cAMP 的含量常随细胞的生理状态发生变化，即当细胞处于碳源饥饿条件下，cAMP 水平显著提高；反之，在细胞生长的培养基中含有大量葡萄糖时，cAMP 水平明显降低。乳糖操纵子也有类似的情况，只有当以乳糖为唯一碳源时，β- 半乳糖苷酶的合成才增加。但是在以乳糖和葡萄糖为碳源时，如果加入 cAMP，β- 半乳糖苷酶的合成速率也会大大提高，可达到只用乳糖为碳源时的水平。这说明，菌株内 cAMP 的浓度能影响到 β- 半乳糖苷酶的合成速率。进一步的分析发现，这一过程还与一种诱导蛋白 CAP 有关。这是一种二聚体蛋白质，每个亚基含 209 个氨基酸残基，具有转录起始因子的作用，在有 cAMP 时，能使操纵子有效地进行转录。cAMP-CAP 复合物与 DNA 结合改变了这一区段的 DNA 结构，促进了 RNA 聚合酶结合区的解链。可能是 cAMP-CAP 先通过与 RNA 聚合酶结合，再与 DNA 结合，因而促进了 RNA 聚合酶与启动子的结合，从而增强了转录。cAMP-CAP 复合物的形成取决于细胞内 cAMP 的浓度，当以葡萄糖为能源时，由于其抑制腺苷酸环化酶的活性，ATP 不能转化为 cAMP，且葡萄糖的某些代谢物还可以使 cAMP 转化为 5'-AMP，细胞内 cAMP 浓度降低，不能形

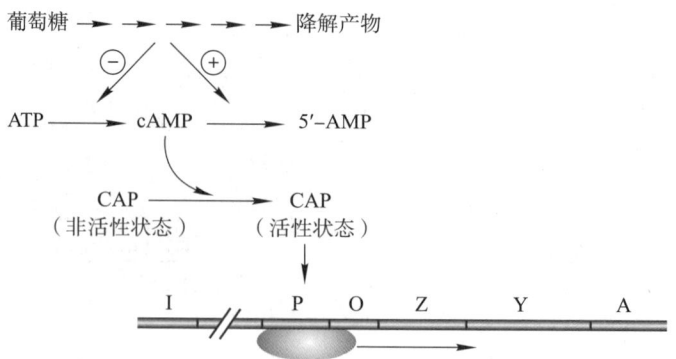

图 13-7　乳糖操纵子
的正调控机制

成 CAP–cAMP 复合物，因而结构基因不被转录（图 13-7）。

（二）色氨酸操纵子

色氨酸操纵子（tryptophan operon，trp operon）负责色氨酸的生物合成，当培养基中有足够的色氨酸时，这个操纵子自动关闭；缺乏色氨酸时操纵子被打开，5 种参与色氨酸合成的酶的基因转录。色氨酸操纵子是一种阻遏型的操纵子，因为色氨酸作为辅阻遏物，与阻遏蛋白结合而阻止色氨酸操纵子的表达。而乳糖操纵子属于诱导型操纵子，是因为乳糖作为诱导物来诱导乳糖操纵子的基因转录。

色氨酸的合成分 5 步完成。每个环节需要一种酶，编码这 5 种酶的基因紧密连锁在一起，被转录在一条多顺反子 mRNA 上，分别以 trpE、trpD、trpC、trpB、trpA 代表，编码了邻氨基苯甲酸合成酶、邻氨基苯甲酸焦磷酸转移酶、邻氨基苯甲酸异构酶、色氨酸合成酶和吲哚 –3– 甘油磷酸合成酶。

色氨酸操纵子转录起始的调控是通过阻遏蛋白实现的。产生阻遏蛋白的基因是 trpR，该基因距 trp 操纵子基因簇很远。它结合于 trp 操纵子基因特异序列，阻止转录起始。但阻遏蛋白的 DNA 结合活性受色氨酸调控，在有高浓度色氨酸存在时，色氨酸作为辅阻遏物与阻遏蛋白形成复合物，并且与色氨酸操纵子紧密结合，因此可以阻止转录。当色氨酸水平低时，阻遏蛋白以一种非活性形式存在，不能结合 DNA。在这样的条件下，色氨酸操纵子被 RNA 聚合酶转录，同时色氨酸生物合成途径被激活（图 13-8）。

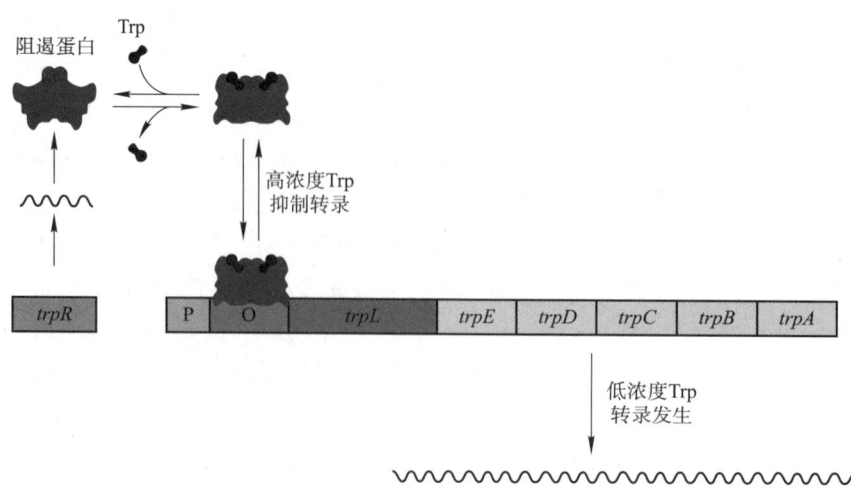

图 13-8　色氨酸操纵
子的调控机制

三、原核生物基因表达在其他层次的调控

基因表达的转录调控是生物最经济的调控方式。但转录生成 mRNA 以后，再在翻译或翻译后水平进行"微调"，是对转录调控的补充，它使基因表达的调控更加适应生物本身的需求和外界条件的变化。

（一）翻译起始的调控

遗传信息翻译成多肽链起始于 mRNA 上的核糖体结合位点（ribosome binding site，RBS）。所谓 RBS，是指起始密码子 AUG 上游的一段非翻译区。在 RBS 中有 SD 序列，长度一般为 4～9 个核苷酸，富含 G、A（图 13-9），该序列与核糖体 16S rRNA 3′ 端的一段富含嘧啶碱基的短序列，如 3′-UUCCUCC-5′，通过碱基互补与核糖体小亚基结合（图 13-10）。互补程度和适当的距离是影响翻译效率的因素。RBS 的结合强度取决于 SD 序列的结构及其与起始密码子 AUG 之间的距离。其一致序列为 AGGAGG，SD 序列与 AUG 之间相距一般以 8～13 个核苷酸为佳，9 个核苷酸最佳。

	SD序列　　　　　　起始密码子
araB	–UUUGGAUGGAGUGAAACGAUGGCGAUU–
galE	–AGCCUAAUGGAGCGAAUUAUGAGAGUU–
lacI	–CAAUUCAGGGUGGUGAUUGUGAAACCA–
LacZ	–UUCACACAGGAAACAGCUAUGACCAUG–
Qβ 噬菌体复制酶	–UAACUAAGGAUGAAAUGCAUGUCUAAG–
ΦX174 噬菌体蛋白A	–AAUCUUGGAGGCUUUUUUAUGGUUCGU–
R17 噬菌体外壳蛋白	–UCAACCGGGGUUUGAAGCAUGGCUUCU–
核糖体蛋白 S12	–AAAACCAGGAGCUAUUUAAUGGCAACA–
核糖体蛋白 L10	–CUACCAGGAGCAAAGCUAAUGGCUUUA–
trpE	–CAAAAUUAGAGAAUAACAAUGCAAACA–
trpL 前导肽	–GUAAAAAGGGUAUCGACAAUGAAAGCA–
16S rRNA 3′端	3′-AUUCCUCCACUAG-5′

图 13-9　原核生物起始密码子上游的 SD 序列

此外，mRNA 的二级结构也是翻译起始调控的重要因素。因为核糖体的 30S 亚基必须与 mRNA 结合，要求 mRNA 5′ 端有一定的空间结构。SD 序列的微小变化，往往会导致表达效率上百倍甚至上千倍的差异，这是由于核苷酸的变化改变了形成 mRNA 5′ 端二级结构的自由能，影响了核糖体 30S 亚基与 mRNA 的结合，从而造成了蛋白质合成效率上的差异。

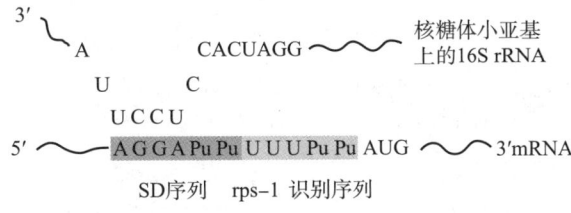

图 13-10　SD 序列与 16S rRNA 的相互识别

（二）稀有密码子对翻译的影响

大肠埃希菌 DNA 复制时，RNA 引物是由 *dnaG* 基因编码的引物酶催化合成的，细胞对这种酶的需求量不大，而引物酶过多对细胞是有害的。已知 *dnaG* 和 *rpoD*（编码 σ⁷⁰）及 *rpsU*（编码

30S 核糖体上的 S21 蛋白）属于大肠埃希菌基因组上的同一个操纵子，而这 3 个基因产物在数量上却大不相同，每个细胞内仅有 50 个拷贝的 dnaG 蛋白，却有 2 800 个拷贝的 rpoD 蛋白，更有高达 40 000 个拷贝的 S21 蛋白。细胞通过翻译调控，解决了这个问题。

研究 *dnaG* 序列发现其中含有不少稀有密码子。通过对大肠埃希菌中结构蛋白和 *dnaG*、*rpoD* 序列中异亮氨酸密码子的利用频率进行分析，可以看出稀有密码子 AUA 在表达要求较低的 dnaG 蛋白中使用频率就相当高。此外，UCG（Ser）、CCU（Pro）、CCC（Pro）、ACG（Thr）、CAA（Gln）、AAU（Asn）和 AGG（Arg）等 7 个密码子的使用频率也有明显差异。

（三）重叠基因对翻译的影响

重叠基因最早在大肠埃希菌噬菌体 ΦX174 中发现，例如，*B* 基因包含在 *A* 基因内，*E* 基因包含在 *D* 基因内，用不同的阅读方式得到不同的蛋白质。当时认为重叠基因的生物学意义是它可以包含更多的遗传信息，后来发现丝状 RNA 噬菌体、线粒体 DNA 和细菌染色体上都有重叠基因存在，暗示这一现象可能对基因表达调控有影响。现用色氨酸操纵子中的 *trpE* 基因和 *trpD* 基因之间的翻译偶联现象来说明这个问题。

色氨酸操纵子由 5 个基因（*trpE*、*trpD*、*trpC*、*trpB*、*trpA*）组成，在正常情况下，操纵子中 5 个基因产物是等量的，但 *trpE* 突变后，其邻近的 *trpD* 产量比下游的 *trpB* 和 *trpA* 产量要低得多。研究 *trpE* 和 *trpD* 及 *trpB* 和 *trpA* 两对基因中核苷酸序列与翻译偶联的关系，发现 *trpE* 基因的终止密码子和 *trpD* 基因的起始密码子共用一个核苷酸。

由于 *trpE* 的终止密码子与 *trpD* 的起始密码子重叠，*trpE* 翻译终止时核糖体立即处在起始环境中，这种重叠的密码保证了同一核糖体对两个连续基因进行翻译的机制。实验证明，偶联翻译可能是保证两个基因产物在数量上相等的重要手段。除了上述 *trpE* 和 *trpD* 基因之外，*trpB* 和 *trpA* 基因也存在着偶联翻译现象，其核苷酸序列同样是重叠的，这两个基因的产物等量存在于细胞中。

（四）蛋白质对翻译的阻遏

蛋白质阻遏或激活基因转录的例子已经屡见不鲜，那么，蛋白质是否也能对翻译起类似的调控作用呢？在大肠埃希菌 RNA 噬菌体 Qβ 中发现了这种现象。Qβ 噬菌体基因组包含 3 个基因，从 5′ 到 3′ 方向依次是与噬菌体组装和吸附有关的成熟蛋白基因、外壳蛋白基因和 RNA 复制酶基因。当噬菌体感染细菌，RNA 进入细胞后，这条称为（+）链的 RNA 立即作为模板指导合成复制酶，并与宿主中已有的亚基结合行使复制功能。但是，Qβ（+）RNA 链上此时已有不少核糖体，它们从 5′ 向 3′ 方向进行翻译，这无疑影响了复制酶催化的从 3′ 向 5′ 方向进行的（–）链合成。克服这个矛盾的办法便是由 Qβ 复制酶作为翻译阻遏物进行调节。

体外实验证明，纯化的复制酶可以和外壳蛋白的翻译起始区结合，抑制蛋白质的合成。由于复制酶的存在，核糖体便不能与起始区结合，但已经起始的翻译仍能继续下去，直到翻译完毕，核糖体脱落，与（+）链 RNA 3′ 端结合的复制酶便开始 RNA 的复制。这里复制酶既能与外壳蛋白的翻译起始区结合，又能与（+）链 RNA 的 3′ 端结合。序列分析表明，这两个位点上都有 CUUUU–AAA 序列，能形成稳定的茎–环结构，具备翻译阻遏特征。

（五）反义 RNA 的调节

反义 RNA（antisense RNA）可以通过互补序列与特定的 mRNA 相结合，结合位置包括

mRNA 结合核糖体的序列（SD 序列）和起始密码子 AUG，从而抑制 mRNA 的翻译。

　　例如，在大肠埃希菌中有两种外膜蛋白 Omp C 和 Omp F。当渗透压增高时，Omp C 产量增加，Omp F 受到抑制；在渗透压减小时，Omp C 受到抑制，Omp F 产量增加。omp C 和 omp F 两个基因分别编码两个外膜蛋白，这两个基因并不连锁，但它们的表达同时受到渗透压的控制。env Z 基因编码一种作为渗透压感受器的受体蛋白。当渗透压增高时，Env Z 激活 omp R 产生蛋白（一种正调蛋白）。它可以激活 omp C 和调节蛋白 mic F 两个基因转录，这两个基因相互连锁，但反向转录，调控区位于两个基因之间。mic F 的产物是一条小分子 RNA，这个小 RNA 可以和 omp F mRNA 上包含核糖体结合位点的翻译起始区互补结合，形成双链区，阻止其翻译（图 13-11）。

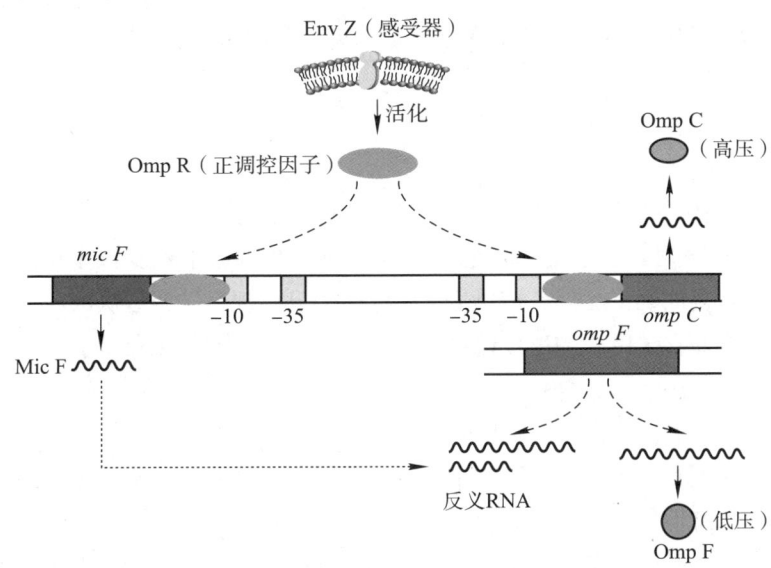

图 13-11　在大肠埃希菌中通过反义 RNA 来调控膜蛋白的合成

第三节　真核生物基因表达调控

　　原核生物基因表达调控中的一些原理也存在于真核生物基因中，但是，多细胞真核生物具有精确的发育程序及大量分化的特殊细胞群，因此它需要更为多样化的调控机制，远比原核生物复杂。真核生物基因转录调控主要是通过特异的蛋白质因子（反式作用因子）与特异的 DNA 序列（顺式作用元件）相互作用来实现的，一般以正性调控为主。

一、真核生物基因组特点

（一）真核生物基因组结构庞大

　　真核生物的基因组比较庞大，并且不同生物种间差异很大，例如，人的单倍体基因组由 3×10^9 bp 组成，其中含有 2.0 万个左右基因。在人细胞的整个基因组中实际上只有很少一部分（占 2% ~ 3%）的 DNA 序列用以编码蛋白质。

（二）单顺反子结构

真核细胞结构基因为单顺反子（monocistron），一个结构基因经过转录生成一个单顺反子mRNA分子，翻译成一条多肽链。

（三）断裂基因

真核细胞基因组的大部分序列属于非编码序列。编码区通常为结构基因，结构基因不仅在两侧有非编码区，而且在基因内部也有许多不编码蛋白质的间隔序列（intervening sequences），因此，真核细胞的基因大多由不连续的几个编码序列所组成，称之为断裂基因（split gene）。

真核生物基因之间存在编码空白区或转录空白区，称为间隔区DNA（spacer DNA），这些序列往往在单拷贝的结构基因之侧翼，并使结构基因彼此分开，间隔区DNA也可以存在于rDNA区。间隔区DNA大小与基因组的大小有关，一般来说，基因组愈大，间隔区DNA所占的比例也愈高。

（四）重复序列

真核生物基因组中普遍存在着重复序列，其中重复频率高，可达百万（10^6）以上的重复序列，称之为高度重复序列。在人类基因组中约占20%。基因组中重复数十至数万次的（$<10^5$）的重复序列称为中度重复序列。另外，把单倍体基因组中只出现一次或数次的序列称为低度重复序列。低度重复序列中储存了巨大的遗传信息，编码各种不同功能的蛋白质。

（五）多态性

基因组中某个基因在同种生物的不同个体中，经常存在的两种或两种以上的变异型或基因型的现象，称为基因多态性（gene polymorphism）。

真核生物基因组中基因多态性常常出现在限制性核酸内切酶的酶切位点序列中，因此，用某个限制性核酸内切酶来酶解基因组的某段序列时，在同种的不同个体之间该段序列可能被酶解成长短不等的几个DNA片段，即这段序列在该种生物的群体中形成多态性，这种多态性称为限制性酶切片段长度多态性（restriction fragment length polymorphism，RFLP）。

二、真核生物基因表达调控的特点

原核生物的调控系统就是要为特定环境中的细胞创造生长条件或使细胞在受到损伤时得到修复。原核生物基因表达的开关一般是通过控制转录的起始来调节。与之不同，真核基因表达调控的最显著特征是能在特定时间和特定的细胞中激活特定的基因，从而实现预定的、有序的、不可逆转的分化、发育过程，并使生物的组织和器官在一定的环境条件范围内保持正常功能。

同原核生物相同，真核生物基因表达调控也存在转录水平和转录后水平的调控，且以转录水平调控为主；在结构基因上游和下游、甚至内部存在多种调控成分，并依靠特异蛋白因子与这些调控成分的结合与否调控基因的转录。但两者也存在明显差别。

（一）具有多种RNA聚合酶

如前所述，真核细胞核中存在3种RNA聚合酶：RNA聚合酶Ⅰ，Ⅱ及Ⅲ。三种RNA聚合酶处于细胞核的不同部位，负责不同RNA的转录。所有3种RNA聚合酶都由多亚基（8~14）

组成相对分子质量 5.0×10^5 以上的蛋白质，它们都依赖模板转录 RNA，但都不能直接识别启动子并在启动子处起始转录。

（二）转录与翻译分隔进行

真核细胞含有被核膜包围的细胞核，转录过程就发生在核膜以内，但是合成蛋白质所必需的核糖体却分布在细胞质中，因此转录出的 RNA 必须转运到核外才能进行翻译。

（三）真核生物活性染色体结构的变化对基因表达具有调控作用

1. DNA 拓扑结构变化　几乎所有天然状态的双链 DNA 均以负超螺旋构象存在。当基因活化时，RNA 聚合酶前方的转录区 DNA 拓扑结构为正超螺旋构象，而在其后面的 DNA 则为负超螺旋构象。负超螺旋构象有利于核小体结构的再形成，而正超螺旋构象不仅阻碍核小体结构形成，而且促进组蛋白 H2A 和 H2B 二聚体的释放，使 RNA 聚合酶有可能向前移动，进行转录。

2. DNA 碱基的甲基化修饰　DNA 甲基化是指在 DNA 甲基化酶（DNA methyltransferase）的作用下，以 S- 腺苷甲硫氨酸为甲基供体，将甲基转移到 DNA 分子的胞嘧啶上形成 5- 甲基胞嘧啶的过程。胞嘧啶的甲基化作用不是随机的。在脊椎动物基因组中胞嘧啶甲基化仅限于 5′-CG-3′ 二核苷酸，植物中仅限于 5′-CG-3′ 二核苷酸和 5′-CNG-3′ 三核苷酸。

DNA 甲基化可以引起基因沉默。把甲基化的或未甲基化的基因引入细胞，检测它们的表达水平，结果显示甲基化的 DNA 不表达。在检测染色体 DNA 的甲基化模式时，发现 DNA 甲基化水平与相邻基因的表达水平呈负相关。

3. 组蛋白变化　在原核细胞中，RNA 聚合酶和调节蛋白可以自由地接近 DNA。由组蛋白和基因组 DNA 两部分组成的真核生物染色质结构限制了转录因子对 DNA 的接近与结合，实际上起着阻遏转录的作用。基因转录需要染色质发生一系列重要的变化，如染色质去凝集，核小体变成开放式的疏松结构，使转录因子等更容易接近并结合基因组 DNA。有两种方式可以显著改变DNA 的易接近性：组蛋白的乙酰化和核小体重塑。

每种核心组蛋白包括一个约 80 个氨基酸残基构成的保守的区域称为组蛋白折叠域（histone fold domain），以及一个突出于核小体核心之外、由 20 个氨基酸残基组成的 N 端尾。N 端尾的相互作用对核小体的聚集和染色质折叠非常重要，也是组蛋白的主要修饰部位。核小体 N 端尾的修饰作用包括位点特异的磷酸化、乙酰化和甲基化。一般来说，乙酰化修饰能够中和组蛋白尾上碱性氨基酸残基的正电荷，减弱组蛋白与带有负电荷的 DNA 之间的结合，选择性地使某些染色质区域的结构从紧密变得松散，有利于转录因子与 DNA 的结合，增强其表达水平。而组蛋白甲基化通常不会在整体上改变组蛋白尾的电荷，但是能够增加其碱性度和疏水性，因而增强其与DNA 的亲和力。

核小体重塑涉及在基因组一个较短的区域中，核小体位置的改变或者结构的改变，是一个能量依赖的过程，由核小体重塑复合体（chromatin remodeling complex）催化完成。重塑复合体利用ATP 水解释放的能量，介导两种主要的反应：① 组蛋白八聚体沿 DNA 滑动。② 在不改变位置的情况下，使核小体变成一种较为松散的结构。

（四）正性调节占主导

真核基因调控中虽然也发现有负性调控元件，但其存在并不普遍，真核基因转录表达的调控蛋白也有阻遏和激活作用或兼有两种作用，但总的是以激活蛋白的作用为主。即多数真核基因在没有调控蛋白作用时是不转录的，需要表达时就要有激活作用的蛋白质来促进转录。换言之，真核基因表达以正性调控为主导。其原因在于正性调节可以提高基因表达调控的特异性和精确性，并且相比负性调节来说不需产生大量的阻遏蛋白，调控方式更加经济。

三、真核生物基因转录的调控

真核生物基因中编码关键代谢酶或细胞组成成分的基因在所有细胞都处于活跃状态。另一些基因的表达则因细胞或组织不同而异，只在某些特定的发育时期或细胞中才高效表达。这类基因表达调控通常发生在转录水平。

（一）顺式作用元件影响基因转录的活性

1. 启动子　典型的真核生物启动子序列由核心启动子和启动子近端元件两部分组成。核心启动子位于转录起始点上游 $-30 \sim -25$ 处，通常是一段富含 TATA 的序列，称为 TATA 盒或 Hogness 盒（Hogness box）。核心启动子是真核 RNA 聚合酶的识别与结合区，主要决定转录的起始点，维持基础转录水平，并具有独立协调转录的功能。当核心启动子序列与转录起始点之间的距离或方向发生改变时，就会严重影响基因的转录表达。启动子近端元件是位于转录起始点上游约 -70 区及以上区域的一些保守 DNA 序列，其距离随不同的结构基因而异。此区常出现的特征性保守序列为 CAAT 盒（GCCAAT）和 GC 盒（GGGGCGG）。这些序列为反式作用因子的结合位点。这些位点形成的 DNA–蛋白质复合物和真核 RNA 聚合酶与反式作用因子形成的复合物相互作用，从而调节转录活性及效率。

2. 增强子　存在于结构基因上游或下游，甚至该基因内部，能够增强该基因转录活性的特异 DNA 序列称为增强子（enhancer）。其核心序列通常由一些短的重复序列构成。增强子一般长 $100 \sim 200$ bp，其核心序列常由 $8 \sim 12$ 个核苷酸组成，该序列可以单拷贝形式存在，也可以多拷贝的串联形式存在，即形成短的重复序列。增强子能使结构基因的转录速率大大提高，其作用特点包括：① 位置不定性，在转录起始点 $5'$ 端或 $3'$ 端均能起作用，有时也可位于受控基因的内含子中；② 作用无方向性，即相对于启动子的任一指向均能发挥作用；③ 距离无关性，发挥作用与距离受控基因的远近无关，即增强子可远离转录起始点发挥其调控作用，最大作用距离可达 30 kb；④ 作用非专一性，某些基因的增强子也可使其他基因转录增加。

增强子通过与反式作用因子相互结合而发挥促进转录作用。当反式作用因子与增强子序列结合以后，导致 DNA 双链发生结构变化，作用于启动子部位，促进 RNA 聚合酶与启动子结合，从而加强基因的转录，起正调控作用（图 13-12）。

3. 沉默子　是能够对基因转录起阻遏作用的 DNA 片段，属于负性调控元件。一旦某些反式作用因子与其识别并结合，可发挥对基因转录的阻遏作用。

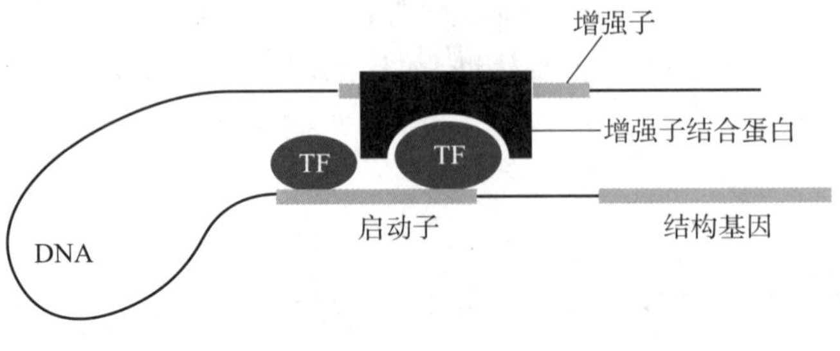

4. 绝缘子　是一组在真核生物基因组中建立独立的转录活性区的调控元件。它具有两种性质：①当绝缘子位于增强子与启动子之间时，可以阻断增强子对启动子的作用。②绝缘

图 13-12　增强子的作用方式

子可以使其界定的基因的表达不受位置效应的影响。基因转录时，目的基因整合到染色体上的不同位置，因位置效应作用基因的表达水平差异很大。但是，如果在目的基因的两侧连接上绝缘子，目的基因往往不受染色体位置效应的影响。

（二）反式作用因子是真核细胞中重要的转录调控蛋白

反式作用因子是一些能够直接或间接与顺式作用元件相互作用，从而影响基因表达的蛋白质。凡能促进基因转录表达活性的称为正调控反式作用因子；反之，则称为负调控反式作用因子。目前在真核生物中发现的反式作用因子多达数十种，其功能复杂，包括转录因子（transcription factor，TF）、转录激活/阻遏因子、共激活/阻遏因子等。其中转录因子已经在第十一章进行了叙述，因此本处主要介绍其他类型的反式作用因子。

1. 转录激活/阻遏因子　能够与启动子近端元件识别并结合，通过特异的蛋白质-蛋白质相互作用而激活基因转录的反式作用因子称为转录激活因子，而抑制基因转录的就称为转录阻遏因子，包括 GC 盒特异结合蛋白、CAAT 盒特异结合蛋白等。这些反式作用因子通过蛋白质-蛋白质相互作用，调节 RNA 聚合酶的活性；或者与基本转录因子接触，影响初步装配的转录起始复合物中间体的稳定性，调节基因转录的启动过程。

2. 共激活/阻遏因子　这些反式作用因子不直接与顺式作用元件相结合，而是通过蛋白质-蛋白质相互作用，改变转录因子、转录激活/阻遏因子的构象，从而调节基因转录。如果与转录激活因子产生协同激活效应，称为共激活因子；反之，若与转录阻遏因子协同产生阻遏效应，则称为共阻遏因子。

（三）反式作用因子与顺式作用元件的相互作用

反式作用因子通过与顺式作用元件的相互作用来调控基因的表达。因此，反式作用因子的分子结构中至少含有 3 个功能域：DNA 结合域、转录活性域和其他反式作用因子结合域。各种反式作用因子的 DNA 结合域共性特征性结构如下。

1. 同源结构域（homodomain，HD）　通常由约 60 个高度保守的氨基酸残基盘绕为两段 α-螺旋构成，其间通过 β-转角或成环连接，即形成螺旋-转角-螺旋（helix–turn–helix）或螺旋-环-螺旋（helix–loop–helix）结构，但常靠伸出的另一段 α-螺旋才能稳定。该结构域中的第二段 α-螺旋为识别螺旋，能够识别特异的 DNA 序列，并通过其氨基酸残基的侧链基团与 DNA 大沟碱基边缘的化学基团相互作用，与 DNA 骨架的磷酸基形成氢键，使之定向结合于 DNA 的大沟中（图 13-13）。

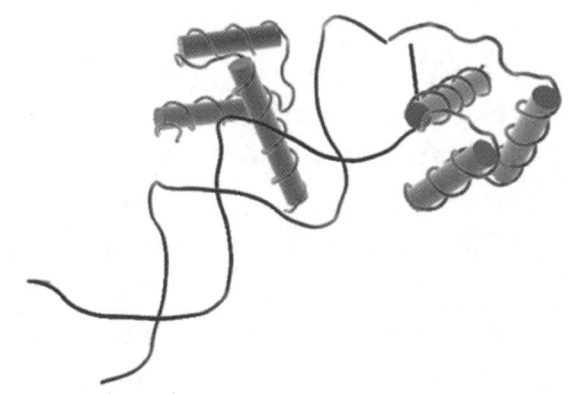

图 13-13　反式作用因子同源结构域模式图

2. 锌指模体（zinc finger motif）　许多真核生物的反式作用因子为含锌的金属蛋白因子，这些蛋白因子的分子结构中，通常存在一段由 25～30 个保守重复的富含 Cys 或 His 残基的多肽链。这段序列中的 4 个 Cys 残基或 His 残基可与 Zn^{2+} 形成配位键，其余 12～13 个残基盘绕成 α-螺旋（识别螺旋），靠 Zn^{2+} 与对侧的一个 β-折叠结构相连，其识别螺旋能嵌入 DNA 双螺旋的大沟中而与之相结合（图 13-14）。每个蛋白因子中可含 2～37 个锌指模体。

3. 碱性亮氨酸拉链模体（basic leucine zipper motif） 某些反式作用因子以同二聚体或异二聚体的形式参与基因转录的调控，各亚基的 N 端由 60～100 个保守的氨基酸残基组成，并盘绕为 α- 螺旋。该螺旋的 N 端部分富含碱性氨基酸残基，具有亲水性；而 C 端部分具有疏水性，每隔 7 个残基规律性出现 1 个 Leu 残基，其 Leu 侧链交替排列而使两段 α- 螺旋呈拉链状。两段 α- 螺旋的 N 端部分呈"八"字形嵌入 DNA 大沟并与其特异的序列相结合（图 13-15）。

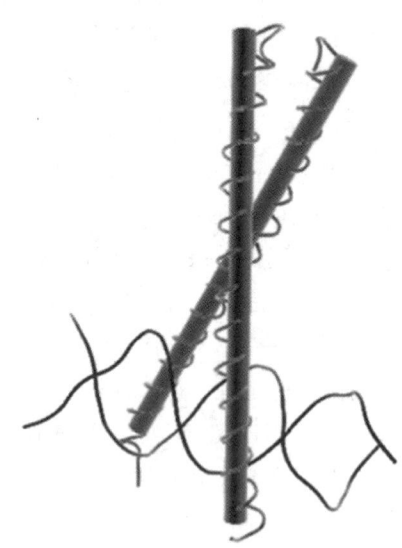

图 13-14　反式作用因子锌指模体模式图　　　　图 13-15　反式作用因子碱性亮氨酸拉链模体模式图

（四）真核生物转录调节

由 RNA-pol Ⅰ 催化生成的基因转录产物为 rRNA 前体，RNA-pol Ⅲ 催化生成的转录产物为 tRNA 前体、5S rRNA、小分子 RNA 及一些病毒 RNA 等。rRNA 和 tRNA 直接参与蛋白质合成过程，它们的表达水平将直接影响蛋白质编码基因的表达。这两种 RNA-pol 所转录的基因种类相对较少，其转录体系的调节也相对简单。RNA-pol Ⅱ 参与转录生成所有 mRNA 前体及大部分 snRNA。同前两者相比，为满足 RNA-pol Ⅱ 转录成千上万种处于不同表达水平的基因的需要，参与 RNA-pol Ⅱ 转录起始的 DNA 调控序列及转录因子要复杂得多。

1. RNA-pol Ⅰ 转录调节　RNA-pol Ⅰ 合成 rRNA 效率很高，因为真核 rRNA 基因在每个单倍体基因组中重复 100～5 000 次，各个转录单位之间由相当于增强子的间隔区将它们分隔开。这些间隔区不进行转录，可与蛋白因子结合。

人的 rRNA 基因启动子含两个顺式调控序列，即位于 -45～+20 的核心启动子（core promoter）和位于 -107～-106 的上游调控元件（upstream control element，UCE）。结合于这两个顺式调控序列的转录因子，一个叫上游结合因子 1（upstream binding protein factor 1，UBF1），它能识别 UCE 的 3′ 端且以特异方式与核心启动子结合；另一个因子是选择性因子 1（selectivity factor 1，SL1），它在 UBF1 存在下，既可结合于 UCE 区 5′ 端部位，也可结合于核心区内。SL1 的作用是通过与 UBF1 协同结合，扩展 RNA 聚合酶在 DNA 上的覆盖区，以利于 RNA-pol Ⅰ 对核心启动子的识别并起始转录。

RNA-pol Ⅰ 合成 rRNA 的终止过程是依赖于终止序列和蛋白因子相互作用实现的，例如，小鼠 rRNA 前体 3′ 端有 8 个由 Sal Ⅰ 盒组成的终止子元件，其保守序列为 AGGTCGACCAGTA（TA）NTCCG。Sal Ⅰ 盒可以与发挥转录终止作用的核蛋白因子结合。RNA-pol Ⅰ 在完成一个单位 rRNA

基因转录时，不是终止在它的 3′ 端的终止子处，而是迅速通过非转录的间隔区终止在 rRNA 前体起始部位的上游，由此加快转录的速度。

2. RNA-pol II 转录调节　真核生物 RNA-pol II 转录的起始比较复杂，涉及多种顺式作用元件和反式作用因子之间的相互作用，通过这些相互作用最终形成转录前起始复合物（pre-transcription initiation complex，PIC），该部分内容可参见第十一章。PIC 形成后，组织细胞特异的转录激活因子与增强子结合，促进组装并稳定转录前起始复合物。接着 DNA 模板解链，大部分转录因子或转录激活因子被释放，RNA-pol II 沿模版链滑动并转录合成 mRNA 前体。

真核生物 RNA-pol II 转录终止的机制，目前了解尚不多。RNA-pol II 催化转录的终止子，可能有与原核生物不依赖 ρ 因子的终止子相似的结构和终止机制，即有富含 GC 的茎-环结构和连续的 U。由于成熟的 mRNA 3′ 端已被切除一段并加入 poly A 尾，具体的转录终止点目前尚未认识。

3. RNA-pol III 转录调节　RNA-pol III 催化转录多种小分子 RNA 的生成，这里主要讨论 5S rRNA 和 tRNA 基因的转录调节。与 RNA-pol I 和 II 不同，RNA-pol III 结合的调控区不在 5′ 上游而在基因内部，称为内部控制区（internal control regions，ICR）。

近年来研究表明，miRNA 基因由 RNA-pol II 和（或）RNA-pol III 转录生成。

限制性内切酶酶解与起始突变相结合的实验表明，5S rRNA 基因启动子序列被分隔成两个双元盒：Ⅰ型为 A 盒和 C 盒序列，Ⅱ型为 A 盒和 B 盒，以及与转录起始有关的三个上游序列：OCT、PSE、TATA（图13-16）。RNA-pol III 转录起始需三种转录因子 TF III A、TF III B 和 TF III C。

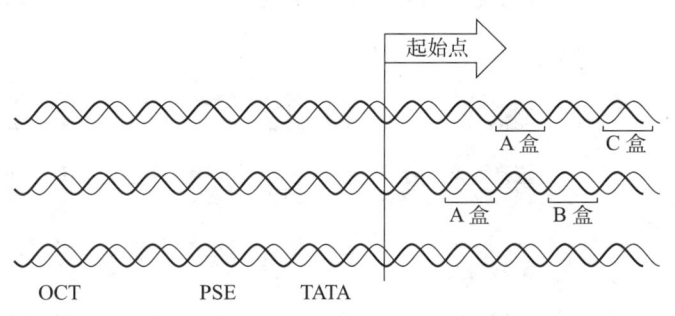

图 13-16　5S rRNA 基因启动子结构

在 Ⅱ 型启动子中，随着 TF III C 识别并结合 A 盒与 B 盒后，TF III B 在转录起始点上游约 26 bp 处与 DNA 结合，这对下步 RNA-pol III 在启动子上的结合有利。在 Ⅰ 型启动子中，TF III A 与 C 盒序列结合能促进后续因子 TF III C、TF III B 依次结合，此时 TF III B 保留在起始点附近以便让 RNA-pol III 充分地与起始点结合，最后形成起始复合物。通过对这些转录因子与 DNA 相互作用，以及转录因子与聚合酶相互作用的研究，推测 TF III A 和 TF III C 是起始复合物的装配因子，它们的作用是协助 TF III B 在正确的位置上结合，而 TF III B 则作为定位因子负责 RNA-pol III 在起始点正确定位。RNA-pol III 启动子上游的几个元件（OCT、PSE、TATA）主要起增强转录效率的作用。当蛋白因子结合于 OCT 和 PSE 上时可使转录效率提高 8~20 倍。

tRNA 基因的 ICR 主要由 A 盒和 B 盒两个元件组成。转录起始首先由 TF III C 结合 A 盒和 B 盒开始，然后 TF III B 结合于 A 盒上游，这一结合主要通过 TF III C 和 TF III B 相互作用实现。一旦 TF III B 结合，RNA-pol III 即可结合于转录起始点附近开始转录。TF III B 结合后 TF III C 即可脱落，对转录起始无影响。因此 TF III B 是必需的转录因子，而 TF III C 是转录起始的辅助因子。

四、真核生物基因表达在其他层次的调控

尽管转录调节可能是基因表达调控的最重要方式，但并不是唯一的方式。因为真核生物基因转录在核内进行，而翻译（蛋白质合成）却在细胞质中进行，加上真核基因有插入序列，结构基因被分割成不同的片段，基因的转录后调控就显得尤为重要。

（一）转录后水平的调控

通常将 mRNA 加工成熟过程（包括 5′ 端加帽、3′ 端加尾、剪接）、输出核外、胞质内定位和降解过程的调控称为转录后调控，其中每个环节均可构成基因表达调控的一种形式。其中 hnRNA 的加帽、加尾、剪接和编辑等内容已在第十一章进行叙述，本部分主要就转录后水平调节的其他内容加以说明。

1. 变换选择剪接位点　可变剪接是指一种 mRNA 前体在剪接反应中某些区段的序列可能被保留，也可能被排除，从而得到几种不同成熟 mRNA 产物的过程。例如，大鼠 α- 原肌球蛋白基因的初始转录产物，在不同细胞类型中通过至少 7 种不同剪接方式产生不同的 mRNA 产物。图 13-17 中，连接的细线表示剪接前未成熟的 mRNA 的内含子，以编码氨基酸数目表示在所有细胞中均可表达的组成型外显子，SM 是只在平滑肌表达的外显子，STR 是只在横纹肌中表达的外显子。可变剪接是高等真核生物蛋白质多样性产生的重要来源。

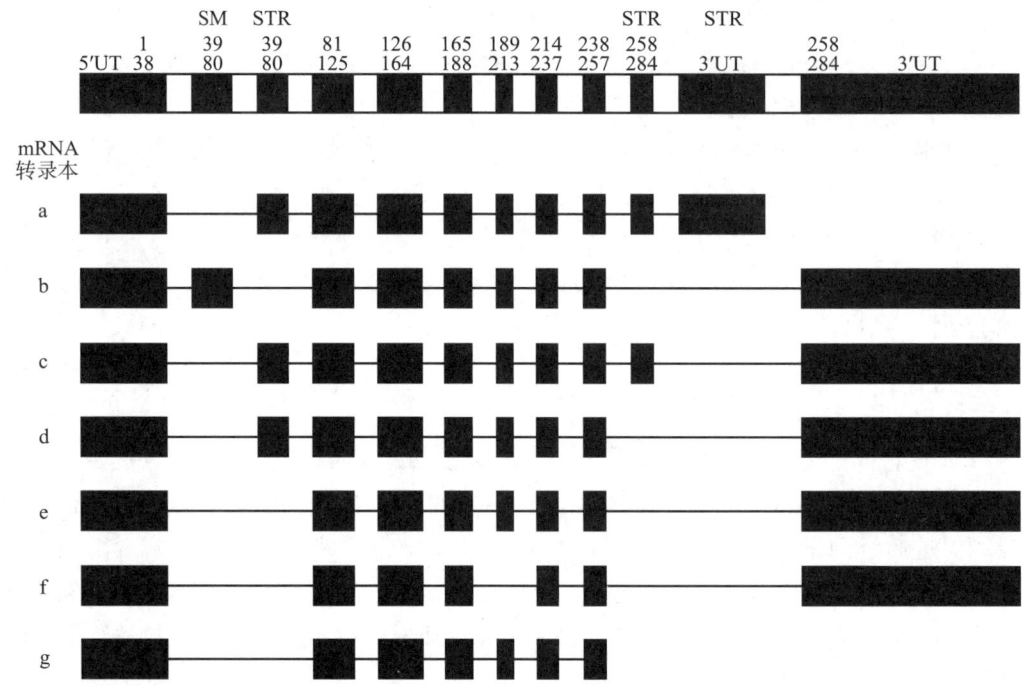

图 13-17　大鼠 α- 原肌球蛋白基因及其选择性剪接
a. 横纹肌（STR）；
b. 平滑肌；c. 横纹肌；
d. 成肌细胞；e. 非肌/纤维细胞；f. 肝细胞瘤；g. 脑

2. mRNA 降解的控制　真核生物能否长时间、及时地利用成熟的 mRNA 分子翻译出蛋白质以供生长、发育的需要，与 mRNA 的稳定性及屏蔽状态的解除密切相关。原核生物 mRNA 的半寿期很短，平均大约 3 min。高等真核生物迅速生长的细胞中 mRNA 的半寿期平均约为 3 h。在高度分化的终端细胞中许多 mRNA 极其稳定，有的寿命长达几天或十几天，加上强启动子的转录，使一些终端细胞特有的蛋白质合成达到惊人的水平。例如，家蚕丝心蛋白基因具有很强的启动子，几天内即可转录出 10^5 个丝心蛋白 mRNA，而它的寿命长达 4 日，每个 mRNA 分子能重复翻译出 10^5 个丝心蛋白，所以 4 日内可产生 10^{10} 个丝心蛋白，说明 mRNA 寿命的延长是 mRNA 有效性的一个重要因素。

这种作用与某些激素存在与否有关。放射性标记实验表明，雌激素存在时，卵黄蛋白 mRNA 增加数百倍，且其半寿期增至 480 h，一旦激素除去，卵黄蛋白 mRNA 的合成恢复到原来基础水平，半寿期降到 16 h。

几乎所有真核细胞 mRNA 的 poly A 尾都有保护 mRNA 免受核酸酶降解的作用，此外 RNA 3′ 端非翻译区上富 AU 序列对核酸酶的降解具有保护作用。大多数具有二级结构的 mRNA 不易被降解，可能是 mRNA 中对核酸酶敏感的序列被二级结构所遮盖。

（二）翻译及翻译水平的调控

蛋白质生物合成的起始反应主要涉及细胞中的 4 种装置：①核糖体，它是蛋白质生物合成的场所；②蛋白质合成的模板 mRNA，它是传递基因信息的媒介；③非核糖体蛋白因子，这是蛋白质生物合成起始物形成所必需的因子；④ tRNA，它是氨基酸的携带者。只有这些装置协调统一才能完成蛋白质的生物合成。在前几章已讨论了上述内容，这里仅就 mRNA 及蛋白因子在蛋白质合成中的调控功能作些探讨。

1. 真核生物 mRNA 的"扫描模式"与蛋白质合成的起始　为什么核糖体滑行到 mRNA 的第一个 AUG，即在离 5′ 端最近的起始密码位点就停下来并起始翻译呢？现在认为，这是由 AUG 的前（5′ 方向）和后（3′ 方向）序列所决定的。研究了 200 多种真核生物 mRNA 中 5′ 端第一个 AUG 前后序列发现，除少数例外，绝大部分都是 A/GCCAUGG，说明这样的序列对翻译起始来说是最为合适的，该序列称为 Kozak 序列（图 13–18）。

1. 核糖体小亚基识别 5′ 帽子

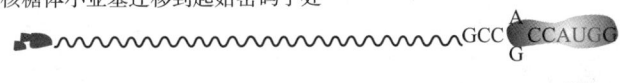

2. 核糖体小亚基迁移到起始密码子处

3. 核糖体大、小亚基结合

图 13–18　Kozak 序列对真核基因翻译起始的影响

2. mRNA 5′ 端帽子结构与蛋白质合成　研究发现若 AUG 距 5′ 帽子结构过短（12 个 nt 以内）则会造成核糖体识别的障碍，即使核糖体结合上去也会有一半以上的核糖体滑过起始 AUG 密码子。但若距离加长至 20 nt 便可防止核糖体滑过现象，这说明 mRNA 5′ 端帽子结构与起始密码子之间的距离可影响翻译的效率和准确性。

3. 5′ 非翻译区（5′ UTR）二级结构对翻译起始的影响　一般来说，5′ UTR 二级结构对翻译起始表现为负调控，如果 5′ UTR 存在碱基配对区则可形成茎 – 环二级结构，对翻译明显起负调控效应。特别是碱基配对区越长或 GC 含量越高，其对翻译起始的负调控作用越明显。

5′ 端二级结构还能对翻译起始起正调控作用。研究发现，在 AUG 下游 14 nt 处形成二级结构，结果增强了翻译起始效率，而处于 AUG 后的 2 位或 32 位核苷酸位置的二级结构则不出现这种激活作用。

4. poly A 尾对翻译的调控　真核 mRNA 3′ 端 poly A 尾是转录后由多聚腺苷酸聚合酶催化加上去的。核内成熟的 mRNA 3′ 端尾长度，在低等真核 mRNA 中约 100 个核苷酸，哺乳动物细胞为 200 ~ 250 个核苷酸。体内蛙卵母细胞和体外网织红细胞抽提物实验表明，带有 poly A 的 mRNA 翻译效率明显高于脱尾的 mRNA，poly A 尾对翻译的影响与其尾的长度呈正比关系，但 poly A 少于 20 nt 时，mRNA 的活性迅速降低。poly A 对翻译的影响还需 poly A 结合蛋白（PABP）的存在，酵母 mRNA 的 polyA 全部被覆盖需 70 个 PABP 分子。poly A 与 PABP 结合形成的复合物对翻译起始复合物的形成起重要作用，该复合物可与真核生物翻译的某些起始因子结合并最终促进核糖体小亚基与 mRNA 的结合（图 13–19）。

5. 蛋白质因子的修饰与翻译起始调控　各种蛋白质因子参与翻译的各个过程，对蛋白质的合成有着重要的作用，因此，这些因子的修饰状态也会影响翻译过程。

　　用兔网织红细胞粗提液研究蛋白质合成时发现，如果不向这一体系中添加高铁血红素，几分钟之内蛋白质合成活性急剧下降，直到完全消失。这就是说，当没有高铁血红素存在时，网织红细胞粗提液中的蛋白质合成抑制剂就被活化，从而抑制蛋白质合成。现已查明，该抑制剂因子其实是 eIF-2 激酶，它可以使 eIF-2 的 α 亚基磷酸化，并由活性型变成非活性型。没有生物活性

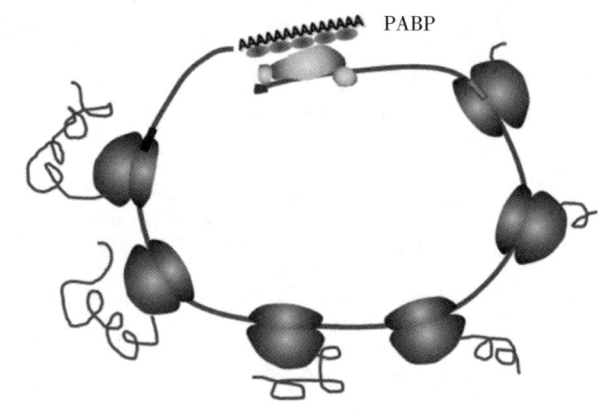

图 13-19　poly A 尾对翻译的调控

的 eIF-2 激酶也可以通过磷酸化变成活性型，这个过程与另一个激酶蛋白激酶 A（R_2C_2）有关，cAMP 激活蛋白激酶 A 后，蛋白激酶 A 能使无活性的 eIF-2 激酶磷酸化，后者再催化 eIF-2 磷酸化而使之失活。高铁血红素有抑制 cAMP 激活蛋白激酶 A 的作用，从而使 eIF-2 保持去磷酸化的活性状态（图 13-20）。

　　6. 蛋白质合成后其活性和分子数量的调控　许多蛋白质合成后需要经过折叠、修饰等才能具有生物活性。可逆的磷酸化、甲基化、乙酰化等修饰能快速调节蛋白质功能，是翻译后快捷有效的调控方式。新合成蛋白质的半寿期长短是决定蛋白质生物学功能的重要影响因素。因此通过对新生肽链的水解和运输，可以控制蛋白质的浓度在特定的部位或亚细胞器保持合适的水平，是翻译后水平调控的一种重要方式。

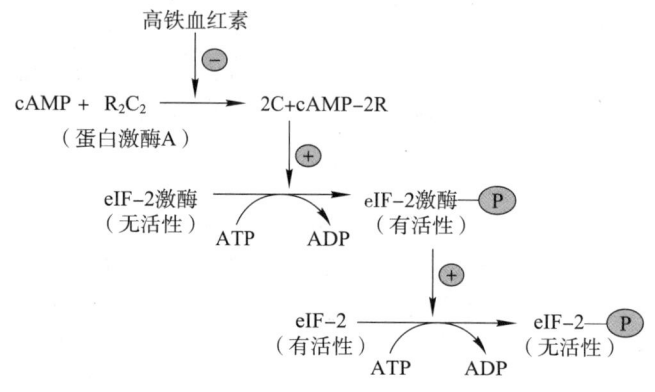

图 13-20　eIF-2 磷酸化修饰过程

（李红梅）

复习思考题

一、简答题

1. 原核操纵子的主要结构特征是什么？

2. 简述乳糖操纵子的负调控与正调控。

3. 参与转录调控的基本要素有哪些？各有何作用？

4. 真核生物基因表达调控的特点有哪些？

二、讨论题

1. 原核生物基因转录表达调控与真核生物的相比，主要有哪些区别？

2. 以血红蛋白基因表达为例，说明基因表达的时空特异性。

网上更多……

 本章小结　　 自测题　　📥 教学 PPT

第四篇 常用分子生物学技术

分子生物学发展非常迅速，不断发展的理论促进了大量新技术、新方法的建立，而技术和方法的发展与广泛应用又进一步促进了人类在分子水平上对生命现象的认识和理解。

本篇第十四章主要讲述了分子杂交与印迹技术、生物芯片技术。分子杂交与印迹技术广泛应用于核酸和蛋白质的发现、检测、鉴定等工作中，主要包括斑点杂交、Southern 印迹杂交、Northern 印迹杂交、Western 印迹杂交、组织原位杂交、菌落原位杂交等。在此基础上发展出的基因芯片技术实现了对大量样品的快速、准确检测。基因组研究的发展使得核酸测序技术已经进入高通量、低成本、个性化的时代，有望在基础研究、医药等多领域广泛应用。

聚合酶链反应（PCR）是一项应用最为广泛的分子生物学技术。第十五章主要讲述了 PCR 技术的基本原理和近年来发展的多种衍生技术，如 RT-PCR、巢式 PCR、多重 PCR、不对称 PCR、原位 PCR、免疫 PCR、实时荧光定量 PCR 等。同时本章简要介绍了各种 PCR 技术在基础研究、临床诊断、药物研发等领域的主要应用，并简述 DNA 测序技术。

运用分子生物学技术可以实现对遗传物质的人工操作和改造，在此基础上发展出基因工程技术。第十六章讲述了基因工程理论发展、常用工具酶类、载体系统及基因工程操作的基本过程。本章对体外实现目的基因的克隆、重组、导入宿主细胞、重组体的筛选与鉴定、目的基因的表达与表达产物分离纯化等方面分别作了简要介绍。基因工程得到了广泛应用，本章主要介绍其在基因工程制药、转基因动植物、基因诊断、基因治疗等领域的发展与应用情况。

第十四章
分子杂交与印迹技术

关键词

分子杂交　　　　核酸分子杂交　　　探针　　　　　印迹技术
Southern 印迹　　Northern 印迹　　　Western 印迹　　斑点杂交
原位杂交　　　　生物芯片

　　　　分子杂交是指不同来源的核酸单链之间或蛋白质亚基之间由于结构互补而发生的非共价键的结合。印迹技术是指将各种生物大分子从凝胶转移到一种固定基质上的过程。这两种技术完全不同，但在实际应用中却常常联合使用。分子杂交与印迹技术种类很多，目前最常用的是分别检测 DNA、RNA 和蛋白质的 Southern 印迹、Northern 印迹、Western 印迹技术。基因芯片是在斑点杂交技术基础上发展起来的，能进行大规模、高通量检测的技术，目前广泛应用于基础医学和临床医学的各个方面。

思维导图

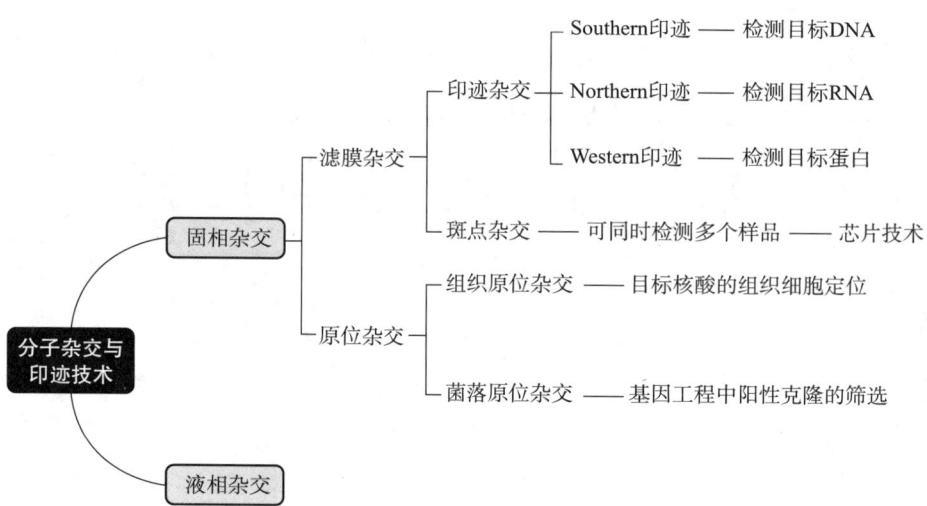

分子杂交（molecular hybridization）是指不同来源的核酸单链之间或蛋白质分子之间由于结构互补或特异识别而发生的非共价键的结合。根据这一原理发展起来的各种技术统称为分子杂交技术，其中核酸分子杂交作为最基本、最常用的一种分子生物学技术，已经普遍应用于生命科学基础研究的各个领域。本章主要介绍目前分子杂交技术中几种常用的类型，包括斑点杂交、Southern 印迹、Northern 印迹、Western 印迹、组织原位杂交、菌落原位杂交、生物芯片技术等。

第一节　核酸分子杂交技术概述

一、概念

核酸分子杂交（molecular hybridization of nucleic acid）是指不同来源的具有互补序列的单链 DNA 或 RNA 在一定条件下按碱基互补原则形成杂合双链的过程。核酸分子杂交可有 DNA 与 DNA 杂交（Southern 印迹杂交）、DNA 与 RNA 杂交（Northern 印迹杂交），以及 RNA 与 RNA 杂交。它的理论基础是核酸的变性与复性，根据这一特性建立起来的对目的核酸分子进行定量和定性分析的技术。通常是将一种核酸单链用同位素或非同位素标记成为探针，再与另一种核酸单链进行分子杂交，通过对探针的检测实现对未知核酸分子的检测和分析，是基因诊断最常用的技术之一。

二、发展史

核酸分子杂交技术最早开始于 Hall 等 1961 年的工作，他们将探针与靶序列在溶液中杂交，通过平衡密度梯度离心分离杂交体。该法十分费时、费力且不精确，但它开启了核酸杂交技术的研究。随后，Bolton 等 1962 年设计了第一种简单的固相杂交方法，称为 DNA- 琼脂技术。变性 DNA 固定在琼脂中，DNA 不能复性，但能与其他互补核酸序列杂交。典型的反应是用放射性标记的短 DNA 或 RNA 分子与胶中 DNA 杂交过夜，然后将胶置于柱中进行漂洗，去除游离探针，在高温、低盐条件下将结合的探针洗脱，洗脱液的放射性与结合的探针量成正比。该法尤其适用于过量探针的饱和杂交实验。20 世纪 60 年代末，Britten 等研究溶液中 DNA 的复性以比较不同来源核酸的复杂度，用 260 nm 的吸光度来监测互补链的复性程度。20 世纪 60 年代中期，Nygaard 等将 DNA 或 RNA 探针固定在硝酸纤维素（nitrocellulose，NC）膜上。Brown 等应用这一技术评估了爪蟾 rRNA 基因的拷贝数，奠定了现代膜杂交实验的基础。70 年代末期到 80 年代早期，分子生物学技术有了突破性进展，限制性内切酶的发展和应用使分子克隆成为可能。各种载体系统的诞生，尤其是质粒和噬菌体 DNA 载体的构建，使特异性 DNA 探针的来源变得十分丰富。人们可以从基因组 DNA 文库和 cDNA 文库中获得特定基因克隆，只需培养细菌，便可提取大量的探针 DNA。1975 年，英国爱丁堡大学的 Southern 等建立了 Southern 印迹杂交技术，用于转化子的分析。由于固相化学技术和核酸自动合成仪的诞生，可常规制备 18 ~ 100 个碱基的寡核苷酸探针。应用限制性内切酶和 Southern 印迹技术，用数微克 DNA 就可分析特异基因。特异 DNA 或 RNA 序列的量和大小均可用 Southern 印迹和 Northern 印迹来测定，与以前的技术相比，大大提高了杂交水平和可信度。

三、基本原理

核酸分子杂交是在核酸分子的变性和复性原理的基础上产生和发展起来的。DNA变性是指在物理或化学因素的作用下，DNA分子互补碱基对之间的氢键断裂，使双链DNA分子变成两条单链DNA的过程。变性单链核酸分子在适当条件下，两条互补链按碱基互补的原则重新结合成双链核酸的过程，称为复性。复性的分子基础是两条核酸单链之间存在互补碱基。分子杂交是通过配对碱基对之间的非共价键（主要是氢键）结合，从而形成稳定的双链区。杂交分子的形成并不要求两条单链的碱基序列完全互补，所以不同来源的核酸单链只要彼此之间有一定程度的互补序列（即某种程度的同源性）就可以形成杂交双链。

第二节　核酸分子杂交技术中的工具——探针

核酸探针（probe）是分子杂交技术的基础，它是一段序列已知的、能与被检测的核酸序列互补的带有标记的核苷酸片段，可以用于检测核酸样品中存在的特定碱基序列。根据性质和来源，核酸探针可分为基因组DNA探针、cDNA探针、RNA探针和人工合成的寡核苷酸探针。探针的标记物可分为放射性同位素和非放射性标记物两大类。探针可用于分子杂交，杂交后通过放射自显影、荧光检测或显色技术，使杂交区带显现出来。

一、探针的种类及其选择

（一）根据探针的来源及核酸性质分类

1. DNA探针　是最常用的核酸探针，指长度在几百碱基对以上的双链DNA或单链DNA探针。现已获得的DNA探针数量很多，有细菌、病毒、原虫、真菌、动物和人类细胞DNA探针。这类探针多为某一基因的全部或部分序列，或某一非编码序列。DNA探针（包括cDNA探针）的优点：① 大多克隆在质粒载体中，可以无限繁殖，取之不尽，制备方法简便；② 不易降解（相对RNA而言），二价阳离子螯合剂一般能有效抑制DNA酶活性；③ 标记方法较成熟，有多种方法可供选择，如缺口平移、随机引物法等，能用于同位素和非同位素标记。

2. cDNA（complementary DNA）探针　是指互补于mRNA的DNA分子，由逆转录酶催化而产生。该酶以RNA为模板，根据碱基互补原则，按照RNA的核苷酸序列合成DNA（其中U与A配对）。cDNA探针均为编码序列，不存在内含子和高度重复序列，在探查某些基因的差异性表达方面应用较多。

3. RNA探针　是一段标记过的RNA分子，由于RNA是单链分子，所以它与靶序列DNA或mRNA链杂交。早期采用的RNA探针是细胞mRNA探针和病毒RNA探针，这些RNA是在细胞基因转录或病毒复制过程中得到标记的，标记效率往往不高，且受到多种因素的制约。这类RNA探针主要用于研究，单向和双向体外转录系统的建立，使RNA探针的应用得到了很大程度的改观。双向转录系统利用新型载体pSP和pGEM作为克隆载体，在多克隆位点两侧分别带有SP6启动子和T7启动子，可以进行双向转录。双向转录不仅可以使合成的RNA得到高效标记，而且可以控制 RNA 的转录方向，使实验者既能得到同义 RNA（与 mRNA 同序列）探针，也能得到反义 RNA（与 mRNA 互补，又称 cRNA）探针。因此，RNA 探针在杂交效率、观察基因的正反向转录状况、反义核酸研究等方面有着明显优势。

4. 寡核苷酸探针　根据已知的核酸序列，采用 DNA 合成仪人工合成一定长度的寡核苷酸片段，亦可作为探针使用。如果只知道蛋白质的氨基酸排列顺序，不知道核酸序列，可根据蛋白质的氨基酸顺序推导出未知的核酸序列，但要考虑到密码子的简并性，多用于克隆筛选和点突变分析。人工合成的寡核苷酸探针应遵循以下原则：① 长度最好保持在 18 ~ 50 nt，短的探针比长的探针杂交速度快，特异性高。② 序列中 G+C 含量控制在 40% ~ 60% 为宜，否则会使非特异性杂交增加。③ 分子内部不能存在互补区域，否则会干扰探针与靶序列的杂交。④ 可合成单链探针，避免用双链 DNA 探针在杂交中自我复性，提高杂交效率。⑤ 可以检测小 DNA 片段，在严格的杂交条件下，可用于检测在序列中单碱基对的错配。

（二）根据标记物是否具有放射性分类

1. 放射性探针　核酸探针目前应用最多的标记物是放射性同位素，常用的有：^{32}P、^{3}H、^{35}S、^{131}I、^{14}C 等。放射性同位素标记核酸的优点是灵敏度高，一般可达到 0.5 ~ 5 pg 或更低浓度核酸的检测水平，可以检测极少量或拷贝数少的基因组（可延长曝光时间或使用增敏屏增敏）；特异性高，用放射自显影法，样品中存在的无关核酸或非核酸成分不会干扰检测结果，准确率高，假阳性率低；方法简便。但也具有一定的缺点，例如，有些放射性同位素半寿期短，如 ^{32}P 半寿期只有 14.3 天，使用时必须经常标记探针；尽管 ^{35}S 的半寿期可达 88 天，但衰变能量只有 ^{32}P 的 1/10，灵敏度较低，只能用于多拷贝基因的检测；^{3}H 的半寿期虽长达 12.26 年，但衰变能量低，灵敏度太低，费用高；$\alpha-^{32}P$ 标记的 dATP（400 Ci/mmol），需要进口试剂，价格高，检测时间长，用放射自显影需要较长的曝光时间（1 ~ 15 天）；最主要的是放射性同位素对环境和个人有较大的污染和危害，实验室和环境易被污染，放射性废物处理困难，推广使用受到限制。因此，非同位素标记探针的研制引起重视。

2. 非放射性探针　优点为无放射性污染；稳定性好；安全性高，不污染环境；探针可长时间保存。缺点是灵敏度及特异性不高。非放射性标记物的种类：① 半抗原：生物素、地高辛，利用半抗原的抗体进行免疫学检测。② 配体：生物素还是一种抗生物素蛋白 avidin 和链亲和素 streptavidin 的配体。③ 荧光素：异硫氰酸荧光素和罗丹明，可被紫外线激发出荧光而被检测到。④ 光密度或电子密度标记物：金、银。

目前常用的非同位素标记物有：① 生物素标记探针：生物素标记的核苷酸是最广泛使用的一种，如生物素 –11–dUTP，可用缺口平移或末端加尾标记法。实验发现生物素可共价连接在嘧啶环的 5 位上，合成 TTP 或 UTP 的类似物。② 地高辛标记探针：地高辛（digoxigenin，简写 Dig）又称异羟基洋地黄毒苷配基，这种类固醇半抗原仅限于洋地黄类植物，其抗体与其他任何固醇类似物无交叉反应。先将地高辛连接至 dUTP 上，生成地高辛配基（Dig–dUTP），再用随机引物法将地高辛配基掺入 DNA 制成探针。然后用抗地高辛抗体与碱性磷酸酶的复合物和 NBT-BCIP 底物显色检测，灵敏度达 0.1 pg DNA。此种探针有高度的灵敏性和特异性，安全稳定，操作简便，可避免内源性干扰，是一种很有推广价值的非放射性探针。

二、探针的标记

（一）放射性标记

核酸探针的放射性标记方法有切口平移法、随机引物法、末端标记法、PCR 扩增标记法等。

1. 切口平移法　是最常用的标记方法，通过大肠埃希菌 DNase 将 DNA 分子的任一条链随机切开若干切口，切口处形成 3'-OH 端，然后利用 DNA-pol I 的 5'→3' 外切活性，在待标记的 DNA 分子切口的 5' 端逐个切除核苷酸，再利用其 5'→3' DNA 聚合酶活性在缺口的 3' 端依次添加新的标记的脱氧三磷酸核苷酸（dNTP），从而使缺口沿着 DNA 的 3' 端移动，使新链延长。新合成的核酸链中经过标记（可以仅标记某一种 dNTP，也可以四种都标记）的分子可以代表该待标记的 DNA 分子的绝大部分核苷酸序列，即可得到特异性的探针。此法也适用于探针的非放射性标记。

2. 随机引物法　是以单链 DNA 或 RNA 模板合成高比活性 ^{32}P 标记探针所选用的方法。原理是人工合成一段长 6~8 nt 的寡核苷酸片段，这些混合物中包含所有可能的序列组合（如 6 个核苷酸的随机引物有 $4^6 = 4\,096$ 种组合）。混合的寡核苷酸片段可作为引物，与变性的 DNA 或 RNA 单链随机结合，在 DNA-pol I 或逆转录酶的作用下，以 ［α-^{32}P］标记的 dNTP 为原料，互补合成单链 DNA 探针。随机引物法标记的探针片段很短，在低温条件下一般比活性较高，杂交结果也比较稳定，是目前常用的标记方法之一。

3. 5' 端标记法　在大肠埃希菌 T4 噬菌体多聚核苷酸激酶（T4 PNK）的催化下，将 γ-^{32}P-ATP 上的磷酸连接到寡核苷酸的 5'-OH 端上。此法适用于标记合成的寡核苷酸 DNA/RNA 探针。

4. 3' 端填充标记法　利用 Klenow 片段可以填补由限制酶水解 DNA 所产生的 3' 凹陷末端。因此，用这种方法可以标记双链 DNA 的凹陷 3' 端。用 Klenow 片段标记末端一般只用一种 [α-^{32}P]dNTP，加入反应的 [α-^{32}P]dNTP 取决于 DNA 末端延伸的 5' 端序列，例如，用 EcoR I 切割 DNA 所产生的末端用 [α-^{32}P]dATP 标记。

5. PCR 扩增标记法　在 PCR 扩增时加入标记的 dNTP 作为底物，再对 DNA 进行大量扩增，同时使新合成的 DNA 分子中含有标记信号，变性后即可以作为探针使用。PCR 扩增标记适合于合成短链探针。

（二）非放射性标记

放射性标记核酸探针在使用中的限制，促使非放射性标记核酸探针的研制迅速发展，许多方面已代替放射性标记，推动了分子杂交技术的广泛应用。目前已形成两大类非放射标记核酸技术，即酶促反应标记法和化学修饰标记法。

1. 酶促反应标记法　将标记物预先标记在核苷酸分子上，然后利用酶促反应将核苷酸分子掺入到探针分子中去。① 标记物 -dUTP 的生成，如 Bio-11-dUTP、Dig-11-dUTP；② 通过缺口平移法、末端加尾标记和随机引物延伸法将标记物 -dUTP 作为大肠埃希菌多聚酶 I（DNA 酶 I）的底物掺入 DNA 分子中。

2. 化学修饰标记法　利用标记物分子上的活性基团与探针分子上的基团发生的化学反应将标记物直接结合到探针分子上。如可通过连接臂将一个光敏基团连接于生物素成为光敏生物素，在可见光的作用下，与核酸形成稳定的交联，从而得到光敏生物素探针。

第三节　分子杂交的类型

　　分子杂交可按作用环境大致分为液相杂交和固相杂交两种类型。液相杂交指所参加反应的两条核酸链都游离在溶液中。液相杂交是一种研究最早且操作复杂的杂交类型，虽有时被应用，但总不如固相杂交那样普遍。其主要原因是杂交后过量的未杂交探针在溶液中除去较为困难和误差较高。固相杂交是在固体支持物上进行，由于固相杂交后，未杂交的游离探针容易漂洗除去，膜上留下的杂交物容易检测，故该法最为常用。根据支持物的不同，固相杂交又可分为滤膜杂交和原位杂交。滤膜杂交包括印迹杂交和斑点杂交，原位杂交包括菌落原位杂交和组织原位杂交。

一、印迹技术

　　印迹技术（blotting）是指将各种生物大分子从凝胶转移到一种固定基质上的过程。Southern 在 1975 年将琼脂糖凝胶电泳分离的 DNA 片段在凝胶中进行变性使其成为单链，然后将一张 NC 膜放在凝胶上，上面放上吸水纸巾，利用虹吸作用原理使凝胶中的 DNA 片段转移到 NC 膜上，使之成为固相化分子。目前，纸巾吸附转移多已被电转移所取代。载有 DNA 单链分子的 NC 膜就可以在杂交液与另一种带有标记的 DNA 或 RNA 分子（即探针）进行杂交，具有互补序列的 RNA 或 DNA 结合到存在于 NC 膜的 DNA 分子上，经放射自显影或其他检测技术就可以显现出杂交分子的区带。通常人们将 DNA 印迹技术称为 Southern blotting，将 RNA 印迹技术称为 Northern blotting，将蛋白质印迹技术称为 Western blotting，将不经过凝胶电泳的印迹技术称为斑点杂交。

　　1. 基本原理　当模板分子（印迹分子）与固定基质聚合物单体接触时会形成多重作用点，通过聚合过程这种作用就会被记忆下来，当模板分子除去后，聚合物中就形成了与模板分子空间构型相匹配的具有多重作用点的空穴，这样的空穴将对模板分子及其类似物具有选择识别特性。

　　2. 印迹转移的方法　将凝胶中的核酸片段印迹转移到滤膜的方法有虹吸印迹法、电转移印迹法和真空印迹法。

　　（1）虹吸印迹法　利用毛细管的虹吸作用，由转移缓冲液带动核酸分子转移至滤膜上（图 14-1）。

　　（2）电转移印迹法　利用电泳作用将凝胶中的 DNA 转移至滤膜上，是一种快速、简单、高

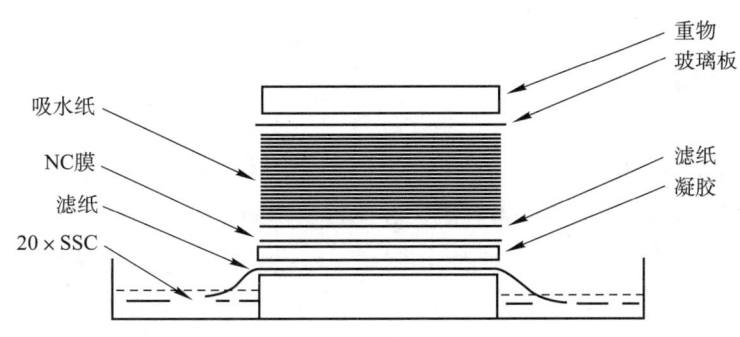

图 14-1　毛细管虹吸印迹法示意图

效的转移法，只需几小时，特别适用于虹吸印迹法不理想的大片段的转移。电转移印迹法使用的滤膜有一定的限制，只能用尼龙膜或化学活化膜，不能用 NC 膜。因为 NC 膜结合 DNA 依赖于高浓度盐溶液，高盐溶液的导电性极强，产生强大的电流，使转移体系的温度急剧升高，破坏 DNA（图 14-2）。

（3）真空印迹法　利用真空泵将转移缓冲液从上层容器中通过凝胶抽到下层真空室中，同时带动核酸分子转移到凝胶下面的滤膜上，整个过程需 1 h 左右（图 14-3）。

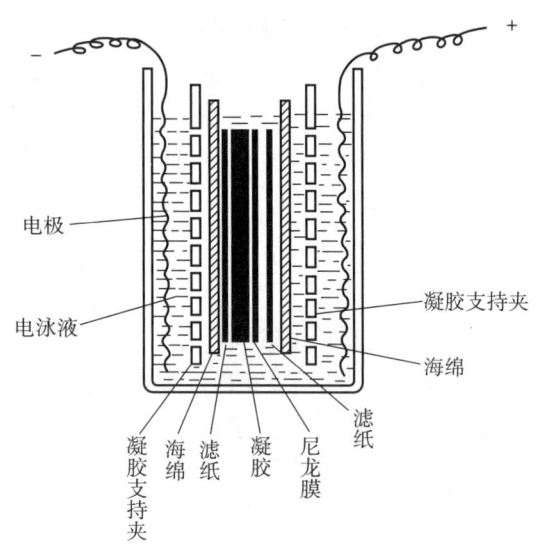

图 14-2　电转移印迹法示意图

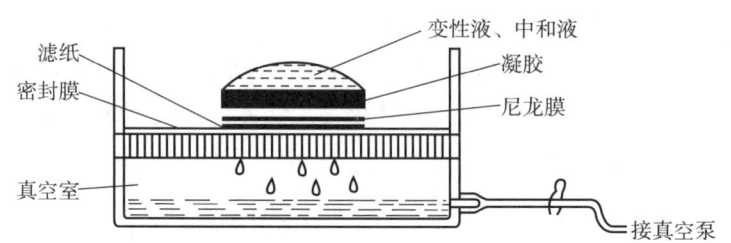

图 14-3　真空印迹法示意图

3. 杂交膜的选用　杂交膜是一种多孔、表面积很大的固相载体。最常使用的是 NC 膜，用于放射性和非放射性标记探针都很方便，产生的本底浅，与核酸结合的化学性质不是很清楚，推测为非共价键结合。经 80℃烤干 2 h 和杂交处理后，核酸仍不会脱落。NC 膜的另一特点是只与蛋白质有微弱非特异结合，这在使用非同位素探针中尤为有用。NC 膜的缺点是结合核酸能力的大小取决于转印条件和高浓度盐（> 10 × SSC），与小片段核酸（< 200 bp）结合不牢，质地脆，不易操作。

尼龙膜在某些方面比 NC 膜好，它的强度大、耐用，可与小至 10 bp 的片段共价结合。在低离子浓度缓冲液等多种条件下，它们都可与 DNA 单链或 RNA 紧密结合且易干。尼龙膜韧性好，可反复处理与杂交，而不丢失被检标本。它通过疏水键和离子键与核酸结合，结合力为 $350 \sim 500 \ \mu g/cm^2$，比 NC 膜（$80 \sim 100 \ \mu g/cm^2$）强许多。尼龙膜的缺点是对蛋白质有高亲和力，不宜使用非同位素探针。

二、常见分子杂交的类型及应用

1. Southern 印迹（Southern blotting）　即 DNA 印迹，由英国爱丁堡大学的 Edwin Southern 于 1975 年创建，是研究 DNA 图谱的基本技术，在遗传病诊断、DNA 图谱分析及 PCR 产物分析等方面有重要价值。基本过程是将 DNA 样品用限制性内切酶消化后，经琼脂糖凝胶电泳分离各酶解片段，然后凝胶经碱变性，Tris 缓冲液中和，高盐下通过虹吸（或电转移）作用将电泳分离后的 DNA 片段从凝胶中转印至 NC 膜（或尼龙膜）上，烘干固定后再进行杂交以检测目标 DNA（图 14-4）。凝胶中 DNA 片段的相对位置转移到滤膜的过程中继续保持不变。附着在滤膜上的 DNA 与放射性同位素标记的探针杂交，利用放射自显影术确定与探针互补的 DNA 片段的位置，从而可以确定在众多酶解产物中含某一特定序列的 DNA 片段的位置和大小。

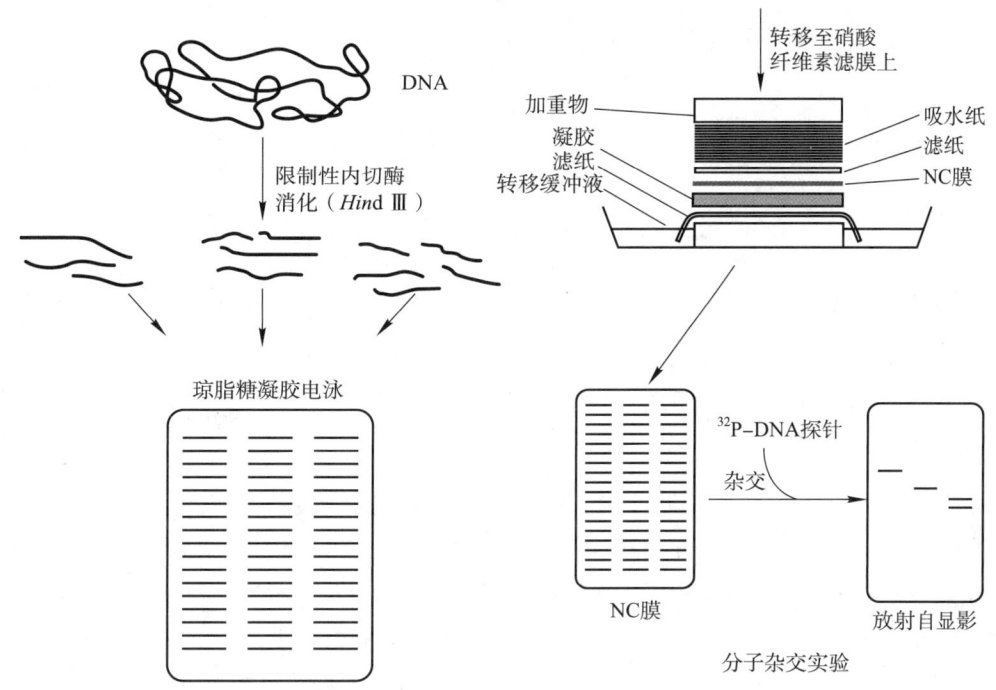

图 14-4 Southern 印迹流程示意图

Southern 印迹可用于：①基因组中某一基因的定性及定量分析。②重组质粒的酶切图谱鉴定分析。③建立基因组 DNA 物理图谱。④检测基因突变，包括点突变、插入、缺失和重排。⑤ DNA 多态性分析。⑥基因功能研究。⑦临床单基因遗传病诊断。

2. Northern 印迹（Northern blotting） 即 RNA 印迹，是一种将琼脂糖凝胶电泳分离的 RNA 转印到 NC 膜上，再进行杂交以检测目的 RNA 的方法。该方法是 1977 年由斯坦福大学的 James Alwine 和 George Stark 等建立的。由于 RNA 印迹检测过程正好与 DNA 印迹相对应，故被称为 Northern 印迹。工作原理与 Southern 印迹大体相同，不同处在于：①所用对象是 RNA。②其变性方法是用甲醛或乙二醛（不能用碱）。③始终应避免外源 RNA 酶的污染和抑制内源 RNA 酶的活性等以防止 RNA 降解。探针可以是 DNA 或 cDNA，也可以是 RNA，但 DNA 比较稳定故常用。该法是研究基因表达常用的方法，可以定量分析组织中某一特异 mRNA 的表达丰度，根据其迁移的位置也可判断基因分子大小。

Northern 印迹主要用于定量分析某一组织细胞中特定 mRNA 的表达水平，也可以用于基因表达调控、基因结构及功能分析、遗传变异及病理研究。

3. Western 印迹（Western blotting） 即蛋白质印迹，又叫免疫印迹（immunoblotting），是将蛋白质样品经聚丙烯酰胺凝胶电泳（SDS-PAGE）分离后通过电转移方式转移到 NC 膜或偏二氟乙烯（PVDF）膜上，通过抗原抗体反应对目的蛋白进行定性定量分析（图 14-5）。1979 年，George Stark 发展起来蛋白质印迹技术，1981 年这一技术被正式命名为 Western 印迹。蛋白质印迹技术虽不是 DNA 技术，但总体过程也与 Southern 相似并被广泛应用，故在此一起提及。

拓展学习 14-1
Western 印迹实验操作

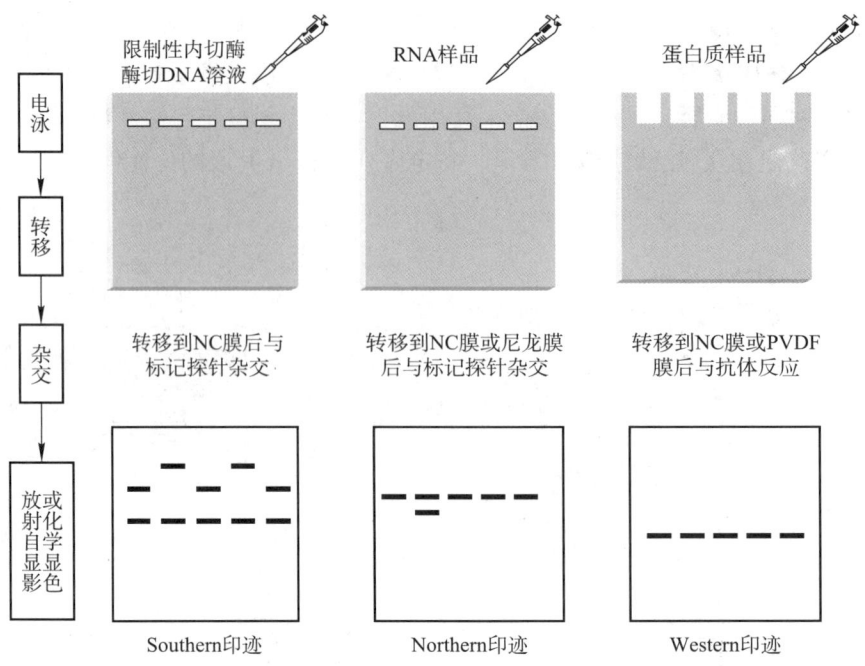

图 14-5　三种印迹杂交程序示意图

拓展学习 14-2
Western 印迹中 β-actin
多带现象原因分析

Western 杂交主要用来检测细胞或组织样品中是否存在能被某抗体识别的蛋白质，从而判断在翻译水平上某基因是否表达，并判断其相对分子质量。所用的探针是针对某一蛋白质制备的特异性抗体。这种检测方法与其他免疫学方法的不同是，可以避免非特异性的免疫反应，而且更关键的是可以检测出目标蛋白质的相对分子质量，从而直观地在滤膜上显示出目标蛋白质。

4. 斑点杂交（dot hybridization）　是分子杂交中最简单的一种，直接将被检标本 DNA 或 RNA 分子以斑点的形式固定在滤膜上，烘干或紫外线照射以固定标本，然后用探针进行分子杂交。其杂交的信号比菌落杂交和噬菌斑杂交受到蛋白质等细胞成分的干扰小，其结果的可靠性更强。这种方法耗时短，可做半定量分析，一张膜上可同时检测多个样品。多用于病原体基因，如微生物的基因，但也可用于检查人类基因组中的 DNA 序列。当核酸分子的斑点面积变得更小，在单位面积滤膜上处理的样品数量就更多，当检测的灵敏度进一步提高后，就发展成 DNA 芯片。

5. 菌落原位杂交（colony *in situ* hybridization）　是将细菌从培养平板转移到 NC 膜上，然后将滤膜上的菌落裂解以释出 DNA。将 DNA 烘干固定于膜上与 ^{32}P 标记的探针杂交，放射自显影检测菌落杂交信号，并与平板上的菌落对位。主要用于基因工程中阳性克隆的筛选。

6. 原位杂交（*in situ* hybridization）　是利用核酸探针与组织或细胞切片中的核酸进行杂交并对其进行检测的方法，分为细胞原位杂交和组织原位杂交。原位杂交是经适当处理后，使细胞通透性增加，让探针进入细胞内与 DNA 或 RNA 杂交。因此原位杂交可以确定探针的互补序列在细胞内的空间位置，确定含有特定核酸序列的细胞类型和数目，可检出基因和基因产物的亚细胞定位。查明染色体中特定基因的位置，为染色体病的诊断提供方法，这一点具有重要的生物学和病理学意义。例如，对致密染色体 DNA 的原位杂交可用于显示特定序列的位置，对分裂期间核 DNA 的杂交可研究特定序列在染色质内的功能排布，与细胞 RNA 的杂交可精确分析任何一种 RNA 在细胞中和组织中的分布。此外，原位杂交还是显示细胞亚群分布和动向及病原微生物存在方式和部位的一种重要技术。

用于原位杂交的探针可以是单链或双链 DNA，也可以是 RNA 探针。通常探针的长度以 100 ~ 400 nt 为宜，过长则杂交效率降低。最近研究结果表明，寡核苷酸探针（16 ~ 30 nt）能自由出入细菌和组织细胞壁，杂交效率明显高于长探针。因此，寡核苷酸探针和不对称 PCR 标记的小 DNA 探针或体外转录标记的 RNA 探针是组织原位杂交的优选探针。

荧光原位杂交（fluorescence *in situ* hybridization，FISH）是 20 世纪 80 年代发展起来的一种非放射性原位杂交方法。FISH 用特殊的荧光素标记探针，既可对待测基因在染色体上的分布进行精确定位，也可对特定 RNA 在组织或细胞中的空间分布及表达水平进行测定。

第四节　生物芯片技术

随着人类基因组计划（human genome project）的逐步实施及分子生物学相关学科的迅猛发展，越来越多的动物、植物、微生物基因组序列得以测定，基因序列数据正在以前所未有的速度迅速增长。然而，怎样去研究如此众多基因在生命过程中所担负的功能就成了全世界生命科学工作者共同的课题。为此，建立新型杂交和测序方法以对大量的遗传信息进行高效、快速地检测和分析就显得格外重要了。

广义的生物芯片（biochip）指一切采用生物技术制备或应用于生物技术的微处理器。狭义的生物芯片特指微阵列芯片。生物芯片技术是通过微加工和微电子等微缩技术，依靠生物分子间的特异性相互作用，将生化分析集成于同一张芯片表面，建立一个微型的生化分析系统，从而实现对基因、蛋白质等生物分子准确、快速、高通量的检测。

生物芯片包含的种类很多，包括用于研制生物计算机的生物芯片、将健康细胞与电子集成电路结合起来的仿生芯片、缩微化的实验室即芯片实验室，以及利用生物分子相互间的特异识别作用进行生物信号处理的各种微阵列芯片。通常采用芯片固定探针，将生物芯片分为基因芯片、蛋白质芯片、细胞芯片和组织芯片、糖芯片等。

一、基因芯片技术及其应用

基因芯片（gene chip）技术是以核酸分子杂交为基础建立起来的用于基因检测的一种方法，它采用光导原位合成或微量点样等方法，将大量（通常每平方厘米点阵密度高于 400）的寡核苷酸或 cDNA 探针分子有序地固定于固相支持物（如玻片、硅片、聚丙烯酰胺膜、尼龙膜等）表面，然后与已标记的待测核酸分子进行杂交，通过特定的仪器检测每个探针分子的杂交信号强度，进而获得待测核酸的各种序列及表达信息。通俗地说，就是通过微加工技术，将数以万计、乃至百万计的特定序列的 DNA 或 cDNA 片段（基因探针），有规律地排列固定于 2 cm² 的硅片、玻片等支持物上，构成的一个二维 DNA 探针阵列，与计算机的电子芯片十分相似，所以被称为基因芯片。

由于基因芯片技术可以同时将大量探针固定于支持物上，因此可以一次性对样品大量序列进行检测和分析，从而解决了传统核酸印迹杂交（Southern blotting 和 Northern blotting 等）技术操作繁杂、自动化程度低、操作序列数量少、检测效率低等不足。而且，通过设计不同的探针阵列、使用特定的分析方法可使该技术具有多种不同的应用价值，如基因表达谱测定、突变检测、多态性分析、基因组文库作图及杂交测序等。

（一）基因芯片分类

基因芯片又称为 DNA 微阵列（DNA microarray），可分为三种主要类型：① 固定在聚合物基片（尼龙膜、NC 膜等）表面上的 DNA 探针或 cDNA 片段，通常用同位素标记的靶基因与其杂交，通过放射显影技术进行检测。这种方法的优点是所需检测设备与目前分子生物学所用的放射显影技术相一致，相对比较成熟。但芯片上探针密度不高，样品和试剂的需求量大，定量检测存在较多问题。② 用点样法固定在玻璃板上的 DNA 探针阵列，通过与荧光标记的靶基因杂交进行检测。这种方法点阵密度可有较大的提高，各个探针在表面上的结合量也比较一致，但在标准化和批量化生产方面仍有不易克服的困难。③ 在玻璃等硬质表面上直接合成的寡核苷酸探针阵列，与荧光标记的靶基因杂交进行检测。该方法把微电子光刻技术与 DNA 化学合成技术相结合，可以使基因芯片的探针密度大大提高，减少试剂的用量，实现标准化和批量化大规模生产，有着十分重要的发展潜力。

（二）基因芯片技术的基本流程

基因芯片技术是将生命科学研究中所涉及的不连续的分析过程（如样品制备、化学反应和分析检测），利用微电子、微机械、化学、物理学、计算机技术在固体芯片表面构建的微流体分析单元和系统，使之连续化、集成化、微型化（图 14-6）。其基本流程主要包括四个要点：① 芯片方阵的构建：先将玻璃片或硅片进行表面处理，然后使 DNA 片段或蛋白质分子按顺序排列在芯片上。② 样品的制备：生物样品往往是非常复杂的生物分子混合体，除少数特殊样品外，一般不能直接与芯片反应。可将样品进行生物处理，获取其中的蛋白质或 DNA、RNA，并且加以标记，以提高检测的灵敏度。③ 生物分子反应：芯片上的生物分子之间的反应是芯片检测的关键一步。通过选择合适的反应条件使生物分子间反应处于最佳状况，减少生物分子之间的错配比率。④ 芯片信号的检测：常用的芯片信号检测方法是将芯片置入芯片扫描仪中，

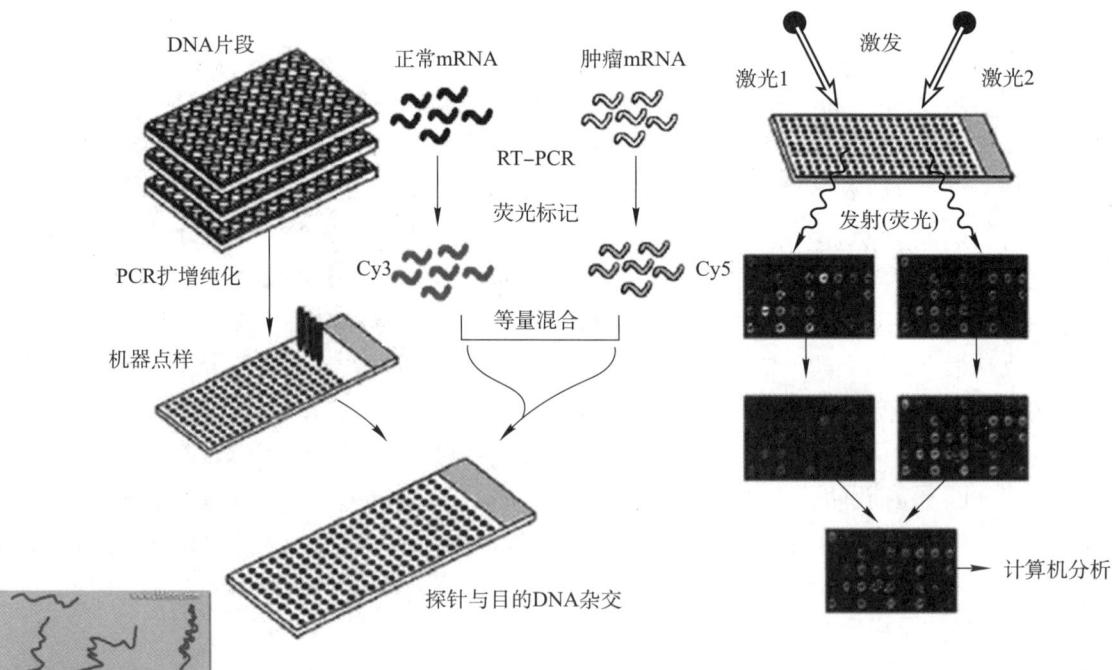

图 14-6 基因芯片技术的基本流程

通过扫描以获得有关生物信息。

（三）基因芯片的应用

目前，基因芯片已被应用到生物科学众多的领域之中。这些应用主要包括基因表达检测、突变检测、基因组多态性分析和基因文库作图及杂交测序等方面。在基因表达检测的研究上人们已比较成功地对多种生物包括拟南芥（Arabidopsis thaliana）、酵母（Saccharomyces cerevisiae）及人的基因组表达情况进行了研究，并且用该技术（共 157 112 个探针分子）一次性检测了酵母几种不同株间数千个基因表达谱的差异。实践证明，基因芯片也可用于核酸突变的检测及基因组多态性的分析，例如，对人 BRCA1 基因外显子 11、CFTR 基因、β- 地中海贫血、酵母突变菌株、HIV-1 逆转录酶及蛋白酶基因（与 Sanger 测序结果一致性达到 98%）等的突变检测，对人类基因组单核苷酸多态性的鉴定、作图和分型，人线粒体 16.6 kb 基因组多态性的研究等。将生物传感器与芯片技术相结合，通过改变探针阵列区域的电场强度，已经证明可以检测到基因（如 ras 等）的单碱基突变。此外，有人还曾通过确定重叠克隆的次序从而对酵母基因组进行作图。杂交测序是基因芯片技术的另一重要应用。该测序技术理论上不失为一种高效可行的测序方法，但需通过大量重叠序列探针与目的分子的杂交方可推导出目的核酸分子的序列，所以需要制作大量的探针。基因芯片技术可以比较容易地合成并固定大量核酸分子，所以它的问世无疑为杂交测序提供了实施的可能性。在实际应用方面，生物芯片技术可广泛应用于疾病诊断和治疗、药物筛选、农作物的优育优选、司法鉴定、食品卫生监督、环境检测、国防、航天等许多领域。它将为人类认识生命的起源、遗传、发育与进化，为人类疾病的诊断、治疗和防治开辟全新的途径，为生物大分子的全新设计和药物开发中先导化合物的快速筛选和药物基因组学研究提供技术支撑平台。

人文视角 14-1 未来医学对"基因"下药，带着"芯片"去看病

临床聚焦 14-1 基因芯片检测技术

人文视角 14-2 西部首例基因芯片试管婴儿诞生

二、蛋白质芯片技术及其应用

蛋白质芯片（protein chip）又称蛋白质微阵列（protein microarray），是一组微量蛋白质有序地排列固定在支持物（如玻璃、塑料或石英片）上的阵列。由于高密度蛋白质阵列在数平方厘米面积内可排列数万个不同蛋白质点，故具有高通量性、敏感性、可重复性、稳定性、自动化，以及可直接关联 DNA 序列和蛋白质信息等特点。

蛋白质芯片主要有分析芯片、功能芯片和逆向芯片。分析芯片最常用的是抗体芯片；功能芯片常用于研究单个实验中整个蛋白质组的生物化学活性，如蛋白质与蛋白质、蛋白质与 DNA、蛋白质与 RNA、蛋白质与磷脂之间的相互作用；逆向芯片能检测出可致病的变异蛋白及翻译后修饰，用于确定药物作用靶点。表面增强激光解析离子化飞行时间质谱技术（SELDI-TOF-MS）是将蛋白质芯片和质谱技术相结合以寻找差异表达蛋白质。

蛋白质芯片技术具有高通量、高特异性等优势，能监测蛋白质的不同表达谱及蛋白质的生物活性研究，在生物、医学领域应用广泛，如蛋白质表达谱分析、确定抗原决定簇、鉴定蛋白质功能、蛋白质之间相互作用、蛋白质磷酸化、药物分析，以及传染性疾病和代谢性疾病诊断、自身免疫病的特异抗原监测等。例如，利用蛋白质芯片技术通过检测急性痛风性关节炎（AGA）标志物 TNF-α 受体 II、白细胞介素 -8 等蛋白质表达差异，进一步通过基因和基因组富集分析确定差异表达蛋白质的生物学功能，进行 AGA 风险预测与诊断。蛋白质芯片技术可以有效识别新型抗肿瘤相关抗原的自身抗体，用于癌症诊断具有重要意义。

三、细胞芯片技术及其应用

细胞芯片（cell chip）是以活细胞作为研究对象的一种生物芯片技术。一般是指运用显微技术和纳米技术，在芯片上完成对细胞的捕获、固定、平衡、运输、刺激及培养等精确控制，并通过微型化的化学分析方法实现对细胞的高通量、多参数、连续原位信号检测和细胞组分的理化分析，直接获得细胞功能信息及细胞对各种刺激的应答信息，完成对细胞的特征化修饰。

细胞芯片技术主要有整合的微流体细胞芯片、细胞免疫芯片。整合的微流体细胞芯片是在芯片上构建各种微流路通道体系，并在流体通道体系中准确控制细胞的运输、平衡和定位，进而对细胞进行药物刺激等过程的原位监测和细胞组分的分析。细胞免疫芯片是在蛋白质芯片的基础上，利用免疫学抗原和抗体的固定化、抗原抗体特异性反应及抗原或抗体的检测方法，使细胞表面的抗原或抗体进行反应，通过免疫特性捕获目标细胞，然后根据荧光标记、酶标记与否对细胞进行免疫化学测定及后续研究。

细胞芯片作为对基因芯片、蛋白质芯片的一种补充，主要用于活细胞的培养及活细胞中基因、蛋白质等生物组分及表达水平的定位检测，在基因检测、基因表达、组分多态性分析、药物开发和筛选及疾病诊断中显示出重要的作用。细胞免疫芯片应用于靶向免疫诊断、治疗为肿瘤和其他细胞表面抗原相关的疾病提供了一种新型的研究方法。

四、组织芯片技术及其应用

组织芯片（tissue chip）又称组织微阵列（tissue microarray），是将许多不同个体组织标本以规则阵列方式排布于同一载体（如玻璃片）上，进行同一指标的原位组织学研究的分析工具。可实现高通量、大样本及快速分析。

组织芯片技术可应用于肿瘤研究，以了解肿瘤患者异质性结局的分子基础。如根据检测目的和疾病状态的差异构建生物标志物及淋巴结转移组织微阵列集，验证肿瘤生物标志物，检测疾病进展。在新药开发方面，例如，构建高通量心脏组织芯片并结合电脉冲刺激，模拟心肌细胞电生理特性呈现心肌细胞的良好排列结构和同步跳动，通过鉴定芯片上培养的心肌细胞成熟情况和表型变化，评估各种药物治疗对心脏的毒性作用和保护效果。相较于动物模型和传统的细胞培养，这项技术更接近人体生理条件，为临床前药物开发提供高通量的药物筛选平台。

（孔　英）

思考题

1. 简述核酸分子杂交的基本原理。
2. 试对 Southern 印迹、Northern 印迹、Western 印迹三种方法进行比较。
3. 试述基因芯片的原理。

网上更多……

本章小结　　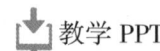自测题　　📥教学 PPT

第十五章
PCR及DNA测序技术

关键词

聚合酶链反应	*Taq* DNA 聚合酶	逆转录 PCR
实时荧光定量 PCR	C_t 值	荧光阈值
双脱氧链末端终止法	化学降解法	纳米孔单分子技术

聚合酶链反应（PCR）是一种在体外对特定的DNA片段进行高效扩增的技术，基本原理类似于体内DNA的复制过程。在传统的PCR技术基础之上，近年来又建立了许多衍生技术。特别是荧光实时定量PCR技术，实现了PCR技术从定性到精确定量的里程碑式飞跃。PCR是目前应用最广泛的分子生物学技术，广泛应用于生物学及医学基础研究和临床检验及诊断。

第一代DNA测序技术主要是在双脱氧链末端终止法上建立起来的，目前已经实现了自动化。第二代DNA测序技术则使得DNA测序进入了高通量、低成本的时代。基于单分子读取技术的第三代DNA测序技术使测定DNA序列更快，成本更低，有可能改变个人医疗的前景。

思维导图

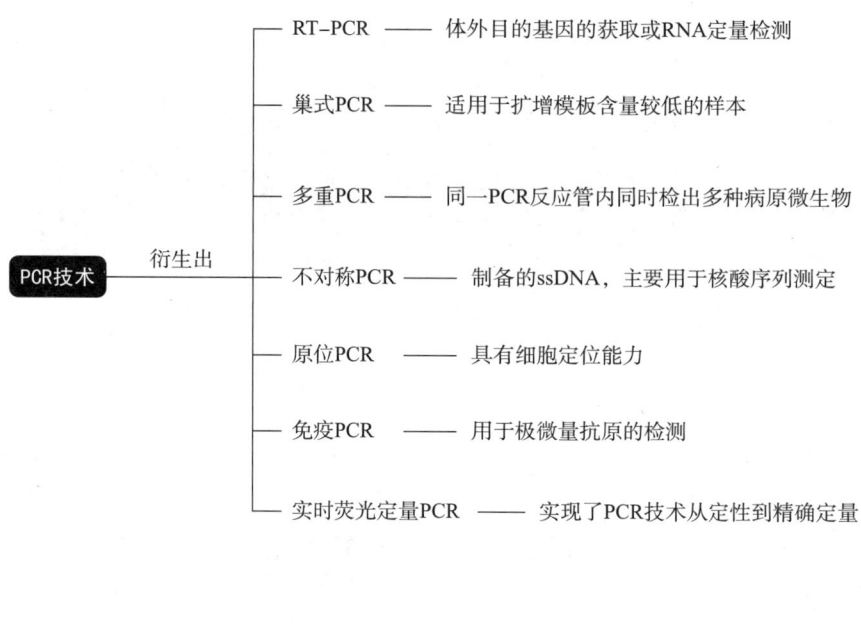

第一代DNA测序技术 (双脱氧链末端终止法)	—— 第二代DNA测序技术 (高通量)	—— 第三代DNA测序技术 (纳米孔单分子测序)

微课或微视频 15-1
PCR 技术基本原理

第一节　PCR 基本原理

拓展学习 15-1
PCR 发展简史

　　聚合酶链反应（polymerase chain reaction，PCR）是指在 DNA 聚合酶催化下，以母链 DNA 为模板，以特定引物为延伸起点，通过变性、退火、延伸等步骤，体外复制出与母链模板 DNA 互补的子链 DNA 的过程。PCR 是一项 DNA 体外合成技术，能快速在体外扩增任何目的 DNA，具有特异性强、灵敏度高、操作简便等特点。它不仅可用于基因分离、克隆和核酸序列分析等基础研究，还可用于疾病的诊断等领域。

　　PCR 技术的基本原理类似于生物体内 DNA 的天然复制过程，其特异性依赖于与靶序列两端互补的寡核苷酸引物。双链 DNA 变性解链成单链，在 DNA 聚合酶的参与下，根据碱基互补配对原则复制成同样的两分子拷贝。通过温度变化控制 DNA 的变性和复性，加入设计引物、DNA 聚合酶、dNTP 就可以完成特定基因的体外复制。PCR 由变性—退火—延伸三个基本反应步骤构成（图 15-1）：① 模板 DNA 的变性：模板 DNA 经加热至 93 ℃左右一定时间后，模板 DNA 双链或经 PCR 扩增形成的双链 DNA 解离，使之成为单链，以便它与引物结合，为下轮反应作准备；② 模板 DNA 与引物的退火（复性）：模板 DNA 经加热变性成单链后，温度降至 55 ℃左右，引物与模板 DNA 单链的互补序列配对结合；③ 引物的延伸：DNA 模板 – 引物结合物在 *Taq* DNA 聚合酶的作用下，以 dNTP 为反应原料，靶序列为模板，按碱基互补配对原理，合成一条新的与模板链互补的 DNA 链，重复循环变性—退火—延伸，每完成一个循环需 2～4 min，30 个循环就

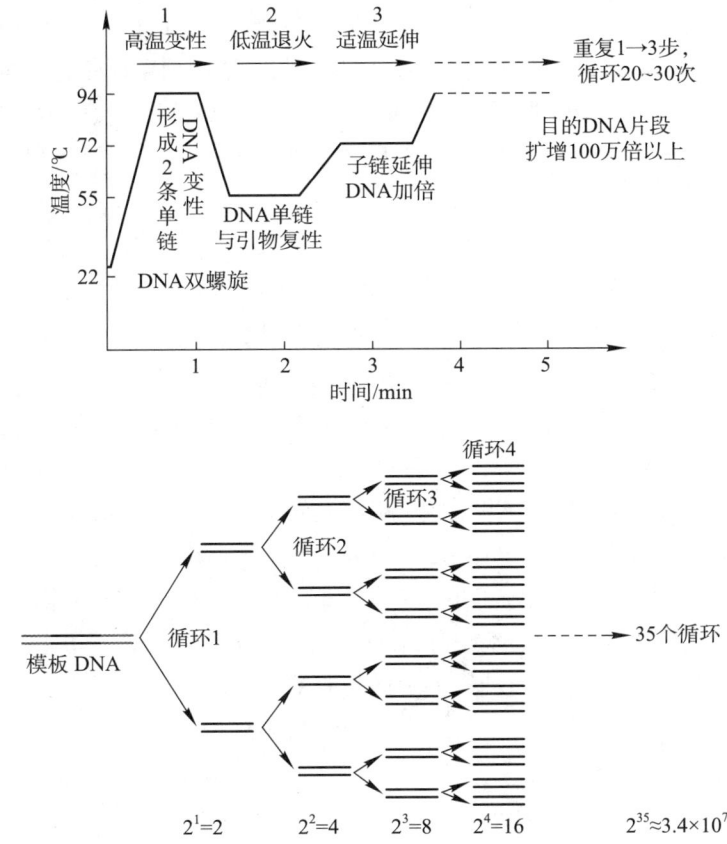

图 15-1　PCR 反应扩增示意图

能将目的基因扩增放大上百万倍。

发现耐热 *Taq* DNA 聚合酶对于 PCR 的应用有里程碑的意义，该酶可以耐受 90 ℃以上的高温而不失活，使 PCR 技术变得非常简捷，同时也大大降低了成本，PCR 技术得以大量应用。

第二节　PCR 反应体系与反应条件

一、PCR 反应五要素

参加 PCR 反应的物质主要有 5 种，即引物、酶、dNTP、模板和 Mg^{2+}。

（一）引物

引物是 PCR 特异性反应的关键，PCR 产物的特异性取决于引物与模板 DNA 互补的程度。理论上，只要知道任何一段模板 DNA 序列，就能根据需要设计互补的寡核苷酸链作引物。设计引物应遵循以下原则：① 引物长度：15 ~ 30 nt，常用为 20 nt 左右。② 引物扩增跨度：以 200 ~ 500 bp 为宜，特定条件下可扩增至 10 kb 的片段。③ 引物碱基：G+C 含量以 40% ~ 60% 为宜，G+C 太少扩增效果不佳，G+C 过多易出现非特异条带。A、T、G、C 最好随机分布，避免 5 个以上嘌呤或嘧啶核苷酸的成串排列。④ 避免引物内部出现二级结构：避免两条引物间互补，特别是 3′ 端的互补，否则会形成引物二聚体，产生非特异的扩增条带。⑤ 引物 3′ 端的碱基，特别是最末及倒数第二个碱基，应严格要求配对，以避免因末端碱基不配对而导致 PCR 失败。⑥ 引物中有或能加上合适的酶切位点：被扩增的靶序列最好有适宜的酶切位点，这对酶切分析或分子克隆很有好处。⑦ 引物的特异性：引物应与核酸序列数据库的其他序列无明显同源性。引物量：每条引物的使用浓度一般为 0.1 ~ 1 μmol/L，以最低引物量产生所需要的结果为好，引物浓度偏高会引起错配和非特异性扩增，且可增加引物之间形成二聚体的机会。

（二）酶及其浓度

目前 *Taq* DNA 聚合酶供应是从嗜热水生杆菌中提纯的天然酶，95 ℃的半寿期为 40 min，最适温度（72℃）时每个酶分子每秒可催化合成 150 个核苷酸，酶活性（受多种因素影响）包括：5′ → 3′ 方向的聚合酶活性，5′ → 3′ 方向的外切酶活性，非模板依赖性活性，可在双链 PCR 产物每一条链的 3′ 端加上单核苷酸尾，使 PCR 产物的 3′ 端突出一个单 A 核苷酸尾。催化一个典型的 PCR 反应约需酶量 2.5 U（指总反应体积为 100 μL 时），浓度过高可引起非特异性扩增，浓度过低则合成产物量减少。其他的耐热聚合酶：*Tth* DNA 聚合酶，在高温和 $MnCl_2$ 存在的条件下，能有效地逆转录 RNA，用于一步法 RT–PCR；Vent DNA 聚合酶，又称 *Tli* DNA 聚合酶，该酶耐高温且具有 3′ → 5′ 外切酶活性的校对功能，其保真性较 *Taq* DNA 聚合酶高一倍，扩增长片段（>12 kb）的功能较强；*Pfu* DNA 聚合酶，具有 3′ → 5′ 外切酶活性的校对功能，催化 DNA 合成的忠实性比 *Taq* 聚合酶高 12 倍，但不适于 >2 kb 的片段扩增。

（三）dNTP 的质量与浓度

dNTP 的质量与浓度和 PCR 扩增效率有密切关系，dNTP 粉呈颗粒状，如保存不当易变性失去生物学活性。dNTP 溶液呈酸性，使用时应配成高浓度后，以 NaOH 或 Tris-HCl 的缓冲液将其 pH 调节到 7.0 ~ 7.5，小量分装，-20 ℃冷冻保存。在 PCR 反应中，dNTP 应为 50 ~ 200 μmol/L，尤其是注意 4 种 dNTP 的浓度要相等（等摩尔配制），如其中任何一种浓度不同于其他几种（偏高或偏低），就会引起错配。

（四）模板

模板 DNA 既可以是单链 DNA，也可以是双链 DNA。闭环模板 DNA 的扩增效率略低于线状 DNA，因此用质粒 DNA 作模板时最好先将其线状化。模板 DNA 的量与纯化程度，是 PCR 成败的关键环节之一，传统的 DNA 纯化方法通常采用 SDS 和蛋白酶 K 来消化处理标本。SDS 的主要功能是：溶解细胞膜上的脂质与蛋白质，因而溶解膜蛋白而破坏细胞膜，并解离细胞中的核蛋白，SDS 还能与蛋白质结合而沉淀。蛋白酶 K 能水解消化蛋白质，特别是与 DNA 结合的组蛋白，再用有机溶剂酚与氯仿抽提去掉蛋白质和其他细胞组分，用乙醇或异丙醇沉淀核酸。一般临床检测标本，可采用快速简便的方法溶解细胞，裂解病原体，消化除去染色体的蛋白质使靶基因游离，直接用于 PCR 扩增。

（五）Mg^{2+} 浓度

Mg^{2+} 对 PCR 扩增的特异性和产量有显著的影响。在一般的 PCR 反应中，各种 dNTP 浓度为 200 μmol/L 时，Mg^{2+} 浓度为 1.5 ~ 2.0 mmol/L 为宜。Mg^{2+} 浓度过高，反应特异性降低，出现非特异扩增；浓度过低会降低 *Taq* DNA 聚合酶的活性，使反应产物减少。

二、PCR 反应条件的选择

PCR 反应条件包括温度、时间和循环次数。

（一）温度与时间的设置

基于 PCR 原理三步骤而设置变性—退火—延伸三个温度点，双链 DNA 在 90 ~ 95 ℃变性，再迅速冷却至 40 ~ 60 ℃，引物退火并结合到靶序列上，然后快速升温至 70 ~ 75 ℃，在 *Taq* DNA 聚合酶的作用下，使引物链沿模板延伸。

1. 变性温度与时间　一般情况下，在 93 ~ 94 ℃条件下，1 min 足以使模板 DNA 变性；若低于 93 ℃则需延长时间。但温度不能过高，因为高温环境对酶的活性有影响。此步若不能使靶基因模板或 PCR 产物完全变性，就会导致 PCR 失败。

2. 退火（复性）温度与时间　退火温度是影响 PCR 特异性的较重要因素。变性后快速冷却至 40 ~ 60 ℃，可使引物和模板发生结合。退火温度与时间取决于引物的长度、碱基组成及其浓度，还有靶序列的长度。对于 20 个核苷酸，G+C 含量约 50% 的引物，55 ℃为选择最适退火温度的起点较为理想。可通过以下公式选择合适的引物复性温度：T_m 值（解链温度）= 4（G + C）+ 2（A + T），复性温度 = T_m 值 -（5 ~ 10 ℃）。在 T_m 值允许范围内，选择较高的复性温度可大大减少引物和模板间的非特异性结合，提高 PCR 反应的特异性。复性时间一般为 30 ~ 60 s，足以使引物与模板之间完全结合。

3. 延伸温度与时间　根据 *Taq* DNA 聚合酶的生物学活性，PCR 反应的延伸温度一般选择 70 ~ 75 ℃，常用温度为 72 ℃，过高的延伸温度不利于引物和模板的结合。PCR 延伸反应的时间，可根据待扩增片段的长度而定，一般 1 kb 以内的 DNA 片段，延伸时间 1 min 是足够的。3 ~ 4 kb 的靶序列需 3 ~ 4 min，扩增 10 kb 需延伸至 15 min。延伸时间过长会导致非特异性扩增带的出现。对低浓度模板的扩增，延伸时间要稍长些。

（二）循环次数

循环次数决定 PCR 扩增程度。PCR 循环次数主要取决于模板 DNA 的浓度。一般的循环次数选在 30 ~ 40 次，循环次数越多，非特异性产物的量亦随之增多。

第三节　常见的 PCR 反应衍生技术

PCR 技术自 1985 年建立以来，发展迅速、应用广泛，表明其具有强大的生命力。近些年来，基于 PCR 的基本原理，许多学者充分发挥创造性思维，对 PCR 技术进行研究和改进，使 PCR 技术得到了进一步完善，并在此基础上派生出了许多新的技术。

一、RT-PCR

ⓔ图 15-1
RT-PCR 反应示意图

逆转录 PCR（reverse transcription-polymerase chain reaction，RT-PCR）是将 RNA 的逆转录和 cDNA 的聚合酶链反应相结合的技术。其原理是：提取组织或细胞中的总 RNA，以其中的 mRNA 作为模板，采用 oligo（dT）或随机引物利用逆转录酶逆转录成 cDNA。再以 cDNA 为模板进行 PCR 扩增，而获得目的基因或检测基因表达。RT-PCR 技术灵敏而且用途广泛，可用于检测细胞 / 组织中基因表达水平、细胞中 RNA 病毒的含量和直接克隆特定基因的 cDNA 序列等。

二、巢式 PCR

ⓔ图 15-2
巢式 PCR 反应示意图

巢式 PCR 是一种变异的聚合酶链反应，使用两对 PCR 引物扩增完整的片段。第一对 PCR 引物扩增片段和普通 PCR 相似；第二对引物称为巢式引物（因为他们在第一次 PCR 扩增片段的内部）结合在第一次 PCR 产物内部，使得第二次 PCR 扩增片段短于第一次扩增。巢式 PCR 的好处在于，如果第一次扩增产生了错误片段，则第二次能在错误片段上进行引物配对并扩增的概率极低。因此，巢式 PCR 的扩增非常特异和灵敏，尤其适用于扩增模板含量较低的样本。

三、多重 PCR

多重 PCR（multiplex PCR）又称多重引物 PCR 或复合 PCR，它是在同一 PCR 反应体系里加上两对以上引物，同时扩增出多个核酸片段的 PCR 反应，其反应原理、试剂和操作过程与一般 PCR 相同。

四、原位 PCR

原位 PCR 是 Hasse 等于 1990 年建立的技术，就是在组织细胞里进行 PCR 反应，它结合了具有细胞定位能力的原位杂交和高度特异敏感的 PCR 技术的优点，是细胞学科研与临床诊断领域里的一项有较大潜力的新技术。标本是新鲜组织、石蜡包埋组织、脱落细胞、血细胞等。其基本方法为多聚甲醛固定组织或细胞，蛋白酶消化处理组织；在组织细胞片上滴加 PCR 反应液，覆盖并加液状石蜡后，在原位 PCR 仪上进行 PCR 循环扩增，PCR 扩增结束后用标记的探针进行原位杂交，最后用显微镜观察结果。原位 PCR 既能分辨鉴定带有靶序列的细胞，又能标出靶序列在细胞内的位置，于分子和细胞水平上研究疾病的发病机制和临床过程及病理的转归有重大的实用价值。

五、不对称 PCR

不对称 PCR（asymmetric PCR）是用不等量的一对引物，PCR 扩增后产生大量的单链 DNA（ssDNA）。这对引物分别称为非限制性引物与限制性引物，其比例一般为（50~100）:1。在 PCR 反应的最初 10~15 个循环中，其扩增产物主要是双链 DNA，但当限制性引物（低浓度引物）消耗完后，非限制性引物（高浓度引物）引导的 PCR 就会产生大量的单链 DNA。不对称 PCR 的关键是控制限制性引物的绝对量，需多次摸索优化两条引物的比例。还有一种方法是先用等浓度的引物 PCR 扩增，制备双链 DNA（dsDNA），然后以此 dsDNA 为模板，再以其中的一条引物进行第二次 PCR，制备 ssDNA。不对称 PCR 制备的 ssDNA，主要用于核酸序列测定。

六、免疫 PCR

免疫 PCR（immuno-PCR）是新近建立的一种灵敏、特异的抗原检测系统。它利用抗原 – 抗体反应的特异性和 PCR 扩增反应的极高灵敏性来检测抗原，尤其适用于极微量抗原的检测。

免疫 PCR 试验的主要步骤有三个：抗原 – 抗体反应，与嵌合连接分子结合，PCR 扩增嵌合连接分子中的 DNA（一般为质粒 DNA）。该技术的关键环节是嵌合连接分子的制备。在免疫 PCR 中，嵌合连接分子起着桥梁作用，它有两个结合位点，一个与抗原抗体复合物中的抗体结合，一个与质粒 DNA 结合，其基本原理与 ELISA 和免疫酶染色相似，不同之处在于其中的标记物不是酶而是质粒 DNA，在操作反应中形成抗原抗体 – 连接分子 –DNA 复合物，通过 PCR 扩增 DNA 来判断是否存在特异性抗原。

免疫 PCR 的优点为：① 特异性较强，因为它建立在抗原抗体特异性反应的基础上；② 敏感度高，PCR 具有惊人的扩增能力，免疫 PCR 比 ELISA 敏感度高 10^5 倍以上，可用于单个抗原的检测；③ 操作简便，PCR 扩增质粒 DNA 比扩增靶基因容易得多，一般实验室均能进行。

七、实时荧光定量 PCR

实时荧光定量 PCR（real-time fluorescence quantitative PCR，RT-qPCR）是在 PCR 定性技术基础上发展起来的核酸定量技术，是一种在 PCR 反应体系中加入荧光基团，利用荧光信号积累实时监测整个 PCR 进程，最后通过标准曲线对未知模板进行定量分析的方法。该技术不仅实现了对 DNA 模板的定量，而且具有灵敏度高、特异性和可靠性更强、能实现多重反应、自动化程度高、无污染、具实时性和准确性等特点，目前已广泛应用于分子生物学研究和医学研究等领域。

（一）荧光定量检测系统及原理

荧光定量检测系统由实时荧光定量 PCR 仪、实时荧光定量试剂、通用电脑、自动分析软件等构成。PCR 反应时与设备相连的计算机收集实时荧光数据，数据再通过开发的实时分析软件以图表的形式显示，原始数据被绘制成荧光强度相对于循环数的图表。实时设备的软件能使收集到的数据进行正常化处理来弥补背景荧光的差异。正常化后可以设定阈值水平。样品到达阈值水平所经历的循环数称为 C_t 值（限制点的循环数）。阈值应设定在使指数期的扩增效率为最大，这样可以获得最准确、可重复性的数据。如果同时扩增的还有标有相应浓度的标准品，线性回归分析将产生一条标准曲线，可以用来计算未知样品的浓度。

PCR 反应过程中产生的 DNA 拷贝数呈指数方式增加，随着反应循环数的增加，最终 PCR 反应不再以指数方式生成模板，从而进入平台期。在传统的 PCR 中，常用凝胶电泳分离并用荧光染色来检测 PCR 反应的最终扩增产物，用此终点法对 PCR 产物定量存在不可靠性。在 RT-qPCR 中，对整个 PCR 反应扩增过程进行实时监测和连续地分析扩增相关的荧光信号，随着反应时间的进行，监测到的荧光信号的变化可以绘制成一条曲线。在 PCR 反应早期，产生荧光的水平不能与背景明显地区别，而后荧光的产生进入指数期、线性期和最终的平台期，因此可以在 PCR 反应处于指数期的某一点上来检测 PCR 产物的量，并且由此来推断模板最初的含量。为了便于对所检测样本进行比较，在 RT-qPCR 反应的指数期，首先需设定一定荧光信号的阈值。

1. 荧光阈值（threshold） 以 PCR 反应的前 15 个循环的荧光信号作为荧光本底信号（baseline），荧光阈值的缺省设置是 3～15 个循环的荧光信号的标准偏差的 10 倍。如果检测到荧光信号超过阈值被认为是真正的信号，它可用于定义样本的阈值循环数（C_t）（图 15-2）。

2. C_t 值 又称为循环阈值，C 代表 cycle，t 代表 threshold，指每个反应管内的荧光信号达到设定的阈值时所经历的循环数。研究表明，每个模板的 C_t 值与该模板的起始拷贝数的对数存在线性关系，起始拷贝数越多，C_t 值越小。利用已知起始拷贝数的标准品可作出标准曲线，因此只要获得未知样品的 C_t 值，即可从标准曲线上计算出该样品的起始拷贝数。

3. C_t 值与起始模板的关系 见图 15-3。

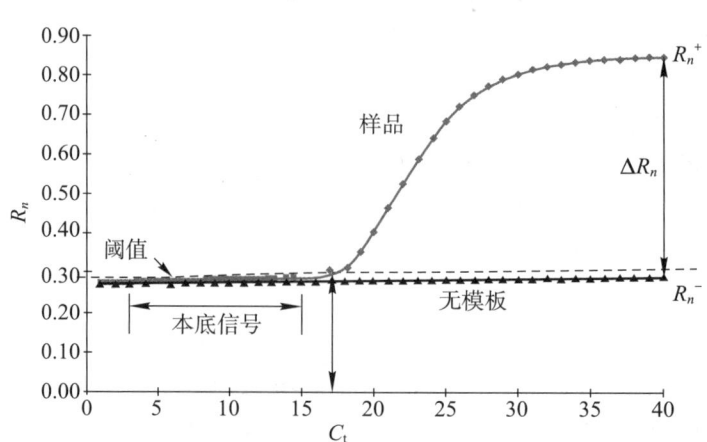

图 15-2 C_t 值的确定示意图

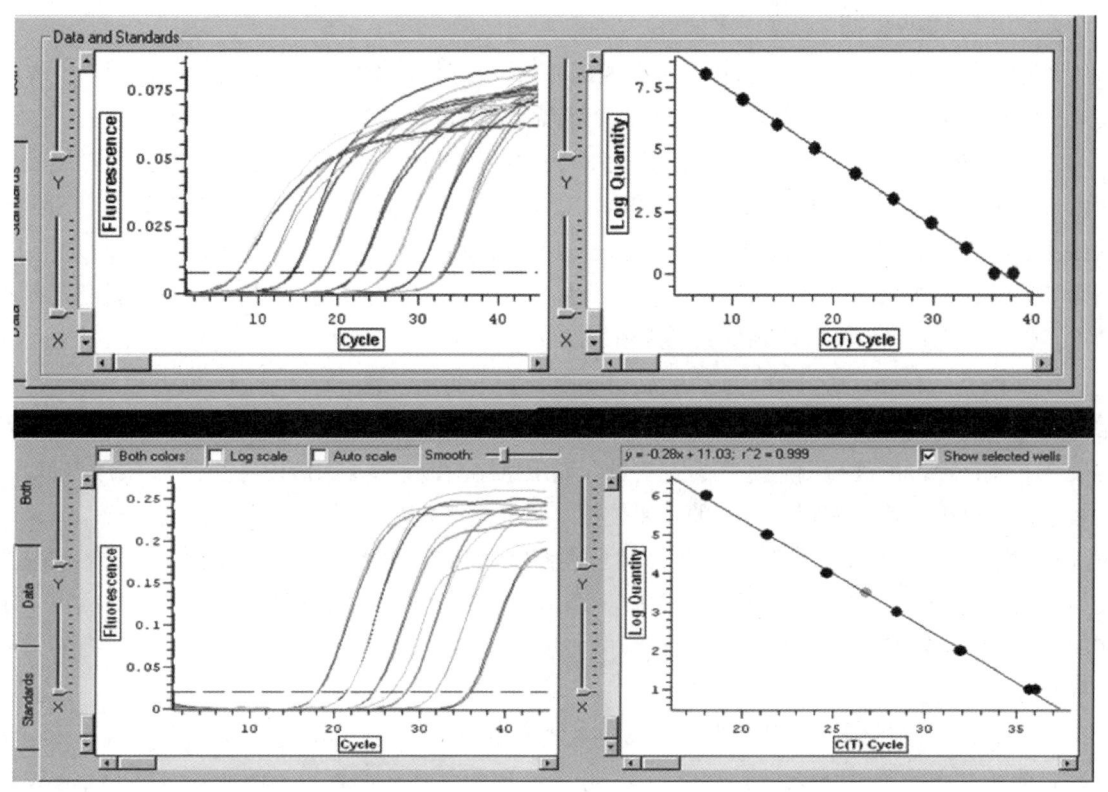

图 15-3　C_t 值与起始模板的关系示意图

PCR 反应：
$$X = X_0 \cdot (1 + E_x)^n$$

式中，n 为扩增反应的循环次数，X 为第 n 次循环后的产物量，X_0 为初始模板量，E_x 为扩增效率。

$$\lg X_0 = -\lg(1 + E_x) \cdot C_t + \lg M$$

式中，M 为荧光扩增信号达到阈值强度时扩增产物的量。lg 浓度与循环数呈线性关系，根据样品扩增达到阈值的循环数（即 C_t 值），就可计算出样品中所含的模板量。

模板 DNA 量越多，荧光达到阈值的循环数越少，即 C_t 值越小；lg 浓度与循环数呈线性关系，通过已知起始拷贝数的标准品可作出标准曲线，根据样品 C_t 值，就可以计算出样品中所含的模板量；确定未知样品的 C_t 值；通过标准曲线由未知样品的 C_t 值推算出其初始量。

4. 荧光定量 PCR 所使用的荧光化学物质　可分为两种：荧光探针和荧光染料。① TaqMan 荧光探针：PCR 扩增时在加入一对引物的同时加入一个特异性的荧光探针，该探针为一寡核苷酸，两端分别标记一个报告荧光基团和一个淬灭荧光基团。探针完整时，报告基团发射的荧光信号被淬灭基团吸收；PCR 扩增时，Taq DNA 聚合酶的 $5' \rightarrow 3'$ 外切酶活性将探针酶切降解，使报告荧光基团和淬灭荧光基团分离，从而荧光监测系统可接收到荧光信号，即每扩增一条 DNA 链，就有一个荧光分子形成，实现了荧光信号的累积与 PCR 产物形成完全同步。而新型 TaqMan-MGB 探针使该技术既可进行基因定量分析，又可分析基因突变（SNP），有望成为基因诊断和个体化用药分析的首选技术。② SYBR 荧光染料：在 PCR 反应体系中，加入过量 SYBR 荧光染料，SYBR 荧光染料特异性地掺入 DNA 双链后，发射荧光信号，而不掺入链中的 SYBR 染料分子不会发射任何荧光信号，从而保证荧光信号的增加与 PCR 产物的增加完全同步。

ⓔ 图 15-3
TaqMan 荧光探针标记示意图

ⓔ 图 15-4
SYBR 荧光染料标记示意图

临床聚焦 15-1
荧光定量 PCR 用于临床检测

（二）实时荧光定量PCR技术的应用领域

实时荧光定量 PCR 是迄今为止定量最准确、重复性最好的核酸定量方法，已得到全世界的公认，广泛应用于临床及生命科学研究的各个领域中。

1. 病原体检测　目前，用此方法进行了对人类结核杆菌、免疫缺陷病毒、肝炎病毒、流感病毒、巨细胞病毒、EB 病毒等病原体的检测。2004 年，国内针对严重急性呼吸综合征（SARS）的检测和诊断，使得荧光定量 PCR 技术得以应用和发展。荧光定量 PCR 技术问世后的几年中，积累了大量有关病原体核酸量与感染性疾病发生、发展和预后之间关系的资料，这些研究资料不断丰富，将形成感染性疾病的临床分子诊断标准。

2. 肿瘤基因检测　肿瘤的本质是细胞内基因发生了变化，是一种多基因异常的疾病，这些异常变化用实时荧光定量 PCR 方法都可以检测出来。实时荧光 PCR 技术不仅能有效地检测到基因的突变，而且可以准确检测癌基因的表达量。如定量结直肠癌淋巴结的癌胚抗原（CEA）mRNA 的表达量，可作为诊断癌症微转移的重要依据。目前，肿瘤患者的生存期已有所延长，但是缓解期的患者仍存在复发的危险，因此，微小残留病变的检测对于进一步调整治疗方案至关重要。实时荧光 PCR 技术正成为检测肿瘤微小残留分子标志的一种必备工具。Eckert 等提出采用实时荧光 PCR 技术检测儿童急性淋巴细胞白血病微残留病灶，对儿童急性白血病的治疗有重要指导意义。

3. 遗传及产前诊断　到目前为止，人们对遗传性物质改变引起的遗传性疾病一般还无法治疗，只能通过产前监测减少患儿出生，以防止各类遗传性疾病的发生。例如，为减少 X 连锁遗传病患儿的出生，从孕妇的外周血中分离胎儿 DNA，用实时荧光定量 PCR 检测分析其性别决定区基因。另外，还可以通过实时荧光定量 PCR 对孕妇进行弓形虫、梅毒等检测，可为找出不明原因流产和习惯性流产的病因提供有力的帮助。

4. 基因诊断　如单核苷酸多态性（SNP）及突变分析。实时荧光定量 PCR 一个诱人的应用前景是用于检测基因突变和基因组的不稳定性。基因突变的检测基于两条探针，一条为突变探针，横跨突变位点；另一条为锚定探针，与无突变位点的靶序列杂交。两条探针用两种不同的发光基团标记，如靶序列中无突变，与锚定探针杂交便会完全配对；如有突变，则锚定探针与靶序列不完全配对，会降低杂交体的稳定性，从而降低其熔解温度（T_m）；反之亦然。

第四节　DNA 测序技术

对于每个生物体来说，基因组包含了整个生物体的遗传信息。测序技术能够真实地反映基因组 DNA 上的遗传信息，进而比较全面地揭示基因组的复杂性和多样性，因而在生命科学研究中扮演了十分重要的角色。

成熟的 DNA 测序技术始于 20 世纪 70 年代中期。1977 年 Maxam 和 Gilbert 报道了通过化学降解测定 DNA 序列的方法。同一时期，Sanger 发明了双脱氧末端终止法。20 世纪 90 年代初出现的荧光自动测序技术将 DNA 测序带入自动化测序的时代。这些技术统称为第一代 DNA 测序技术。随后发展起来的第二代 DNA 测序技术则使得 DNA 测序进入了高通量、低成本的时代。目前，基于单分子读取技术的第三代 DNA 测序技术已经出现，该技术测定 DNA 序列更快，并有望进一步降低测序成本，改变个人医疗的前景。

一、第一代 DNA 测序技术

（一）双脱氧链末端终止法

双脱氧链末端终止法是现在应用最多的核酸测序技术（图 15-4）。核酸模板在 DNA 聚合酶、引物、四种脱氧核苷酸存在条件下复制或转录时，如果在四管反应系统中分别按比例引入四种双脱氧核苷酸，只要双脱氧核苷酸掺入链端，该链就停止延长，链端掺入单脱氧核苷酸的片段可继续延长。如此每管反应体系中便合成以共同引物为 5' 端，以双脱氧核苷酸为 3' 端的一系列长度不等的核酸片段。反应终止后，分四个泳道进行电泳，以分离长短不一的核酸片段（长度相邻者仅差一个碱基）。根据片段 3' 端的双脱氧核苷酸，便可依次阅读合成片段的碱基排列顺序。

操作程序按 DNA 复制的原理设计。在 4 只试管中加入适当的引物、模板、4 种 dNTP，再在上述 4 只管中分别加入一种一定浓度的 ddNTP（双脱氧核苷酸）。与单链模板（如以双链作模板，要作变性处理）结合的引物，在 DNA 聚合酶作用下从 5' 端向 3' 端进行延伸反应，^{32}P 或 ^{35}S 随着引物延长掺入到新合成链中。当 ddNTP 掺入时，由于它在 3' 位置没有羟基，故不与下一个 dNTP 结合，从而使链延伸终止。ddNTP 在不同位置掺入，因而产生一系列不同长度的新 DNA 链。用变性聚丙烯酰胺凝胶电泳同时分离 4 只反应管中的反应产物，由于每一反应管中只加一种 ddNTP（如 ddATP），则该管中各种长度的 DNA 都终止于该种碱基（如 A）处。所以凝胶电泳中该泳道不同带的 DNA 3' 端都为同一种双脱氧核苷酸。最后根据四泳道的编号和每个泳道中 DNA 带的位

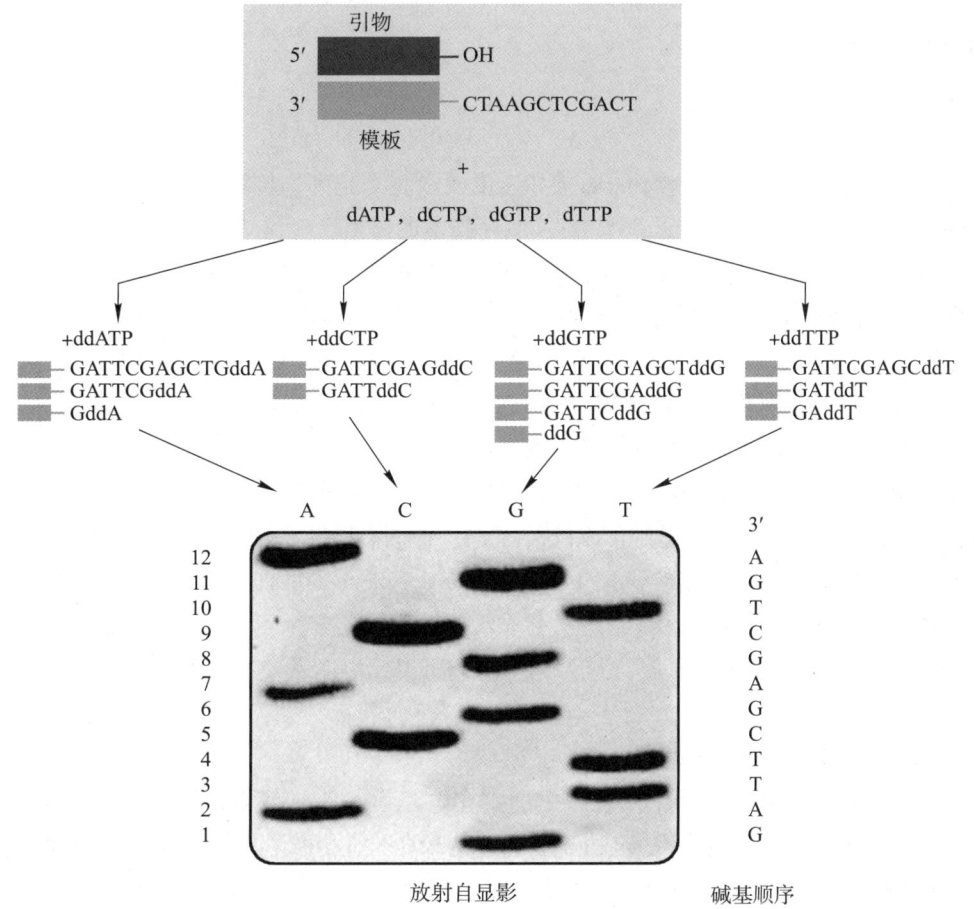

图 15-4 双脱氧链末端终止法测定 DNA 序列的基本原理

置直接从自显影图谱上读出与模板链互补的新链序列。

此后，在双脱氧链末端终止法的基础上，20 世纪 80 年代中期出现了以荧光标记代替放射性同位素标记、以荧光信号接收器和计算机信号分析系统代替放射性自显影的自动测序仪。

（二）化学降解法

化学降解法中，一个末端被放射性标记的 DNA 片段在四组互相独立的化学反应中分别被部分降解，其中每一组反应特异地针对某种碱基。因此生成四组放射性标记的分子，每组混合物中均含有长短不一的 DNA 分子，其长度取决于该组反应所针对的碱基在原 DNA 片段上的位置。最后，各组混合物通过聚丙烯酰胺凝胶电泳进行分离，再通过放射自显影来检测末端标记的分子。这一方法的成败，完全取决于分两步进行的降解反应的特异性，第一步先对特定碱基（或特定类型的碱基）进行化学修饰，而第二步修饰碱基从糖环上脱落，修饰碱基 5′ 和 3′ 的磷酸二酯键断裂。在每种情况下，这些反应都要在精心控制的条件下进行，以确保每一个 DNA 分子平均只有一个靶碱基被修饰。随后用哌啶裂解修饰碱基的 5′ 和 3′ 位置，得到一组长度从一到数百个核苷酸不等的末端标记分子。

在化学降解法与双脱氧链末端终止法问世之初，利用化学降解法进行测序不仅重复性更高，而且由于只需要简单的化学试剂和一般的实验条件，易为普通实验室和研究人员所掌握，因此用得较多。另外，化学降解法较双脱氧链末端终止法具有一个明显的优点，即所测序列来自原 DNA 分子而不是酶促合成产生的拷贝，排除了合成时造成的错误。但化学降解法操作过程较麻烦，逐渐被简便快速的双脱氧链末端终止法所代替。

二、新型 DNA 测序技术

（一）焦磷酸测序法

随着后基因组时代对 DNA 测序的通量和速度要求越来越高，传统测序方法已经不能满足大规模基因组测序的需求，这促使了新型 DNA 测序技术的诞生。

焦磷酸测序法（pyrosequencing）是一种新型测序技术，其精确性可与传统测序法相媲美，同时测序速度大幅提高。该技术方法不需要凝胶电泳，也不需要对 DNA 样品进行标记或染色，边合成边测序，工作效率大大提高，具有高通量、低成本特点，是第二代测序技术的重要基础。焦磷酸测序技术使用四种酶：DNA 聚合酶（DNA polymerase）、ATP 硫酸化酶（ATP sulfurylase）、荧光素酶（luciferase）和三磷酸腺苷双磷酸酶（Apyrase）。其基本原理是，在每一轮测序反应中，反应体系中只加入某一种脱氧核苷三磷酸（dNTP）。如果它和 DNA 模板的下一个碱基配对，则会在 DNA 聚合酶的作用下添加到新合成链的 3′ 端，同时释放出一分子焦磷酸（PP_i）。焦磷酸和 5′- 磷酸化硫酸腺苷（adenosine 5′-sul-phatophosphate，APS）在 ATP 硫酸化酶催化下生成 ATP，生成的 ATP 在荧光素酶的催化下和荧光素形成氧化荧光素，产生可见光信号。ATP 和未掺入的 dNTP 可被三磷酸腺苷双磷酸酶降解，淬灭光信号，再生反应体系，进入下一轮测序。

（二）纳米孔单分子测序技术

纳米孔测序技术的核心是将纳米孔蛋白固定在电阻膜上，利用马达蛋白牵引 DNA 单链穿过纳米孔，当单链 DNA 分子以较为稳定的速度通过纳米孔时，由于不同的碱基的形状大小有差异，纳米孔内被特定的核苷酸占据，会对过孔的电流产生扰动，因此可以检测到纳米孔中电流的变化,从而反映出通过纳米孔的 DNA 分子的碱基排列情况。测序仪记录 DNA 分子通过孔的过程中产生的电流信号,并利用算法软件翻译为核苷酸序列。DNA 单链及其互补链的数据相互校正,可以进一步提高测序的准确率。

纳米孔单分子测序技术被认为是第三代测序技术,测序过程中不需要使用 PCR 进行信号放大,也不涉及酶的催化,同时具有高通量、单分子测序、DNA 修饰测定等优势,具有广阔的应用前景。

(李 冲)

复习题

1. 试述 PCR 技术的概念。
2. 试述 PCR 技术的基本原理。
3. 试述实时荧光定量 PCR 技术的原理及优点。
4. 试述双脱氧链末端终止法 DNA 测序的原理。
5. 试述焦磷酸测序技术的原理。

网上更多······

本章小结　　　　自测题　　　　教学 PPT

第十六章
基因工程

关键词

基因工程	分子克隆	限制性核酸内切酶	Klenow 片段
逆转录酶	载体	克隆载体	表达载体
质粒	噬菌体	聚合酶链反应	基因组文库
cDNA 文库	转化	转染	感染
包涵体	基因工程药物	基因敲除	基因诊断
基因芯片	基因治疗		

基因工程是分子生物学理论知识和技术应用相结合发展起来的体外进行 DNA 重组的技术。基因工程应用人工方法、使用各种工具酶进行 DNA 分离和扩增，在体外进行切割、拼接和重组，然后借助载体把重组基因导入宿主细胞，进行复制、转录和翻译。基因工程的上游工作包括目的基因和载体的选择、分离、扩增和重组，重组载体导入宿主细胞并进行筛选鉴定，目的基因的表达。基因工程的下游工作主要包括工程菌的大规模培养、表达及表达产物的分离纯化。基因工程技术已经在制药、动植物转基因、基因诊断和基因治疗等多方面得到广泛应用。

思维导图

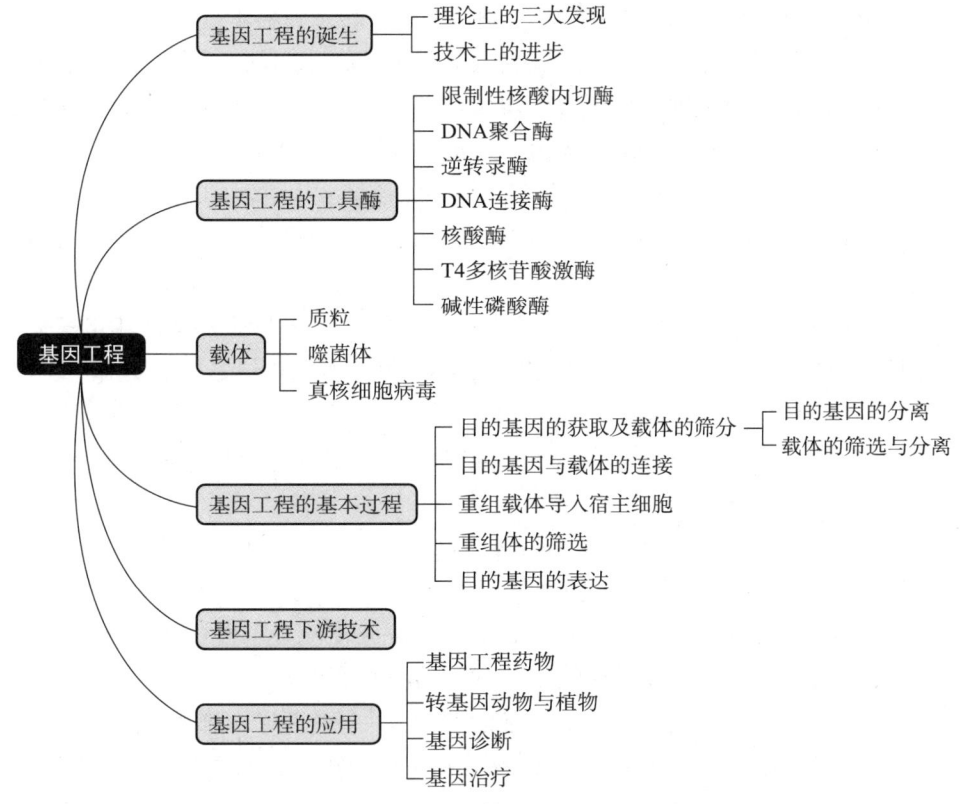

基因工程（genetic engineering）是分子生物学理论和技术体系中的重要组成部分。基因工程是在分子水平上，应用人工方法提取或制备 DNA，在体外进行切割、拼接和重新组合，然后借助载体把重组的基因导入宿主细胞，进行复制、转录和翻译的过程。

基因工程的主要工作就是分子克隆（molecular cloning），分子克隆是利用 DNA 体外重组技术将亲本 DNA 经过限制性核酸内切酶切割后，连接到载体再导入宿主细胞扩增产生无数个相同 DNA 分子的过程。克隆原指由一个细胞经过无性繁殖以后形成子代群体的过程，而在分子生物学中，克隆是指 DNA 重组体导入受体细胞建立无性系的过程。

20 世纪 40 年代以来，理论和技术上的一系列重大发现与成果为基因工程的诞生奠定了基础。

1. 理论上的三大发现　首先，1944 年，Avery 通过肺炎双球菌转化实验，不仅证明 DNA 是遗传物质，而且说明 DNA 可以把遗传性状从一个细菌转给另一个细菌。这既是分子生物学的开端，也是基因工程的先导。

其次，1953 年，Watson 和 Crick 提出的 DNA 双螺旋结构，奠定了分子生物学的基础，也为基因工程打下了理论基础。

最后，1961—1966 年，Nirenberg 等破译 64 个遗传密码，编译出生命科学的密码本。之后，在其基础上，进一步提出了遗传的中心法则。

2. 技术上的进步　1970 年，Smith 和 Wilcox 从流感嗜血杆菌中分离纯化了限制性核酸内切酶 Hind Ⅱ，为基因重组即基因工程打下了最重要的技术基础。

1946 年，Lederberg 发现了细菌的性因子——F 因子，细菌中独立于染色体外能自我复制的双链环状 DNA 即质粒，随后又发现了抗药质粒（R 因子）等。1973 年，Cohen 用质粒作为运输重组 DNA 的工具，即载体。载体的发现为基因工程诞生，提供了一个重要技术准备。

1970 年，Baltimore 与 Temine 分别独立发现了逆转录酶，补充完善了中心法则的同时，使真核表达基因的制备成为可能。

在此理论及技术成果基础上，1972 年，Berg 等将 SV4 的 DNA 与 λ DNA 利用限制性核酸内切酶 EcoR Ⅰ 分别切割，再经过连接形成重组 DNA，这是第一个体外 DNA 重组体的构建；1973 年，Cohen 等在体外用限制性核酸内切酶 EcoR Ⅰ 分别切割四环素抗性的 Psc101 质粒与具有新霉素及磺胺抗性的 R6-3 质粒，通过连接重组成一个新质粒，并转化大肠埃希菌，筛选出具有四环素新霉素抗性的杂合菌落，这是人类科学发展史上第一个克隆转化并取得成功的例子。因此，1973 年被称为基因工程诞生的元年，而 Cohen 被认为是基因工程的鼻祖。

第一节　基因工程的工具酶

基因工程包括对 DNA 进行切割、修饰、合成、连接等一系列操作，这些工作中酶是必不可少的工具，这些酶统称为基因工程的工具酶。

一、限制性核酸内切酶

限制性核酸内切酶（restriction endonuclease）是一类能识别双链 DNA 中特定碱基序列并在其

内部进行切割的核酸水解酶。

（一）发现

20世纪60年代，Alber等在大肠埃希菌中发现一种DNA酶，可以降解外来DNA，限制其在宿主体内复制，防止细菌被噬菌体感染，但对宿主自身DNA没有作用，从而提出大肠埃希菌中存在限制 – 修饰酶学说。进一步研究发现，细菌中有一对酶：限制性核酸内切酶与DNA甲基化酶，两者共同构成细菌的限制 – 修饰系统。它们对DNA双链有相同的识别序列，但作用不同，其中甲基化酶具有种属专一性，即只对宿主自身的DNA的特定序列进行甲基化，修饰后的DNA不被对应的限制性核酸内切酶所切割，保证了宿主限制性核酸内切酶只切割外源DNA，从而为细菌细胞提供了抵御外源DNA入侵的防御机制及细菌种属和菌株间进行交叉繁殖的屏障。

1968年，Meselson等人分别从大肠埃希菌的K和B株中首先分离出 EcoK 和 EcoB（Ⅰ、Ⅲ型）；1970年，Smith和Wilcox又从流感嗜血杆菌中首次分离纯化了Ⅱ型的 Hind Ⅱ。

（二）分类

根据酶的组成、作用方式等，可将限制性核酸内切酶分成Ⅰ、Ⅱ、Ⅲ三种类型。

1. Ⅰ型限制性核酸内切酶　兼具有修饰和切割DNA两种特性的复合功能酶。特点：识别位点和切割部位不一致。

2. Ⅱ型限制性核酸内切酶　不具有DNA甲基化酶活性，仅有限制性核酸内切酶活性。特点：相对分子质量小，需 Mg^{2+}，能识别双链DNA的特异序列，并在此序列内切割，产生特异的DNA片段。

3. Ⅲ型限制性核酸内切酶　与Ⅰ型酶特性类似。

从三种类型的特点可以看出Ⅰ、Ⅲ型识别位点和切割部位不一致，基因工程不常用，因此基因工程中的限制性核酸内切酶一般是指Ⅱ型酶。

（三）命名

限制性核酸内切酶命名原则如下。

1. 以内切酶来源的微生物学名命名，多采用3个字母。

2. 属名的第一个字母大写。

3. 若种内有不同的株系或型，用第四个字母代表。

4. 从同一种微生物中发现多种限制性核酸内切酶，则依照发现和分离的先后顺序用罗马数字表示。

例如，流感嗜血杆菌属名为 Haemophilus，种名为 influenzae，株系为d分离出的第三种酶称为 Hind Ⅲ。

（四）Ⅱ型限制性核酸内切酶的特点

1. 相对分子质量小，不具有甲基化作用，是单一的内切酶。

2. 反应需 Mg^{2+}，不需ATP。

3. 识别特性　识别序列一般为4~6 bp或8 bp；识别序列为反转重复序列，即具有180°的旋转对称性（双轴对称），又称为回文序列。

```
GAATTC          AAGCTT          GCGC
CTTAAG          TTCGAA          CGCG
 EcoR I         Hind III         Hha I
```

4. 切割特点（三种切口）

（1）平末端　切割部位位于识别序列对称轴上形成平末端。

ℯ 图 16-1
EcoRI 切割产生的黏
性末端

```
CCCGGG    Sma I     CCC      GGG
GGGCCC   ────────▶  GGG      CCC
```

（2）5′ 黏端　切割部位位于对称轴的 5′ 端，产生 5′ 端突出的黏性末端。

```
GAATTC    EcoR I    5′-G      AATTC-3′
CTTAAG   ────────▶  3′-CTTAA      G-5′
```

（3）3′ 黏端　切割部位位于对称轴的 3′ 端，产生 3′ 端突出的黏性末端。

```
CTGCAG    Pst I     5′-CTGCA      G-3′
GACGTC   ────────▶  3′-G      ACGTC-3′
```

限制性核酸内切酶图谱：某种 DNA 分子的限制酶切位点数目和排列顺序图谱，又称 DNA 物理图谱。

酶活力单位：在适当条件下，1 h 内完全切割 1 μg DNA 所需的酶量，为 1 个活力单位。

二、DNA 聚合酶

DNA 聚合酶催化以 DNA 或 RNA 为模板合成 DNA 的反应，在基因工程中用于 DNA 的体外合成，包括 DNA 聚合酶 I、DNA 聚合酶 I 大片段（Klenow）、T4 或 T7 噬菌体 DNA 聚合酶、Taq DNA 聚合酶（耐热）。

（一）DNA 聚合酶 I

1956 年，Kornberg 从大肠埃希菌中首先分离出 E. coli DNA 聚合酶 I，它由一条多肽链组成，相对分子质量 1.09×10^5，是一个多功能的酶，分别具有：$5′ \rightarrow 3′$ DNA 聚合酶活性，$3′ \rightarrow 5′$ DNA 外切酶活性，$5′ \rightarrow 3′$ DNA 外切酶活性。DNA 聚合酶 I 主要用于制备高比活性的 DNA 探针、填补分子克隆中的小缺口和 DNA 序列分析等。

（二）DNA 聚合酶 I 大片段（Klenow）

1970 年，Klenow 等发现用枯草杆菌蛋白酶处理 E. coli DNA 聚合酶 I 后，可以产生大小不同的两个片段，其中大片段称为 Klenow 片段。它失去了 $5′ \rightarrow 3′$ DNA 外切酶活性，仅保留 $5′ \rightarrow 3′$ DNA 聚合酶活性和 $3′ \rightarrow 5′$ DNA 外切酶活性。Klenow 片段主要用于补平限制性核酸内切酶消化所形成的 DNA 3′ 端、DNA 探针的 3′ 端标记、合成 cDNA 的第二链和 DNA 序列分析等。

（三）T4、T7 噬菌体 DNA 聚合酶

T4、T7 噬菌体 DNA 聚合酶分别从 T4、T7 噬菌体感染的大肠埃希菌中分离，它们具有 $5′ \rightarrow 3′$ DNA 聚合酶活性和 $3′ \rightarrow 5′$ DNA 外切酶活性，且 $3′ \rightarrow 5′$ DNA 外切酶活性较 DNA 聚合酶 I 更高。在分子克隆中主要用于填充 5′ 突出末端、合成 DNA 探针和 DNA 序列分析等。

（四）*Taq* DNA 聚合酶（耐热）

1969 年从一种嗜热水生菌 *Thermus aquaticus* YT-1 菌株中分离提纯，最适温度为 70 ~ 75 ℃，具有良好的热稳定性。具有 $5' \rightarrow 3'$DNA 聚合酶活性和 $3' \rightarrow 5'$DNA 外切酶活性，因耐热主要用于聚合酶链反应。

三、逆转录酶

逆转录酶（reverse transcriptase）又称 RNA 依赖的 DNA 聚合酶。1970 年，Baltimore 从鼠白血病毒、Temin 和 Mizutan 从劳氏肉瘤病毒中分别独立发现。它是一个多功能的酶，包括 RNA 依赖的 DNA 聚合酶活性、DNA 依赖的 DNA 聚合酶活性、外切 RNA 酶活性（RNaseH）、$5' \rightarrow 3'$ 及 $3' \rightarrow 5'$DNA 外切酶活性。逆转录酶主要有两种：① AMV 逆转录酶，从禽成髓细胞瘤病毒（AMV）的病毒颗粒纯化得到的逆转录酶；② M-MLV 逆转录酶，将 Molony 鼠白血病病毒（M-MLV 或 Mo-MLV）的逆转录酶基因克隆到大肠埃希菌中表达分离的逆转录酶。分子克隆中主要用逆转录酶以 mRNA 为模板合成互补双链 DNA（cDNA）或以 RNA 及 ssDNA 为模板制备探针。

四、DNA 连接酶

DNA 连接酶（DNA ligase）可以催化将 DNA 的 5'-P 与另一 DNA 的 3'-OH 以 3', 5'-磷酸二酯键相连，从而将两段 DNA 连接起来，包括大肠埃希菌 DNA 连接酶、T4 噬菌体 DNA 连接酶。其中最常用的是 T4 噬菌体 DNA 连接酶，它是 1967 年由 Gellert 从 T4 噬菌体感染大肠埃希菌中分离的，由一条多肽链组成，反应需 ATP 参与，可将具有黏性末端或平末端的双链 DNA 连接起来；而大肠埃希菌 DNA 连接酶直接从大肠埃希菌中分离，反应不需 ATP 但需 NAD^+ 参与，主要作用是封闭双链 DNA 的单链缺口。

五、核酸酶

（一）S1 核酸酶

S1 核酸酶是从米曲霉中分离的，其作用是降解单链 DNA 或 RNA，产生带 5'-磷酸的单核苷酸或寡核苷酸。主要用于去除 DNA 突出的单链尾，产生平末端，或切开 cDNA 的发夹环。

（二）RNase H

RNase H 水解除去 DNA-RNA 杂交双链中的 RNA，形成 cDNA 的单链。

（三）DNase I

DNase I 是从牛的胰脏分离的，是一种非限制性核酸内切酶，可降解 dsDNA 或 ssDNA。它在分子克隆中主要用于通过切口转移法制备探针。

六、T4 多核苷酸激酶

它也是从 T4 噬菌体感染的大肠埃希菌中分离的，可催化 ATP 的 γ-磷酸基转移到 DNA 或

RNA 的 5′-OH 生成 5′- 磷酸或将 ATP 的 γ- 磷酸基与 DNA 或 RNA 的 5′- 磷酸进行交换。主要用于通过对单链或双链 DNA 和 RNA 的 5′- 磷酸末端进行放射性标记从而制备探针。

七、碱性磷酸酶

碱性磷酸酶（alkaline phosphatase）包括 BAP、CAP 两种，其中 BAP 从细菌中分离，CAP 从小牛肠中分离。其作用是水解 DNA、RNA、NTP 和 dNTP 的 5′- 磷酸，主要用于去除线状载体两端的 5′- 磷酸，防止其自身环化和探针标记。

第二节 载体

基因工程除了在体外对基因进行重新改造和基因重组形成重组 DNA，还需要通过一个运输工具把重组 DNA 运送进生物细胞，这个运输工具就是基因工程的载体。载体（vector）就是可携带目的 DNA 片段进入宿主细胞进行扩增和表达的运载工具。

作为基因工程的载体应具备以下条件：①分子相对较小，3~10 kb（可插入较长的目的基因）；②具有松弛型复制子（在宿主细胞中的拷贝数较高）；③具有多克隆位点（multiple cloning site，MCS），即多个单一内切酶位点，便于外源 DNA 片段插入；④具有容易检测的遗传标记（如抗药基因），以便筛选或克隆；⑤可导入受体细胞，并能自主稳定地复制；⑥安全性高。

基因工程的载体按功能主要分为克隆载体（clone vector）和表达载体（expression vector）。克隆载体用于基因克隆和扩增。表达载体用于表达蛋白质，也可用于扩增。其中克隆载体的特点包括：① 带有筛选标记，如抗药基因 amp^r、tet^r、cam^r、kan^r 等；② 具有多克隆位点，单一的限制性内切酶位点，便于外源基因插入；③ 可导入受体细胞，并能自主稳定地复制。而表达载体除具有克隆载体的性质以外，还应带有与基因表达相关的转录与翻译元件，如原核表达系统的原核启动子（lac 启动子、trp 启动子、噬菌体 PL 启动子、T7 噬菌体启动子等）、核糖体结合位点（ribosome-binding site，RBS）、SD 序列、转录终止序列等（图 16-1），真核细胞表达系统的真核启动子、增强子、真核细胞筛选标记（胸苷激酶基因选择系统、FH_2 还原酶基因选择系统、新霉素抗性选择系统等）、转录终止和加 poly A 信号。

若按载体的来源可将其分为质粒载体、噬菌体载体、真核细胞病毒载体、人工染色体等。但不管来源如何，基因工程所用载体都需要进行人工改造。

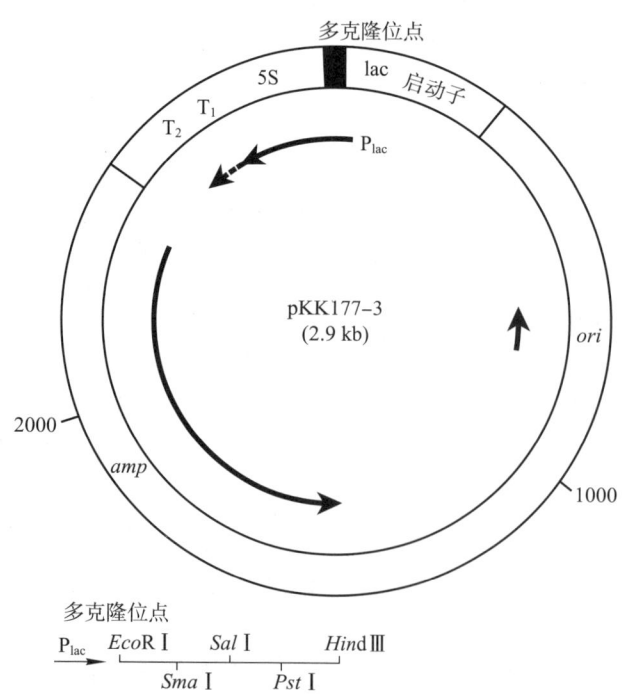

图 16-1 原核表达载体 pKK177-3（含 lac 启动子）

一、质粒载体

质粒（plasmid）是细菌中独立于染色体外能自我复制的环状双链 DNA。1946—1947 年，Lederberg 和 Tatum 发现，当两种大肠埃希菌互相结合后，供体大肠埃希菌（雄性）含的一种致育因子（F 因子）可传递给受体大肠埃希菌（雌性），F 因子的性质类似高等生物的染色体外遗传单元，并命名为质粒（图 16-2），随后又发现类似 F 因子具有抗药作用的 R 因子。研究发现，质粒种类繁多，但都具有一些基本特征。

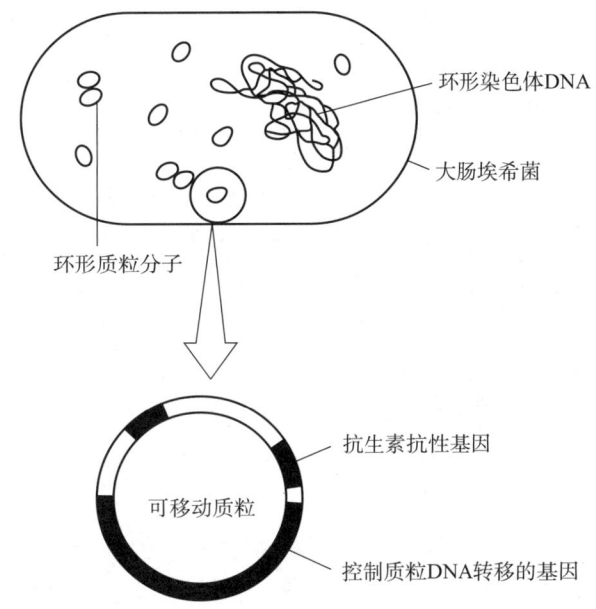

图 16-2　大肠埃希菌的质粒示意图

1. 质粒的拷贝数　根据不同质粒在宿主细胞中的拷贝数，可将质粒分为严密型与松弛型两类。① 严密型：每个细胞仅有一个到几个拷贝，其复制与宿主 DNA 复制相偶联，相对分子质量较大，具有自身传递的特点；② 松弛型：每个细胞有几十个到几百个拷贝，其复制不受宿主控制，相对分子质量小，不具有自身传递的特点。基因工程常用的为松弛型质粒。

2. 质粒的相容与不相容性　亲缘关系较近的两种质粒若能共存于同一宿主细胞称相容性；反之，称不相容性。

3. 质粒的迁移性　质粒从一个宿主细胞传递给另一宿主细胞。

目前，基因工程使用的从天然质粒经人工改造构建的质粒载体，根据其功能又分为：① 质粒克隆载体，包括 pBR、pUC、pGEM、pSP 等系列；② 质粒表达载体：pKK、pET、pEGX 和 pBV220 等系列。

二、噬菌体载体

噬菌体（phage）是一类感染细菌的 DNA 病毒，由蛋白质外壳和基因组 DNA 组成（图 16-3），包括双链和单链丝状噬菌体两大类。相对于质粒载体，噬菌体载体感染宿主细胞更有效，特别是转运较大片段的 DNA 分子，缺点是重组 DNA 必须被包装成病毒颗粒。分子克隆常用的有 λ 噬菌体、M13 噬菌体和黏性质粒。

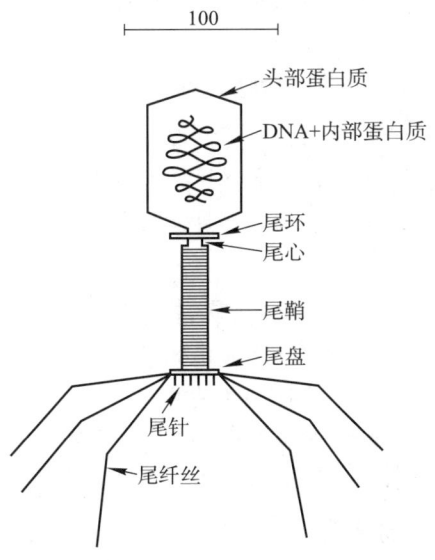

图 16-3　噬菌体结构示意图

（一）λ 噬菌体

λ 噬菌体为大肠埃希菌病毒，野生型基因组为线性双链 DNA，48.5 kb，分子两端各有一个 12 bp 的单链互补黏性末端，称之为 COS 位点。当 λ 噬菌体感染大肠埃希菌后，借助 COS 位点连接成环。λ 噬菌体基因组 DNA 根据功能分成三段，即左臂、右臂、中央区。野生型 λ 噬菌体必须经过改良才能形成 λ 噬菌体载体，它又可分成两类：① 插入型：具有单一限制性内切酶位点，便于外源 DNA 插入；② 置换型：具有成对限制性内切酶位点，便于外源 DNA 取代一小段序列。不管是插入还是取代，DNA 长度一般在 10 ~ 35 kb。

（二）M13 噬菌体

M13 噬菌体是一种雄性特异的大肠埃希菌丝状噬菌体，野生型基因组为 6.4 kb 的闭合环状单链 DNA（ssDNA，+），它以吸附到雄性大肠埃希菌性纤毛的方式感染宿主菌。当它感染宿主菌后，噬菌体单链 DNA 转变为可复制的双链 DNA（dsDNA），后者可通过复制形成大量的 ssDNA，它被外壳蛋白质所包裹形成成熟的噬菌体。

野生型的 M13 噬菌体也不适合直接作载体，1977 年以来，Messing 等经过改良形成一系列 M13 噬菌体。由于 M13 噬菌体载体构建的重组 DNA 可以形成大量的单链 DNA，在分子克隆中主要用于序列测定，也可用于制备探针、核酸的体外定点突变等。

（三）黏粒

黏粒（cosmid）又称黏端质粒、柯斯质粒，它是 1978 年由 Collins 和 Hohn 将质粒 DNA 和 λ 噬菌体黏端（COS）组建成的一类全新的载体，其基因组包括：① 抗药性筛选标记和一个质粒的复制起始点（ori）。② 含有多个单一内切酶位点的多克隆位点。③ 带有 λ 噬菌体黏端（COS）的片段。当它与外源 DNA 构成重组体后，可被 λ 噬菌体外壳蛋白质所包裹形成成熟的噬菌体，感染宿主菌后，借助 COS 环化形成一个完整基因组，因除 COS 外无 λ 噬菌体其他基因，因此可以像质粒一样复制而不会造成宿主细胞裂解；除此之外，黏粒虽然本身只有 4 ~ 6 kb，但可插入 45 kb 的外源基因。在分子克隆中，黏粒主要用于构建基因文库。

三、病毒载体

病毒载体由各种 DNA/RNA 衍生而来。目前按照安全性、转染效率、表达稳定性、靶向性等条件要求，改建后用于哺乳动物细胞表达系统的病毒载体已有多种，包括腺病毒载体、腺相关病毒载体、慢病毒载体、逆转录病毒载体等。病毒载体在基因治疗中具有非常重要的实用价值。

（一）腺病毒载体

腺病毒为一类无包膜的 DNA 病毒，基因组长约 36 kb，为线形 dsDNA。人工改造的腺病毒载体宿主细胞范围广，并且不仅可以感染分裂期细胞，还可以感染非分裂期细胞；无包膜可直接体内应用；又由于外源基因不整合到宿主基因组，不具致瘤性，安全性好，但仅能瞬时表达。

（二）腺相关病毒载体

腺相关病毒是最简单的一类动物单链 DNA 病毒，基因组长约 4.7 kb，为线形 ssDNA。至今未发现与人类疾病相关的腺相关病毒。腺相关病毒导入人体细胞可定点整合到人的第十九号染色体上，因此腺相关病毒载体安全性高（非人类致病源，定点整合几乎无致瘤性）；可感染多种非分裂期细胞，且长期稳定表达，是一种很有前景的基因治疗载体。缺点是外源基因容量小（约 4 kb）；本身是缺损型病毒，需要辅助病毒（如腺病毒、痘苗病毒等）才能复制并包装成可感染颗粒。

（三）慢病毒载体

慢病毒载体是在人类免疫缺陷病毒（HIV-1 病毒）基础上改造而成的病毒载体系统。它可以将外源基因或外源的 shRNA 有效地整合到宿主染色体上，从而达到持久性表达目的序列的效果。慢病毒载体基因组是单股正链 RNA，进入细胞后被其自身携带的逆转录酶逆转为 DNA，随后进入细胞核，DNA 整合到宿主细胞基因组中。慢病毒载体可有效地感染多种细胞，正在获得越来越广泛的应用。

（四）逆转录病毒载体

逆转录病毒为单链 RNA 病毒，具致瘤性，长 8~10 kb。其基因组的两端各有一段长末端重复序列（long terminal repeat，LTR），LTR 包含增强子和转录所需的元件；除此之外，基因组还包括病毒颗粒包装信号（ψ）和三个结构基因（*gag*、*pol*、*env*）。人工构建时保留两端 LTR 及 ψ，删除三个结构基因，加上筛选标记及适当的限制性内切酶位点。

逆转录病毒载体一般可插入 10 kb 外源基因，具有宿主细胞范围广（但只能感染分裂期细胞）、外源基因可整合到宿主基因组长期稳定表达、细胞毒性小等优点。由于逆转录病毒载体携带的外源基因是随机整合到宿主基因组上，有可能影响整合部位的相邻基因，甚至诱发肿瘤，因此基因治疗中应慎用。

第三节　基因工程的基本过程

> 微课或微视频 16-1
> 基因工程的基本过程

一个完整的基因重组过程一般可以概括为分、切、接、转、筛五大步。具体来说，"分"包括目的基因的获取和载体的筛分，"切"就是用限制性核酸内切酶对目的基因及载体进行切割，"接"是在体外将切割后的载体和目的基因连接成 DNA 重组体，"转"是将 DNA 重组体导入宿主细胞，"筛"就是筛选并鉴定包含 DNA 重组体及完整目的基因的细胞。最后进一步在宿主细胞中表达目的基因编码的蛋白质（图 16-4）。

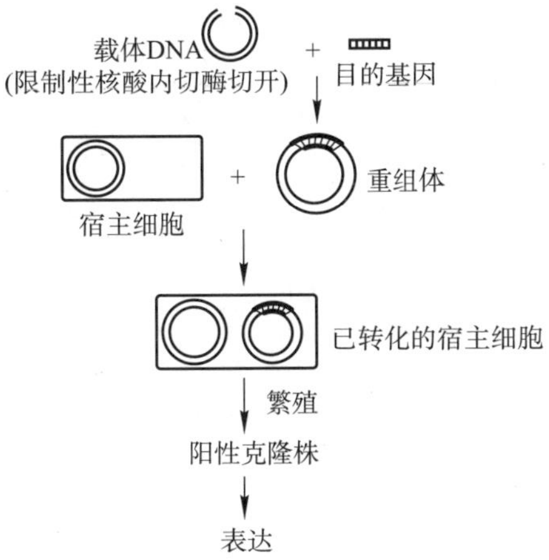

图 16-4　基因工程的基本过程

一、目的基因的获取及载体的选择

（一）目的基因获取的主要方法

1. 人工合成　如果已知目的基因的核苷酸序列且其片段较短，一般可用 DNA 合成仪人工合成，优点是可以任意合成并改造相关基因，方便迅速，缺点是一般仅适用于小片段 DNA。

2. 限制性酶切法　从含有目的基因的重组体或从生物组织细胞的染色体 DNA 中，用限制性核酸内切酶把目的基因直接切割下来。将含目的基因的重组体经限制性核酸内切酶切割后再插入另一载体的过程又称亚克隆（subcloning），如将克隆载体中的目的基因切下再插入表达载体等。

3. 聚合酶链反应（PCR）　是一种在体外利用酶促反应对特定 DNA 序列进行扩增的技术。

PCR通过设计目的基因两端序列的引物（又称上、下游引物），再通过PCR扩增，获得大量的目的基因。

4. 逆转录聚合酶链反应（RT-PCR） 以提取的mRNA为模板，在逆转录酶的作用下合成互补双链DNA（cDNA），可获取无内含子的目的基因。此法特别适合真核基因的原核表达，因真核基因是断裂基因，其编码序列（外显子）与非编码序列（内含子）间隔排列，而原核生物无拼接机制，所以真核基因的原核表达必须采用无内含子的目的基因即cDNA。由于mRNA的丰度不均，且大多为低丰度的，因此常常结合PCR进行cDNA扩增，此过程称为逆转录聚合酶链反应（RT-PCR）。

5. 基因文库筛选 基因文库（gene library）是指包含某种生物体全部遗传信息的随机DNA片段的总和。常规方法一般只能得到一个或几个目的基因，而构建文库后，理论上可以获得某种生物任何一个基因。按容纳DNA的性质，基因文库可分为基因组文库与cDNA文库。

（1）基因组文库（genomic library） 是包含某种生物体全部基因组的随机片段的重组DNA克隆群体。构建时，先提取原核或真核生物基因组DNA，用机械法或限制性核酸内切酶将其切割成大小不等的随机片段，再与适当的克隆载体连接构成重组体，导入宿主细胞，从而构成基因组文库（图16-5）。

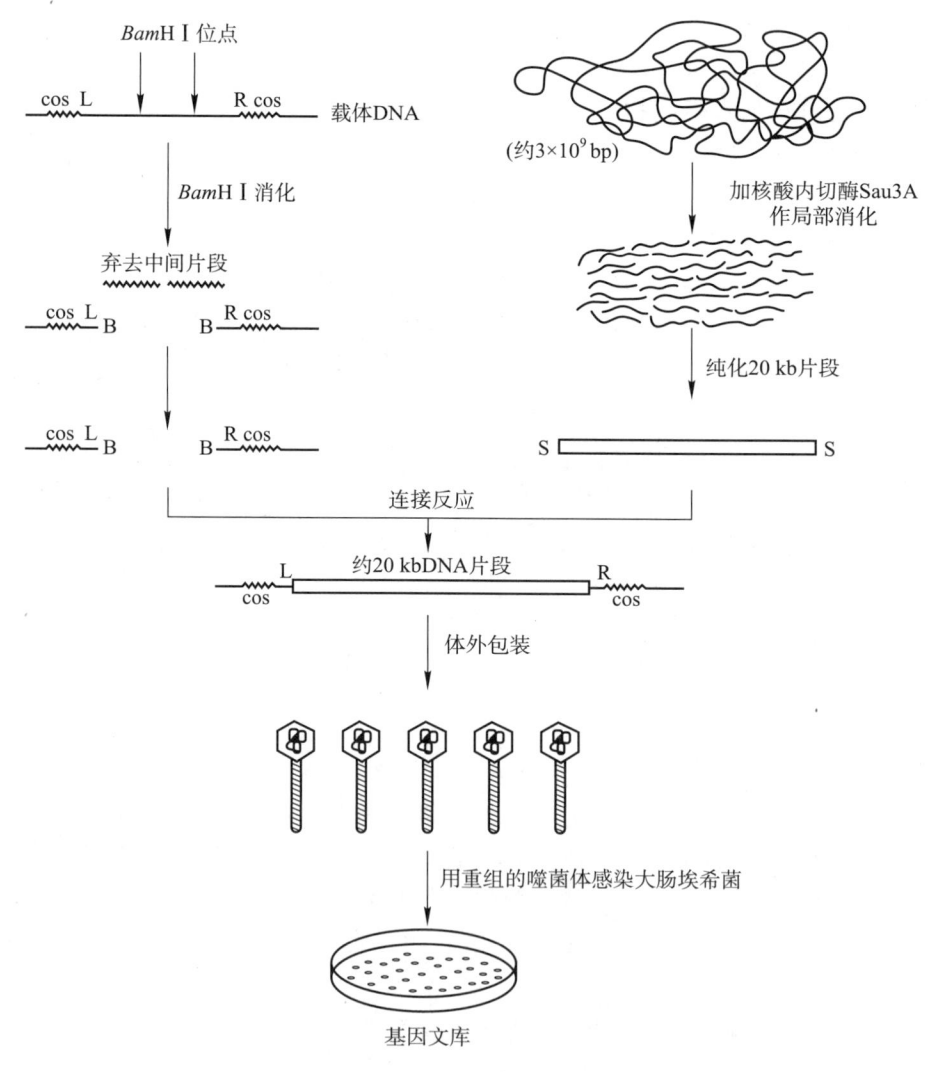

图 16-5 基因组文库构建示意图

（2）cDNA 文库（cDNA library） 包含某种生物体全部 cDNA 的重组 DNA 克隆群体。构建时，先提取原核或真核生物全部 mRNA，在逆转录酶的作用下以 mRNA 为模板合成 cDNA，再与适当的载体连接构成重组体，导入宿主细胞，从而构成 cDNA 文库（图 16-6）。获得文库后可以通过筛选，获得所需基因。

（二）载体的选择与分离

1. 载体的选择　载体主要根据基因工程的目的及目的基因特点进行选择。

（1）目的不同　如果是扩增或备份基因，选择克隆载体；若是表达目标蛋白，则选择表达载体。

（2）克隆基因大小　目的基因较小的，选择质粒或 λ 噬菌体（10 kb 左右）；片段较大，选择黏粒（45 kb 左右）；而测序选择 M13 噬菌体较理想，因其扩增产生大量单链 DNA。

（3）基因表达体系　原核表达选择原核表达载体，若原核表达真核基因，真核基因应是无内含子的 cDNA；真核表达又包括酵母、昆虫及哺乳细胞表达，每一类又有不同载体，它们各有特点，应根据各自的要求及条件选择。若是基因治疗，应选择哺乳细胞表达载体，同时要考虑是瞬间表达还是长效表达、安全性问题等。

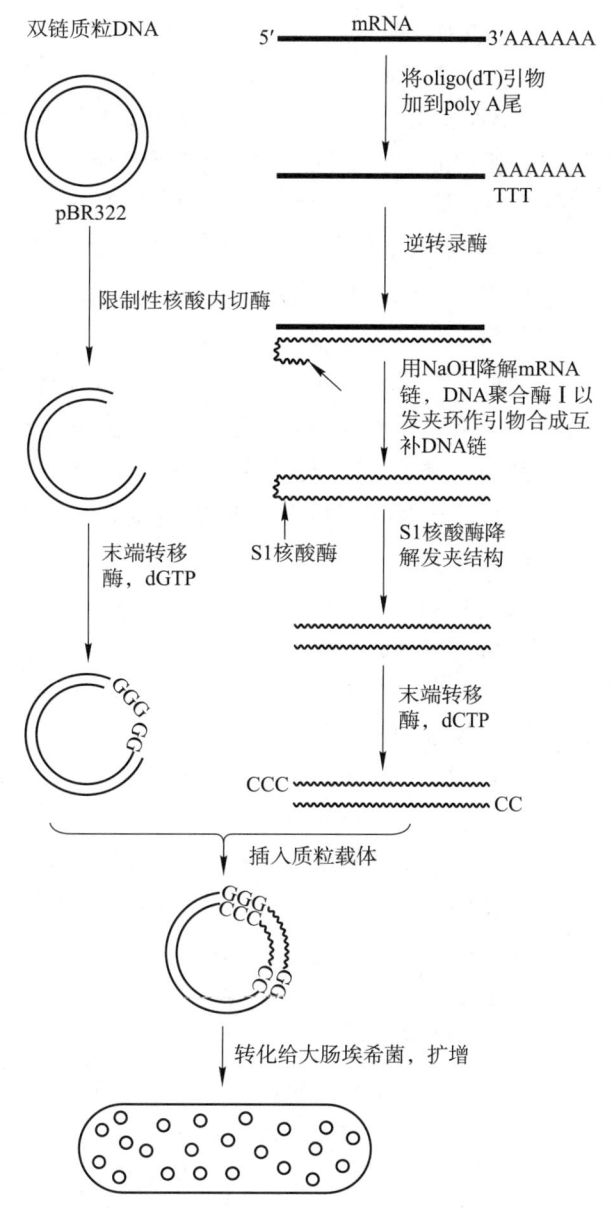

图 16-6　cDNA 文库构建示意图

（4）限制性酶切位点　根据目的基因内部的限制性酶切位点，选择适合本基因的具有合适多克隆位点（MCS）的相应载体。

2. 载体的分离　载体的分离制备可以采取碱裂解法、质粒提取试剂盒法等。

二、目的基因与载体的连接

将目的基因和载体进行体外连接，构建重组载体，常用的方法是使用限制性核酸内切酶分别对目的基因和载体进行酶切，然后在 DNA 连接酶的催化下进行连接（图 16-7）。

（一）黏性末端的连接

利用限制性核酸内切酶水解 DNA 产生互补黏性末端的特点，使用相同的限制性核酸内切酶水解目的基因和载体，产生互补的黏性末端，然后使用 DNA 连接酶进行连接。黏性末端的连接效率高，最为常用。

1. 使用单一的限制性核酸内切酶切割目的基因和载体后进行连接，在目的基因和载体上将产生完全相同的互补黏性末端，连接有四种可能：载体自身连接、目的基因自身连接、目的基因和载体连接（目的基因的连接方向有两种可能）。使用碱性磷酸酶处理酶切后的载体分子，可以去除 5′ 端磷酸基团，有效减少载体自连。

2. 使用两种不同的限制性核酸内切酶分别切割目的基因和载体，在切开后的线性载体和目的基因两端分别产生不同的末端，消除自身环化的可能，且使目的基因定向连接到载体上（图 16-7）。

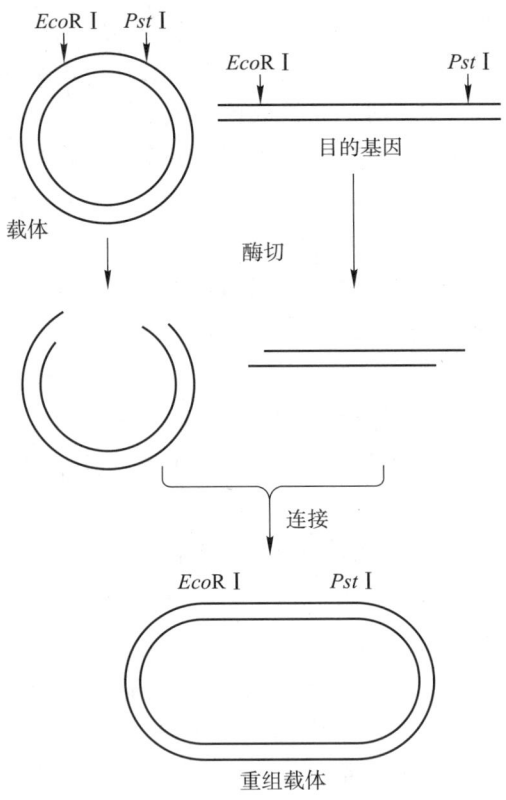

图 16-7 双酶切后载体和目的基因的连接

（二）平末端的连接

1. 如果线性载体和目的基因的末端都为平末端，可以直接使用 DNA 连接酶催化连接，其连接一般效率较低，且也产生自身环化和不同方向的连接等结果。

2. 可以使用多种方法在平末端上先产生黏性末端后再进行连接。

（1）人工接头（synthetic linker）连接　人工接头是化学合成的含有限制性核酸内切酶识别位点的双链核酸分子，也具有平末端，与线性载体和目的基因连接后通过对应的限制性核酸内切酶酶切即产生黏性末端。

ⓔ 图 16-2
同聚物加尾连接

（2）同聚物加尾（homopolymer tailing）连接　同聚物加尾指使用末端脱氧核苷酰转移酶将某种多聚脱氧核苷酸（如 oligo dT）和互补的多聚脱氧核苷酸（如 oligo dA）分别加到载体和目的基因的平末端 3′ 端，然后加以连接。

（3）PCR 引入黏性末端　对平末端 DNA 分子进行 PCR 扩增时，在设计引物时引入酶切位点，对扩增产物进行相应酶切即产生黏性末端。

三、重组载体导入宿主细胞

携带目的基因的重组载体需要利用细胞中的复制转录翻译机制实现目的基因的扩增或表达。重组载体需要根据不同的目的导入合适的宿主细胞中，主要的方法有以下几种。

（一）转化

将外源 DNA 分子直接导入细菌称为转化（transformation）。直接导入需要改变细菌细胞壁和细胞膜的通透性。

1. 氯化钙法　细菌经冰冷的 $CaCl_2$ 溶液处理后，易于接受外源 DNA 分子，此时的细菌成为感受态细胞（competent cell），直接与外源 DNA 混合即可让 DNA 进入感受态细胞（图 16-8）。

2. 电穿孔法　使用电击的方法可以破坏细胞壁和质膜，将 DNA 分子导入细胞内。需要专门的电转化仪，在保证细胞一定存活率的前提下，可以实现较高的转化效率。电穿孔法也用于转染。

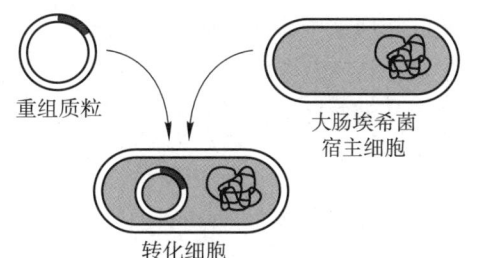

图 16-8　重组质粒载体转化大肠埃希菌

（二）转染

将外源 DNA 分子导入真核细胞称为转染（transfection）。

1. 脂质体法　使用人工合成的脂质膜包裹待转染 DNA 分子，形成脂质体结构，可以与宿主细胞细胞膜融合，将 DNA 分子导入细胞。

2. 磷酸钙法　DNA 分子与磷酸钙形成共沉淀，黏附到培养细胞的表面，通过细胞吞噬作用将 DNA 导入宿主细胞。

3. 显微注射法　利用显微注射将 DNA 直接注射到细胞内。

（三）感染

利用噬菌体或病毒将外源 DNA 分子导入细菌或真核细胞等宿主细胞称为感染（infection）。

1. 噬菌体载体　使用噬菌体载体构建重组 DNA 分子，通过包装形成噬菌体，然后以感染的方式将重组 DNA 导入细菌。

2. 病毒载体　包括 RNA 病毒载体和 DNA 病毒载体。通过重组病毒载体在包装细胞内包装后，形成含有重组 DNA 的病毒感染真核细胞。

四、重组体的筛选

重组载体导入宿主细胞后，需要进一步筛选含有重组载体的阳性克隆，以便进一步扩增、培养等。根据使用的载体和宿主细胞的不同，筛选的方法多种多样。

（一）抗生素抗性筛选

载体上携带的抗生素抗性基因使得宿主细胞可以在含有相应抗生素的培养基中生长，而无载体导入的细胞将无法生长，从而筛选出携带载体的宿主细胞。这种方法仅能筛选宿主细胞是否携带相应载体，不能确定载体上是否重组了目的基因。

ⓔ 图 16-3
抗生素抗性筛选

（二）抗性基因的插入失活或插入表达

如果将目的基因插入到载体上的抗生素抗性基因中间，将破坏抗性基因，使携带载体的宿主细胞丧失对该抗生素的抗性。一般使用该方法进行筛选的载体上含有两个抗生素抗性基因，其中一个抗性基因因为目的基因的插入而失活，其转化的宿主细胞不能在含有该抗性基因的培养基中生长，而转化了空载体的宿主细胞可以在含有对应两种抗生素的培养基中生长，从而筛选出连接了目的基因载体的阳性克隆。

（三）遗传标志补救筛选

标志补救（marker rescue）指的是载体上携带的标志基因在宿主细胞中表达时，互补宿主细胞的相应遗传缺陷，使宿主细胞可以在选择性培养基中生长。其中宿主细胞是营养缺陷型，在缺乏某种特殊营养物质的培养基中无法生长，而导入了携带对应标志基因的载体的宿主细胞可以生长，从而实现筛选目的。

（四）蓝白斑筛选

蓝白斑筛选又称 α- 互补筛选。β- 半乳糖苷酶可以使特异性底物 5- 溴 -4- 氯 -3- 吲哚 -β-D- 半乳糖苷（X-Gal）转变为蓝色产物。有些载体含有 β- 半乳糖苷酶 N 端片段（α 片段）的编码序列，可以在宿主细胞中表达 α 片段。同时，经过改造的宿主细胞含有 β- 半乳糖苷酶 C 端片段（ω 片段）的编码序列，可以表达 ω 片段。只有当 α 片段和 ω 片段同时在细胞内表达时，才能形成有活性的 β- 半乳糖苷酶。转化了含有 α 片段编码序列载体的宿主细胞能够表达出有活性的 β- 半乳糖苷酶，将培养基中的特异性底物转变为蓝色，形成蓝色克隆。如果将目的基因插入载体上的 α 片段编码序列中间，转化了重组载体的宿主细胞无法产生有活性的 β- 半乳糖苷酶，不能将特异性底物转变为蓝色，形成白色克隆（图 16-9）。

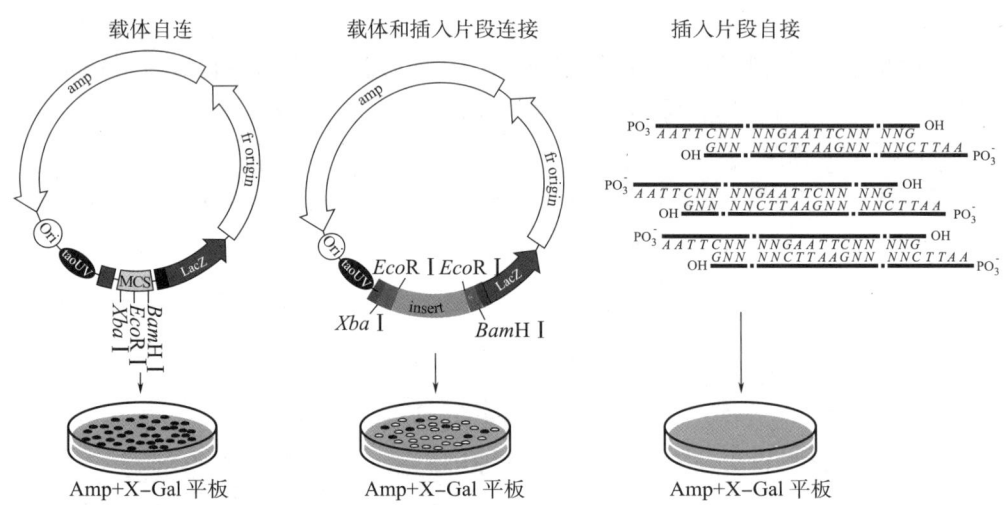

图 16-9 蓝白斑筛选示意图

（五）噬菌斑筛选

噬菌斑筛选主要用于重组 λ 噬菌体的筛选。未重组目的基因的 λ 噬菌体因分子长度太短而不能被包装形成活性噬菌体颗粒。重组了目的基因的 λ 噬菌体，如果分子长度达到野生型 λ 噬菌体的 75%～105%，则可以被包装成活性噬菌体颗粒，可以在培养基上形成噬菌斑。

（六）限制性核酸内切酶图谱分析

重组载体一般是通过载体和目的基因经限制性核酸内切酶酶切后连接构建的。提取重组载体，经相应的限制性核酸内切酶酶切重组载体，通过检查有无与目的基因大小相当的 DNA 片段被酶切下来，可以判断目的基因是否插入载体。

（七）PCR 筛选

如果宿主细胞中导入了携带目的基因的重组载体，则可以使用 PCR 方法从单克隆中提取的重组载体上扩增出目的基因，实现筛选和鉴定的目的。

（八）分子杂交法

根据目的基因的序列，设计带有标记的寡聚核苷酸探针，与导入重组载体的宿主细胞所形成的菌落或噬菌斑进行原位分子杂交。一般用于从基因文库中筛选含有目的基因的阳性克隆。

（九）序列测定

使用核酸测序方法直接测定目的基因的序列，是最准确的重组体鉴定方法，而且同时可以检测序列的正确性。目前，核酸序列实验室和商业化测定均十分成熟，方便快速且成本较低。

（十）表达产物检测

针对导入重组载体的宿主细胞中目的基因的表达产物进行检测。

五、目的基因的表达

通过基因工程的方法获得目的基因，并将目的基因重组到特定载体上，目的是实现目的基因在宿主细胞中的扩增或表达。通过目的基因的表达可以获得功能性的产物——蛋白质。目前，有很多成熟的表达系统已在基础研究和工业生产中应用，应根据实际需要和表达的蛋白质的特点选择合适的表达系统。

（一）原核表达系统

原核表达系统以细菌为宿主细胞。最为常用的是大肠埃希菌表达系统，实现目的基因在大肠埃希菌中的稳定表达。其他原核表达系统还包括乳酸菌、枯草杆菌、苏云金杆菌等。

大肠埃希菌培养方便、生长快速、成本较低、应用广泛。因为大肠埃希菌是原核生物，在选择作为表达系统时也有一些缺点和需要注意的地方。

1. 如果使用大肠埃希菌系统表达真核生物基因，应注意选用真核生物基因的 cDNA 重组到大肠埃希菌表达载体上。同时应注意真核生物和原核生物对密码子的偏好不同，如果一个真核生物基因的 cDNA 中密码子有很多不是大肠埃希菌偏好的密码子，则要考虑选用有特殊密码子偏好的大肠埃希菌基因工程菌株。

ⓔ 图 16-4
大肠埃希菌偏好密码子

2. 大肠埃希菌缺乏真核生物的翻译后加工系统，无法对表达的蛋白质进行修饰，可能导致无法获得有活性的蛋白质产物。大肠埃希菌还缺乏蛋白质折叠系统，常导致表达的蛋白质错误折叠。有时，因为蛋白质表达量过高或发生了错误折叠，表达的蛋白质以不溶的状态存在于细胞内，成为包涵体（inclusion body）。

3. 影响目的基因在大肠埃希菌系统中表达水平的因素很多。一般应重点考虑启动子、诱导表达条件、SD 序列与起始密码子之间的距离、密码子偏好等因素。同一目的基因使用不同的表达载体和菌株，其表达水平可能产生很大差异。有时，低表达水平反而容易产生可溶的、有活性的蛋白质。

4. 表达融合蛋白也是常采用的策略。通过将外源蛋白基因和大肠埃希菌自身基因的重组，可以表达出外源蛋白基因和大肠埃希菌自身基因编码的肽段连接在一起的融合蛋白，有助于提高表达效率、促进产物的可溶性、降低产物的降解等。如果将目的基因和一些特殊的亲和标签（如 His，GST 等）融合表达，还可以利用标签实现表达蛋白的快速纯化。

（二）真核表达系统

1. **酵母表达系统**　具备原核细胞表达系统和哺乳动物细胞表达系统的优点。酵母是最简单的真核细胞生物，易于培养、生长速度快、培养成本较低。酵母能对蛋白质进行翻译后加工修饰，但是不能进行一些复杂的修饰，也有可能因为过度修饰使表达蛋白失去活性。酵母与哺乳动物细胞一样具有蛋白质分泌功能，可以将表达蛋白分泌到细胞外，易于纯化，但有时也会发生信号肽加工不完全。常用的酵母表达系统包括酿酒酵母表达系统、毕赤酵母表达系统、裂殖酵母表达系统等。

2. **昆虫细胞表达系统**　昆虫细胞与哺乳动物细胞类似，具备蛋白质翻译后加工修饰功能、蛋白质分泌等特点。而细胞培养较哺乳动物细胞操作简便、成本较低、细胞生长速度快。常用的有杆状病毒表达体系和果蝇表达体系等。

3. **哺乳动物细胞表达系统**　对于一些结构复杂、需要翻译后加工修饰才具备活性的蛋白质，需要选用真核生物细胞作为表达体系才能保证获得有活性表达产物。

哺乳动物细胞的表达载体一般使用病毒载体，常用的有 SV40、腺病毒、逆转录病毒及慢病毒载体等，可以实现瞬时表达、稳定表达和诱导表达等目的。在瞬时表达中，重组载体中的目的基因不能整合到宿主细胞基因组中；在稳定表达中，目的基因整合到宿主细胞基因组中，能持久稳定表达。常用的宿主细胞包括中国仓鼠卵巢细胞（CHO）、小仓鼠肾细胞（BHK）、非洲绿猴肾细胞（COS）等。

哺乳动物细胞表达系统不足之处在于培养条件要求高、培养成本高、操作复杂、目的蛋白表达量一般较低，大量生产目的蛋白较为困难。随着转基因动物技术的发展，使用转基因动物作为生物反应器表达目的蛋白，可以大量生产目的蛋白。

六、基因工程下游技术

通过基因工程操作，获得携带目的基因表达载体的宿主细胞，可以实现目的基因在宿主细胞中的表达。如要获得大量表达的目的蛋白，还需要专门的技术工艺对基因工程细胞进行大规模培养，然后分离纯化目的蛋白。一般将这一过程称为基因工程下游阶段，相关的技术称为下游技术。相应地，从基因重组到筛选鉴定、获得基因工程细胞等过程称为上游阶段。

因为大肠埃希菌表达系统的优点，目前已成为基因工程产品生产使用最广泛的系统之一。以此为例，简要介绍相关的下游技术。在构建合适的重组表达载体、选择适宜的大肠埃希菌菌株作为宿主细胞后，还要选择合适的条件进行大规模细菌培养，即发酵，并设计合理的蛋白质纯化流程，才能最终获得大量的重组蛋白产物。

（一）基因工程细菌的大规模培养

影响细菌大规模培养（发酵）的主要因素包括培养基、温度、pH、溶解氧等。目前可以通过发酵罐在细菌培养过程中实时监测相关数据，进行各种因素的补充、调整等。培养基中需提供足够而且浓度、比例合适的营养因素，包括：碳源，如各种糖类物质；氮源，如酵母提取物、蛋白胨、铵盐等；营养缺陷型菌株所必需的相应营养物质；无机盐；维生素等。温度不但影响细菌的生长速度，还可以对基因表达进行调控、影响表达蛋白的溶解性等。pH 和溶解氧在发酵过程中不断变化，对细菌生长和蛋白质表达产生影响。

图 16-5
300 L 发酵罐

（二）重组蛋白的纯化

重组蛋白的纯化遵循蛋白质分析纯化的一般要求。很多基因工程重组蛋白产品是医药、生物制剂等要求较高的产品，对纯度、活性等参数有严格标准。重组蛋白的纯化流程要求快速、条件温和、重复性好、获得率高，并且工业操作上可行。

1. 细胞的收集与破碎　通过离心、过滤等方法收集细菌后，采用机械或非机械的方法破碎细菌。机械破碎主要包括高压破碎法、超声破碎法、研磨法等，非机械破碎包括酶裂解法、渗透压法等。破碎后的细菌还要进一步通过离心、过滤等方法将其中的固相和液相加以分离。

2. 蛋白质的纯化　使用盐析或有机试剂沉淀的方法处理大量细菌破碎后的溶液，富集重组蛋白并实现与部分杂蛋白的初步分离，仍然是蛋白质纯化流程初期的十分有效的方法，但有时会对重组蛋白的溶解度和活性产生影响。层析技术是最重要的纯化重组蛋白的方法，主要包括离子交换层析、亲和层析、反相层析、凝胶过滤层析等技术。一般需要几种层析方法联合使用，逐步提纯重组蛋白，合理的纯化方案需要不断试验和不同技术的组合运用。亲和层析利用特定层析介质与目的蛋白之间的特异性亲和反应进行纯化，可以一步去除大量杂蛋白，但需要制备特定的介质，或者在重组蛋白上融合特殊的标签。通常情况下，纯化后还需要对标签进行切除。

3. 包涵体的处理　使用大肠埃希菌表达系统经常出现重组蛋白表达后以包涵体的形式存在于细胞中，尤其是在重组蛋白表达量高的情况下更容易出现。经过体外变性复性过程，从包涵体可以获得可溶的有活性的重组蛋白，但过程较复杂且不同蛋白质变性复性的效果差别较大。

一般使用高浓度盐酸胍或尿素溶解包涵体，使其中的重组蛋白变性。然后通过透析、稀释、超滤等方法逐步去除变性剂使变性重组蛋白复性。在此过程中，蛋白质复性的效率受多种因素影响，诸如变性剂去除速度、离子强度、pH 等，以及还原剂和一些添加剂等。复性的效率更大程度上受到蛋白质自身性质的影响，有些蛋白质复性效率可接近 100%，有些则没有找到合适的复性条件。

第四节　基因工程的应用

从 20 世纪 70 年代以来，基因工程发展十分迅速，极大促进了生命科学各学科的基础研究，并且已经在生命科学、医学、农业等领域得到了广泛应用。首先，可以通过基因工程生产出大量在正常细胞中含量很低的蛋白质，获得很多重要蛋白质应用在医学等领域；此外，还可以通过基因工程技术对生物的基因组结构进行改造，使其获得新的性状。基因工程增进了人类理解世界、改造世界的能力，并必然继续发展，发挥越来越重要的作用。

一、基因工程药物

基因工程药物是利用基因工程的方法生产的药物。利用基因工程技术生产药物从广义上讲包括对传统制药技术的改进，如通过菌种改造提高一些药物的产量或品质。一般所说的基因工程药物特指通过基因重组技术表达目的蛋白作为药物。

（一）常用的基因工程药物

1982年，首个基因工程药物重组人胰岛素在美国批准上市。传统胰岛素的来源是从猪或牛的胰腺提取，获得量少，不能满足糖尿病患者需要，价格昂贵且受到免疫原性的困扰。利用基因工程方法生产胰岛素，可以将克隆的人胰岛素基因导入大肠埃希菌中进行大量发酵生产，分离纯化后可获得大量人胰岛素。各种各样的蛋白质类和多肽类药物理论上均可通过基因工程方法获得。

临床聚焦 16-1
第一个基因工程药物

目前常用的基因工程药物种类繁多，已经应用于临床多种疾病的治疗中。例如，各种基因工程干扰素，用于抗病毒、抗肿瘤、增强免疫系统功能等；多种基因工程生长因子，用于促进细胞分裂、组织再生等；多种基因工程白细胞介素，用于肿瘤治疗、调节免疫等；基因工程红细胞生成素，用于贫血治疗；基因工程凝血因子，用于治疗血友病；生长激素，用于治疗侏儒症；基因工程组织纤溶酶原激活剂，用于治疗血栓等。

（二）基因工程疫苗

疫苗通过机体免疫机制达到预防疾病的目的。传统疫苗直接将无毒或减毒的病原体接种给人体或动物，刺激免疫系统应答。传统疫苗在疾病预防方面发挥了巨大作用，但也存在潜在的致病性或致癌性等问题。基因工程疫苗是用基因工程技术，对病原微生物的基因组进行改造，以降低其致病性，提高其免疫原性，或者将病原微生物基因组中的相关基因克隆到表达载体上制成疫苗。该疫苗具备毒性低、易于生产等优点。

1. 基因工程亚单位疫苗　利用基因工程方法生产病原微生物保护性抗原的重组蛋白，纯化后制成疫苗。亚单位疫苗只具有病原体的部分抗原，有较好的安全性和稳定性。同时，还可以对抗原基因加以改造，以达到增强免疫原性的目的。

2. 基因工程载体疫苗　利用基因工程方法将病原微生物的保护性抗原基因插入另一种微生物中，使之成为重组微生物并表达病原微生物的保护性抗原，制成疫苗。载体微生物的基因组较大，适宜制备多价疫苗，一次接种可预防多种疾病。

3. 基因缺失疫苗　利用基因工程方法在基因组水平上造成病原微生物毒力有关基因的缺失，形成基因突变株，减弱病原微生物毒力的同时不丧失其免疫原性。

4. 核酸疫苗　利用基因工程方法将病原微生物的抗原基因与真核生物基因表达调控元件重组，构建具有在真核生物体内具备表达能力的重组质粒，制成疫苗。

二、转基因动物与植物

转基因动、植物指将外源基因稳定地整合到宿主动、植物的基因组上，使其可以表达、遗传而获得的动、植物。动物细胞经过分化不再具备全能性，所以转基因动物一般采用受精卵或胚胎干细胞作为对象，导入外源基因并发育成携带外源基因的动物。植物细胞一般具有全能性，可以选用合适组织细胞制成转基因植物。

实现转基因的方法多种多样。动物转基因方法常采用显微注射法、逆转录病毒感染法、精子介导法等。显微注射法直接将DNA注射到受精卵的细胞核内。逆转录病毒感染法将目的基因重组到逆转录病毒载体上，通过感染胚胎实现转基因。精子介导法使用携带外源基因的精子进行受精，得到受精卵发育为转基因个体。植物转基因常采用基因枪法、农杆菌介导法、花粉管通道法等。基因枪法将携带目的基因的微粒通过火药爆炸或高压气体射入植物细胞和组织内，再通过组织培养获得转基因植株。农杆菌通过伤口侵染植物进入植物细胞，可将其携带的外源基因整合到植物基因组上。花粉管通道法通过植物开花、受精时形成的花粉管通道将外源基因导入受精卵细胞。

转基因动、植物目前已在多个领域获得广泛应用。利用转基因动物可以为研究疾病创造良好的模型动物，为研究疾病发病机制和治疗方法提供有力手段。除通过导入基因达到改变转基因动物的性状、研究基因的功能及其在疾病中的作用等，还可以通过基因敲除（gene knockout）技术彻底清除某个基因在模型动物体内的表达，制造遗传缺陷动物用于研究工作。转基因动物还为器官移植提供了更广泛的来源，例如，通过转人类基因获得的转基因猪有望为人类提供可供移植的健康器官。

利用转基因动、植物作为生物反应器生产一些重要蛋白质，较传统发酵方法更具优势。例如，利用转基因牛作为生物反应器，从牛奶中提取重组蛋白产品，产量大而且饲养成本较低。

利用转基因技术改变动、植物性状，获得更优质的动、植物品种和产品，已经在农业、食品工业方面广泛应用。转基因植物在抗病、抗虫等方面有显著优势，有助于提高产量；可以获得质量更高的产品，如蛋白质含量更高的果实、口感更好的水果等。转基因动物方面也获得了生长更快、体型更大的品种，同时也可以培养抗病品种。

在转基因技术获得飞速发展，逐渐影响人类生活各个方面的同时，关于转基因技术的伦理学讨论和安全性争论也从未停止。人类正在采用更谨慎的态度面对转基因技术。

人文视角 16-1
转基因动物生物安全
评价原则

三、基因诊断

基因诊断（gene diagnosis）是指利用分子生物学技术在 DNA 和 RNA 水平检测分析基因的结构和表达，从而对疾病进行诊断的技术。

（一）基因诊断的特点
与传统诊断方法相比，基因诊断具有自身的优点和特点。

1. 特异性与灵敏性高　基因诊断的对象是 DNA 或 RNA，诊断对象的碱基序列是特异的，分子生物学方法可使用高灵敏性的探针等检测单个碱基的改变，灵敏度高。通过 PCR 技术可以大量扩增诊断对象，极少量样品即可进行诊断。

2. 适用性强　基因诊断的对象可以是一段 DNA、一个基因或一组基因；可以是表达的基因，也可以是非表达的基因；可以对某些疾病做出确切诊断，也可以确定与疾病相关的状态，如易感性等。

（二）基因诊断的基本策略
根据诊断疾病的不同，需要采取不同的策略。

1. 如果某种疾病和某种基因的突变有直接因果关系，可以直接检测基因突变类型作为诊断依据。许多病原微生物可以通过直接检测基因或表达产物存在与否作为诊断依据，如流感病毒亚型的确定。一些与癌症相关的癌基因或抑癌基因的突变的检测等，如抑癌基因 *p53* 的突变。有些疾病是单基因突变的结果，如地中海贫血等，也非常适于基因诊断。

2. 如果某种疾病的致病基因还没有确定，可以通过基因连锁分析来寻找致病基因，并分析其是否发生突变。染色体基因连锁图已经定位了很多正常基因与致病基因的连锁，通过连锁分析确定致病基因在染色体上的可能位置，利用 DNA 标记进行筛选，获得致病基因的可能序列，推断其功能，并分析其结构中有无各类突变，找出导致疾病的分子缺陷。

（三）基因诊断的常用方法

1. 分子杂交技术　对于基因的缺失或插入等较大片段的改变，使用分子杂交技术易于诊断。分子杂交使用同位素标记的 DNA 探针与处理后的待检测样品通过碱基互补配对进行杂交，通过放射自显影可以获得基因缺失或插入的信息。

2. PCR 技术　可以大量扩增待检测基因，用于进一步的分析。PCR 技术的发展使其成为基因诊断中应用最多的方法。有关理论和技术可参考第十五章。

3. 限制性核酸内切酶图谱分析　当基因缺失、插入、重排或突变涉及限制性核酸内切酶酶切位点时，通过对待检测样品酶切后的电泳图谱分析可进行检测。此外，正常基因组中也自发发生一些中性的突变，导致个体间核酸序列的差异性，成为 DNA 多态性，有些多态性恰好发生在限制性核酸内切酶位点上，通过限制性核酸内切酶图谱分析可以产生不同结果，如果这一多态性与某种疾病相关，可以作为诊断依据，该方法也称为限制性片段长度多态性（restriction fragment length polymorphism，RFLP）分析。

4. 基因芯片技术　技术是将大量已知序列的寡聚核苷酸片段排列在介质上，作为探针与待测样品进行分子杂交，杂交信号通过收集和计算机处理，对待测样品中的核酸进行定性和定量检测。基因芯片技术可以对基因表达、突变、多态性等进行高通量的检测。

ℰ 图 16-6
基因芯片分析示意图

四、基因治疗

基因治疗（gene therapeutics）是指将正常基因或遗传物质导入患者细胞内，使其在患者体内表达，达到疾病治疗目的的一种治疗方法。一些严重危害人类健康的疾病，如肿瘤、糖尿病、精神类疾病等已证明与遗传因素和基因水平有关。从基因水平寻找治疗方法，是正在处于探索阶段的新兴疗法。

（一）基因治疗的基本策略

1. 基因替换与基因矫正　基因替换是以正常基因通过同源重组替换致病基因。基因矫正是指将致病基因中的异常碱基或片段进行矫正。这两种方法完全消除了致病基因。

2. 基因补偿　指将正常基因导入患者体内进行表达，以此补偿致病缺陷基因的不足。不涉及对缺陷基因的改变。

3. 调控性基因治疗　导入的基因表达产物可以调控致病基因的表达或功能。

4. 基因失活　在转录或翻译水平上抑制特定基因的表达或使基因失活，达到治疗的目的。可以使用反义核酸技术、RNA 干扰、微 RNA 技术、核酶技术等。

5. "自杀基因"　导入受体细胞的外源基因表达后，通过一定途径造成受体细胞被杀死，对于受体细胞而言，该外源基因可称为"自杀基因"。在治疗肿瘤等疾病时，可使用该技术杀死肿瘤细胞。

（二）基因治疗方式

1. 直接体内基因治疗　将外源基因直接导入体内的有关组织器官，使其在相应细胞内表达。

又称体内法。

2. 间接体内基因治疗　在体外将外源基因导入靶细胞，再将细胞回输入患者体内，表达相应外源基因达到治疗目的，也称体外法。靶细胞一般从患者体内取出，经过体外培养增殖（图 16-10）。

（三）基因治疗基本过程

1. 治疗基因的选择和获得　基因治疗的首要问题是选择对疾病有治疗作用的基因。对于发病机制清楚的疾病，容易确定目的基因。通过基因工程技术可以实现基因克隆、重组、扩增等操作。

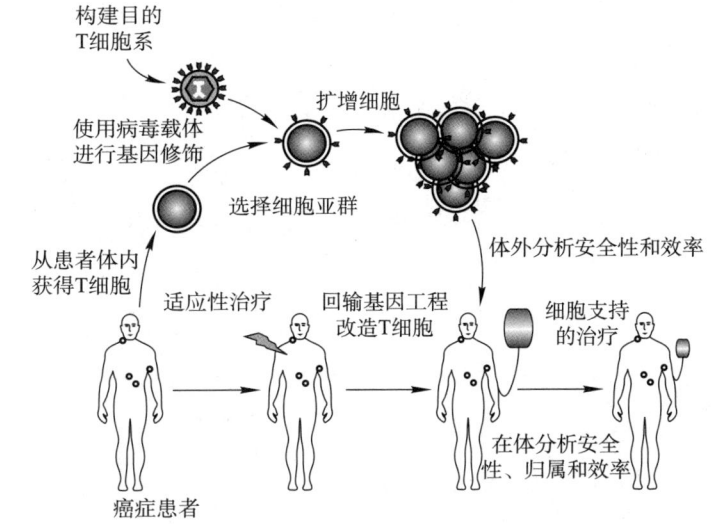

图 16-10　体外法基因治疗过程示意图

2. 靶细胞的选择和获得　对于体内法而言，靶细胞当然是患病组织器官的细胞。对于体外法而言，可以选择不同的细胞作为靶细胞，导入目的基因后再回输体内。靶细胞一般选择体细胞，目前生殖细胞和胚胎干细胞不允许用于基因治疗。

3. 基因载体的选择　一般多选用病毒载体。常用的病毒载体有逆转录病毒、腺病毒、腺相关病毒、慢病毒、单纯疱疹病毒等。

4. 基因转移方法　除了病毒介导的基因转移外，还可以采用其他方法实现目的基因导入靶细胞，包括基因工程中介绍的各种方法。目前，纳米颗粒作为载体携带 DNA 转染细胞的方法也受到越来越多的关注。

基因治疗作为一种新兴的治疗手段，所取得的成绩是令人瞩目的，显现出良好的发展前景。同时，在治疗理论、方法、安全性、稳定性等方面还存在许多问题，有待进一步解决。

（李　冲）

复习思考题

1. 什么是基因工程？

2. 简述基因工程的基本操作步骤。

3. 质粒用做克隆载体需具备哪些性质？

4. 分离目的基因的方法有哪些？

5. 外源性目的基因与载体的连接有几种方式？

6. 基因工程常用的工具酶有哪些？试简述其功能。

7. 基因工程技术在哪些方面应用取得了显著成果？

网上更多……

 本章小结　　 自测题　　⬇ 教学 PPT

本篇包括"细胞信号转导""癌基因与抑癌基因""血液生物化学""肝胆生物化学""维生素""生物信息学基础"共六章内容。

多细胞生物体内的每一个细胞都在一定的条件下执行各自的功能，而这些功能大多有着某种关联。为了保证细胞的各种功能能够有序地完成，完善的细胞间的信号转导是必不可少的。细胞信号转导是研究生物信息流或细胞通讯的重要前沿课题，其基本思想已广泛地深入到生命科学的各个领域，成为解决生命科学许多问题的基本武器。本篇第十七章主要介绍细胞信号转导的基础知识，包括信号分子的类型、受体类型、胞内信使、细胞信号转导途径等知识。

肿瘤是一种严重危害人类生存健康的疾病，寻找早期诊断及治疗的有效方法，首先需要弄清楚肿瘤的发生机制，这也是攻克肿瘤的关键所在。细胞癌基因和抑癌基因都是在细胞生长增殖调控中起重要作用的基因。癌基因促进细胞生长和增殖，并阻止其发生终末分化，该类信号过度激活时则表现为肿瘤细胞的恶性生长。抑癌基因则抑制增殖，促进分化、成熟和衰老。这两类基因中任何一种或几种发生变化即可能引起细胞增殖失控导致肿瘤发生。

血液是人体的生命之河，在体内承担营养物质和废物的输送，在维持机体代谢平衡方面具有重要的生物化学意义。红细胞是血液中的主要细胞，因成熟红细胞没有线粒体，表现出其独特的代谢特点。血红蛋白是红细胞中最主要的成分，由珠蛋白和血红素组成。血红素合成酶系活性高低与卟啉病的发生相关联。

肝是人体最大的腺体，其独特的形态组织结构和化学组成特点，赋予肝复杂多样的生物化学功能。肝不仅在糖类、脂质、蛋白质等营养物质的代谢方面至关重要，在非营养物质生物转化、胆汁酸与胆色素的代谢方面也具有重要的作用。

维生素是维持人体正常生理功能所必需的营养素，是人体内不能合成或合成量甚少，必须由食物供给的一组小分子有机化合物。维生素按其溶解性能，可分为水溶性维生素和脂溶性维生素。长期维生素缺乏会导致相应的缺乏症。

生物信息学是研究生物信息的采集、处理、存储、传播、分析和解释等各方面的一门学科，已经广泛应用于生物化学、分子生物学及医学相关领域。它通过综合利用生物学、计算机科学和信息技术揭示大量而复杂的生物数据所赋有的生物学奥秘。生物信息学的重点主要体现在基因组学和蛋白质组学两方面，具体说就是从核酸和蛋白质序列出发，分析序列中表达的结构功能的生物信息。本章概述组学、生物信息学常用数据库、序列分析与比对，具体内容参见数字课程。

第十七章
细胞信号转导

关键词

信号分子	信号转导	受体	G 蛋白	cAMP
cGMP	Ca^{2+}	PKA	AC	PKC
IP_3	DG	酪氨酸蛋白激酶	Ras 蛋白	
NF-κB	TGF-β			

人体的信息物质和受体种类繁多，细胞内的信息传递形成一个网络系统，故细胞的信息传递极其复杂。本章首先介绍信息物质分类及特点，其次讨论细胞受体的结构与功能，最后介绍几条主要的信号转导途径。

思维导图

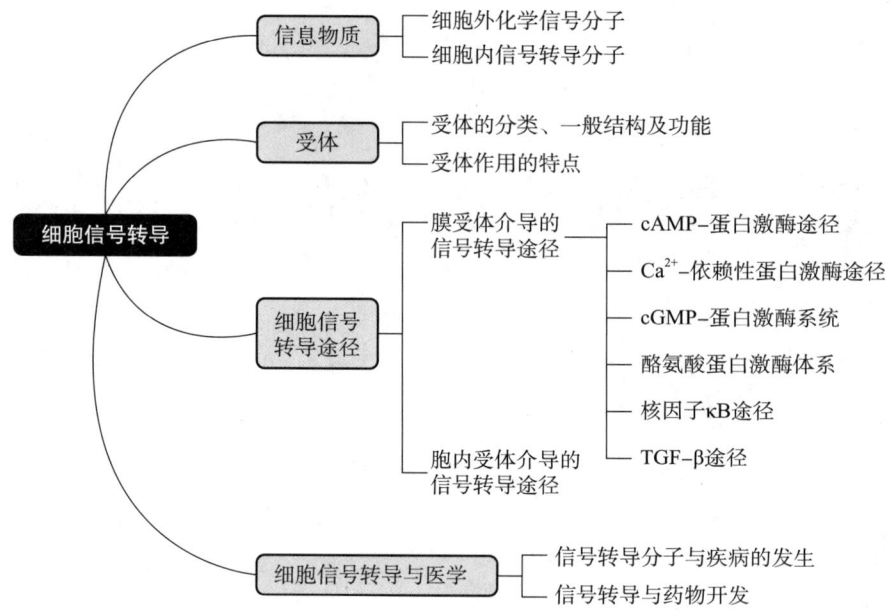

第一节 信息物质

人体细胞间的信息转导可通过相邻细胞的直接接触来实现，但更重要的是通过细胞分泌各种化学物质来调节自身和其他细胞的代谢和功能。这些能够调节细胞生命活动的化学物质称为信息物质。细胞间的信息传递是跨膜的信号转导（signal transduction）。细胞可以感受物理信号，但体内细胞所感受的外源信号主要是化学信号。化学信号通信的建立是生物为适应环境而不断变异、进化的结果。单细胞生物可直接从外界环境接收信息，而多细胞生物中的单个细胞则主要接收来自其他细胞的信号或所处微环境的信息。

人文视角 17-1
信号系统与诺贝尔奖

一、细胞外化学信号分子

细胞以多种方式感受内、外环境信号，调整代谢和细胞行为，以适应个体与环境的统一。生物体可感受任何物理、化学和生物学刺激信号，但最终通过换能途径将各类信号转换为细胞可直接感受的化学信号（chemical signal）。化学信号可以是可溶性的，也可以是膜结合形式的。

（一）可溶性信号分子

多细胞生物与邻近细胞或相对较远距离的细胞之间的信息交流主要是由细胞分泌的可溶性化学物质（蛋白质或小分子有机化合物）完成的。可溶性信号分子可根据其溶解特性分为脂溶性化学信号和水溶性化学信号两大类；而根据其在体内的作用距离，则可分为神经递质、内分泌信号和旁分泌信号三大类（表 17-1）。有些旁分泌信号还作用于发出信号的细胞自身，称为自分泌。

表 17-1 可溶性信号分子的分类

	神经分泌	内分泌	自分泌及旁分泌
化学信号	神经递质	激素	细胞因子
作用距离	nm	m	mm
受体位置	膜受体	膜受体或胞内受体	膜受体
举例	乙酰胆碱	胰岛素	表皮生长因子
	谷氨酸	生长激素	神经生长因子
		甲状腺激素	白细胞介素

（二）膜结合性信号分子

细胞与细胞直接相互作用也属于细胞外信号。每个细胞都有众多的蛋白质、糖蛋白、蛋白聚糖等各类分子分布于细胞质膜的外表面。这些表面分子可以作为细胞的"触角"，与相邻细胞的膜表面分子特异性地识别和相互作用，达到功能上的相互协调。这种细胞通信方式称为膜表面分子接触通信，也是一种细胞间的直接通信，属于这一类通信的有相邻细胞间黏附因子的相互作用、T 淋巴细胞与 B 淋巴细胞表面分子的相互作用等。

二、细胞内信号转导分子

细胞外信号经过受体转换进入细胞内，通过细胞内的一些蛋白质分子和小分子活性物质进行传递，这些能够传递信号的分子称为信号转导分子（signal transducer）。这些分子是构成信号转导途径的基础。依据作用特点，信号转导分子主要有三大类：小分子信使、酶、调节蛋白。

环腺苷酸（cAMP）、环鸟苷酸（cGMP）、二酰甘油（diglyceride，DG）、肌醇 -1,4,5- 三磷酸（inositol triphosphate，IP_3）、花生四烯酸、神经酰胺、NO、CO、Ca^{2+} 等可以作为外源信息在细胞内的信号转导分子，称为细胞内小分子信使或第二信使（secondary messenger）。

细胞内的许多信号转导分子都是酶。作为信号转导分子的酶主要有两大类。一类是催化小分子信使生成和转化的酶，如腺苷酸环化酶、鸟苷酸环化酶、磷脂酶 C、磷脂酶 D 等；另一类是蛋白激酶，作为信号转导分子的蛋白激酶主要是蛋白质丝氨酸 / 苏氨酸激酶和蛋白质酪氨酸激酶。

信号转导途径中的信号转导分子主要包括 G 蛋白、衔接体蛋白质和支架蛋白，其中许多信号转导分子是没有酶活性的蛋白质，它们通过分子间的相互作用被激活或激活下游分子。

细胞内信息物质在传递信号时绝大部分通过酶促级联反应方式进行。它们最终通过改变细胞内有关酶的活性、开启或关闭细胞膜离子通道及细胞核内基因的转录等，达到调节细胞代谢和控制细胞的生长、繁殖和分化的功能。

第二节　受体

受体（receptor）是细胞膜上或细胞内能识别生物活性分子并与之结合的成分，它能把识别和接收的信号正确无误地放大并传递到细胞内部，进而引起生物学效应。其化学本质是蛋白质，个别是糖脂。能与受体特异性结合的生物活性分子称为配体（ligand）。细胞间信息物质是一类最常见的配体。除此以外，某些药物、维生素和毒物也可作为配体而发挥生物学作用。

受体在细胞信息转导过程中起着极为重要的作用。其中，位于细胞质基质和细胞核中的受体称为胞内受体，它们全部为 DNA 结合蛋白。存在于细胞质膜上的受体则称为膜受体，它们绝大部分是镶嵌糖蛋白。

一、受体的分类、一般结构及功能

（一）膜受体

1. 环状受体　即配体依赖性离子通道。离子通道受体的典型代表是 N 型乙酰胆碱（ACh）受体，由 βγδ 亚基及 2 个 α 亚基组成。α 亚基具有配体结合部位（图 17-1）。它们主要受神经递质等信息物质调节。当神经递质与这类受体结合后，可使离子通道打开或关闭，从而改变膜的通透性。这类受体主要在神经冲动的快速传递中起作用。

2. G 蛋白偶联受体（G-protein coupled receptor，GPCR）又

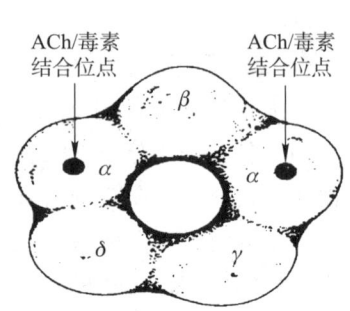

图 17-1　环状受体

称七次跨膜受体。GPCR 是研究得最为广泛和透彻的一类受体。它们组成不同功能的超大家族。目前已知的 GPCR 已达 1 000 多种，而且数量还在增加。

该类受体对多种激素和神经递质作出应答。配体包括生物胺、感觉刺激（如光和气味等）、脂质衍生物、肽类等。

GPCR 由一条肽链组成，其 N 端在细胞外侧，C 端形成细胞内的尾巴，中段形成七个跨膜的螺旋结构和三个细胞外环与三个细胞内环。每个 α- 螺旋结构分别由 20～25 个疏水氨基酸组成（图 17-2）。受体的疏水螺旋区的一级结构是高度同源的，亲水环的一级结构有较大的变异。这类受体的特点

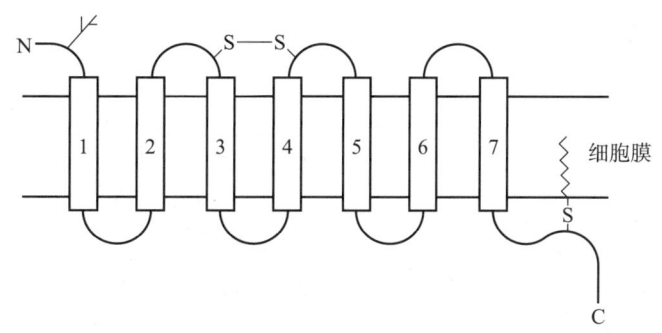

图 17-2　G 蛋白偶联受体的结构

矩形代表 α- 螺旋，N 端被糖基化，C 端的半胱氨酸被棕榈酰化

是其胞内的第二和第三个能与鸟苷酸结合蛋白（guanylate binding protein，G 蛋白）偶联。

GPCR 是糖蛋白，不同的受体有不同的糖基化模式，它们经常发生在受体的 N 端。GPCR 有一些保守的半胱氨酸残基，其中一些半胱氨酸对维持受体的结构起到关键作用。在胞外的第二和第三环有两个高度保守的半胱氨酸残基，参与形成连接第二和第三环的二硫键，维持蛋白质胞外结构域的正确构象。许多 GPCR 的 C 端也存在一个高度保守的 Cys 残基。在 α-AR（adrenergic α receptor，α 肾上腺素受体）、β-AR（adrenergic β receptor，β 肾上腺素受体）和视紫红质受体（rhodopsin receptor）中，此 Cys 残基是被棕榈酰化的，使受体的胞内部分锚定于质膜，从而稳定受体胞内部分的三级结构。

受体通过不同的 G 蛋白影响腺苷酸环化酶（adenylate cyclase，AC）或磷脂酶 C（lipase C）等的活性，再引起细胞内产生第二信使。这类受体的信息转导可总结为：激素→受体→G 蛋白→酶→第二信使→蛋白激酶→酶或功能蛋白→生物学效应。这类受体分布极广，主要参与细胞物质代谢的调节和基因转录的调控。

G 蛋白是一类和 GTP 或 GDP 结合的、位于细胞膜胞质面的外周蛋白，由三个亚基组成：α 亚基、β 亚基和 γ 亚基。G 蛋白通过 βγ 亚基异戊二烯化的基团或 α 亚基的豆蔻酰化的基团锚定于细胞膜。G 蛋白有两种构象，一种以 αβγ 三聚体存在并与 GDP 结合，为非活化型；另一种构象是 α 亚基与 GTP 结合并导致 βγ 二聚体的脱落，此型为活化型（图 17-3）。

G 蛋白有许多种（表 17-2）。常见的有激动型 G 蛋白（stimulatory G protein，G_s）、抑制型 G 蛋白（inhibitory G protein，G_i）和磷脂酶 C 型 G 蛋白（PI-PLC G protein，G_p）。不同的 G 蛋白能特异地将受体和与之相适应的效应酶偶联起来。各种 G 蛋白的 α 亚基均有一个可被霍乱毒素

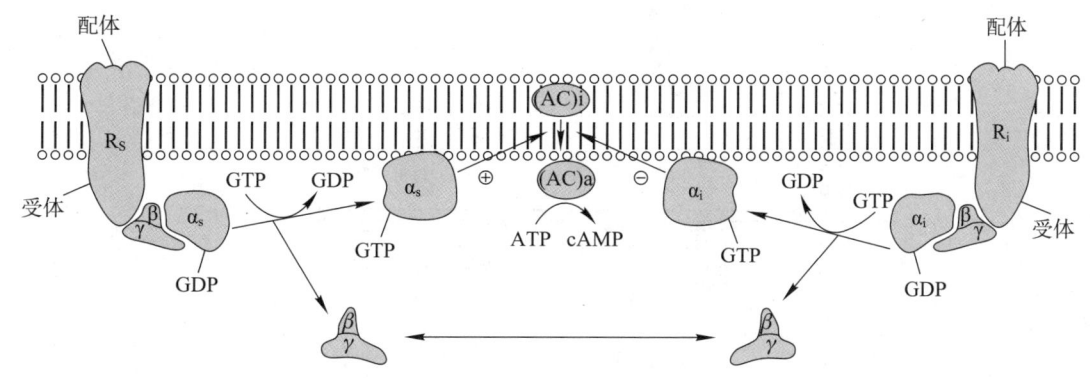

图 17-3　G 蛋白活化型和非活化型的互变

⊕：激活；⊖：抑制

表 17-2　信息传递过程中的 G 蛋白

G 蛋白的类型	α 亚基	功能
G_s	α_s	激活腺苷酸环化酶
G_i	α_i	抑制腺苷酸环化酶
G_p	α_p	激活磷脂酰肌醇特异的磷脂酶 C
G_o*	α_o	大脑中主要的 G 蛋白，可能调节离子通道
G_T**	α_T	激活视觉

*：o 表示另一种（other）；**：T 表示转导素（transducin）。

临床聚焦 17-1
遗传性假性甲状旁腺
素低下的基因突变

或百日咳毒素进行 ADP- 核糖基化修饰的部位，并能改变 G 蛋白的功能。霍乱毒素能引起 α_s 的 ADP 核糖基化，使 α_s 丧失 GTPase 活性。因此 α_s 维持在活性状态。百日咳毒素通过促使 α_i 亚基上的 ADP- 核糖基化并阻止 α_i 被激活而使腺苷酸环化酶不可逆激活。

3. 单个跨膜 α- 螺旋受体　这类受体主要有酪氨酸蛋白激酶（TPK）受体型和非酪氨酸蛋白激酶受体型。前者为催化型受体（catalytic receptor）（如胰岛素受体和表皮生长因子受体等），它们与配体结合后即有酪氨酸蛋白激酶活性，既可导致受体自身磷酸化，又可催化底物蛋白的特定酪氨酸残基磷酸化；后者（如生长激素受体、干扰素受体）与配体结合后，可与酪氨酸蛋白激酶偶联而表现出酶活性。这类受体全部为糖蛋白且只有一个跨膜螺旋结构。催化型受体跨膜区由 22～26 个氨基酸残基构成一个 α- 螺旋，高度疏水。细胞外区一般有 500～850 个氨基酸残基，有的含与免疫球蛋白（Ig）同源的结构，有的富含半胱氨酸区段，该区为配体结合部位（图 17-4）。细胞内为近膜区和功能区。酪氨酸蛋白激酶功能区位于 C 端，包括 ATP 结合和底物结合两个功能区。该型受体与细胞的增殖、分化、分裂及癌变有关。能与这类受体结合的配体主要有细胞因子（如白介素）、生长因子和胰岛素等。该类受体的下游分子常含有 SH_2 结构域（Src homology 2 domain，该结构域与原癌基因 *src* 编码的 2 结构域同源）、SH_3 结构域（Src homology 3 domain）和 PH 结构域（pleckstrin homology domain）等。SH_2 结构域能与酪氨酸残基磷酸化的多肽链结合；SH_3 结构域能与富含脯氨酸的肽段结合；PH 结构域能识别具有磷酸化的丝氨酸和苏氨酸的短肽，并能与 G 蛋白的 βγ 复合物结合，此外，还能与带电的磷脂结合。由此可见，这些结构域能与其他蛋白质发生蛋白质 - 蛋白质相互作用，参与细胞间的信息转导。

单个跨膜 α- 螺旋受体还包括转化生长因子 β（transforming growth factor β，TGF-β）受体。TGF-β 虽属于细胞因子家族，但近年来发现，TGF-β 家族成员通过受体的 Ser/Thr（丝氨酸 / 苏

图 17-4　含 TPK 结构域的受体
EGF：表皮生长因子；IGF-1：胰岛素样生长因子；PDGF：血小板衍生生长因子；FGF：成纤维细胞生长因子

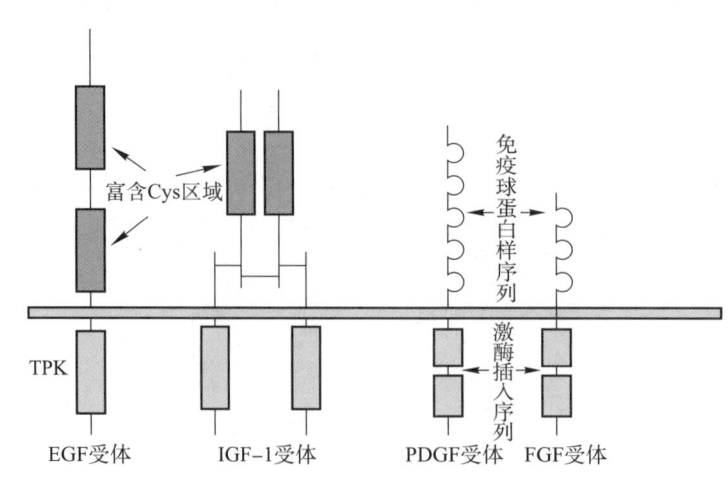

富含Cys区域　　免疫球蛋白样序列

TPK　　激酶插入序列

EGF受体　　IGF-1受体　　PDGF受体　FGF受体

氨酸）蛋白激酶转导信息。TGF-β 受
体家族被分成两个亚家族——Ⅰ型受体
（transforming growth factor β receptor-Ⅰ，
TβR-Ⅰ）和Ⅱ型受体（transforming
growth factor β receptor-Ⅱ，TβR-Ⅱ）
（图 17-5）。TβR-Ⅱ亚家族的氨基酸序
列，特别在激酶结构域具高度相似性，
而 TβR-Ⅱ亚家族的序列相似性较低。
TβR-Ⅰ 和 TβR-Ⅱ 是糖蛋白，胞外部
分相对较短（约为 150 个氨基酸），含

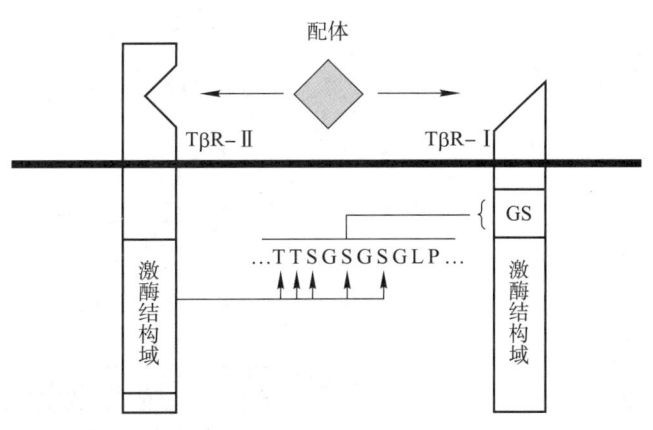

图 17-5　TGBβ 的 Ⅰ
型和 Ⅱ型受体

有决定该区域折叠的 10 个或更多的半胱氨酸。在跨膜序列附近，三个半胱氨酸特征性地成簇
排列。其他半胱氨酸的空间位置多变，但Ⅰ型受体比Ⅱ型受体保守。

　　紧接 TβR-Ⅰ 激酶结构域的 N 端，有一个由 30 个氨基酸残基组成的高度保守的 GS 结构域。
此区域具特征性的 SGSGSG 序列。经配体诱导，TβR-Ⅱ 的激酶能将 TTSGSGSG 序列中的苏氨酸
和丝氨酸磷酸化，从而使受体具有信息转导的活性。TβR-Ⅰ 的 GS 结构域是控制 TβR-Ⅰ 激酶活
性和与底物相互作用的关键区域。

　　具生物活性的 TGF-β 和相关因子通过疏水键或亚基间的二硫键形成二聚体，每个单体有 3 个
二硫键，它们相互连锁形成半胱氨酸结。

　　4. 具有鸟苷酸环化酶（guanylate cyclase，GC）活性的受体　该类受体分为膜受体和可溶性
受体。膜受体的配体包括心钠素（atrial natriuretic peptide，ANP）和鸟苷蛋白。可溶性的鸟苷酸
环化酶（soluble guanylate cyclase，GC-S）的配体为 NO 和 CO。

　　膜受体由同源的三聚体或四聚体组成。每一条亚基包括 N 端的胞外受体结构域、跨膜区域、
膜内的蛋白激酶样结构域和 C 端的鸟苷酸环化酶催化结构域（图 17-6）。单个跨膜结构域和胞内
近膜区为一长度为 37 个氨基酸残基的片段。蛋白激酶样结构域无激酶活性，目前尚不知它的功
能。每条亚基通过胞外受体结构域间的氢键连接成三聚体或四聚体。GC 是一个高度磷酸化的酶。
受体与配体结合后，GC 的活性大为提高。随后迅速去磷酸化使 GC 活性复原。

　　细胞质基质可溶性受体是由 α、β 两个亚基组成的杂二聚体，相对分子质量分别为 7.6×10^4
和 8.0×10^4。每个亚基具有一个鸟苷酸环化酶催化结构域和血红素结合结构域。当杂二聚体解聚
后，酶活性丧失。酶活性依赖 Mn^{2+}。

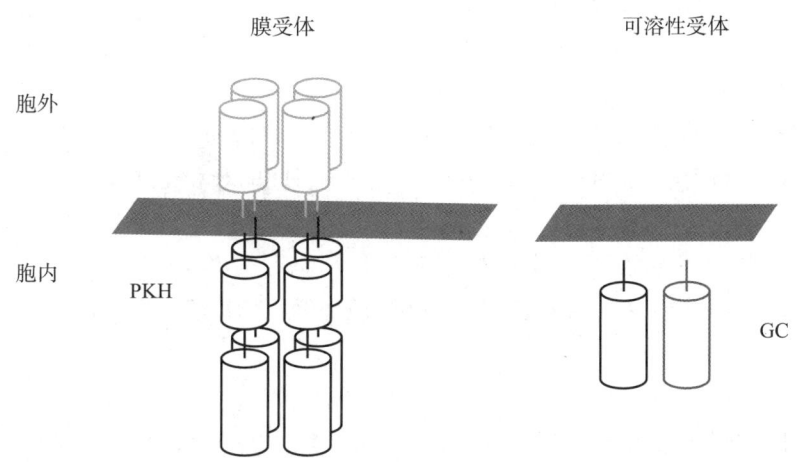

图 17-6　具有鸟苷酸
环化酶活性的受体结构
PKH：激酶样结构域；
GC：鸟苷酸环化酶结
构域

在脑、肺、肝及肾等组织中大部分具有鸟苷酸环化酶活性的受体是细胞质基质可溶性受体，而在心血管组织细胞、小肠、精子及视网膜杆状细胞中则大多数为膜结合性受体。

（二）胞内受体

胞内受体多为反式作用因子，当与相应配体结合后，能与 DNA 的顺式作用元件结合，调节基因转录。能与该型受体结合的信息物质有类固醇激素、甲状腺素和维甲酸等。

胞内受体通常为 400~1 000 个氨基酸残基组成的单体蛋白质，包括四个区域（图 17-7）。

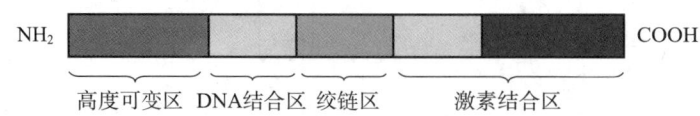

图 17-7 核受体结构示意图

1. 高度可变区 位于 N 端，长度不一，氨基酸残基可从 20 到 600 多个不等。具有一个非激素依赖性的组成性转录激活功能区。该区还是多数核受体抗体的结合部位。

2. DNA 结合区（DNA bound domain） 位于受体分子的中部，主要包含 66~68 个氨基酸残基组成的核心结构和后续的羧基端延伸组成。核心结构含两个锌指基序（模体），它能顺 DNA 螺旋旋转并与之结合。

3. 铰链区 除部分甾体激素受体外，多数核受体主要定位于核内。核受体中有与 SV40 大 T 抗原核定位信号（nuclear localization signal，NLS）相似的氨基酸序列。核受体在细胞质基质中合成后，NLS 相似序列能引导核受体进入细胞核。

4. 激素结合区 位于 C 端，其作用包括：① 与配体结合，该区域的某些氨基酸残基参与受体和配体的高亲和力的特异性结合。② 与热激蛋白结合，受体与配体结合前，一分子受体、两分子热激蛋白（Hsp 90）及其他分子伴侣组成寡聚体。当受体与配体结合后，受体的构象发生改变，使 Hsp 90 脱落。③ 具有核定位信号，该部位有 NLS 相似的氨基酸序列，但该核定位具激素依赖性。④使受体二聚化。⑤ 激活转录，该区域还是与其他转录共激活因子相互作用的部位。

二、受体作用的特点

（一）高度专一性

受体选择性地与特定配体结合，这种选择性是由分子的几何形状决定的。受体与配体的结合通过反应基团的定位和分子构象的相互契合来实现。

（二）高度亲和力

无论是膜受体还是胞内受体，它们与配体间的亲和力都极强。体内信息物质的浓度非常低，通常 $\leq 10^{-8}$ mol/L，但却具有显著的生物学效应，足见两者间的亲和力之高。

（三）可饱和性

受体 – 配体结合曲线（Scatchard 曲线）为矩形双曲线。增加配体浓度，可使受体饱和。

（四）可逆性

拓展学习 17-1
受体活性的调节

受体与配体以非共价键结合，当生物效应发生后，配体即与受体解离。受体可恢复到原来的状态，并再次被利用，而配体则常被立即灭活。

（五）特定的作用模式

受体在细胞内的分布，从数量到种类，均有组织特异性，并出现特定的作用模式，提示某类受体与配体结合后能引起某种特定的生理效应。

第三节　细胞信号转导途径

一、膜受体介导的信号转导途径

膜受体介导的信号转导存在多种途径，现介绍比较重要的六条途径。这六条途径之间既相对独立又存在一定联系。为了便于叙述和理解，现分别介绍各条信号转导途径。

（一）cAMP- 蛋白激酶途径

该途径以靶细胞内 cAMP 浓度改变和激活 cAMP- 蛋白激酶（又称蛋白激酶 A，protein kinase A，PKA）为主要特征，是激素调节物质代谢的主要途径。

1. cAMP 的合成与分解　胰高血糖素、肾上腺素和促肾上腺皮质激素与靶细胞质膜上的特异性受体结合，形成激素 – 受体复合物而激活受体。活化的受体可催化 G_s 的 GDP 与 GTP 交换，导致 G_s 的 α 亚基与 βγ 解离，释放出 α_s–GTP。α_s–GTP 能激活腺苷酸环化酶（adenylate cyclase，AC）（见图 17-3），催化 ATP 转化成 cAMP，使细胞内 cAMP 浓度增高。过去认为 G 蛋白中只有 α 亚基发挥作用，现知 βγ 复合体在信号转导和信号通路的交联中起重要作用。βγ 复合体也可独立地作用于相应的效应物，与 α 亚基拮抗。

腺苷酸环化酶分布广泛，除成熟红细胞外，几乎存在于所有组织的细胞质膜上。cAMP 经磷酸二酯酶（phosphodiesterase，PDE）降解成 5′-AMP 而失活。cAMP 是分布广泛而重要的第二信使。

少数激素，如生长激素抑制素、胰岛素和抗血管紧张素 II 等，它们活化受体后可催化抑制性 G 蛋白解离，导致细胞内 AC 活性下降，从而降低细胞内 cAMP 水平。

正常细胞内 cAMP 的平均浓度为 10^{-6} mol/L。cAMP 在细胞中的浓度除与腺苷酸环化酶活性有关外，还与磷酸二酯酶活性有关。一些激素，如胰岛素能激活磷酸二酯酶，加速 cAMP 降解；某些药物，如茶碱则抑制磷酸二酯酶，促使细胞内 cAMP 浓度升高。

2. cAMP 的作用机制　cAMP 对细胞的调节作用是通过激活 cAMP- 蛋白激酶途径来实现的。PKA 是一种由四聚体组成的别构酶（C_2R_2）。其中 C 为催化亚基，R 为调节亚基。每个调节亚基上有两个 cAMP 结合位点，催化亚基具有催化底物蛋白质某些特定丝氨酸 / 苏氨酸残基磷酸化的功能。调节亚基与催化亚基相结合时，PKA 呈无活性状态。当 4 分子 cAMP 与 2 个调节亚基结合后，调节亚基脱落（图 17-8），游离的催化亚基具有蛋白激酶活性。PKA 的激活过程需要 Mg^{2+}。

3. PKA 的作用　PKA 被 cAMP 激活后，能在 ATP 存在的情况下使许多蛋白质特定的丝氨酸残基和（或）苏氨酸残基磷酸化，从而调节细胞的物质代谢和基因表达。

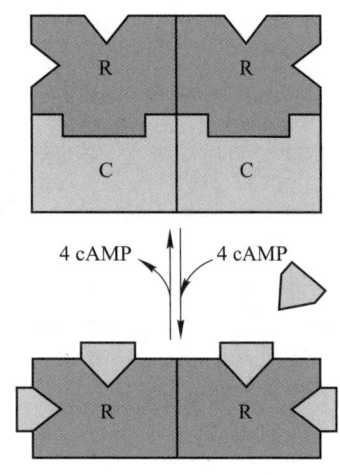

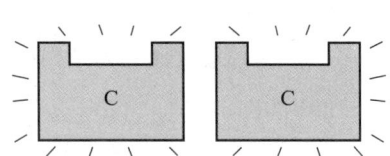

图 17-8　PKA 的激活
R：调节亚基；C：催化亚基

（1）对代谢的调节作用　肾上腺素调节糖原分解的级联反应。肾上腺素与质膜上的受体结合后，通过激动型 G 蛋白使 AC 激活，AC 催化 ATP 生成 cAMP，后者能进一步激活 PKA。PKA 一方面使无活性的磷酸化酶激酶 b 磷酸化而转变成有活性的磷酸化酶激酶 a，后者能催化磷酸化酶 b 修饰带上磷酸根，成为有活性的磷酸化酶 a。磷酸化酶 a 经磷蛋白磷酸酶脱去磷酸又转变成无活性的磷酸化酶 b。磷蛋白磷酸酶的活性也受 PKA 的调节，磷酸化和脱磷酸化呈对立统一的关系。同时，PKA 也可使有活性的糖原合酶的特定丝氨酸 / 苏氨酸磷酸化而转变成无活性（以上反应见第四章糖代谢）。

（2）对基因表达的调节作用　顺式作用元件、反式作用因子，以及它们的相互作用对真核细胞基因的表达调控起非常重要的作用。在基因的转录调控区中有一类 cAMP 应答元件（cAMP response element，CRE），它可与 cAMP 应答元件结合蛋白（cAMP response element bound protein，CREB）相互作用而调节此基因的转录。当 PKA 的催化亚基进入细胞核后，可催化反式作用因子——CREB 中特定的丝氨酸和（或）苏氨酸残基磷酸化。磷酸化的 CREB 形成同二聚体，与 DNA 上的 CRE 结合，从而激活受 CRE 调控的基因转录。

PKA 还可使细胞核内的组蛋白、酸性蛋白，以及胞质内的核糖体蛋白、膜蛋白、微管蛋白和受体蛋白等磷酸化，从而影响这些蛋白质的功能。

（二）Ca²⁺– 依赖性蛋白激酶途径

在收缩、运动、分泌和分裂等复杂的生命活动中，需有 Ca^{2+} 参与调节。细胞质基质内 Ca^{2+} 浓度在 0.01 ~ 1 μmol/L，比细胞外液中 Ca^{2+} 浓度（约 2.5 mmol/L）低得多。细胞的肌质网、内质网和线粒体可作为细胞内 Ca^{2+} 的储存库。当细胞外液的 Ca^{2+} 通过钙通道进入细胞或者亚细胞器内储存的 Ca^{2+} 释放到细胞质时，都会使胞质内 Ca^{2+} 水平急剧升高，随之引起某些酶活性和蛋白质功能的改变，从而调节各种生命活动，因而也将 Ca^{2+} 视为细胞内重要的第二信使。

1. Ca²⁺– 磷脂依赖性蛋白激酶途径　研究表明，体内的跨膜信息传递方式中还有一种以 IP₃ 和 DG 为第二信使的双信号途径。该系统可以单独调节细胞内的许多反应，又可以与 cAMP- 蛋白激酶系统及酪氨酸蛋白激酶系统相偶联，组成复杂的网络，共同调节细胞的代谢和基因表达。

（1）IP₃ 和 DG 的生物合成和功能　促甲状腺素释放激素、去甲肾上腺素和抗利尿激素等作用于靶细胞膜上特异性受体，通过特定的 G 蛋白（Gₚ）激活磷脂酰肌醇特异性磷脂酶 C（PI-PLC），后者则特异性地水解膜组分——磷脂酰肌醇 4,5- 二磷酸（phosphatidylinositol 4,5 biphosphate，PIP₂）而生成 DG 和 IP₃。DG 生成后仍留在质膜上，在磷脂酰丝氨酸和 Ca^{2+} 的配合下激活蛋白激酶 C（protein kinase C，PKC）。PKC 由一条多肽链组成，含一个催化结构域和一个调节结构域。调节结构域常与催化结构域的活性中心部分贴近或嵌合，一旦 PKC 的调节结构域与 DG、磷脂酰丝氨酸和 Ca^{2+} 结合，即发生构象改变而暴露出活性中心。

IP₃ 生成后，从膜上扩散至胞质中与内质网和肌质网上的受体结合，因而促进这些钙储存库内的 Ca^{2+} 迅速释放，使胞质内的 Ca^{2+} 浓度升高。Ca^{2+} 能与胞质内的 PKC 结合并聚集至质膜，在

DG 和膜磷脂共同诱导下，PKC 被激活。

（2）PKC 的生理功能 PKC 广泛地存在于机体的组织细胞内，目前已发现 12 种 PKC 同工酶，它们对机体的代谢、基因表达、细胞分化和增殖起作用。

1）对代谢的调节作用：PKC 被激活后可引起一系列靶蛋白氨基酸残基和（或）苏氨酸残基发生磷酸化反应。靶蛋白包括质膜受体、膜蛋白和多种酶。PKC 能催化质膜的 Ca^{2+} 通道磷酸化，促进 Ca^{2+} 流入胞内，提高细胞质基质 Ca^{2+} 浓度。PKC 还能催化肌质网的 Ca^{2+}-ATP 酶磷酸化，使钙进入肌质网而调节多种生理活动处于动态平衡。总之，PKC 通过对靶蛋白的磷酸化反应而改变功能蛋白的活性和性质，影响细胞内信息的传递，而启动一系列生理、生化反应。

2）对基因表达的调节作用：PKC 对基因的活化过程可分为早期反应和晚期反应两个阶段（图 17-9）。PKC 能磷酸化立早基因的反式作用因子，加速立早基因的表达。立早基因多数为细胞原癌基因（如 *c-fos*、*c-jun* 等），它们表达的蛋白质寿命短暂（半寿期为 1 ~ 2 h），具有跨越核膜传递信息的功能，因此称为 "第三信使"。第三信使受磷酸化修饰后，最终活化晚期反应基因并导致细胞增生或核型变化。促癌剂佛波酯（phorbol ester）正是作为 PKC 的强激活剂而引起细胞持续增生，诱导癌变。

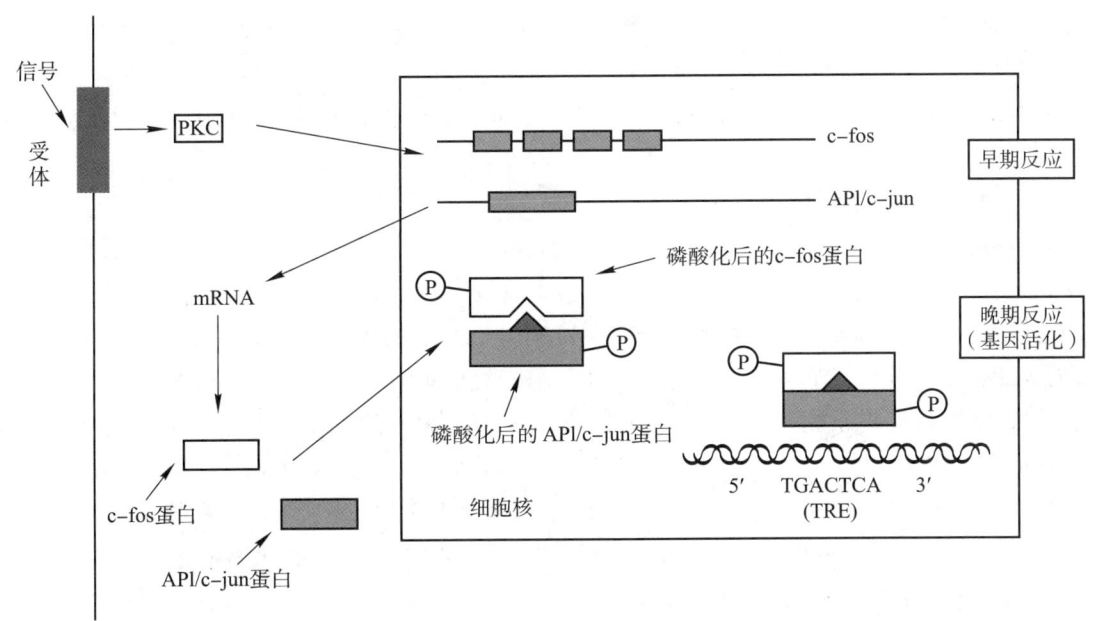

图 17-9 PKC 对基因的早期和晚期活化

2. Ca^{2+}- 钙调蛋白依赖性途径（Ca^{2+}-CaM 途径） 钙调蛋白（calmodulin，CaM）为钙结合蛋白，是细胞内重要的调节蛋白。CaM 是一条多肽链组成的单体蛋白。人体的 CaM 有 4 个 Ca^{2+} 结合位点，这些位点全部被占满后其构象发生改变——分子的大部分呈现螺旋结构。当胞质的 Ca^{2+} 浓度高达 10^{-2} mmol/L 时，Ca^{2+} 与 CaM 结合。

Ca^{2+}-CaM 底物谱非常广，可以磷酸化许多蛋白质的丝氨酸和（或）苏氨酸残基，使之激活或失活。Ca^{2+}-CaM 激酶既能激活腺苷酸环化酶又能激活环腺苷酸磷酸二酯酶，它既加速 cAMP 的生成又加速 cAMP 的降解，使信息迅速传至细胞内，又迅速消失。Ca^{2+}-CaM 不仅参与调节 PKA 的激活和抑制，还能激活胰岛素受体的酪氨酸蛋白激酶活性。可见 Ca^{2+}-CaM 在细胞的信息传递中起非常重要的作用。

一些代谢的关键酶，如糖原合酶、丙酮酸激酶、丙酮酸脱氢酶、丙酮酸羧化酶等都受 Ca^{2+}

和磷酸化共同调节。目前尚不能肯定是由 CaM 直接参与调节，还是 Ca^{2+}–CaM 依赖性蛋白激酶参与上述调节过程。

（三）cGMP- 蛋白激酶系统

cGMP 广泛存在于动物各组织中，其含量为 cAMP 的 1/100 ~ 1/10。它由 GTP 在鸟苷酸环化酶的催化下经环化而生成，经磷酸二酯酶催化而降解。

心钠素（ANP）是小肽，由心房细胞合成的大分子蛋白质前体（ANF）衍生而来。当心脏的血流负载过大时，心房细胞分泌 ANP，该信息分子与靶细胞膜上的具鸟苷酸环化酶活性的受体结合后，即能激活鸟苷酸环化酶，后者催化 GTP 转变成 cGMP。cGMP 能激活 cGMP 依赖性蛋白激酶 G（cGMP-dependent protein kinase，PKG），催化有关蛋白质或有关酶类的丝氨酸 / 苏氨酸残基磷酸化，产生生物学效应，即松弛血管平滑肌和增加尿钠，并且它能间接地影响交感神经系统和肾素 – 血管紧张素 – 醛固酮系统，从而降低血压。NO 是新发现的神经递质和血液调节物质。NO 通过与血红素的相互作用激活细胞质基质内的具鸟苷酸环化酶活性的可溶性受体，引起酶的 K_{cat}（周转数）增加 200 倍，使 cGMP 生成增加，cGMP 又能激活蛋白激酶 G，导致血管平滑肌松弛。临床上常用的硝酸甘油等血管扩张剂就是因为它们能自发产生 NO，从而通过上述途径松弛血管平滑肌、扩张血管。CO 能与鸟苷酸环化酶的血红素的 Fe^{2+} 结合，激活鸟苷酸环化酶，使细胞内 cGMP 浓度增高，达到与 NO 相同的效应。

PKG 的结构与 PKA 完全不同，它为一单体酶，分子中有一个 cGMP 结合位点。

（四）酪氨酸蛋白激酶体系

酪氨酸蛋白激酶（tyrosine-protein kinase，TPK）在细胞的生长、增殖、分化等过程中起重要的调节作用，并与肿瘤的发生有密切的关系。细胞中的 TPK 包括两大类，第一类位于细胞质膜上，称为受体型 TPK，如胰岛素受体、表皮生长因子受体及某些原癌基因（*erb-B*、*kit*、*fms* 等）编码的受体，它们均属于催化型受体；第二类位于细胞质基质中，称为非受体型 TPK，如底物酶 JAK 和某些原癌基因（*src*、*yes*、*ber-abl* 等）编码的 TPK，但它们常与非催化型受体偶联而发挥作用。

当配体与单跨膜 α- 螺旋受体结合后，催化型受体大多数发生二聚化，二聚体的 TPK 被激活，彼此可使对方的某些酪氨酸残基磷酸化，这一过程称为自身磷酸化（autophosphorylation）；而非催化型受体的某些酪氨酸残基则被非受体型 TPK 磷酸化。

细胞内存在一些连接物蛋白（adaptor protein），它们具有 SH_2 结构域。磷酸化的受体通过连接物蛋白可偶联其他效应物蛋白，这些效应物蛋白本身具酶活性，故可逐级传递信息并将效应级联放大。

受体型 TPK 和非受体型 TPK 虽都能使蛋白质底物的酪氨酸残基磷酸化，但它们的信息传递途径有所不同。

1. 受体型 TPK-Ras-MAPK 途径　催化型受体与配体结合后，发生自身磷酸化并磷酸化 GRB_2（growth factor receptor bound protein 2，一种接头蛋白）和 SOS（son of sevenless，一种鸟苷酸释放因子）等。磷酸化的受体与 GRB_2-SOS 复合物结合，进而激活 Ras 蛋白。由于 Ras 蛋白为多种生长因子信息传递过程所共有，因此又称为 Ras 通路。

Ras 蛋白是由一条多肽链组成的单体蛋白，由原癌基因 *ras* 编码而得名。Ras 蛋白的相对分子质量为 21×10^3，故又名 p21 蛋白，因其相对分子质量小于与七个跨膜螺旋受体偶联的 G 蛋白，故被称作小 G 蛋白。Ras 是膜结合型蛋白，性质类似于 G 蛋白中的 G_α 亚基，它的活性与其结合 GTP 或 GDP 直接有关，Ras 与 GDP 结合时无活性。GRB_2 和 SOS 均有 SH_2 和 SH_3 结构域。在静息细胞中，GRB_2 通过其羧基末端的 SH_3 与 SOS 结合成复合物，游离在细胞质基质中。当配体与质膜上的 TPK 型受体结合后，受体表现出 TPK 活性并使受体的某些酪氨酸残基磷酸化，为 GRB_2 N 端的 SH_2 提供了结合位点，吸引 GRB_2-SOS 复合物向质膜移动，使质膜区的 SOS 增加并导致 SOS 与底物 Ras 靠近，因 SOS 具有核苷酸转移酶的活性，可使 Ras-GDP 转变成 Ras-GTP 而活化。SOS 特定的酪氨酸残基的磷酸化可增强其核苷酸转移酶的活性。活化的 Ras 蛋白可进一步活化 Raf 蛋白。Raf 蛋白具有丝氨酸 / 苏氨酸蛋白激酶活性，它可激活有丝分裂原激活蛋白激酶（mitogen-activated protein kinase，MAPK）系统。MAPK 系统包括 MAPK、MAPK 激酶（MAPKK）、MAPKK 激活因子（MAPKKK）。它们是一组酶兼底物的蛋白分子。其中，MAPK 更具有广泛的催化活性，它既能催化丝氨酸 / 苏氨酸残基又能催化酪氨酸残基磷酸化，故是一种具有双重催化活性的蛋白激酶。MAPK 激酶除调节花生四烯酸的代谢和细胞微管形成之外，更重要的是可催化细胞核内许多反式作用因子（如转录因子）的丝氨酸 / 苏氨酸残基磷酸化，导致基因转录或关闭。

2. JAK-STAT 途径　一部分生长因子和大部分细胞因子，如生长激素（growth hormone，GH）、干扰素、红细胞生成素（erythropoietin，EPO）、粒细胞集落刺激因子（granulocyte colony stimulating factor，G-CSF）和一些白介素，如 IL-2，IL-6 等，其受体分子缺乏酪氨酸蛋白激酶活性，但它们能借助细胞内的非受体型酪氨酸蛋白激酶 JAK 完成信息转导。JAK 再通过激活信号转导子和转录激动子（signal transductor and activator of transcription，STAT）而最终影响到基因的转录调节。故又将此途径称为 JAK-STAT 信号转导通路。

由于在 JAK-STAT 途径中，激活后的受体可与不同的 JAK 和不同的 STAT 相结合，因此该途径传递信号更具多样性和灵活性。该途径最先在干扰素信号传递研究中发现（图 17-10），它与

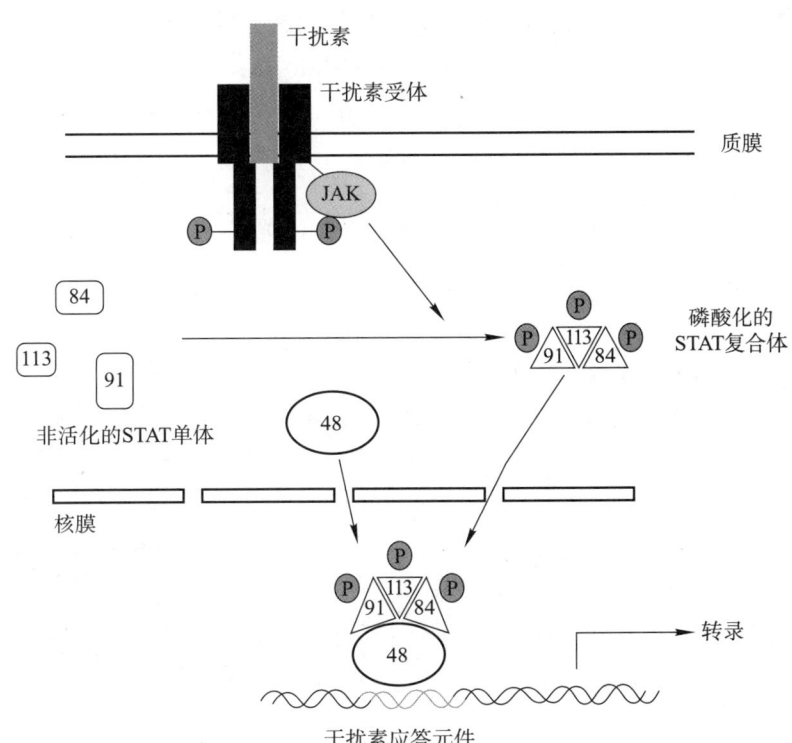

图 17-10　干扰素激活 JAK 和 STAT，并诱导 STAT 复合体核内转移及调节基因转录机制

Ras 通路之间是相互独立的，但表皮生长因子等却可通过这两条途径来发挥其作用。

（五）核因子 κB 途径

核因子 κB（nuclear factor-κB，NF-κB）途径主要涉及机体防御反应、组织损伤和应激、细胞分化和凋亡及肿瘤生长抑制过程的信息传递。该途径的发现源于研究免疫球蛋白 κ 亚基，故此命名。NF-κB 包括 NF-κB₁、NF-κB₂ 和某些癌基因蛋白（如 Rel A）等。

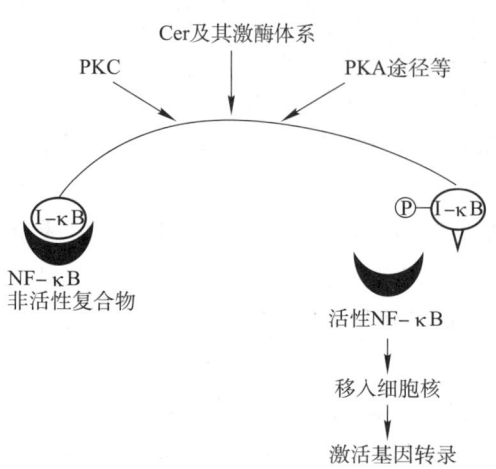

图 17-11 NF-κB 激活过程示意图

在多数类型细胞，NF-κB 在胞质内与抑制性蛋白质（包括 I-κB$_\alpha$、I-κB$_\gamma$、Bcl-3 等）结合形成无活性的复合物。当肿瘤坏死因子（如 TNF）等作用于相应受体后，可通过第二信使 Cer 等激活此系统，而病毒感染、脂多糖、活性氧中间体、佛波酯、双链 RNA 及前述信息传递途径中活化的 PKC、PKA 等则可直接激活 NF-κB（图 17-11）。活化的 NF-κB 进入细胞核，形成环状结构与 DNA 接触，并启动或抑制有关基因的转录。

（六）TGF-β 途径

转化生长因子家族包括 TGF-β、活化素（activin）和骨形态发生蛋白（bone morphogenetic protein，BMP）等信号分子。转化生长因子家族能调节增殖、分化、迁移和凋亡等多种细胞反应。

TGF-β 诱导 TβR-Ⅰ 和 TβR-Ⅱ 形成异源性的复合物，开始跨膜信息转导。TβR-Ⅱ 催化 TβR-Ⅰ 结构域中的丝氨酸和苏氨酸残基磷酸化，从而活化 TβR-Ⅰ。此外，TβR-Ⅱ 还磷酸化近膜区的 Ser165，它能正性或负性调节 TGF-β 的应答反应（图 17-12）。

Smad 家族是最早被证实的 TβR-Ⅰ 激酶的底物。Smad 是 *Drosophila Mother against dpp*（*Mad*）和 *C. elegans*（*Sma*）两个基因的名字的融合。已克隆出 9 种 Smad，可将其归结成三大类：受体调节的 Smad（receptor-regulated-Smad，R-Smad）、共同的偶配体 Smad（common-partner-Smad，Co-Smad）和抑制性 SMAD（inhibitory-Smad，I-Smad）。不同的 Smad 亚家族可组成不同的 Smad 复合物，定位于不同的基因，激活或抑制基因的表达。

二、胞内受体介导的信号转导途径

目前已知通过细胞内受体调节的激素有糖皮质激素、盐皮质激素、雄激素、孕激素、雌激素、甲状腺素（T₃ 及 T₄）和 1,25-（OH）₂-D₃ 等，上述激素除甲状腺激素外均为类固醇化合物。细胞内受体又可分为核内受体和细胞质基质受体，如雄激素、孕激素、雌激素、甲状腺素受体位于细胞核内，而糖皮质激素的受体位于细胞质中。

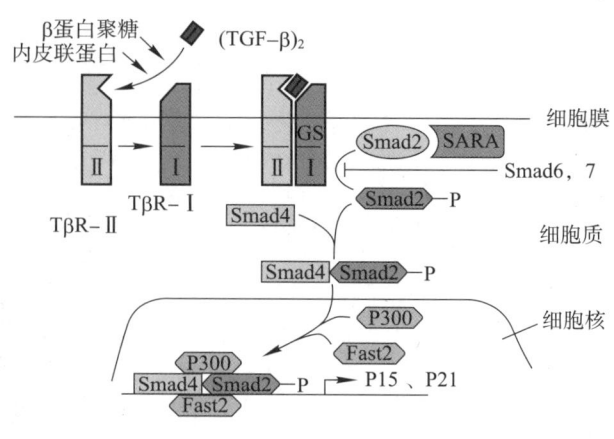

图 17-12 TGF-β 途径

类固醇激素与其核受体结合后，可使受体的构象发生改变，暴露出 DNA 结合区。在细胞质基质中形成的类固醇激素 – 受体复合物以二聚体形式穿过核孔进入核内。在核内，激素 – 受体复合物作为反式作用因子与 DNA 特异基因的激素反应元件（hormone response element，HRE）结合，从而使特异基因易于（或难于）转录（图 17-13）。

ⓔ图 17-1
类固醇激素的作用原理

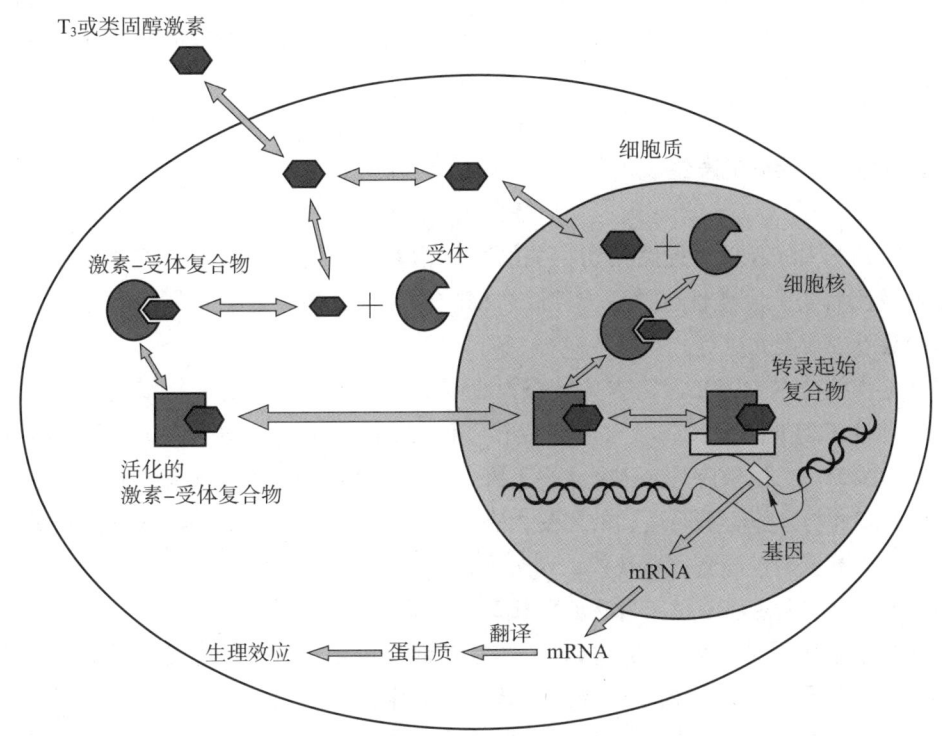

图 17-13　类固醇激素与甲状腺素通过胞内受体调节生理过程

甲状腺素进入靶细胞后，能与胞内的核受体结合，甲状腺素 – 受体复合物可与 DNA 上的甲状腺素反应元件（TRE）结合，调节基因的表达。此外，在肾、肝、心及肌肉的线粒体内膜上也存在甲状腺素受体，结合后能促进线粒体某些基因的表达，可能与甲状腺素能加速氧化磷酸化有关。

本节前文着重介绍了 PKA、PKC 和 TPK，强调了蛋白质的磷酸化作用，需掌握：①蛋白质并非磷酸化就一定被激活，而去磷酸化则被灭活。众所周知，磷酸化的糖原合酶是无活性的，而去磷酸化的糖原合酶则是有活性的。②与蛋白激酶相对应，细胞中也存在专一性的蛋白磷酸酶（protein phosphatase），特异性地催化丝氨酸/苏氨酸磷蛋白和酪氨酸磷酸化磷蛋白脱磷酸化。蛋白质磷酸化和脱磷酸化均参与细胞内信号转导。细胞内存在磷酸化和脱磷酸化两种蛋白质构象的互变，说明细胞内既有激活机制，又有抑制机制，是细胞内调节生理效应最快、最有效的方式。现已发现数百种蛋白激酶和 1 000 多种磷酸酶，行使调节细胞代谢、生长、增殖、分裂和分化甚至癌变的功能。

第四节　细胞信号转导与医学

在人类基因组计划完成以后，信号转导机制研究作为后基因组研究的重要内容将继续成为生命科学的研究热点。如前所述，阐明细胞信号转导机制对于认识生命活动的本质具有重要的理论意义，同时也为医学的发展带来了新的机遇和挑战。信号转导机制研究在医学发展中的意义主要体现在两个方面，一是对发病机制的深入认识，二是为新的诊断和治疗技术提供靶位。目前，人们在这一方面的认识还相对有限，本节仅列举一些具体实例说明这一领域发展的重要性。

信号转导分子的异常可以发生在编码基因，也可以发生在蛋白质合成直至其细胞内降解的全部过程的各个层次和各个阶段。从受体接受信号直至最后细胞功能的读出信号发生的异常都可以导致疾病的发生。

一、信号转导分子与疾病的发生

已经证实的与 GPCR 信号通路密切相关的 G 蛋白基因突变可以导致一些遗传性疾病，如色盲、色素性视网膜炎、家族性 ACTH 抗性综合征、侏儒症、先天性甲状旁腺功能低下、先天性甲状腺功能低下或功能亢进等。

许多其他疾病亦与 GPCR 通路有关。心力衰竭的重要生化特征之一是细胞内腺苷酸环化酶活性降低。慢性长期儿茶酚胺刺激可以导致 β- 肾上腺素受体（β-AR）表达下降，并使之失去对肾上腺素的敏感。总体效应是 cAMP 水平下降，心肌收缩功能不足。最近人们还证实，人群中 $β_2$-AR 遗传多态性与个体心脏对运动的耐受力有关。例如，β-AR 偶联的 G_s 的第四个跨膜区在一些人群中有一个苏氨酸被异亮氨酸替代，这类人群如发生心力衰竭，存活率明显低于其他人，且运动能力低下。这些发现将有助于发现心脏疾患的危险人群。

除 G 蛋白偶联型受体以外，还有多种遗传性疾病是由于影响单跨膜受体及其介导的信号转导通路中的信号转导分子的结构所引起。一部分胰岛素抵抗的糖尿病是由于遗传性胰岛素受体异常所致，一部分遗传性免疫缺陷病是由于单跨膜受体介导的信号通路上的信号转导分子结构异常所致。例如，第一个被发现与人类遗传性疾病相关的细胞内蛋白酪氨酸激酶是 Bruton's 综合征——人类 X 染色体连锁低 γ 球蛋白血症（X-linked agammaglobulinemia，XLA）的致病基因 *btk*。人的 JAK3 突变可以导致常染色体隐性遗传性联合性免疫缺陷病。

肿瘤的发生和发展涉及多种单跨膜受体信号通路的异常，许多癌基因或抑癌基因的编码产物都是该信号通路中的关键分子，尤其是各种蛋白酪氨酸激酶，更是与肿瘤发生密切相关。

一些细菌性感染性疾病的发病机制也在分子水平得到新的解释，即 G 蛋白在细菌毒素的作用下发生化学修饰而导致功能异常。这些疾病包括霍乱、破伤风等。大量实验资料证明，霍乱的症状是肠上皮细胞内 cAMP 含量急剧升高所导致。霍乱毒素的 A 亚基进入小肠上皮细胞以后直接作用于 G_s 的 α 亚基，使其发生 ADP- 核糖化修饰，导致其固有的 GTP 酶活性丧失，不能恢复到 GDP 结合形式，因而 $Gα_s$ 处于持续活化状态，细胞中的 cAMP 含量持续升高。cAMP 的效应之一是通过 PKA 作用于小肠上皮细胞膜上的蛋白质磷酸化而改变细胞膜的通透性，Na^+ 通道和 Cl^- 通道持续开放，造成水与电解质的大量丢失，引起腹泻和水电解质紊乱等症状。

除了霍乱以外，破伤风毒素和百日咳毒素也都是作用于 G 蛋白而导致受累细胞功能异常的。由于不同的毒素在细胞膜上的受体不同，故这些毒素作用于不同的细胞引起不同的症状。

二、信号转导与药物开发

随着细胞信号转导机制研究的发展，尤其是对于各种疾病过程中的信号转导异常的不断认识，为发展新的疾病诊断和治疗手段提供了更多的机会。在研究各种病理过程中发现的信号转导分子结构与功能的改变为新药的筛选和开发提供了靶位，由此产生了信号转导药物这一概念。

信号转导分子的激动剂和抑制剂是信号转导药物的研究出发点，尤其各种蛋白激酶的抑制剂更是被广泛用作母体药物进行抗肿瘤新药的研究。

一种信号转导干扰药物是否可以用于疾病的治疗而又具有较少的副作用，主要取决于两点：一是它所干扰的信号转导途径在体内是否广泛存在，如果该途径广泛存在于各种细胞内，其副作用则很难得以控制。二是药物自身的选择性，对信号转导分子的选择性越高，副作用就越小。基于上述两点，人们正在努力筛选和改造已有的化合物，已发现具有更高选择性的信号转导分子的激动剂和抑制剂，同时也在努力了解信号转导分子在不同细胞的分布情况。这些努力已经使得一些药物得以用于临床，特别是在肿瘤治疗研究领域。

（高　涵）

复习思考题

1. 根据所学知识说明 G 蛋白是如何调控细胞膜上腺苷酸环化酶活性的。
2. 试述 cAMP 介导的信号转导途径。
3. 试述肾上腺素调节糖原代谢的级联反应过程。
4. 概述 EGF 受体介导的信号转导途径。

网上更多……

👤≣ 本章小结　　　📝 自测题　　　⬇️🖥 教学 PPT

第十八章

癌基因与抑癌基因

关键词

癌基因　　　　病毒癌基因　　　　细胞癌基因　　　　抑癌基因
生长因子

癌基因与抑癌基因的作用机制涉及基因表达调控及细胞分裂、分化过程。这些生物学效应又与癌基因和抑癌基因的编码产物有着极为密切的关系。癌基因可以编码生长因子及其受体分子，通过细胞内信息传递系统刺激细胞增殖。抑癌基因及其编码产物对细胞增殖起负性调控作用，包括抑制细胞增殖、调控细胞周期检查点、促进凋亡及参与 DNA 损伤修复等。由此可见，肿瘤的发生与癌基因、抑癌基因及其编码产物的功能密切相关。

思维导图

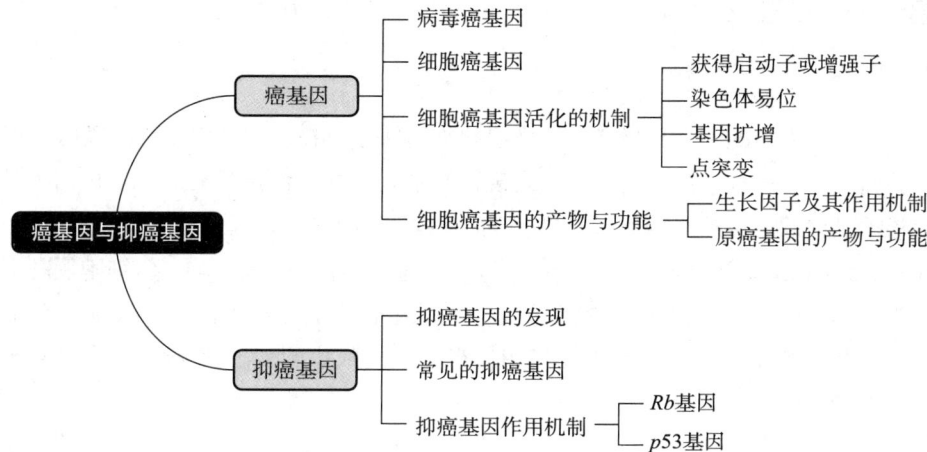

第一节 癌基因

临床聚焦 18-1
肿瘤及其形成原因

　　癌基因最初的定义是指能在体外引起细胞转化，在体内诱发肿瘤的基因。癌基因最早在可导致肿瘤发生的病毒中被鉴定，后来发现这些基因原本就存在于大部分生物的正常基因组中。癌基因根据其来源可以分为两类：一类是病毒癌基因（virus oncogene，v-onc），另一类是细胞癌基因（cellular oncogene，c-onc）或称原癌基因（protooncogene，pro-onc）。细胞癌基因是细胞内总体遗传物质的组成部分。在正常情况下，这些基因处于静止或低表达的状态，不仅对细胞无害，而且对维持细胞正常功能具有重要作用；当其受到致癌因素作用被活化并发生异常时，则可导致细胞癌变。

一、病毒癌基因

人文视角 18-1
病毒癌基因的发现

　　肿瘤病毒是一类能使敏感宿主产生肿瘤或使培养细胞转化成癌细胞的动物病毒，根据其核酸组成分为 DNA 病毒和 RNA 病毒，且目前发现的 RNA 肿瘤病毒都是逆转录病毒（retrovirus）。常见的 DNA 肿瘤病毒有人乳头瘤病毒和乙型肝炎病毒。癌基因最初是在逆转录病毒内发现的，1911 年美国学者弗朗西斯·佩顿·劳斯（Francis Peyton Rous）发现含有肉瘤病毒的鸡肉瘤无细胞滤液注入鸡体内可诱发新的肿瘤。当时这一发现并未被人注意，直到数十年后才为人们所重视，弗朗西斯·佩顿·劳斯因此获得了 1966 年诺贝尔生理学或医学奖。研究证明，在鸡 Rous 肉瘤病毒的核酸中发现有一个特殊片段 src，可使细胞转化（图 18-1）。后来又发现正常细胞中的原癌基因与病毒中的癌基因是同源的（homolog），即它们的 DNA 顺序是相对应的。逆转录病毒中的癌基因可加前缀 v-，如 v-src，正常细胞中与其对应的基因可冠以前缀 c-，如 c-src。逆转录病毒能在宿主细胞中繁殖而不中断细胞分裂，同时能产生逆转录酶。病毒感染宿主以后在宿主细胞内先以病毒 RNA 为模板，在逆转录酶催化下合成双链 DNA 前病毒（provirus），并以前病毒形式在宿主细胞代代传递下去，随后病毒 DNA 随机整合于细胞基因组，通过复杂的删除、剪切、突变、重组等，将细胞的细胞癌基因转导（transduction）至病毒本身基因组内（图 18-2），使原来的野生型（wild type）病毒转变成携有转导基因的病毒，从而获得致癌性质。由此可见，病毒癌基因来源于宿主细胞原癌基因，是一类存在于肿瘤病毒（大多数是逆转录病毒）中的、能使靶细胞发生恶性转化的基因。

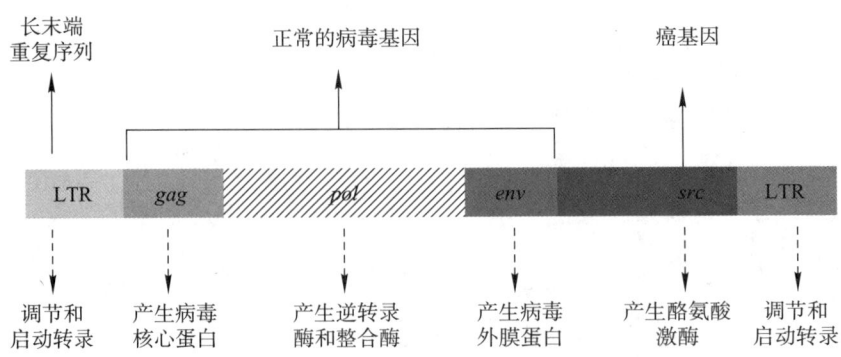

图 18-1 禽肉瘤病毒（RSV）基因组结构图

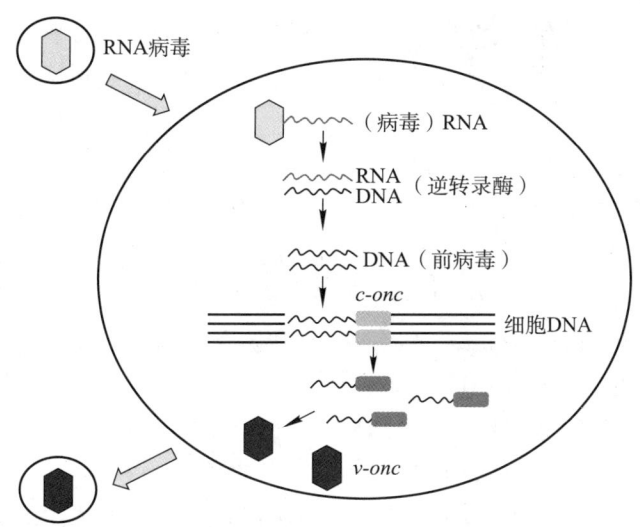

图 18-2　RNA 病毒与宿主细胞基因组整合过程示意图

二、细胞癌基因

细胞癌基因广泛分布于生物界，从单细胞酵母、无脊椎生物到脊椎动物乃至人类的正常细胞都存在着这些基因，而且结构上有很大的同源性，说明此类基因在进化上是高度保守的（提示此类基因为生命活动所必需）。细胞癌基因的表达产物对细胞正常生长、繁殖、发育和分化起着精密的调控作用。显然，若基因的结构发生异常或表达失控，必然导致细胞生长增殖和分化异常，使细胞恶变而形成肿瘤。由于细胞癌基因在正常细胞中以非激活形式存在，故又称原癌基因。

人文视角 18-2
细胞癌基因与肿瘤基因组学

（一）细胞癌基因的特点

根据现有研究结果，细胞癌基因的特点概括如下：

1. 广泛存在于生物界中，从酵母到人的细胞普遍存在。

2. 在进化过程中，基因序列呈高度保守性。

3. 它的主要作用是通过其表达产物蛋白质来体现的。它们存在于正常细胞不仅无害，而且对维持正常生理功能、调控细胞生长和分化起重要作用，是细胞发育、组织再生、创伤愈合等所必需的。

4. 在某些因素（如放射线、某些化学物质等）作用下，一旦被激活，发生数量上或结构上的变化时，就会形成促进细胞恶性转化的基因。

（二）原癌基因的分类

按表达蛋白质的功能可将常见的癌基因进行分类（表 18-1）。

表 18-1　细胞癌基因的分类

类　别	癌基因
蛋白激酶类	
1. 跨膜生长因子受体	*erb B* *neu*（*erb*-2、*HER*-2） *ros*、*kit*、*ret*、*fms*
2. 膜结合的酪氨酸蛋白激酶	*src* 家族
3. 可溶性酪氨酸蛋白激酶	*met*、*trk*
4. 胞质丝氨酸/苏氨酸蛋白激酶	*raf*（*mil*，*mht*）、*mos* *cot*、*pl-1*
5. 非蛋白激酶受体	*mas* *erb*
信息传递蛋白类	
与膜结合的 GTP 结合蛋白 　生长因子类	*H-ras*、*K-ras*、*N-ras* *sis* *int-2*
核内转录因子	*c-myc*、*N-myc*、*L-myc* *fos*、*jun*

目前发现的细胞癌基因有百余种，依据其结构与功能特点可将细胞癌基因分为以下几个家族：*src* 家族、*ras* 家族、*myc* 家族、*sis* 家族和 *myb* 家族。每个家族包括的成员及其表达产物功能如下：

1. *src* 家族　包括 *src*、*yes*、*fyn*、*fgr*、*lyn*、*hck*、*lck*、*blk*、*frk*。它们都含有相似的基因编码结构，产物具有使酪氨酸磷酸化的蛋白激酶活性，定位于胞膜内面或跨膜分布。

2. *ras* 家族　包括 *H-ras*、*K-ras*、*N-ras*，虽然它们之间的核苷酸序列相差很大，但所编码的蛋白质都是 p21，位于细胞质膜内面。p21 可与 GTP 结合，有 GTP 酶活性，并参与 cAMP 水平的调节。

3. *myc* 家族　包括 *c-myc*、*N-myc*、*L-myc*、*fos* 等数种基因。这些基因编码核内 DNA 结合蛋白，有直接调节其他基因转录的作用。

4. *sis* 家族　只有 *sis* 基因一个成员。其编码的 p28 与人血小板源生长因子（PDGF）结构十分相似，能刺激间叶组织的细胞分裂增殖。

5. *myb* 家族　包括 *myb* 和 *myb-ets* 两个成员，编码核蛋白，能与 DNA 结合，为核内的一种转录因子。

三、细胞癌基因活化的机制

微课或微视频 18-1
原癌基因活化机制

正常情况下，细胞癌基因处于静止状态，对机体并不构成威胁。相反，它们还具有重要的生理功能，特别是在胚胎发育时期或组织再生的情况下。然而，在物理、化学及生物因素的作用下，细胞癌基因可被异常激活，其表达产物发生质和量的变化，表达方式发生时间和空间上的改变，其被激活的方式分为以下四类。

（一）获得启动子或增强子

当逆转录病毒感染细胞后，病毒基因组所携带的长末端重复序列（long terminal repeat，LTR）内含较强的启动子和增强子，插入到细胞癌基因附近或内部，可以启动下游邻近基因的转录和影响附近结构基因的转录水平，使细胞癌基因过度表达或由不表达变为表达，从而导致细胞发生癌变。如鸡白细胞增生病毒引起的淋巴瘤，就因为该病毒 DNA 序列整合到宿主正常细胞的 *c-myc* 基因附近，其 LTR 亦同时被整合，成为 *c-myc* 的启动子。这个强启动子可促使 *c-myc* 的表达比正常高 30~100 倍。

（二）染色体易位

染色体易位在肿瘤组织中比较常见。基因定位研究证明，在染色体易位的过程中发生了某些基因的重排，使原来无活性的细胞癌基因移至某些强启动子或增强子附近而被活化，因而细胞癌基因表达增强，导致肿瘤的发生。最受到普遍认可的例子是在人 Burkitt 淋巴瘤细胞中，位于 8 号染色体上的 *c-myc* 移到 14 号染色体免疫球蛋白重链基因的调节区附近，与此区活性很高的启动子连接而受到活化。

（三）基因扩增

细胞癌基因数量的增加或表达活性的增强，产生过量的表达蛋白质也会导致肿瘤的发生。如 *ras* 或 *c-myc*，在某些肿瘤中表达蛋白质量常常升高几十甚至上千倍不等。

（四）点突变

细胞癌基因在射线或化学致癌剂作用下，可能发生单个碱基的替换——点突变（point mutation），从而改变表达蛋白质中的氨基酸残基组成，造成蛋白质结构的变异。如 *ras* 族的癌基因，在正常细胞 H-*ras* 中的 GGC，在肿瘤细胞中突变为 GTC，由此造成编码的 p21 蛋白第 12 位氨基酸由正常细胞的甘氨酸变为肿瘤细胞的缬氨酸。

不同的癌基因在不同的情况下可通过不同的途径被激活，其结果可以是：① 出现新的表达产物，即原来不表达的基因开始表达，或不该在这个时期表达的基因进行表达；② 出现过量的正常表达产物；③ 出现异常、截短的表达产物。以上异常情况，在肿瘤细胞中可以出现一种或两种以上的组合。

许多研究表明，肿瘤发生是一个多步骤的发展过程，需要多种癌基因协同作用。例如，对结肠癌遗传模型的研究提示，该肿瘤的发展过程中涉及 6~7 个基因突变，它们分别在结肠癌的不同过程起作用。癌基因的协同作用主要表现在癌基因表达蛋白质之间的相互作用上，其中以核内癌基因产物与细胞质基质癌基因产物的协同作用最为典型，如核内转录调控蛋白 MYC 极易与细胞质基质膜结合蛋白 RAS 发生协同作用导致细胞转化。

四、细胞癌基因的产物与功能

（一）生长因子及其作用机制

研究证实，癌基因编码的蛋白质与细胞生长因子密切相关。生长因子（growth factor，GF）是一类由细胞分泌的、类似于激素的信号分子，多数为肽类或蛋白质类物质。它们通过与质膜或胞内特异受体结合，将信息传递至细胞内，调节细胞生长与分化。体外培养细胞的生长、增殖需要一系列营养物质，包括各种氨基酸、维生素、无机盐等。此外，还必须添加含有多种生长因子的胎牛血清，细胞才能保持良好的生长和增殖状态。

根据生长因子产生细胞与靶细胞间的关系，生长因子的作用模式可概括为以下三种：① 内分泌（endocrine）：生长因子从细胞分泌出来后，通过血液运输作用于远端靶细胞。如源于血小板的血小板源生长因子（PDGF），作用于结缔组织细胞。② 旁分泌（paracrine）：细胞分泌的生长因子作用于邻近的其他类型细胞，对合成、分泌该生长因子的自身细胞不发生作用，因为它缺乏相应受体。③ 自分泌（autocrine）：生长因子作用于合成及分泌该生长因子的细胞本身。生长因子以后两种作用方式为主。

表 18-2 列举了常见生长因子的分类、来源及功能。

表 18-2　常见的生长因子

生长因子	来源	功能
表皮生长因子（EGF）	下颌下腺	促进表皮与上皮细胞的生长
促红细胞生成素（EPO）	肾	调节红细胞的发育
类胰岛素生长因子（IGF）	血清	促进硫酸盐渗入到软骨组织，促进软骨细胞的分裂，对多种组织细胞起胰岛素样作用
神经生长因子（NGF）	下颌下腺	营养交感和某些感觉神经元，防止神经元退化
血小板源生长因子（PDGF）	血小板	促进间质及胶质细胞的生长，促进血管生成

续表

生长因子	来源	功能
转化生长因子 –α（TGF-α）	肿瘤细胞、转化细胞	作用类似 EGF，促进细胞恶性转化
转化生长因子 –β（TGF-β）	肾、血小板	对某些细胞呈促进与抑制双向作用
血管内皮细胞生长因子（VEGF）	低氧应激细胞	促进血管内皮细胞增殖和新生血管形成

　　生长因子由不同的细胞合成后分泌，作用于靶细胞上的相应受体。这些受体有的位于细胞膜上，有的位于细胞内部（图 18-3）。位于膜表面的受体是跨膜的受体蛋白，包含具有酪氨酸激酶活性的胞内结构域。当生长因子与这类受体结合后，受体所包含的酪氨酸激酶被活化，使胞内的相关蛋白质直接被磷酸化。另一些膜上的受体则通过胞内信号传递体系，产生相应的第二信使，后者使蛋白激酶活化，活化的蛋白激酶同样可使胞内相关蛋白质磷酸化。这些被磷酸化的蛋白质再活化核内的转录因子，引发基因转录，达到调节生长与分化的作用。

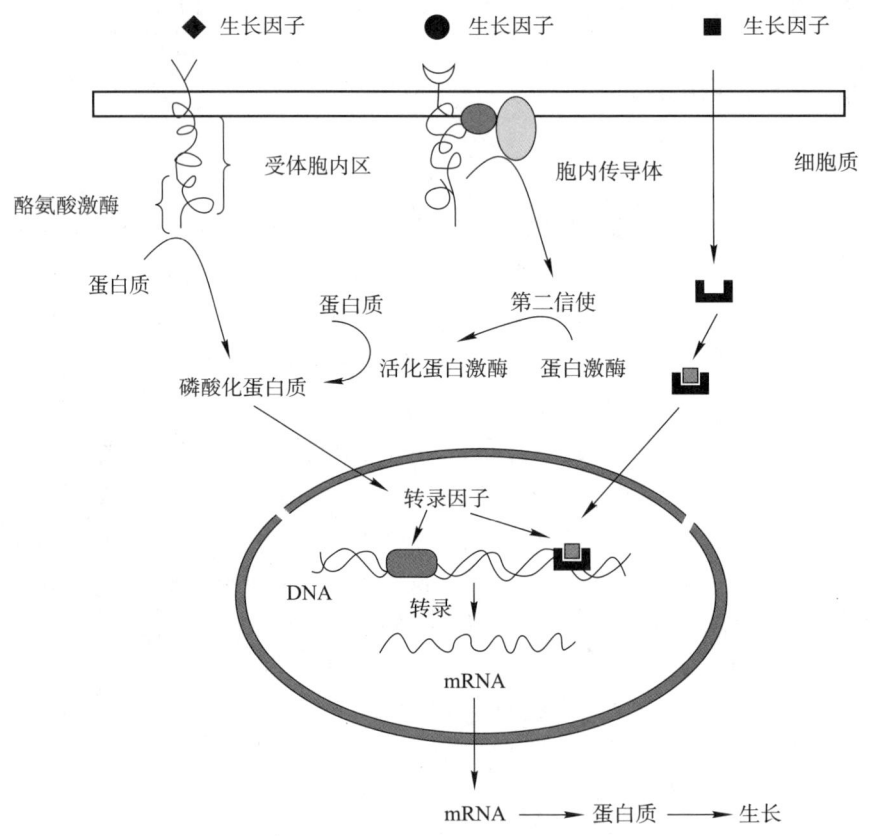

图 18-3　生长因子作用机制示意图

　　另一类生长因子受体定位于细胞质。当生长因子与胞内相应的受体结合后，形成生长因子 – 受体复合物，后者亦可进入细胞核活化相关基因促进细胞生长。

（二）细胞癌基因产物的分类

　　目前已知，细胞癌基因编码的蛋白质分子涉及生长因子信号转导的多个环节。根据它们在细胞信号转导系统中的作用分为以下四类。

　　1. 细胞外的生长因子　可作用于细胞膜上的受体系统或被直接传递至细胞内，再通过多种蛋白激酶活化，对转录因子进行磷酸化修饰，引发一系列基因的转录激活。*sis* 基因正是通过这种途径起作用的。已知 *v-sis* 基因和人 *c-sis* 基因编码的 p28 蛋白及血小板源生长因子（PDGF）的 β 链同源，当 *sis* 基因表达产物与 PDGF 一样形成二聚体后，作用于 PDGF 受体，使细胞膜内的磷脂酰肌醇在相应激酶催化下生成磷脂酰肌醇 -4,5- 双磷酸（PIP_2），后者在磷脂酶 C 作用下水解生成二酰甘油（DG）及三磷酸肌醇（IP_3）并激活蛋白激酶 C，使受体细胞发生转化，同时还能刺激细胞内受体合成（图 18-4），说明 *sis* 基因和 PDGF 相关，功能也十分相似。此外，*c-sis* 和表达蛋白 p28 及 PDGF 一样能促进血管的生长。目前已知与恶性肿瘤发生有关的生长因子有：PDGF、表皮生长因子（EGF）、转化生长因子 -2（TGF-2）、成纤维细胞生长因子（FGF）、类胰岛素生长因子 I（IGF I）等。这些因子的过度表达，势必连续不断作用于相应的受体细胞，造成大量生长信号的持续输入，从而使细胞增殖失控。

2. 跨膜的生长因子受体　另一类细胞癌基因的产物为跨膜受体，它能接受细胞外的生长信号并将其传入胞内（图 18-4）。跨膜生长因子受体有胞质结构区域，并具有酪氨酸特异的蛋白激酶活性。许多细胞癌基因的产物同样具有该酶活性，例如 c-src、c-abl 等。另一些癌基因（*c-mos* 和 *raf*）所编码的激酶不是在酪氨酸上磷酸化，而是使丝氨酸和苏氨酸残基磷酸化。通过这种磷酸化作用，使其结构发生改变，增加激酶对底物的催化活性，加速生长信号在胞内的传递。

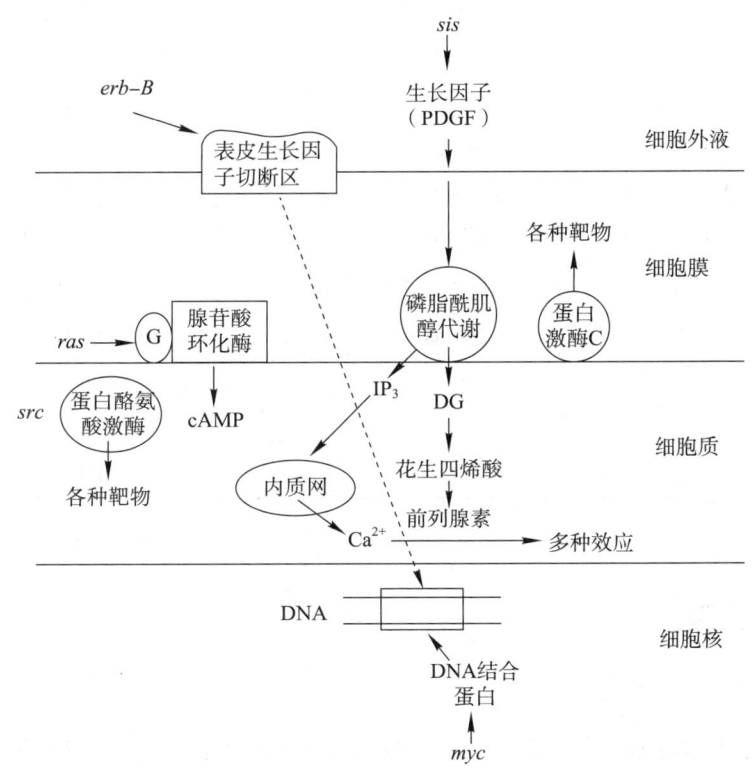

图 18-4　癌基因与生长信息传递
IP_3：三磷酸肌醇；
DG：二酰甘油

3. 细胞内信号传导体　生长信号到达胞内后，借助一系列胞内信息传递体系，将接收到的生长信号由胞内传至核内，促进细胞生长。这些传递体系成员多数是细胞癌基因的产物，或者通过这些基因产物的作用影响第二信使 cAMP、二酰甘油（DG）、Ca^{2+}、cGMP 等。作为胞内信息传递体的癌基因产物包括：非受体酪氨酸激酶（c-src，c-abl 等）、丝氨酸 / 苏氨酸激酶（c-ras，c-mas）、Ras 蛋白（H-ras，K-ras 和 N-ras 等）及磷脂酶（crk 产物）。

4. 核内转录因子　已知某些癌基因（如 *myc*、*fos* 等）表达蛋白定位于细胞核内，它们能与靶基因的调控元件结合而调节转录活性，从而起转录因子作用（图 18-3）。这些蛋白质通常在细胞受到生长因子刺激时迅速表达，促进细胞的生长与分裂过程。目前普遍认为，*c-fos* 是一种即刻早期反应基因（immediate-early gene，IEG）。在生长因子、佛波酯、神经递质等作用下，*c-fos* 能即刻、短暂表达，作为传递信息的第三信使。

由此可见，细胞癌基因及其表达产物具有广泛的生物学功能。所谓细胞癌基因，不仅与肿瘤有关，实际上它们应该是以调节细胞生长、分化为主要功能的正常基因组成分。因此，除肿瘤外，其他与生长、分化异常相关的疾病，均直接或间接与细胞癌基因的异常表达有关，如原发性高血压、动脉粥样硬化等。

癌基因表达产物有的属于生长因子或生长因子受体，有的属于胞内信息传递体抑或核内转录因子（表 18-3）。发生突变的原癌基因可能表达上述产物的变异体，从而导致细胞发生恶性转化。

表 18-3　某些癌基因表达产物的细胞定位与功能

癌基因	表达产物	
	定位	功能
sis	由细胞分泌	生长因子
erbB	质膜	生长因子受体
fms	质膜	生长因子受体
trk	质膜	生长因子受体
src	细胞质基质	酪氨酸蛋白激酶
abl	细胞质基质	酪氨酸蛋白激酶
raf	细胞质基质	丝氨酸蛋白激酶
ras	细胞质基质	GTP 结合蛋白
jun	核	转录因子
fos	核	转录因子
myc	核	DNA 结合蛋白

第二节　抑癌基因

抑癌基因是一类防止癌症发生的基因，通过抑制细胞过度生长、增殖从而遏制肿瘤形成。对于正常细胞，调控生长的基因（如细胞癌基因等）和调控抑制生长的基因（如抑癌基因等）的协调表达是调节控制细胞生长的重要分子机制之一。这两类基因相互制约，维持正、负调节信号的相对稳定。当细胞生长到一定程度时，会自动产生反馈抑制，这时抑制性基因高表达，调控生长的基因则不表达或低表达。前已述及，癌基因激活与肿瘤的形成有关。同时，抑癌基因的失活也可能导致肿瘤发生。

一、抑癌基因的发现

抑癌基因的发现是从细胞杂交实验开始的。当一个肿瘤细胞和一个正常细胞融合为一个杂交细胞时，往往不具有肿瘤的表型，甚至由两种不同肿瘤细胞形成的杂交细胞也可呈非肿瘤型。只有当这些正常亲代细胞失去某些基因后，才会形成肿瘤的子代细胞。由此人们推测，在正常细胞中可能存在一种肿瘤抑制基因，阻止杂交细胞发生肿瘤，当这种基因缺失或变异时，抑瘤功能丧失，导致肿瘤生成。而在两种不同肿瘤细胞杂交融合后，由于它们缺失的抑癌基因不同，在形成的杂交体中，各自缺失的抑癌基因发生交叉互补，所以也不会形成肿瘤。

二、常见的抑癌基因

目前已知的抑癌基因有 10 余种（表 18-4）。必须指出，最初在某种肿瘤中发现的抑癌基因，并不意味其与别的肿瘤无关；恰恰相反，在多种组织来源的肿瘤细胞中往往可检测出同一抑癌基因的突变、缺失、重排、表达异常等，这正说明抑癌基因的变异构成某些共同的致癌途径。

表 18-4　常见的抑癌基因

名称	染色体定位	相关肿瘤	编码产物及功能
TP53	17p13.1	多种肿瘤	转录因子 p53，细胞周期负调节和 DNA 损伤后凋亡
RB	13q14.2	Rb、骨肉瘤	转录因子 p105 Rb
PTEN	10q23.3	胶质瘤、膀胱癌、前列腺癌、子宫内膜癌	磷脂类信使的去磷酸化，抑制 PI3K-Akt 通路
P16	9p21	肺癌、乳腺癌、胰腺癌、食管癌、黑素瘤	p16 蛋白，细胞周期检查点负调节
P21	6p21	前列腺癌	抑制 CDK1、2、4 和 6
APC	5q22.2	结肠癌、胃癌等	G 蛋白，细胞黏附与信号转导
DCC	18q21	结肠癌	表面糖蛋白（细胞黏附分子）
NF1	7q12.2	神经纤维瘤	GTP 酶激活剂
NF2	22q12.2	神经鞘膜瘤、脑膜瘤	连接膜与细胞骨架的蛋白
VHL	3p25.3	小细胞肺癌、宫颈癌、肾癌	转录调节蛋白
WT1	11p13	肾母细胞瘤	转录因子

三、抑癌基因的作用机制

抑癌基因的失活在肿瘤发生发展中发挥重要作用，此处以 *Rb* 和 *p53* 基因为例进行介绍。

拓展学习 18-1
肿瘤发生发展的多阶段演化

（一）视网膜母细胞瘤基因（*Rb* 基因）

Rb 基因是最早发现的抑癌基因，最初发现于儿童的视网膜母细胞瘤（retinoblastoma），因此

临床聚焦 18-2
儿童视网膜母细胞瘤

称为 *Rb* 基因。在正常情况下，视网膜细胞含活性 *Rb* 基因，控制着成视网膜细胞的生长发育及视细胞的分化。一旦 *Rb* 基因丧失功能或先天性缺失，视网膜细胞则出现异常增殖，形成视网膜母细胞瘤。*Rb* 基因失活还见于骨肉瘤、小细胞肺癌、乳腺癌等许多肿瘤，说明 *Rb* 基因的抑癌作用具有一定的广泛性。

Rb 基因比较大，位于人 13 q14，含有 27 个外显子，转录 4.7 kb 的 mRNA，编码蛋白质为 p105，定位于核内，有磷酸化和非磷酸化两种形式。非磷酸化形式称活性型，能促进细胞分化，抑制细胞增殖。实验表明，将 *Rb* 基因导入视网膜母细胞瘤或成骨肉瘤细胞，结果发现这些恶性细胞的生长受到抑制。有意义的是，Rb 蛋白的磷酸化程度与细胞周期密切相关。例如，处于静止状态的淋巴细胞仅表达非磷酸化的 Rb 蛋白，在促有丝分裂剂诱导下，淋巴细胞进入 S 期，Rb 蛋白磷酸化水平增高；而终末分化的单核细胞和粒细胞仅表达高水平的非磷酸化 Rb 蛋白，说明 Rb 蛋白的磷酸化修饰作用对细胞生长、分化起着重要的调节作用。

Rb 基因对肿瘤的抑制作用与转录因子（E2F-1）有关。E2F-1 是一种激活转录作用的活性蛋白。在 G_0、G_1 期，低磷酸化型的 Rb 蛋白与 E2F-1 结合成复合物，使 E2F-1 处于非活化状态；在 S 期，Rb 蛋白被磷酸化而与 E2F-1 解离，结合状态的 E2F-1 变成游离状态，细胞立即进入增殖阶段。当 *Rb* 基因发生缺失或突变，丧失结合与抑制 E2F-1 的能力，则细胞增殖活跃，导致肿瘤发生。

（二）*p53* 基因

临床聚焦 18-3
p53 抑癌基因与案例
分析
研究进展 18-1
p53 基因与肿瘤发生
的新近研究进展

人类 *p53* 基因（即 *tp53* 基因）定位于 17p13，全长 16 ~ 20 kb，含有 11 个外显子，转录 2.8 kb 的 mRNA，编码蛋白质为 p53，是一种核内磷酸化蛋白，具有转录因子活性。*p53* 基因是迄今为止发现的与人类肿瘤相关性最高的基因。过去一直把它当成一种癌基因，直至 1989 年才知道起癌基因作用的是突变 *p53*，后来证实野生型 *p53* 是一种抑癌基因。

p53 基因表达产物 p53 蛋白由 393 个氨基酸残基构成，在体内以四聚体形式存在，半寿期为 20 ~ 30 min。按照氨基酸序列将 p53 蛋白分为三个区：

（1）核心区 位于 p53 蛋白分子中心，由 102 ~ 290 位氨基酸残基组成，在进化上高度保守，在功能上十分重要，包含有结合 DNA 的特异性氨基酸序列，也称为 DNA 结合结构域。

（2）酸性区 由 N 端 1 ~ 80 位氨基酸残基组成，含酸性氨基酸较多，易被蛋白酶水解，半寿期短与此有关。含有一些特殊的磷酸化位点，具有转录因子作用，促进基因转录，也称为转录激活结构域。

（3）碱性区 位于 C 端，由 319 ~ 393 位氨基酸残基组成，富含碱性氨基酸。p53 蛋白通过这一片段可形成四聚体，也称为寡聚结构域，且有多个磷酸化位点，为多种蛋白激酶识别。

正常情况下，细胞中 p53 蛋白含量很低，因其半寿期短，所以很难检测出来，但在生长增殖的细胞中，可升高 5 ~ 100 倍，甚至更高。

野生型 p53 蛋白在维持细胞正常生长、抑制恶性增殖中起着重要作用，因而被冠以"基因卫士"称号。*p53* 基因时刻监控着基因完整性，一旦细胞 DNA 遭到损害，p53 蛋白中的一些丝氨酸残基被磷酸化修饰而活化，活化的 p53 蛋白从细胞质迁移至细胞核内与基因的 DNA 相应部位结合，起特殊转录因子作用，如活化 *p21* 基因转录，使细胞停滞于 G_1 期；并与复制因子 A（replication factor A）相互作用，参与 DNA 的复制与修复。如果修复失败，p53 蛋白则诱导促凋亡基因 *Bax*、*FasL* 等的表达，诱导细胞凋亡，阻止有癌变倾向突变细胞的生成，从而防止细胞恶变。当 *p53* 基因发生突变后，其转录活化功能发生改变，不仅丧失了抑制肿瘤增殖的作用，而且突变本身又使该基因具备癌基因功能。突变型 p53 蛋白所调控靶基因转录失控导致肿瘤发生。

（张 巧）

复习思考题

1. 按照在细胞信号传递系统中作用的不同，简述癌基因表达产物的分类及其作用。
2. 简述细胞癌基因的特点。
3. 何谓病毒癌基因？其产生机制是什么？
4. 简述抑癌基因与肿瘤发生的关系。

网上更多······

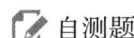 本章小结　　　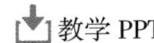 自测题　　　⬇ 教学 PPT

第十九章
血液生物化学

关键词

血浆	红细胞	白细胞	非蛋白氮
血红蛋白	清蛋白	急性时相蛋白质	胶体渗透压
2,3- 二磷酸甘油酸	血红素	ALA 合酶	卟啉病
血红蛋白病			

人体血液是在血管和心脏中循环流动的红色不透明的黏稠液体。它是生命之河。心脏泵送血液流经动脉、毛细血管及静脉，为机体每个细胞提供氧气和营养物质，带走细胞产生的二氧化碳和其他代谢废物。人体血液还承担着调节渗透压和酸碱平衡、免疫防御、凝血 / 抗凝血、细胞信息传递和调节体温等功能。血液中除了大量的水，还溶解有种类繁多的无机物和有机物（蛋白质、非蛋白质类含氮化合物、不含氮的有机物）。生理状况下，血液中化学成分的含量相对稳定，病理状况下会发生改变。因此，人体血液标本的生物化学检验对疾病的诊断和预后分析有一定帮助。血液由血浆和血细胞（红细胞、白细胞和血小板）两部分组成。血浆蛋白质与血浆胶体渗透压和 pH 的维持、物质运输、凝血 / 抗凝血和信息传递密切相关。红细胞是血液中数量最多的细胞，含有血红蛋白，承担机体氧气的运输功能。葡萄糖是红细胞的主要能源物质，主要通过糖的无氧氧化、2,3-BPG 旁路和磷酸戊糖途径进行代谢。白细胞是免疫系统的组成部分，可帮助机体对抗感染。本章主要介绍"生命之河"的化学组成、分类、细胞代谢和生理意义等。了解血液的生物化学知识有助于我们理解机体的生理和病理状况。

思维导图

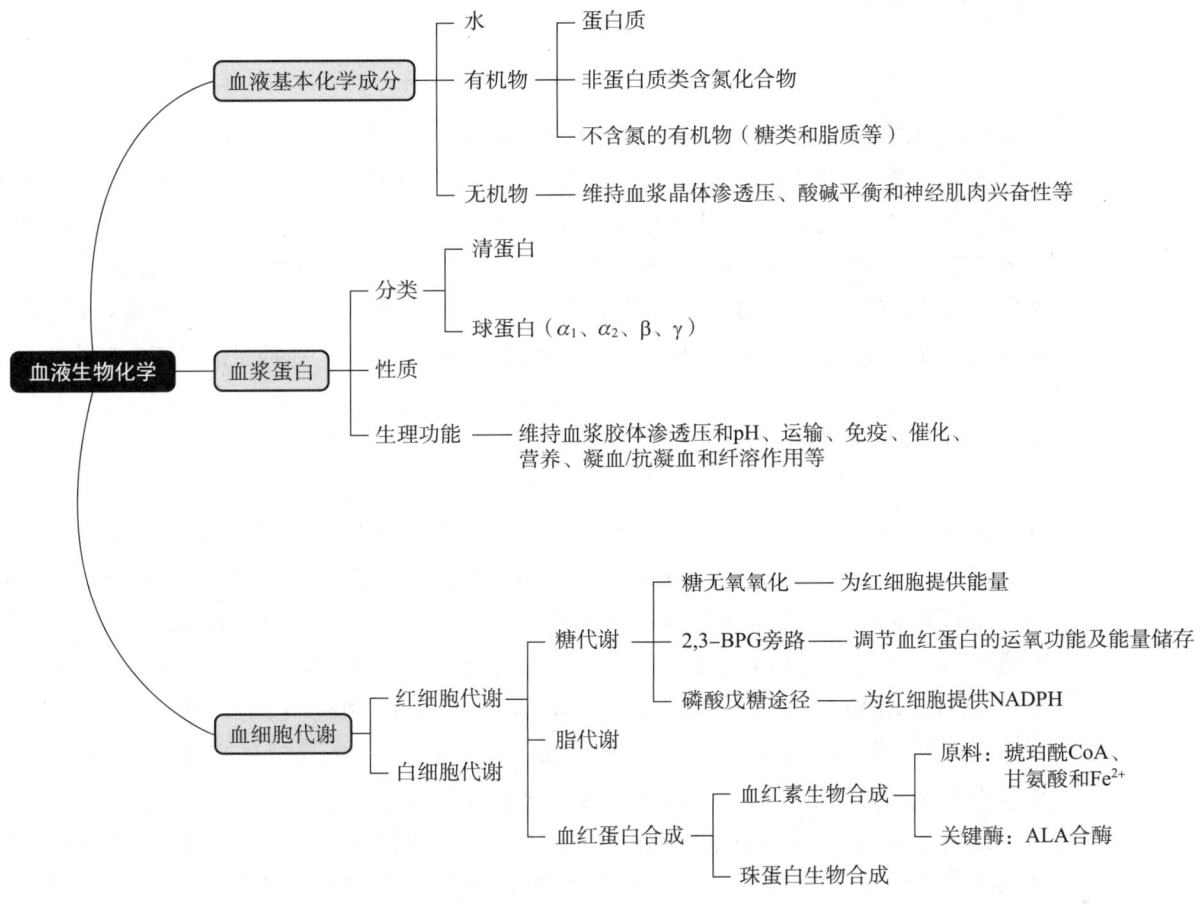

第一节　概述

ⓔ 图 19-1
红细胞／白细胞图示
拓展学习 19-1
血浆与血细胞

　　哺乳动物血液（blood）由液态的血浆（plasma）与混悬在其中的红细胞、白细胞、血小板等有形成分组成。正常人体血液总量约占体重的 8%，其中血浆约占全血体积的 55%，血细胞约占全血体积的 45%。血液的相对密度为 1.050 ~ 1.060，其大小主要取决于血液内的血细胞数和蛋白质的浓度。血液的 pH 为 7.40 ± 0.05，渗透压在 37℃时约为 770 kPa（310 mOsm/L）。血液在体外凝固之后析出的清澈、淡黄色液体为血清（serum）。若将血液加入适量的抗凝剂后离心，可使血细胞下沉，浅黄色的上清液即为血浆。血清与血浆的主要区别是血清中不含纤维蛋白原。

一、血液的基本化学成分

　　机体各器官、组织与血液之间不断进行物质交换，所以血液的化学成分非常复杂。

　　正常人体血液的含水量为 81% ~ 86%，其余为可溶性固体，此外还含有少量 O_2、CO_2 等气体。血浆含水较多，为 92%，红细胞含水较少，约 65%。血液中的固体成分可分为无机物和有机物两大类。无机物以电解质为主，主要的阳离子有 Na^+、K^+、Ca^{2+}、Mg^{2+}，主要的阴离子有 Cl^-、HCO_3^-、HPO_4^{2-} 等。这些离子在维持血浆晶体渗透压、酸碱平衡及神经肌肉的正常兴奋性等方面起着重要作用。血液中的有机物包括蛋白质、非蛋白质类含氮化合物和不含氮的有机物等。血浆中还有一些微量物质，如酶、维生素、激素等。

　　在生理情况下，血液的化学成分相对稳定，其含量仅在一定范围内波动。但在病理情况下，血液中化学成分及其含量可能会发生明显改变。因此，分析血液的化学成分，对一些疾病的预防、诊断、治疗及预后有一定帮助。血液中某些成分的含量常受食物影响，因此临床上常在饭后 8 ~ 12 h 空腹时采集血液进行分析。血液中主要化学成分及正常值参见表 19-1。

表 19-1　正常成人血液的主要化学成分

化学成分	分析材料	正常值
蛋白质		
总蛋白	血清	60 ~ 80 g/L
血红蛋白	全血	男：120 ~ 160 g/L；女：110 ~ 150 g/L
清蛋白	血清	35 ~ 55 g/L
球蛋白	血清	20 ~ 30 g/L
纤维蛋白原	血浆	2 ~ 4 g/L
非蛋白质类含氮化合物		
NPN	全血	14.3 ~ 25.0 mmol/L
尿素	血清	2.5 ~ 6.4 mmol/L
尿酸	血清	0.12 ~ 0.36 mmol/L
肌酸	血清	0.19 ~ 0.23 mmol/L

化学成分	分析材料	正常值
肌酐	血清	0.05 ~ 0.11 mmol/L
氨基酸	血清	2.6 ~ 5.0 mmol/L
氨	全血	6 ~ 35 μmol/L（那氏试剂法）
总胆红素	血清	2 ~ 17 μmol/L
不含氮的有机物		
葡萄糖	血清	3.9 ~ 5.8 mmol/L
乳酸	全血	0.6 ~ 1.8 mmol/L
三酰甘油	血清	0.23 ~ 1.24 mmol/L
总胆固醇	血清	2.8 ~ 6.0 mmol/L
磷脂	血清	1.7 ~ 3.2 mmol/L
酮体	血清	< 33 μmol/L
无机物		
Na^+	血清	135 ~ 145 mmol/L
K^+	血清	3.5 ~ 5.5 mmol/L
Ca^{2+}	血清	2.1 ~ 2.7 mmol/L
Mg^{2+}	血清	0.8 ~ 1.2 mmol/L
Cl^-	血清	100 ~ 106 mmol/L
HCO_3^-	血浆	22 ~ 27 mmol/L
无机磷	血清	1.0 ~ 1.6 mmol/L

二、血液中非蛋白质类含氮化合物

血液中的非蛋白质类含氮化合物主要有尿素、尿酸、肌酸、肌酐、氨基酸、多肽、胆红素和氨等，它们中的氮总称为非蛋白氮（non-protein nitrogen，NPN）。正常人血中 NPN 含量为 14.3 ~ 25.0 mmol/L。非蛋白质类含氮化合物主要是蛋白质和核酸代谢的终产物，由血液运输到肾排出。它们在血液中含量的变化可反映机体蛋白质、核酸的代谢情况及肾的排泄功能。当肾功能严重障碍时，可使血中 NPN 含量增高。体内蛋白质分解增加时，如消化道大出血、大手术后、烧伤及高热等，均可引起血中 NPN 含量增高。尿素是体内蛋白质代谢的最终产物，血液尿素氮约占 NPN 的 1/2，在临床上常作为判断肾排泄功能的指标。尿酸是体内嘌呤代谢的最终产物，血中尿酸升高，可见于痛风症、体内核酸分解增多疾病（如白血病、恶性肿瘤等）或肾排泄障碍。

血液中不含氮的有机物，如葡萄糖、乳酸、酮体、脂质等含量与糖代谢和脂质代谢密切相关。血浆中的脂质全部以脂蛋白的形式存在。

第二节 血浆蛋白质

血浆蛋白质（plasma protein）是血浆中各种蛋白质的总称。血浆蛋白质是血浆中含量最多的可溶性固体成分，正常含量为 60 ~ 80 g/L。在机体发生急性炎症或某种类型组织损伤等情况下，某些血浆蛋白质的表达水平增强，它们称为急性时相蛋白质（acute phase protein，APP）。如 C 反应蛋白、α_1 抗胰凝蛋白酶、结合珠蛋白等。也有表达下降的蛋白质，如清蛋白、α_1 脂蛋白等。

一、血浆蛋白质的分类与性质

（一）血浆蛋白质的分类

血浆蛋白质种类繁多，目前已知有 200 多种。通常按来源、分离方法或生理功能对血浆蛋白质进行分类。常用的分离方法包括电泳法和超速离心法等。

电泳法是根据各种血浆蛋白质分子大小和表面电荷的差别，在电场中泳动速度不同而加以分离。由于电泳的支持物不同，其分离程度差别很大。临床常采用简单快速的醋酸纤维素薄膜电泳，以 pH8.6 的巴比妥溶液为缓冲液，可将血清蛋白质分成五条区带：清蛋白 / 白蛋白（albumin）、α_1 球蛋白（globulin）、α_2 球蛋白、β 球蛋白和 γ 球蛋白（图 19-1），各部分的构成比为：清蛋白 0.54 ~ 0.61，α_1 球蛋白 0.04 ~ 0.06，α_2 球蛋白 0.07 ~ 0.09，β 球蛋白 0.10 ~ 0.13，γ 球蛋白 0.17 ~ 0.22。正常成人血浆中清蛋白含量为 35 ~ 55 g/L，球蛋白为 20 ~ 30 g/L，清蛋白 / 球蛋白（A/G）值为（1.5 ~ 2.5）:1。临床上常用 A/G 值对肝疾病与免疫相关疾病加以区分。例如，肝疾病者，肝合成清蛋白能力下降，A/G 值下降。

如用分辨率更高的电泳方法（如聚丙烯酰胺凝胶电泳或免疫电泳）则可将血浆蛋白质分为 30 多种成分。

超速离心法是根据各种蛋白质的密度不同将其分离，常用于血浆脂蛋白的分离。

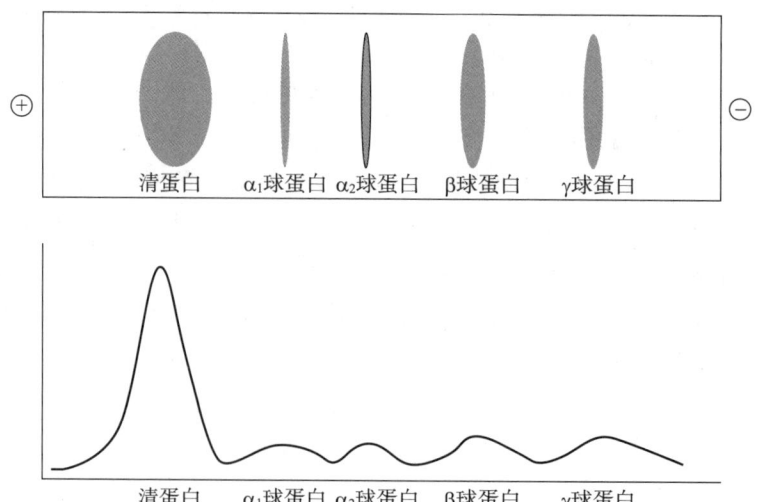

图 19-1 血清蛋白质醋酸纤维素薄膜电泳图谱

（二）血浆蛋白质的性质

1. 绝大多数血浆蛋白质在肝合成，如清蛋白、纤维蛋白原等。也有少数在肝外合成，如 γ 球蛋白在浆细胞合成。血浆蛋白质为分泌型蛋白质，其合成场所一般为内质网膜结合的核糖体。

2. 除清蛋白外，血浆蛋白质几乎均为糖蛋白，它们含有 $N-$ 或 $O-$ 糖苷键连接的寡糖链。如红细胞的 ABO 系统中血型物质 A、B 均是在 O 的糖链非还原端各加上 $N-$ 乙酰氨基半乳糖或半乳糖。这一个糖基的差别，使红细胞能识别不同的抗体。

3. 许多血浆蛋白质呈现遗传多态性。如 α_1 抗胰凝蛋白酶、结合珠蛋白、运铁蛋白、铜蓝蛋白和免疫球蛋白等均具多态性。

4. 每种血浆蛋白质均具有自己独特的半寿期。如球蛋白 $t_{1/2}$ 为 20 天，结合珠蛋白 $t_{1/2}$ 为 5 天。

研究进展 19-1
血浆蛋白质

二、血浆蛋白质的主要生理功能

（一）维持血浆胶体渗透压

维持血浆胶体渗透压（plasma colloid osmotic pressure）是血浆蛋白质的主要功能之一。血浆蛋白质等电点大多位于 5~6，在生理条件下，以负离子形式存在，电负性高，能使水分子聚集于其分子表面。血浆蛋白质能有效地维持血浆胶体渗透压，尤其清蛋白，其产生的胶体渗透压占血浆胶体总渗透压的 75%~80%。当血浆中清蛋白浓度过低时，其产生的胶体渗透压下降，导致水分在组织间隙潴留，出现水肿。此外，毛细血管通透性增加、静脉阻塞、淋巴回流受阻及由静脉压升高引起的充血性心力衰竭等都可导致组织水肿。

（二）维持血浆正常的 pH

血浆的生理 pH 在 7.4 左右，由于蛋白质的两性电离特性，血浆蛋白盐和血浆蛋白构成缓冲离子对，参与维持血浆正常的 pH。

（三）运输作用

血浆蛋白质能够承担一些物质的运输作用。如脂溶性维生素等一些脂溶性物质的运输，血浆中的清蛋白参与脂肪酸、钙离子、胆红素、磺胺等多种物质的运输，此外还有载脂蛋白、运铁蛋白、铜蓝蛋白、皮质激素传递蛋白等。一些易于随尿排出的小分子物质与血浆蛋白质结合，可防止它们从肾丢失。

（四）免疫作用

血浆中的免疫球蛋白（immunoglobulin，Ig）包括 IgG、IgA、IgM、IgD 和 IgE 等，又称抗体，是人体受到细菌、病毒或异种蛋白质等抗原刺激后，由浆细胞产生的一类具有特异性免疫作用的球状蛋白质。此外，血浆中还有一组协助抗体完成免疫功能的蛋白酶——补体，补体可对外来携带抗原的细胞（如细菌）膜蛋白进行水解，使细胞膜溶解，即所谓的杀伤作用。免疫球蛋白能识别特异性抗原，并与之结合，形成的抗原-抗体复合物可激活补体系统，产生溶菌和溶细胞现象。

（五）催化作用

血浆中有很多酶，根据来源不同可将血浆酶分成三类。

1. **血浆功能性酶** 这类酶在血浆中发挥重要的催化作用，如凝血酶系、纤溶酶、铜蓝蛋白（铁氧化酶）、脂蛋白脂肪酶、血浆前激肽释放酶、卵磷脂胆固醇酯酰基转移酶和肾素等。脂蛋白脂肪酶来自一些组织的毛细血管壁，纤溶酶原可能来自嗜酸性粒细胞，其余几乎均由肝合成后分泌入血。当肝功能下降时，这些酶在血浆中的含量即下降。

2. **外分泌酶** 此类酶来源于外分泌腺，如淀粉酶（来自唾液腺和胰腺）、脂肪酶（来自胰腺）、蛋白酶（来自胃和胰腺）和前列腺酸性磷酸酶等，只有极少量逸入血浆。当相关脏器受损时，逸入血浆的酶量增加，血浆内相关酶的活性增高，在临床上有诊断价值。

3. **细胞酶** 这类酶在细胞内催化各有关的代谢过程，当细胞更新或细胞破坏时，可有少量进入血液。因此，其在血浆中活性的升高常提示有关脏器细胞的损坏或细胞膜通透性的改变，对血浆中的这些酶活性的测定有助于有关脏器病变严重程度的诊断。如血清中谷丙转氨酶活性的升高提示肝或肌组织存在损伤。

（六）营养作用

正常成人血浆中大约有 200 g 的蛋白质，被某些细胞吞噬后，可分解生成氨基酸供细胞利用，亦可分解供能。

（七）凝血 / 抗凝血和纤溶作用

临床聚焦 19-1
血浆蛋白质异常和临床疾病

血浆中众多的凝血因子、抗凝血及纤溶物质在血液中相互作用、相互制约，保持血液循环通畅。但当血管损伤、血液流出血管时，即发生血液凝固，以防止血液更多流失。

第三节　血细胞代谢

一、红细胞的代谢

红细胞（red blood cell，erythrocyte）是血液中最主要的细胞，它是在骨髓中由造血干细胞定向分化而成的红系细胞。红系细胞发育过程中，经历原始红细胞、早幼红细胞、中幼红细胞、晚幼红细胞、网织红细胞等阶段，最后才成为成熟红细胞。在成熟过程中，红细胞发生一系列形态和代谢的改变（表 19-2）。

表 19-2　红细胞成熟过程中代谢能力的变化

代谢能力	有核红细胞	网织红细胞	成熟红细胞
分裂增殖能力	+	−	−
DNA 合成能力	+	−	−
RNA 合成能力	+	−	−
RNA 存在	+	+	−
蛋白质合成	+	+	−
脂质合成	+	+	−
三羧酸循环	+	+	−

续表

代谢能力	有核红细胞	网织红细胞	成熟红细胞
氧化磷酸化	+	+	−
糖无氧氧化	+	+	+
磷酸戊糖途径	+	+	+

注："+""−"分别表示该途径有或无。

成熟红细胞除细胞膜和细胞质基质外，无其他细胞器，因而丧失了核酸、蛋白质生物合成及有氧氧化能力，但是成熟红细胞保留了糖无氧氧化、磷酸戊糖途径及谷胱甘肽代谢系统，这些代谢反应可为红细胞提供能量，保护红细胞及保证红细胞的气体运输作用。

（一）糖代谢

血液循环中的红细胞每天大约从血浆中摄取 30 g 葡萄糖，其中 90% ~ 95% 用于糖无氧氧化和 2,3- 二磷酸甘油酸（2,3-bisphosphoglycerate，2,3-BPG）旁路进行代谢，5% ~ 10% 通过磷酸戊糖途径进行代谢。

拓展学习 19-2
2,3-BPG 对血红蛋白运氧的调节

1. 糖无氧氧化和 2,3-BPG　红细胞内存在催化糖无氧氧化所需要的全部酶和中间代谢物（表 19-3）。糖无氧氧化的基本反应和其他组织相同，糖无氧氧化是红细胞获得能量的唯一途径。每摩尔葡萄糖经酵解生成乳酸的过程中，净生成 2 mol ATP 和 2 mol NADH + H$^+$，通过这一途径可使红细胞内 ATP 的浓度维持在 1.85×10^3 mol/L 水平。

表 19-3　红细胞中糖酵解中间产物的浓度　　　　　　　单位：mmol/L

糖酵解中间产物	动脉血	静脉血	糖酵解中间产物	动脉血	静脉血
6- 磷酸葡萄糖	30.0	24.8	2- 磷酸甘油醛	5.0	1.0
6- 磷酸果糖	9.3	3.3	磷酸烯醇式丙酮酸	10.8	6.6
1,6- 二磷酸果糖	0.8	1.3	丙酮酸	87.5	143.2
磷酸丙糖	4.5	5.0	2,3- 二磷酸甘油酸	3 400	4 940
3- 磷酸甘油醛	19.2	16.5			

红细胞内 ATP 主要有以下几方面功能：

（1）维持红细胞膜上钙泵（Ca^{2+}-ATPase）的正常运行。钙泵可将红细胞内的 Ca^{2+} 泵入血浆，以维持红细胞内的低钙状态。正常情况下，红细胞膜内的 Ca^{2+} 浓度很低（约 20 μmol/L），而血浆中 Ca^{2+} 浓度为 2 ~ 3 mmol/L。血浆内的 Ca^{2+} 可经被动扩散进入红细胞。缺乏 ATP 时，钙泵不能正常运行，钙将聚集并沉积于红细胞膜，使膜失去柔韧性而变脆，红细胞流经狭窄部位时易破碎。

（2）维持红细胞膜上钠泵（Na$^+$-K$^+$-ATPase）的正常运行。Na$^+$ 和 K$^+$ 一般不易通过细胞膜，钠泵通过消耗 ATP 将 Na$^+$ 泵出、K$^+$ 泵入红细胞，以维持红细胞的离子平衡、细胞容积及双凹盘形状。

（3）维持红细胞膜上的脂质与血浆脂蛋白中的脂质进行交换。红细胞的脂质处于不断地更新中，此过程需消耗 ATP。缺乏 ATP 时，脂质更新受阻，红细胞的可塑性降低，易被破坏。

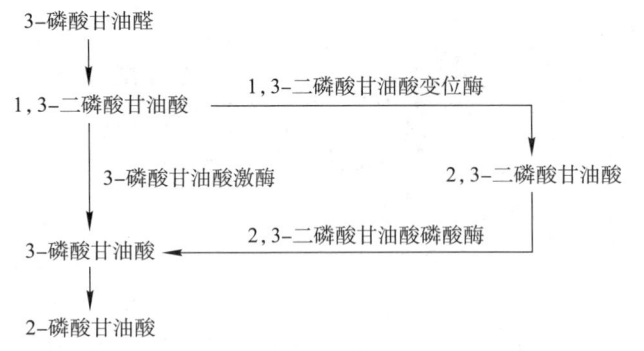

图 19-2　红细胞 2,3-二磷酸甘油酸旁路

（4）用于谷胱甘肽、NAD$^+$ 生物合成。

（5）用于葡萄糖的活化，启动糖酵解过程。

红细胞糖酵解还存在侧支循环，即 2,3-BPG 旁路。2,3-BPG 旁路是指在红细胞糖酵解途径中，部分 1,3- 二磷酸甘油酸（1,3-BPG）在二磷酸甘油酸变位酶的作用下，生成 2,3-BPG，2,3-BPG 再经 2,3-BPG 磷酸酶的作用转变为 3- 磷酸甘油酸的侧支途径（图 19-2）。

正常情况下，2,3-BPG 对二磷酸甘油酸变位酶的负反馈作用大于对 3- 磷酸甘油酸激酶的抑制作用，所以 2,3-BPG 支路仅占糖酵解的 15% ~ 50%，但由于 2,3- 二磷酸甘油酸磷酸酶的活性较低，致使 2,3-BPG 的生成大于分解，造成红细胞内 2,3-BPG 含量增多。红细胞不能储存葡萄糖，但 2,3-BPG 氧化时可生成 ATP，故 2,3-BPG 是红细胞内能量的储存形式。此外，2,3-BPG 旁路生成的 2,3-BPG 是调节血红蛋白（Hb）运氧功能的重要因素。2,3-BPG 极性很高，可与血红蛋白结合，结合部位在 Hb 分子 4 个亚基的对称中心孔穴内，2,3-BPG 电离的磷酸根离子和羧基根离子与组成孔穴侧壁的两个 β 亚基的带正电的基团生成盐键时，血红蛋白分子的 T 构象趋于稳定，降低血红蛋白与 O$_2$ 的亲和力。当血红蛋白经过氧分压较高的肺部，2,3-BPG 的影响不大，而当血液流经氧分压较低的组织时，红细胞中 2,3-BPG 的存在则显著增加 O$_2$ 的释放，以供组织需要。在氧分压相同的条件下，随 2,3-BPG 浓度增大，HbO$_2$ 释放的 O$_2$ 增多。因此，人体能通过改变红细胞内 2,3-BPG 的浓度来调节组织的供氧。

2. 磷酸戊糖途径和氧化还原系统　红细胞中有 5% ~ 10% 的葡萄糖沿磷酸戊糖途径进行分解。磷酸戊糖途径的生理意义是为红细胞提供 NADPH，用于维持谷胱甘肽还原系统和高铁血红蛋白的还原。

（1）谷胱甘肽的氧化还原　谷胱甘肽有还原型（GSH）和氧化型（GSSG）两种形式，还原型谷胱甘肽的重要功能是保护红细胞膜蛋白、血红蛋白及酶的巯基能够免受氧化剂的毒害，从而维持红细胞的正常功能。如当红细胞内生成少量 H$_2$O$_2$ 时，GSH 在谷胱甘肽过氧化物酶催化下，将 H$_2$O$_2$ 还原成 H$_2$O，而自身氧化生成氧化型谷胱甘肽（GSSG），从而阻止其他细胞成分被氧化，起到保护作用。由 NADPH 作为供氢体，GSSG 在谷胱甘肽还原酶的催化下，又重新还原成 GSH（图 19-3）。

当患者磷酸戊糖途径的关键酶，6- 磷酸葡萄糖脱氢酶缺乏时，NADPH 生成障碍，使谷胱甘肽不能维持于还原状态，因而红细胞膜蛋白得不到保护而被氧化，易发生溶血。这类患者如食用某些食物（如蚕豆）或服用某些药物（如伯氨喹啉、磺胺类及阿司匹林等），可以导致过氧化氢

人文视角 19-1
可怕的蚕豆

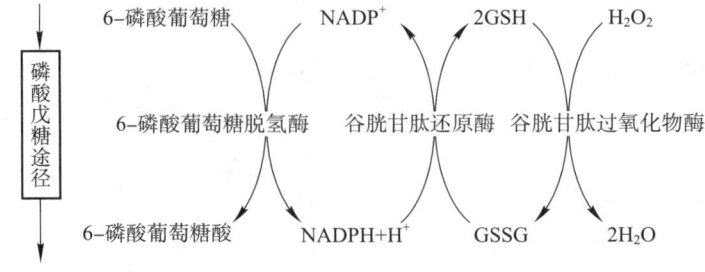

图 19-3　磷酸戊糖途径与谷胱甘肽的氧化还原

和超氧化物大量生成而引起溶血现象。

（2）高铁血红蛋白的还原 正常血红蛋白分子中的铁是 Fe^{2+}，由于各种氧化作用，可将 Fe^{2+} 氧化成 Fe^{3+}，生成高铁血红蛋白（MHb），MHb 无携氧能力，若不能及时将 MHb 还原，可发生发绀。红细胞内催化 MHb 还原的酶有 NADH-MHb 还原酶、NADPH-MHb 还原酶。此外，抗坏血酸和谷胱甘肽也能直接还原 MHb。

（二）脂质代谢

成熟红细胞的脂质几乎都存在于细胞膜。成熟红细胞已不能从头合成脂肪酸，但膜脂的不断更新却是红细胞生存的必要条件。红细胞通过主动掺入和被动交换不断地与血浆进行脂质交换，维持其正常的脂质组成、结构和功能。

（三）血红蛋白的合成

血红蛋白（hemoglobin，Hb）是红细胞中最主要的成分，其分子由 4 个珠蛋白（globin）亚基组成，每个珠蛋白亚基结合一个血红素（heme）辅基。血红素不仅是血红蛋白的辅基，也是肌红蛋白、细胞色素，过氧化物酶等的辅基。

1. 血红蛋白的合成 血液中的红细胞主要是成熟的红细胞和少量网织红细胞。成熟的红细胞既无细胞核，又无线粒体和核糖体，不能合成血红蛋白。因此，血红蛋白是在红细胞成熟之前合成的。

（1）血红素生物合成 血红素是含铁卟啉衍生物，卟啉由 4 个吡咯环组成。血红素可在体内许多细胞内合成，参与血红蛋白组成的血红素主要在骨髓的有核红细胞及网织红细胞的线粒体和细胞质基质中合成。血红素合成的主要原料有琥珀酰 CoA、甘氨酸和 Fe^{2+}，其反应步骤大致如下。

1）δ- 氨基 -γ- 酮戊酸（δ-aminolevulinic acid，ALA）的生成：在线粒体内，琥珀酰 CoA 和甘氨酸在 ALA 合酶（ALA synthase）的催化下，缩合生成 ALA。ALA 合酶是卟啉生物合成，也是血红素生物合成的关键酶，其辅酶是磷酸吡哆醛。

2）卟胆原的生成：在细胞质基质中，2 分子 ALA 在 ALA 脱水酶的催化下，脱水缩合生成 1 分子卟胆原（porphobilinogen，PBG）。ALA 脱水酶含有巯基，对铅等重金属的抑制作用十分敏感。

3）尿卟啉原Ⅲ及粪卟啉原Ⅲ的生成：在细胞质基质中，4分子卟胆原由卟胆原脱氨酶（porphobilinogen deaminase，PBGD）催化缩合生成1分子线性四吡咯，后者再由尿卟啉原Ⅲ同合酶（UPG Ⅲ cosynthase）催化生成尿卟啉原Ⅲ（UPG Ⅲ）。

UPG Ⅲ进一步经尿卟啉原Ⅲ脱羧酶催化，使其4个乙酰基（A）侧链脱羧基变为甲基（M），从而生成粪卟啉原Ⅲ（coproporphyrinogen Ⅲ，CPG Ⅲ），反应如图19-4所示。

4）血红素的生成：细胞质基质中生成的粪卟啉原Ⅲ扩散进入线粒体，经粪卟啉原Ⅲ氧化脱羧酶作用生成原卟啉原Ⅸ（protoporphyrinogen Ⅸ，PRO Ⅸ），原卟啉原Ⅸ再由原卟啉原Ⅸ氧化酶催化，使卟啉环的4个亚甲基氧化为次甲基，则转化生成原卟啉Ⅸ。随后在血红素合成酶（又称亚铁螯合酶）的催化下，原卟啉Ⅸ与Fe²⁺螯合生成血红素（图19-4）。铅等重金属对血红素合成酶有抑制作用。

生成的血红素从线粒体转运到胞质，在骨髓的有核红细胞及网织红细胞中，与珠蛋白结合成为血红蛋白。

◉图 19-2
血红素生物合成过程图示

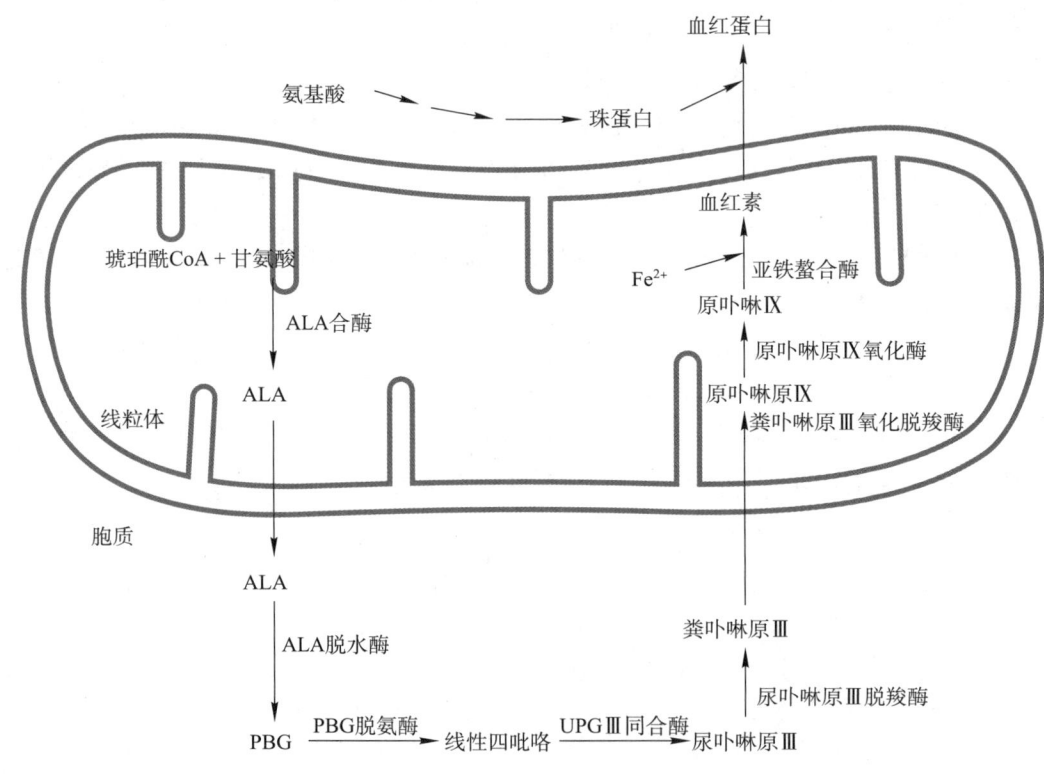

图 19-4 血红素生物合成简图

（2）血红素生物合成的调节 血红素的合成受多种因素的调节，其中最主要的调节步骤是ALA的生成。ALA合酶是血红素合成过程的关键酶，其活性受下列因素影响。

1）血红素：对ALA合酶有反馈抑制作用。正常情况下，血红素合成后迅速与珠蛋白结合形成血红蛋白，没有过多的血红素堆积。过量的血红素可以抑制ALA合酶的合成，并别构抑制ALA合酶的活性，另外还通过氧化生成高铁血红素强烈抑制ALA合酶，从而减慢血红素的生成速度。

2）促红细胞生成素（erythropoietin，EPO）：是由肾产生的一种糖蛋白，由166个氨基酸残基组成，相对分子质量为34 000。促红细胞生成素经血液循环运到骨髓等造血组织后，可诱导ALA合酶的合成，从而促进血红素的合成。当血细胞比容降低或机体缺氧时，促红细胞生成素

人文视角 19-2
吸血鬼之谜
临床聚焦 19-2
卟啉病

分泌增多，促进血红素和血红蛋白的合成，以适应机体运输氧的需要。慢性肾炎、肾功能不良患者常见的贫血现象与促红细胞生成素合成量的减少有关。

当铁卟啉合成代谢异常而导致卟啉或其中间代谢物排出增多时，称为卟啉病（porphyria），分先天性和后天性两大类。先天性卟啉病是因某种血红素合成酶系的遗传性缺陷所致；后天性卟啉病主要指铅或某些药物中毒引起的铁卟啉合成障碍，如铅中毒除可抑制 ALA 脱水酶及亚铁螯合酶外，还可抑制尿卟啉合成酶。

3）某些固醇类激素：雄激素及雌二醇等都是血红素合成的促进剂。临床上应用丙酸睾酮及其衍生物治疗再生障碍性贫血。

4）杀虫剂、致癌物及药物：这些物质可诱导 ALA 合酶的合成。原因是这些物质在肝细胞内进行生物转化时，需要细胞色素 P_{450}，它含有血红素辅基，在此情况下 ALA 合酶合成增多，可促进血红素合成，使这些物质更好地进行生物转化。

此外，铅可抑制 ALA 脱水酶及亚铁螯合酶，导致血红素生成的抑制。

拓展学习 19-3
血红蛋白合成与临床

（3）珠蛋白的合成　人珠蛋白基因有 α 族和 β 族两组，分别位于第 16 号和第 11 号染色体上。α 族和 β 族基因按在染色体上的排列顺序在个体发育的不同阶段依次表达。胚胎期合成的是 ξ 链、α 链和 ε 链，胎儿期合成的是 α 链和 γ 链，成年人合成的是 α 链和 β 链。血红素对珠蛋白的合成有促进作用，可以协调两者的生成比例。

（4）血红蛋白的合成　成年型血红蛋白分子大多由 2 条 α 链和 2 条 β 链聚合而成。α 链含 141 个氨基酸残基，β 链含 146 个氨基酸残基，两种肽链的氨基酸序列虽然相差很大，但都能卷曲成相似的球状立体结构，都有一个空隙容纳一个血红素。在珠蛋白肽链合成后，一旦容纳血红素的空隙形成，血红素立刻与之结合，并使珠蛋白折叠成其最终的立体结构，再形成稳定的 αβ 二聚体，最后两个二聚体构成有功能的 $\alpha_2\beta_2$ 四聚体——血红蛋白（图 19-5）。

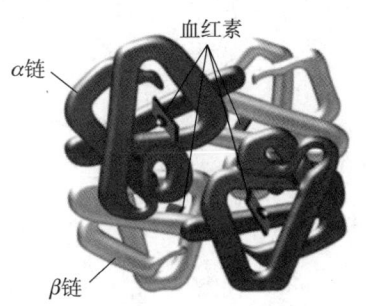

图 19-5　血红蛋白四级结构示意图

二、白细胞的代谢

人体白细胞（white blood cell, leucocyte）由粒细胞、淋巴细胞和单核巨噬细胞三大系统组成。主要功能是对外来入侵起抵抗作用，白细胞代谢与白细胞的功能相关。此处只扼要介绍粒细胞和单核巨噬细胞，淋巴细胞相关知识请参考免疫学课程。

（一）糖代谢

由于粒细胞的线粒体很少，故糖无氧氧化是主要的糖代谢途径，占 90% 左右，为细胞的吞噬作用提供能量。磷酸戊糖途径占 10% 左右，生成的 NADPH 用于抗氧化。

（二）脂质代谢

中性粒细胞不能从头合成脂肪酸。单核巨噬细胞受多种刺激因子激活后，可将花生四烯酸转变成血栓噁烷和前列腺素。在脂氧化酶的作用下，粒细胞和单核巨噬细胞可将花生四烯酸转变为白三烯，它是速发型过敏反应中产生的慢反应物质。

（三）氨基酸和蛋白质代谢

粒细胞中氨基酸浓度较高，尤其含有较高的组氨酸代谢产物——组胺，白细胞激活后，组胺释放参与变态反应。由于成熟粒细胞缺乏内质网，故蛋白质合成量很少。而单核巨噬细胞的蛋白质代谢活跃，能合成多种酶、补体和各种细胞因子。

（陈祥攀）

复习思考题

1. 简述血浆蛋白质的功能。

2. 红细胞糖代谢有何特点？

3. 简述血红素生物合成的主要调节。

网上更多……

本章小结   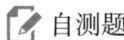自测题   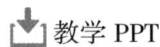教学 PPT

第二十章

肝胆生物化学

关键词

生物转化	单加氧酶	胆汁	初级胆汁酸
次级胆汁酸	肠肝循环	胆固醇 7α- 羟化酶	胆色素
胆红素	胆绿素	胆素	直接胆红素
间接胆红素	黄疸	肝细胞性黄疸	溶血性黄疸
阻塞性黄疸			

　　肝是人体内脏中最大的器官，位于人体的腹部位置，在右侧横膈膜之下，位于胆囊之前端且于右边肾的前方，胃的上方。成人肝组织质量约 1 500 g，占体重的 2.5%，是人体最大的腺体。在医学用字上，常以拉丁语字首 hepato 或 hepatic 来描述肝。肝是新陈代谢的重要器官，还有解毒、造血和凝血作用。因此，肝在人体生命活动中占有十分重要的地位，在消化、吸收、排泄、生物转化及各类物质的代谢中均起着重要的作用，被誉为"物质代谢中枢"。本章从生物化学的角度对肝、胆相关功能进行阐述。

思维导图

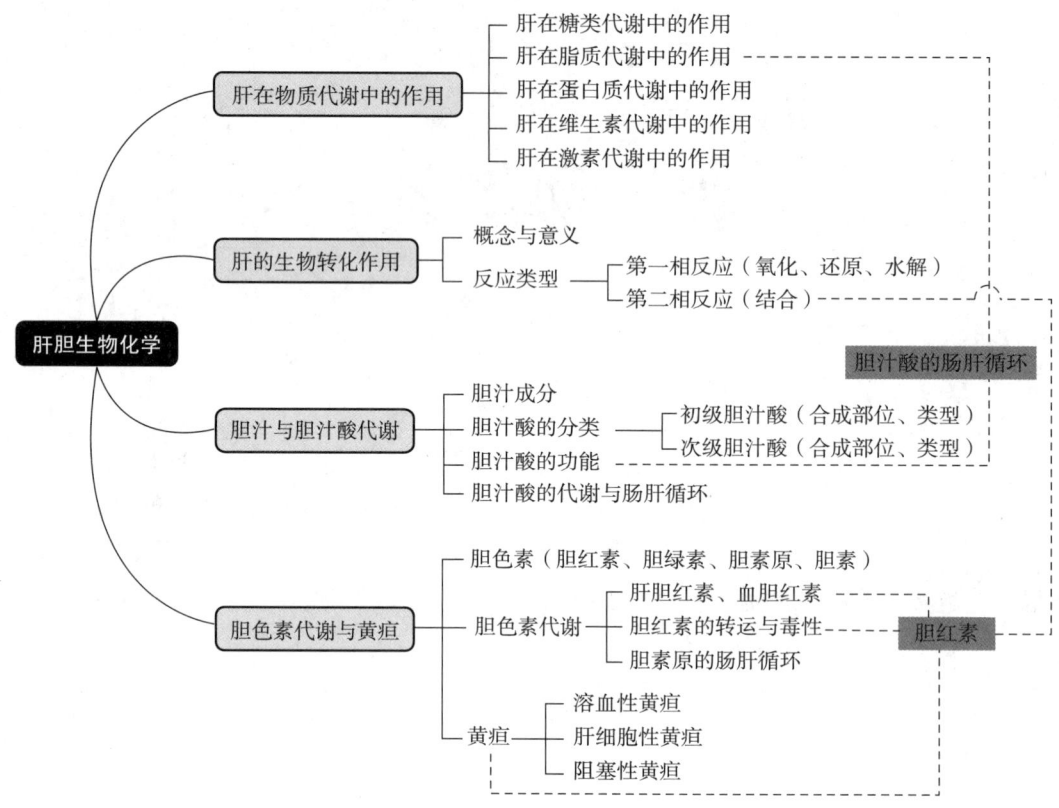

肝不仅具有肝动脉和门静脉双重血液供应，也有肝静脉和胆道两条输出通路，同时，肝还有丰富的血窦，这些都为肝细胞与身体其他各部分之间的物质交换提供了良好的条件。这种畅通的运输网，使肝成为物质代谢的重要场所。

肝细胞本身有丰富的线粒体，可保证各种活跃的代谢活动及充足的能量供应；有丰富的内质网、高尔基复合体和大量的核糖体，它们不但是肝细胞合成蛋白质的部位，也是生物转化的主要场所；还含有丰富的溶酶体及过氧化物酶体等，所含酶系种类多，仅存在于肝细胞中，如尿素合成酶系等，因此有人将肝比喻为体内的"化工厂"。

研究进展 20-1
人体"化工厂"的存在

总之，肝由于其畅通的运输通路和独特的形态学结构及化学组成，使其代谢极为活跃，不仅在糖类、脂质、蛋白质、维生素和激素等代谢方面与全身各组织器官密切相关，还具有分泌、排泄和生物转化等重要功能。

第一节 肝在物质代谢中的作用

一、肝在糖代谢中的作用

肝是调节血糖浓度的主要器官。当饭后血糖浓度升高时，肝利用血糖合成糖原（肝糖原约占肝重的 5%）。过多的糖类则可在肝转变为脂肪，以及加速磷酸戊糖途径等，从而降低血糖，维持血糖浓度的恒定。相反，当血糖浓度降低时，肝糖原分解及糖异生作用加强，生成葡萄糖送入血中，调节血糖浓度，使之不致过低。因此，严重肝病时，易出现空腹血糖降低，主要由于肝糖原储存减少及糖异生作用障碍的缘故。临床上，可通过糖耐量试验（主要是半乳糖耐量试验）及测定血中乳酸含量来观察肝糖原生成及糖异生是否正常。

拓展学习 20-1
肝在物质代谢中的作用

肝和脂肪组织是人体内糖转变成脂肪的两个主要场所。肝内糖氧化分解主要不是供给肝能量，而是由糖转变为脂肪。所合成的脂肪不在肝内储存，而是与肝细胞内磷脂、胆固醇及蛋白质等形成脂蛋白，并以 VLDL 形式进入血中，送到其他组织中利用或储存。

肝也是糖异生的主要器官，可将甘油、乳酸及生糖氨基酸等转化为葡萄糖。在剧烈运动及饥饿时尤为显著，肝还能将果糖及半乳糖转化为葡萄糖，亦可作为血糖的补充来源。

糖类在肝内的生理功能主要是保证肝细胞内核酸和蛋白质代谢，促进肝细胞的再生及肝功能的恢复。① 通过磷酸戊糖途径生成磷酸戊糖，用于核苷酸的合成；② 加强糖原生成作用，从而减弱糖异生作用，避免氨基酸的过多消耗，保证有足够的氨基酸用于合成蛋白质或其他含氮生理活性物质。

肝细胞中葡萄糖经磷酸戊糖途径，为脂肪酸及胆固醇合成提供所必需的 NADPH。通过糖醛酸代谢生成 UDPGA，参与肝生物转化作用。

二、肝在脂质代谢中的作用

肝在脂质的消化、吸收、分解、合成及运输等代谢过程中均起重要作用。

肝所分泌的胆汁中含有胆汁酸盐，是一种界面活性物质，可乳化脂质、促进脂质的吸收。

肝是氧化分解脂肪酸的主要场所，也是人体内生成酮体的主要场所。肝中活跃的 β- 氧化过程，释放出较多能量，以供肝自身需要。生成的酮体不能在肝氧化利用，而经血液运输到其他组织（脑、心、肾、骨骼肌等）氧化利用，作为这些组织良好的供能原料。

肝也是合成脂肪酸和脂肪的主要场所，还是人体中合成胆固醇最旺盛的器官。肝合成的胆固醇占全身合成胆固醇总量的 80% 以上，是血浆胆固醇的主要来源。此外，肝还合成并分泌卵磷脂 – 胆固醇酯酰转移酶（LCAT），促使胆固醇酯化。当肝严重损伤时，不仅胆固醇合成减少，血浆胆固醇酯的降低往往出现更早和更明显。

肝还是合成磷脂的重要器官。肝内磷脂的合成与三酰甘油的合成及转运有密切关系。磷脂合成障碍将会导致三酰甘油在肝内堆积，形成脂肪肝（fatty liver）。

三、肝在蛋白质代谢中的作用

肝内蛋白质的代谢极为活跃，其半寿期为 10 天，而肌肉蛋白质半寿期则为 180 天，可见肝内蛋白质的更新速度较快。肝除合成自身所需蛋白质外，还合成多种分泌蛋白质。如血浆蛋白质中，除 γ 球蛋白外，清蛋白、凝血酶原、纤维蛋白原及血浆脂蛋白所含的多种载脂蛋白（apoA，apoB，apoC，apoE）等均在肝合成。故肝功能严重损害时，常出现水肿及血液凝固功能障碍。

肝合成清蛋白的能力很强。成人肝每日约合成 12 g 清蛋白，占肝合成蛋白质总量的四分之一。清蛋白在肝内合成，其半寿期为 10 天，由于血浆中含量多而相对分子质量小，在维持血浆胶体渗透压中起着重要作用。胚胎期肝能够合成甲胎蛋白（α-fetoprotein），胎儿出生后其合成受到抑制，正常人血浆中很难检出。肝癌时，癌细胞中甲胎蛋白基因失去阻遏，血浆中可能再次检出此种蛋白，对肝癌的诊断有一定意义。

肝在血浆蛋白质分解代谢中亦起重要作用。肝细胞表面有特异性受体可识别某些血浆蛋白质（如铜蓝蛋白、α_1 抗胰蛋白酶等），血浆蛋白质经胞饮作用被吞入肝细胞，被溶酶体水解酶降解。而蛋白所含氨基酸可在肝进行转氨基、脱氨基及脱羧基等反应进一步分解。肝中有关氨基酸分解代谢的酶含量丰富，体内大部分氨基酸，除支链氨基酸在肌肉中分解外，其余氨基酸特别是芳香族氨基酸主要在肝分解。所以当肝功能障碍时，会引起血中多种氨基酸含量升高，甚至从尿中丢失，严重肝病时，血浆中支链氨基酸与芳香族氨基酸的比值下降。肝的转氨酶含量高，特别是丙氨酸氨基转移酶的活性显著高于其他组织，故肝细胞损伤（如急性肝炎）时，往往因为大量细胞内酶逸出，而引起血浆丙氨酸氨基转移酶活性异常增高，所以血清转氨酶活性的测定有助于肝病的诊断。

在蛋白质代谢中，肝还具有一个极为重要的功能，即将氨基酸代谢产生的有毒的氨通过鸟氨酸循环合成尿素以解氨毒。鸟氨酸循环不仅解除氨的毒性，而且由于尿素合成中消耗了产生呼吸性 H^+ 的 CO_2，故在维持机体酸碱平衡中具有重要作用。体内鸟氨酸循环有关的酶主要存在于肝细胞内，而且活性极强，所以肝细胞损伤时血中鸟氨酸循环有关的酶，如鸟氨酸氨基甲酰转移酶和精氨酸代琥珀酸裂解酶的活性都可增高，测定这些酶在血清中的活性也有助于肝病的诊断。当肝功能严重损害时，由于合成尿素的能力降低，可以使血氨浓度增高，这和肝性脑病（肝昏迷）的发生常有一定关系。

肝也是胺类物质解毒的重要器官，肠道细菌作用于氨基酸产生的芳香胺类等有毒物质，被吸收入血，主要在肝细胞中进行转化以减少其毒性。当肝功能不全或门体侧支循环形成时，这些芳香胺可不经处理进入神经组织，发生 β- 羟化生成苯乙醇胺和 β- 羟酪胺。它们的结构类似于儿茶酚胺类神经递质，并能抑制后者的功能，属于"假神经递质"，与肝性脑病的发生有一定关系。

四、肝在维生素代谢中的作用

肝在维生素的储存、吸收、运输、转化等方面具有重要作用。肝是体内含维生素较多的器官。某些维生素，如维生素 A、维生素 D、维生素 K、维生素 B_2、维生素 PP、维生素 B_6、维生素 B_{12} 等在体内主要储存于肝，肝中维生素 A 的含量占体内总量的 95%。因此，维生素 A 缺乏形成夜盲症时，食用动物肝有较好疗效。

肝合成和分泌的胆汁酸盐可协助脂溶性维生素的吸收。所以肝胆系统疾病，可伴有维生素的吸收障碍。例如，严重肝病时，维生素 B_1 的磷酸化作用受影响，从而引起有关代谢的紊乱；由于维生素 K 及维生素 A 的吸收、储存与代谢障碍而表现出出血倾向及夜盲症。

肝直接参与多种维生素的代谢转化。如将 β- 胡萝卜素转变为维生素 A。多种维生素在肝中参与合成辅酶。例如，尼克酰胺（维生素 PP）合成 NAD^+ 及 $NADP^+$，泛酸合成辅酶 A，维生素 B_6 合成磷酸吡哆醛，维生素 B_2 合成 FAD，以及维生素 B_1 合成 TPP 等，对机体内的物质代谢起着重要作用。

肝几乎不储存维生素 D，但可催化维生素 D 在 C_{25} 位上的羟化，且具有合成维生素 D 结合蛋白的能力，血浆中 85% 的维生素 D 代谢物是与维生素 D 结合蛋白相结合运输的。肝病时，维生素 D 结合蛋白合成减少，可造成血浆总维生素 D 代谢物水平降低。

五、肝在激素代谢中的作用

许多激素在发挥其调节作用后，主要在肝内被分解转化，从而降低或失去其活性。此过程称激素的灭活（inactivation）。灭活过程对于激素的功能发挥具有调节作用。

肝细胞膜有某些水溶性激素（如胰岛素、去甲肾上腺素）的受体。此类激素与受体结合而发挥调节作用，同时自身则通过肝细胞内吞作用进入细胞内。而游离态的脂溶性激素则通过扩散作用进入肝细胞。一些激素（如雌激素、醛固酮）可在肝内与葡萄糖醛酸或活性硫酸等结合而灭活。垂体后叶分泌的抗利尿激素亦可在肝内被水解而"灭活"。因此肝病时由于对激素"灭活"功能降低，使体内雌激素、醛固酮、抗利尿激素等水平升高，可出现男性乳房发育、肝掌、蜘蛛痣及水钠潴留等现象。

临床聚焦 20-1
肝功能检验与临床

许多蛋白质及多肽类激素也主要在肝内"灭活"。如胰岛素的灭活。严重肝病时，此类激素的灭活减弱，于是血中胰岛素含量增高。

第二节　肝的生物转化作用

一、生物转化概述

（一）生物转化的概念

机体将一些内源性或外源性非营养物质进行化学转变，增加其极性（或水溶性），使其易随胆汁或尿液排出，这种体内变化过程称为生物转化（biotransformation）。肝是生物转化作用的主要器官，在肝细胞微粒体、细胞质基质、线粒体等部位均存在有关生物转化的酶类。其他组织如肾、胃肠道、肺、皮肤及胎盘等也可进行一定的生物转化，但以肝最为重要，其生物转化功能最强。

体内需进行生物转化的非营养性物质可按来源分为内源性和外源性两大类。内源性物质包括激素、神经递质及其他胺类等具有强烈生物学活性的物质，以及氨和胆红素等对机体有毒性的物质。外源性物质包括食品添加剂、色素、药物、误食的毒物及蛋白质在肠道的腐败产物（如胺类物质）等。

（二）生物转化的生理意义

人文视角 20-1
生物转化的生理意义

肝的生物转化的生理意义在于它对体内非营养物质的改造，使其生物学活性降低或丧失，或使有毒物质降低或失去其毒性。更重要的是生物转化可使物质的溶解度增高，促使它们从胆汁或尿液中排出体外。应该指出的是，有些物质经肝的生物转化后，其毒性反而增加；有些物质经过肝的生物转化，溶解度反而降低，不易排出体外。有的药物如环磷酰胺、水合氯醛、硫唑嘌呤和大黄等需经生物转化才能成为有活性的药物。所以，不能将肝的生物转化作用简单地看做"解毒作用"。

二、生物转化反应的主要类型

肝的生物转化的主要方式分为氧化（oxidation）、还原（reduction）、水解（hydrolysis）与结合（conjugation）四种。通常将它们归纳为两相：第一相反应包括氧化、还原及水解反应，通过第一相反应，使被转化物质的理化性质及生物学活性发生改变；但有些物质还需进一步与葡萄糖醛酸、硫酸等极性更强的物质结合，以增加溶解度，这些结合反应就属于第二相反应。

（一）第一相反应——氧化反应、还原反应、水解反应

1. 氧化反应　这是一类最常见的生物转化反应，由肝细胞内多种氧化酶系所催化。

（1）微粒体氧化酶系　生物转化的氧化反应中最重要。它以存在于微粒体中的细胞色素 P_{450} 为传递体，这类酶催化多种脂溶性物质接受分子氧中的一个氧原子，生成羟基化合物、环氧化合物等。这类含氧化合物很不稳定，可进一步经过分子重排、断裂或其他反应而形成不同产物。这类酶系称单加氧酶系（monooxygenase）。单加氧酶系催化的基本反应可以下式表示：

$$RH + NADPH + H^+ + O_2 \xrightarrow{\text{单加氧酶}} NADP^+ + H_2O + ROH$$
作用物　　　　　　　　　　　　　　　　　　　　　氧化产物

例如，苯胺可在氮原子上加氧生成毒性更强的苯胲，后者可进一步经分子重排而生成对氨基苯酚。

苯胺　　　羟化　　　苯胲　　　分子重排　　　对氨基苯酚

芳烃加氧后可生成不稳定的环氧化合物，进一步经分子重排而转变为酚类化合物，也可以加水形成二氢二醇类化合物，还可以和谷胱甘肽形成结合物。多种芳烃的环氧化合物是致癌物质，可与 DNA 发生共价结合，引起基因突变而发生癌变。若环氧化合物分子重排而形成酚类，即丧

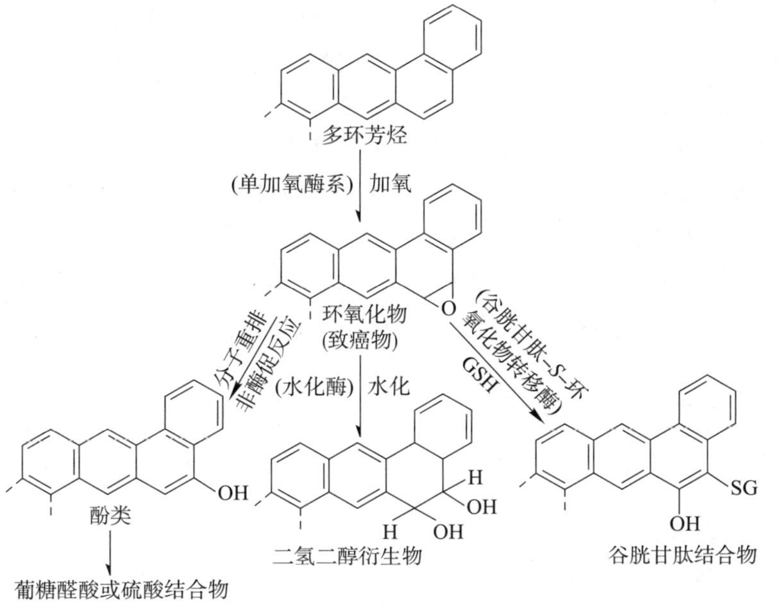

图 20-1　多环芳烃的生物转化过程

失致癌活性，并进一步与葡糖醛酸或硫酸结合而排出（图 20-1）。环氧化合物的水化产物二氢二醇类化合物本身虽已丧失致癌活性，但也可能进一步加氧形成新的致癌环氧化合物，所以还具有一定致癌活性。这个例子说明生物转化过程并非都能解除毒性或消除致癌活性，有时反而将无活性的物质转变为有毒的或致癌的物质。

单加氧酶系重要的生理意义在于参与药物和毒物的转化。其羟化作用不仅增加作用物的水溶性有利排泄，而且参与体内许多代谢过程，如维生素 D_3 的活化（羟化）、胆汁酸及类固醇激素合成过程中所需的羟化等。单加氧酶系的特点之一是酶可被诱导生成。长期服用苯巴比妥类安眠药的患者，会产生耐药性。又如，口服避孕药的妇女，如果同时服用利福平，由于利福平是细胞色素 P_{450} 的诱导剂，可使其氧化作用增强，加速避孕药的排出，降低避孕药的效果。

（2）线粒体单胺氧化酶系　单胺氧化酶系（monoamine oxidase，MAO）是另一类重要的生物转化氧化酶类，它是存在于线粒体的一类黄素蛋白，能催化胺类的氧化脱氨基反应，生成相应的醛类，后者可进一步受细胞质基质中的醛脱氢酶的催化，脱氢而氧化成羧酸。肠道细菌作用于蛋白质、肽类和氨基酸，可产生多种氨基酸的脱羧产物——胺类物质，如组胺、酪胺、尸胺和腐胺等，它们主要由肠壁细胞和肝细胞以上述氧化脱氨方式进行处理，丧失生物活性。

$$RCH_2NH_2 + O_2 + H_2O \xrightarrow{\text{单胺氧化酶}} RCHO + NH_3 + H_2O_2$$

（3）细胞质基质中的脱氢酶系　细胞质基质中含有以 NAD^+ 为辅酶的醇脱氢酶（alcohol dehydrogenase，ADH）和醛脱氢酶（aldehyde dehydrogenase，ALDH），分别使醇或醛脱氢，氧化生成相应的醛或酸类。例如：

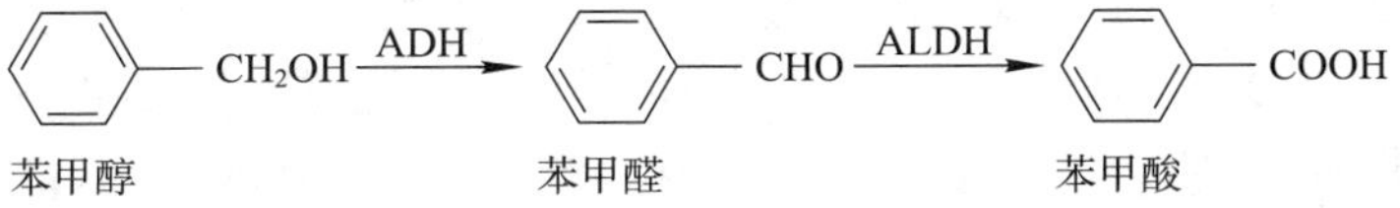

反应中生成的苯甲酸溶解度低，要进一步和甘氨酸结合形成马尿酸，然后才随尿排出。

生活中人们都知道大量饮酒会损伤肝。这是因为乙醇被吸收后 90%～98% 在肝代谢，而人类血中乙醇的清除率为 100～200 mg/（h·kg 体重）。70 kg 体重的成人每小时可代谢 7～14 g 乙醇，超量摄入的乙醇，除经 ADH 氧化外，还可诱导微粒体乙醇氧化系统（microsomal ethanol oxidizing system，MEOS）。MEOS 是乙醇 $-P_{450}$ 单加氧酶，其催化的产物是乙醛。只有血液中乙醇浓度很高时，此系统才显示出催化作用。乙醇的持续摄入或慢性乙醇中毒时，MEOS 活性可诱导增加 50%～100%，代谢乙醇总量的 50%。值得注意的是，乙醇诱导 MEOS 活性不但不能使乙醇氧化产生 ATP，还可增加氧和 NADPH 的消耗，使肝内能量耗竭，造成肝损伤。

临床聚焦 20-2
酒精在体内的作用

2. 还原反应　肝细胞微粒体中存在着由 NADPH 及还原型细胞色素 P_{450} 供氢的还原酶，主要有硝基还原酶类和偶氮还原酶类，均为黄素蛋白酶类。还原的产物为胺。如硝基苯在硝基还原酶催化下加氢还原生成苯胺，偶氮苯在偶氮还原酶催化下还原生成苯胺。

3. 水解反应　肝细胞微粒体及细胞质基质中含有许多水解酶类，如酯酶、酰胺酶及糖苷酶等，可催化不同类型物质（如脂质、酰胺类及糖苷类化合物）的水解反应。许多物质经水解后即丧失或减弱其生物活性，通常还要进一步经转化反应（特别是结合反应）才排出体外。人肝中水解酶类可催化乙酰苯胺、普鲁卡因、利多卡因及简单的脂肪族酯类的水解。例如，进入人体的乙酰水杨酸（阿司匹林）首先经水解反应转化为水杨酸，然后进一步通过多种不同途径处理。

（二）第二相反应——结合反应

结合反应是体内最重要的生物转化方式。凡含有羟基、羧基或氨基等功能基团的药物、毒物或激素均可在肝细胞内与某种物质结合，从而遮盖其功能基团，增强其极性，使之失去生物学活性，增强溶解度。参加结合反应的物质有葡糖醛酸、硫酸、谷胱甘肽、甘氨酸、乙酰辅酶 A 及甲硫氨酸等。其中，葡糖醛酸、硫酸和酰基结合反应最为重要，尤其葡糖醛酸的结合反应最为普遍。

1. 葡糖醛酸结合　是最为重要和普遍的结合方式。尿苷二磷酸葡萄糖醛酸（UDPGA）为葡糖醛酸的活性供体。肝细胞微粒体中有 UDP- 葡糖醛酸转移酶，能将葡糖醛酸基转移到毒物或其他活性物质的活性基团上（如含醇、酚、硫酚、胺及羧基等化合物），形成葡糖醛酸苷。结合后其毒性降低，且易排出体外。胆红素、类固醇激素、吗啡、苯巴比妥类药物等均可在肝与葡糖醛酸结合而进行生物转化。临床上，用葡糖醛酸类制剂治疗肝病，其原理即增强肝的生物转化功能。

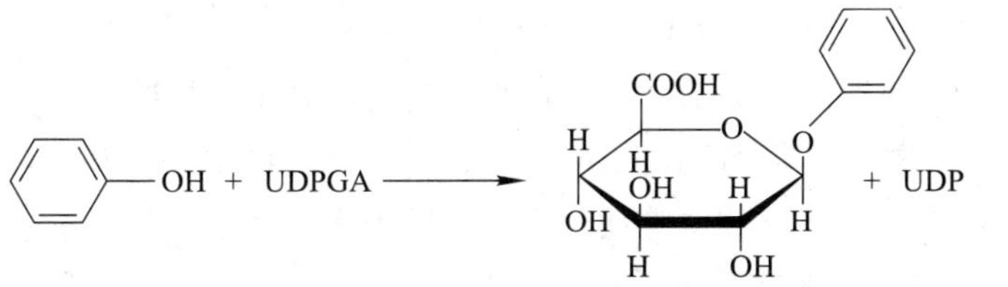

苯酚 + UDPGA → 苯-β-葡糖醛酸苷 + UDP

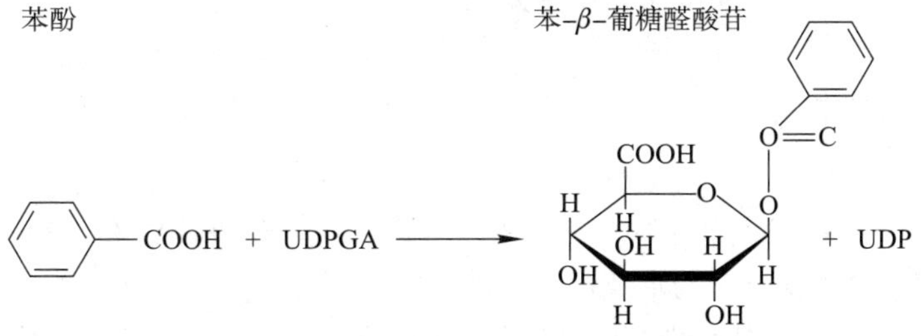

苯甲酸 + UDPGA → 苯甲酰-β-葡糖醛酸苷 + UDP

2. 硫酸结合　这也是一种常见的结合方式。以 3′- 磷酸腺苷 5′- 磷酸硫酸（PAPS）为活性硫酸供体，在肝细胞基质中有硫酸基转移酶（sulfotransferase，SULT），能催化将 PAPS 中的硫酸根转移到类固醇、酚类的羟基上，生成硫酸酯类化合物。如雌酮在肝内与硫酸结合形成雌酮硫酸酯而失活。

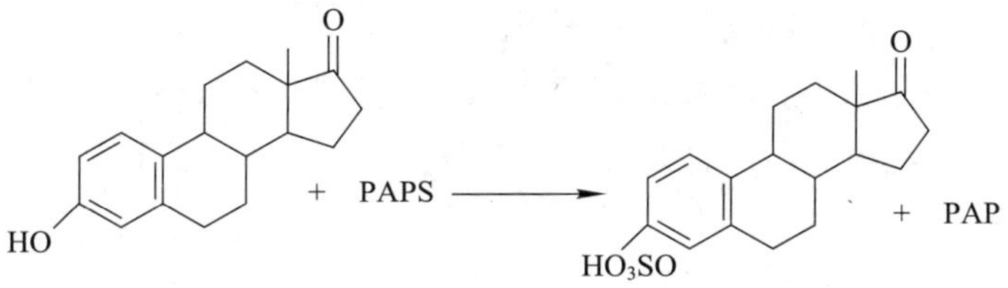

雌酮 + PAPS → 雌酮硫酸酯 + PAP

3. 酰基结合　肝细胞的胞质中含有活泼的乙酰转移酶，可催化乙酰辅酶 A 将乙酰基转移给芳胺化合物。例如，磺胺类药物在肝内大部分就是以这种方式丧失其抑菌功能，并从尿中排出的。

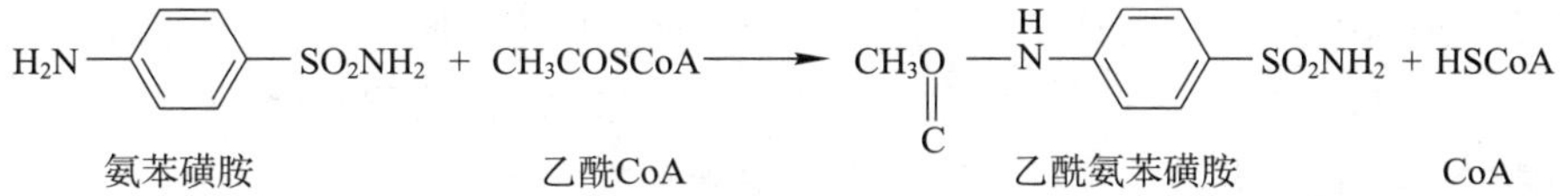

氨苯磺胺 + 乙酰CoA → 乙酰氨苯磺胺 + CoA

4. 甲基结合　肝细胞的胞质及微粒体中还含有多种转甲基酶，可将甲基从 $S-$ 腺苷甲硫氨酸（SAM）转移到被结合物的羟基、巯基或氨基上，生成相应的甲基衍生物。例如，尼克酰胺可甲基化生成 $N-$ 甲基尼克酰胺。大量服用尼克酰胺时，由于消耗甲基，引起胆碱和卵磷脂合成障碍而成为导致脂肪肝的因素。

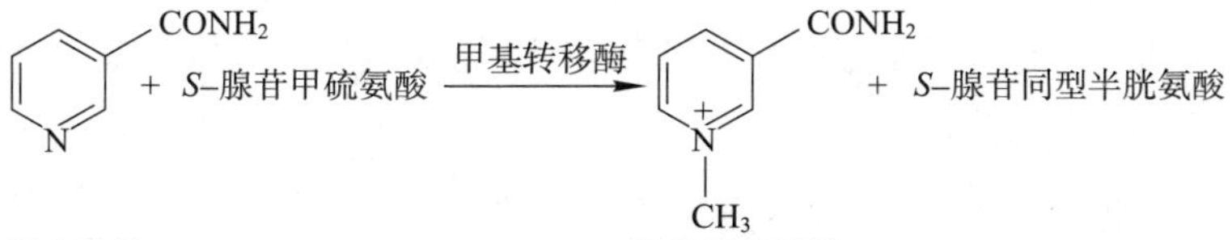

尼克酰胺 + $S-$腺苷甲硫氨酸 —甲基转移酶→ $N-$甲基尼克酰胺 + $S-$腺苷同型半胱氨酸

5. 谷胱甘肽结合　谷胱甘肽（GSH）在肝细胞的胞质中谷胱甘肽转移酶催化下，可与许多卤代化合物和环氧化合物结合，生成含 GSH 的结合产物。前面介绍的多环芳烃的生物转化过程中就含此结合反应。

6. 甘氨酸结合 　甘氨酸在肝细胞线粒体酰基转移酶的催化下，可与含羧基的外来化合物结合。下一节将介绍的游离型胆汁酸向结合型胆汁酸的转变即属于此类反应。

由上可见，肝的生物转化作用范围是很广的。很多有毒的物质进入人体后迅速集中在肝进行解毒。然而另一方面，正是由于这些有害物质容易在肝聚集，如果毒物的量过多，也容易使肝本身中毒。因此，对肝病患者，要限制服用主要在肝内解毒的药物，以免中毒。

三、影响生物转化的因素

生物转化作用受年龄、性别、营养、遗传、肝疾病及药物等体内外各种因素的影响。例如，新生儿生物转化酶发育不全，对药物及毒物的转化能力不足，易发生药物及毒素中毒等。老年人因器官退化，对氨基比林、保泰松等的药物转化能力降低，用药后药效较强，副作用较大。此外，某些药物或毒物可诱导转化酶的合成，使肝的生物转化能力增强，称为药物代谢酶的诱导。例如，长期服用苯巴比妥，可诱导肝微粒体单加氧酶系的合成，从而使机体对苯巴比妥类催眠药产生耐药性。同时，由于单加氧酶特异性较差，可利用诱导作用增强药物代谢和解毒，如用苯巴比妥治疗地高辛中毒。苯巴比妥还可诱导肝微粒体 UDP- 葡糖醛酸转移酶的合成，故临床上用来治疗新生儿黄疸。另一方面由于多种物质在体内转化代谢常由同一酶系催化，同时服用多种药物时，可出现竞争同一酶系而相互抑制其生物转化作用。

肝实质性病变时，微粒体中单加氧酶系和 UDP- 葡糖醛酸转移酶活性显著降低，加上肝血流量的减少，患者对许多药物及毒物的摄取、转化发生障碍，易积蓄中毒，故肝病患者用药要特别慎重。

第三节　胆汁与胆汁酸代谢

拓展学习 20-2
生物转化与疾病

肝细胞分泌的胆汁具有双重功能：一是作为消化液，促进脂质的消化和吸收；二是作为排泄液，将体内某些代谢产物（胆红素、胆固醇）及经肝生物转化的非营养物排入肠腔，随粪便排出体外。胆汁酸是胆汁的主要成分，具有重要生理功能。

一、胆汁

胆汁（bile）是肝细胞分泌的液体，储存于胆囊，经胆总管流入十二指肠。正常人每天分泌量为 300 ~ 700 mL。胆汁呈黄褐色或金黄色，有苦味，相对密度在 1.009 ~ 1.032。从肝初分泌出来的胆汁称为肝胆汁，相对密度较低；进入胆囊后因水分和其他一些成分被胆囊壁吸收而逐渐浓缩，相对密度增高，称为胆囊胆汁。

胆汁的主要有机成分是胆汁酸盐（bile salts）、胆色素、磷脂、脂肪、黏蛋白、胆固醇及多种酶类。其中，胆汁酸盐的含量最高，其余成分中除脂肪酶、磷脂酶、淀粉酶及磷酸酶等和消化作用有关外，多属排泄物，进入机体的药物、毒物、染料及重金属盐等都可随胆汁排出。

二、胆汁酸的分类与结构

　　胆汁酸是体内一大类胆烷酸的总称。正常人胆汁中的胆汁酸（bile acid）按结构可分为两大类：一类为游离型胆汁酸，包括胆酸（cholic acid）、脱氧胆酸（deoxycholic acid）、鹅脱氧胆酸（chenodeoxycholic acid）和少量的石胆酸（lithocholic acid）。另一类是上述游离胆汁酸与甘氨酸或牛磺酸结合的产物，称为结合型胆汁酸，主要包括甘氨胆酸、甘氨鹅脱氧胆酸、牛磺胆酸及牛磺鹅脱氧胆酸等。一般结合型胆汁酸水溶性较游离型大，pK 值降低，这种结合使胆汁酸盐更稳定，在酸或 Ca^{2+} 存在时不易沉淀出来。

　　胆汁酸从来源上分类可分为初级胆汁酸和次级胆汁酸。肝细胞内，以胆固醇为原料直接合成的胆汁酸称为初级胆汁酸（primary bile acid），包括胆酸和鹅脱氧胆酸。初级胆汁酸在肠道中受细菌作用，进行 7α- 脱羟作用生成的胆汁酸，称为次级胆汁酸（secondary bile acid），包括脱氧胆酸和石胆酸。胆汁中所含的胆汁酸主要是结合型胆汁酸。在结合型胆汁酸中，与甘氨酸结合者同与牛磺酸结合者含量之比大约为 3：1。而且胆汁中，无论初级胆汁酸还是次级胆汁酸均以钠盐或钾盐的形式存在，即胆汁酸盐，也称胆盐（bile salts）。各种胆汁酸的结构如图 20-2 所示。

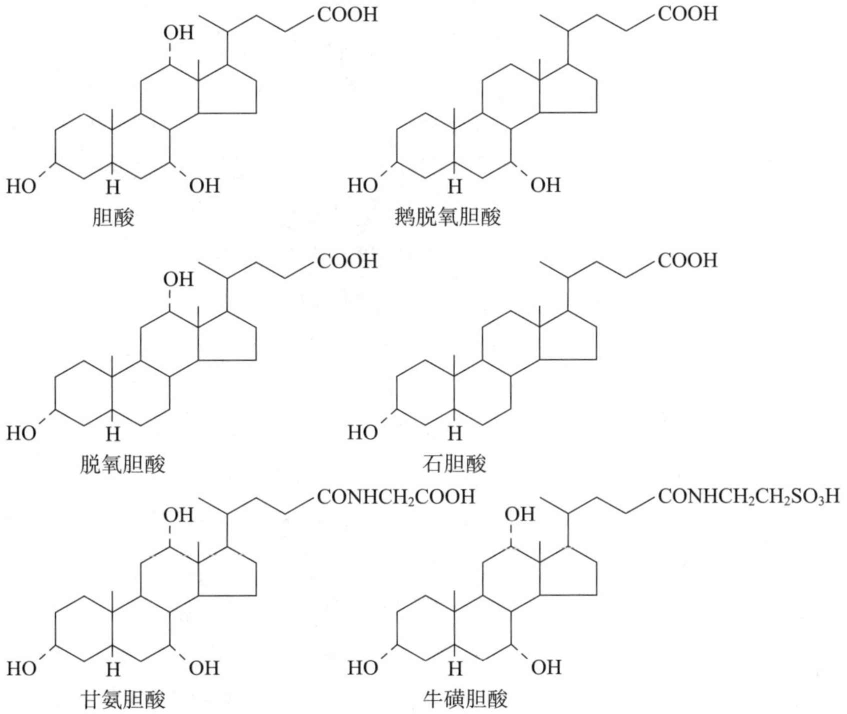

图 20-2　胆汁酸的结构式

三、胆汁酸的生理功能

　　胆汁酸分子内既含亲水的羟基和羧基，又含疏水的甲基和烃基核，因此具有亲水和疏水两个侧面，属于界面活性分子，能降低油和水两相之间的表面张力，促进脂质乳化、吸收。另外，胆汁酸还具有防止胆石生成的作用。胆固醇难溶于水，随胆汁排入胆囊储存时，胆汁在胆囊中被浓缩，胆固醇易于沉淀析出，但因胆汁中含胆汁酸盐与卵磷脂，可使胆固醇分散形成可溶性微团而不易沉淀形成结石。

四、胆汁酸的代谢与肠肝循环

（一）初级胆汁酸的生成

肝细胞以胆固醇为原料合成初级胆汁酸，这是肝清除胆固醇的主要方式。在肝细胞内由胆固醇转变为初级胆汁酸的过程很复杂。需经羟化、侧链氧化断裂、异构化及加氢等许多酶促反应才能完成。催化该反应的酶类主要分布于微粒体及细胞质基质中。

胆固醇 7α- 羟化酶是胆汁酸生成的关键酶，它受产物－胆汁酸的反馈抑制，因此，减少胆汁酸的肠道吸收，则可促进肝内胆汁酸的生成，从而降低血清胆固醇含量。同时，胆固醇 7α- 羟化酶也是一种单加氧酶，维生素 C、糖皮质激素、生长激素可促进其羟化反应。另外，甲状腺素能通过激活侧链氧化的酶系，促进肝细胞合成胆汁酸。所以，甲状腺功能亢进症患者，血清胆固醇含量偏低；而甲状腺功能低下的患者，血清胆固醇含量偏高。

（二）次级胆汁酸的生成及胆汁酸的肠肝循环

微课或微视频 20-1
胆汁酸的肠肝循环

初级胆汁酸随胆汁流入肠道，协助脂质消化吸收时，结合胆汁酸也在小肠下段和大肠受肠道细菌作用。结合胆汁酸经水解变为游离胆汁酸，与初级游离胆汁酸一起在肠道细菌作用下，发生 7- 位脱羟基，转变为次级胆汁酸。胆酸转变为脱氧胆酸，鹅脱氧胆酸转变为石胆酸。

人体内每天合成胆固醇 1～1.5 g，其中 0.4～0.6 g 在肝内转变为胆汁酸。胆汁酸是机体内胆固醇代谢的主要终产物。肝胆的胆汁酸池含胆汁酸 3～5 g，但正常人每天胆汁酸的分泌可高达 30 g，这是由于在肠道里的各种胆汁酸约有 95% 为肠壁重吸收。胆汁酸在肠管里重吸收主要有两种方式：一种是结合型胆汁酸在回肠部位被主动重吸收；另一种则是游离型胆汁酸在小肠各部和大肠通过弥散作用被动重吸收。胆汁酸的重吸收主要依靠主动重吸收方式，肠道内的石胆酸多以游离型存在，因此大部分不被重吸收而排出。由肠道重吸收的胆汁酸，经门静脉重新回到肝，肝细胞将游离型胆汁酸再合成为结合型胆汁酸，并将重吸收的及新合成的结合型胆汁酸一同再排入肠道，这一过程称为胆汁酸的"肠肝循环"（enterohepatic circulation）（图 20-3）。人体正是通过每次饭后 2～4 次肠肝循环，补充肝合成胆汁酸能力的不足，使有限的胆汁酸发挥最大限度的作用，满足人体对胆汁酸的生理需要。

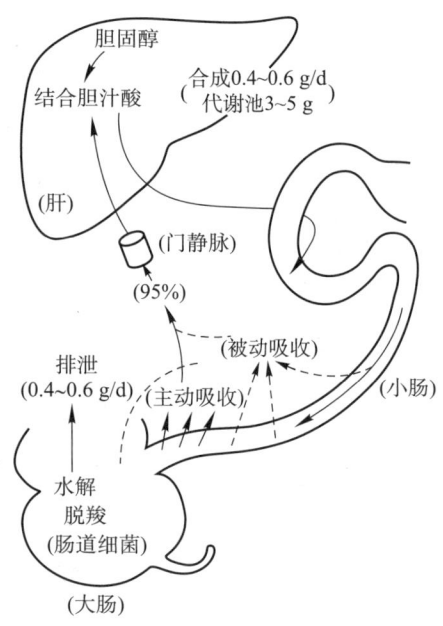

图 20-3 胆汁酸的肠肝循环

第四节　胆色素代谢与黄疸

胆色素（bile pigment）是铁卟啉化合物在体内分解代谢的主要产物，包括胆红素（bilirubin）、胆绿素（biliverdin）、胆素原（bilinogen）和胆素（bilin）。正常时主要随胆汁及粪便排出，胆红素是人胆汁的主要色素，呈橙黄色。胆色素代谢异常时可导致高胆红素血症——黄疸。

一、胆红素的生成

（一）胆红素的来源

体内含铁卟啉的化合物有血红蛋白、肌红蛋白、细胞色素、过氧化氢酶及过氧化物酶等。正常成人每天产生 250~350 mg 胆红素，其中 70% 以上来自衰老红细胞中血红蛋白的分解，其他则部分来自造血过程中某些红细胞的过早破坏（无效造血）及铁卟啉酶类的分解，肌红蛋白由于更新率低，所以占的比例很小。

（二）胆红素的生成过程

体内红细胞不断地更新，不断地因衰老而破坏。人类红细胞的寿命平均为 120 天，衰老的红细胞由于细胞膜的变化而被肝、脾、骨髓的网状内皮系统识别并吞噬。血红蛋白分解为珠蛋白和血红素。正常成人每小时有 $(1~2)\times10^8$ 个红细胞破坏，释放出约 6 g 血红蛋白，每一个血红蛋白分子含 4 个血红素分子。血红蛋白的分解，其珠蛋白部分被分解为氨基酸，可再利用；血红素则在上述网状内皮系统细胞微粒体中血红素加氧酶（heme oxygenase，HO）的催化下转变为胆绿素。胆绿素在细胞质基质胆绿素还原酶（biliverdin reductase，BVR）催化下，还原成胆红素。

拓展学习 20-3
血红素加氧酶（HO）

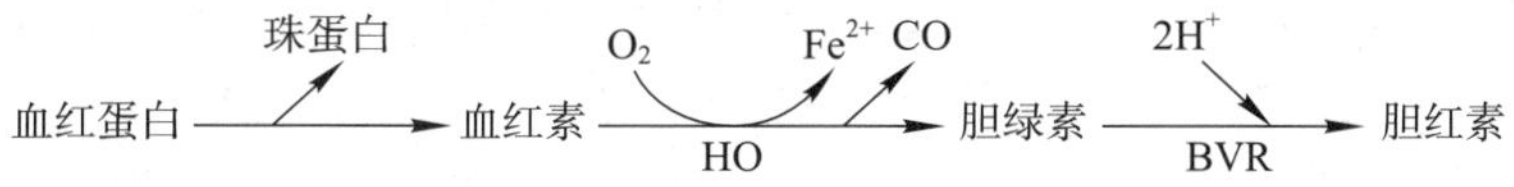

$$血红蛋白 \xrightarrow{珠蛋白} 血红素 \xrightarrow[HO]{O_2 \quad Fe^{2+} \; CO} 胆绿素 \xrightarrow[BVR]{2H^+} 胆红素$$

体内含有大量的胆绿素还原酶，可迅速将生成的胆绿素还原成胆红素，因此，体内一般没有胆绿素的积累，胆绿素只是胆红素生成过程中的一个中间产物。胆红素是一种毒性物质，可造成神经系统不可逆的损害。但近年的研究发现，胆红素具有很强的抗氧化功能，其作用甚至大于超氧化物歧化酶（SOD）和维生素 E。血红素加氧酶是血红素氧化及胆红素形成的关键酶，也是一种应激蛋白。最近的研究发现其在应激状态下被诱导后，可加速胆红素的生成，抵抗外来氧化因素对机体的损伤。

二、胆红素在血中的转运

胆红素有醇式和酮式两种结构（图 20-4），分子内含有 2 个羟基或酮基、4 个亚氨基和 2 个丙酸基，均为亲水基团，理应溶于水。但实际上在生理 pH 条件下，胆红素分子的亲水基团在分子内部而疏水基团暴露于分子表面，呈亲脂、疏水的性质。所以在网状内皮系统生成的胆红素透过细胞，进入血液与血浆清蛋白结合而运输。胆红素对血浆清蛋

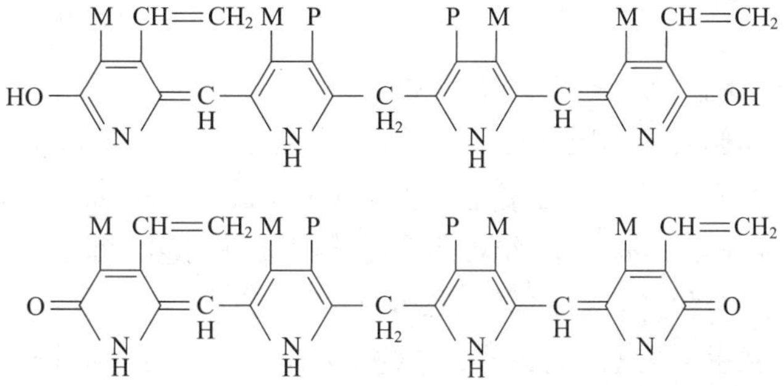

图 20-4　胆红素的醇式及酮式结构
M：—CH₃；
P：—CH₂CH₂COOH

白有极高的亲和力，每一个清蛋白分子具有一个与胆红素高亲和力的结合部位及一个低亲和力的结合部位。100 mL 血浆中含清蛋白约 4 g，其所含的高亲和力结合部位若全部与胆红素结合，则可结合胆红素 700 mg；正常人血浆胆红素浓度不超过 0.1～1.0 mg/dL，故血浆清蛋白结合自由胆红素的储备能力是很大的。超过此量的自由胆红素与低亲和力结合部位松散结合，此种结合易分离。胆红素 - 清蛋白复合物的生成增加了其在血浆中的溶解度，有利于运输；同时这种结合又限制了胆红素自由透过各种生物膜，使其不致对组织细胞产生毒性作用。自由胆红素则可扩散入组织细胞。但是某些具有有机阴离子的化合物如磺胺类药物、脂肪酸、胆汁酸、水杨酸类等可与胆红素竞争、与清蛋白分子上的高亲和力结合部位结合，此时如血中胆红素浓度过高，可使胆红素游离出来，容易进入脑组织而出现中毒症状（如核黄疸）。

三、胆红素在肝细胞内的代谢

（一）肝细胞对胆红素的摄取

胆红素代谢主要在肝内进行。血浆清蛋白运输的胆红素并不直接进入肝细胞，而是在肝血窦中先与清蛋白分离，然后才被肝细胞膜表面的特异受体所识别，摄取入肝。肝细胞内具有两种载体蛋白（或称配体蛋白，ligand），即 Y 与 Z 蛋白。胆红素进入肝细胞后，与其结合形成复合物。Y 蛋白比 Z 蛋白对胆红素亲和力强，胆红素优先与 Y 蛋白结合，只有在 Y 蛋白结合达饱和时，Z 蛋白的结合量才增多。磺溴酞钠（BSP）、甲状腺素等皆可竞争与 Y 蛋白结合，影响胆红素的转运。生理性的新生儿非溶血性黄疸就是由于在这时期缺少 Y 蛋白。许多药物能诱导 Y 蛋白的生成，加强胆红素的转运。如临床上常用苯巴比妥诱导 Y 蛋白以消除生理性新生儿黄疸。

（二）胆红素在肝中的结合

胆红素被载体蛋白结合后，摄入肝细胞内即以"胆红素 -Y 蛋白"（或"胆红素 -Z 蛋白"）的形式被运送至滑面内质网。在 UDP- 葡糖醛酸基转移酶（UDP-glucuronosyltransferase，UGT）的催化下与载体蛋白脱离，进而与葡糖醛酸以酯键结合，生成葡糖醛酸胆红素。因胆红素有两个自由羧基，故可与两分子葡糖醛酸结合，主要生成双葡糖醛酸胆红素，仅有少量单葡糖醛酸胆红素生成。胆红素与葡糖醛酸的这种结合反应也可在肾与小肠黏膜中进行。这种胆红素称为直接胆红素（direct reacting bilirubin）或结合胆红素，相应的未与葡糖醛酸结合的胆红素则称为间接胆红素（indirect reacting bilirubin）或游离胆红素（图 20-5）。苯巴比妥类药物可诱导葡糖醛酸基转移酶的活性。

四、胆素原的生成与肠肝循环

（一）胆素原在肠道中的生成

直接胆红素随胆汁排出，进入十二指肠，自回肠末端起，在肠道细菌的作用下，脱去葡糖醛酸基，再逐步被还原成中胆素原（mesobilirubinogen）、粪胆素原（stercobilinogen）及 d- 尿胆素原（d-urobilinogen），统称胆素原。胆素原无色，可随粪便排出体外，在肠道下段，接触空气后分别被氧化成 i- 尿胆素（i-urobilin）、粪胆素（stercobilin）和 d- 尿胆素（d-urobilin），合称胆素。胆素呈黄褐色，是粪便颜色的主要来源。当胆道完全梗阻时，直接胆红素入肠受阻而不能形

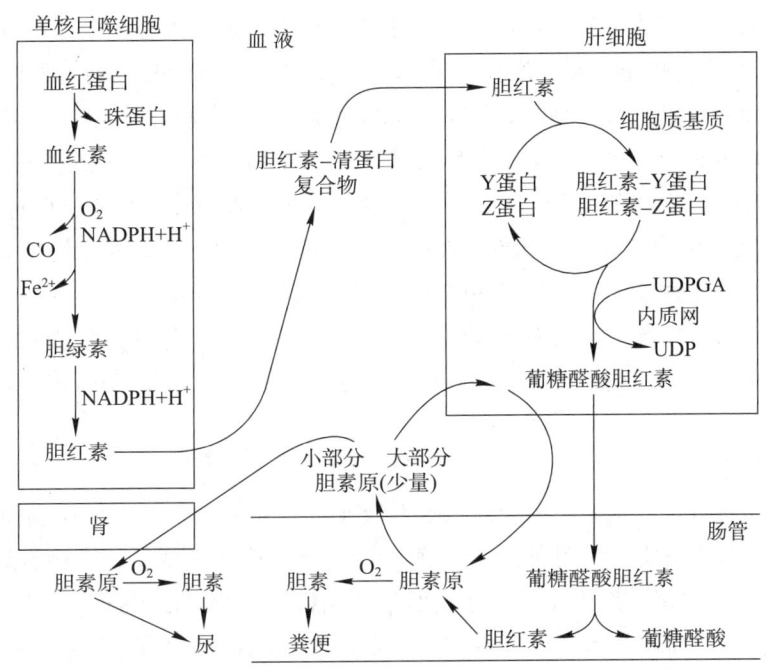

图 20-5　胆红素的形成及胆素原的肠肝循环

成胆素原和胆素，粪便呈灰白色；而新生儿由于肠道细菌不健全，胆红素未被肠道细菌作用而直接出现在粪便中，使粪便呈现橘黄色。

（二）胆素原的肠肝循环

在生理情况下，肠道中形成的胆素原有 10% ~ 20% 可被肠黏膜细胞重吸收，然后经门静脉进入体内，除有小部分胆素原进入体循环外，大部分重新回到肝，肝细胞可将重吸收的胆素原不经任何转变地从胆汁中排泄出去，形成胆素原的肠肝循环（enterohepatic bilinogen circulation）。进入体循环的小部分胆素原，可以通过肾小球滤出，由尿排出，即为尿胆素原（图 20-5）。正常成人每日从尿中排出的尿胆素原有 0.5 ~ 4.0 mg。尿胆素原与空气接触后被氧化成尿胆素，它是尿中主要的色素。尿胆素原、尿胆素、尿胆红素临床上称"尿三胆"，但正常人尿中不出现胆红素。

五、血清胆红素与黄疸

正常人体中胆红素以两种形式存在，即直接胆红素与间接胆红素。两种胆红素的反应性不同，间接胆红素与重氮试剂反应（血清凡登白试验）缓慢，必须在加入乙醇后才产生明显的紫红色，而直接胆红素却可与重氮试剂直接迅速起颜色反应。两者的区别见表 20-1。

表 20-1　直接胆红素与间接胆红素的区别

区别点	直接胆红素（结合胆红素）	间接胆红素（游离胆红素）
与葡糖醛酸结合	结合	未结合
与重氮试剂反应	迅速、直接反应	慢或间接反应
水中溶解度	大	小
经肾随尿排出	能	不能
通透细胞膜对脑的毒性作用	无	大

正常人由于胆色素正常代谢，血清中胆红素含量很少，其总量为 0.2 ~ 1.0 mg/dL。其中间接胆红素约占 4/5，余为直接胆红素。凡能引起胆红素生成过多，或使肝细胞对胆红素摄取、结合、排泄过程发生障碍的因素，均可使血中胆红素浓度升高，称为高胆红素血症。胆红素在血清中含量过高，则可扩散入组织，组织被黄染，称为黄疸（jaundice）。由于巩膜或皮肤含有较多的弹性蛋白，后者与胆红素有较强的亲和力，故易被黄染。一般当胆红素浓度在 2.0 mg/dL 以上时，肉眼才能观察到巩膜或皮肤被黄染的现象，即临床所称黄疸。如胆红素浓度超过 1.0 mg/dL，肉眼尚不能观察巩膜或皮肤黄染，则称为隐性或亚临床性黄疸（jaundice occult）。

临床聚焦 20-3
黄疸

根据血清胆红素的来源，可将黄疸分为三类，临床上分别称为溶血性黄疸（hemolytic jaundice）、阻塞性黄疸（obstructive jaundice）和肝细胞性黄疸（hepatocellular jaundice）。

（一）溶血性黄疸

溶血性黄疸也称肝前性黄疸。由于红细胞大量破坏，在网状内皮细胞内生成胆红素过多，超过肝摄取、结合与排泄的能力，因此，血清间接胆红素浓度异常增高，直接胆红素浓度改变不大，血清凡登白试验间接胆红素阳性，尿中胆红素阴性，尿胆素原升高。感染（如恶性疟疾）、药物、自身免疫反应（如输血不当）等各种引起大量溶血的原因都可造成溶血性黄疸。

（二）阻塞性黄疸

阻塞性黄疸也称肝后性黄疸。由于胆汁排泄通道受阻，使胆小管或毛细胆管内压力增高而破裂，以致胆汁中的直接胆红素逆流入血，引起的黄疸称为阻塞性黄疸。此时血中间接胆红素变化不大，直接胆红素浓度增高。血清凡登白试验呈即刻反应阳性，由于直接胆红素易溶于水故可从肾排出，出现尿中胆红素阳性，尿胆素原降低，血中碱性磷酸酶及胆固醇浓度增高，有陶土色粪便，还可有脂肪泻与出血倾向。阻塞性黄疸可因先天性胆道闭锁引起，也可由于胆道结石、胆管炎症、肿瘤及原发性胆汁性肝硬化等原因发生。

（三）肝细胞性黄疸

肝细胞性黄疸也称肝原性黄疸。肝细胞受损害，处理与排泄胆红素的能力降低。一方面肝不能将间接胆红素全部转变为直接胆红素，使血中间接胆红素堆积。另一方面也可能因肝细胞肿胀，使毛细血管堵塞或毛细胆管与肝血窦直接相通，直接胆红素因而反流入血，血中直接胆红素浓度增加。此时血清凡登白试验呈双相反应阳性，但通常以直接胆红素浓度增高为主，尿中胆红素阳性，尿胆素原升高或正常，粪胆素原正常或减少，血清转氨酶增高。肝炎、肝硬化等肝病引起的黄疸就属于这一类。

各种类型黄疸时血、尿、粪的改变情况汇总如表 20-2。

表 20-2　各种类型黄疸时血、尿、粪的改变

指　标	正　常	溶血性黄疸	肝细胞性黄疸	阻塞性黄疸
血清胆红素				
总量	< 1 mg/dL	> 1 mg/dL	> 1 mg/dL	> 1 mg/dL
结合胆红素	0 ~ 0.8 mg/dL		↑↑	↑↑
游离胆红素	< 1 mg/dL	↑↑	↑	

续表

指　标	正　常	溶血性黄疸	肝细胞性黄疸	阻塞性黄疸
尿三胆				
尿胆红素	—	—	++	++
尿胆素原	少量	↑	升高或正常	↓
尿胆素	少量	↑	升高或正常	↓
粪便颜色	正常	深	变浅或正常	完全阻塞时陶土色

（王海生）

复习思考题

1. 何谓生物转化作用？有何生理意义？
2. 生物转化的反应类型主要有哪些？
3. 简述胆汁酸的主要生理功能。
4. 何谓胆汁酸的肠肝循环？有何生理意义？
5. 简述胆红素的来源和去路。

网上更多⋯⋯

👤 本章小结　　　📝 自测题　　　💻 教学 PPT

第二十一章
维生素

关键词

维生素　　脂溶性维生素　　水溶性维生素　　辅因子

维生素是维持人体正常生理功能而必须从食物中获取的一类微量有机物质，在人体生长、代谢和发育过程中发挥重要作用。如果长期缺乏某种维生素，就会引起生理功能障碍而引发疾病。人体犹如一座极为复杂的化工厂，不断地在酶的催化下进行着各种生化反应。大部分酶要产生活性，必须有辅因子参加。现已知许多维生素或其衍生物是酶的辅因子。因此，维生素是维持和调节机体正常代谢的重要物质。

思维导图

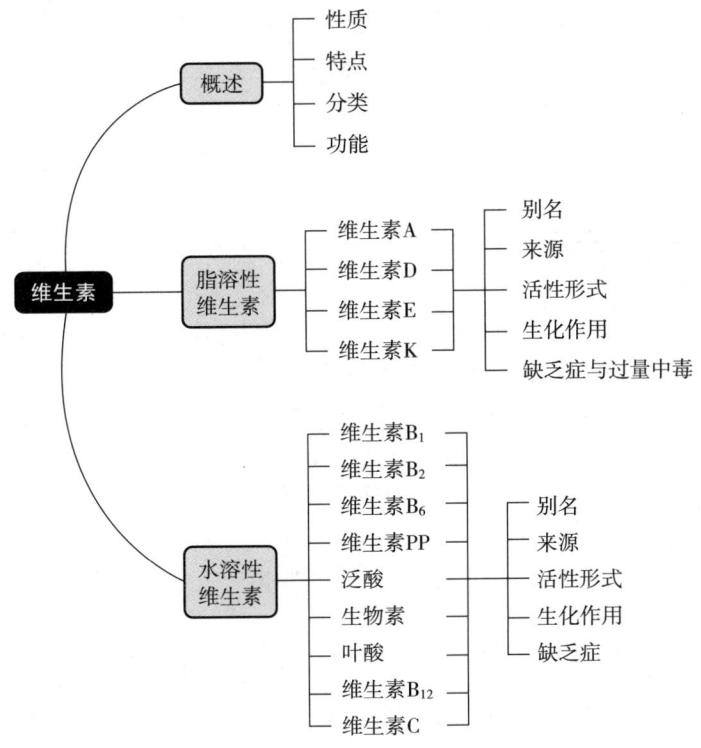

维生素（vitamin）是机体需要量少但为维持正常生理功能所必需的一组低相对分子质量有机化合物，人体不能合成或合成量甚少，必须由食物供给。维生素既不参与机体组织的构成，也不是供能物质，然而在调节人体物质代谢、生长发育和维持正常生理功能等方面却发挥重要的作用。长期缺乏维生素可导致相应的缺乏症；若人体长期过量摄入某些维生素，也可以导致维生素中毒。维生素是结构上互不相关的一组有机化合物，按其溶解性不同，可分为脂溶性维生素和水溶性维生素两大类。

人文视角 21-1
维生素的发现

第一节　脂溶性维生素

脂溶性维生素（lipid-soluble vitamin）包括维生素 A、D、E 和 K，具有维持机体生长发育和某些生理活动的功能。脂溶性维生素在食物中常与脂质共同存在，并随脂质吸收，在血液中与脂蛋白或特异的结合蛋白相结合而运输，在体内常有一定的储量，排泄较慢，摄入过多可发生中毒。脂质吸收障碍或食物中长期缺乏此类维生素可引起相应的缺乏症。

一、维生素 A

拓展学习 21-1
白血病的新疗法

（一）化学本质与代谢

天然维生素 A 有 A_1（视黄醇，retinol）和 A_2（3- 脱氢视黄醇）。视黄醇、视黄醛（retinal）和视黄酸（retinoic acid）是维生素 A 的活性形式（图 21-1），前两者在细胞内醇脱氢酶催化下可相互转变，视黄醛在视黄醛脱氢酶的催化下不可逆地氧化生成视黄酸。

维生素 A 主要以酯的形式存在于动物性食物（如肝、肉类、蛋黄、乳制品、鱼肝油）中，在小肠内酶解生成游离的视黄醇。植物中无维生素 A，但含有称作维生素 A 原（provitamin A）的多种胡萝卜素（carotene），其中以 β- 胡萝卜素最为重要。β- 胡萝卜素在小肠黏膜细胞或肝中经加双氧酶催化分解成 2 分子视黄醇。

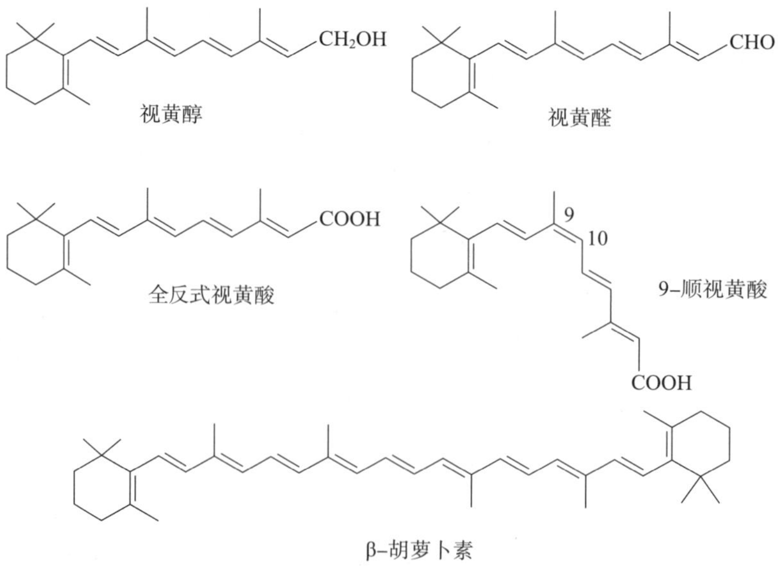

图 21-1　维生素 A 与 β- 胡萝卜素的结构

（二）生化作用、缺乏症与过量中毒

1. 视黄醛构成视觉细胞内的感光物质　在感受弱光或暗光的视网膜杆状细胞内，全反式视黄醇异构成 11- 顺视黄醇，进而氧化为 11- 顺视黄醛。11- 顺视黄醛作为辅基与光敏感视蛋白（opsin）结合生成视紫红质（rhodopsin）。当视紫红质在感受弱光或暗光时，11- 顺视黄醛迅速地光异构为全反式视黄醛，并引起视蛋白发生变构。视蛋白是 G 蛋白偶联跨膜受体，通过一系列反应产生视觉神经冲动。而后视紫红质分解，全反式视黄醛和视蛋白分离并被还原为全反式视黄醇，构成视循环（图 21-2）。

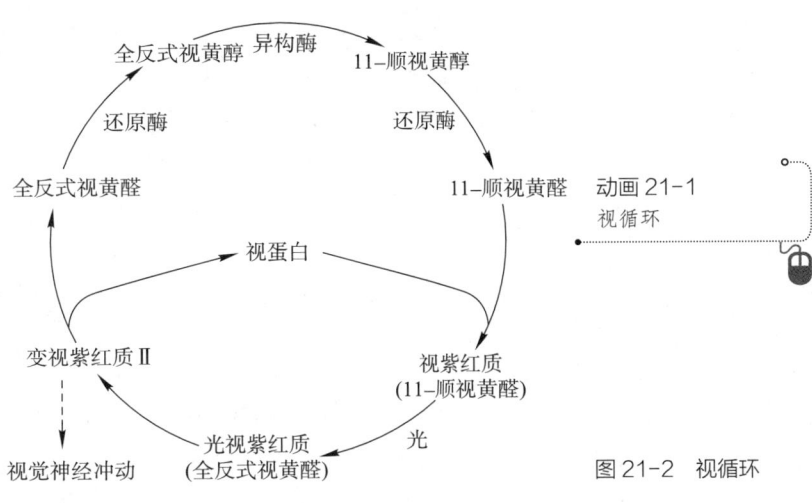

图 21-2　视循环

当维生素 A 缺乏时，视循环的关键物质 11- 顺视黄醛的产生不足，引起视紫红质合成减少，视网膜对弱光敏感性降低，暗适应能力减弱，严重时会造成"夜盲症"。

2. 视黄酸对基因表达和组织分化具有调节作用　这是维生素 A 的另一重要功能，以全反式视黄酸和 9- 顺视黄酸为主，它们首先与细胞核内受体结合，再结合 DNA 反应元件，从而调控某些基因的表达。视黄酸对维持上皮组织的生长与分化具有重要作用，缺乏时可引起严重的上皮组织细胞干燥、增生和角质化等，在眼部会出现眼结膜黏液分泌细胞的丢失与角化及糖蛋白分泌的减少，导致泪腺萎缩、泪液分泌减少与角膜干燥，出现眼干燥症（xerophthalmia，干眼病）。故维生素 A 又称抗干眼病维生素。

视黄酸对于免疫系统细胞的分化也具有重要作用，缺乏时增加机体对感染性疾病的敏感性。动物实验表明，摄入维生素 A 可诱导细胞分化和减轻致癌物质的作用。

3. 维生素 A 和胡萝卜素具有抗氧化作用　在氧分压较低的条件下，它们能直接清除自由基，防止细胞膜和富含脂质组织的脂质过氧化。

4. 维生素 A 过量可引起中毒　正常成人维生素 A 日需要量为 1 mg。如一次服用 200 mg 或长期每日服用 40 mg 维生素 A，超过视黄醇结合蛋白的结合能力，游离的维生素 A 可造成组织损伤而引起中毒。其症状主要有恶心、呕吐、头痛和共济失调等中枢神经系统表现，肝细胞损伤和高脂血症，长骨增厚、高钙血症、软组织钙化等钙稳态失调表现，皮肤干燥、脱屑和脱发等皮肤表现。

二、维生素 D

（一）化学本质与代谢

维生素 D 是类固醇衍生物，又称钙化醇。鱼油、蛋黄、肝富含维生素 D_3（cholecalciferol，胆钙化醇），植物中含有维生素 D_2（ergocalciferol，麦角钙化醇）。

酵母或植物油中的麦角固醇不能被人体吸收，经紫外线照射后转变为能被吸收的维生素 D_2，故麦角固醇又被称为维生素 D_2 原。人体皮下储存有从胆固醇氧化生成的 7- 脱氢胆固醇（又称维生素 D_3 原），在紫外线的照射下，可转变成维生素 D_3（图 21-3）。

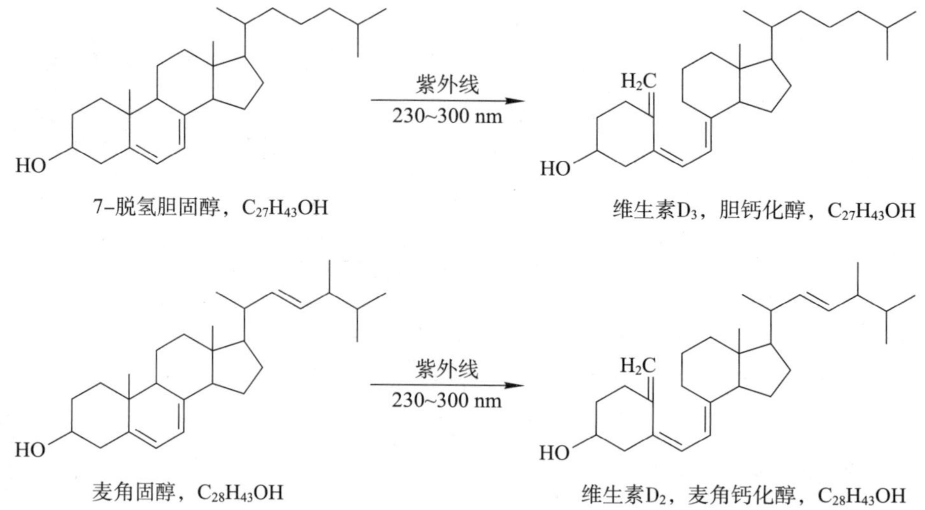

图21-3 维生素D₂与D₃

进入血液的维生素 D_3 与维生素 D 结合蛋白（vitamin D binding protein，DBP）结合而运输。在肝微粒体 25- 羟化酶的作用下，维生素 D_3 被羟化生成 25- 羟维生素 D_3（$25-OH-D_3$）。$25-OH-D_3$ 是维生素 D_3 在肝中的主要储存形式，也是血浆中的主要存在形式。$25-OH-D_3$ 在肾小管上皮细胞线粒体 1α- 羟化酶的催化下，生成活性形式 1,25- 二羟维生素 D_3［$1,25-(OH)_2-D_3$］。$1,25-(OH)_2-D_3$ 在血液中也与 DBP 结合而运输。

（二）生化作用、缺乏症与过量中毒

1. 调节血钙、血磷水平 $1,25-(OH)_2-D_3$ 与其他类固醇激素相似，在靶细胞内与特异的核受体结合，调控相关基因（如钙结合蛋白、骨钙蛋白等基因）的表达。$1,25-(OH)_2-D_3$ 还可通过信号转导系统使钙通道开放，发挥其对钙磷代谢的快速调节作用。$1,25-(OH)_2-D_3$ 促进小肠黏膜及肾小管对钙和磷的吸收，维持血钙和血磷的正常水平，促进骨质更新。当缺乏维生素 D 时，成人可发生软骨病（osteomalacia）和骨质疏松症（osteoporosis），儿童可患佝偻病（rickets），故维生素 D 又称抗佝偻病维生素。

2. 影响细胞分化 $1,25-(OH)_2-D_3$ 具有调节皮肤、大肠、前列腺、乳腺、心、脑、骨骼肌、胰岛 B 细胞、单核细胞和活化的 T 及 B 淋巴细胞等多种组织细胞分化的功能。维生素 D 缺乏时可引起自身免疫病。$1,25-(OH)_2-D_3$ 还可促进胰岛 B 细胞合成与分泌胰岛素，具有抗糖尿病的作用。$1,25-(OH)_2-D_3$ 对某些肿瘤细胞具有抑制增殖和促进分化的作用。低日照与大肠癌和乳腺癌的高发病率和死亡率有一定的相关性。

3. 维生素 D 过量可引起中毒 维生素 D 的推荐剂量为每日 10 μg。过量摄入可引起高钙血症、高钙尿症、高血压及软组织钙化等中毒表现。人体皮肤中 7- 脱氢胆固醇有限，多晒太阳不会引起维生素 D 中毒。

三、维生素 E

（一）化学本质与代谢

维生素 E 是含苯并二氢吡喃的酚类化合物，包括生育酚（tocopherol）和生育三烯酚（tocotrienol）两类（图21-4）。每类都分 α、β、γ 和 δ 四种，以 α- 生育酚生理活性最高、分布

最广，但抗氧化作用以 $\delta-$ 生育酚最强。维生素
E 主要存在于植物油、油性种子和麦芽等中。
在机体内，维生素 E 主要分布于细胞膜、血浆
脂蛋白和脂库中。

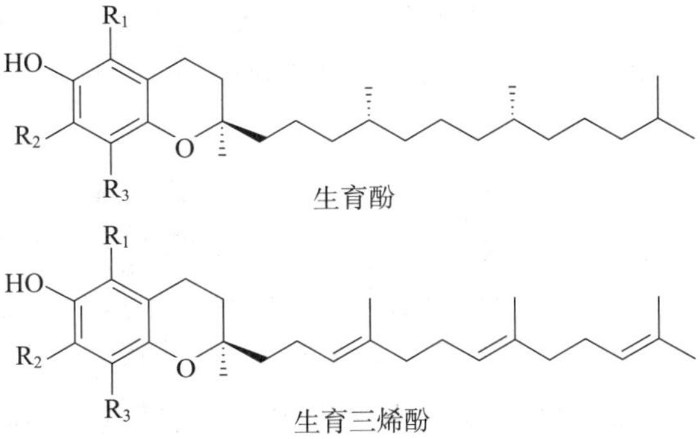

图 21-4　维生素 E 结构

（二）生化作用、缺乏症与过量中毒

1. **维生素 E 是体内最重要的脂溶性抗氧化剂**　维生素 E 极易被氧化，作为脂溶性抗氧化
剂和自由基清除剂，可避免生物膜上脂质过氧
化物的产生，保护细胞免受自由基的损害，维持生物膜的结构和功能，使细胞维持正常的流动
性，在延缓衰老方面具有一定的作用。早产的新生儿由于维生素 E 的储备较少且小肠吸收能力
较差，可因维生素 E 缺乏引起轻度溶血性贫血。

2. **调控基因表达**　维生素 E 具有调节信号转导和基因表达的重要作用。维生素 E 可以上调
或下调生育酚的摄取与降解相关的基因、脂质摄取和动脉硬化相关的基因、表达某些细胞外基质
蛋白的基因、细胞黏附与炎症的相关基因，以及细胞信号系统和细胞周期调节的相关基因等的表
达。因而维生素 E 具有抗感染、维持正常免疫功能和抑制细胞增殖的作用，并可降低血浆低密
度脂蛋白（LDL）的浓度，可用于冠心病与肿瘤的预防和治疗。

3. **促进血红素合成**　维生素 E 通过提高血红素合成的关键酶 $\delta-$ 氨基 $-\gamma-$ 酮戊酸（ALA）
合酶和 ALA 脱水酶的活性，促进血红素的合成。新生儿缺乏维生素 E 时可引起贫血。

4. **与生殖功能有关**　动物实验表明，维生素 E 可促进胎盘及胚胎发育，使性器官生长成熟。
动物缺乏维生素 E 时，可出现睾丸萎缩及其上皮变性、孕育异常。人类尚未发现因维生素 E 缺
乏所致的不育症。临床上常用维生素 E 治疗先兆流产及习惯性流产。

5. **维生素 E 缺乏与过量中毒并不多见**　维生素 E 推荐量为每日 8～10 mg。一般不易缺乏，
当脂质吸收严重障碍和肝损伤严重时可引起缺乏症，表现为红细胞数量减少、脆性增加等溶血性
贫血症，偶尔可有神经功能障碍。

人类尚未发现维生素 E 中毒症，这与维生素 A 和 D 不同。即使一次服用高出常用量 50 倍的
剂量，也尚未见到中毒现象。

四、维生素 K

（一）化学本质与代谢

维生素 K 是 2- 甲基 $-1,4-$ 萘醌的衍生物。天然形式有 K_1 和 K_2。维生素 K_1 主要存在于深绿
色蔬菜（如甘蓝、菠菜、莴苣等）和植物油中，又称植物甲萘醌或叶绿醌（phylloquinone）。维
生素 K_2 是肠道细菌腐败作用的产物。临床常用的是人工合成的维生素 K_3 及 K_4（图 21-5），它们
是水溶性甲萘醌，可口服或注射，其活性高于维生素 K_1 及 K_2。

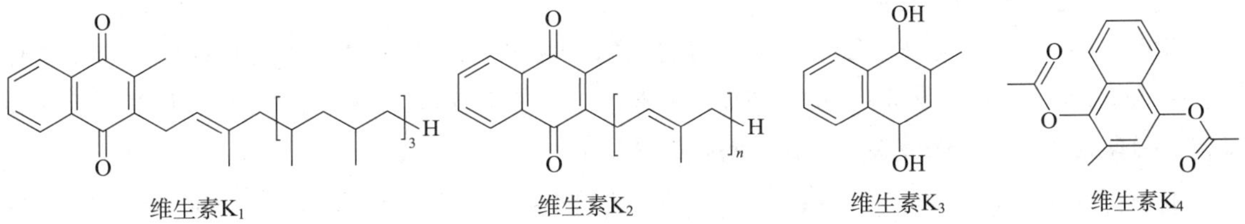

维生素K_1　　维生素K_2　　维生素K_3　　维生素K_4

图 21-5　维生素 K
结构

维生素 K 主要在小肠被吸收，随乳糜微粒而代谢，在血液中由 LDL 转运至肝储存。维生素 K 在体内的储存量有限，当脂质吸收障碍时，引发的首个脂溶性维生素缺乏症便是维生素 K 缺乏症。

（二）生化作用、缺乏症与过量中毒

1. 促进凝血作用　维生素 K 是 γ- 谷氨酰羧化酶的辅酶。肝中合成的无活性凝血因子 Ⅱ、Ⅶ、Ⅸ、Ⅹ 及抗凝血因子蛋白 C 和蛋白 S 需要 γ- 谷氨酰羧化酶的催化转变为活性形式，参与凝血过程。故维生素 K 又称为凝血维生素。

2. 对骨代谢的作用　骨中的骨钙蛋白（osteocalcin）和骨基质 γ- 羧基谷氨酸蛋白均是维生素 K 依赖蛋白。研究表明，服用低剂量维生素 K 的妇女，其股骨颈和脊柱的骨盐密度明显低于服用大剂量维生素 K 时的骨盐密度。

此外，维生素 K 对减少动脉钙化也具有重要的作用。大剂量的维生素 K 可以降低动脉硬化的危险。

3. 缺乏症与过量中毒　成人对维生素 K 的日需要量为 60 ~ 80 μg。维生素 K 一般不易缺乏，当脂质吸收障碍（如患胰腺疾病、胆管疾病、小肠黏膜萎缩和脂肪便等）时可出现缺乏症。长期应用抗生素及肠道灭菌药也可引起维生素 K 缺乏。维生素 K 不能通过胎盘，且新生儿肠道内又无细菌，故新生儿可能发生维生素 K 缺乏。维生素 K 缺乏时可出现出血症状。

过量维生素 K 会导致新生儿及早产儿溶血性贫血、高胆红素血症和黄疸。

第二节　水溶性维生素

水溶性维生素（water-soluble vitamin）包括 B 族维生素和维生素 C，易在食物加工过程中流失或丧失活性。水溶性维生素的作用主要是构成酶的辅因子。体内过剩的水溶性维生素可随尿排出，很少积蓄，所以必须经常从食物中摄取，一般不发生中毒现象，但供给不足时往往导致缺乏症。

一、维生素 B₁

（一）化学本质与代谢

维生素 B₁ 又称硫胺素（thiamine），主要存在于酵母、瘦肉、豆类和种子外皮（如米糠）及胚芽中。维生素 B₁ 易被小肠吸收，入血后主要在肝及脑组织中经硫胺素焦磷酸激酶的催化生成活性形式焦磷酸硫胺素（thiamine pyrophosphate，TPP）（图 21-6）。TPP 占体内硫胺素总量的 80%。

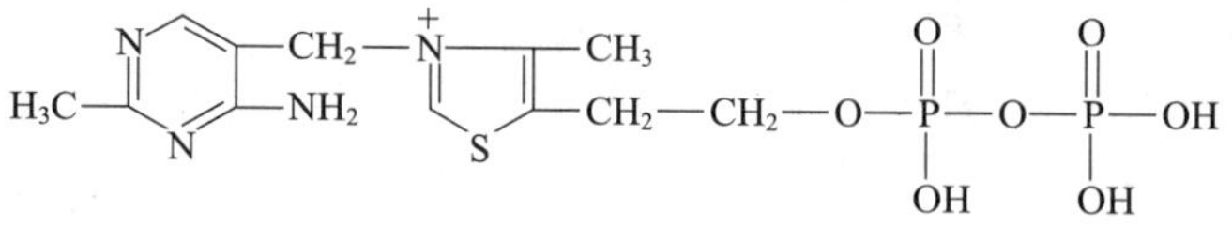

图 21-6　焦磷酸硫胺素结构

（二）生化作用与缺乏症

TPP 是 α- 酮酸脱羧酶复合体及转酮酶的辅酶，故维生素 B₁ 在体内供能代谢中具有重要作用。α- 酮酸脱羧酶复合体参与线粒体内丙酮酸、α- 酮戊二酸和支链氨基酸的氧化脱羧反应。转酮酶参与细胞质基质中磷酸戊糖途径的转糖醛基反应。

维生素 B₁ 缺乏时，丙酮酸的氧化脱酸反应发生障碍，糖类氧化受阻，影响能量的产生；同

时血中丙酮酸和乳酸堆积，引起神经组织供能不足，以及神经细胞膜髓鞘磷脂合成受阻，导致末梢神经炎和其他神经肌肉变性病变，即脚气病（beriberi）。严重者可发生水肿及心力衰竭。故维生素 B_1 又称抗脚气病维生素。

维生素 B_1 通过影响神经递质乙酰胆碱的含量在神经传导中发挥作用。乙酰胆碱合成所需的原料乙酰辅酶 A 主要来自丙酮酸的氧化脱羧反应。当维生素 B_1 缺乏时，乙酰辅酶 A 的生成减少，乙酰胆碱的合成亦减少。同时，维生素 B_1 还能抑制乙酰胆碱分解所需的胆碱酯酶活性。当维生素 B_1 缺乏时，乙酰胆碱的合成减少、分解加强，影响神经传导。主要表现为胃蠕动变慢、消化液分泌减少、消化不良和食欲不振等。

由于慢性酒精中毒影响维生素 B_1 摄入，故维生素 B_1 缺乏多见于酒精中毒患者。

二、维生素 B_2

（一）化学本质与代谢

维生素 B_2 的异咯嗪环上第 1、10 位氮原子与活泼的双键连接，此 2 个氮原子可反复接受或释放氢。还原型核黄素有黄色荧光，故又称核黄素（riboflavin）。维生素 B_2 对热稳定，但对紫外线敏感，易降解为无活性的产物。

维生素 B_2 在奶类、肝、蛋类和肉类中含量丰富，主要在小肠上段通过转运蛋白主动吸收。进入小肠黏膜后在黄素激酶的催化下转变成黄素单核苷酸（flavin mononucleotide，FMN），FMN 在焦磷酸化酶的催化下进一步生成黄素腺嘌呤二核苷酸（flavin adenine dinucleotide，FAD），FMN 和 FAD 是维生素 B_2 的活性形式（图 21-7）。

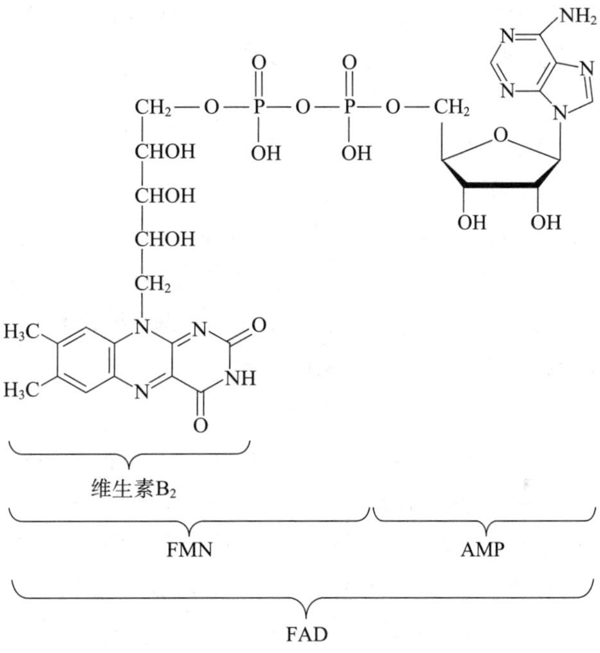

图 21-7　维生素 B_2 及其活性形式结构

（二）生化作用与缺乏症

FMN 及 FAD 作为氧化还原酶（如琥珀酸脱氢酶、脂酰 CoA 脱氢酶、黄嘌呤氧化酶等）的辅基，主要起传递氢的作用，参与脂肪酸和氨基酸的氧化、三羧酸循环及氧化呼吸链。

成人每日需要量为 1.2 ~ 1.5 mg。维生素 B_2 缺乏时，常引起眼睑炎、口角炎、唇炎、舌炎和阴囊炎等。光照疗法治疗新生儿黄疸在破坏皮肤胆红素的同时，也可破坏核黄素，引起新生儿维生素 B_2 缺乏症。

三、维生素 B_6

（一）化学本质与代谢

维生素 B_6 包括吡哆醇（pyridoxine）、吡哆醛（pyridoxal）和吡哆胺（pyridoxamine），其活性

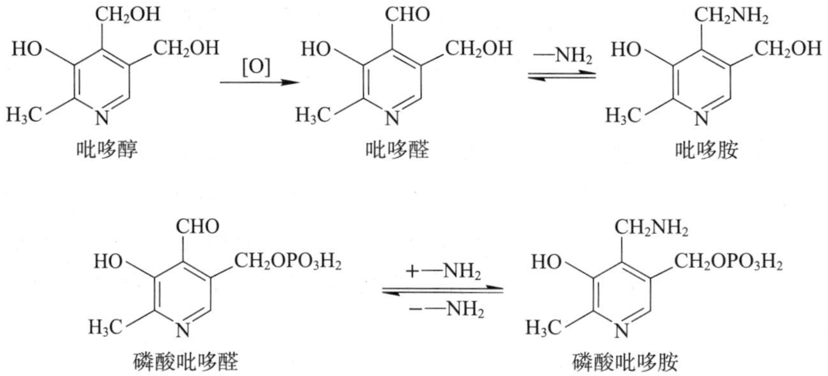

图 21-8 维生素 B_6 及其活性形式结构

形式是可相互转变的磷酸吡哆醛和磷酸吡哆胺（图 21-8）。

维生素 B_6 广泛存在于肝、鱼、肉类、全麦、坚果、豆类、蛋黄和酵母等动、植物食品中。食物中维生素 B_6 的磷酸酯在小肠碱性磷酸酶的作用下水解后以脱磷酸的形式吸收。吡哆醛和磷酸吡哆醛是血液中的主要运输形式。

（二）生化作用、缺乏症与过量中毒

1. 作为多种酶的辅酶　磷酸吡哆醛是体内百余种酶的辅酶，在氨基酸脱氨基与转氨基作用、鸟氨酸循环、血红素的合成和糖原的分解等代谢中发挥重要作用。

磷酸吡哆醛是谷氨酸脱羧酶的辅酶，促进大脑抑制性神经递质 γ-氨基丁酸的生成，临床上常用维生素 B_6 治疗小儿惊厥、妊娠呕吐和精神焦虑等。磷酸吡哆醛也是血红素合成的限速酶 δ-氨基-γ-酮戊酸（ALA）合酶的辅酶。维生素 B_6 缺乏时血红素的合成受阻，造成低血色素小细胞性贫血和血清铁增高。

近年发现，高同型半胱氨酸血症（hyperhomocysteinemia）是心血管疾病、血栓生成和高血压的危险因子。同型半胱氨酸除了甲基化生成甲硫氨酸外，还可分解生成半胱氨酸。维生素 B_6 是催化同型半胱氨酸分解代谢酶的辅酶。现已知，2/3 以上的高同型半胱氨酸血症与叶酸、维生素 B_{12} 和维生素 B_6 的缺乏有关。维生素 B_6 对上述疾病治疗有一定的作用。

2. 终止类固醇激素的作用　磷酸吡哆醛可以将类固醇激素-受体复合物从 DNA 中移去，终止这些激素的作用。维生素 B_6 缺乏时，人体对雌激素、雄激素、皮质激素和维生素 D 作用的敏感性增加。这对于乳腺、前列腺和子宫的激素依赖性癌症的发展可能是重要的。

3. 维生素 B_6 缺乏不多见，而过量可引起中毒　人类未发现维生素 B_6 缺乏的典型病例。异烟肼能与磷酸吡哆醛的醛基结合，使其失去辅酶作用，所以在服用异烟肼时，应补充维生素 B_6。

维生素 B_6 与其他水溶性维生素不同，过量服用可引起中毒。日摄入量超过 200mg 可引起神经损伤，表现为周围感觉性神经病。

四、维生素 PP

（一）化学本质与代谢

维生素 PP 属吡啶衍生物，包括尼克酸（烟酸，nicotinic aid）和尼克酰胺（烟酰胺，nicotinamide）。维生素 PP 广泛存在于自然界，在食物中均以其活性形式烟酰胺腺嘌呤二核苷酸（NAD^+）或烟酰胺腺嘌呤二核苷酸磷酸（$NADP^+$）（图 21-9）存在，它们在小肠内被水解生成游

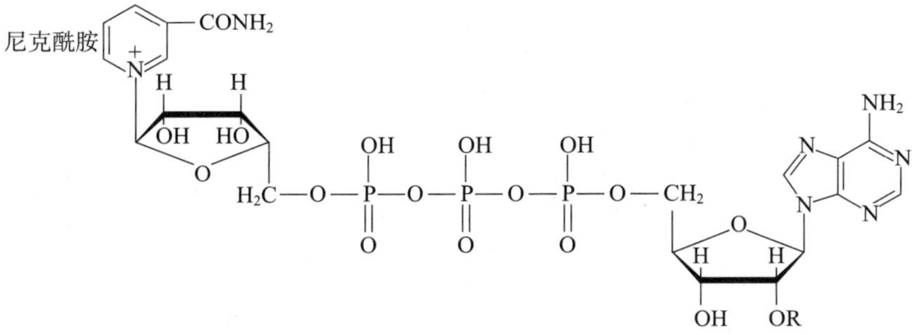

图 21-9　尼克酰胺及其活性形式结构
NAD^+：R为H；
$NADP^+$：R为$-\overset{\overset{\displaystyle OH}{|}}{\underset{\underset{\displaystyle OH}{|}}{P}}=O$

离的维生素 PP 后被吸收，运输到组织细胞后，再合成 NAD^+ 或 $NADP^+$。过量的维生素 PP 随尿排出体外。

体内色氨酸代谢也可生成少量维生素 PP，60 mg 色氨酸仅能生成 1 mg 尼克酸。

（二）生化作用、缺乏症与过量中毒

NAD^+ 和 $NADP^+$ 是多种不需氧脱氢酶的辅酶，分子中的尼克酰胺部分具有可逆的加氢及脱氢特性，发挥递氢体的作用。

人类维生素 PP 缺乏症称为糙皮病（pellagra），主要表现有皮炎、腹泻及痴呆。皮炎常对称地出现于暴露部位，痴呆则是神经组织变性的结果。故维生素 PP 又称抗糙皮病维生素。

抗结核药物异烟肼的结构与维生素 PP 相似，两者有拮抗作用，长期服用异烟肼可能引起维生素 PP 缺乏。

尼克酸被用于治疗高胆固醇血症。尼克酸能抑制脂肪动员，使肝中的极低密度脂蛋白（VLDL）合成减少，从而降低血浆胆固醇。但如大量服用尼克酸或尼克酰胺（每日 1 ~ 6 g）会引发血管扩张、脸颊潮红、痤疮及肠胃不适等毒性症状。长期日服用量超过 500 mg 可引起肝损伤。

五、泛酸

（一）化学本质与代谢

泛酸（pantothenic acid）又称遍多酸、维生素 B_5，由二甲基羟丁酸和 β- 丙氨酸组成，因广泛存在于动、植物组织中而得名。泛酸在肠内被吸收后，经磷酸化并与半胱氨酸反应生成 4- 磷酸泛酰巯基乙胺，后者是辅酶 A（CoA）及酰基载体蛋白（acyl carrier protein，ACP）的组成部分，参与酰基转移反应。CoA 和 ACP 是泛酸在体内的活性形式（图 21-10）。

（二）生化作用与缺乏症

在体内，CoA 及 ACP 构成 70 多种酰基转移酶的辅酶，广泛参与糖类、脂质、蛋白质代谢及肝的生物转化作用。泛酸缺乏症很少见。

六、生物素

（一）化学本质与代谢

生物素（biotin）又称维生素 B_7、维生素 H、辅酶 R，广泛分布于酵母、肝、蛋类、花生、牛奶和鱼类等食品中，人肠道细菌也能合成。生物素自胃和肠道吸收，血液中约 80% 生物素以

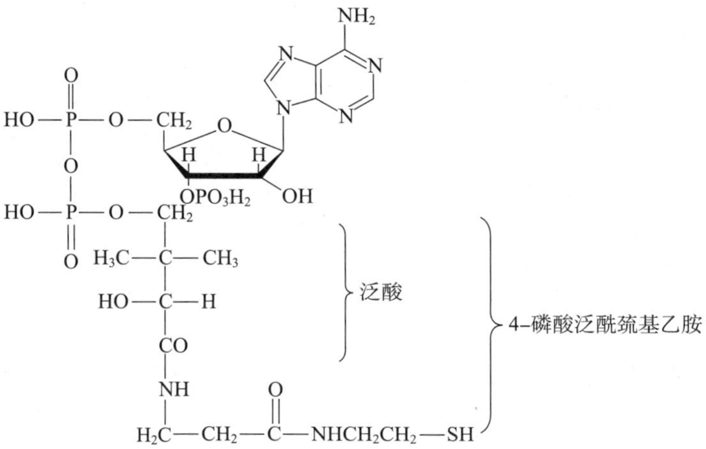

图 21-10 泛酸及其活性形式结构

游离形式存在，分布于全身各组织，以肝和肾中含量较多。

（二）生化作用与缺乏症

生物素是丙酮酸羧化酶、乙酰 CoA 羧化酶等多种羧化酶的辅基，参与 CO_2 的固定过程（图 21-11）。

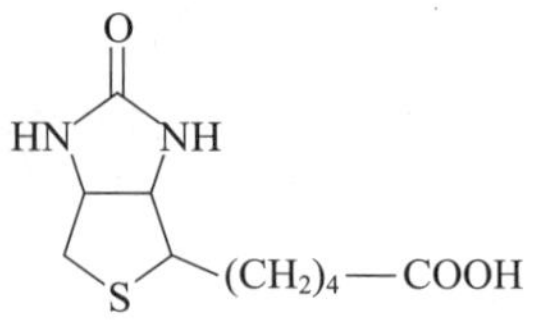

此外，生物素参与细胞信号转导和基因表达。近年的研究证明，人基因组中含有 2 000 多个依赖生物素的基因。生物素还可使组蛋白生物素化，从而影响细胞周期、转录和 DNA 损伤的修复。

图 21-11 生物素结构

人体很少出现生物素缺乏症。新鲜鸡蛋清中有一种抗生物素蛋白（avidin），生物素与之结合后不能被吸收，加热后抗生物素蛋白因遭破坏而失去作用。长期使用抗生素可抑制肠道细菌生长，也可能造成生物素缺乏，主要症状是疲乏、恶心、呕吐、皮炎及脱屑性红皮病等。

七、叶酸

（一）化学本质与代谢

叶酸（folic acid）又称蝶酰谷氨酸。酵母、肝、水果和绿叶蔬菜中含量丰富。肠道细菌也有合成叶酸的能力。

食物中的叶酸自小肠上段吸收，在小肠黏膜上皮细胞二氢叶酸还原酶的作用下，生成叶酸的活性形式——5,6,7,8-四氢叶酸（FH_4）进入血液循环。

（二）生化作用与缺乏症

FH_4 是体内一碳单位的载体，同时也是一碳单位转移酶的辅酶。分子中 N^5、N^{10} 是一碳单位的结合位点（图 21-12）。一碳单位在体内参与嘌呤、胸腺嘧啶核苷酸等多种物质的合成。叶酸缺乏时，DNA 合成受到抑制，骨髓幼红细胞 DNA 合成减少，细胞分裂速度降低，细胞体积变大，造成巨幼细胞贫血（megaloblastic anemia）。

抗癌药物氨甲蝶呤和氨蝶呤因其结构与叶酸相似，能抑制二氢叶酸还原酶的活性，使 FH_4 合成减少，进而抑制体内嘌呤核苷酸和胸腺嘧啶核苷酸的合成，起到抗癌作用。

叶酸的应用可以降低胎儿脊柱裂和神经管缺乏的危险性。叶酸缺乏可引起高同型半胱氨酸

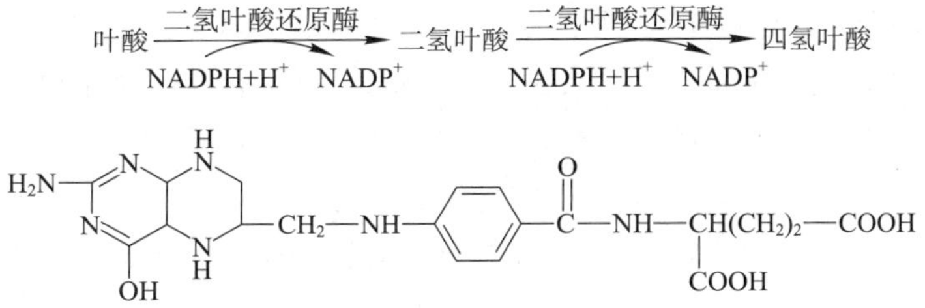

叶酸 $\xrightarrow[\text{NADPH+H}^+ \quad \text{NADP}^+]{\text{二氢叶酸还原酶}}$ 二氢叶酸 $\xrightarrow[\text{NADPH+H}^+ \quad \text{NADP}^+]{\text{二氢叶酸还原酶}}$ 四氢叶酸

5,6,7,8-四氢叶酸

图 21-12　四氢叶酸生成与结构

血症，增加动脉粥样硬化、血栓生成和高血压的危险。每日服用 $500\,\mu g$ 叶酸有助于预防冠心病的发生。叶酸缺乏可引起 DNA 低甲基化（hypomethylation），增加一些癌症（如结肠癌、直肠癌）的危险性。富含叶酸的食物可降低这些癌症的风险。

人类一般不发生叶酸缺乏症。孕妇及哺乳期应适量补充叶酸。口服避孕药或抗惊厥药能干扰叶酸的吸收及代谢，如长期服用此类药物时应考虑补充叶酸。

八、维生素 B_{12}

（一）化学本质与代谢

维生素 B_{12} 又称钴胺素（cobalamin），是唯一含金属元素的维生素，仅由微生物合成。酵母和动物肝中含量丰富，不存在于植物中。维生素 B_{12} 在体内的主要存在形式有氰钴胺素、羟钴胺素、甲钴胺素和 $5'$- 脱氧腺苷钴胺素。后两者是维生素 B_{12} 的活性形式（图 21-13）。

食物中的维生素 B_{12} 吸收入血后与蛋白质转钴胺素 Ⅱ（transcobalamin Ⅱ）结合，转钴胺素 $-B_{12}$ 复合物与细胞表面受体结合后进入细胞，在细胞内维生素 B_{12} 转变成羟钴胺素、甲钴胺素或进入线粒体转变成 $5'$- 脱氧腺苷钴胺素。肝内还有一种转钴胺素 Ⅰ，可与维生素 B_{12} 结合而贮存于肝内。

（二）生化作用与缺乏症

维生素 B_{12} 是 $N^5\text{-CH}_3\text{-FH}_4$ 转甲基酶（甲硫氨酸合成酶）的辅酶，催化同型半胱氨酸甲基化生成甲硫氨酸。维生素 B_{12} 缺乏时，$N^5\text{-CH}_3\text{-FH}_4$ 上的甲基不能转移出去，一是引起甲硫氨酸合成减少，二是影响 FH_4 的再生，组织中游离的 FH_4 含量减少，一碳单位的代谢受阻，造成核酸合成障碍，产生巨幼细胞贫血，即恶性贫血。同型半胱氨酸的堆积可造成高同型半胱氨酸血症，增加动脉硬化、血栓形成和高血压的危险性。

$5'$- 脱氧腺苷钴胺素是 L- 甲基丙二酰 CoA 变位酶的辅酶，催

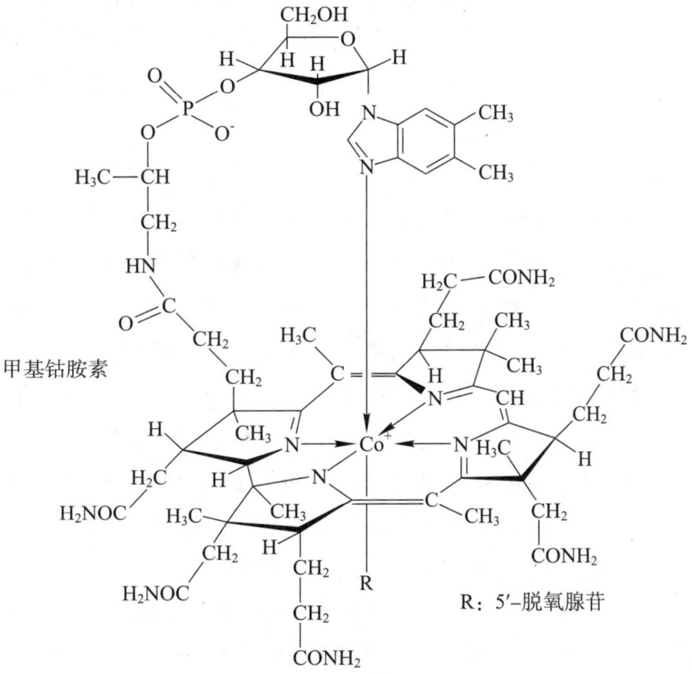

R：$5'$-脱氧腺苷

甲基钴胺素

$5'$-脱氧腺苷钴胺素

图 21-13　维生素 B_{12} 活性形式结构

化琥珀酰 CoA 的生成。当维生素 B_{12} 缺乏时，L- 甲基丙二酰 CoA 大量堆积。因 L- 甲基丙二酰 CoA 的结构与脂肪酸合成的中间产物丙二酰 CoA 相似，从而影响脂肪酸的正常合成。维生素 B_{12} 缺乏所导致的神经疾病便是由于脂肪酸的合成异常而影响髓鞘质的转换，造成髓鞘质变性退化，引发进行性脱髓鞘。所以维生素 B_{12} 具有营养神经的作用。

维生素 B_{12} 广泛存在于动植物食品中，正常膳食者很少发生缺乏症，偶见于有严重吸收障碍的患者及长期素食者。

九、维生素 C

（一）化学本质与代谢

维生素 C 又称 L- 抗坏血酸（ascorbic acid），呈酸性。抗坏血酸分子中 C_2 和 C_3 羟基可逆性地脱氢生成脱氢抗坏血酸（图 21-14）。还原型抗坏血酸是细胞内与血液中的主要存在形式。

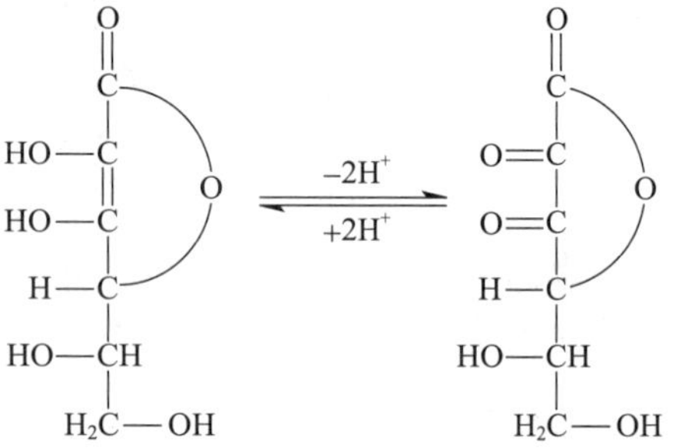

图 21-14 维生素 C 的氧化还原

人类和其他灵长类、豚鼠等动物体内不能合成维生素 C，需由食物供给。维生素 C 广泛存在于新鲜蔬菜和水果中。植物中的抗坏血酸氧化酶能将维生素 C 氧化灭活为二酮古洛糖酸，所以久存的水果和蔬菜中维生素 C 含量会大量减少。干种子中虽然不含维生素 C，但其幼芽可以合成，所以豆芽等是维生素 C 的丰富来源。维生素 C 对碱和热不稳定，烹饪不当可引起维生素 C 的大量丧失。维生素 C 极易从小肠吸收。

（二）生化作用与缺乏症

1. 作为一些羟化酶的辅酶

（1）苯丙氨酸代谢过程中，对羟苯丙酮酸羟化酶催化对羟苯丙酮酸羟化生成尿黑酸。维生素 C 缺乏时该反应减弱，尿中可出现大量对羟苯丙酮酸。多巴胺 β- 羟化酶催化多巴胺羟化生成去甲肾上腺素，参与肾上腺髓质和中枢神经系统中儿茶酚胺的合成。维生素 C 的缺乏可引起这些器官中儿茶酚胺代谢异常。

（2）维生素 C 是胆汁酸和肾上腺皮质类固醇激素合成过程中羟化酶的辅酶，如果缺乏可直接影响胆固醇转化，引起体内胆固醇增多，成为动脉粥样硬化的危险因素。

（3）维生素 C 是脯氨酸羟化酶和赖氨酸羟化酶必需的辅因子，此两酶促进胶原分子的生成，胶原是骨、毛细血管和结缔组织的重要构成成分。脯氨酸羟化酶也为骨钙蛋白（osteocalcin）和补体 C1q 生成所必需。故维生素 C 缺乏会导致维生素 C 缺乏病（坏血病，scurvy），表现为毛细血管脆性增加易破裂、牙龈腐烂、牙齿松动、骨折及创伤不易愈合等。由于机体在正常状态下可储存一定量的维生素 C，坏血病的症状常在维生素 C 缺乏 3～4 个月后出现。

（4）体内肉碱合成过程需要两个依赖维生素 C 的羟化酶。维生素 C 缺乏时，由于脂肪酸 β- 氧化减弱，患者出现的倦怠乏力也是坏血病的症状之一。

2. 作为抗氧化剂直接参与氧化还原反应

（1）维生素 C 可使巯基酶的—SH 保持还原状态。维生素 C 在谷胱甘肽还原酶作用下，将氧化型谷胱甘肽（GSSG）还原成还原型（GSH）。还原型 GSH 能清除细胞膜的脂质过氧化物，起到保护细胞膜的作用。

临床聚焦 21-1
坏血病

（2）维生素 C 能使红细胞中高铁血红蛋白（MHb）还原为血红蛋白（Hb），使其恢复运氧能力。

（3）小肠中的维生素 C 可将 Fe^{3+} 还原成 Fe^{2+}，有利于食物中铁的吸收。

（4）维生素 C 作为抗氧化剂，影响细胞内活性氧敏感的信号转导系统（如 NF-κB 和 AP-1），从而调节基因表达和细胞功能，促进细胞分化。

3. 增强机体免疫力　维生素 C 促进体内抗菌活性、提高自然杀伤细胞（natural killer cell，NK 细胞）活性、促进淋巴细胞增殖和趋化作用、提高吞噬细胞的吞噬能力、促进免疫球蛋白的合成，从而提高机体免疫力。临床上用于心血管疾病、病毒性疾病等的支持性治疗。

我国建议成人每日的需要量为 60 mg。若每日摄取量超过 100 mg，体内维生素 C 便可达到饱和，过量摄入则随尿液排出。

研究进展 21-1
维生素有防癌作用吗?

现将各种维生素的活性形式、来源、日需要量、功能、缺乏症与中毒等总结于表 21-1。

表 21-1　各种维生素的活性形式、来源、日需要量、功能、缺乏症与中毒

维生素	活性形式	食物来源	日需要量	主要功能	缺乏症与中毒
维生素 A	视黄醇、视黄醛、视黄酸	肝、蛋黄、牛奶、绿叶蔬菜、胡萝卜、鱼肝油、玉米等	80 μg（2 600 IU）	1. 构成视紫红质 2. 维持上皮组织结构的完整，增强免疫力 3. 促进生长发育 4. 抗氧化作用	缺乏症：夜盲症、眼干燥病、皮肤干燥、毛囊丘疹 中毒：神经、肝与皮肤损伤，高脂血症与高钙血症，骨与软组织钙化
维生素 D（钙化醇）	$1,25-(OH)_2-D_3$	肝、蛋黄、牛奶、鱼肝油	5～10 μg（200～400 IU）	1. 促进小肠、肾小管吸收钙和磷 2. 促进骨盐代谢与骨的正常生长 3. 组织细胞分化、免疫调节等	缺乏症：佝偻病（儿童）、软骨病（成人） 中毒：高钙血症、高血压、软组织钙化
维生素 E	生育酚	植物油	8～10 mg	1. 抗氧化作用，保护生物膜 2. 维持生殖功能 3. 促血红素生成 4. 调控基因表达	尚未发现缺乏症
维生素 K（凝血维生素）	甲基 1,4-萘醌	肝、绿色蔬菜	60～80 μg	1. 促进肝合成凝血因子 Ⅱ、Ⅶ、Ⅸ、Ⅹ、抗凝血因子蛋白 C 及蛋白 S 2. 维持骨盐含量，减少动脉钙化	缺乏症：皮下、肌肉及胃肠道出血
维生素 B₁（硫胺素）	TPP	酵母、豆类、瘦肉、谷类（外壳、皮及胚芽）	1.2～1.5 mg	1. α-酮酸脱羧酶的辅酶 2. 抑制胆碱酯酶活性 3. 转酮基反应	缺乏症：脚气病、末梢神经炎
维生素 B₂（核黄素）	FMN，FAD	肝、蛋黄、牛奶、绿叶蔬菜	1.2～1.5 mg	构成黄素酶的辅酶，参与生物氧化	缺乏症：口角炎、舌炎、唇炎、阴囊炎
维生素 B₆（吡哆醇、吡哆醛、吡哆胺）	磷酸吡哆醛、磷酸吡哆胺	谷类胚芽、肝	2 mg	1. 氨基转移酶和脱羧酶的辅酶 2. ALA 合酶的辅酶 3. 同型半胱氨酸分解代谢酶的辅酶 4. 终止类固醇激素的作用	缺乏症：高同型半胱氨酸血症（与动脉硬化、血栓生成与高血压相关） 中毒：周围感觉神经病

续表

维生素	活性形式	食物来源	日需要量	主要功能	缺乏症与中毒
维生素 PP（尼克酸、尼克酰胺）	NAD$^+$、NADP$^+$	肉、酵母、谷类、花生、胚芽、肝	15～20 mg	构成脱氢酶的辅酶，参与生物氧化体系	缺乏症：糙皮病中毒：血管扩张、脸颊潮红、痤疮及胃肠不适、肝损伤
泛酸（遍多酸）	CoA，ACP	动、植物组织		参与酰基转移、脂肪酸合成	人类未发现缺乏症
生物素	生物素	动、植物组织		1. 构成羧化酶的辅基，参与 CO_2 的固定 2. 参与细胞信号转导和基因表达	人类未发现缺乏症
叶酸	四氢叶酸	肝、酵母、绿叶蔬菜	200～400 μg	参与一碳单位的转移，与蛋白质和核酸合成、红细胞和白细胞成熟有关	缺乏症：巨幼细胞贫血、高同型半胱氨酸血症和 DNA 低甲基化
维生素 B$_{12}$	甲钴胺素、5′-脱氧腺苷钴胺素	肝、肉类、牛奶	2～3 μg	1. 促进甲基转移 2. 促进红细胞成熟 3. 促进琥珀酰 CoA 生成	缺乏症：巨幼细胞贫血、高同型半胱氨酸血症、神经脱髓鞘
维生素 C（L-抗坏血酸）	抗坏血酸	新鲜水果、蔬菜，特别是番茄和柑橘	60 mg	1. 参与羟化反应 2. 参与抗氧化作用 3. 增强免疫作用 4. 促进铁的吸收	坏血病

（陈祥攀）

复习思考题

讨论题：你学过的以 NADP$^+$ 为辅因子的酶有哪些？NADPH + H$^+$ 在体内参与哪些反应？

网上更多……

本章小结　　自测题　　教学 PPT

第二十二章
生物信息学基础

第一节　组学

第二节　生物信息学常用数据库及其分析

主要参考文献

［1］陈绩源，陆林宇 . BRCA1 与 DNA 损伤修复调控网络 . 中国科学：生命科学，2022，52（12）：1763-1772.

［2］陈娟，李凌 . 医学生物化学与分子生物学 . 4 版 . 北京：科学出版社，2022.

［3］方定志，焦炳华 . 生物化学与分子生物学 . 4 版 . 北京：人民卫生出版社，2023.

［4］高国全，解军 . 生物化学 . 5 版 . 北京：人民卫生出版社，2022.

［5］郭越，韩璐文，齐志豪 . 细菌 DNA 损伤修复的诱导、调控及结局的研究进展 . 生物化学与生物物理进展，2022，49（2）：359-369.

［6］国家卫生健康委疾病预防控制局 . 中国居民营养与慢性病状况报告（2020 年）. 北京：人民卫生出版社，2022.

［7］韩骅，高国全 . 医学分子生物学实验技术 . 4 版 . 北京：人民卫生出版社，2020.

［8］田余祥 . 生物化学 . 3 版 . 北京：高等教育出版社，2016.

［9］徐克前 . 临床生物化学检验 . 2 版 . 北京：人民卫生出版社，2023.

［10］徐伟东，孟燕子，张丽丽 . 线粒体 DNA 突变在高血压中的作用 . 生命的化学，2024，44（3）：404-413.

［11］杨荣武 . 基础生物化学原理 . 北京：高等教育出版社，2021.

［12］张晓伟，史岸冰 . 医学分子生物学 . 3 版 . 北京：人民卫生出版社，2020.

［13］中国营养学会 . 中国居民膳食指南（2022）. 北京：人民卫生出版社，2022.

［14］周春燕，药立波 . 生物化学与分子生物学 . 9 版 . 北京：人民卫生出版社，2018.

［15］朱圣庚，徐长法 . 生物化学（上册）. 4 版 . 北京：高等教育出版社，2016.

［16］朱圣庚，徐长法 . 生物化学（下册）. 4 版 . 北京：高等教育出版社，2016.

［17］Ali-Sisto T, Tolmunen T, Toffol E, et al. Purine metabolism is dysregulated in patients with major depressive disorder. Psychoneuroendocrinology, 2016, 70：25-32.

［18］Allison LA. Fundamental Molecular Biology. 2nd ed. New Jersey：Wiley-Blackwell, 2021.

［19］Antonio MD, Ponjavic A, Radzevičius A, et al. Single-molecule visualization of DNA G-quadruplex formation in live cells. Nat Chem, 2020, 12（9）：832-837.

［20］Arts JA, Laberthonnière C, Lima Cunha D, et al. Single-Cell RNA Sequencing：Opportunities and Challenges for Studies on Corneal Biology in Health and Disease. Cells, 2023, 12（13）：1808.

［21］Baslan T, Morris JP, Zhao Z, et al. Ordered and deterministic cancer genome evolution after p53 loss. Nature, 2022, 608（7924）：795-802.

［22］Berg JM, Tymoczko JL, Gatto GJ, et al. Biochemistry. 9th ed. New York：W. H. Freeman & Company, 2019.

［23］Blombach F, Smollett KL, Werner F. ChIP-Seq Occupancy Mapping of the Archaeal Transcription Machinery. Methods Mol Biol, 2022, 2522：209-222.

［24］Chen Y, Li Z, Chen X, et al. Long non-coding RNAs：From disease code to drug role. Acta Pharm Sin B, 2021, 11（2）：340-354.

［25］Fraimovitch E, Hagai T. Promoter evolution of mammalian gene duplicates. BMC Biol, 2023, 21（1）：80.

［26］High KA, Roncarolo MG. Gene Therapy. N Engl J Med, 2019, 381（5）: 455-464.

［27］Jassim A, Rahrmann EP, Simons BD, et al. Cancers make their own luck: theories of cancer origins. Nat Rev Cancer, 2023, 23（10）: 710-724.

［28］Jurkovic CM, Boisvert FM. Evolution of techniques and tools for replication fork proteome and protein interaction studies. Biochem Cell Biol, 2024, 102（2）: 135-144.

［29］Kastan MB, Bartek J. Cell-cycle checkpoints and cancer. Nature, 2004, 432（7015）: 316-323.

［30］Kennelly PJ, Botham KM, McGuinness OP, et al. Harper's Illustrated Biochemistry. 32th ed. New York: McGraw Hill Company, 2023.

［31］Kobayashi K, Kawakami K, Kusakizako T, et al. Class B1 GPCR activation by an intracellular agonist. Nature, 2023, 618（7967）: 1085-1093.

［32］Krebs JE, Goldstein ES, Kilpatrick ST, et al. Lewin's Genes XII. Burlington: Jones & Bartlett Learning, LLC, 2018.

［33］Lezoualc'h F, Nikolaev VO. Receptor-Specific Inside-Out cAMP Signaling Regulates Cardiomyocyte Fate. Circ Res, 2023, 133（11）: 924-926.

［34］Lodish H, Berk A, Kaiser CA, et al. Molecular Cell Biology. 9th ed. New York: W. H. Freeman & Company, 2021.

［35］Mumme H, Thomas BE, Bhasin SS, et al. Single-cell analysis reveals altered tumor microenvironments of relapse-and remission-associated pediatric acute myeloid leukemia. Nature Communications, 2023, 14（1）: 6209.

［36］Pan XF, Wang L, Pan A. Epidemiology and determinants of obesity in China. Lancet Diabetes Endocrinol, 2021, 9（6）: 3873-3921.

［37］Papachristodoulou D, Snape A, William HE, et al. Biochemistry and Molecular Biology. 6th ed. New York: Oxford University Press, 2018.

［38］Philips RL, Wang Y, Cheon H, et al. The JAK-STAT pathway at 30: Much learned, much more to do. Cell, 2022, 185（21）: 3857-3876.

［39］Schapira AH. Primary and secondary defects of the mitochondrial respiratory chain. J Inherit Metab Dis, 2002, 25（3）: 207-214.

［40］Shine J, Dalgarno L. The 3'-terminal sequence of *Escherichia coli* 16S ribosomal RNA: complementarity to nonsense triplets and ribosome binding sites. PNAS USA, 1974, 71（4）: 1342-1346.

［41］Tang Q, Khvorova A. RNAi-based drug design: considerations and future directions. Nat Rev Drug Discov, 2024, 23（5）: 341-364.

［42］Voet D, Voet J, Pratt CW. Fundamentals of Biochemistry: Life at the Molecular Level. 5th ed. Hoboken: Wiley, 2016.

［43］Wang D, Liu B, Zhang Z. Accelerating the understanding of cancer biology through the lens of genomics. Cell, 2023, 186（8）: 1755-1771.

［44］Wang Y, Zhao Y, Bollas A, et al. Nanopore sequencing technology, bioinformatics and applications. Nat Biotechnol, 2021, 39（11）: 1348-1365.

［45］Young BA, Gruber TM, Gross CA. Minimal machinery of RNA polymerase holoenzyme sufficient for promoter melting. Science, 2004, 303: 1382-1384.

［46］Zeng X, Liu Y, Fan Y, et al. Agents for the Treatment of Gout: Current Advances and Future Perspectives. J

Med Chem，2023，66（21）：14474-14493.

［47］Zhou X，Jiang X，Qu M，et al. Engineering Antiviral Vaccines. ACS Nano，2020，14（10）：12370-12389.

［48］Zong Y，Li H，Liao P，et al. Mitochondrial dysfunction：mechanisms and advances in therapy. Signal Transduct Target Ther，2024，9（1）：124.

中英文名词对照索引

02